Proceedings in Operations Research 7

Herausgegeben

von

K. Brockhoff, W. Dinkelbach, P. Kall, D.B. Pressmar, K. Spicher

Vorträge der Jahrestagung 1977

DGOR

Papers of the Annual Meeting 1977

Tagungsleitung: R. Schmidt und Mitarbeiter(innen)

Springer-Verlag Berlin Heidelberg GmbH

ISBN 978-3-7908-0194-1 ISBN 978-3-662-00409-8 (eBook)
DOI 10.1007/978-3-662-00409-8

Ursprünglich erschienen bei Physica-Verlag, Rudolf Liebing GmbH + Co., Würzburg 1978

Vorwort

Die 6. Jahrestagung der Deutschen Gesellschaft für Operations Research fand vom 21. bis 23. September 1977 in den Räumen der Christian-Albrechts-Universität in Kiel statt.

Mit etwa 300 Teilnehmern und Referenten aus Deutschland und mehreren europäischen Ländern wurde das große Interesse der Fachvertreter aus Wissenschaft, Wirtschaft und öffentlicher Verwaltung an den DGOR-Jahrestagungen dokumentiert.

Die zunehmende Anzahl von Beiträgen zum Tagungsprogramm läßt erkennen. daß Operations Research insbesondere für die Anwendungen in der Praxis stärkere Beachtung findet. Diese Entwicklung findet ihren Niederschlag in zahlreichen Arbeiten dieses Tagungsbandes, wobei vor allem das heute erreichte breite Anwendungsspektrum von OR-Verfahren sichtbar wird. Gerade die Kombination des Operations Research mit den Möglichkeiten der EDV eröffnet hier neue Wege. Die Verfügbarkeit kostengünstiger und leistungsstarker Computersysteme wird künftig dazu beitragen, dem Operations Research neue Impulse zu vermitteln.

Besonderer Dank für die erfolgreiche Gestaltung der Tagung gilt Herrn Prof. Dr. Reinhart Schmidt, Universität Kiel, und seinen Mitarbeitern, denen die Tagungsvorbereitung und örtliche Tagungsorganisation übertragen war. Unser Dank gilt auch den Referenten und dem Verlag für ihre bereitwillige Kooperation bei der Drucklegung dieses Tagungsbandes.

Brockhoff, Dinkelbach, Kall, Pressmar, Spicher.

Inhaltsverzeichnis

Eröffnungsvortrag

Optimierungstheorie

Simulation

Clusteranalyse

Unternehmensgesamtplanung, Organisation

Investitions- und Finanzplanung

Produktionsplanung und Lagerhaltung

Marketing

Transport- und Verkehrsplanung

Anwendungen in der öffentlichen Verwaltung

Implementierung und Computereinsatz

Operations Research in der Lehre

Eröffnungsvortrag

Operational Research und Mathematik – Ursache und Wirkung

S. Vajda, Brighton

Auf der Tagungsordnung vieler Konferenzen, die sich mit O.R. befassen, steht der Versuch, O.R. zu definieren. Dies ist ein Zeichen einer Identitätskrise, an der andere, allerdings ältere Fachgebiete nicht leiden. Niemand fragt sich bei einer Konferenz von Mathematikern oder von Archäologen, was unter Mathematik oder Archäologie zu verstehen sei.

Nun will ich hier gewiß nicht zur Definition des O.R. einen weiteren Beitrag leisten. Ich möchte nur jemanden, der eine neue Definition vorschlagen möchte, warnen, sich nicht vom Namen O.R. beeinflußen zu lassen. Dieser Name bezog sich nämlich ursprünglich auf militärische Operationen.

Der letzte Weltkrieg hat zu einer Teilnahme von Wissenschaftlern in einem bis dahin nicht erlebten Ausmaß geführt. Gewiß haben schon früher Mathematiker, Physiker oder Chemiker Kriegshandlungen beeinflußt. Wir brauchen nur an Archimedes oder an die Entdeckung des Schießpulvers zu denken. Doch in den Jahren nach 1939 wurden Biologen, Geologen, Physiologen, Versicherungstechniker und Vertreter anderer Wissenszweige herangezogen, nicht so sehr um ihre eigenen Fächer nutzbar zu machen, als vielmehr um ihre Forschungsmethoden und logischen Denkgewohnheiten auf die Planung und Durchführung von Kriegshandlungen anzuwenden.

Ich muß hier zum Beispiel einen der Väter des O.R., den späteren Nobelpreisträger Patrick Blackett, erwähnen. Man sagt allerdings, daß er seine Ergebnisse auf dem Rücken eines Briefumschlages auszuarbeiten pflegte, wobei nur wenige Formeln notwendig waren. Auf die Dauer ließ sich die Mathematik doch nicht vermeiden.

O.R. hat von der Mathematik ausgiebig Gebrauch gemacht, und das hat wieder die Mathematik angeregt, so daß sie für O.R. mehr leisten konnte, als ursprünglich von ihr erhofft wurde. Wie das zustande kam, ist das Thema meines Vortrages.

Es war George Dantzig, ein Statistiker von Berkeley, der sich mit Albert Tucker, einem Topologen von Princeton, in Verbindung setzte. Tucker hat oft erzählt, wie ihm Dantzig anhand des jetzt sogenannten Transportproblems zeigte, daß es sich hier um algebraische Probleme handelte. Kantorovitch hatte sich auch mit diesem Problem befaßt und auch Monge, allerdings in dem Bereich, wo die Dreiecksungleichung gilt.

Heute scheint uns die Lösung dieser Aufgabe trivial zu sein, wir alle wissen, wie man es macht, und wir haben sogar eine Auswahl von Lösungsmethoden zur Verfügung. Doch als dieses Problem nach dem Ende des Krieges erstklassigen französichen Mathematikern vorgelegt wurde, konnten sie es nicht lösen. Sie waren wahrscheinlich viel zu gute abstrakte Mathematiker.

Tucker erkannte natürlich, daß es sich hier um Systeme linearer Ungleichungen in nicht-negativen Variablen handelte, d.h. um einen Fall der linearen Programmierung. O.R. begann, die Mathematik anzuregen.

Auch in der Mathematik sind, zu verschiedenen Zeiten, verschiedene Fragen modern gewesen. Um die Jahrhundertwende wurde die Theorie der linearen Ungleichungen behandelt - ich brauche nur an die Arbeit von Farkas "Zur Theorie der einfachen Ungleichungen" im Jahrbuch für die reine und angewandte Mathematik im Jahre 1902 zu erinnern. In ihren Anfängen geht die Theorie auf Fourier und seine Note "Note sur le calcul des inégalités" vom Jahre 1824 zurück. Derartige Untersuchungen wurden nun wieder eifrigst aufgenommen. Sie führten zum Beispiel zur Dualitätstheorie, die wieder die Rechenpraxis befruchtete. Es stellte sich auch heraus, daß diese Theorie Zusammenhänge mit Johann von Neumanns Spieltheorie aufwies und mit deren Anwendung auf ökonomische Probleme.

Der Bedarf an mathematischen Methoden war auch anderen zum Bewußtsein gekommen. Stigler befaßte sich mit dem Ernährungsproblem und kam nur zu einer angenäherten Lösung weil, wie er schrieb, keine Methode bekannt sei, das Minimum eines linearen Ausdruckes in nichtnegativen Variablen mit linearen Nebenbedingungen zu berechnen. Später, als Dantzig dieses Problem auf dem Computer der Rand Corporation mit der Simplex-Methode löste, stellte sich heraus , daß nach dem Erreichen der Stiglerschen Lösung nur mehr eine einzige Iteration nötig war, um zur genauen Lösung zu gelangen.

Nach Kriegsende war zu erwarten, daß die Wissenschaftler, die die Lösung von neuen Problemen mit neuen Methoden beobachtet hatten, diese Kenntnis nunmehr im Zivilleben anwenden wollten. Es entstand eine weitgehende Ausbreitung dieser Methoden auf vielen Gebieten der Industrie, in Handel und Gewerbe. Ich möchte dies als den Beginn der Unternehmensforschung betrachten. Es scheint dies ein besserer Name zu sein, als O.R. Allerdings hat sich dieser Name in englisch, französisch oder italienisch sprechenden Ländern schon so weit eingebürgert, daß sich daran wohl nichts mehr ändern läßt.

So kommen wir zur zweiten Phase der Entwicklung unseres Gebietes und zur Entwicklung von neuen angewandten mathematischen Methoden.

Hier scheint es angebracht, uns zu fragen, worin der Wert der Mathematik für uns besteht. Er besteht darin, daß die Mathematik in Modellen spricht. Die Formulierung verschiedener Probleme kann dieselbe sein, wenn das zugrunde liegende Modell dasselbe ist. So ist z.B. das Problem der Planung eines Fahrplanes für Flugzeugverbindungen mit dem der Maschinenausnützung identisch, wenn wir die Anzahl von Flugzeugen einer bestimmten Type auf einer gegebenen Strecke mit der Anzahl der Einheiten eines Produktes auf einer gegebenen Maschine gleichsetzen.

In der zweiten Phase, von der ich jetzt spreche, wurden sehr wirksame Algorithmen entwickelt, die wieder für die Unternehmensforschung von Nutzen waren, und es läßt sich wohl kaum entscheiden, ob hier mehr die Mathematik O.R. befruchtete, oder ob das Umgekehrte der Fall war.

Richard Bellman entwickelte seine Dynamische Programmierung, die sich für komplizierte Probleme der Lagerhaltung, aber auch zum Beispiel für das Ruck-sack-Problem (Knapsack problem) nützlich erwies.

Das Problem der ganzzahligen Programmierung wurde von Ralph Gomory mit der algebraischen Gruppentheorie in Zusammenhang gebracht, und für dieses Problem wurden auch andere Methoden, z.B. die sogenannte Branch and Bound Methode, eingeführt.

Die Theorie der Graphen spielt bei der Lösung von Flußproblemen eine Rolle und wurde von Harold Kuhn bei der Lösung des Zuordnungsproblems in seiner ungarischen Methode angewandt.

Schließlich ließ sich auch ein Zusammenhang zwischen dem Hamiltonschen Problem der Topologie und dem Problem des reisenden Kaufmanns entdecken. Dieses Problem tritt nicht nur in seiner einfachsten Form auf, sondern auch als Teilproblem in anderen O.R. Fragen, z.B. dem der Warenablieferung oder dem des Polizisten oder des Briefträgers auf seiner Runde.

Das Problem des reisenden Kaufmannes ist für uns aber auch noch von einem anderen Standpunkt aus interessant. Es läßt sich nämlich für Reisen selbst mittelmäßiger Länge nicht in annehmbarer Zeit lösen. Wir greifen daher zu heuristischen Methoden oder zur Simulation. Es sind diese Methoden, die für die dritte Phase der Beziehung zwischen Mathematik und O.R. charakteristisch sind.

Da wir uns jetzt in dieser dritten Phase befinden, ist es schwer für uns, sie genau zu beschreiben. Die Methoden der Simulation sind durch die außerordentliche Entwicklung und Verbreitung von Rechenanlangen möglich geworden. Sie machen es auch möglich, daß wir uns nunmehr statt taktischen Problemen auch strategischen Problemen zuwenden können, und dies gibt der Unternehmensforschung einen neuen Horizont.

Inzwischen steht auch die mathematische Forschung nicht still. Die Theorie der Warteschlangen, in den 30-er Jahren vom Wiener Felix Pollatschek in französischen Arbeiten entwickelt, wurde so weit ausgebaut, daß der Zusammenhang mit praktischen Problemen fast ganz verloren ging. Die nicht-lineare Programmierung, konvexe Analysis und kombinatorische Methoden sind fruchtbare Gebiete für mathematische Untersuchungen. Es gibt sogar eine Zeitschrift Mathematics of O.R., deren Inhalt sich von dem der Zeitschrift Mathematical Programming kaum unterscheidet.

Nun will ich natürlich nicht den Wert der Mathematik für unsere Kultur oder auch für unsere Praxis in Frage stellen. Es wäre auch kurzsichtig, zu bezweifeln, daß wir von solchen Ergebnissen, wenn nicht jetzt, doch vielleicht in Zukunft Gebrauch machen können.

Aber es ist wichtig, daß wir in der Auswahl von Methoden, auch wenn sie vom theoretischen Standpunkt viel Reiz haben, kritisch vorgehen.

Wie weit diese Schlußfolgerungen nicht nur unsere praktische Tätigkeit, sondern auch das Lehren unseres Gebietes auf Universitäten und während der Berufstätigkeit beeinflußen müssen, steht außerhalb des Rahmens meines Vortrages.

Optimierungstheorie

Zur Lösung des quadratischen Set-Partitioning-Problems

S. Albers, Kiel

1. Definition des Problems

Das Quadratische Set-Partitioning-Problem (QSPP) weist folgende formale Struktur auf:

(1) $\sum_{j\varepsilon J} \sum_{k\varepsilon J} c_{jk} x_j x_k \Rightarrow$ Min!

(2) $\sum_{j\varepsilon J} a_{ij} x_j = 1$ $\qquad (i\varepsilon I, |I|=m),$[1]

(3) $x_j \ \varepsilon \ \{0,1\}$ $\qquad (j\varepsilon J, |J|=n),$

wobei $c_{jk} \geq 0$ $(j,k\varepsilon J)$ und $a_{ij}\varepsilon\{0,1\}$ $(i\varepsilon I, j\varepsilon J)$.

2. Anwendungsgebiete

Eine Vielzahl von Planungsaufgaben wurde bisher in der formalen Struktur eines Set-Partitioning-Problems formuliert [GARFINKEL-NEMHAUSER -1972-, S. 321/2]. Als bekannteste davon seien genannt:

(a) Crew Scheduling [ARABEYRE-FEARNLEY-STEIGER-TEATHER -1969-; ALBERS -1977-],

(b) Political Districting [GARFINKEL-NEMHAUSER - 1970 -],

(c) Sales Territory Design [SHANKER-TURNER-ZOLTNERS - 1975 -].

Zur Charakterisierung der Modellstruktur sei die letzte Problemstellung näher erläutert. Beim Sales Territory Design sind Verkaufsdistrikte j ε J so vorgegeben, daß die Elemente der Koeffizientenmatrix $\underline{A}$ folgende Bedeutung haben:

$$a_{ij} = \begin{cases} 1, & \text{wenn Kunde } i \text{ innerhalb des Verkaufsdistriktes } j \text{ liegt,} \\ 0, & \text{sonst,} \end{cases} \qquad (i\varepsilon I,\ j\varepsilon J).$$

Es ist dann die Menge der Verkaufsdistrikte J^* mit $x_j = 1$ $(j\varepsilon J^* \subset J)$ zu bestimmen, die sich hinsichtlich eines Zielkriteriums als optimal erweist und alle Kunden iεI jeweils in genau einem ihrer Verkaufsdistrikte enthält.

1) Das Symbol |I| bezeichnet die Anzahl der Elemente in der Menge I.

In den genannten Modellformulierungen besteht das Ziel oftmals darin, eine Menge J^* zu finden, die eine möglichst geringe Anzahl von Elementen enthält und deren Elemente sich hinsichtlich einer Menge von Kriterien als möglichst homogen erweisen. Definiert man c_{jk} $(j,k\varepsilon J)$ als Inhomogenitätsmaß, so kann die gesuchte Menge J^* über die quadratische Zielfunktion (1) ermittelt werden.

3. Bisherige Lösungsansätze

Auf das QSPP läßt sich ein Verfahren von BAZARAA-GOODE [1975] anwenden. Dieser Algorithmus ist zur Lösung des allgemeineren Quadratischen Set-Covering-Problems (QSCP) entwickelt worden, das in den Bedingungen (2) statt der Gleichheit (=) lediglich ein Größer oder Gleich ($\geq$) fordert. Das Verfahren von BAZARAA-GOODE läßt sich auf das QSPP anwenden, da man jedes QSPP in ein äquivalentes QSCP überführen kann. Dazu modifiziert man die Zielfunktionsmatrix $\underline{C} = (c_{jk})$ durch Einführung von Strafkosten zu der äquivalenten Zielfunktionsmatrix $\underline{Z} = (z_{jk})$ mit:

$$(4) \quad z_{jk} = \begin{cases} c_{jk}, & \text{wenn } j = k \varepsilon J \\ c_{jk}, & \text{wenn } a_{ij}a_{ik} = 0 \text{ für alle } i\varepsilon I \\ c_{jk}+p, & \text{wenn } a_{ij}a_{ik} = 1 \text{ für ein } i\varepsilon I \end{cases} \quad (j\neq k;\ j,k\varepsilon J),$$

wobei $p > \sum_{j\varepsilon J} \sum_{k\varepsilon J} c_{jk}$ (Beweis siehe BAZARAA-GOODE-1975-,S.154f).

Das QSCP lösen BAZARAA-GOODE mit einem Algorithmus von BELLMORE-RATLIFF [1971], den sie für den Fall einer quadratischen Zielfunktion erweitert haben.

In dem Verfahren wird zunächst nach einer nichtredundanten zulässigen Lösung gesucht, die sich dadurch auszeichnet, daß keine Variable mehr auf den Wert 0 gesetzt werden kann, ohne daß die Lösung dann durch $\sum_{j\varepsilon J} a_{ij}x_j = 0$ für ein $i\varepsilon I$ unzulässig würde.

Ist der Zielfunktionswert dieser Lösung geringer als derjenige der bisher besten Lösung, so wird die neue Lösung als die bisher beste gefundene gespeichert (dieser Schritt ist erforderlich, da das im folgenden verwandte Optimalitätskriterium hinreichend aber nicht notwendig ist).

Hauptidee des Verfahrens ist eine einfache Optimalitätsprüfung. Dazu wird die Eigenschaft eines SCP ausgenutzt, daß die zu einer ganzzahligen Basis gehörende umgeformte Koeffizientenmatrix $\underline{\hat{A}}$ ganz einfach durch eine Permutation der Zeilen und Spalten von $\underline{A}$ bestimmt werden kann. Man kann dadurch modifizierte Dualwerte ℓ_j $(j\varepsilon J)$ errechnen. Dazu bestimmt man zuerst die Kosten pro Zeile, die auf die Basisvariablen $j\varepsilon J^B$ mit $x_j = 1$ entfallen, d.h. $\ell_j^1 = \sum_{k\varepsilon J^B} c_{jk}$. Danach errechnet man die Kostenersparnis, die bei einem Basistausch entstehen könnte mit $\ell_j^3 = \underline{L}_2\underline{\hat{A}}_j$. Dabei stellt $\underline{L}_2$ den Vektor der ℓ_j^1 - Werte der Basisvariablen $j\varepsilon J^B$ mit $x_j = 1$ dar, und $\underline{\hat{A}}_j$ ist der Spaltenvektor der durch Permutation umgeformten Matrix $\hat{\underline{A}}$, der nur noch diejenigen $|J^B|$ Zeilen enthält, in denen Bedingung (2) gerade erfüllt ist.

Existieren noch negative Dualwerte $\ell_j = \ell_j^1 - \ell_j^3$ für $j \varepsilon Q$, so wird die bestehende Lösung durch Hinzufügen einer zusätzlichen Beschränkung der Form

$$(5) \qquad \sum_{j \varepsilon Q} x_j \geq 1$$

ausgeschlossen und erneut mit der Suche einer nichtredundanten zulässigen Lösung begonnen.

Bestehen dagegen keine negativen Dualwerte mehr, d.h. $Q = \emptyset$, dann ist die als beste gespeicherte Lösung optimal für das QSCP. Ist der Zielfunktionswert der optimalen Lösung auch kleiner als der Strafkostenterm p, so ist die Lösung auch optimal für das QSPP.

Der Vorteil des Verfahrens von BAZARAA-GOODE liegt in dem relativ guten und rasch zu berechnenden Optimalitätskriterium, das allerdings nur hinreichend ist.

Nachteilig wirkt sich die Tatsache aus, daß zum Auffinden einer guten nichtredundanten zulässigen Lösung ein relaxiertes Problem gelöst werden muß. Welcher Art dies ist, dazu machen BAZARAA-GOODE keine Angaben, während BELLMORE-RATLIFF dafür ein Lineares Programm lösen, eine Vorgehensweise, die bezüglich der Rechenzeit sehr aufwendig ist.

Außerdem sei darauf hingewiesen, daß der Algorithmus von BAZARAA-GOODE zwar in endlicher Anzahl von Schritten zum Optimum konvergiert, die Anzahl der hinzugefügten Beschränkungen der Form (5) kann jedoch so hoch werden, daß ihre Speicherung Probleme aufwirft.

4. Ein Verfahren der Impliziten Enumeration

Das Verfahren von BAZARAA-GOODE [1975] stellt ein Cutting-Plane-Verfahren dar, von dem man annehmen darf, daß es bei zunehmender Problemgröße zu einer hohen Anzahl von Schnitten der Form (5) führt, was speichertechnische Probleme aufwirft und die Rechenzeiten ungünstig beeinflußt. Im folgenden wird deshalb für das QSPP eine Lösungsmethode entwickelt, bei der die Anzahl der Beschränkungen ohne Einfluß auf die Rechenzeit ist und die Speicherkapazität keine Restriktion darstellt. Dazu überführt man das QSPP in ein Spezielles Eindimensionales Quadratisches Knapsack Problem (SEQKP), indem man statt der Zielfunktionsmatrix $\underline{C} = (c_{jk})$ die in (4) definierte Zielfunktionsmatrix $\underline{Z} = (z_{jk})$ verwendet und alle Bedingungen (2) zu einer aggregiert. Diese Aggregation ist möglich, da über die Zielfunktion sichergestellt wird, daß keine zwei Variablen mit $x_j = 1$ und $x_k = 1$ ausgewählt werden, die sich in den Beschränkungen überschneiden, d.h. für die $a_{ij} a_{ik} = 1$ für ein $i \varepsilon I$ gilt; es sei denn, das Problem besäße keine zulässige Lösung.

Definiert man $b_j = \sum_{i\epsilon I} a_{ij}$ ($j\epsilon J$), so erhält man das folgende Problem (SEQKP):

(6) $$\sum_{j\epsilon J} \sum_{k\epsilon K} z_{jk} x_j x_k \Rightarrow \text{Min!}$$

(7) $$\sum_{j\epsilon J} b_j x_j = m.$$ (7a) $$x_j \in \{0,1\} \quad (j\epsilon J).$$

Das SEQKP läßt sich grundsätzlich mit Hilfe von Algorithmen der Quadratischen Ganzzahligen Programmierung lösen; eine Auswahl davon findet sich in GARFINKEL-NEMHAUSER [1972]. Diese Verfahren sind allerdings nicht auf die spezielle Problemstruktur zugeschnitten und sollen deshalb hier unbehandelt bleiben.

Nicht anwendbar ist der Algorithmus von MORIN-MARSTEN [1976] zur Lösung Nichtlinearer Knapsack-Probleme, da dieser eine hinsichtlich der Variablen separable Zielfunktion fordert, diese Eigenschaft jedoch in (6) nicht gegeben ist.

Im folgenden wird deshalb ein Algorithmus der Impliziten Enumeration entwickelt, der die spezielle Problemstruktur des SEQKP ausnutzt.

Der Enumerationsprozeß des Verfahrens ist nach dem Prinzip des "backtracking" organisiert. Dabei wird zu einer bestehenden Teillösung jeweils eine weitere Variable auf den Wert 1 fixiert, bis die Bedingung (7) erfüllt ist. In diesem Falle wird geprüft, ob diese Lösung besser ist als die bisher beste gefundene, und bei Zutreffen gespeichert. Danach und für den Fall, daß keine weitere Variable auf den Wert 1 fixiert werden kann, ohne Beschränkung (7) zu verletzen, wird die letzte auf den Wert 1 gesetzte Variable nunmehr auf den Wert 0 fixiert (Rücksprung) und erneut begonnen, unfixierten Variablen den Wert 1 zuzuweisen.

Beschleunigt wird der Enumerationsprozeß durch die Möglichkeit, Variablen implizit auf den Wert 0 zu fixieren. Seien S die Indexmenge aller auf den Wert 1 fixierten Variablen und V die Indexmenge aller unfixierten Variablen, so kann keiner der Variablen mit Index $j\epsilon V$ der Wert 1 gegeben werden, wenn sie sich mit einer der Variablen x_j ($j\epsilon S$) "überschneidet", d.h. alle Variablen x_j ($j\epsilon V$) mit der Eigenschaft

(8) $$z_{jk} \geq p \quad \text{für ein } k\epsilon S \qquad (j\epsilon V)$$

können implizit auf den Wert 0 fixiert werden.

Weiterhin wird der explizite Teil des Enumerationsprozesses durch die Verwendung eines effizienten Lower-Bound stark begrenzt. Für den Fall, daß der Lower-Bound ℓ einer Teillösung höher ist als der Zielfunktionswert der bisher besten gefundenen Lösung (Upper Bound) u , kann sofort ein Rücksprung vorgenommen werden.

Zur Berechnung des Lower-Bound ℓ werden zunächst pro Variable die Kosten d_j bestimmt, die mit dem Fixieren dieser Variablen auf den Wert 1 verbunden wären.

(9) $d_j = \sum_{k \epsilon S} z_{jk} + \text{opt } (SPZ_j)$ $(j \epsilon S \cup V)$

(10) $\text{opt } (SPZ_j) = \sum_{k \epsilon V} z_{jk} x_k \Rightarrow \text{Min!}$

(11) $\sum_{k \epsilon V} b_k x_k = m - \sum_{k \epsilon S} b_k$

(12) $0 \leq x_k \leq 1$ $(k \epsilon V)$

Das Problem (10) - (12) läßt sich dadurch leicht lösen, daß man alle Variablen nach den gewichteten Werten z_{jk}/b_k sortiert und dann in aufsteigender Reihenfolge mit maximalem Wert versieht, bis Beschränkung (12) erfüllt ist.

Analog läßt sich dann der Lower-Bound ℓ folgendermaßen berechnen:

(13) $\ell = \sum_{j \epsilon S} d_j + \text{opt } (SPG)$

(14) $\text{opt } (SPG) = \sum_{j \epsilon V} d_j x_j \Rightarrow \text{Min!}$

(15) $\sum_{j \epsilon V} b_j x_j = m - \sum_{j \epsilon S} b_j$

(16) $0 \leq x_j \leq 1$ $(j \epsilon V)$

Das Verfahren ist beendet, wenn alle Teillösungen implizit oder explizit untersucht worden sind; das ist der Fall, wenn alle Variablen explizit auf den Wert 0 fixiert sind.

Der Algorithmus läßt sich detailliert durch folgende Verfahrensschritte beschreiben:

1. Schritt: Initialisieren.

   $u = \infty$; $\ell = 0$; $S = \emptyset$; $V = J$

   $\bar{s} = 0$: Anzahl der Elemente in S

   $\underline{X} = (0,0,\ldots,0)$: Vektor der Variablenwerte der bisher besten Lösung.

2. Schritt: Berechnung des Lower-Bound (entsprechend zu (9) - (16)).

   Ist $\ell \geq u$, dann gehe zum 6. Schritt, sonst fahre fort mit dem 3. Schritt.

3. Schritt: Fixierung einer Variablen.

   Ist $V = \emptyset$, dann gehe zum 6. Schritt.

Fixiere diejenige Variable mit dem Index g auf den Wert 1, deren Wert d_j/b_j minimal ist. Ist dieses Kriterium nicht eindeutig, so wähle die Variable mit minimalem Index:

$$g = \mathrm{Min}\,\{j\varepsilon V \mid \frac{d_j}{b_j} = \mathrm{Min}\,\{\frac{d_k}{b_k} \mid k\varepsilon V\}\} \; .$$

Komplettiere die Teillösung:

$$S := S \cup \{g\} \; ; \; \bar{s} := \bar{s} + 1 \quad ;$$

Bestimme die Menge der Variablen, die implizit auf den Wert 0 fixiert werden kann:

$$W_{\bar{s}} = \{j\varepsilon V \mid z_{jk} > p \text{ für ein } k\varepsilon S \text{ oder } \sum_{k\varepsilon S} b_k + b_j > m\}$$

$$V := V \setminus \{g\} \setminus W_{\bar{s}}$$

4. Schritt: Test auf Zulässigkeit.

Ist Beschränkung (7) erfüllt, d.h. $\sum_{j\varepsilon S} b_j = m$, dann gehe zum 5. Schritt, sonst beginne erneut mit dem 2. Schritt.

5. Schritt: Test auf Verbesserung der Lösung.

Ist $\sum_{j\varepsilon S} \sum_{k\varepsilon S} z_{jk} \geq u$, dann gehe zum 6. Schritt.

Sonst speichere $u = \sum_{j\varepsilon S} \sum_{k\varepsilon S} z_{jk}$

$$\underline{X} = (x_j) \text{ mit } x_j = \begin{cases} 1, \text{ wenn } j\varepsilon S \\ 0, \text{ sonst} \end{cases} \qquad (j\varepsilon J).$$

6. Schritt: Rücksprungalternativen.

Ist $\bar{s} = 0$, dann gehe zum 9. Schritt.

Ist $\bar{s} = 1$, dann gehe zum 7. Schritt.

Ist $\bar{s} > 1$, dann gehe zum 8. Schritt.

7. Schritt: Rücksprung A:

S enthält als einziges Element den Index h. Damit sind alle Teillösungen mit $x_h = 1$ untersucht. Die Variable x_h kann deshalb durch

$$z_{hj} := z_{hj} + p; \; z_{jh} := z_{jh} + p \quad (j\varepsilon J);$$

$$W_o := W_o \cup \{h\}; \quad V = J \setminus W_o$$

von der weiteren Enumeration ausgeschlossen werden,

$S = \emptyset$; $\bar{s} = 0$ und gehe zum 2. Schritt.

8. Schritt: Rücksprung N:

Aus der Menge S wird das zuletzt zugeordnete Element h wieder eliminiert:

$S := S \setminus \{h\}$; $\bar{s} := \bar{s} - 1$;

$V := V \cup \{W_{\bar{s}+1}\}$; $W_{\bar{s}} := W_{\bar{s}} \cup \{h\}$;

und gehe zum 2. Schritt.

9. Schritt: Verfahrensende.

Ist $u \geq p$, dann besitzt das Problem keine zulässige Lösung.

Sonst ist u der optimale Zielfunktionswert und $\underline{X}$ der Vektor mit den optimalen Variablenwerten.

5. Rechenerfahrungen

In diesem Abschnitt soll das Verfahren der Impliziten Enumeration zur Lösung des SEQKP (siehe Abschnitt 4.) hinsichtlich seines Rechenzeitverhaltens eine Beurteilung finden.

Dazu wurde der Algorithmus in FORTRAN programmiert, auf einer pdp-10 implementiert und an Hand einer Reihe von zufällig erzeugten Problemen getestet, die sich hinsichtlich folgender vier Parameter unterscheiden:

(a) m : Anzahl der Beschränkungen

(b) n : Anzahl der Variablen

(c) $\delta(\underline{A})$: Dichte der Beschränkungsmatrix $\underline{A}$ (Anteil der Nichtnullelemente)

(d) Variationsbereich der Elemente der Zielfunktionsmatrix $\underline{C}$.

Die Erzeugung der Probleme erfolgte nach folgender Vorgehensweise: Die Matrix $\underline{A}$ wird entsprechend ihrer Dichte $\delta(\underline{A})$ zufällig mit Werten 1 besetzt, so daß jeweils eine Untermenge von Variablen - auf den Wert 1 gesetzt - eine zulässige Lösung ergibt und jede Variable jeweils in mindestens zwei dieser Untermengen vertreten ist. Entsprechend der Variationsbreite wird dann die Matrix $\underline{C}$ zufällig mit Werten versehen.

Als zusätzliche Information zur Struktur der Probleme dient in Tab. 1 die Angabe $\delta(\underline{Z})$ zur Dichte von $\underline{Z}$, das ist der Anteil der Elemente $z_{jk} < p$ $(j, k \in J)$.

Die für die Lösung der Probleme (P: Problemnummer) jeweils benötigten

- Anzahl der explizit untersuchten Teillösungen [AT],
- Rechenzeit in Sekunden bis zum Auffinden der besten Lösung [t(opt)],
- gesamte Rechenzeit in Sekunden bis zum Beweis der Optimalität [t(ges)]

sind in Tab. 1 angegeben. Dabei stellen die Rechenzeiten CPU-Zeiten ohne Input/Output-Operationen dar. Die Ergebnisse zeigen:

(1) Die Anzahl der Beschränkungen (m) übt keinen negativen Einfluß auf die Rechenzeit aus. Im Gegenteil, mit zunehmendem m sinkt die Rechenzeit (siehe Problemtypen 1 - 5). Diese Eigenschaft kann man darauf zurückführen, daß mit steigendem m, aber gleichbleibender Anzahl von Variablen, die Anzahl der zulässigen Kombinationsmöglichkeiten von Variablen abnimmt und damit immer mehr Teillösungen implizit ausgeschlossen werden können. Dazu sei angemerkt, daß die eben genannte Einflußgröße bezogen auf die Problemgröße in der Dichte von $\underline{Z}$ zum Ausdruck kommt.

(2) Wie bei allen Algorithmen zur Lösung von Set-Partitioning-Problemen nehmen auch hier die Rechenzeiten stark zu, wenn die Anzahl der Variablen steigt (siehe Problemtypen 6 - 10) oder die Dichte von $\underline{A}$ sinkt (siehe Problemtypen 11 - 14). In beiden Fällen wird nämlich die Anzahl der zulässigen Kombinationsmöglichkeiten von Variablen größer. Für die in praktischen Problemen vorherrschende Dichte von $\delta(\underline{A}) \approx 0.1$ ergeben sich jedoch noch gute bis akzeptable Rechenzeiten.

(3) Mit zunehmender Variationsbreite der Elemente der Zielfunktionsmatrix $\underline{C}$ steigen die Rechenzeiten. Diese Eigenschaft liegt in der Art der Lower-Bound-Berechnung begründet. Je geringer nämlich die Variationsbreite ist, desto "schärfer" werden die Werte des Lower-Bound, und da diese als Ausschlußkriterium verwendet werden, können wesentlich mehr Teillösungen implizit von der Enumeration ausgeschlossen werden.[1]

Ein Vergleich der hier aufgeführten Rechenzeiten mit denen von BAZARAA-GOODE [1975] soll nicht vorgenommen werden. Diese erzielen für Probleme mit bis zu 35 Variablen und einer Dichte von $\delta(\underline{A}) = 0.11$ Rechenzeiten von 0.5 bis über 300 Sekunden. Allerdings ist ein Vergleich der Rechenzeiten praktisch unmöglich, da in beiden Fällen unterschiedliche Computer mit unterschiedlichen Operationszeiten verwendet wurden. Selbst wenn man diesen Einfluß ausschaltete, ist zu bedenken, daß die Ergebnisse nicht aussagekräftig werden, da BAZARAA-GOODE keine Angaben über die Dichte von $\underline{Z}$ und die Variationsbreite der Kostenelemente c_{jk} machen.

---

1 Alle Rechnungen wurden auf einer pdp-10 des Rechenzentrums der Christian-Albrechts-Universität Kiel durchgeführt.

Tabelle Nr. 1: Rechenerfahrungen

P	n	m	$\delta(\underline{A})$	$\delta(\underline{Z})$	$1 \leq c_{jk} \leq 200$			$40 \leq c_{jk} \leq 200$			$100 \leq c_{jk} \leq 200$		
					AT	t(opt)	t(ges)	AT	t(opt)	t(ges)	AT	t(opt)	t(ges)
1	40	20	0.102	0.845	783	5.44	25.34	429	7.05	13.94	153	1.01	5.91
2	40	40	0.102	0.725	132	1.82	5.42	86	0.83	4.13	73	0.84	3.88
3	40	80	0.088	0.675	69	0.78	3.70	50	0.76	3.28	43	0.81	3.06
4	40	200	0.106	0.428	22	0.74	2.90	37	1.00	3.11	36	1.00	3.08
5	40	400	0.101	0.355	20	0.80	3.95	13	0.78	3.87	14	0.72	3.73
6	20	20	0.090	0.915	31	0.38	0.81	32	0.38	0.81	29	0.30	0.74
7	40	20	0.102	0.845	783	5.44	25.34	429	7.05	13.94	153	1.01	5.91
8	60	20	0.104	0.823	2946	32.53	115.89	1065	8.22	43.07	610	5.84	27.77
9	80	20	0.106	0.808	9206	316.99	471.10	2076	66.83	117.39	1119	40.77	64.76
10	100	20	0.106	0.803	29433	888.48	1867.06	5661	131.17	369.46	3114	79.58	215.56
11	40	40	0.049	0.949	1036	5.01	57.98	651	4.40	35.59	632	4.49	34.09
12	40	40	0.102	0.725	132	1.82	5.42	86	0.83	4.13	73	0.84	3.88
13	40	40	0.188	0.386	46	1.04	2.41	38	1.06	2.33	37	1.04	2.17
14	40	40	0.305	0.150	6	0.67	1.71	9	0.69	1.78	15	0.76	1.94

Literaturverzeichnis:

Albers, S.; Einsatzplanung von Flugzeugbesatzungen, Dissertation Hamburg 1977

Arabeyre, J.P.; J. Fearnley; F.C. Steiger und W. Teather; The Airline Crew Scheduling Problem: A Survey, in: Transportation Science, Vol. 3 (1969), S. 140-163

Bazaraa, M.S. und J.J. Goode; A Cutting-Plane Algorithm for the Quadratic Set-Covering Problem, in: Operations Research, Vol. 23 (1975), S. 150-158

Bellmore, M. und H.D. Ratliff; Set Covering and Involutory Bases, in: Management Science, Vol. 18 (1971), S. 194-206

Garfinkel, R.S. und G.L. Nemhauser; Optimal Political Districting by Implicit Enumeration Techniques, in: Management Science, Vol. 16 (1970), S. B495-B508

Garfinkel, R.S. und G.L. Nemhauser; Integer Programming, John Wiley & Sons, New York 1972

Morin, T.L. und R.E. Marsten; An Algorithm for Nonlinear Knapsack Problems, in: Management Science, Vol. 22 (1976), S. 1147-1158

Shanker, R.J.; R.E. Turner und A.A. Zoltners; Sales Territory Design: An Integrated Approach, in: Management Science, Vol. 22 (1975), S. 309-320

Approximative Verfahren zur Lösung diskreter Optimierungsprobleme

P. Brucker, Oldenburg

Neuere Ergebnisse der Komplexitätstheorie besagen, daß für eine Vielzahl diskreter Optimierungsprobleme aller Voraussicht nach keine effizienten Algorithmen (d.h. Algorithmen, deren Laufzeit polynomial mit dem Umfang des Problems wächst) entwickelt werden können. Aus diesem Grunde werden nunmehr verstärkt heuristische Verfahren bezüglich ihres worst-case-Verhaltens untersucht. Der Vortrag soll einen Überblick der Entwicklungen auf diesem Gebiet geben. Neben einer Darstellung der verschiedenen Methoden, das schlechteste Verhalten von Heuristiken abzuschätzen, werden die wichtigsten Anwendungen aufgeführt.

Entartete konvexe Polyeder, zugeordnete Graphen und ein Algorithmus

T. Gal, Aachen

Es werden einige Eigenschaften eines Graphen, der durch eine konvexe polyedrische Menge X generiert ist, untersucht, wobei X mindestens eine entartete Ecke hat (kurz: entartetes X). Ausgehend aus den Ergebnissen der entwickelten Theorie ist ein Algorithmus erarbeitet,der alle Ecken von X generiert, die eine gewisse gemeinsame Eigenschaft P haben. Insbesondere wird theoretisch bewiesen und im Algorithmus genutzt, daß alle Nachbarecken mit der Eigenschaft P zu einer entarteten Ecke gefunden werden können, so daß nur eine echte Teilmenge der Basislösungen, die der entarteten Ecke zugeordnet werden können, bestimmt werden muß. Dieser Algorithmus als auch die theoretischen Ergebnisse können auf verschiedene Aufgaben der (linearen) mathematischen Programmierung angewendet werden, wie z.B. auf ganzzahlige Probleme, auf lineare Vektormaximumprobleme, auf multiparametrische Programmierung. Ein illustratives Beispiel ist beigefügt.

Solving a Dynamic Program by Linear Programming – General State and Action Spaces

W.-R. Heilmann, Hamburg

Summary. In the past two decades it has been shown by various authors that stochastic dynamic programming problems with finite state and action spaces and different notions of optimality can be solved by linear programming. In the present lecture it will be demonstrated that dynamic programs with general state and action spaces can be treated by a generalized linear programming approach in the discounted reward case, in the average reward case, and in the optimal stopping case.

1. *Introduction.* It has been known for a long time that stochastic dynamic programming problems with finite state and action spaces can be handled by policy and value iteration, both typical dynamic programming techniques, as well as by linear programming. It is surprising enough that although elaborate linear programming models in arbitrary topological vector spaces have been developed in the past years only few attempts were made to formulate general dynamic programming problems as linear programs.

In the present lecture, we first introduce a dual pair of linear programs as proposed by Krabs [13] (slightly modified). We then define a general (stationary Markovian) dynamic programming model in the sense of Hinderer [8] with two notions of optimality: the discounted reward case and the average reward case. In the discounted reward case we distinguish between the usual and the stopped model.

Finally, we use the above linear programming model to establish a dual pair of linear programs for each of the three dynamic programming problems. It turns out that our formulations contain the well-known models with finite state and action spaces as special cases, cf. Derman [1], e.g. Notation and terminology are adopted from Hinderer [8], Hinderer [9], and Krabs [13]. Especially, $\mathbb{N}$ is the set of positive integers and $\mathbb{R}$ is the set of real numbers.

2. *The linear programming model.* In recent years, the theory of general linear programming has been developed considerably, cf. Kretschmer [14], Dieter [2], Grinold [5], Krabs [11], [12], [13], van Slyke and Wets [20], Kallina and Williams [10], and Schechter [18], [19], e.g. It turns out that (a slight modification of) the model developed by Krabs [13] serves our purposes very well.

Let E be a normed vector space, F a partially ordered normed vector space, $L:E \to F$ a continuous linear mapping with conjugate $L^*:F^* \to E^*$, $c \in E^*$, $b \in F$.

Primal Program (P): For $x \in E$

$$c(x) = \text{Min!}$$
$$Lx \geq b.$$

Dual Program (D) : For $y^* \in F^*$,

$$y^*(b) = \text{Max!}$$
$$L^*y^* = b$$
$$y^* \geq 0.$$

The results derived by Krabs can easily be transferred to this case. As an example, we state the following weak duality theorem, a proof of which is immediate.

Theorem 2.1 (cf. Krabs [13], Satz 3.2). Let σ or τ be the value of (P) or (D), respectively. Then the following holds.

(i) $\tau \leq \sigma$.

(ii) If $x \in E$ and $y^* \in F^*$ are feasible, and $c(x) = y^*(b)$, then x and y^* are optimal, and $\tau = \sigma$.

3. *The dynamic programming model.* A (stationary Markovian) stochastic dynamic decision model in the sense of Hinderer [8] is a tupel $((S,\mathcal{S}), (A,\mathcal{A}), D, p, q, \beta, r)$ of the following meaning.

(i) $(S,\mathcal{S})$ is a measure space, the so-called state space,

(ii) $(A,\mathcal{A})$ is a measure space, the so-called action space,

(iii) $D \in \mathcal{S} \otimes \mathcal{A}$ contains the graph of a measurable mapping from S to A. For all $s \in S$ the s-section D_s of D denotes the set of admissible actions if state s occurs. Let $\mathcal{D} := D \cap \mathcal{S} \otimes \mathcal{A}$.

(iv) p is a probability measure on $\mathcal{S}$, the so-called initial distribution.

(v) q is a transition probability from D to S, the so-called transition law.

(vi) $\beta \in (0,1]$ is the discount factor.

(vii) r is a measurable bounded mapping from D to $\mathbb{R}$, the so-called reward function.

A (randomized stationary Markov) policy is a transition probability π from S to A with $\pi(s, D_s) = 1$ for all $s \in S$. By a theorem of Ionescu-Tulcea (cf. Hinderer [9], Satz 20.12), a policy π together with p and q defines a probability measure P_π on $\bigotimes_1^\infty (\mathcal{S} \otimes \mathcal{A})$ and, by this, a stochastic process $((\zeta_n, \alpha_n), n \in \mathbb{N})$, where ζ_n or α_n denotes the projection mapping onto the n-th state or action space, respectively.

For the rest of the paper, the characteristics E, F, and b of our linear programming model will be specified as follows: E (or F) is the space of measurable bounded functions $v : S \to \mathbb{R}$ (or $w: D \to \mathbb{R}$) with the usual sup-norm (and pointwise ordering), and $b := r$. Note that the dual F* is isometrically isomorphic to the space of bounded additive set functions on $\mathcal{D}$.

4. *The discounted reward case.* Let $\beta < 1$ and put

$$V_\pi := E_\pi\left[\sum_{n=1}^{\infty} \beta^{n-1} \, r \circ (\zeta_n, \alpha_n)\right],$$

where $E_\pi[\cdot]$ denotes expectation with respect to P_π. Then a policy π^* is called $\bar{p}$-optimal, if $V_{\pi^*} = \sup_\pi V_\pi$. Let

$$V_{1\pi}(s) := E_\pi\left[\sum_{n=1}^{\infty} \beta^{n-1} \, r \circ (\zeta_n, \alpha_n) \,|\, \zeta_1 = s\right], \quad s \in S,$$

and

$$V_1(s) := \sup_\pi V_{1\pi}(s), \quad s \in S.$$

Then the optimality equation

(OG) $$V_1(s) = \sup_{a \in D_s} \left(r(s,a) + \beta \int q(s,a,dt) \, V_1(t)\right), \quad s \in S,$$

holds.

Motivated by the objective function $\pi \to V_\pi$ and (OG), we now choose as continuous linear mappings L,c for our linear program the ones defined by

$$Lv(s,a) := v(s) - \beta\int q(s,a,dt)v(t)\ , \quad (s,a)\in D,\ v\in E,$$
$$cv := \int v dp\ , \quad v\in E,$$

and thus establish the following pair of linear programs.

$$(P^*) \qquad \int v dp = \text{Min!}$$
$$v(s) - \beta\int q(s,a,dt)v(t) \geq r(s,a), \quad (s,a)\in D.$$

$$(D^*) \qquad \int r d\nu = \text{Max!}$$
$$\int (u(s) - \beta\int q(s,a,dt)u(t))\nu(d(s,a)) = \int u dp,\ u\in E,$$
$$\int w d\nu \geq 0\ ,\ w \geq 0.$$

It is easily seen that if S and A are finite, (P*) and (D*) are an ordinary pair of linear programs as developed by d'Epenoux [3] and de Ghellinck and Eppen [4].

As a first indication for the connexions between (P*), (D*) and the problem of finding a $\bar{p}$-optimal policy, we cite the following result.

<u>Theorem 4.1</u> (cf. Heilmann [6],Theorem 6). For any policy π, ν_π, defined by

$$\nu_\pi(B) := \sum_{n=1}^{\infty} \beta^{n-1}(P_\pi)_{(\zeta_n,\alpha_n)}(B), \quad B\in\mathcal{D},$$

is feasible for (D*).

From this outset, linear programming results can be used to treat the dynamic programming problem.

5. *The average reward case.* We now call a policy π^* <u>(average-) optimal</u> if it maximizes the functional

$$\pi \to G_\pi(s) := \liminf_{N\to\infty} N^{-1}\sum_{n=1}^{N} E_\pi[r\circ(\zeta_n,\alpha_n)\,|\,\zeta_1 = s]$$

for all $s\in S$. Under certain conditions (cf. Ross [17], e.g.), the

<u>optimality equation</u>

$$(\mathrm{OG}') \qquad g + v(s) = \sup_{a\in D_s} (r(s,a) + \int q(s,a,dt)v(t)), \quad s\in S,$$

where $g\in\mathbb{R}$ and $v : S \to \mathbb{R}$ is bounded and measurable, is solved by $g :\equiv G_{\pi*}$ and an appropriate v.

Replacing E by $E' := \mathbb{R}\times E$ and defining the operators L,c by

$$L(g,v)(s,a) := g + v(s) - \int q(s,a,dt)v(t), (s,a)\in D, \ (g,v)\in E',$$
$$c(g,v) := g, \quad (g,v)\in E',$$

we arrive at the following pair of linear programs.

$$(\mathrm{P}') \qquad g = \mathrm{Min!}$$
$$g + v(s) - \int q(s,a,dt)v(t) \geq r(s,a) \ , \quad (s,a)\in D.$$

$$(\mathrm{D}') \qquad \int r d\nu = \mathrm{Max!}$$
$$\int (g+v(s) - \int q(s,a,dt)v(t))\nu(d(s,a)) = g \ , \quad (g,v)\in E',$$
$$\int w d\nu \geq 0, \ w \geq 0.$$

Again it can be shown that our approach is a direct generalization of earlier research (cf. Manne [15], Wagner [21], and Yamada [22], e.g.).

We quote the following result.

<u>Theorem 5.1</u> (cf. Heilmann [7]). If for any policy π there exists a probability measure λ on S such that

$$\lambda(B) = \int\lambda(ds)\int\pi(s,da)q(s,a,B) \quad \text{for all } B\in\mathcal{S},$$

then $\lambda\otimes\pi$ is feasible for (D').

This theorem can be used as starting point for linear programming considerations in the average reward case.

6. *The optimal stopping case.* We return to the discounted case with $\beta < 1$, but contrary to the former model we now admit the possibility of stopping the process (ζ_n) at any stage $n\in\mathbb{N}$ which yields a terminal reward $\beta^{n-1}\rho\circ\zeta_n$, where $\rho : S \to \mathbb{R}$ is the bounded measurable <u>terminal reward function</u>.

A thorough treatment of stopped decision processes was carried out by Rieder [16]. In order to avoid involved considerations here, we just put down the related pair of linear programs.

$(\tilde{P})$
$$\int v\,dp = \text{Min!}$$
$$v(s) \geq \rho(s)\ ,\quad s \in S,$$
$$v(s) - \beta\int q(s,a,dt)v(t) \geq r(s,a)\ ,\quad (s,a) \in D.$$

$(\tilde{D})$
$$\int \rho\,d\mu + \int r\,d\nu = \text{Max!}$$
$$\int u\,d\mu + \int (u(s) - \beta\int q(s,a,dt)u(t))\nu(d(s,a)) = \int u\,dp,\ u \in E,$$
$$\int u\,d\mu \geq 0\ ,\quad u \geq 0,$$
$$\int w\,d\nu \geq 0\ ,\quad w \geq 0.$$

From Theorem 4.1, we immediately infer the following result.

Theorem 6.1 Let ν_π be as in Theorem 4.1, and let $\mu :\equiv 0$. Then the pair (μ,ν_π) is feasible for $(\tilde{D})$.

Acknowledgement. The present research was stimulated by Professor K. Hinderer, to whom the author wants to express his gratitude.

References

[1] C.Derman. Finite State Markovian Decision Processes. Academic Press. New York 1970.

[2] U.Dieter. Optimierungsaufgaben in topologischen Vektorräumen I: Dualitätstheorie. Zeitschr.f.Wahrsch.Theorie u. verw. Geb. 5, 1966, 89-117.

[3] F.d'Epenoux. A Probabilistic Production and Inventory Problem. Man.Sci. 10, 1963, 98-108.

[4] G.T.de Ghellinck and G.D.Eppen. Linear Programming Solutions for Separable Markovian Decision Problems. Man.Sci. 13, 1967, 371-394.

[5] R.C.Grinold. Continuous Programming.
Part One: Linear Objectives. Journ.Math.Anal.Appl.28, 1969, 32-51.

Part Two: Nonlinear Objectives. Journ.Math.Anal.Appl.27, 1969, 639-655.

[6] W.-R.Heilmann. Solving a General Discounted Dynamic Program by Linear Programming, 1977. To be published.

[7] W.-R.Heilmann. Generalized Linear Programming in Markovian Decision Problems, 1977. To be published in Bonner Mathematische Schriften.

[8] K.Hinderer. Foundations of Non-stationary Dynamic Programming with Discrete Time Parameter. Springer-Verlag. Berlin-Heidelberg-New York 1970.

[9] K.Hinderer. Grundbegriffe der Wahrscheinlichkeitstheorie. Springer-Verlag. Berlin-Heidelberg-New York 1972.

[10] C.Kallina and A.C.Williams. Linear Programming in Reflexive Spaces. SIAM Review 13, 1971, 350-376.

[11] W. Krabs. Lineare Optimierung in halbgeordneten Vektorräumen. Num.Math. 11, 1968, 220-231.

[12] W.Krabs. Zur Dualitätstheorie bei linearen Optimierungsaufgaben in halbgeordneten Vektorräumen. Math.Zeitschr. 121, 1971, 320-328.

[13] W.Krabs. Optimierung und Approximation. Teubner-Verlag. Stuttgart 1975.

[14] K.S.Kretschmer. Programmes in Paired Spaces. Canad.Journ. Math. 13, 1961, 221-238.

[15] A.S.Manne. Linear Programming and Sequential Decisions. Man. Sci. 6, 1960, 259-267.

[16] U.Rieder. On Stopped Decision Processes with Discrete Time Parameter. Stoch.Proc. and their Appl. 3, 1975, 365-383.

[17] S.M.Ross. Arbitrary State Markovian Decision Processes. Ann. Math.Stat. 39, 1968, 412-423.

[18] M.Schechter. Duality in Continuous Linear Programming. Journ. Math.Anal.Appl. 37, 1972, 130-141.

[19] M.Schechter. Linear Programs in Topological Vector Spaces. Journ.Math.Anal.Appl. 37, 1972, 492-500.

[20] R.M.van Slyke and R.J.-B.Wets. A Duality Theory for Abstract Mathematical Programs with Applications to Optimal Control Theory. Journ.Math.Anal.Appl. 22, 1968, 679-706.

[21] H.M.Wagner. On the Optimality of Pure Strategies. Man.Sci. 6, 1960, 268-269.

[22] K.Yamada. Duality Theorem in Markovian Decision Problems. Journ.Math.Anal.Appl. 50, 1975, 579-595.

A New Approach for Separable Nonconvex Minimization Problems including a Method for Finding the Global Minimum of a Function of one Variable

R. Horst, Darmstadt

1. Introduction

We consider the following programming problem: Find a vector $\bar{x}\in D\cap Q$ satisfying

$$f(\bar{x}) = \min_{x\in D\cap Q} f(x) \qquad \text{(Problem P)}.$$

It is assumed throughout this paper that $D\subset R^n$ is convex and closed, $Q = \{x = (x_1,\dots,x_n)\in R^n \mid l_i\leq x_i\leq L_i\}$ where l_i, L_i are given real numbers, $l_i\leq L_i$ $(i=1(1)n))$. Furthermore let f: $A\to\mathbb{R}$ be a nonconvex continuous and separable function on an open set A, $D\cap Q\subset A\subset R^n$, where separability of the objective function means $f(x) = \sum_{i=1}^{n} f_i(x_i)$, f_i real functions of one real variable.

(Many operations research problems yield separable objective functions. Note as well that in principle every function f: $\mathbb{R}^n\to\mathbb{R}$ can be transformed to a separable one, [5]).

A branch and bound approach for solving Problem P was given by Falk and Soland [2]. We refer here expecially to their relaxed version ([2], chapter 5) which seems to be preferable to the original one since one does not have to be concerned with the completion of any partition.
Essentially in every step three tasks are to be carried out: construction of convex envelopes. (cf. [1], [6]) of the f_i over suitable closed intervals forming a rectangular subset Q^i of Q, detection if $Q^i\cap D$ is empty and solving some convex subproblems.

In general the construction of the convex envelope of a continuous function involves a great deal of computational effort and the refining rule of Falk and Soland's algorithms is such that none of their convergence theorems holds if one is using simpler subfunctions instead of convex envelopes. Therefore, we want to propose a similar algorithm of the branch and bound type using a different refining rule and piecewise constant subfunctions. Instead of con-

structing convex envelopes and minimizing several convex subproblems we only have to minimize each f_i over suitable subintervals. (Note that minimizing f_i is only one part of constructing its convex envelope).
First we describe one version of several possible "theoretical" algorithms and prove a convergence theorem. Then we give some practical remarks and a partly "heuristic" method for finding the global minimum of a function of one variable.

2. Description of the algorithm

For the purpose of further abbreviations we state a trivial Lemma:

Lemma 1:

Let $Q := \{x = (x_1,\dots,x_n)\in\mathbb{R}^n \mid l_i\le x_i\le L_i,\ (i=1(1)n)\}$ and $\bar{l}_r = \frac{1}{2}(L_r-l_r) = \frac{1}{2}\max_{i=1(1)n}\{L_i-l_i\}$. Then

$$Q^1 := \{x\in\mathbb{R}^n \mid l_i\le x_i\le L_i,\ (i=1(1)n;\ i\ne r),\ l_r\le x_r\le l_r+\bar{l}_r\},$$

$$Q^2 := \{x\in\mathbb{R}^n \mid l_i\le x_i\le L_i\,(i=1(1)n;\ i\ne r),\ l_r+\bar{l}_r\le x_r\le L_r$$

form a rectangular partition $\{Q^1, Q^2\}_Q$ of Q, i.e. $Q = Q^1\cup Q^2$ and $Q^1\cap Q^2 = \partial Q^1\cap\partial Q^2$, where ∂Q^i denotes the relative boundary of Q^i relative to Q.

For the sake of comprehensibility we describe in words what has to be carried out and give a very simple illustrative example. A rigorous formal statement of the algorithm is then quite easy and left to the reader.

Step 0:

In step 0 we compute $\mu^0 := \min_{x\in Q} f(x)$ which is a lower bound for $f(\bar{x}) := \min_{x\in D\cap Q} f(x)$. (Since for every rectangular subset $Q = \{x\in\mathbb{R}^n \mid l_i\le x_i\le L_i\ (i=1(1)n)\}$ we have $\min_{x\in Q} f(x) = \sum_{i=1}^{n} \min_{l_i\le x_i\le L_i} f_i(x_i)$, n one-dimensional minimization problems are to be solved).

Define x_i^0 by $f(x_i^0) = \min_{l_i\le x_i\le L_i} f(x_i)$ and $x^0 := (x_1^0,\dots,x_n^0)$.

If $x^0\in D$, then abviously $\mu^0 = f(\bar{x}) = f(x^0)$ and x^0 solves problem P.

If $x^0\notin D$, (then we can determine any point $\bar{x}^0\in D\cap Q$ (preferably with $f(\bar{x}^0)$ small) and stop, if $f(\bar{x}^0) = \mu^0$ (i.e. $\bar{x}^0$ solves problem P). If $f(\bar{x}^0)>\mu^0$), then we go to the next step.

Step 1 (and Step 2):

By partitionning Q in a set of rectangular subsets and minimizing f over each of these subsets we obtain better (at least equal) lower bounds for f over $D \cap Q$ and a better (at least equal) lower bound for $f(\bar{x})$. Q can be partionned in many ways, for the sake of simplicity and in order to obtain a convergence theorem we partition Q in only two subsets Q^{11}, Q^{12} by halving the longest edge of Q according to Lemma 1.

In order to obtain $\mu^{11} := \min_{x \in Q^{11}} f(x)$, $\mu^{12} = \min_{x \in Q^{12}} f(x)$ we obviously do not have to solve 2n one-dimensional minimization problems but only one. x^o is element of Q^{11} or Q^{12} and we assume first $x^o \in Q^{11}$, $x^o \notin Q^{12}$. Since x^o minimizes f over Q we have $\mu^{11} = \mu^o = f(x^o)$ and set $x^{11} = x^o$. As Q^{12} differs from Q only in one edge (that one which had been halved) we only have to solve one problem of the type $\min_{\bar{l}_r \leq x_r \leq \bar{L}_r} f(x_r)$ in order to obtain μ^{12} and x^{12} with $f(x^{12}) = \mu^{12}$. The (n-1) remaining one-dimensional minima had already been found in step 0.

If $x^o \in Q^{11} \cap Q^{12}$, then we have $\mu^{11} = \mu^{12} = \mu^o = f(x^o)$ and set $x^1 = x^{11} = x^{12} = x^o$.

Now we detect (e.g. by means of some Phase I - procedure as used in feasible-direction methods) if $(Q^{11} \setminus (Q^{11} \cap Q^{12})) \cap D$ is empty. If $(Q^{11} \setminus (Q^{11} \cap Q^{12})) \cap D = \emptyset$, then we cancel Q^{11} for further consideration, $\mu^1 := \mu^{12}$ is new lower bound for $f(\bar{x})$ and we proceed for Q^{12}, μ^1, $x^1 := x^{12}$, $(\bar{x}^1 \in D \cap Q^{12})$ as we did in step 0 for Q, μ^o, x^o, $(\bar{x}^o)$ yielding either a stop of the algorithm which indicates that x^1 (or $\bar{x}^1$) solves problem P1 or (by a point $\bar{x}^1 \in D \cap Q^{12}$ with $f(\bar{x}^1) > \mu^1$) the indication to go to the next step. In the latter case in step 2 we repeat step 1 mutatis mutandis for Q^{12}.

If $(Q^{11} \setminus (Q^{11} \cap Q^{12})) \cap D \neq \emptyset$, then no better lower bound for $f(\bar{x})$ has been found, we set $x^1 := x^o$, $\mu^1 = \mu^{11}$ and determine any point $\bar{x}^1 \in D \cap Q^{11}$ as we did for $\bar{x}^o$ in step 0. In this case in step 2 we repeat step 1 mutatis mutandis for Q^{11}.

Steps k, k+1 (k≥2):

At the end of step k we have a partition of Q in finitely many rectangular subsets $Q^{k,j}$. Some of them are possibly cancelled since their corresponding intersection with D is empty. Associated to each not cancelled $Q^{k,j}$ are in preceding steps calculated a lower bound $\mu^{k,j}$ for f over $Q^{k,j}$ and a point $x^{k,j}$ with $f(x^{k,j}) = \min_{x \in Q^{kj}} f(x)$.

The actual lower bound μ^k of $f(\bar{x})$ is then $\mu^k := \min\{\mu^{k,j} \mid j,\ Q^{k,j}$ not cancelled$\}$. x^k is defined by $f(x^k) = \mu^k$ (and $\bar{x}^k \in D \cap Q^{k,r}$ where $Q^{k,r}$ is the rectangular subset having least lower bound (i.e.: $\mu^k = \mu^{k,r}$)). $Q^{k,r}$ has to be partitionned in step k+1, which is mutatis mutandis similar to step 1.

3. A simple illustrative example

To illustrate how the algorithm works, we carry out some steps for a very simple example. The (quite arbitrary) $\bar{x}^i$ are not determined.

$f_1(x_1) = -(x_1)^3 + 18(x_1)^2 - 96x_1,\quad f_2(x_2) = -(x_2)^2$

$D = \{(x_1,x_2) \in \mathbb{R}^2 \mid x_2 - \frac{1}{8}x_1 \leq 4\},$

$Q = \{(x_1,x_2) \in \mathbb{R}^2 \mid 0 \leq x_1 \leq 16,\ 0 \leq x_2 \leq 16\},$

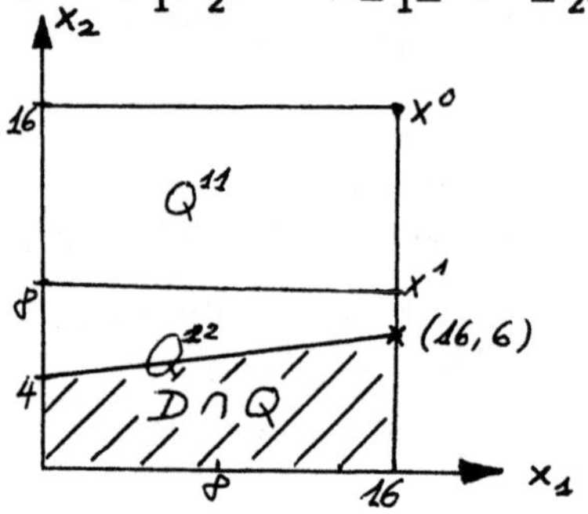

$\bar{x} = (16,6),\ f(\bar{x}) = -1060$

Step 0: Q: $x_1 \in [0,16],\ x_2 \in [0,16];$
$x^0 = (16,16),\ \mu^0 = -1280$

Step 1: Q^{11}: $x_1 \in [0,16],\ x_2 \in [8,16];\ Q^{11} \cap D = \emptyset \Rightarrow Q^{11}$ is cancelled.
Q^{12}: $x_1 \in [0,16],\ x_2 \in |0,8|;\ x^1 = (16,8),\ \mu^1 = -1088.$

Step 2: Q^{12} is partitionned in:

Q^{21}: $x_1 \in [0,8],\ x_2 \in [0,8];\ x^{21} = (4,8);\ \mu^{21} = -224.$
Q^{22}: $x_1 \in [8,16],\ x_2 \in [0,8];\ x^2 = x^{22} = x^1 = (16,8),\ \mu^2 = \mu^1 = -1088.$

Step 3: $Q^{31} := Q^{21}$ and Q^{22} is partitionned in:
Q^{32}: $x_1 \in [8,16],\ x_2 \in [0,4];\ x^{32} = (16,4),\ \mu^{32} = -1040.$
Q^{33}: $x_1 \in [8,16],\ x_2 \in [4,8];\ x^3 = x^{33} = x^2 = (16,8),\ \mu^3 = \mu^2 = -1088.$

Step 4: $Q^{41} := Q^{31},\ Q^{42} := Q^{32}$ and Q^{33} is partitionned in

Q^{43}: $x_1 \epsilon [8,12]$, $x_2 \epsilon [4,8]$; $x^{43} = (12,8)$, $\mu^{43} = -352$.

Q^{44}: $x_1 \epsilon [12,16]$, $x_2 \epsilon [4,8]$; $x^4 = x^{44} = x^3 = (16,8)$, $\mu^4 = \mu^3 = -1088$.

Step 5: $Q^{51} := Q^{41}$, $Q^{52} := Q^{42}$, $Q^{53} := Q^{43}$ and Q^{44} is partitionned in:

Q^{54}: $x_1 \epsilon [12,16]$, $x_2 \epsilon [4,6]$; $x^{54} = (16,6)$, $\mu^{54} = -1060$.

Q^{55}: $x_1 \epsilon [12,16]$, $x_2 \epsilon [6,8]$, $(Q^{55} \setminus (Q^{55} \cap Q^{54})) \cap D = \emptyset \Rightarrow Q^{55}$ is cancelled.

$\mu^5 = \min\{\mu^{5j} | j, Q^{5j}$ not cancelled$\} = \min\{-224, -1040, -352, -1060\} = -1060$,
$x^5 = x^{54} = (16,6)$, $x^5 \epsilon D$; the solution $x^5 = \bar{x} = (16,6)$, $f(\bar{x}) = {}^5 = -1060$ is found.

For further illustration of the branch and bound type of the algorithm the reader can easily draw now the corresponding tree.

4. A convergence theorem:

The main properties of the algorithm are stated in the following theorem:

Theorem:

a) Let $\bar{x} \epsilon D \cap Q$ be a solution of problem P. Then

$$\mu^k \leq \mu^{k+1} \leq f(\bar{x}) \leq \min_{j=1,\ldots,k+1} f(\bar{x}^j) \leq \min_{j=1,\ldots,k} f(\bar{x}^j) \; .$$

b) If the algorithm stops after step j, then x^j or $\bar{x}^j$ is a solution of problem P.

c) If the algorithm is not terminated after a finite number of steps, then it generates a sequence $\{\bar{x}^k\}$ of feasible points and a sequence $\{\mu^k\}$ of real numbers such that one accumulation point of $\{\bar{x}^k\}$ is a solution and $\{\mu^k\}$ is converging to the solution value $f(\bar{x})$.

Proof:

a) and b) are obvious.

Every new partition contains only two elements. So if $\{x^k\}$ and $\{\bar{x}^k\}$ are not finite, at least one $Q^{1j} \epsilon \{Q^{11}, Q^{12}\}_Q$ say Q^{11} must contain an infinite number of points from $\bar{x}^k$. Let $\bar{x}^{k_1}$ be that one of those with the smallest index. There must be a subsequent partition $\{Q^{k_2,1}, Q^{k_2,2}\}_{Q^{11}}$ of Q^{11} since Q^{11} contains an infinite number of points from $\{\bar{x}^k\}$. The same argument to that partition yields $\bar{x}^{k_2} \epsilon Q^{k_2,j} \epsilon \{Q^{k_2,1}, Q^{k_2,2}\}_{Q^{11}}$. Going on like this we obtain a "nested" sequence $\{Q^{k_i,j_{k_i}}\}$ such that $Q^{k_i,j_{k_i}}$ is an element of the next partition of

$Q^{k_{i-1}, j_{k_{i-1}}}$ and an associated subsequence $\{\bar{x}^{k_i}\} \subset \{\bar{x}^k\}$, $\bar{x}^{k_i} \in Q^{k_i, j_{k_i}}$

Now from our refining rule according to Lemma 1 it is easily deduced that there exists a point $\tilde{x}$ such that

$$\lim_{k_i} Q^{k_i, j_{k_i}} := \bigcap_{k_i} Q^{k_i, j_{k_i}} = \{\tilde{x}\}. \tag{1}$$

So $\lim_{k_i} \bar{x}^{k_i} = \tilde{x}$ and by continuity of f

$$\lim_{k_i} f(\bar{x}^{k_i}) = f(\tilde{x}). \tag{2}$$

Moreover by construction every $Q^{k_i, j_{k_i}}$ contains a point y^{k_i} such that $\mu^{k_i} = f(y^{k_i})$.

It follows

$$\lim_{k_i} \mu^{k_i} = \lim_{k_i} f(y^{k_i}) = f(\tilde{x}) \tag{3}$$

since $\lim_{k_i} y^{k_i} = \tilde{x}$ by (1) and f is continuous.

Now by construction we have

$$\mu^{k_i} \leqq \min_{x \in D \cap Q} f(x) \leqq f(\tilde{x}). \tag{4}$$

Taking limits ($k_i \to \infty$) and by (3) we conclude

$$f(\tilde{x}) = \min_{x \in D \cap Q} f(x) \tag{5}$$

which together with (2) proves that one accumulation point of $\{\bar{x}^k\}$ is a solution of problem P.

Since by construction the sequence $\{\mu^k\}$ is monotone nondecreasing and (4) holds for every μ^k $\lim_k \mu^k = \min_{x \in D \cap Q} f(x)$ follows by (3) and (5).

5. Some remarks

1. The algorithm presented here can be interpreted as a realization of an abstract approach given in [3]. The associated derivation is straight forward but some-what lengthy and omitted here.

2. The refining rule by halving longest edges according to Lemma 1 is chosen to enjure the validity of the convergence statement. In order to obtain good estimates some different refining rules which are adapted to the specific problem can be used in the first steps.

3. In step k+1 μ^{k+1}, x^{k+1} will differ from the previous values μ^k, x^k only if for the subsequent partition $\{Q^{k+1,l}, Q^{k+1,l+1}\}_{Q^{k,r}}$ of $Q^{k,r}$, where $x^k \in Q^{k+1,l}$ we have $(Q^{k+1,l} \setminus (Q^{k+1,l} \cap Q^{k+1,l+1})) \cap D = \emptyset$. If after some steps this did not occur such that we obtained a nested sequence of partition-elements containing x^k, we can try to check the distance $d(x^k, D)$ by detecting a "near" boundary point of $D \cap Q$, which yields good approximation of $f(\bar{x})$ or helps to find a rectangular subset containing x^k but no feasible point, that can be cancelled for further consideration after the corresponding completion of the partition. If $D \cap Q$ contains interior points, then such a boundary point can be found by well-known techniques used in Veinot's cutting-plane algorithm or penalty methods.

6. A method for finding the global minimum of a function of one variable

For our subproblem $\min_{l_i \leq x_i \leq L_i} f_i(x_i)$ we propose the following partly heuristic method:

Let $f: \mathbb{R} \to \mathbb{R}$ be continuously differentiable on an open interval containing the compact interval $[a,b]$. In order to find a point $\bar{x}_\varepsilon [a,b]$ minimizing f over $[a,b]$ within ε, i.e. for given $\varepsilon > 0$ $f(\bar{x}) - \min_{x \in [a,b]} f(x) \leq \varepsilon$, we proceed as follows.

Step 0:

Beginning with x=a use any descent method on f to obtain the first local minimum at $x_0 \geq a$.

Step 1:

Set $t := -\frac{\varepsilon}{b-a}$ and define $g(x) := t(x-x^{o})-[f(x)-f(x_o)]$.

Obviously we have

(i) $b \geq x > x_o,\ f(x)-f(x_o) \geq 0 \Rightarrow g(x) < 0$;

(ii) $b \geq x > x_o,\ f(x)-f(x_o) < -\varepsilon \Rightarrow g(x) > 0$.

Let x_1 be the first point greater then x_o, where f has a local minimum $f(x_1) < f(x_o)-\varepsilon$. Then we conclude that there is an $\bar{x}_1$,

$$x_o < \bar{x}_1 < x_1 \text{ such that } g(x) < 0 \text{ for } x_o < x < \bar{x}_1,$$
$$g(\bar{x}_1) = 0,$$
$$g(x) > 0 \text{ for } \bar{x}_1 < x \leq x_1.$$

In other words $G(x) := \int_{x_o}^{x} g(x)dx$ has a local minimum at $\bar{x}_1$. Since $f(x)$, $g(x)$ are continuously differentiable in $[a,b]$ there is a Lipschitz constant L_f of f yielding $[f(x)-f(x_o)] \leq \varepsilon$ for $0 < x - x_o \leq \frac{\varepsilon}{L_f}$. So starting with $x = x_o + \frac{\varepsilon}{L_f}$ a descent algorithm on $G(x)$ can be used to obtain $\bar{x}_1$. If $G(x)$ is available any of such methods will work, otherwise we have to choose one that uses only $G'(x) = g(x)$, see [1], [4], [7]. (A well known and simple but not always the most efficient method is for example $x^{k+1} = x^k - \frac{1}{L_g} g(x^k)$, where L_g denotes the Lipschitz constant of g.)

Step 2:

Beginning at $\bar{x}_1$ determine x_1 by some descent method on $f(x)$.
Set $x_o := x_1$ and go to Step 1.

The algorithm terminates when we pass b indicating that $f(b)$ or $f(x_o)$ for the last x_o is the global ε-minimum.

If each local minimum is strict, $\varepsilon=t=0$ will be possible.

References

[1] L. Armijo, "Minimization of a function having Lipschitz continuous first partial derivatives", Pacific J. Math. 16(1966)1-3.

[2] J.E. Falk and R.M. Soland, "An algorithm for separable nonconvex programming problems", Management Sci. 15(1969) 550-569.

[3] R. Horst, "An algorithm for nonconvex programming problems", Mathematical Programming 10(1976)312-321.

[4] P. Huard, "Implementation of gradient methods by tangential discretization", Publication Nr. 73 du Laboratoire de Calaul de l'Université des Sciences et Techniques de Lille, 1976.

[5] G.P. McCormick, "Converting general nonlinear programming problems to separable nonlinear programming problems", Techn.-Paper T-267, Washington, D.C. (1972).

[6] G.P. Mc Cormick, "Computability of global Solutions to factorable nonconvex programs: Part I-Convex underestimating problems, Mathematical Programming 10, (1976), 147-175.

[7] P. Wolfe, "Convergence conditions for ascent methods", SIAM Review 11(1969)226-235.

Optimality Conditions in Optimal Control of Jump Processes – Extended Abstract

M. Kohlmann, Bonn

1. Preliminaries and notations. The notations in this paper are mainly taken from [1 and 2] ,as that paper is basic to ours.Let there be given the finite time interval $[0,1]$ -unless otherwise specified- and a famiiy of probability spaces $(\Omega,F_t,P)_{t\in[0,1]}$ with the usual properties. We are considering stochastic processes (x_t,F_t,P) which are fundamental jump processes (f.j.p.) in the sense of [2] that are described by

$$P^x(B,t) := \prod_{s\leq t} [x_{s-} \neq x_s][x_s \in B] ,$$

where B is a subset of a measurable Blackwell space $(Z,\mathcal{Z})$.Henceforth we assume F_t to be the completed σ-algebra generated by the f.j.p. (x_t,P). Furthermore martingales (M^1) ,twice integrable martingales (M^2) ,local martingales (M^1_{loc},M^2_{loc}) ,integrable processes (A^+) ,processes with integrable variation (A) and analogously (A^+_{loc},A_{loc}) are denoted as in [2]. In order to define an integral with respect to elements from A we must define the associated sets of integrable functions. This will here only be done for a special case:
$P^x(B,t)$ turns out to be a local semi martingale with some further properties. It decomposes in the following way:
There is a unique increasing continuous process

$$\tilde{P}^x(B,t) \in A^+_{loc}$$

such that

$$Q^x(B,t) := P^x(B,t) - \tilde{P}^x(B,t) \in M^2_{loc} .$$

Furthermore $P^x(B,t)$ and $\tilde{P}^x(B,t)$ turn out to be random measures. Hence for appropriate functions one can define a Stieltjes integral w.r.t. P^x resp. $\tilde{P}^x$ and a stochastic integral w.r.t. Q^x .
The spaces of these functions will be denoted by $L^1(P^x),L^1(\tilde{P}^x)$, $L^1(Q^x)$ respectively; the twice integrable functions are denoted by $L^2(.)$ and if we assume the above described local property we

use some subscript as e.g. $L^1_{loc}(P^x)$. From [3, Theorem 2] we cite the following representation result:

Theorem 1.1 : Let $m_t \in M^1_{loc}(F_t)$. Then there exists $g \in L^1_{loc}(\tilde{P}^x)$ such that

$$m_t = \int_Z \int_o^t g(s,z)\,dQ^x \;.$$

This result also holds for twice integrable martingales [cf. 1 and 2].

Finally we associate with $\tilde{P}^x$ the Lévy system (n^x, Λ^x) - sometimes called local describtion [cf. 7] -.

With some predictable function $\phi(z,s) \in L^1_{loc}(\tilde{P}^x)$ we associate the "attainable density"

$$L_t(\phi) = \prod_{s \le t} (1 + \phi(x_s, s)\,[x_{s-} \neq x_s])\,\exp - \int_Z \int_o^t \phi(z,s)\,\tilde{P}^x(dz,ds).$$

This density will be called admissible, if

$$E\,L_1(\phi) = 1$$

[cf. 7].

In order not to go too deep into the theory of stopping times we shall assume that for the predictable functions to be considered we have

$$L_t(\phi) \ge \varepsilon > 0 \;.$$

[cf. 7].

The control problem will now be given as follows:

Let (x_t, F_t, P) and (y_t, F_t, P) be f.j.p. and Φ an admissible familiy of controls, i.e. the density associated with $\phi \in \Phi$ is admissible in the sense defined above, and $\phi \in L^1_{loc}(\tilde{P}^x)$. The $\phi \in \Phi$ are used to change the probability law of (x_t, F_t, P) following the transformation rules in [2, Theorem 3.1 and 3.2] .The f.j.p. (y_t, F_t, P) represents the cost criterion in the sense that the task is to minimize the functional

$$J(\phi) = E\,P^y(A,1)\,L^x_1(\phi) \quad ,$$

where $P^y(A,t)$ is the semi martingale associated with the f.j.p. (y_t) that takes its values in a Borel set in $\mathbb{R}$.

The transformed probability law $L^x_1(\phi)dP$ will be denoted by P_ϕ and the martingale associated with the f.j.p. (x_t, F_t, P_ϕ) will be denoted by Q^x_ϕ and the associated increasing process by $\tilde{P}^x_\phi$.

A discussion of this control problem is given in [7] .

Such a control problem will shortly be denoted by $(X,\emptyset)$, where

$$X_t := \begin{pmatrix} x_t \\ y_t \end{pmatrix} .$$

<u>2.Optimality conditions</u>. After investigating the existence of optimal solutions of a control problem $(X,\emptyset)$ in [7] we are now going to derive necessary resp. necessary and sufficient conditions of optimality. We shall follow two different ways, that is on the one hand we shall use Neustadt's general theory of extremals [12] to derive a stochastic maximum principle for a jump process control problem with quite general constraints. We shall follow Kushner's [8] and Hausmann's [5] ideas concerning the analogous continuous control problem. On the other hand we shall derive optimality conditions from a stochastic version of Bellman's principle of optimality. These dynamic programming conditions that are similar to those of Davis and Varaiya [4] in the continuous case, will finally be compared to those conditions derived from Neustadt's theory of extremals.

<u>2.1 Formulation of the problem.</u> Let the control problem be given by $(X,\emptyset)$ and let

$$F : L^1_{loc}(\tilde{P}) \longrightarrow L^1(\Omega,F,P;R^{m+1}) \qquad 2.1.1$$

be a functional. The task is to find the minimum of

$$E_\phi F_o(\phi) \quad ,\phi \in L^1_{loc}(\tilde{P}) \qquad 2.1.2$$

under the constraints

$$E_\phi F_i(\phi) = 0 \quad \text{for} \quad i= 1,\dots,n \qquad 2.1.3$$

$$E_\phi F_i(\phi) \leq 0 \quad \text{for} \quad i= n+1,\dots,m \qquad 2.1.4$$

where E_ϕ denotes the expectation w.r.t. the induced measure P_ϕ. This formulation obviously is general enough to cover the special control problem of jump processes as defined in the preceding section or in [7], i.e. to minimize the following functional

$$E\, P^y(A,1)\, L^x_1(\phi) \quad ,\phi \in \emptyset .$$

Now we want to give a formulation of the control problem 2.1.1 - 2.1.4, such that Neustadt's theory may be applied. Hence let $\phi \in \emptyset$ be an optimal solution of 2.1.1 under the constraints 2.1.3 and 2.1.4 . Now consider the P_{ϕ^*}- martingale

$$m^{\phi^*}_t := E_{\phi^*}[F(\phi^*) | F_t] - E_{\phi^*}F(\phi^*) \in M^1_{loc}(F_t) .$$

From the representation theorems in section 1 we deduce

$$m_t^{\phi^*} = \int_Z \int_0^t f \, dQ^x_{\phi^*} \quad , \ f=(f_0,\dots,f_m) \ , \ f_i \in L^1_{loc}(P^x) \ .$$

As now

$$Q^x_{\phi^*} = Q^x_{\phi} + P^x_{\phi} - P^x_{\phi^*} \ ,$$

so

$$E_\phi (E_{\phi^*}[F(\phi^*) \mid F_t]) = E_\phi(E_{\phi^*}(F(\phi^*)) + E_\phi \int_Z \int_0^t f \Delta\phi \, n^x(dz,s)\Lambda(ds)$$

where

$$\Delta\phi := \phi - \phi^* .$$

From this we derive the following functional

$$\beta_\phi(t) := E_{\phi^*}(F(\phi^*) + \int_Z \int_0^t L_s^x(\phi) \ f \Delta\phi \, n(dz,s)\Lambda(ds) . \qquad 2.1.6$$

With this functional the control problem may be written as

$$E\beta_\phi^0(1) = \min !$$

$$E\beta_\phi^i(1) \begin{cases} =0 & , \ i = 1,\dots,n \\ \le 0 & , \ i = n+1,\dots,m \end{cases} \qquad 2.1.7$$

With this formulation it is possible to apply Neustadt's theory:

<u>2.2 Neustadt's theorem</u> . In order to apply Neustadt's theorem [12, Theorem 3.1] ,we shall verify the conditions [12,6.1-6.4] for the control problem 2.1.7 , so that by [12,Theorem 6.1] the statement of the multiplier theorem of Neustadt is true for our problem.

With Neustadt's notation

$Y \ := \ L^1(\Omega,F,P;R^{m+1})$

$E \ := \ \{\beta_\phi(1) \ / \phi \in \Phi \ , \ \beta_\phi(1) \in Y\}$

$E_1 \ := \ \{ \beta_{\phi^*}(1) \}$,

it is easily seen that condition 6.1 is fulfilled. As the functionals which describe the constraints are compositions of projection and integral operators, and hence linear, the "differentiability" properties of conditions 6.3 and 6.4 are easily verified; hence condition 6.2 essentially remains to be verified: Now we denote by S a k-simplex in a nonempty convex subset M of $L^1(\Omega,F,P;R^{m+1})$,by N a neighbourhood of zero in L^1 and by η a positive real number. We have to prove that there is such a subset M so that for each triple (S,N,η) there exist $\varepsilon > 0$ and a continuous mapping $\Theta: S \to E$ such that $\varepsilon < \eta$ and

$$[\Theta(\xi) - \beta_{\phi^*}(1)]/\varepsilon \in \xi + N \quad , \ \xi \in S \ . \qquad 2.2.1$$

We shall verify this condition in different steps:

STEP 1 : In order to construct M in a convenient way we have to make two assumptions concerning the differentiability of Λ (A1) and the integrability of f and ϕ^* (A2).
For $t \in [0,1] \setminus T^o$ we define a real $Z \otimes F$ - measurable function ϕ_t on $Z \times \Omega$ to be an element of Φ_t, iff

i) $\int_Z \phi_t(z,\omega)\, n(dz,t)$ is F_t-measurable

ii) $E \int_Z (1 + \phi_t)^2\, n(dz,t)$

From the Schwarz and Minkowski inequalities it is then easily seen that under A1 and A2 the functional

$$\delta \mathfrak{J}_{t,\phi_t}(\omega) := \Lambda'(t) \int_Z f(t,z,\omega) \Delta\phi_t(z,\omega)\, n(dz,t)$$

where $\Delta\phi_t(z,\omega) := \phi_t(z,\omega) - \phi^*(t,z,\omega)$,
is an element of $L^1(\Omega,F,P;R^{m+1})$; now M is defined as the convex hull of

$$\{ \delta \mathfrak{J}_{t,\phi_t} / \phi_t \in \Phi_t \quad , t \in [0,1] \setminus T^o \} .$$

This construction of M and the following considerations are standard methods in control theory and are used by different authors in this or a similar way. T^o will be defined in 2.2.4.

STEP 2 : We are now going to define a continuous mapping defined on a k-simplex in M and with values in E. Let λ be an element in a k-simplex S^k in $\mathbb{R}^k$,so that each k-simplex in M is given by

$$S = \{ \xi_\lambda / \lambda \in S^k \}$$

with

$$\xi_\lambda := \sum_{i=1}^{k} \lambda_i m_i \quad , \lambda = (\lambda_1,\dots,\lambda_k) \quad , m_1,\dots,m_k \in M$$

As furthermore the m_i's are convex combinations,

$$m_i = \sum_{j=1}^{q} a_{ij}\, \delta\mathfrak{J}_{t_j,\phi_{t_j}} \quad , 0 \leq t_1 \leq \dots \leq t_j \leq t_{j+1} \leq t_q \leq 1 \quad \phi_{t_j} \in \Phi_{t_j},$$

ξ_λ may be written as

$$\xi_\lambda = \sum_{j=1}^{q} \delta_{t_j}\, \delta\mathfrak{J}_{t_j,\phi_{t_j}} \quad ,$$

where

$$\delta t_j = \sum_{i=1}^{k} \lambda_i a_{ij} \quad \text{for } j=1,\ldots,q \ .$$

Now we are going to construct some function $\phi_{\varepsilon\lambda}$,hence defining the desired mapping Θ by

$$\Theta(\xi_\lambda) = \beta_{\phi_{\varepsilon\lambda}}(1) \ .$$

To do this let

$$\tau_j := \begin{cases} t_j+\ldots+ \ t_q & \text{if } t_j=\ldots=t_q \\ t_j+\ldots+ \ t_\alpha & \text{if } t_j=\ldots=t_\alpha < t_{\alpha+1} \quad \text{for } \alpha \leq q \end{cases}$$

and defining intervals in $\mathbb{R}$ by

$$I_j(\varepsilon\lambda) = (t_j+\varepsilon\tau_j, t_j+\varepsilon\tau_j+\varepsilon\delta t_j] \ ,$$

which for sufficiently small $\varepsilon > 0$ are disjoint subsets of $[0,1]$.

Then finally define

$$\phi_{\varepsilon\lambda}(z,t,w) := \begin{cases} \phi_t(z,\omega) & \text{for } t \in I_j(\varepsilon\lambda) \\ \phi^*(z,t,\omega) & \text{for } t \notin \bigcup_{j=1}^{q} I_j(\varepsilon\lambda) \end{cases}$$

STEP 3: Under two further assumptions A3 and A4 that insure some integrability and admissibility properties of $\phi_{\varepsilon\lambda}$ and ϕ^* , Θ is proved to be well defined and continuous. For the exact details see [6] .

Under some further assumption A5 concerning some sort of continuity of $\int_Z f\,\Delta\phi n(dz,t)$ with respect to $\phi \in \Phi$ we may apply Kushner's lemma [8, lemma 1] from which we easily deduce

Lemma 2.2.3 : Under the assumption A5 there is a null-set T_o, such that for $s \notin T_o$ and arbitrary scalars a,a'

$$\lim_{\varepsilon\to o} E \left| 1/2 \int_{s-a'}^{s+a} G(t,\phi)\,\Lambda(dt) - (a+a')\Lambda'(s)\, G(s,\phi) \right| = 0$$

Remark 2.2.4: Now let T^o be T_o enlarged by all Lebesque-null-sets,where the derivative of Λ is not unambiguously defined.

STEP 4 : With the above lemma we finally prove 2.2.1:

$$E(\left| \tfrac{1}{\varepsilon}(\beta_{\phi_{\varepsilon\lambda}}(1) - \beta_{\phi^*}(1) - \xi_\lambda \right) \longrightarrow 0 \quad \text{for } \varepsilon \to 0$$

uniformly in λ . Under the above assumptions this can be reduced to proving

$$E\left|1/\varepsilon \sum_j^q \int_Z \int_{I_j} f\,\Delta\phi_{\varepsilon\lambda} n\Lambda - \xi_\lambda\right| \to 0 \text{ uniform w.r.t. } \lambda \text{ ,i.e.}$$

$$E\left|1/\varepsilon \int_Z \int_{I_j} f\,\Delta\phi_{t_j} n\Lambda - \int_Z \Lambda'(t_j) f(t_j)\Delta\phi_{t_j}(t_j)\,\delta t_j n(dz,t_j)\right| \to 0$$

But this is the assertion of the preceding lemma 2.2.3. The full details of the proof that would split the frame of this extended abstract are given in [6].
This completes the proof, so that now Neustadt's theorem [12, Theorem 3.1] may be applied: There is a vector in $\mathbb{R}^{m+1}$ Θ with $\Theta_i \leq 0$ for $i=0,\ldots,n$, so that

$$\Theta' E\delta\mathfrak{I} \leq 0 \quad \text{for } \delta\mathfrak{I} \in M.$$

As $\Lambda'(t) \geq 0$ a.s. we may write this after defining the following multiplier

$$\underset{\sim}{P}(t,dz,\omega) := \Theta' f(t,z,\omega)n(dz,t) \quad \text{for } t \in T^{O}$$

as

Theorem 2.2.5 There is a (m+1)-dimensional vector Θ with $\Theta_i \leq 0$ for $i=0,1,\ldots,n$, such that for $t \in T^{O}$

$$E \int_z \Delta\phi \underset{\sim}{P}(t,dz,\omega) \leq 0$$

for $\phi \in \underline{\bar{\Phi}}$.

2.3 Dynamic programming conditions for optimality. For simplifying our notations we introduce the following abbreviations

(i) $\Phi_{t,t'}$ denotes the set of those controls $\phi \in \underline{\bar{\Phi}}$ which are zero outside $(t,t']$

(ii) $L_{t,t'}(\phi) = \prod_{t<s\leq t'} (1+\phi(x_s,s)[x_{s-}\neq x_s] \exp - \int_z \int_t^{t'} \phi\, n\Lambda$

(iii) $P^y(A,t,t') = \prod_{t<s\leq t'} [y_{s-} \neq y_s]$ for $t<t'$.

In this case we want to assume that

$$P^y(A,1) \leq k \quad \text{for some } k \in \mathbb{N} \qquad 2.3.1$$

Instead of considering this special form of a cost criterion

$$J(\phi) = E_\phi P^y(A,1)$$

we could have taken some more general form where the criterion might not only depend lineary on the admissible density. But as we started with this special form when considering problems of existence we shall not generalize this now.
By piecing together $\phi' \in \bar{\Phi}_{t,s}$ and $\phi'' \in \phi_{s,r}$ in the usual way the composed control $\phi = \phi' \square \phi'' \in \bar{\Phi}_{t,r}$ is admissible in the sense that $E[L_{t,r}(\phi) | F_t] = 1$.
Now let $\phi' \in \bar{\Phi}_{0,t}$, $\phi'' \in \bar{\Phi}_{t,1}$, then the expected remaining cost at time t when using ϕ'' is given by

$$\gamma_{\phi',\phi''}(t) = E_{\phi',\phi''}[P^y(A,t,1)|F_t] ,$$

where $E_{\phi',\phi''}$ denotes the expectation w.r.t. the measure induced by $L_1(\phi' \square \phi'')$. As we see from [9,§24] γ does not depend on ϕ' so that we may write

$$\gamma_{\phi',\phi''} = \gamma_{\phi''} = \gamma(\phi'').$$

The value function is defined by

$$W(t) := \bigwedge_{\phi \in \Phi_{t,1}} \gamma(\phi,t)$$

and under the above assumptions $W(t)$ exists and is F_t-measurable.

Theorem 2.3.1: For each $t \in [0,1]$ and each $\phi \in \Phi_{o,t+h}$ the value function satisfies the following principle of optimality

$$W(t) \leq E_\phi[{}_t^{t+h}\int P^y(A,dt)|F_t] + E_\phi[W(t+h)|F_t] \quad \text{a.e.} \qquad 2.3.2$$

for $h > 0$.

ϕ is optimal if and only if there is equality in the above equation.

With $\tilde{W}(t) = W(t) + {}_o^t\int P^y(A,dt)$

the preceding theorem can be formulated as follows

Lemma 2.3.3 : For each admissible control ϕ the extended value function $\tilde{W}(t)$ is a submartingale.

Specially $\tilde{W}(t)$ is a (Ω,F_t,P_{ϕ^*}) - martingale if and only if ϕ^* is optimal.

2.4 Comparison of the criteria of optimality . Let us once again look at lemma 2.3.3. From [10,VII T 29] we know that the submartingale $(\tilde{W}(t),F_t,P_\phi)$ has a unique decomposition into a martingale M_t and a predictable increasing process A_t ,i.e.

$$\tilde{W}(t) = \tilde{W}(0) + M_t + A_t .$$

The predictability here follows from [10] .Now let us assume that $\tilde{W}(t)$ has integrable variation, so that from the representation results in section [1] we deduce

$$\begin{aligned}\tilde{W}(t) &= \tilde{W}(0) + {}_Z\int {}_o^t\int g \, dQ_{\phi^*} \\ &= \tilde{W}(0) + {}_Z\int {}_o^t\int g \, (dQ_\phi + \Delta\phi n\Lambda) ,\end{aligned} \qquad 2.4.1$$

where $g \in L^1(\tilde{P})$ and Q_ϕ is the martingale transformed with respect to ϕ . Following Meyer's results [11] this decomposition into a constant, a martingale and a predictable process is unique, so that

$$A_t = \int_Z \int_0^t g\, \Delta\phi\, n\Lambda\ ;$$

this means, that

$$\int_Z \int_0^t g\, \Delta\phi\, n\Lambda$$

is increasing, so that -noticing that Λ is increasing-

$$\int_Z g\phi^* n(dz,s) = \bigwedge_{\phi \in \bar{\Phi}} \int_Z g\phi n(dz,s) \quad \text{a.e.}\ .$$

For the following Hamiltonian

$$H_\phi := \int_Z g\phi n(dz,s)$$

we then have the following

<u>Corollary</u> 2.4.2: The optimal control ϕ^* minimizes the Hamiltonian i.e.

$$H_{\phi^*} = \int_Z g\phi^* n(dz,s) \leq \int_Z g\phi n(dz,s) = H_\phi$$

$P\otimes\Lambda$-a.e. in every point $t \in [0,1]$ and for $\phi \in \bar{\Phi}$.

Now let us remember theorem 2.2.5 and consider only the zero component in the optimality equation, i.e. we will not have any constraints, hence

$$E \int_Z \Delta\phi\, \underset{\sim}{p}(t,dz,w) \leq 0$$

with $\underset{\sim}{p}(t,dz,w) = \theta' f(t,z,w) n(dz,t)$, $f \in L^1_{loc}(\tilde{P})$, $\theta \in \mathbb{R}$.
With $\tilde{\underset{\sim}{p}}(t,dz,w) := (-1)\, g(t,z,w) n(dz,t)$ the inequality in corollary 2.4.2 may be written as

$$\int_Z \Delta\phi\, \tilde{\underset{\sim}{p}}(t,dz,w) \leq 0 \quad P\otimes\Lambda\text{-a.e.}\ .$$

The formal analogy of the results now lies at hand.

References:

1 R.Boel,P.Varaiya,E.Wong:Martingales on Jump Processes
Siam J.Control,Vol.13,No.5,(1975)
I: Representation Results, 999-1o21

2 II: Applications,1o22-1o61

3 M.H.A.Davis:The Representation of Martingales of Jump Processes
Siam J.Control and Optimization, Vol.14,No.4,(july 1976)

4 M.H.A.Davis,P.Varaiya:Dynamic Programming Conditions For Partially
Observable Stochastic Systems
Siam J.Control 11,(1973),226-261

5 U.G.Hausmann:General Necessary Conditions for Optimal Control of
Stochastic Systems
University of British Columbia (1975)

6 M.Kohlmann:On Control of Jump Processes: A Martingale Approach,to be
submitted

7 M.Kohlmann:A Martingale Approach to Optimal Control of Jump Processes,
Lecture held at the II.Symp.on O.R.,Aachen,(1977)

8 H.J.Kushner:Necessary conditions for continuous parameter stochastic
optimization problems
Siam J.Control,Vol.1O,No.3,(1972),55O-565

9 M.Loève:Probability Theory
Van Nostrand Reinhold Company,N.Y.(1963)

1O P.A.Meyer:Probabilités et potentiel
Hermann,Paris,(1966)

11 P.A.Meyer:Un cours sur les intégrales stochastiques
Sém.Prob.Univ.Strasbourg(1974/75)
Lecture Notes in Math.,Springer Verlag

12 L.W.Neustadt:AGeneral Theory of Extremals
J.Computer and System Sciences 3,(1969),57-92

Lineare Optimierungsmodelle mit flexiblen Nebenbedingungen

D.G. Liesegang, Köln

Die Eigenschaft linearer Optimierungsmodelle, daß die Optimallösung am Rande des zulässigen Bereichs liegt, trifft häufig nur unvollkommen die betriebliche Realität, da die Beschränkungen oft nicht so strikt sind, wie es das lineare Modell impliziert. Es widerspricht auch zumeist dem Gefühl des Entscheidungsträgers, daß die optimale Lösung direkt an einer Grenze liegt, deren Überschreitung vom Modell strikt verboten ist.

Deshalb wurde hier ein Modell entwickelt, dessen Restriktionen durch stückweis lineare Straffunktionen ersetzt wurden, deren Parameter auch ökonomisch interpretiert werden können. Dieses Modell kann in ein höherdimensionales lineares Modell abgebildet oder aber auch als Optimierungsmodell ohne Nebenbedingungen behandelt werden. Für den zweiten Fall wurde ein Gradientenverfahren entwickelt und programmiert, welches die spezielle Datenstruktur ausnutzt.

Numerische Erfahrungen mit dem mathematischen Programmiersystem MPSX/370

W.-D. Oberhoff, Köln

Nach einer kurzen Darstellung der Merkmale und Eigenschaften der neuen Version des Systems MPSX werden die verwendeten Inversionsverfahren sowie Methoden der automatischen Toleranzanpassung erläutert und in ihrer Wirksamkeit beurteilt. Verfahren zur Lösung von Teilproblemen (reduzierte LP-Probleme, mehrperiodische LP-Probleme) werden aufgezeigt. Schließlich werden Erfahrungen mit Modellen der gemischt-ganzzahligen Programmierung im Zusammenhang mit der Struktur des Optimierungsmodells beschrieben.

Kontrolltheorie und numerische Optimierung

C. Seeger und G. Wiegand, Berlin

1. Optimale Steuerung dynamischer ökonometrischer Modelle

Bei dem hier dargestellten Problem der optimalen Steuerung geht es um die Auswahl von Zeitpfaden für Politikvariablen eines ökonometrischen Modells. Die Variablen, die den Zustand des Systems beschreiben, die Zustandsvariablen, sind über dynamische Relationen mit den Politikvariablen verknüpft. Kriterium für die Auswahl der Zeitpfade der Politikvariablen ist ein Zielfunktional, das von den Politik- und Zustandsvariablen abhängt. Dieses Zielfunktional ist, je nach Problemformulierung zu maximieren oder zu minimieren.

Die folgende Darstellung behandelt die Minimierung eines Zielfunktionals unter der Restriktion eines deterministischen Gleichungssystems in diskreter Zeit.

Formal läßt sich dieses Problem folgendermaßen darstellen:

$$\min_{\bar{u}(t)} J = J(\bar{x}(t), \bar{u}(t), \bar{e}(t), t)$$

unter der Nebenbedingung

$$\bar{x}(t+1) = f(\bar{x}(t), \bar{u}(t), \bar{e}(t), t) \qquad \text{für } t_o \leq t \leq T$$

Gegeben ist der Startzeitpunkt t_o und der Zustand des Systems zu dieser Zeit $\bar{x}(t_o)$, sowie der Planunghorizont T.

$\bar{x}(t)$ ist ein (nx1)-Vektor, der den Systemzustand beschreibt, $\bar{u}(t)$ ist ein (rx1)-Vektor der Kontroll- oder Politikvariablen, $\bar{e}(t)$ ist ein (sx1)-Vektor der unkontrollierbaren exogenen Variablen und $f(\bar{x}, \bar{u}, t)$ ist das ökonometrische Modell als Restriktion dieses Optimierungsproblems.

Für einen Spezialfall dieses Problems mit einer quadratischen Zielfunktion

$$J = o.5 \cdot \left(\sum_{t_o}^{T} (\bar{x}(t) - \overline{xd}(t))' Q (\bar{x}(t) - \overline{xd}(t)) + \sum_{t_o}^{T-1} (\bar{u}(t) - \overline{ud}(t))' R (\bar{u}(t) - \overline{ud}(t)) \right)$$

und einem linearen Modell:

$$\bar{x}(t+1) = A(t)\bar{x}(t) + B(t)\bar{u}(t) + \bar{e}(t)$$

ist eine analytische Lösung nach dem Verfahren der dynamischen Programmierung oder unter Verwendung des Maximumprinzips von Pontryagin zu erhalten. (Q und R sind positiv definite Matrizen, xd(t) und ud(t) vorgegebene gewünschte Zeitpfade für Kontroll- und Zustandsvariablen, A(t) und B(t) sind Koeffizientenmatrizen)

Lange Zeit konzentrierte sich die Literatur wegen des Vorteils der analytischen Behandelbarkeit auf diesen Spezialfall, doch in den

letzten Jahren wurden wegen des zunehmenden Unbehagens an der Restriktivität der Annahmen, die der linear - quadratischen Problemformulierung zugrundeliegen, alternative Lösungsverfahren entwickelt.
Ein wesentlicher Mangel der linear - quadratischen Problemformulierung ist die Symmetrie der quadratischen Zielfunktion. Diesem Einwand kann durch die Einführung stückweise quadratischer Zielfunktionen begegnet werden, ohne daß das Problem analytisch unlösbar wird[1].
Ein schwerer zu behebender Einwand ist der gegen die Linearität der verwendeten Modelle. Alle ökonometrischen Modelle, die nicht zur Demonstration oder zu didaktischen Zwecken verwendet werden, sind heute nichtlinear.
Es wurden von Chow, Holbrook und Cooper/Fisher Lösungsvorschläge für das nichtlinear - quadratische Problem vorgelegt, die auf der Überführung in ein linear - quadratisches Problem beruhen[2].
Ein alternativer Ansatz besteht darin, das Kontrollproblem mit r Kontrollvariablen in T Perioden als Problem der Optimierung einer Funktion von rxT Variablen zu formulieren. In der Wahl von Modell und Zielfunktion ist man hierbei völlig frei. Zur Lösung dieses nichtlinearen Optimierungsproblems können prinzipiell alle numerischen Suchverfahren zur Optimierung nichtlinearer Funktionen verwendet werden.
Das Vorgehen hierbei läßt sich durch die Anwendung des Regelkreisprinzips auf die Interaktion von Modell, Zielfunktion und Optimierungsalgorithmus veranschaulichen. Das Modell fungiert als Regelstrecke, der Optimierungsalgorithmus als Regler.

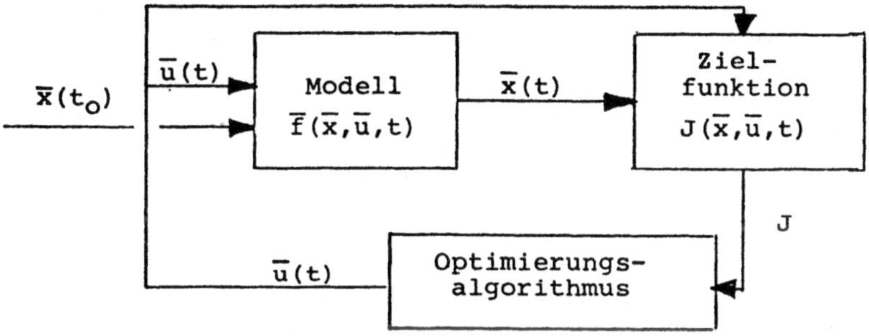

Politikoptimierung als Regelkreis

Über die Anwendung dieser Vorgehensweise liegen schon einige Erfahrungen vor. Fair verglich drei indirekte Verfahren am Beispiel eines linear - quadratischen und eines rekursiv - nichtlinear - nichtquadratischen Modells [3], Livesey wendete die Methode der zulässigen Richtungen auf ein nichtlinear -

----

[1] Friedman,B.M. (1975)
[2] Chow,G.C. (1975),Holbrook,R.S. (1974),Cooper,J.P.,Fisher.S. (1975)
[3] Fair,R.C. (1974)

nichtquadratischen Problem an[4], Galler ermittelte optimale Pfade für das Krelle - Modell mit Hilfe des Davidon - Fletcher - Powell Algorithmus[5] und Nelson testete eine Version des Pattern - Search Algorithmus an Pindycks Optimierungsproblem[6].
Bisher sind uns, außer der Arbeit von Nelson, nur Versuche mit indirekten Suchverfahren bekanntgeworden. In dieser Arbeit soll der Versuch gemacht werden die Tauglichkeit direkter Verfahren zur Behandlung des Kontrollproblems in der Ökonomie zu testen. Um die Vergeichbarkeit mit Nelsons Ergebnissen zu gewährleisten, verwendeten wir ebenfalls Pindycks Optimierungsproblem.

2. Das Modell

Pindyck konstruierte ein hochaggregiertes lineares Quartalsmodell für die US - Wirtschaft nach dem Korea - Krieg mit zehn endogenen und drei steuerbaren exogenen Variablen[7]. Er bestimmte unter Verwendung des Maximiumprinzips von Pontryagin Zeitpfade für die Kontrollvariablen, die in Bezug auf eine quadratische Zielfunktion der oben dargestellten Form optimal sind. Die Planungsperiode beträgt zwanzig Perioden. Die Gewichtungsmatrizen Q und R sind nur auf der Hauptdiagonalen besetzt. Wir haben die Gewichte aus Pindycks Arbeit übernommen. Zusätzlich ist ein Lauf 3b eingefügt, der auf Gewichten beruht, die Nelson in Abweichung von Pindyck für Lauf 3 verwendet. Nelsons Ergebnisse sind zu Vergleichszwecken unter der Bezeichnung: NELSON mit in die Darstellung unserer Ergebnisse aufgenommen.

	DIAGONALELEMENTE DER GEWICHTUNGSMATRIZEN												
	Q										R		
Element Nr.	1	2	3	4	5	6	7	8	9	1o	1	2	3
LAUF 1	1	6	15	o	o	o	6	$4\cdot 1o^{6}$	o	o	6	3	3oo
LAUF 2	1	6	15	o	o	o	6	$4\cdot 1o^{6}$	o	o	6o	3	15
LAUF 3a	1	6	15o	o	o	o	12o	$4\cdot 1o^{6}$	o	o	6o	3	15
LAUF 3b	o	6	15o	o	o	o	12o	$4\cdot 1o^{6}$	o	o	6o	3	15
LAUF 4	o	o	o	o	o	o	o	o	o	1ooo	1oooo	3	3oooo
LAUF 5	o	o	o	o	o	o	o	o	o	1ooo	1oooo	3ooo	3
LAUF 6	o	o	o	o	o	o	12o	$4\cdot 1o^{7}$	o	o	1oooo	3	3oo
LAUF 7	o	o	o	o	o	o	1ooo	o	o	o	1oooo	3	3oo
LAUF 8	o	o	1ooo	o	o	o	o	o	o	o	1oooo	3	3ooo
LAUF 9	o	o	1ooo	o	o	o	o	o	o	o	1oooo	3ooo	3

Gewichtungsmatrizen der Zielfunktion

----

[4] Livesey,D.A. (1976)
[5] Galler,H.P. (1976)
[6] Nelson,C.W. (1974)
[7] Pindyck,R.S. (1973)

3. Numerische Suchverfahren

Die entwickelten Methoden und Verfahren der numerischen Optimierung basieren auf unterschiedlichen Annahmen und Suchstrategien. Im Wesentlichen lassen sich diese in folgende Gruppen einteilen:

- Methoden des gleichförmigen Gitters
- Direkte- und indirekte Strategien
  Bei den direkten Methoden erfolgt die Schrittweitenänderung z.T. heuristisch, aber nach derterministischen Vorschriften. Die Information vorheriger Zielfunktionswerte wird für die weitere Suche herangezogen.
  Bei indirekten Suchmethoden werden die Ableitungen nach den Modellvariablen herangezogen. Newton - Strategien verwenden Informationen auch über die zweiten Ableitungen. Neuere Verfahren bilden für die zweiten Ableitungen Approximationen. Bezeichnet werden diese Methoden als Quasi- Newton- Verfahren.
- Stochastische Methoden
  Diese Methoden arbeiten mit Veränderungen der Schritte, die zufallsbedingt sind (Monte-Carlo Methode). Der Parameterraum, aus dem die Zufallsstichproben entnommen werden, wird bei neueren Verfahren sukzessiv zu verkleinern versucht.
- Mutations-Strategien
  Diese Strategien versuchen, die Evolution zu simulieren. Diese läßt sich auf Mutationen und Selektionen zurückführen. Die Suchstrategie macht sich diese Vorschriften zunutze, um das Optimum zu finden.

Eine kurze Darstellung der verwendeten Verfahren erfolgt im folgenden. Wir verwendeten ein direktes Suchverfahren und eine Mutationsstrategie. Als Vergleichsstandards dienten der Davidon-Fletcher-Powell Algorithmus und eine Gradienten-Strategie.

Die Simplex-Strategie

Diese Suchstrategie geht auf die Arbeiten von Spendly u.a [8] zurück. Eine Verbesserung dieser Methode führten Nelder und Mead ein. In den hier durchgeführten Untersuchungen wurde auf diese erweiterte Strategie zurückgegriffen, die im folgenden als NELDER-Strategie bezeichnet wird.
Diese Strategie verwendet n+1 Eckpunkte als Ausgangswerte, die voneinander gleiche Abstände haben. Es entsteht dadurch ein Polyeder (Simplex). An den Eckpunkten werden die Zielfunktionswerte ermittelt. Die Ecke mit dem schlechtesten Funktionswert wird durch eine weitere ersetzt, die durch die Reflexion am Mittelpunkt der verbleibenden Ecken entsteht. Ergibt sich für den neuen Eckpunkt ein schlechterer Funktionswert, so wird jener Eckpunkt mit dem zweitschlechtesten Funktionswert gespiegelt. Bei der NELDER-Strategie wird Lage und Form des Polyeders laufend der lokalen Topologie der Funktion angepaßt. Dies erfolgt durch Reflexion, Expansion und Kontraktion, schließlich soll der Simplex im Optimum kollabieren. In dem hier verwendeten Algorithmus ist eine Erweiterung in der Form

----

[8] siehe Spendly,W.,Hext,G.R.,Himsworth,F.R. (1962)

vorgenommen worden, daß mittels Tastschritten, nach Beendigung der Suche nochmals in Richtung der Koordinaten ein neuer Startsimplex aufgebaut wird.
Die Strategie ist für nichtlineare Funktionen gut bewährt. Das Konvergenzverhalten ist abhängig von der Wahl der Schrittweiten zum Aufbau der Polyeder.

Gradienten-Strategie
Bei Gradienten-Strategien werden die Suchrichtungen ausgewählt in denen der Zielfunktionswert stark abfällt. Die lokal günstigste Richtung ergibt sich durch den Gradientenvektor. Die ersten partiellen Ableitungen der Zielfunktion nach den zu determinierenden Parametern werden numerisch approximiert. Diese gewonnenen Informationen werden bei den folgenden Iterationsschritten verwendet und determinieren die Größe der Schrittweiten. Es wurde eine Formulierung der Gradienten-Strategie von Wasscher [9] verwendet.
Die Strategie ist nur lokal optimal. Sie versagt bei numerisch schlecht konditionierten Problemen.

Newton-Strategie
Bei dem hier verwendeten Verfahren finden numerische Approximationen des Gradientenvektors zur Ermittlung der optimalen Parameter Verwendung. Erforderlich sind weiterhin die zweiten partiellen Ableitungen. Da deren Ermittlung aufwendige numerische Berechnungen erfordert, werden diese über eine Approximation bestimmt. Es werden zwischen zwei aufeinanderfolgenden Iterationen Funktionswert und Abweichungen in den Gradienten ermittelt. Daraus läßt sich die inverse Hesse-Matrix approximieren. Die Diagonalelemente dieser Matrix geben Aufschluß über den Zielfunktionsverlauf. Die optimale Richtung der Suche ergibt sich in Analogie zu dem Newton-Raphson Verfahren. Die Suche kann nur erfolgreich sein, wenn die inverse Hesse-Matrix positiv definit ist. Ist dies nicht der Fall, so wird diese Matrix durch eine Einheitsmatrix ersetzt. Dann entspricht das Verfahren der Methode des steilsten Anstieges. Nach ermittelter Suchrichtung wird eine lineare Suche vorgenommen. Bei der folgenden Iteration wird das relative Optimum und der Gradient an diesem Punkt bestimmt. Es erfolgt eine verbesserte Approximation der zweiten Ableitungen und die Bestimmung der Suchrichtung. Es schließt sich wieder eine lineare Suche an usw. Die Suche wird beendet, wenn Gradient und der in Suchrichtung zeigende Vektor konvergieren.
Man erkennt, daß diese Strategie, die man als Quasi- Newton-Strategie bezeichnet, die Gradienten- Strategie beinhaltet. Dies läßt sich an den Ergebnissen auch zeigen. Der Davidon- Fletcher-Powell Algorithmus konvergiert am Anfang langsamer, da viel Zeit für die Approximation der inversen Hesse- Matrix verbraucht wird. Sobald diese Approximation eine gewisse Qualität erreicht, zeigt sich die Überlegenheit gegenüber der Gradienten- Strategie. (Siehe Bild 1) Aus diesem Grunde werden im folgenden die Ergebnisse aus der Gradienten-Strategie nicht in die Dokumentation der Ergebnisse

----

[9] siehe Wasscher,E.J. (1963)

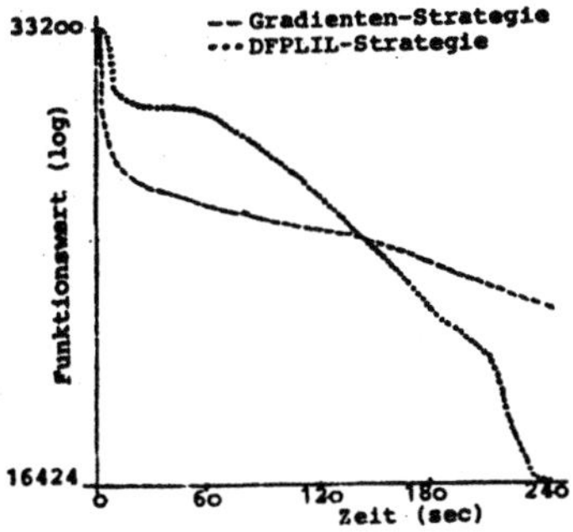

Bild 1

mit aufgenommen.
Für die Untersuchungen wurde ein Algorithmus von Lill [10] verwendet. Die Strategie geht auf die Arbeiten von Davidon, Fletcher, Powell [11] zurück und wird im folgenden hier als DFPLIL-Strategie bezeichnet.
Die Strategie ist speziell für quadratische Funktionen sehr gut geeignet und findet hier zuverlässig das Optimum. Sie versagt aber häufig bei nichtquadratischen Problemen. Dies ist darauf zurückzuführen, daß die Approximation der inversen Hesse-Matrix nicht positiv-definit wird.

Mutations-Strategie

Die biologische Evolution hat in gewissem Sinne zu optimalen Ergebnissen geführt. Diese Evolution versuchte Rechenberg [12] nachzuahmen, um Aufgaben aus dem technischen Bereich zu lösen. Hierfür stellte er ein zweigliedriges Evolutionsschema auf, das in einen Algorithmus übertragen, zur Parameteroptimierung verwendet werden kann.
Das Prinzip basiert auf der biologischen Evolution, also auf Mutation und Selektion. Es wird eine Population von zwei Individün (Glieder) angenommen, ein Elter und ein Nachkomme. Der Elter erzeugt einen Nachkommen, der sich nur geringfügig (unregelmäßig und zufällig) von ihm unterscheidet. Beide Glieder haben unterschiedliche Vitalität und jenes mit der besseren wird zum Elter der folgenden Generation, während das andere selektiert wird. Ein Individuum mit n Merkmalen wird in dem Algorithmus durch einen Punkt im n-dimensionalen Raum repräsentiert. Die Mutation wird durch Addition eines Zufallszahlenvektors erzeugt. Für die beiden Punkte ergeben sich Zielfunktionswerte und jener mit dem besseren Wert wird bei der nachfolgenden Iteration als Ausgangsvektor verwendet. Der Prozeß wird fortgesetzt bis eine hinreichende Konvergenz erreicht ist. Im folgenden wird hier diese Strategie mit EVOL bezeichnet.
Diese Strategie ist ein sehr robustes Verfahren und für nichtlineare Funktionen gut geeignet. Das Konvergenzverhalten wird jedoch wesentlich bestimmt durch die Wahl von Anfangsvarianz des mutierenden Zufallszahlenvektors, von der Zufallszahlenfolge und von einem Strategieparameter, der die Veränderung der Zufallszahlenvarianz steuert.

----

[10] Lill,S.A. (1970)
[11] Davidon,W.C.(1959) sowie Fletcher,R. und Powell,M.J.D.(1963)
[12] Rechenberg,I. (1973)

4. Ergebnisse der optimalen Simulationen

Die Simulationen erfolgten über einen Zeithorizont von 20 Quartalen. Nominalpfade und Anfangswerte wurden vorgegeben, ebenso die Gewichtungsmatrizen. Einige ausgewählte Variablen sind in den Bildern 2 bis 7 dargestellt (Instrumental-Variable : Staatsausgaben ; endogene Variable : Konsum, Brutto - Wohnungs- und Lagerinvestitionen, Arbeitslosenrate und verfügbares Einkommen). Nominal- (-), analytisch ermittelte- (+) und numerisch approximierte Pfade (O) sind dargestellt. Man erkennt hierbei z.T. die geringfügigen Abweichungen zwischen analytischer Lösung des Kontrollproblems und der numerischen Lösung.

5. Konvergenzverhalten

Für die Untersuchungen des Konvergenzverhaltens fanden die oben aufgezeigten Strategien Verwendung. Einen Überblick über dieses Verhalten gibt Tabelle 1: Hierin sind die verschiedenen Computerläufe aufgenommen mit den Funktionswerten zu Beginn des Laufes und der Optimalwert aus der analytischen Lösung des Kontrollproblems. Zum Vergleich sind die numerisch approximierten Minima der einzelnen Strategien dargestellt. Die charakteristischen Konvergenzkurven sind in den Bildern 8 bis 17 dagestellt.
Aus der Tabelle zeigt sich, daß DFPLIL bei den Läufen 1,2,3a und 3b das Minimum fast exakt erreicht. Charakteristisch bei allen Läufen ist, daß diese Strategie anfangs zur numerischen Ermittlung der Matrix, Rechenzeit benötigt und somit nur sehr langsam konvergiert. Danach findet jedoch eine zielstrebige Verbesserung statt. Meistens konvergiert die Strategie dann langsam gegen das Optimum. Sie ist langsam aber zuverlässig, jedoch anfällig gegen numerische Störungen. Dies zeigt sich bei den Läufen 4,6 und 9, die mit doppelter Genauigkeit gerechnet werden mußten um eine hinreichende Konvergenz zu erreichen. Bei Lauf 6 konvergierte DFPLIL erst nach 12 min befriedigend.
Auch NELDER findet nach 4 min das Optimum annähernd, so bei Lauf 1, konvergiert gegenüber DFPLIL jedoch bei den Läufen 2,3a,3b,4,5 und 8 schlechter zum Optimum. Die Abbildungen zeigen bei NELDER zuerst eine schnellere Konvergenz als bei DFPLIL. Es ist ersichtlich, daß bei NELDER der Funktionswert stark reduziert wird aber dann die Strategie nur noch langsam konvergiert. Lauf 9 zeigt ein ähnliches Konvergenzverhalten von NELDER und DFPLIL, ebenso die Läufe 4 und 5.
EVOL konvergiert innerhalb der aufgeführten Zeit z.T. schlechter als NELDER und DFPLIL, ist diesen jedoch bei schwierigen Problemen überlegen. Dies zeigen die Läufe 4,5,7 und 9 deutlich. Das Konvergenzverhalten ist bei dieser Strategie sehr unterschiedlich. Vielfach liegt es zwischen dem von DFPLIL und NELDER. Dies zeigt sich bei den Läufen 1,2,3a und 3b. Die Konvergenzgeschwindigkeit gegenüber den anderen Strategien ist anfangs höher, was bei den Läufen 7 und 9 zu erkennen ist.
Bei NELSON wurde mit 10 min CPU gerechnet. Wie die Ergebnisse zeigen liegen die erreichten Minima teilweise weit über denen anderer Strategien.

Die vorliegende Untersuchung zeigt, daß die direkten Verfahren EVOL und NELDER dem, für quadratische Probleme speziell konstruierten, DFPLIL nicht unterlegen sind. Sie zeigen bei numerisch schlecht konditionierten Problemen sogar eine geringfügige Überlegenheit. Es ist zu erwarten, daß bei mehr anwendungsbezogenen nichtlinear - nichtquadratischen Problemen die direkten Verfahren ihre Überlegenheit deutlicher beweisen, da hier ihre Robustheit gegenüber den sensiblen indirekten Verfahren zur Geltung kommen kann.

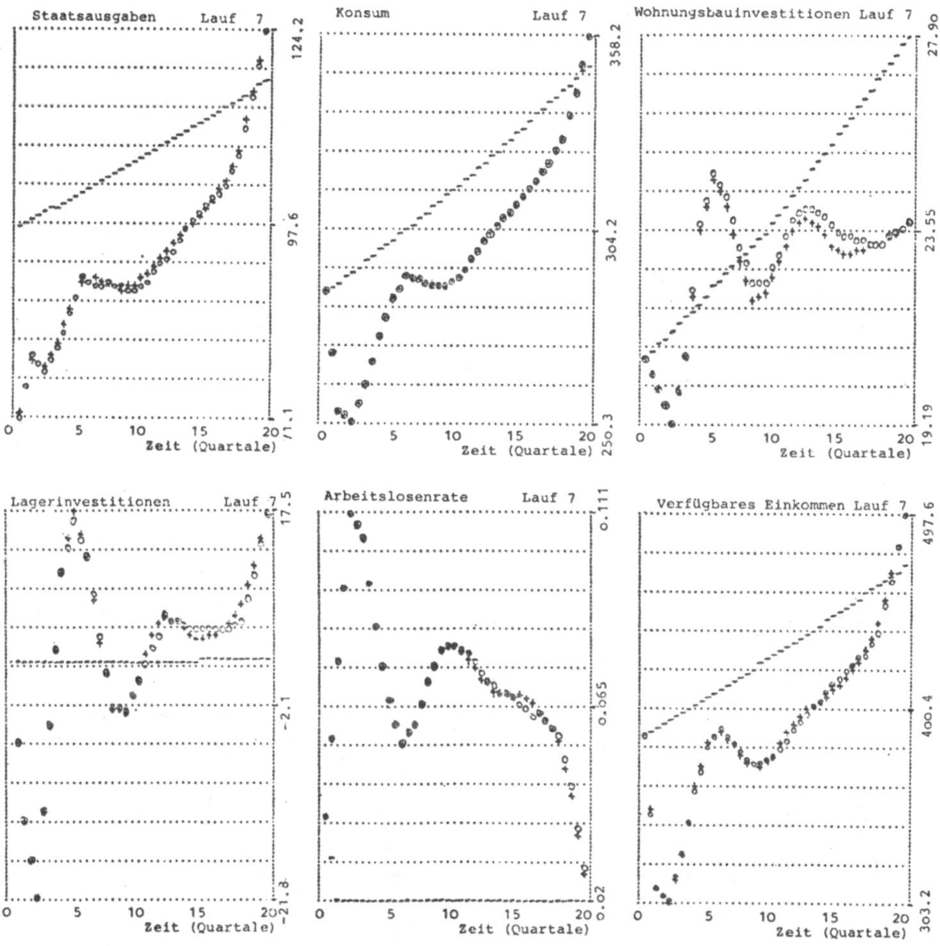

Bild 2 - 7 Optimale Simulation

	Start-wert	analy-tisches Minimum	NUMERISCH APPROXIMIERTE MINIMA			
			EVOL [2]	NELDER [2]	DFPLIL [2]	NELSON [3]
LAUF 1	332o1	16426	16524	16435	16427	1697o
LAUF 2	332o1	16115	16237	16239	16115	16637
LAUF 3a	1oo911	74774	75o95	75173	74771	-
LAUF 3b	1oo748	73473	73682	73936	73482	76293
LAUF 4	174986	83 [1]	177	14499	4731 [1]	2ooo2
LAUF 5	174986	6223	82o1	1o767	9425	25786
LAUF 6	333723	168259	1684o1	168616	254381 [1]	173924
LAUF 7	4773o9	9o27	9o62	9494	17o47	18o42
LAUF 8	98497	25547	2559o	2598o	25827	47324
LAUF 9	98497	11oo	1148	18o4	1824 [1]	392o

[1] mit doppelter Genauigkeit gerechnet

[2] Rechenzeit 246sec CPU auf IBM 37o/158

[3] Rechenzeit ca.6oosec CPU auf IBM 37o/145(Nelson(1974),S.8o6)

Tabelle 1

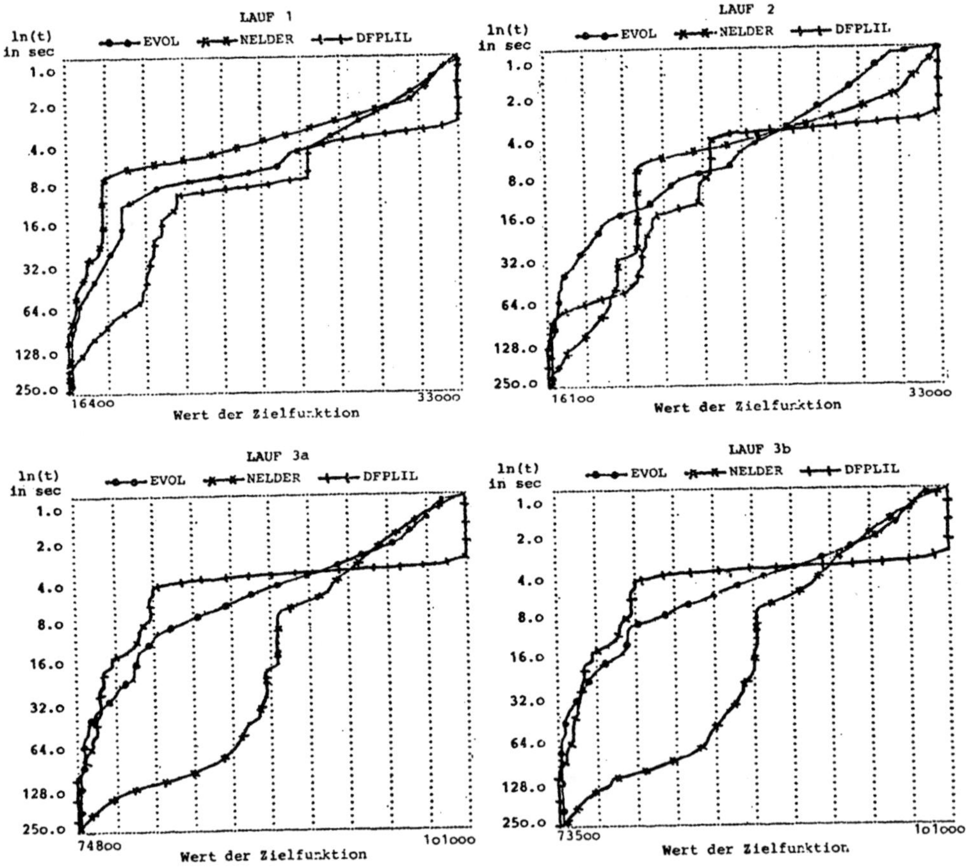

Bild 8 - 11 Konvergenzverhalten Lauf 1 - 3b

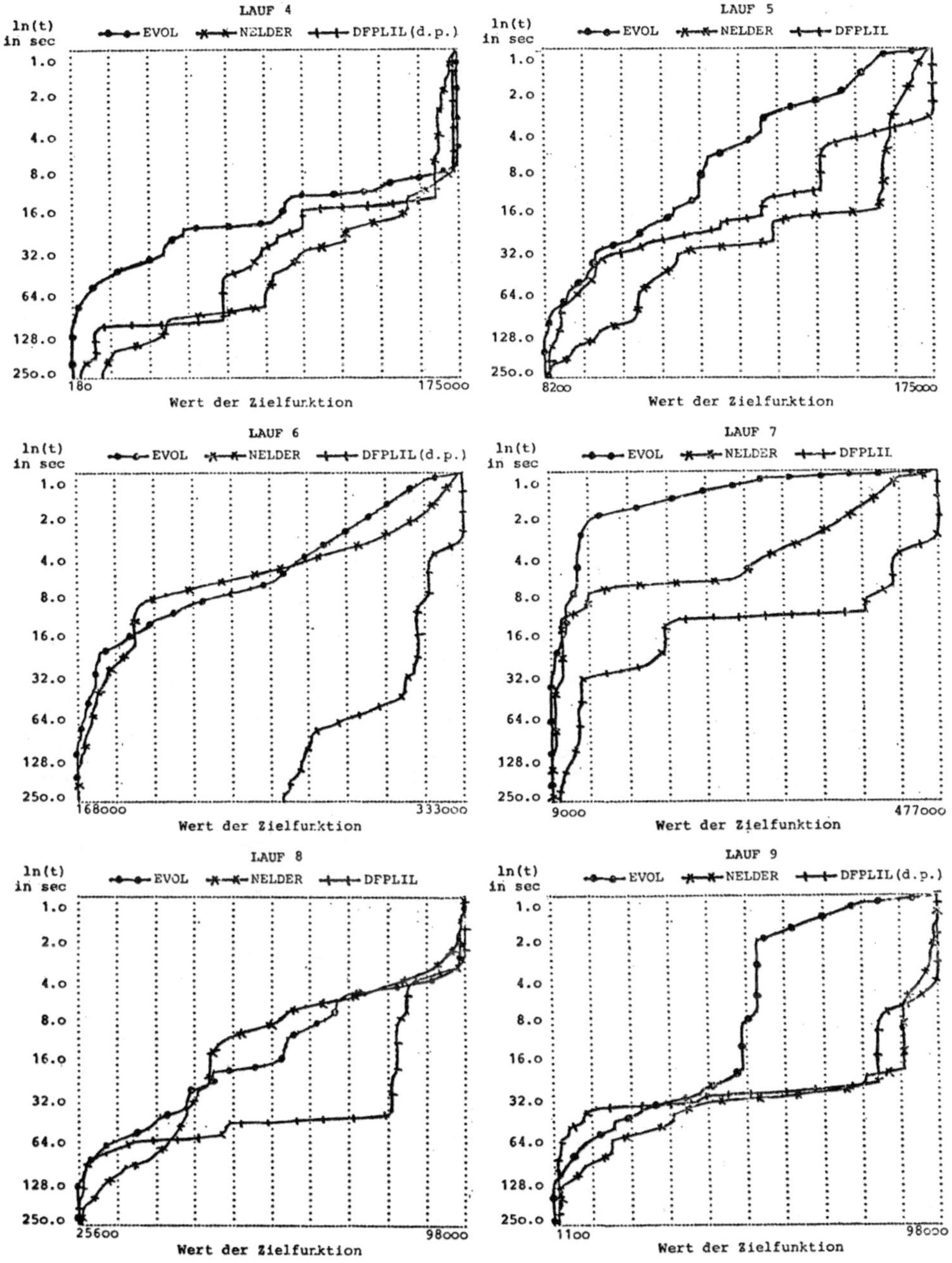

Bild 12 - 17 Konvergenzverhalten Lauf 4 - 9

LITERATUR

Chow, G.C.: Analysis and control of dynamic economic systems; New York 1975

Cooper, J.P., Fisher, S.: A method for stochastic control of nonlinear econometric models and an application; Econometrica, Vol.43, No.1 (January 1975)

Davidon, W.C.: Variable metric method for minimization; Argonne Nat.Lab., Report ANL-5990 rev., Lemont, Ill, Nov.1959

Fair, R.C.: Methods for computing optimal control solutions; Annals of Economic and Social Measurement, 3/1, 1974

Fletcher, R., Powell, M.J.D.: A rapidly convergent descent method for minimization; Computer Journal, 6, 1963, S.163-168

Friedman, B.M.: Economic stabilization policy, methods in optimization; Amsterdam 1975

Galler, H.P.: Optimale Wirtschaftspolitik mit nichtlinearen Modellen; Frankfurt 1976

Holbrook, R.S.: A practical method for controlling a large nonlinear stochastic system; Annals of Economic and Social Measurement, 3/11974

Lill, S.A.: Algoritm 46: A modified davidon method for finding the minimum of a function, using difference approximation for derivatives; Computer Journal, 13, 1970, S.111-113

Livesey.D.A.: Feasible Directions in economic policy; Paper, Econometric Society European Meeting 1976

Nelder, J.A., Mead, R.: A simplex method for function minimization; Computer Journal, 7, 1965, S.308-313

Nelson, C.W.: Computer search and optimal control in an econommertic model; Summer Computer Simulation Conference 1974

Pindyck, R.S.: Optimal planning for economic stabilization; Amsterdam 1973

Rechenberg, I.: Evolutionsstrategie: Optimierung technischer Systeme nach Prinzipien der biologischen Evolution; Stuttgart 1973

Spendly, W., Hext, G.R., Himsworth, F.R.: Sequential application of simplex designs in optimization and evolutionary operation; Technometrica, 4, 1962, S.441-461

Wasscher, E.J.: Algorithm 203 (E4): Steep 1; Communication of the Association for Computing Machinery, 6, 1963, S.517-519

Bestimmung der optimalen Parameter eines Systems mit Hilfe eines Optimierungsmodells mit stochastischer Zielfunktion

J. Weckerle, München

Bei der Suche nach den optimalen Parametern für ein komplexes System kann das Problem auftauchen, daß man aufgrund von stochastischen Elementen in den Reaktionen dieses Systems keinen eindeutig funktionalen Zusammenhang zwischen den Parametern p und dem bewerteten Ergebnis g (p, x) mit festem x findet, weil g (p, x) aus einer unbekannten, deterministischen Komponente f (p,x) und einem stochastischen Anteil r (p, x) besteht. Gesucht ist diejenige Parameterkombination, bei der der Erwartungswert von g (p,x) minimal ist. Zur Lösung dieses Optimierungsproblems wurde der Mead-Nelder-Algorithmus mit einer gewichteten, quadratischen Regressionsanalyse kombiniert.

Simulation

Nichtlineare Optimierung und Simulation

J. Biethahn, Bochum

1. Einleitung

Im Rahmen des Operations Research werden die Simulation und die Optimierung meist in einer Form behandelt, als gäbe es keine Verbindung. Unter Optimierungsmethoden versteht man allgemein die der linearen, der nichtlinearen, der ganzzahligen, der gemischtganzzahligen, der stochastischen und der heuristischen Programmierung. Bei vielen komplexen ökonomischen Problemen sind jedoch die funktionalen Beziehungen nicht eindeutig definiert, oder die funktionale Darstellung bzw. die Evaluierung der Daten sind so aufwendig, daß eine Anwendung dieser Optimierungsmethoden nicht sinnvoll erscheint. In diesen Fällen wendet man gerne die Simulation an und erhält dann durch das Nachvollziehen des betrieblichen Entscheidungsprozesses einen Ergebniswert der Zielfunktion für eine vorgegebene Aktionsparameterkonstellation. Evtl. wird der betriebliche Entscheidungsprozeß auch für verschiedene vorgegebene Aktionsparameterkonstellationen simuliert, und die beste Alternative wird als Grundlage für die Entscheidung gewählt. Die so gewählte Alternative kann - aber muß nicht - die optimale Entscheidungsalternative sein. Insofern stellt sich die Frage, ob der Einsatz der Simulation nicht so gestaltet werden kann, daß auch optimale Entscheidungen daraus resultieren.
Bevor diesem Gedankengang weiter gefolgt wird, soll zunächst der häufig unterschiedlich verwendete Begriff der Simulation in Anlehnung an Naylor[1)] erläutert werden: Unter Simulation versteht man Verfahren, mit denen man Experimente durchführen kann, um das Verhalten eines Systems zu erfassen und zu beschreiben; dabei werden mathematische und logische Modelle verwendet. Es wird also nach Witte[2)] versucht, auf diese Art die Zustandsgeschichte eines realen Systems mit Hilfe eines formalen Systems zu erzeugen. Das Simulationsmodell hat verschiedene Eingangsgrößen, in die die zu steuernden Systemgrößen eingegeben werden, und Ausgänge, aus denen die Ergebnisse ermittelt werden können. Durch Veränderung der Eingangsgrößen werden die Veränderungen der Ausgangsgrößen ermittelt.
Nach dieser Definition ist es offensichtlich, daß man die Simulation sowohl auf deterministische als auch auf stochastische Probleme anwenden kann.
Im Rahmen dieser Darstellung soll vorwiegend auf die Simulation stochastischer Modelle eingegangen werden, bei denen die Daten einer subjektiv oder objektiv bestimmten Wahrscheinlichkeitsverteilung unterliegen. Die am häufigsten angewendete Methode der Simulation hierfür ist die Monte-Carlo-Simulation, bei der die Eingangsvariablen eingegeben und ein von Zufällen beeinflußter Prozeß simuliert wird. Darauf erfolgt dann die Ausgabe der Ergebnisse. Da versucht werden soll, die Aktionsparameterkonstellation zu finden, für die die Zielgröße optimal wird, wird zuvor grundsätzlich geklärt, wie man die bessere von mehreren stocha-

---

1) vergl. Naylor, T., The Computer Simulation Experiment with Models of Economic Systems, New York, u.a., 1972, S. 2.
2) Witte, T., Simulationstheorie und ihre Anwendung auf betriebliche Probleme, Wiesbaden 1973, S. 18-23.

stischen Alternativen auswählen kann. Erst danach wird untersucht, welche nichtlinearen Optimierungsverfahren auf die unabhängigen Variablen - die Eingangsdaten des Simulationsmodelles - angewandt werden können, damit die optimale Zielgröße unter Berücksichtigung weiterer Zielkriterien gefunden wird.

2. Das Anwendungsbeispiel und dessen Simulation

Zur Verdeutlichung dieser Ausführungen wird ein Lagerhaltungsbeispiel herangezogen. Bekanntlich gibt es schon sehr viele Lagerhaltungsmodelle, aber nach einer Bestandsaufnahme von Popp[1] (HDB) existiert noch kein Lagerhaltungsmodell, das die Anforderungen der stochastischen Lieferzeit, der stochastischen Nachfragemengen und Nachfragezeiten erfüllt und bei dem Nebenbedingungen durchaus möglich sind. Diese Bedingungen müßte man aber an ein sinnvolles Lagermodell stellen, und sie könnten bei entsprechender Erweiterung auch durch das folgende stochastische Simulationsmodell erfüllt werden:

Es wird ein Einproduktlager mit einem Planungshorizont von 360 Tagen gewählt, für das die beste und über diesen Zeitraum konstante Bestellmenge und der zugehörige Sicherheitsbestand ermittelt werden soll.

Da es unmöglich ist, die Bestellkosten, die Lagerkosten und die Fehlmengenkosten pro Mengeneinheit und Zeiteinheit zu ermitteln, wird hier als Zielgröße der Endwert des Kassenbestandes nach Ablauf des Planungszeitraums gemessen. Die Ein- und Auszahlungen werden jeweils zu dem Zeitpunkt, in dem sie auftreten, berücksichtigt. Es wird also bewußt die Zahlungsstromebene von der Güterstromebene getrennt.

Das Lager wird bis zum Planungshorizont in allen wesentlichen Güterströmen, wie z.B. Nachfragen, Bestellungen und Wareneingängen, und den zugehörigen Zahlungsströmen über den Ablauf eines Jahres nachvollzogen. Die Nachfragezeitpunkte seien dabei zufällig und diskret, da aus den Lagerbeobachtungen hervorgeht, daß die Waren meist morgens abgeholt werden. Die Nachfragemengen seien ebenfalls zufällig und diskret, da die Ware nur in ganzen Mengeneinheiten bezogen werden kann. Die Lieferzeiten seien dagegen zufällig und kontinuierlich, da die Lieferanten meist morgens vom Produzenten abfahren und insofern je nach Entfernung zu unterschiedlichen Tageszeiten eintreffen. Mit jedem Wareneingang erfolge gleichzeitig die Auszahlung und mit jedem Warenausgang die Einzahlung. Es kann Fremdkapital beschafft und es können nicht benötigte liquide Mittel angelegt werden. Die wesentlichen Daten dieses Beispiels findet man in Abb. 1.

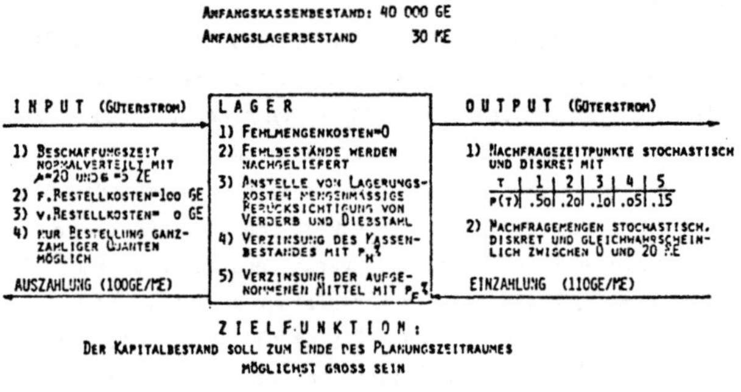

Abb. 1

Der Beginn der Simulation der Bestellpolitik, bei der 20 Mengeneinheiten (Bestellmenge)

1) vergl. Popp, W., Lagerhaltungsmodelle, in HdB, 1975, Sp. 2443-2457

nachbestellt werden, wenn der Bestellbestand und der Lagerbestand 20 Mengeneinheiten (Bestellpunkt) unterschreiten, wird durch Abb. 2 wiedergegeben.

PROGRAMM	NR	ZEITN	GK	EK	FK	LB	LBB	LFB	ZEITLFMIN	ZEITBF	BEDARF
ANFANG	0	.00	43000.00	40000.00	.00	30.00	.00	.00	.00	1.00	12.00
OUTPUT	1	1.00	43127.55	41328.00	.00	18.00	.00	.00	.00	4.00	9.00
BEST	1	1.00	43127.55	41328.00	.00	18.00	20.00	.00	19.48	4.00	9.00
OUTPUT	2	4.00	43241.53	42342.79	.00	8.99	20.00	.00	19.48	9.00	11.00
OUTPUT	3	9.00	43373.01	43373.01	.00	.00	20.00	2.02	19.48	10.00	17.00
BEST	3	9.00	43373.01	43373.01	.00	.00	40.00	2.02	19.48	10.00	17.00
OUTPUT	4	10.00	43381.68	43381.68	.00	.00	40.00	19.02	19.48	11.00	20.00
OUTPUT	5	11.00	43390.36	43390.36	.00	.00	40.00	39.02	19.48	13.00	6.00
BEST	5	11.00	43390.36	43390.36	.00	.00	60.00	39.02	19.48	13.00	6.00
OUTPUT	6	13.00	43407.71	43407.71	.00	.00	60.00	45.02	19.48	16.00	8.00
BEST	6	13.00	43407.71	43407.71	.00	.00	80.00	45.02	19.48	16.00	8.00
OUTPUT	7	16.00	43433.76	43433.76	.00	.00	80.00	53.02	19.48	21.00	11.00
INPUT	8	19.48	43514.01	43514.01	.00	.00	60.00	33.02	23.33	21.00	11.00
OUTPUT	9	21.00	43527.21	43527.21	.00	.00	60.00	44.02	23.33	22.00	17.00
BEST	9	21.00	43527.21	43527.21	.00	.00	80.00	44.02	23.33	22.00	17.00

LEGENDE:

NR	EREIGNISNUMMER	LB	LAGERBESTAND
ZEITN	ZEITPUNKT DES EREIGNISSES	LBB	LAGERBESTELLBESTAND
GK	GESAMTKAPITAL	LFB	LAGERFEHLMENGENBESTAND
EK	KASSENBESTAND	ZEITLFMIN	NÄCHSTER LIEFERZEITPUNKT
FK	FREMDKAPITAL	ZEITBF	NÄCHSTER NACHFRAGEZEITPUNKT
		BEDARF	NÄCHSTER BEDARF

Abb. 2

Um einen Einblick in die Zielfunktion des Modells zu erhalten, wird durch Vollenumeration für jede mögliche Bestellpolitik der zugehörige Endwert des Kapitalbestandes ermittelt. In Abb. 3 wurden gleichwertige Bestellpolitiken durch Isoziellinien verbunden.

Dafür wurden sämtliche Bestellpolitiken über den Zeitraum eines Jahres vom gleichen Anfangsereignis aus simuliert und die Isoziellinien über den Plotter ausgegeben. Dieser Vorgang wurde mit einem anderen Anfangszufallsereignis wiederholt (Abb. 4).

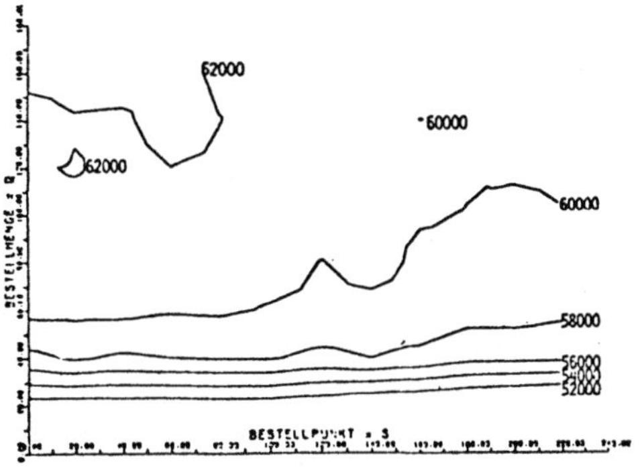

Abb. 3

Aus den Bildern erkennt man deutlich, wie empfindlich das Ergebnis auf die Anfangszufallszahl reagiert, obwohl in jede Simulation einer Politik ca. 2000 zufällige Ereignisse, die über einen Zufallszahlengenerator für gleichmäßig verteilte Zufallszahlen erzeugt wurden, eingingen.

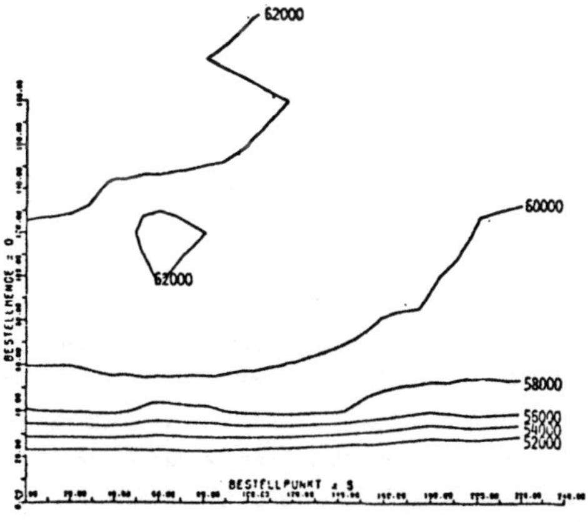

Abb. 4

3. Auffinden der optimalen Alternative aus einer kleinen Anzahl an simulierten Entscheidungsalternativen.

Es stellt sich demnach allgemein die Frage, inwieweit eine einfache Simulation überhaupt als Dispositionsgrundlage herangezogen werden kann. Zu einer fundierten Entscheidung würde man aber den Erwartungswert der Zielfunktion haben wollen. Da hierzu aber unendlich viele Simulationen erforderlich wären, kann dieser nicht mit Hilfe der Simulation gewonnen werden. Man muß sich also mit einem Mittelwert zufriedengeben. Damit stellt sich aber die Frage, wie häufig man jede Alternative mit unterschiedlichen Anfangsereignissen simulieren muß, damit man als Mittelwert einen hinreichend guten Näherungswert für den Erwartungswert erhält.

Die Frage wird also auf eine andere zurückgeführt: Wie groß muß der Stichprobenumfang mindestens gewählt werden, daß man aus dem besseren Mittelwert auch auf den besseren Erwartungswert schließen kann? Zur Lösung dieses Problems wird ein Vorschlag von Schmidt und Taylor[1] aufgegriffen, der auf dem Grenzwertsatz der Wahrscheinlichkeitslehre aufbaut: Der Mittelwert einer Stichprobe vom Umfang n und einer unendlichen Grundgesamtheit strebt mit wachsendem Stichprobenumfang gegen den Erwartungswert. Die Streuung dieses Mittelwertes um den Erwartungswert wird mit wachsendem Stichprobenumfang ($1/\sqrt{n}$) kleiner. Aufgrund dieses Sachverhaltes ist es möglich, daß man zunächst nur eine Wahrscheinlichkeit - eine heuristische Größe - angibt, durch die die Breite des Konfidenzintervalles, in dem der Mittelwert um den Erwartungswert liegen darf, festgelegt wird. Wird beispielsweise als Wahrscheinlichkeit 90% angegeben und eine Bestellpolitik 100mal simuliert, so kann aus diesen 100 Simulationen der Mittelwert,die Streuung und zusätzlich ein Intervall (Konfidenzintervall) um den Mittelwert, in dem 90% der simulierten Alternativen liegen, errechnet werden. Dieses Konfidenzintervall wird mit steigendem Stichprobenumfang - hier der Anzahl der Simulationen je Alternative - immer schmaler. Daraus läßt sich die 1. Entscheidungsregel ableiten: Man erhöhe die Anzahl an Simulationen pro Alternative so lange, bis der Mittelwert einer Alternative besser als der der anderen ist und das zugehörige Konfidenzintervall mit den übrigen einen leeren Durchschnitt hat. Dies ist die optimale Alternative. Diese Entscheidungsregel gilt mit der oben angegebenen Wahrscheinlichkeit.

Bei sehr unterschiedlichen Alternativen wird man evtl. schon mit einer kleinen Anzahl an Simulationen auskommen, um die beste Alternative zu finden; jedoch besteht bei fast gleichwertigen Alternativen die Möglichkeit, daß die Konfidenzintervalle erst bei einer sehr großen Anzahl an Simulationen einen leeren Durchschnitt haben. Dafür könnten aber so lange Rechenzeiten entstehen, daß die 1. Entscheidungsregel versagt; insofern ist diese nur für wesentlich unterschiedliche Alternativen geeignet.

Will man jedoch auch fast gleichwertige Alternativen untersuchen, so ist als weitere heuristische Größe ein Maß dafür anzugeben, ob es auf Grund der zu erwartenden Abweichungen der Zielgröße überhaupt sinnvoll ist, das tatsächliche Optimum des Erwartungswertes zu finden oder ob schon vorher die Suche mit einer befriedigenden Näherungslösung abgebrochen werden soll. Aus dieser Überlegung resultiert die 2. Entscheidungsregel: Ist bei den restlichen Alternativen, deren Konfidenzintervalle mit dem der besten Alternative (der mit dem besten Mittelwert) einen nichtleeren Durchschnitt haben, die Gesamtbreite der Konfidenzintervalle kleiner als dieses Maß, so betrachtet man diese Alternativen als gleichwertig und optimal und bricht die Suche ab. Im anderen Fall muß man die Anzahl der durchzuführenden Simulationen erhöhen, bis eines dieser beiden Kriterien zum Abbruch der Suche führt. Da der Grenzwertsatz gilt, wird über eine dieser Regeln die Auswahl immer nach endlicher Zeit beendet.

---

1) vergl. Schmidt, J.W. und Taylor, R.E., Simulation and Analysis of Industrial Systems, Homewood, Georgetown 1970, S. 524-528

4. Anwendung von nichtlinearen Optimierungstechniken

Nachdem nun die Entscheidungsregeln zur Auswahl der besseren von stochastischen Alternativen entwickelt wurden, wird versucht, das Optimum gezielt zu suchen.

4.1 Vollenumeration

Da an dem Lagerbeispiel später die Güte von einzelnen nichtlinearen Optimierungsmethoden gezeigt werden soll, wurde hier zunächst die Gestalt der Zielfunktion durch Vollenumeration (Gitterlänge = 10) und durch eine so häufige Simulation jeder Alternative, bis sich der Mittelwert kaum noch ändert, gewonnen. Über die so entwickelten Isoziellinien wird das Optimum deutlich. Sie werden auch als Zeichenhintergrund zur Verdeutlichung des Lösungsverhaltens der einzelnen Optimierungsmethoden herangezogen (vergl. z.B. Abb. 5). Es ist offensichtlich, daß bei größeren zu optimierenden Simulationsproblemen die Vollenumeration kaum herangezogen werden kann.

4.2 Einzelfaktorverfahren

Beim Einzelschrittverfahren[2], das auch Gittersuche genannt wird, geht man folgendermaßen vor: alle Entscheidungsvariablen bis auf eine werden festgehalten, und diese wird solange geändert, bis keine Verbesserung mehr erreicht werden kann, dann wird die nächste Entscheidungsvariable genommen usw. Dieser Vorgang wird solange wiederholt, bis keine weitere zieladäquate Veränderung der Größe mehr möglich ist. Dieses Verfahren wird noch durch die Verwendung von unterschiedlichen Schrittlängen verbessert. Die Anwendung zeigt, daß eine wesentliche Beschleunigung durch Intervallhalbierung erreicht werden kann.

Im Lagerbeispiel erwies sich diese Methode als recht gut, wenn man eine nicht zu kleine Schrittlänge wählt. Jedoch besteht die Gefahr, wie bei allen diesen Methoden, daß die Suche in einem lokalen Optimum abbricht. Um diese zu verringern, ist es sinnvoll, von verschiedenen Anfangswerten auszugehen. Wie in Abb. 5 deutlich wird, führen zwei von vier Anwendungen des Verfahrens zu lokalen Optima.

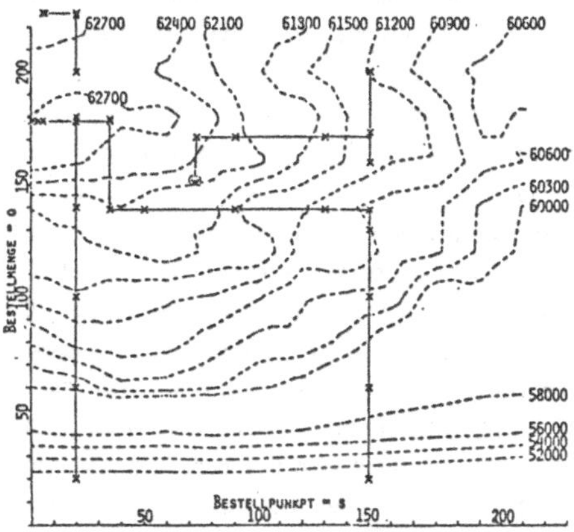

EINZELSCHRITTVERFAHREN

Abb. 5 [1]

4.3 Die Fibonacci-Suche

Bei der Fibonacci-Suche wird - wie bei der Einzelfaktormethode - eine Variable nach der anderen abgearbeitet. Dabei werden Eigenschaften einer zweifach stetig differenzierbaren Funktion ausgenutzt. Dieses Verfahren wurde nicht weiter verfolgt, weil bei realen Anwendungen der Ausgangspunkt der Suche meist ein über heuristische Erfahrung gefundener Punkt ist. Von

---

1) Wird bei der Suche ein Ausgangspunkt durch einen anderen ersetzt, so werden beide (auch in allen folgenden Abbildungen) miteinander verbunden, um die Suchpfade zu verdeutlichen. Damit werden aber nicht alle simulierten Alternativen aufgezeigt.

2) Das Einzelfaktorverfahren wird häufig auch als Einzelschrittverfahren bezeichnet.

diesem Punkt aus muß man in allen Richtungen und auch in einem kleineren als dem Gesamtintervall - wie bei diesen Verfahren ausschließlich möglich - suchen können. Außerdem wird bei der Fibonacci-Suche mit jeder neuen Richtungsänderung wieder das gesamte Intervall durchsucht, und dazu sind viele unnötige Evaluierungen notwendig. - Insofern ist die Fibonacci-Suche höchstens dann zur Anwendung geeignet, wenn man keine Vorstellungen über die Lage des Optimums hat und deshalb versucht, das näher zu untersuchende Gebiet der Optimallösung einzugrenzen. Danach sollte aber mit anderen Methoden weiter gesucht werden. Später wird aber noch gezeigt, daß es auch effektive Methoden gibt, die beide Aufgaben gemeinsam erfüllen. Deshalb soll im Folgenden weiter nach Verfahren, die auf lokalen Eingenschaften aufbauen, gesucht werden.

4.4 Gradientenmethoden

Bei dieser Methode soll versucht werden, in Richtung des steilsten Anstieges voranzugehen. Da die zu simulierende Aufgabe nicht als geschlossene Funktion vorliegt, existieren auch keine partiellen Ableitungen und damit auch kein Gradient. Dieser wird deshalb näherungsweise ermittelt, indem man die Differentialquotienten durch Differenzenquotienten ersetzt. Dabei stellt sich die Frage nach der Größe der zugrunde zu legenden Wegdifferenzen. Im Experiment ergab sich, daß aufgrund der Ganzzahligkeit des Problems die Mindestlänge DS=1 dazu führte, daß der Algorithmus sehr schnell bei lokalen Optima endete (aufgrund der 2. Entscheidungsregel). Außerdem sind die relativen Fehler innerhalb dieser Quotienten bei näher zusammenliegenden Punkten größer, weil man den Erwartungswert durch den Mittelwert einer Stichprobe ersetzt. Eine Zugrundelegung der jeweils in Richtung des Optimums auszuführenden Schrittlänge 20 (Abb. 6) führte in die Nähe des globalen Optimums, aber es wurde von keinem Ausgangspunkt erreicht. - Bei diesem Verfahren läßt sich eine große Empfindlichkeit bezüglich der Schrittlänge erkennen.

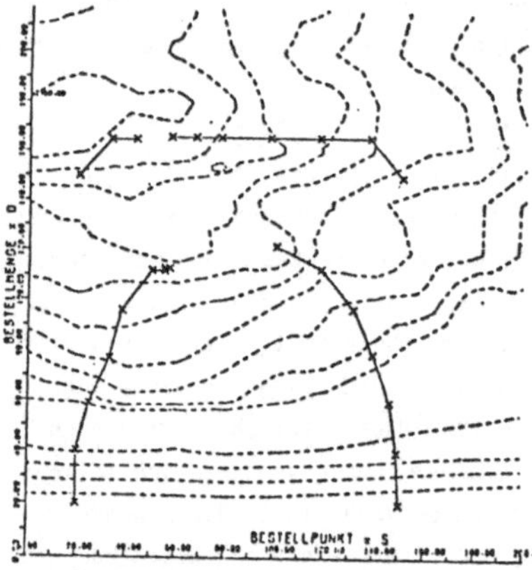

GRADIENTENMETHODE

Abb. 6

Eine Variation dieses Verfahrens, die vereinfachte Gradientenmethode, die sich auch als effektiver herausstellte, besteht darin, daß man zunächst mit nicht zu kleinen DS den steilsten Anstieg ermittelt und in dieser Richtung (ähnlich der Einzelfaktormethode) solange fortschreitet, bis man keine Verbesserung des Ergebnisses mehr erzielen kann, dann wird erneut die steilste Richtung bestimmt usw.

4.5 Spiegelverfahren

Beim einfachen Spiegelverfahren wird von jeweils drei Ausgangspunkten der mit dem kleinsten Zielfunktionswert ausgewählt und an der Verbindungslinie der beiden anderen gespiegelt. Graphisch hat das Verfahren bei der Verwendung eines zweidimensionalen Entscheidungsproblems die in Abb. 7 dargestellte Gestalt. Bei diesem Verfahren kann hier die folgende Instabilität auftreten: P_3 wird immer wieder an P_1P_2 gespiegelt, aber der Funktionswert verbessert sich nicht (vergl. Abb. 8). Solche Fälle können ausgeschlossen werden, indem die Spiegelung entweder gebrochen oder verkürzt wird. Dadurch ergibt sich aber leicht ein stumpfes Dreieck. Liegt in diesem dann der schlechteste Punkt an einer spitzen Ecke, so wird solange an der Verbindungslinie der beiden anderen verkürzt gespiegelt, bis der schlechteste Punkt mit den übrigen auf einer Linie liegt und das Verfahren abgebrochen werden muß (Abb. 9 u. 10).

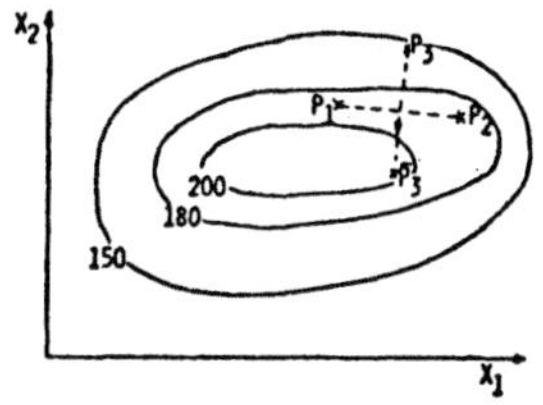

Abb. 7

4.6 Die Regressionsmethode

Bei dieser Methode arbeitet man so, daß zunächst m Entscheidungen simuliert werden in dem n-dimensionalen Entscheidungsraum mit $m \geq n$.

Durch die m Punkte wird eine bekannte Fläche (hier dargestellt durch ein Polynom 2. Grades) gelegt, so daß die Summe der quadratischen Abweichungen minimal wird. Auf dieser Fläche wird mit analytischen Methoden das Optimum bestimmt. Anschließend wird das so ermittelte Optimum simuliert, und es wird verglichen, ob dieser Wert im Vergleich zu den anderen optimal ist. Dann kann dieser Wert evtl. schon als Näherungswert herangezogen werden. Im anderen Fall wird dieser Punkt gegen den schlechtesten der m Punkte ausgetauscht und durch diese neuen m Punkte erneut eine Fläche gelegt. Auf diese Art wird die zu analysierende Fläche immer kleiner und die tatsächliche Fläche wird immer besser approximiert. Damit kann man sich dem Optimum beliebig nähern. Graphisch läßt sich das Verfahren durch Abb. 11 veranschaulichen. Bei diesem Verfahren darf man allerdings den dazu notwendigen Rechenaufwand nicht unterschätzen, da sich jeder Rechenschritt aus einer Regressionsanalyse, einer Optimierung und einer Simulation zusammensetzt.

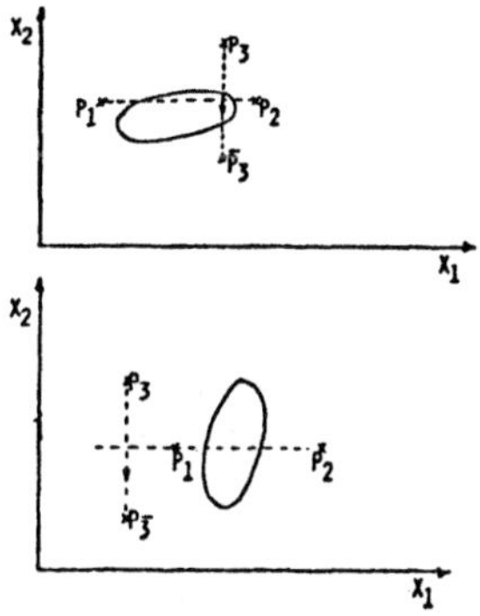

Abb. 8 und 9

Eine wesentliche Voraussetzung für die Anwendung dieses Verfahrens ist es, daß die Oberfläche des Zielgebirges konvex ist. Da aber bei dem Anwendungsbeispiel diese Bedingung nicht erfüllt war, wurde häufig ein nach oben geöffneter Regressionsellipsoid gefunden, so daß kein neuer Austauschprozeß stattfinden konnte. In diesem Fall wurde ein Verfahren ähnlich der flexiblen Polyheadron Search - ein Schwerpunktspiegelverfahren von Nelder und Mead[1] - verwendet, um durch weitere

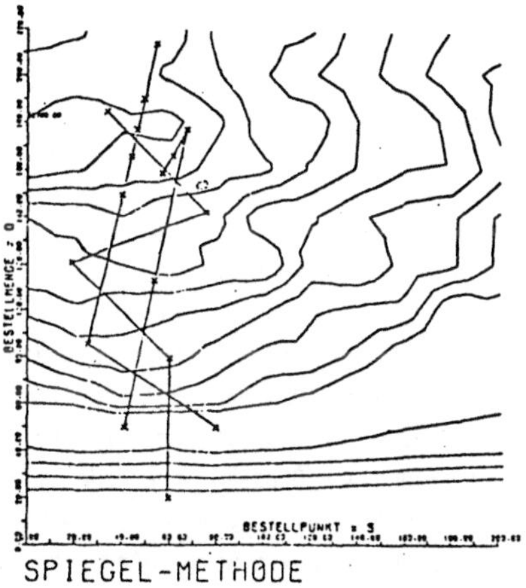

Abb. 10

1) Nelder, I.A. und Mead, R., A simplex Method for Function minimization, in Computer Journal, 1964, S. 308-313

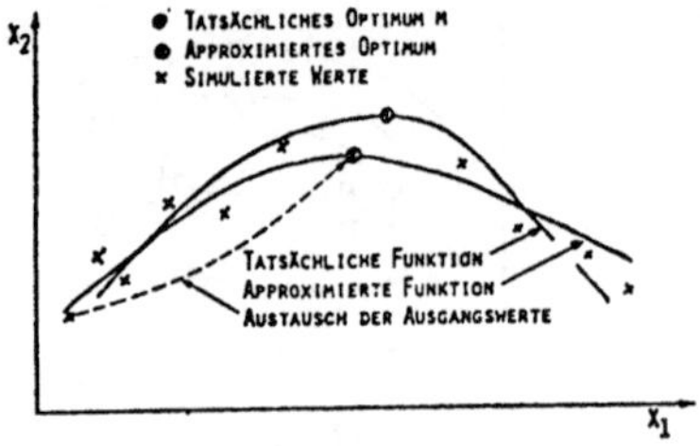

Abb. 11

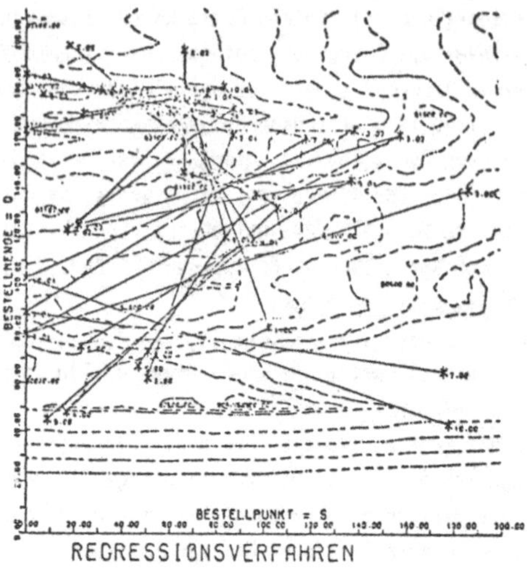

Abb. 12

Erkundung der Oberfläche (Hinzunahme weiterer Punkte) wieder zu einer Maximierungsaufgabe zu kommen. So erwies sich das Verfahren insgesamt als recht komplex, die Ergebnisse waren unbefriedigend und zusätzlich ergaben sich die längsten Rechenzeiten (vergl. Abb.12). Hier stellt sich die Frage, ob es besser wäre, als Approximationsfunktion ein Polynom höheren Grades zu wählen. Hierbei träten aber Lösungsprobleme bei der Koeffizientenbestimmung auf, die dann nicht mehr geschlossen innerhalb eines linearen Gleichungssystems gefunden werden können. Da also auch hier Approximationsmethoden angewendet werden müßten, wurde dieser Gedankengang nicht weiter verfolgt.

Ein ähnliches Verfahren, das auch auf einer quadratischen Approximationsfunktion - aber jede Variable einzeln - basiert, ist das Verfahren von Powell, d.h., es ist eine Kombination von Einzelschrittverfahren und Regressionsverfahren; insofern ist bei dieser Methode bei gleichem Programmieraufwand mit einer noch höheren Rechenzeit zu rechnen. Aus diesem Grunde wurde dieser Algorithmus hier nicht weiter verfolgt.

4.7 <u>Die Pattern Search Methode</u>

Auf der Gradientenmethode basiert eine gewissermaßen "lernende" Gradientenmethode, die Pattern Search Methode, bei der die Schrittlänge bei fortgesetzter erfolgreicher Anwendung der Gradientenmethode immer vergrößert wird. In dem Fall, daß hiermit kein Erfolg erzielt wird, wird eine neue Ausgangsschrittlänge gewählt und erneut begonnen. Das Verfahren bricht ab, wenn die Ausgangsschrittlänge zu klein wird. Dieses Verfahren lieferte in recht kurzen Zeiten zufriedenstellende Ergebnisse (vergl. Abb. 13).

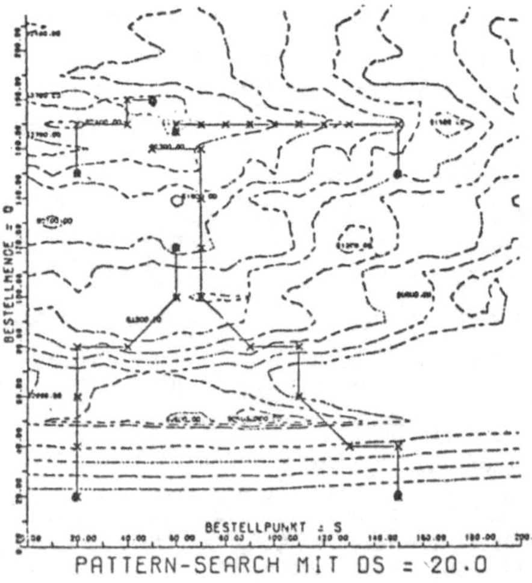

Abb. 13

5. Beurteilung der Optimierungsmethoden

Nachdem die Anwendung der einzelnen Optimierungsmethoden dargestellt wurde, soll nunmehr der Versuch einer vergleichenden Wertung vorgenommen werden.

In den Vergleich müssen eine Reihe an Vergleichskriterien eingehen, die z.T. bereits erwähnt wurden. Zunächst stellt sich die Frage, inwieweit durch diese Verfahren das Optimum Optimorum des Problems oder zumindest eine gute Lösung gefunden wurde. Der zweiten Anforderung wurden alle Verfahren gerecht, falls man die Anfangsschrittweite nicht zu klein oder auch nicht zu groß wählte. Ob das tatsächliche Optimum Optimorum gefunden wurde, ist nicht bekannt. Somit kann der erste Teil der Frage nicht in dieser Form beantwortet werden. Als größter Wert konnte der Wert 63 210.65 gefunden werden bei der Politik: Bestellmenge = 155 ME, Bestellpunkt = 25 ME. Es ist aber unwahrscheinlich, daß es noch wesentlich größere Zielfunktionswerte gibt, weil bei der Vollenumeration zur Herstellung des Hintergrundes der Abbildungen ein Gitter mit einer Kantenlänge von 10 Mengeneinheiten über das Gebiet gelegt wurde und alle Gitterpunkte simuliert wurden; dabei wurde kein besserer Punkt gefunden. Dieser Wert wird deshalb im Folgenden als das größte Optimum aufgefaßt und hinsichtlich der Erreichung dieses Wertes werden die Verfahren zunächst beurteilt. Dabei interessiert auch die Frage, wie groß die Zielfunktionswerte werden, die mit den einzelnen Verfahren als beste Werte gefunden wurden. Als gleich gut erwiesen sich Einzelschrittverfahren und Pattern Search. Sie erreichten den größten Wert. Darauf folgten die Gradientenmethoden, die Regressionsmethoden und schließlich die Spiegelmethoden.

Bei der Herleitung der Verfahren wurde deutlich, welche Bedeutung der Ausgangspunkt der Iterationen und die gewählte Schrittlänge auf das Ergebnis haben kann. Insofern interessiert die Frage, wie sicher eine Methode von einem beliebigen Ausgangspunkt einen guten Wert erreicht. Es ergab sich folgende Reihenfolge: Einzelschrittverfahren gefolgt von Pattern Search, Gradienten-, Regressions- und Spiegelverfahren. Jedoch wird dieses Kriterium wenig Bedeutung haben, wenn man aufgrund heuristischer Kriterien einen Ausgangspunkt gefunden hat, der bereits in der Nähe des Optimums liegt.

Da die häufige Simulation von komplexen Entscheidungsproblemen mit nicht unerheblicher Rechenzeit verbunden ist, muß auch diese mit in die Wertung einbezogen werden. Hier konnten mittlere Suchzeiten (unter Berücksichtigung von sowohl günstigsten als auch ungünstigsten Ausgangspunkten und Schrittlängen) von 22 bis 74 sec. in der Reihenfolge: Pattern Search, Spiegel-, Gradienten-, Einzelschritt- und Regressionsverfahren gemessen werden.

Als letztes Kriterium sei der manuelle Aufwand von der Problemabbildung bis zum Finden der Lösung angeführt. Dieser ist bei der Spiegelmethode am geringsten gefolgt von Einzelschritt-, Gradienten- und Regressionsverfahren.

Zusammenfassend können folgende Wertungen vorgenommen werden: Soll ein Problem nur einige Male optimiert werden und soll deshalb der Programmieraufwand klein bleiben während die Rechenzeiten keinen so großen Einfluß auf die Entscheidung ausübern, so wird man wahrscheinlich das Einzelschrittverfahren wählen, weil dieses die besten Ergebnisse liefert. Sollen zusätzlich auch die Rechenzeiten kurz gehalten werden, so wird man wegen des geringen Programmieraufwandes eine der Spiegelmethoden heranziehen. Jedoch besteht hier die Gefahr, daß man kein sehr gutes Ergebnis erzielt. - Wird jedoch ein Problem häufiger optimiert, darf eventuell der Programmieraufwand zugunsten kürzerer Rechenzeiten etwas größer

nisse entweder der Spiegel- oder der Pattern Search Methode bedienen.

Abschließend möchte ich wiederholen, daß es auch nach dieser Untersuchung für mich nicht verständlich ist, weshalb bisher die Simulation kaum in Verbindung mit der nichtlinearen Programmierung verwendet wurde. M.E. liegt in der Untersuchung bestehender nichtlinearer Optimierungsmethoden in Verbindung mit der Simulation noch ein bedeutendes Aufgabenfeld, das hiermit bei weitem noch nicht erschöpfend behandelt wurde.

Literatur:

Naylor, T., The Computer Simulation Experiment with Models of Economic Systems, New York, u.a., 1972

Nelder, I.A. und Mead, R., A simplex Method for Funcion minimization, in Computer Journal, 1964, S. 308-313

Popp, W., Lagerhaltungsmodelle, in HdB, 1975, Sp. 2443-2457

Schmidt, J.W. und Taylor, R.E., Simulation and Analysis of Industrial Systems, Homewood, Georgetown 1970

Witte, T., Simulationstheorie und ihre Anwendung auf betriebliche Probleme, Wiesbaden 1973

Simulation von Software-Systemen

P. Molzberger, München

Zur Auslegung großer Online-Computer-Systeme ist die Simulation ein ausgezeichnetes Hilfsmittel. Schwierigkeiten sind allerdings - aufgrund des hohen Komplexitätsgrades - bei der Nachbildung der Software zu erwarten, die im allgemeinen noch nicht existiert.

Es wird ein Verfahren angegeben, ein solches Simulationsmodell übersichtlich und kontrolliert zu entwickeln: Ähnlich wie man beim Entwurf der Software selber vorgehen sollte, so wird auch das Modell TOP-DOWN in hierarchischen Schichten erstellt, wobei der Einfluß jeder Einzelkomponente auf das Gesamtsystem permanent überwacht bleibt.

Das Ergebnis ist nicht nur transparent, sondern auch sparsam bezüglich Coding, Test- und Laufzeit.

Hierarchische Zufallsgeneratoren

F.D. Peschanel, München

Übersicht

Die Darstellung von nichtelementaren Zufallsgeneratoren ist sowohl theoretisch wie praktisch problematisch. Nachzubildende Zufallsprozesse sind des öfteren durch die Superposition von z.B. langfristig-periodischen und kurzfristigen Anteilen nicht befriedigend darzustellen, obwohl subjektive und teilweise auch objektive Kenntnisse über die Prozeßstruktur vorliegen. Es wird ein Verfahren angegeben, das als "Simulations-Metasprache" zur Darstellung solcher Prozesse geeignet ist. Vorzüge dieses Verfahrens sind die Kombinierbarkeit objektiver und subjektiver Kenntnisse und die diskussions- und programmierfreundliche Darstellbarkeit "oberhalb" der einzelnen gewohnten Simulationssprachen.

1. Einführung zur Problemstellung

Die Literatur [1,2,3,4,5] befaßt sich im allgemeinen mit der Erzeugung von Folgen von Zufallszahlen, die einer bestimmten Verteilungsfunktion genügen. Diese Verteilungsfunktion ist auch des öfteren aus mehreren elementaren Verteilungsfunktionen zusammengesetzt, z.B. in Form von Trend und Saisonalschwankung, überlagert z.B. durch einen Exponentialprozeß. Probleme treten auf, wenn eine Zufallsfunktion in der Realität sich nicht in einen solchen Rahmen fügt, wenn also die Struktur des Prozesses sich nicht in eine "hochfrequente" (also kurzfristige) und in eine oder einige "niederfrequente " Komponente(n) glaubwürdig zerlegen läßt. Der Anwender ist häufig umsomehr enttäuscht, als er oft sowohl intuitiv wie faktisch viel mehr über den Prozeß weiß, als er mit oben genanntem Instrumentarium verwerten kann. D.h., er ist in der Lage, sprachlich Ausführungen über Prozeßstrukturen zu machen, wie z.B. komplexere Bedingungen innerhalb des Prozeßablaufes zu formulieren und evtl. auch hierfür Daten bereitzustellen.

Betrachten wir die Fourrier-Transformierte einer Zufallsfunktion x(t), so entsprechen die aus der Theorie der Markoffsprozesse üblichen Übergangsmatrizen den Gliedern mit den höchsten Frequenzen, saisonale Perioden den niedrigsten Frequenzen, deterministische Trends lassen sich abtrennen [6,7,8] . Man könnte also grob sagen, daß das angesprochene übliche Instrumentarium wirkt wie ein im Frequenzbereich installierter Ausblendfilter, der aus dem Spektrum der realen und nachzubildenden Zufallsfunktion Teile herausfiltert und damit - in anderer Terminologie - Teile der in x(t) enthaltenen Information vernichtet. Ein Überbrücken dieser Lücke fällt grundsätzlich schwer, da sich bedingte Übergangsmatrizen schon bei wenigen zu berücksichtigenden Gliedern leicht astronomisch aufblähen und die sehr niedrigen Frequenzen, die z.B. Jahresperioden darstellen, nur einen sehr geringen Anteil des Spektralbereichs abdecken.

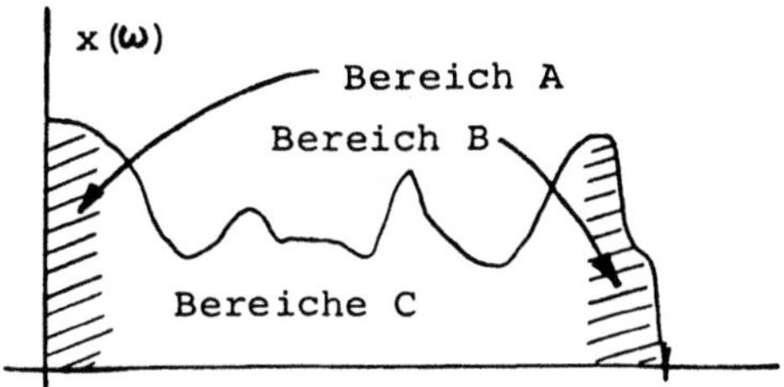

Abb. 1 : Fourrier-Spektrum x(t)

In Abb. 1 sind die Bereiche A 'saisonale Komponenten' und B 'langfristige Komponenten' d.h.: Übergangsmatrizen) dargestellt.

Für die Diskussion des schwierigen Bereichs C sollte die Bedeutung der Fourrier-Transformierten und insbesondere ihre Nachbildbarkeit nicht überbewertet werden; sie gibt jedoch einen wertvollen theoretischen Einblick in den Problemkreis.

Zur Ausführung der strukturellen Zusammenhänge - auch des Bereichs C - soll kurz ein vertrautes Analogon zur vorliegenden Aufgabe betrachtet werden, ein Ausschnitt aus einer Markoff-Analyse der deutschen Sprache: Durch die Kenntnis, z.B. der bedingten Übergangswahrscheinlichkeiten für die 5 letzten Buchstaben lassen sich keine sinnvollen Sätze bauen, auch nicht durch die Kenntnis der Verteilungsfunktionen der Wort- und Satzlängen.Der Zwischenbereich, der sich auch hier erfolgreich der Markoff-Analyse widersetzt, wird durch zwei linguistische Begriffe strukturiert: durch Semantik und Syntax [9]. Dabei wird - aus einem Vorrat an syntaktischen Strukturen - auf Grund der Semantik der Aussage die aktuelle Syntax der Aussage ausgewählt. Die syntaktischen Strukturelemente stellen dann die Relationen über die mittleren Distanzen innerhalb des Satzes her, also in dem durch Übergangsmatrizen nicht hinreichend beschreibbaren Bereich.

2. Beispiel eines Problemfalls

Dieses Problem trat z.B. bei der Generierung von Zeitreihen auf, die als Input für wasserwirtschaftliche Simulationsmodelle gebraucht wurden [10]. Bei Auswertungen, die im wesentlichen nur Integrale über die Zeitreihen hinweg verwenden, erwiesen sich die Schwächen der konventionellen Generierung als problemlos. Dies ist leicht dadurch zu deuten, daß Integrale über Zeit-Teilintervalle (im Frequenzbereich betrachtet) so wirken wie ein Tiefpaß, bezogen auf das Gesamtintervall, daß also die unterschlagenen Strukturen sowieso nicht zum Tragen kommen. Unsicherheit trat aber bei solchen Simulationen auf, bei denen die betrachteten Effekte im System sich auf die angesprochenen mittleren Teilintervalle beziehen. Dies ist auch theoretisch einsichtig, da z.B. stochastische Regelungsprozesse bei natürlichen und künstlichen Gewässern Abläufe optimieren sollen, die sich in solchen "mittleren" Teil-Intervallen abspielen. Es ist verständlich, daß Schwächen bei der Abbildung der stochastischen Inputfunktion auch die Optimalität des damit entwickelten Kontrollsystem mindern; es ist sogar denkbar, daß ein auf einer falsch abgebildeten Inputvariablen aufgebauter Steuerungsalgorithmus außerordentlich ungünstige und nicht vorgesehene Eigenschaften zeigt.

Die bei dem genannten Projekt aufgetretenen Fragen führten zu den obigen theoretischen Überlegungen und zu einem praktischen Ansatz, wie man diese Schwächen teilweise beseitigen kann.

3. Lösungsansatz

Ausgangspunkt für den Ansatz ist der Gedanke, daß man - analog dem linguistischen Beispiel - nicht versucht, in einer einzigen Generierfolge den ganzen Satz als eine Markoffkette (zu niedrigerer) Ordnung zu erstellen, sondern daß man statt dessen von "oben nach unten" vorgeht, also sozusagen bei der (gedachten) Bedeutung beginnt und dann zunächst die groben, danach die feinen syntaktischen Strukturen generiert, und dann zum Schluß erst die einzelnen Symbole.

Man generiert also sozusagen Schichten von Zufallsprozessen, die man in der einfachsten Form als einen nach unten geöffneten Baum ansehen kann, der eine Reihe von Ebenen aufweist. Anders gesagt: man definiert einen hierarchischen Markoff-Prozeß, dessen oberster Prozeß gemäß gegebenen stochastischen Regeln auswählt, welcher Prozeß der darunterliegenden Ebene ablaufen soll. Dieser wählt wiederum nach einem stochastischen Regelsatz aus der darunterliegenden Schicht einen Prozeß aus... etc., bis schließlich auf der untersten Ebene die Daten der Zeitreihe produziert werden. Im einfachsten Fall sind die Auswahlregeln Übergangsmatrizen; hier wird jedoch nicht auf diesen Fall beschränkt.

4. Metasprachliche Darstellungsform

Eine sehr hilfreiche Annehmlichkeit ist die weitgehende metasprachliche Isomorphie zwischen der strukturellen Beschreibung solcher hierarchischen Prozesse und der Beschreibung "kontexfreier Sprachen", wie wir sie gut von der Meta-Notation z.B. der Computersprache ALGOL kennen.
Entsprechend wird vorgeschlagen, die genannten hierarchischen Prozesse in einer Meta-Notation, der Backhus-Notation, zu definieren. Dies ist, wie im folgenden Beispiel gezeigt wird, wirklich leicht, was die Formulierung des hierarchischen Prozesses angeht und kommt dem Denken des Anwenders sehr entgegen. Gleichzeitig definiert die in Backhus-Notation dargestellte Beschreibung des hierarchischen Prozesses vollständig, was ein EDV-Programm als Generator zu tun hat. Und auf Grund der genannten Isomorphie läßt sich sofort aus der Backhus-Notation das Generierprogramm, sozusagen zwangsläufig, ableiten [11, 12].

Man könnte das vorgeschlagene Verfahren daher auffassen als eine Simulations-Meta-Sprache speziell zur Simulation von hierarchischen Markoffprozessen, wobei als Simulationssprache selber jede der bekannten geeigneten Sprachen verwendet werden kann.

5. Beispiele für das praktische Vorgehen

Gemäß dem eingangs angesprochenen Beispiel wird dargestellt, wie man die interessierenden Größen *Temperatur, Niederschlagsdauern* und *Mengen* auf dem Wege über einen hierarchischen Prozess definiert und damit generiert.

5.1 Definition eines Zeitrahmens

Da der jahreszeitliche Ablauf wesentlichen Einfluß auf Temperatur und Niederschläge hat, wird nun also begonnen, den hierarchischen Prozeß etwa so zu definieren:

(1') <Jahresfolge> ::= <Jahr> / <Jahr><Jahresfolge>

Im Text heißt das: eine "Jahresfolge" besteht aus einem "Jahr" oder aus einem "Jahr gefolgt von einer Jahresfolge". (Wieviele Jahre nun im Einzelfall von Interesse sind, also das Abbruchkriterium für die "rekursive Definition", wird erst bei der Programmierung bzw. beim Programmablauf des Generators festgelegt.

Nun wird weiter definiert, was bisher undefiniert war:
das "Jahr", und zwar als Folge der 4 Jahreszeiten:

(2') <Jahr> ::= <Jahreszeit (F)>, <Jahreszeit (S)>,
<Jahreszeit (H)>, <Jahreszeit (W)>,
<Jahres-Norm>

Nun sind die Jahreszeiten wiederum näher zu beschreiben. Da man sozusagen die Jahreszeiten auf der Zeitachse verteilen muß, ehe sie "ablaufen" können, sollen nun zunächst die dafür nötigen Attribute "Jahreszeitanfang" und "~dauer" eingeführt werden.

Die Bedeutung der "Jahres-Norm" wird später erläutert.

Stellvertretend wird nun der Frühling (Jahreszeit (F)) definiert:

(3') <Jahreszeit (F)> ::= F(<F_Anfang>, <F_Dauer>)

Undefiniert sind nun die Größen "Jahres-Zeit-Anfang" und "~dauer". Nehmen wir an, daß man dem normalen diesbezüglichen Sprachgebrauch folgt und damit definiert:

(4') <F-Anfang> ::=<F-FRUEH>/ <F-SPAET>/<F-NORMAL>

(5') <F-Dauer > ::=<F-KURZ>/ <F-LANG>/<F-NORMAL-D>

Auf der rechten Seite wurden KURZ, FRÜH, etc. in die Meta-Klammern gesetzt, da angenommen wird, daß die umgangssprachliche Beschreibung einer weiteren Präzisierung bedarf, da ja schließlich Zufallsdaten zu generieren sind.

Nehmen wir nun an, daß wir, je nach gewähltem Attribut, Anfang und Dauer durch Zufallsfunktionen beschreiben wollen. Wir können dazu z.B. eine allgemeine Form definieren, die "Funktion" FN:

(6') <F-FRUEH> ::= FN(<EW>,<STR>, <TYP>)

und analog bis

<F-Normal-D> ::= FN (..........)

Die Funktionen FN sind nun "elementare" Zufallsfunktionen, die z.B. durch die folgenden 3 Parameter beschrieben werden:

(7') <EW> ::= Erwartungswert der Verteilung

(8') <STR> ::= Standardabweichung der Verteilung

(9') <TYP> ::= gibt den Typ der elementaren Verteilung an

Damit ist die Definition abgeschlossen, da rechts überall die Symbolebene erreicht wurde.
Nun noch zum Normierungsterm < Jahres-Norm > . Das zufällige Auswählen von Jahreszeitdauern kann zum Beispiel zu offensichtlich zu kurzen oder zu langen Jahren führen. Dies ist gemäß einem Satz von Renomierungskriterien in dem Programm JAHRNORM geprüft und ggfls. modifiziert. JAHRNORM ist ein Programm, das auf Grund seines Inhalts das Renormieren definiert; dies ist nicht Gegenstand der Meta-Notierung.

Mit der Normierung ist der Zeitrahmen abgeschlossen.

5.2 Definition der Zielvariablen

Bis jetzt wurde nur der Zeitraum definiert, die interessierenden Niederschläge und Temperaturen stehen noch aus.

Nachdem im ersten Teil des Beispiels gezeigt wurde, wie stufenweise die Generierung des Zeitrahmens vorgenommen wurde, folgt nun in diesem Zeitrahmen die Generierung der Attribute *Temperatur* und *Niederschlag*.
Dazu wird zunächst etwas umdefiniert.

(2') < Jahr > := < Jahreszeiten >
(Das Zeichen ":=" heißt "ersetzen")

Zusätzlich wird zwischen (1) und (2') noch eine neue Definition (1') eingeschoben, die sich auf (1) bezieht:

(1') < Jahr > ::= < Jahreszeiten > < Jahres-Attribute >

Das bedeutet, daß nach der Ermittlung der Jahreszeiten die interessierenden Attribute zu ermitteln sind. Letztere werden nun zügig definiert.

(3') < Jahresattribute > ::= < F_Wetter > , < S_Wetter > ,...,...

Stellvertretend am Frühjahrswetter weiter:

(4') < F_Wetter > ::= F_W(< Temperatur > , < Niederschlag >)

Man könnte nun analog (4) und (5) definieren.

(5') < Temperatur > ::= < WARM > / < NORMAL >

(6') < Niederschlag > ::= < NASS > / < TROCKEN > / < NORMAL >

aber man kann auch in der strukturellen Beschreibung weitergehen und dabei gleichzeitig eine weitere Definitionsform einführen:

(7') < F_Wetter > ::= < F_Hoch > < F_Wetter > # <P1 > /
< F_Tief > < F_Wetter > # <P2 >

wobei P1 und P2 Wahrscheinlichkeiten sind:

(8') < P1 > ::=.15'NASS'/.50'TROCKEN'/.35'NORMAL'

(9') < P2 > := 1- <P1>

D.h. das mit P1-Prozent Wahrscheinlichkeit ein Frühjahrswetter mit einem Hochdruck beginnt. Wegen der Rekursivität ist P1 die Wahrscheinlichkeit von Hochdruck im Frühjahr, entsprechend P2 für Tiefdruck. Die Rekursion wird (das steht hier nicht explizit) solange benutzt, bis die Zeit das Frühjahrsende erreicht hat.

Nun sind die Perioden 'Hochdruck' und 'Tiefdruck' wiederum aufzulösen:

(10') < F_Tief > ::= <Niederschlag > <F_Tief > $ <P3 > /
<Niederschlagfrei> <F_Tief> $ < P4 >

(11') < F_Hoch> ::= analog mit P5 und P6

Nun wird wieder angenommen, daß die Niederschläge Zufallsgrößen sind:

(12') < Niederschlag> ::=((< NS-Dauer>),(< NS-Menge))

(13') < NS-Dauer> ::= } Funktionen FN
(14') < NS-Menge> ::= } gemäß Def.(6),(7),(8),(9)

Die Niederschlagsmengen NSM einer Niederschlagsperiode NSD sind dann entsprechend gegeben durch

(15') NDS:=FN(.,.,)

(16') NSM:=NSD * FN(.,.,)

Ganz analog zu den Niederschlägen, die sich aus den Wetterlagen ableiten, kann man nun auch, in Abhängigkeit von den Temperaturangaben WARM etc. sowie von den Wetterlagen 'Hoch' und 'Tief' die Temperatur generieren. Man könnte auch in die Temperatur Abhängigkeiten Tag/ Nacht und Regen/ Nicht-Regen eingeziehen, je nach Wunsch.

6. Programmierung

Unabhängig von der im Einzelfall gewählten Simulationssprache ist die Metanotierung nach ganz allgemeinen und einfachen Regeln abzubauen und in ein Programm zu überführen.

Betrachtet man einen Ausdruck <A> aus obigem Definitionsgefüge, so ist entweder

(a) <A> ::= <B >/ <B > <C >/ <B > <C > <D >/...
oder
(b) <A> ::=FN(...) /Zahl

Im Fall (a) entspricht dem auf der Programmseite

```
                         :                 :
         :          CALL B            CALL B
A ——> CALL B  oder    :      oder     CALL C
         :          CALL C            CALL D
                         :                 :
```

wobei wiederum gelten kann, daß B und C etc. genauso strukturiert sind wie A, also z.B.

```
          :                :
                      CALL BA
B ——> CALL BA  oder      :      oder ....
          :           CALL BB
                          :
```

bis schlielich der Fall (b) eintritt.

Für den Fall (c) der rekursiven statistischen gewichteten Verzweigung

(c) < A > ::= < B > < A> $ < P1 > / < C > < A > $ < P2 >

erhält man das Flußdiagramm

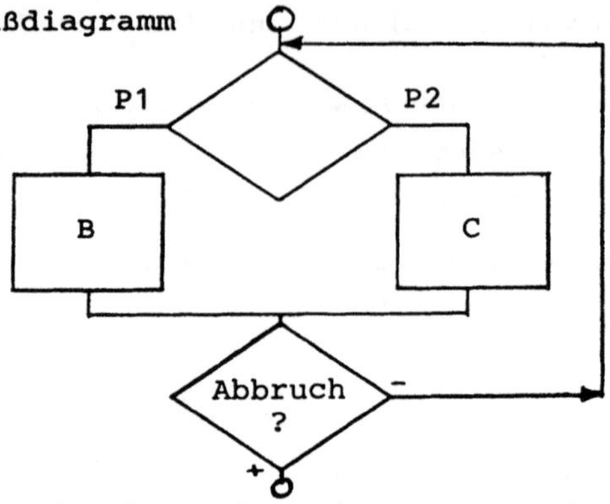

Bei hintereinanderstehenden Metanotierungen, z.B.

<A> <B> <C>

wird zunächst <A> gemäß den Fällen (a), (b), (c) aufgelöst und abgearbeitet, dann kommt <B>, dann kommt <C>.

7. Schlußbemerkung

Das angegebene Verfahren erlaubt die Synthese subjektiver Kenntnisse von Prozeßstrukturen mit verfügbaren objektiven Daten. Der Freiheit bei der Strukturierung sind kaum Grenzen gesetzt, Modifikationen des Definitionsschemas sind leicht möglich und führen auch in den Programmen oft nur zu kleinen Änderungen. Da das genannte Vorgehen unabhängig von den Notierungen der verschiedenen Simulationssprachen ist und all der ebenso hinderliche wie überflüssige Ballast der Konventionen der Programmiersprachen fortfällt, ist gleichzeitig eine Notierungsform gegeben, die auch für Diskussionen zur Modellkonzeption förderlich ist.

Für den Test von so erzeugten Zufallszahlenfolgen ist von einem Vergleich der Fourriertransformierten im Regelfall aus theoretische Gründen nicht viel zu erwarten; eine Einsetzbarkeit dieses Tests ist im Einzelfall zu prüfen.

Vielmehr gilt für Tests solcher Generatoren dasselbe wie für den Test von gesamten Simulationsmodellen: wenn eine Kalibribierung des Modells auf Grund von Daten eines echten Systems nicht möglich ist (und das ist fast die Regel), dann bleibt nichts übrig, als die übl che Frage nach der Plausibilität der Ergebnisse. Das ist letztlich auch daran erkennbar, daß es sich hier um den Vorschlag einer Simu tions-(Meta)-Sprache für den speziellen Zweck der Zeitreihengeneri rung handelt, um die Formulierbarkeit und Formulierung von Modellen und eben nicht um die Darstellung eines Algorithmus.

Literatur:

(1) Schmitz, N./Lehmann F.: Monte-Carlo-Methoden I, Erzeugen und T sten von Zufallszahlen. Verlag Anton Hahn, Meisenheim, 1976.
(2) Mertens, P.: Simulation. Poeschel, Stuttgart 1969.
(3) Köcher, D./ Matt G./ Oertel C./ H.Schneeweiß:Einführung in di

Simulationstechnik, Beuth, Köln/Ffm 1972.
(4) Krüger,S.: Simulation, de Gruyter, Berlin/ N.Y., 1975.
(5) Bauknecht, K./ Kohlas J./ Zehnder, C.A.:Simulationstechnik, Springer 1976.
(6) Kendall, M.G./ Stuart A.: The Advanced Theory of Statistics, Vol 3: Design and Analysis, Time-Series. Griffin, London 1968.
(7) Garbers, H./ Heiler S./ Nullam, B./ Schäffer, K.-A.: Neuere Entwicklungen auf dem Gebiet der Zeitreihenanalyse. Sonderhefte Allg.Stat.Arch., Heft 1; Vandenhoek & Rupprecht, Göttingen, 1970
(8) Fey, P.: Informationstheorie. Akademie-Verlag, Berlin, 1963.
(9) Cherry, C.: On Human Communication. MIT Press, 1968.
(10) Germann, K.H.: Hochwasser-Schutz in komplexen Flußsystemen-Anwendung einer dynamischen Strömungssimulation zur Bestimmung optimaler Schutzspeichersteuerungen, Proc.OR. 7, Physica 1977.
(11) Algol 60 Language Reference Manual. IBM System Reference Library, GC28-6615.
(12) Dahl, O.-J./ Hoare, C.A.: Hierarchical Program Structures. In: Structured Programming; Academic Press, Londen &N.Y., 1972.

Simulation formatierter Datenbanken

Z. Sokolovsky, Bad Nauheim

Die Abbildung der Realität in einem Modell bildet nicht nur die Basis der Simulation, sondern zunehmend in den letzten Jahren auch das grundlegende Verständnis der Datenbank-Philosophie. Auf diese Parallelität wird in bezug auf

- die Modellbildung,
- die Zielsetzung und auf
- die Anwendung gleicher Datenstrukturen

eingegangen. Schließlich werden die Möglichkeiten der Anwendung der Simulation auf den 'logischen' und 'physischen' Ebenen des Abstraktionsprozesses der Datenbank-Gestaltung behandelt.

Clusteranalyse

Ein global optimaler Clusteranalysealgorithmus zur Optimierung von Zielfunktionen

D. Steinhausen, Münster

Einführung

Clusteranalyse ist ein Sammelbegriff, unter dem heute eine Reihe von Ansätzen, Verfahren und Algorithmen der multivariaten Datenanalyse zusammengefaßt werden, deren Gemeinsamkeit darin besteht, eine Menge von Objekten, die durch Werte für eine Reihe von Variablen charakterisiert sind, möglichst zweckmäßig in Klassen einzuteilen. Clusteranalysen werden mit Erfolg in nahezu allen Bereichen und Disziplinen angewendet, in denen größere Datenmengen auf wenige überschaubare Interpretationseinheiten zu reduzieren sind. Daher kann ihr Gegenstand sehr verschieden sein. So kann es sich bei den Objekten z.B. um Personen, soziale Gruppen, Firmen, Produkte, Handschriften, Dokumente, Signale, Rohstoffe, Aktien, Bakterien oder Insekten handeln, aber auch um Variable.
Hierzu stehen zahlreiche und recht unterschiedliche Verfahren zur Verfügung, die z.B. in |1,4,6| ausführlich diskutiert werden.

Das Clusteranalyse-Problem

Es sei $E = \{e_1 \ldots e_n\}$ eine nichtleere endliche Menge von Objekten. Unter einer (disjunkten, exhaustiven) Gruppierung (Partition) der Länge k verstehen wir eine Zerlegung von E in $1 \leq k \leq n$ disjunkte Teilmengen (in diesem Zusammenhang auch Gruppen oder Cluster genannt) g_i $(i=1,\ldots,k)$, deren Vereinigung E ergibt, also

$$G = \{g_1,\ldots,g_k\}, \quad E = \bigcup_{i=1}^{k} g_i, \quad g_i \cap g_j = \emptyset, \quad (i,j=1,\ldots,k;\ i \neq j).$$

Die Objekte $e_1 \ldots e_n$ seien jeweils durch m Meßwerte (in dieser Arbeit: quantitativer Variablen) charakterisiert. Die Aufgabe der Clusteranalyse besteht nun darin, eine Einteilung von E in k Gruppen so zu konstruieren, daß sich die Gruppen hinsichtlich der m Variablen möglichst gut unterscheiden. Diese Forderung läßt sich u.a.

durch Definition einer geeigneten Zielfunktion Z(G) präzisieren, welche jeder Gruppierung eine reelle Zahl zuordnet und so konzipiert ist, daß diejenige Gruppierung, bei welcher Z ein Extremum annimmt, plausiblerweise besonders gut ist. In |1| werden verschiedene Zielfunktionen nebst ihren statistischen Voraussetzungen bzw. Implikationen ausführlich diskutiert. Wir wollen unsere Ausführungen, die im übrigen auf viele der in der Literatur erwähnten Zielfunktionen übertragbar sind, auf das Abstandsquadratsummenkriterium (Varianzkriterium) beschränken, welches für eine Gruppierung G definiert ist durch

$$(1) \quad Z(G) = \sum_{i=1}^{k} \sum_{\substack{j=1 \\ w_j=i}}^{n} \|x_j - \bar{x}_i\|^2 .$$

Hierbei sei x_j der Meßwertvektor der m Meßwerte des j-ten Objektes; die Zahlen $1 \leq w_j \leq k$, $(j=1,\ldots,n)$ geben die Gruppe des j-ten Objektes an,

$$\bar{x}_i := \frac{1}{n_i} \sum_{\substack{j=1 \\ w_j=i}}^{n} x_j$$

der Gruppencentroid der i-ten Gruppe und $n_i = |g_i|$ Anzahl der Objekte in Gruppe i. $\|.\|$ bezeichnet die euklidische Norm.
Die Klasseneinteilung soll so gefunden werden, daß Z(G) minimal wird. Damit ist das Gruppierungsproblem auf die Bestimmung des Minimums der Funktion Z(G) zurückgeführt.
Wie aus der Kombinatorik bekannt, ist die Anzahl der bei n Objekten möglichen Zerlegungen in k Klassen durch die Stirling'schen Zahlen zweiter Art gegeben:

$$S(n,k) = \frac{1}{k!} \sum_{i=0}^{k} (-1)^i \binom{k}{i} (k-i)^n ,$$

die schon bei kleinen Werten von n und k astronomische Größenordnungen annehmen, so daß die naheliegende Totalenumeration als Lösung für praktisch auftretende Werte von n und k unmöglich ist.

Heuristische Lösungsverfahren

Daher werden zur Minimierung des Varianzkriteriums heuristische Verfahren eingesetzt, von denen das Minimaldistanzverfahren und

Austauschverfahren |1,4,6| größere Bedeutung erlangt haben. Wie empirische Erfahrungen |5,6| andeuten, scheint dabei das Austauschverfahren (auch Hill-climbing |2,6| oder kurz KMEANS |4| genannt) das geeignetere zu sein. Wir beschreiben es kurz in seinen Grundzügen:

(1) Anfangspartition vorgeben.

(2) Berechne Gruppenschwerpunkte.

(3) Prüfe für jedes Objekt, ob die Gruppierung im Sinne des Varianzkriteriums dadurch verbessert wird, daß es in eine andere Gruppe verschoben wird. Wenn ja, so verschiebe es in die Gruppe mit der größten Verbesserung und berechne die Gruppenschwerpunkte neu.

(4) Fahre fort bei (3) oder beende, wenn n mal hintereinander kein Gruppenwechsel erfolgt ist.

Durch jeden Austausch wird die Zielfunktion echt verkleinert und jedesmal eine andere Gruppierung hergestellt. Da es davon nur endlich viele gibt, muß schließlich ein lokales Minimum gefunden werden. Das Verfahren konvergiert in der Regel innerhalb weniger Zyklen und ist daher recht schnell. Außerdem läßt es sich bei größeren Objektzahlen bequem auf sequentiellen Datenträgern organisieren |7|. Das erreichte Minimum ist nur lokal in dem Sinne, daß durch Austausch eines einzelnen Objektes keine Verbesserung mehr möglich ist. Es variiert dabei in Abhängigkeit von der Anfangspartition und der Anordnung der Objekte. Man schlägt daher vor, das Verfahren mit verschiedenen Anfangspartitionen durchzuprobieren, um die Lösung mit dem kleinsten Zielfunktionswert auszuwählen. Besonders günstig fallen dabei Lösungen mit Startnäherungen, die das Resultat eines hierarchischen, agglomerativen Verfahrens darstellen, aus |6|. Dies ist allerdings nur bei kleineren Objektmengen ($n<100$) möglich, da die Rechenzeit agglomerativer Verfahren kubisch mit der Objektanzahl zunimmt, während das Austauschverfahren mit n nur "etwas mehr" als linear wächst (empirische Größe: $O(n \cdot ld(n))$). Auch nach diesen Bemühungen ist nicht bekannt, ob ein globales Optimum gefunden wurde.

Trotz dieser theoretischen Einschränkungen liefert das Austauschverfahren zumindest in der gerade beschriebenen Kombination in der

Praxis sehr gute Ergebnisse, die in überraschend vielen Fällen mit dem globalen Optimum übereinstimmen, wie man (allerdings mit merklich erhöhtem Rechenaufwand) mit dem in dieser Arbeit zu beschreibenden Branch and Bound-Algorithmus überprüfen konnte. Es lag daher nahe, dieses in seiner Grundidee auf |3| zurückgehende Verfahren so zu konzipieren, daß die (empirisch) offensichtlichen Vorteile des Austauschverfahrens genutzt werden konnten. Zunächst benötigen wir noch

Einige Eigenschaften des Varianzkriteriums.

In Analogie zu (1) definieren wir das Varianzkriterium für einen "Abschnitt" $1 \leq \ell_1 \leq \ell_2 \leq n$ von Elementen $e_{\ell_1} \ldots e_{\ell_2}$:

$$(2) \quad Z(G,\ell_1,\ell_2) := \sum_{i=1}^{k} \sum_{\substack{j=\ell_1 \\ w_j=i}}^{\ell_2} \| x_j - \bar{x}_i(\ell_1,\ell_2) \|^2 ,$$

wobei also nur über die Elemente von ℓ_1 bis ℓ_2 summiert wird. $\bar{x}_i(\ell_1,\ell_2)$ bezeichnet dabei den entsprechenden Gruppencentroiden und $n_i(\ell_1,\ell_2)$ die (verkürzte) Anzahl der Elemente in Gruppe i mit Indizes zwischen ℓ_1 und ℓ_2.

Wir notieren:

Für jede Gruppierung G von E und $1 \leq \ell \leq n$ gilt

$$(3) \quad 0 = Z(G,1,1) \leq Z(G,1,\ell) \leq Z(G,1,n) = Z(G)$$

$$(4) \quad 0 = Z(G,n,n) \leq Z(G,\ell,n) \leq Z(G,1,n) = Z(G).$$

Für $1<\ell<n$ gilt:

$$(5) \quad Z(G,1,n) = Z(G,1,\ell)+Z(G,\ell+1,n) + \sum_{i=1}^{k} \frac{n_i(1,\ell)\cdot n_i(\ell+1,n)}{n_i(1,\ell)+n_i(\ell+1,n)} \cdot \| \bar{x}_i(1,\ell)-\bar{x}_i(\ell+1,n)\|^2$$

und daher

$$(6) \quad Z(G,1,n) \geq Z(G,1,\ell)+Z(G,\ell+1,n).$$

Gegeben seien zwei Gruppierungen G und G^o, die in den ersten $\ell-1$ Elementen $(\ell>1)$ übereinstimmen:

$$G\colon\ w_1 \ldots w_{\ell-1}\ w_\ell\ w_{\ell+1} \ldots w_n$$

$$G^o\colon\ w_1 \ldots w_{\ell-1}\ w'_\ell\ w'_{\ell+1} \ldots w'_n\ .$$

Es gilt wegen (6):

Falls

$$(7)\quad Z(G^o,\ell,n) > Z(G,1,n)-Z(G,1,\ell-1),$$

so ist G^o eine schlechtere Gruppierung als G, das heißt

$$Z(G^o) > Z(G).$$

Die Beziehung (7) liefert also ein leicht zu verifizierendes Kriterium dafür, ob eine Gruppierung durch das Abändern einiger Elemente noch zu verbessern ist oder nicht. Für den zu beschreibenden Branch and Bound-Algorithmus werden mit Hilfe dieser Beziehung scharfe Schranken ermittelt.

Die Berechnung der Zielfunktion der Teilgruppierungen ergibt sich dabei aus der Rekursionsformel:

$$(8)\quad Z(G,1,\ell+1) = Z(G,1,\ell) + \frac{n_t(1,\ell)}{n_t(1,\ell)+1}\,\| x_{\ell+1} - \bar{x}_t(1,\ell)\|^2$$

wobei $t=w_{\ell+1}$.

Der Branch and Bound-Algorithmus

Der dem folgenden Branch and Bound-Algorithmus zugrundeliegende Baum umfaßt sämtliche möglichen Partitionen der Länge k. Er wird folgendermaßen abgearbeitet:

Ausgehend vom ersten Objekt (jede andere zweckmäßigere Anordnung der Objekte ist denkbar) kann das nächste Objekt k verschiedenen, und für jede dieser Kombinationen das darauf folgende wiederum jeweils k verschiedenen Gruppen zugewiesen werden usw. Dabei wird jeder so definierte Zweig, wie man der Beschreibung entnimmt, entweder explizit durchlaufen oder, falls gewisse Schranken überschritten werden, implizit zurückgewiesen. Die Organisation des Algorithmus erfolgt so, daß man zur Kontrolle, welche Zweige schon "gesperrt" sind nur eine logische (n,k)-Matrix C benötigt.

(1) Startnäherung

Erzeuge suboptimale Lösung $w_1 \ldots w_n$ mit dem Zielfunktionswert $Z_o := Z(G,1,n)$ mit dem Austauschverfahren.

Setze:

$$c_{ji} = \begin{cases} 0 \text{ (false)}, & w_j \neq i \\ 1 \text{ (true)}, & \text{sonst} \end{cases} \qquad (j=1,\ldots,n;\ i=1,\ldots,k)$$

$\ell := n$.

(2) Rückwärts

Setze: $c_{\ell t} = 0 \quad (t=1,\ldots,k)$,

$\ell = \ell - 1$

Beende, falls $\ell=1$.

(3) Ast gesperrt?

Falls $c_{\ell t} = 1$ für alle $t \in [1,k]$, fahre fort bei (2).

(4) Klassifiziere Objekte e_ℓ bei gegebener Teilgruppierung

Ermittle w_ℓ gemäß:

$$Z(w_1 \ldots w_{\ell-1}\ w_\ell, 1, \ell) = \min_{\substack{t \in [1,k] \\ c_{\ell t}=0}} Z(w_1 \ldots w_{\ell-1}, t, 1, \ell)$$

(5) Schranke überschritten?

Falls $Z(w_1 \ldots w_\ell, 1, \ell) \geq Z_o$ fahre fort bei (2).

(6) Vorwärts

Falls $\ell<n$, setze: $c_{\ell w_\ell}=1$, $\ell = \ell+1$ und fahre fort bei (4).

Sonst ($\ell=n$): Speichere derzeitige Gruppierung $Z_o = Z(G,1,n)$ fahre fort bei (2).

Bemerkungen

a) Nach Ablauf dieses Algorithmus sind alle Zweige entweder explizit durchlaufen oder implizit ausgeschaltet worden. Die global optimale Gruppierung ist mithin bekannt und in (6) gespeichert worden.

b) In Schritt (5) wird geprüft, ob die bis dahin erreichte Teilgruppierung zu einer besseren als der bisher erreichten Gruppierung verbessert werden kann. Dies ist sicher dann nicht der Fall, wenn gilt

$$Z(w_1 \ldots w_\ell, 1) \geq Z_o.$$

Eine erheblich bessere Abschätzung und damit einen enormen Zeitgewinn im Algorithmus liefert jedoch die Beziehung (7). Wenn sie bereits in Schritt (5) erfüllt ist, kann, wie oben gezeigt, die Gruppierung $w_1 \ldots w_{\ell-1}$ zu keiner besseren ergänzt werden. Hierdurch lassen sich schon sehr rechtzeitig Äste ausschalten, welche nicht die optimale Gruppierung enthalten. Diese im Algorithmus in Schritt (5) zu benutzende Abschätzung ist der entscheidende Grund für eine erhebliche Beschleunigung des Verfahrens!

c) Die Größen $Z(G,1,1) \ldots Z(G,1,\ell) \ldots Z(G,1,n)$ sowie $Z(G,n,n)$, $Z(G,n-1,n) \ldots Z(G,1,n)$, die laut Bemerkung b) in Schritt (5) gebraucht werden, fallen bei Anwendung des Austauschalgorithmus als wichtiges Nebenprodukt ab. Sie lassen sich bei jeder Änderung der Gruppierung wegen Rekursionsbeziehungen wie (8) leicht updaten.

Numerische Erfahrungen

Dem Vorteil eines globalen Optimums steht bei dem Branch and Bound-Verfahren ein deutlicher Mehraufwand an Rechenbedarf entgegen. Im Mittel erhielten wir bei den durchgeführten numerischen Tests gegenüber dem Austauschverfahren bei (n<200) einen Vergleichsfaktor um 20. Dieser kann jedoch unterschiedlich ausfallen und schwankte bei unseren Experimenten zwischen 2,5 und 80. Generell läßt sich sagen, daß der Rechenaufwand dann erheblich geringer war, wenn die Daten bei der gegebenen Gruppenzahl auch eine deutliche Gruppierung aufwiesen, wohingegen bei schlecht strukturierten Daten die (ohnehin nur vorhandene künstliche) Gruppierung (wegen der großen Zahl gleich schlechter Gruppierungen) mit höherem Rechenaufwand gefunden wurde. Bei den benutzten kleineren bis mittleren Fallzahlen lag die Rechenzeit jedoch insgesamt noch im Bereich weniger Minuten (IBM /360-50), so daß generell gesagt werden kann, daß für Datensätze dieser Größenordnung dieser Branch and Bound-Algorithmus praktikabel ist. Bei großen Fallzahlen - in der Praxis sind Fallzahlen von über Tausend nicht unüblich - lassen sich durch Verwendung hiermit global optimierter Stichproben zumindest sehr gute Startnäherungen für die weitere Anwendung des Austauschverfahrens berechnen, was eine sehr wichtige Anwendungsart dieses Branch and Bound-Algorithmus derzeit darstellen dürfte. Verbesserungen könnten noch dadurch erreicht werden, daß man bei der Berechnung der Schranken in Schritt (5) des Verfahrens die Identität der Beziehung (5) voll ausnutzt. Die Übertragung auf andere Zielfunktionen als das Varianzkriterium scheint überdies möglich, da bei den meisten ähnliche Rekursionsbeziehungen gelten, ebenso die Übertragung auf die Gruppierung mit Hilfe von Distanz- oder Ähnlichkeitsmatrizen, wobei dann etwa die Definition des Abstandsquadratsummenkriteriums in sinnvoller Verallgemeinerung |6, Abschn. 4.3.2.4| zu erfolgen hat.

Literaturverzeichnis

|1| BOCK, H.H.: Automatische Klassifikation, Göttingen 1974

|2| FRIEDMANN, H.P., RUBIN, J.: On some invariant Criteria for Grouping Data, J. Amer. Stat. Ass. 62, 1967, 1159-1178

|3| KOONTZ, W.L.G., NARENDRA, P.M., FUKUNAGA, K.: A Branch and Bound Clustering Algorithm, IEEE Trans. Comp. 24, 1975, 908-914

|4| SPÄTH, H.: Cluster-Analyse-Algorithmen zur Objektklassifizierung und Datenreduktion, München 1975

|5| SPÄTH, H.: Numerische Erfahrungen zu heuristischen Lösungsverfahren beim Varianzkriterium in der Cluster-Analyse, Angewandte Informatik 2, 1977, 67-72

|6| STEINHAUSEN, D., LANGER, K.: Clusteranalyse - Einführung in Methoden und Verfahren der automatischen Klassifikation, Berlin 1977

|7| STEINHAUSEN, D.: Clusteranalyse großer Datenmengen - effektive Verfahren und Programme zur Clusterung quantitativer Daten, Schriftenreihe des Rechenzentrums der Westfälischen Wilhelms-Universität Münster Nr. 18, 1977

Subjektivitäten bei der Klassifikation von Einheiten

F. Vogel, Kiel

0. Vorbemerkung

Die Klassifikation von Einheiten beruht auf folgenden Überlegungen:

(1) Klassifikationsverfahren (Verfahren der Cluster-Analyse) haben die Aufgabe, eine Menge von Einheiten, die durch mehrere Merkmale charakterisiert sind, so in disjunkte Teilmengen, die Klassen oder Cluster heißen, zu zerlegen, daß die Einheiten, die eine Klasse bilden, einander bezüglich aller Merkmale in irgendeinem Sinne möglichst ähnlich oder gleichartig sind, während Einheiten, die verschiedenen Klassen angehören, einander möglichst unähnlich sind.

(2) Die Klassifikation setzt voraus, daß im zu klassifizierenden Datensatz eine Ordnungsstruktur, ein System von Ähnlichkeiten existiert, das mit geeigneten Verfahren aufgespürt werden kann. Diese Voraussetzung ist i.a. nicht überprüfbar.

(3) Klassifikationsergebnisse sollen hinsichtlich des angestrebten Ziels brauchbar oder nützlich sein. Diese Forderung macht deutlich, daß das Klassifikationsproblem nicht rein mathematisch-statistisch lösbar ist. Es enthält wesentliche realwissenschaftliche Teile.

1. Einige Einflußfaktoren

Seit einigen Jahren erfreuen sich Klassifikationsverfahren bei Anwendern verschiedenster Disziplinen steigender Beliebtheit. Dies ist unter anderem auch darauf zurückzuführen, daß bei der Klassifikation im Gegensatz zur Faktorenanalyse i.d.R. keine fiktiven Merkmale verwendet werden, für deren Interpretation ein überaus großer

Spielraum gegeben ist. Mit der Klassifikation wird daher häufig di Vorstellung verbunden, daß ihre Ergebnisse objektiv und stabil sin und zwar in dem Sinne, daß sie die wahre vorhandene Datenstruktur unverzerrt wiedergeben.

Aus methodischen und sachlichen Gründen läßt es sich jedoch nicht vermeiden, daß Klassifikationsergebnisse in aller Regel durch subjektive Entscheidungen nicht unwesentlich beeinflußt werden.

Subjektive Einflüsse werden insbesondere wirksam:

(1) durch die Abgrenzung und Auswahl von Einheiten und Merkmalen (durch die z.B. einige Merkmale das Gewicht Null erhalten);

(2) durch die Aufbereitung von Merkmalen unterschiedlichen Typs;

(3) durch die Behandlung von Merkmalskorrelationen;

(4) gelegentlich auch durch die Festlegung der Eingabereihenfolge;

(5) durch die Festlegung des Klassifikationsverfahrens und eines adäquaten Ähnlichkeits- bzw. Unähnlichkeitsmaßes;

(6) durch die Fixierung der Klassenanzahl und die Entscheidung, welches von mehreren Ergebnissen das brauchbarste ist (es ist z.B. durch nichts gerechtfertigt anzunehmen, jenes Ergebnis, das ein globales Gütekriterium optimiert, würde zwangsläufig auch das brauchbarste Ergebnis sein);

(7) nicht zuletzt aber - und häufig unterschätzt - durch die Entscheidung über durchzuführende Merkmalstransformationen bei metrischen Merkmalen, d.h. Merkmalen, deren Ausprägungen auf einer Intervall- oder Verhältnisskala gemessen werden.

Probleme, die mit Merkmalstransformationen zusammenhängen, werden in der Literatur häufig ignoriert, obwohl sie für alle mehrdimensionalen Verfahren - und nicht nur für Klassifikationsverfahren -

von Bedeutung sind.

Ich werde die folgenden Ausführungen darauf beschränken, die Auswirkungen von Merkmalstransformationen auf das Klassifikationsergebnis zu untersuchen.

2. Merkmalstransformationen und ihre Auswirkungen

2.1. Merkmalstransformationen

Es ist allgemein üblich, Klassifikationsmerkmale vor Beginn der Klassenbildung zu transformieren bzw. zu normieren, weil die Maßeinheiten der Merkmale entweder ungleich sind (wie z.B. bei den Merkmalen: Arbeitsstunden, Urlaubstage, Pensionierungsalter in Jahren) oder unvergleichbar sind (wie z.B. bei Ausbildungsaufwendungen in DM, Anteil der durch Streik verlorenen Arbeitstage in %, wöchentliche Arbeitszeit in Stunden). Unvergleichbar können Merkmale übrigens auch dann sein, wenn mit gleichen Maßeinheiten unterschiedliche Sachverhalte gemessen werden. Ein Anteil von 1 % durch Streik verlorener Arbeitstage und ein Anteil von 1 % weiblicher leitender Angestellter sind z.B. nicht vergleichbar.

Durch eine Merkmalstransformation sollen der störende Einfluß ungleicher Maßeinheiten der Merkmale ausgeschaltet und die Merkmale vergleichbar gemacht werden, sollen die Merkmale für die Klassenbildung ein numerisch gleiches Gewicht bekommen und damit für das Klassifikationsergebnis von gleicher sachlicher Bedeutung sein.

Das Konzept der Vergleichbarkeit (oder Gleichgewichtung) von Merkmalen erscheint zweckmäßig. Nur wenn die Merkmale vergleichbar, d.h. gleichbedeutend sind, ist es sinnvoll, die Beiträge, die die einzelnen Merkmale zur Messung der Ähnlichkeit von Einheiten (und Klassen von Einheiten) liefern, gleich zu gewichten und zu einer Maßgröße der Ähnlichkeit zusammenzufassen. Auch muß verhindert werden, daß einzelne Merkmale (z.B. weil sie in "feineren" Maßeinheiten gemessen sind) das Klassifikationsergebnis determinieren. Anderenfalls wären die restlichen Merkmale überflüssig.

Durch die Transformation der Merkmale wird ohne Verlust an statistischen Informationen die Vergleichbarkeit der Merkmale - in einem bestimmten Sinne - hergestellt, z.B. eine Vergleichbarkeit bezüglich Mittelwert und Varianz.

Es gibt eine ganze Reihe möglicher Merkmalstransformationen. Die wichtigsten sind:[1]

(1) Standardisierung (0;1): $x'_{ij}=(x_{ij}-\bar{x}_i)/s_i$,

mit $\bar{x}_i=\frac{1}{n}\sum_j x_{ij}$ und $s_i^2=\frac{1}{n-1}\sum_j (x_{ij}-\bar{x}_i)^2$.

Die standardisierten Merkmale x'_{ij} haben den Mittelwert 0 und die Varianz 1.

(2) Normierung [0,1]: $x'_{ij}=(x_{ij}-z_i)/r_i$,

mit $z_i=\min_j\{x_{ij}\}, u_i=\max_j\{x_{ij}\}$ und $r_i=u_i-z_i$.

Die Merkmalswerte werden so transformiert, daß die transformierten Werte im Intervall [0,1] liegen und die Randpunkte dieses Intervalls auch annehmen.

Die beiden folgenden Normierungen sind bei Verwendung von sogenannten L_r-Distanzen, speziell für r=1 und r=3, von Bedeutung.

(3) Normierung L_1: $x'_{ij}=(x_{ij}-\bar{x}_i)/s_i^{(1)}$,

mit $s_i^{(1)}=\frac{1}{n}\sum_j |x_{ij}-\bar{x}_i|$.

(4) Normierung L_3: $x'_{ij}=(x_{ij}-\bar{x}_i)/s_i^{(3)}$,

mit $s_i^{(3)}=\sqrt[3]{\frac{1}{n}\sum_j |x_{ij}-\bar{x}_i|^3}$.

---

[1] i=1,2,...,m (Merkmale), j=1,2,...,n (Einheiten).

Bei diesen Normierungen werden die Merkmale auf den Mittelwert 0 und das erste bzw. dritte absolute Moment um das arithmetische Mittel 1 transformiert.

(5) Gewichtung: $x'_{ij}=x_{ij}g_i$.

Die Gewichte g_i sind vorzugeben.

(6) Median-Normierung: $x'_{ij}=(x_{ij}-\tilde{x}_i)/d_i$,

$$\text{mit } \tilde{x}=\begin{cases} x_{[(n+1)/2]}, & \text{falls n ungerade} \\ \frac{1}{2}(x_{[\frac{n}{2}]}+x_{[\frac{n}{2}+1]}), & \text{falls n gerade} \end{cases}$$

und $d_i=\frac{1}{n}\sum_j |x_{ij}-x_i|$.

(7) Logarithmierung: $x'_{ij}=\log x_{ij}$

(8) Prozent-Normierung: $x'_{ij}=(x_{ij}/u_i)\cdot 100$

Die beiden letzten Normierungen werden verwendet, um den Einfluß der Größe der Einheiten auszuschalten.

Durch die Transformation der Merkmale werden die Achsen des m-dimensionalen Merkmalsraums - in dem Klassen als Punkthäufungen erscheinen - gestaucht oder gestreckt und damit Form, Ausdehnung und Lage der Punkthäufungen im Raum verändert. Der durch die Transformation entstehende Raum heißt Klassifikationsraum. Die Klassen werden im Klassifikationsraum gebildet, jedoch im (ursprünglichen) Merkmalsraum diagnostiziert und interpretiert.

Die gebräuchlichen Unähnlichkeitsmaße (wie z.B. die L_r-Distanzen, zu denen auch die euklidische Distanz gehört) sind zwar translationsinvariant, nicht aber skaleninvariant, so daß eine Transformation der Merkmale die vorhandene Ähnlichkeits- und Klassenstruktur nicht unverändert läßt. Das bedeutet, das Klassifikationsergebnis variiert mit der jeweiligen Transformation.

2.2. Auswirkungen

In aller Regel ist es nicht a priori abzuschätzen, wie und in welchem Ausmaß das Klassifikationsergebnis durch eine Transformation beeinflußt wird. Um eine Vorstellung möglicher Auswirkungen zu vermitteln, werde ich Daten aus einer früheren Untersuchung des Sozialverhaltens französischer Unternehmen, die ich gemeinsam mit Herrn Kollegen Brockhoff durchführte, verwenden. Es wird versucht, mit Hilfe grafischer Darstellungen, die Auswirkungen sichtbar und somit auch einer visuellen Beurteilung zugänglich zu machen.

Die 55 Unternehmen (vgl. Anlage 1) sind durch 3 Merkmale gekennzeichnet,

X: Monatslohn eines Spezialarbeiters in FF,

Y: Anteil der durch Streik verlorenen Arbeitstage in ‰ der normalen Arbeitszeit,

Z: Anteil der Abwesenheitszeit in % der Arbeitszeit.

Diese Merkmale bilden die Achsen des 3-dimensionalen Merkmalsraums (Maßeinheiten: FF, ‰, %).

Die Merkmale sind nur unwesentlich korreliert ($|r|<0{,}17$), so daß es gerechtfertigt ist anzunehmen, daß die Achsen des Merkmalsraums aufeinander senkrecht stehen.

Zur Klassifikation wird das hierarchisch-agglomerative Verfahren von WARD verwendet, das auf jeder Fusionsstufe jene beiden Klassen vereinigt, aus deren Fusion der geringste Heterogenitätszuwachs (gemessen durch die Fehlerquadratsumme) resultiert.

Alle Merkmale werden jeweils nur einer (linearen) Transformation unterworfen, damit die Merkmale auf einer Skala gemessen und somit für die Unähnlichkeitsmessung vergleichbar sind.

Im folgenden werden Merkmalsraum bzw. Klassifikationsräume und zugehörige Klassifikationsergebnisse in Form von Dendrogrammen einander gegenübergestellt. Dabei beschränken sich die Hinweise auf einige Besonderheiten, die mit der jeweiligen Transformation zusammenhängen.

(1) SO: keine Transformation

Der Merkmalsraum - mit gleicher Maßeinheit auf den drei Achsen (vgl. Abb. 1) - ist gleichzeitig Klassifikationsraum. Somit sind z.B. 1 FF Lohn und 1 ‰ Streiktage äquivalent. Form, Ausdehnung und Lage der Punkthäufungen werden fast ausschließlich durch das Merkmal Monatslohn (also eindimensional) determiniert. Die Variabilität der Unternehmen hinsichtlich der Abwesenheitszeit ist so gering, daß sie im Merkmalsraum nicht sichtbar wird. 1EME und 7BDF sind die beiden bestbezahlenden Unternehmen; 6RAT und 3LIP zeichnen sich aus durch besonders hohe Anteile an Streiktagen. Mit K ist die Klasse der bestbezahlenden Unternehmen gekennzeichnet.
Für die Klassifikation sind die Merkmale natürlich nicht von gleicher Bedeutung. Das Klassifikationsergebnis (vgl. Abb. 2) wird entscheidend durch den Monatslohn determiniert. Der Einfluß der beiden anderen Merkmale ist vernachlässigbar klein. 6LIP, 6RAT und 1EME sind nicht besonders hervorgehoben. Nach dem Dendrogramm erscheint eine Einteilung der Unternehmen in drei auch optisch sehr kompakte Klassen sinnvoll. Bei Beurteilung der Punkthäufungen im Merkmalsraum könnte man auch zu einem anderen Ergebnis kommen.

Durch die hier betrachteten linearen Merkmalstransformationen werden die Achsen des Merkmalsraums gestaucht. Der bezüglich aller Transformationen maximale Klassifikationsraum - in den die Punkthäufungen des Merkmalsraums abgebildet werden - ist in Abb. 1 durch einen Pfeil kenntlich gemacht. Es ist offensichtlich, daß sich durch den Übergang vom Merkmals- zum Klassifikationsraum die Zusammensetzung der Punkthäufungen, d.h. das Klassifikationsergebnis, nicht unwesentlich ändern kann. Der (vergrößerte) Klassifikationsraum der folgenden Darstellungen hat Achsen mit gleicher Maßeinheit. Er ist perspektivisch verzerrt.

(2) S1: Standardisierung

Im Merkmalsraum sind die Klassen im wesentlichen eindimensional bestimmt. Durch die Standardisierung (vgl. Abb. 3) nimmt die Ausdehnung der Punkthäufungen in den Dimensionen Streiktage und Abwesenheitszeit erheblich zu. Diese Merkmale gewinnen also relativ an Bedeutung, an numerischem Gewicht, während das des Monatslohns relativ abnimmt. Es ist a priori nicht zu entscheiden, ob eine derartige Gewichtsverlagerung - die Merkmale sind gleichbedeutend bezüglich Mittelwert und Varianz - sachlich wünschenswert ist.

Wie zu erwarten war, ändert sich das Klassifikationsergebnis erheblich (vgl. Abb. 4). 6LIP wird durch die Standardisierung in eine Ausreißerposition geschoben, nur weil der Anteil der Streiktage maximal ist. Wegen des hohen Anteils an Streiktagen hat auch die Unähnlichkeit von 6RAT erheblich zugenommen. 6REN und 6SCI gehören nicht mehr zur Klasse der bestbezahlenden Unternehmen, vor allem wegen relativ hoher Abwesenheitszeiten. Nach dem Dendrogramm ist eine Einteilung in drei bis fünf Klassen sinnvoll.

(3) S2: Normierung [0,1]

Bei der Normierung der Merkmale auf das Intervall [0,1], bei der die Merkmale gleichbedeutend sind bezüglich der Spannweite, besetzen die Punkthäufungen einen nur sehr kleinen Teil des maximalen Klassifikationsraums (vgl. Abb. 5). Die Vergrößerung (Abb. 6) veranschaulicht, daß sich im Vergleich zu S0, keine Transformation, Form, Lage und Ausdehnung der Punkthäufungen erheblich geändert haben.

Entsprechende Unterschiede zeigt auch das zugehörige Dendrogramm (Abb. 7). Es fällt auf, daß diese Normierung weit weniger dazu tendiert Ausreißer zu erzeugen als die Standardisierung (vgl. z.B. 6LIP, 6RAT). Hinsichtlich der Zusammensetzung der Klassen ist daher bemerkenswert, daß - bei einer Einteilung in 5 und weniger Klassen -

Standardisierung und Normierung [0,1] nahezu gleiche Ergebnisse liefern.

(4) S3: Normierung L_1

Die starke Tendenz dieser Normierung, Ausreißer zu erzeugen, zeigt Abb. 8. Die Folge davon ist, daß die Klassen im zugehörigen Dendrogramm (Abb. 9) sehr kompakt erscheinen.

(5) S4: Normierung L_3

Die Normierung L_3 führt zu sehr komprimierten Punkthäufungen (Abb. 10). Die Ausreißerposition von 6LIP tritt kaum in Erscheinung. Daher wirken die Klassen im Dendrogramm (Abb. 11) wesentlich weniger kompakt als im Falle r=1. Es ist bemerkenswert, daß sich - bei Partitionen in 5 und weniger Klassen - die Zusammensetzung der Klassen nur unwesentlich von jener bei Standardisierung der Merkmale unterscheidet.

(6) S5: Gewichtung

Die a priori Gewichtung der Merkmale mit den Gewichten g_X=1,0, g_Y=1,5 und g_Z=20,0 bewirkt keine Ergebnisänderung gegenüber dem ungewichteten Fall. Die Zunahme an Größe und Variabilität der Merkmale Streiktage und Abwesenheitszeit (Abb. 12) reicht nicht aus, den dominierenden Einfluß des Monatslohns zu ändern (vgl. Abb. 13)

(7) S6: Median-Normierung

Gelegentlich ist es zweckmäßig, Verteilungen nicht mit Mittelwert und Varianz, sondern mit dem Median und der durchschnittlichen Abweichung vom Median zu kennzeichnen. Eine entsprechende Transformation der Merkmale führt zu extremen Ausreißerpositionen von 6LIP und nun auch 6RAT (s. Abb. 14). Insgesamt nimmt die Ausdehnung der Punkthäufungen erheblich zu.
Die extreme Ausreißerposition von 6LIP und die Ausreißerposition von 6RAT bewirken, daß die Klassen im Dendrogramm (Abb. 15) extrem kompakt erscheinen. Die Zusammensetzung der Klassen unterscheidet

sich stärker von jener bei Standardisierung der Merkmale.

(8) S8: Prozent-Normierung

Durch die Prozent-Normierung schließlich kann ein Größenfaktor ausgeschaltet werden, ohne daß sich die relative Variabilität der Merkmale (Spannweite/Maximum) ändert. Dies bewirkt (vgl. Abb. 16), daß der Monatslohn für das Klassifikationsergebnis erheblich an Bedeutung verliert. Wegen der größeren relativen Variabilität nimmt das Gewicht der Merkmale Abwesenheitszeit und Streiktage entscheidend zu. Zur Klasse A gehören z.B. jene 10 Unternehmen, die durch die größten Anteile der Abwesenheitszeit gekennzeichnet sind. Bei Partitionen in fünf und weniger Klassen unterscheiden sich diese Ergebnisse wesentlich von jenen bei Standardisierung der Merkmale.

2.3. Hinweise und Folgerungen

(1) Um Klassifikationsmerkmale vergleichbar zu machen und den u.U. dominierenden Einfluß einzelner Merkmale auf das Klassifikationsergebnis auszuschalten, ist eine Transformation der Merkmale notwendig. Allen Transformationsarten ist gemeinsam, daß die Frage, welche davon die Vergleichbarkeit der Merkmale im gewünschten Sinne am besten herbeiführt, nicht zu beantworten ist, weil "im gewünschten Sinne" nicht operational präzisiert werden kann. Außerdem können die Auswirkungen vom jeweiligen Datensatz abhängen, so daß allgemeine Aussagen zumindest sehr vorsichtig formuliert werden müssen.

(2) Die vorliegenden beispielhaften Untersuchungsergebnisse auf der Grundlage des Verfahrens von WARD lassen die Vermutung zu, daß Klassifikationsergebnisse bezüglich bestimmter Merkmalstransformationen ziemlich robust sind. Dies ist besonders bemerkenswert, weil die Punkthäufungen nicht gerade wohlsepariert zu sein scheinen. Standardisierung, Normierung [0,1] und Normierung L_3 lieferten z.B. nahezu gleiche Partitionen in fünf und weniger Klassen. Ledig-

lich die Median-Normierung und die Prozentuierung führten zu davon stärker abweichenden Ergebnissen, obwohl auch hier Übereinstimmungen bezüglich großer Teile von Klassen festzustellen sind.

(3) Wenn mit der Klassifikation auch Ausreißer erkannt und separiert werden sollen, dann können die Standardisierung, die Normierung L_1, die Prozentuierung und speziell die Median-Normierung zweckmäßige Merkmalstransformationen sein. Sollen Einflüsse, die auf die unterschiedliche relative Variabilität der Merkmale zurückgehen, erhalten bleiben, so scheint die Prozentuierung eine angemessene Transformation.

(4) Wird berücksichtigt, daß die Normierungen L_1 und L_3 in erster Linie für L_1- bzw. L_3-Distanzen gedacht sind, daß eine a-priori-Gewichtung grundsätzlich abzulehnen ist, daß die Median-Normierung extrem sensibel ist in Bezug auf Ausreißer und daß die Prozentuierung nur den Größenfaktor ausschaltet, dann gehören Standardisierung und Normierung [0,1] wohl zu Recht zu den gebräuchlichsten Transformationsarten. Doch ist es bei sorgfältiger Arbeit i.a. kaum zu umgehen, die Auswirkungen verschiedener Transformationen empirisch zu überprüfen.

(5) Entscheidend ist letzlich, welches von mehreren Ergebnissen als sachlich am brauchbarsten erscheint. Dies ist und bleibt eine subjektive Entscheidung. Globale Gütekriterien, wie z.B. die Summe der Abstandsquadrate innerhalb der Klassen, können nur wenig zu dieser Entscheidung beitragen, denn schließlich wird im Klassifikationsraum optimiert und im Merkmalsraum interpretiert. Globale Gütekriterien werden in erster Linie zur Steuerung der Klassenbildung bei iterativen Verfahren benötigt.

(6) Gelegentlich wird behauptet, durch eine Merkmalstransformation gingen wesentliche, wenn nicht gar die wesentlichen Klasseneigenschaften verloren, vor allem, weil bei der Transformation Maßgrössen des gesamten Datensatzes und nicht solche der einzelnen Klassen verwendet werden. Bei dieser Argumentation wird übersehen, daß die Maßeinheiten der Merkmale i.a. nicht nur innerhalb einzelner

Klassen, sondern insgesamt äquivalent sein sollen.

(7) Die Abhängigkeit der Auswirkungen von Merkmalstransformationen von der Verteilung der Merkmale, läßt es im übrigen sinnvoll erscheinen, Untersuchungen anhand von konstruiertem Material mit bekannten Verteilungseigenschaften durchzuführen.

3. Zur Variation mehrerer Einflußgrößen

Auswirkungen der Variation mehrerer Einflußgrößen sind wegen der großen Zahl möglicher Ergebnisse kaum überschaubar. In einer weiteren Untersuchung wurden daher nur das Klassifikationsverfahren, das Fusionskriterium und die Merkmalstransformationen variiert, und zwar derart, daß jeweils nur zwei Möglichkeiten zugelassen wurden: Average und Complete Linkage, absolute und euklidische Distanz sowie Standardisierung und Normierung [0,1].

Eine Vorstellung von der Variationsbreite der acht Ergebnisse vermitteln bereits die beiden folgenden Abbildungen. Bei einer Partition in fünf Klassen liefert die Kombination Average Linkage, absolute Distanz und Standardisierung (Abb. 17) vier Klassen mit jeweils nur einer Einheit und eine Klasse mit 51 Einheiten, ist also sensitiv gegenüber Ausreißern, während die Kombination Complete Linkage, euklidische Distanz und Normierung [0,1] (Abb. 18) zu einer wesentlich gleichmäßigeren Klassenbesetzung führt. Doch sollte man sich durch den optischen Eindruck, den die Dendrogramme vermitteln, nicht täuschen lassen. Werden nämlich im ersten Ergebnis (Abb. 17) die vier "Ausreißerklassen" eliminiert und die verbleibende Klasse dem Dendrogramm entsprechend in vier (Sub-)Klassen zerlegt, dann sind diese vier Klassen identisch mit jenen, die sich bei der Kombination Verfahren von WARD, Fehlerquadratzuwachs und Standardisierung ergaben.
Insgesamt gibt auch diese Untersuchung Hinweise auf eine bemerkenswerte Robustheit der Ergebnisse bezüglich bestimmter Einflußgrößen. Dabei scheint das Fusionskriterium (Distanz) weniger bedeutsam zu sein als das Verfahren und die Merkmalstransformation.

Literatur:

Brockhoff, K./Vogel, F.: The Balance of Inducements and Contributions in a Cluster-Analysis of Social Policies in French Companies, European Institute for Advanced Studies in Management, Working Paper 76-55, Brussels, Dec. 1976;

Forst, H.-T.: KDIAG: FORTRAN-IV-Hauptprogramm zur Analyse von Klassifikationsergebnissen, Version 1/F. Vogel, Kiel 1977;

Forst, H.-T./Vogel, F.: VGRPG: FORTRAN-IV-Hauptprogramm, Hierarchisch-agglomerative Klassifikation von Merkmalsträgern bzw. Merkmalen, Version 1/F. Vogel, Kiel, Manuskript, Kiel, April 1977;

Vogel, F.: Probleme und Verfahren der numerischen Klassifikation, Göttingen 1975;

Vogel, F./Waldow, H.-J.: TRIBOX: 3-D-PLOT-Programm, Manuskript, Kiel, März 1977.

Anlage 1:

Die Unternehmen gehören zu den folgenden Branchen:

1 : Nahrungs- und Genußmittel,
2 : Baugewerbe und Konstruktion,
3 : Chemische Industrie,
4 : Elektrotechnische Industrie,
5 : Handel,
6 : Maschinenbauindustrie,
7 : Dienstleistungen (Banken, Reisebüros),
8 : Textilindustrie.

Unternehmenskennungen (die Ziffer kennzeichnet die Branchenzugehörigkeit):

Eaux min. d'Evian (BSN)	1EME	Nouvelles Galeries	5NGA
Biscuiterie nantaise	1BIN	Bon Marché	5BOM
Buitoni	1BUI	100 000 Chemises	5CHE
Chambourcy	1CHA	Coop (Pyrénées-Aquitaine)	5COO
Géo	1GEO	Fnac	5FNA
Moët et Chandon	1MEC	Prénatal-Materna	5PRE
Saupiquet	1SAU	Quelle	5QUE
Ciments Lafarge	2CIL	Renault	6REN
Ardoisières d'Angers	2ADA	Lip	6LIP
Dumont et Besson	2DEB	Pompes Guinard	6POG
Moisant-Laurent-Savey	2MLS	Rateau	6RAT
Placoplâtre	2PLA	Sciaky	6SCI
Sablières de la Seine	2SDS	Strafor	6STR
La Cellophane(Rhône-Poul.)	3LCE	Testut	6TES
Ceca (Pierrefitte-Auby)	3CEC	Waterman	6WAT
Laboratoires Delalande	3LAD	Banque de France	7BDF
Laboratoires Servier	3LAS	Avenir Publicité (Havas)	7AVP
Monoplast	3MON	Banque Rothschild	7BRO
Ripolin	3RIP	Club Méditerranée	7CME
La Télémecanique	4TEL	Heurtey	7HEU
Cibié	4CIB	Sema	7SEM
Hoover	4HOO	Speichim	7SPE
Océanic	4OCE	Filat. de Roubaix(Lainière)	8FDR
Océ-Photosia	4OCP	Big Chief	8BCH
Scholtès	4SCH	Charles Jourdan	8CJO
Texas Instruments	4TEX	Eminence	8EMI
		Le Bourget	8LBO
		Le Tanneur	8LTA
		Valisère	8VAL

ABB. 1

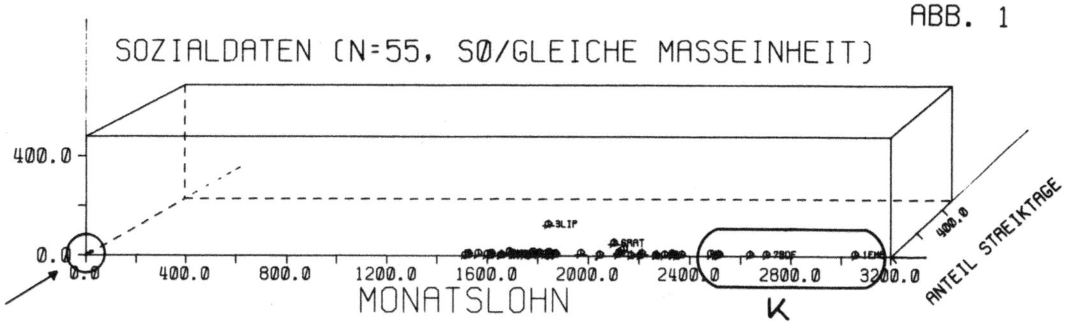
SOZIALDATEN (N=55, SØ/GLEICHE MASSEINHEIT)
400.0
0.0
0.0
400.0
800.0
1200.0
1600.0
2000.0
2400.0
2800.0
3200.0
MONATSLOHN
ANTEIL STREIKTAGE
400.0
K

ABB. 2

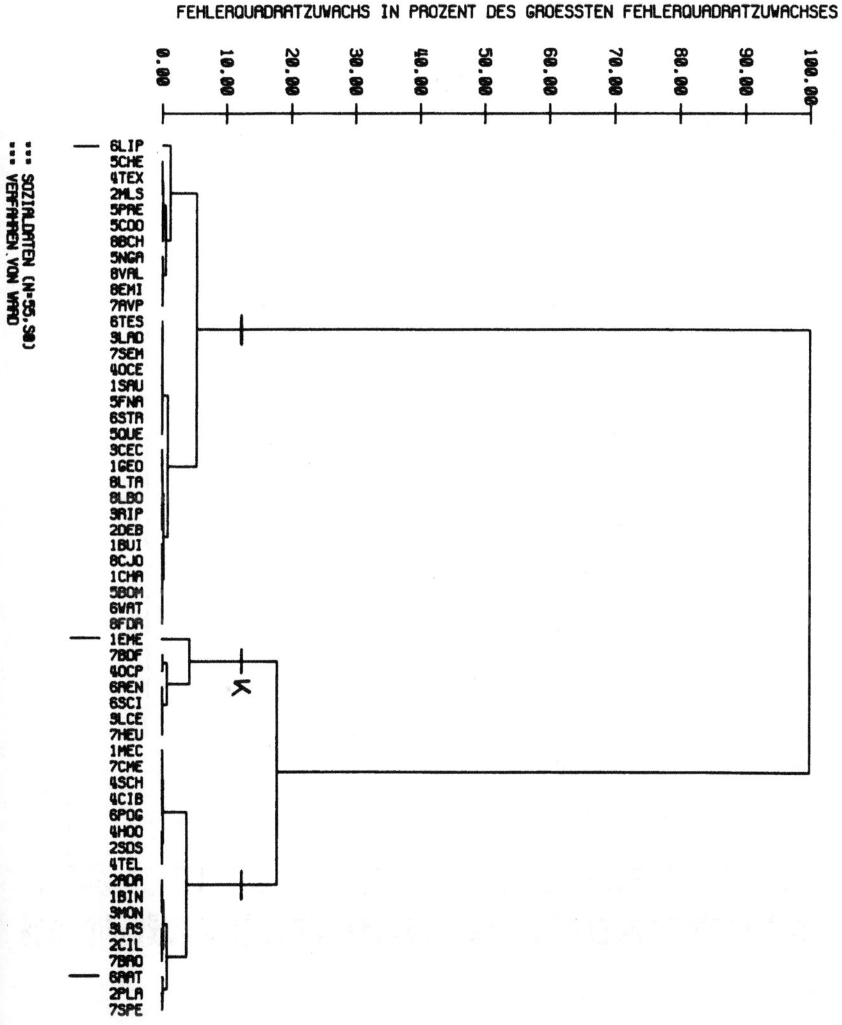
FEHLERQUADRATZUWACHS IN PROZENT DES GROESSTEN FEHLERQUADRATZUWACHSES
0.00
10.00
20.00
30.00
40.00
50.00
60.00
70.00
80.00
90.00
100.00
6LIP
5CHE
4TEX
2MLS
5PRE
5COO
8BCH
5NGA
8VAL
8EMI
7AVP
6TES
3LAD
7SEM
4OCE
1SAU
5FNA
6STR
5QUE
3CEC
1GEO
8LTA
8LBO
3RIP
2DEB
1BUI
8CJO
1CHA
5BOM
6WAT
8FDA
1EME
7BOF
4OCP
6REN
6SCI
3LCE
7HEU
1MEC
7CME
4SCH
4CIB
6POG
4HOO
2SDS
4TEL
2ADA
1BIN
3MON
3LAS
2CIL
7BRO
6RAT
2PLA
7SPE
K
::: SOZIALDATEN (N=55,SØ)
::: VERFAHREN VON WARD

SOZIALDATEN (N=55, S1)

ABB. 3

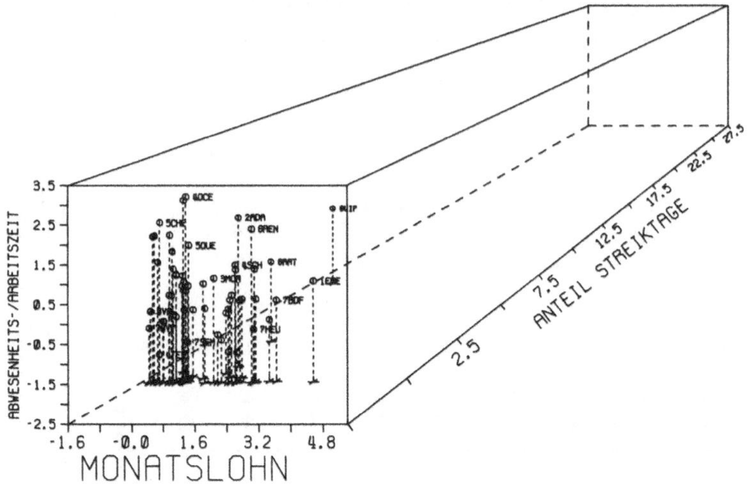

FEHLERQUADRATZUWACHS IN PROZENT DES GROESSTEN FEHLERQUADRATZUWACHSES

ABB. 4

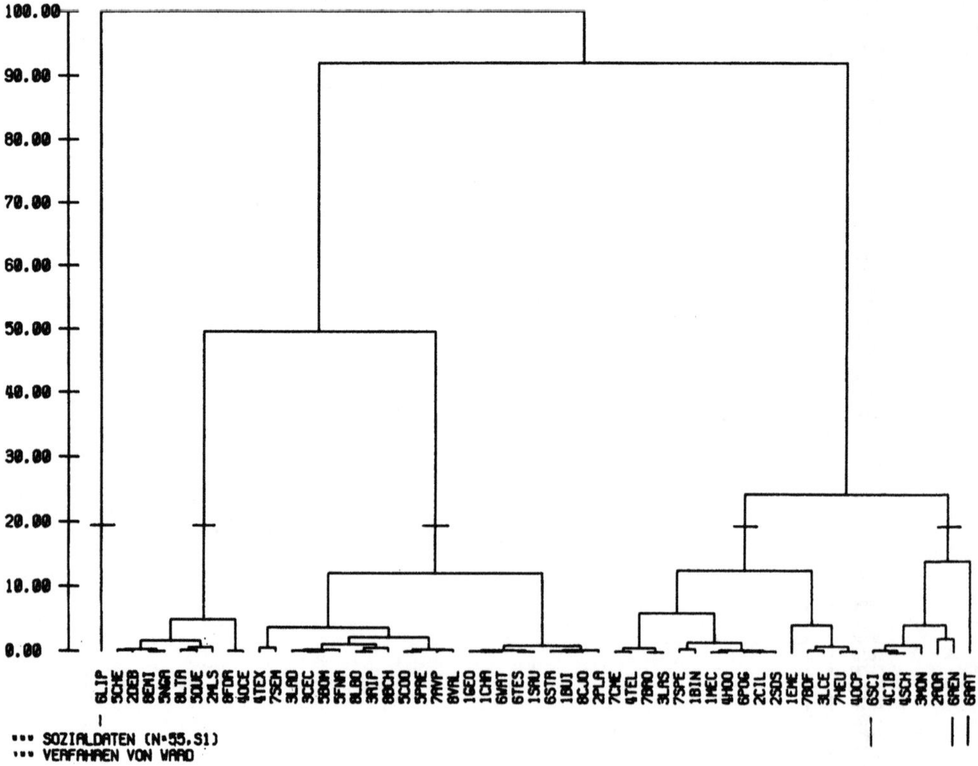

ABB. 5

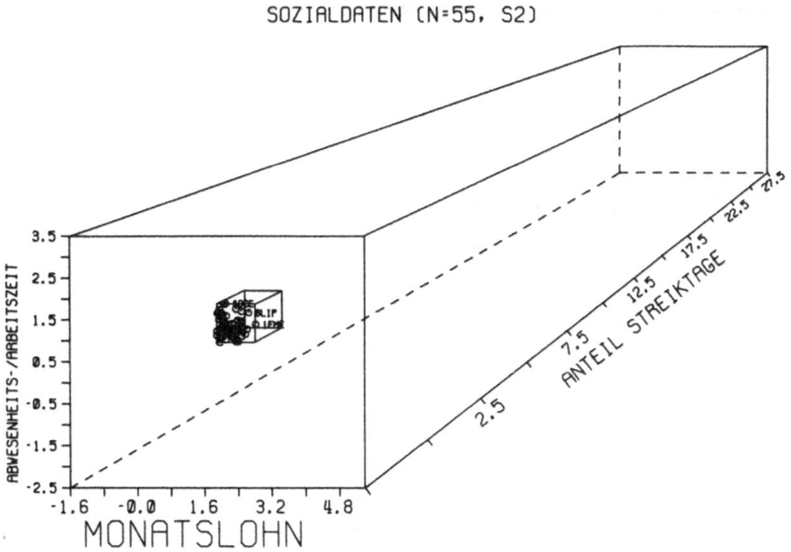
SOZIALDATEN (N=55, S2)
ABWESENHEITS-/ARBEITSZEIT
3.5
2.5
1.5
0.5
-0.5
-1.5
-2.5
-1.6
-0.0
1.6
3.2
4.8
MONATSLOHN
ANTEIL STREIKTAGE
2.5
7.5
12.5
17.5
22.5
27.5

ABB. 6

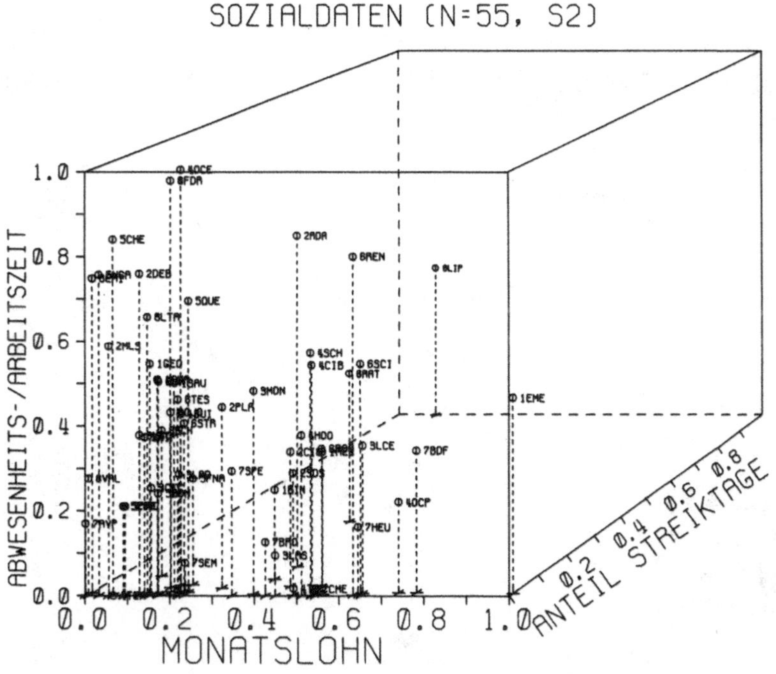
SOZIALDATEN (N=55, S2)
ABWESENHEITS-/ARBEITSZEIT
1.0
0.8
0.6
0.4
0.2
0.0
0.0
0.2
0.4
0.6
0.8
1.0
MONATSLOHN
ANTEIL STREIKTAGE
0.2
0.4
0.6
0.8

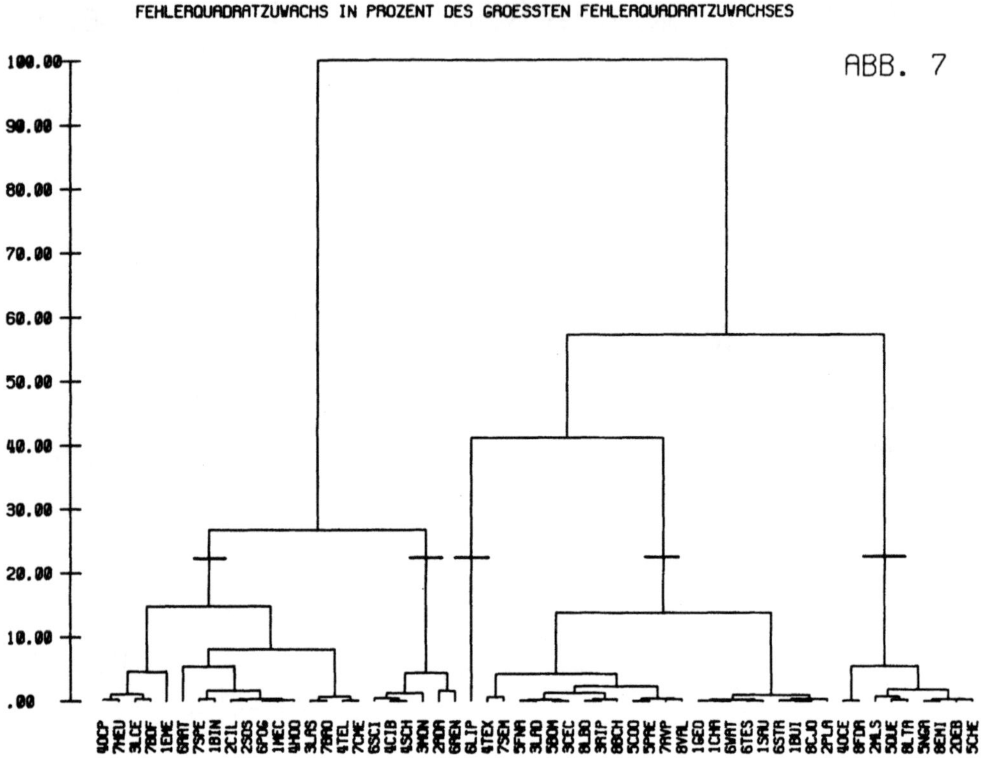

ABB. 7

*** SOZIALDATEN (N=55,S2)
*** VERFAHREN VON WARD

SOZIALDATEN (N=55, S3)

ABB. 8

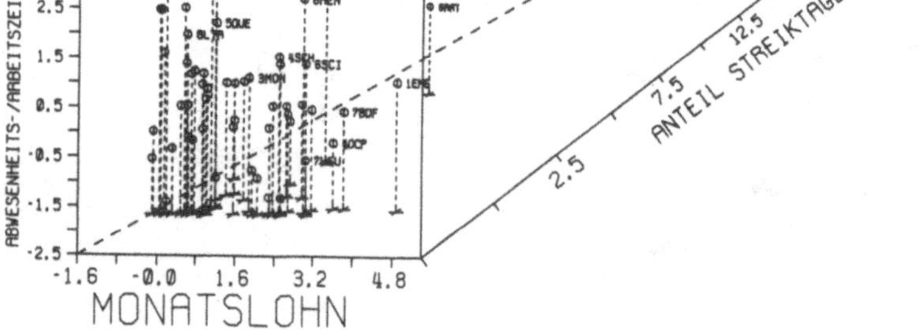

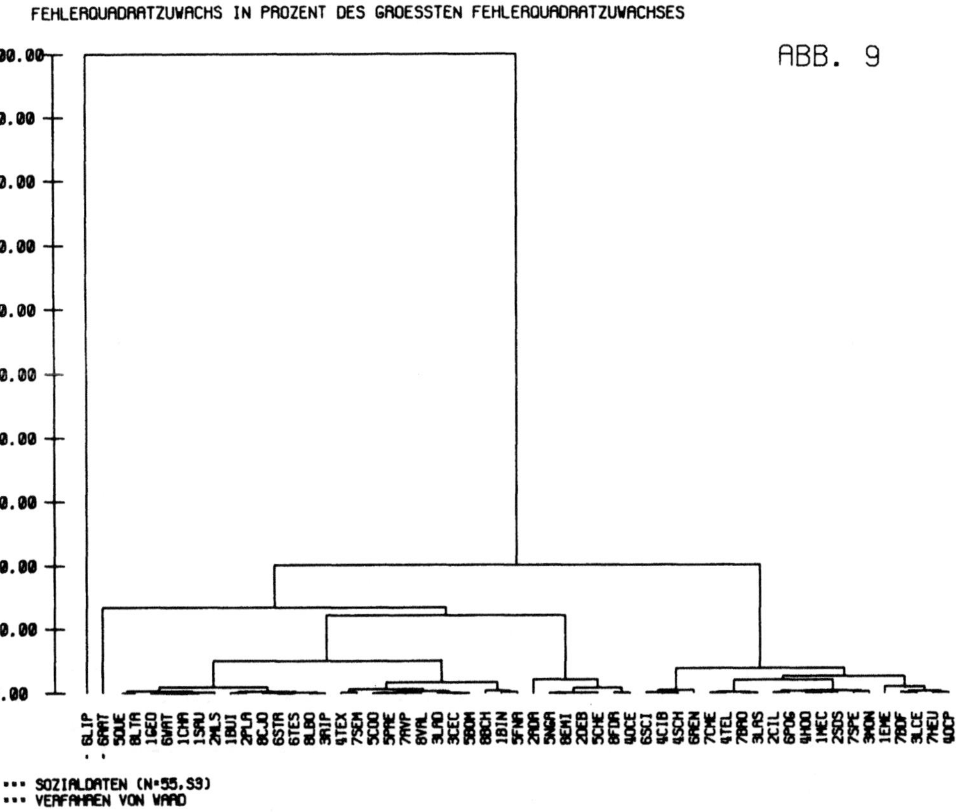
FEHLERQUADRATZUWACHS IN PROZENT DES GROESSTEN FEHLERQUADRATZUWACHSES
100.00
90.00
80.00
70.00
60.00
50.00
40.00
30.00
20.00
10.00
0.00
••• SOZIALDATEN (N=55,S3)
••• VERFAHREN VON WARD

ABB. 9

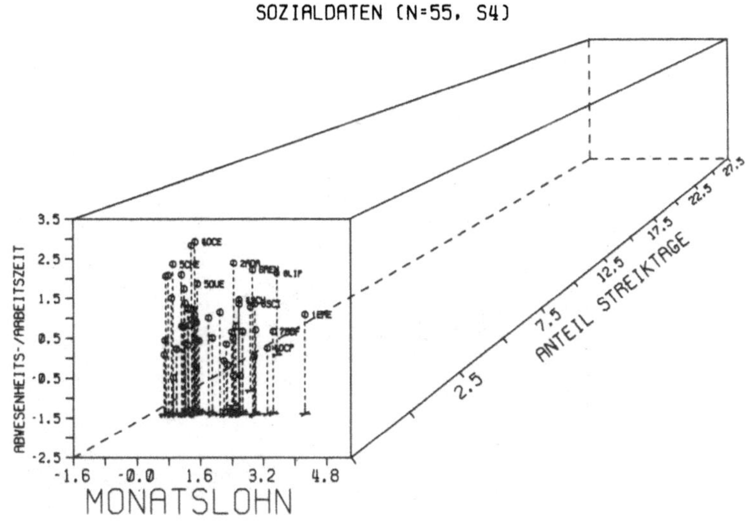
SOZIALDATEN (N=55, S4)
ABWESENHEITS-/ARBEITSZEIT
3.5
2.5
1.5
0.5
-0.5
-1.5
-2.5
-1.6
-0.0
1.6
3.2
4.8
MONATSLOHN
2.5
7.5
12.5
17.5
22.5
27.5
ANTEIL STREIKTAGE

ABB. 10

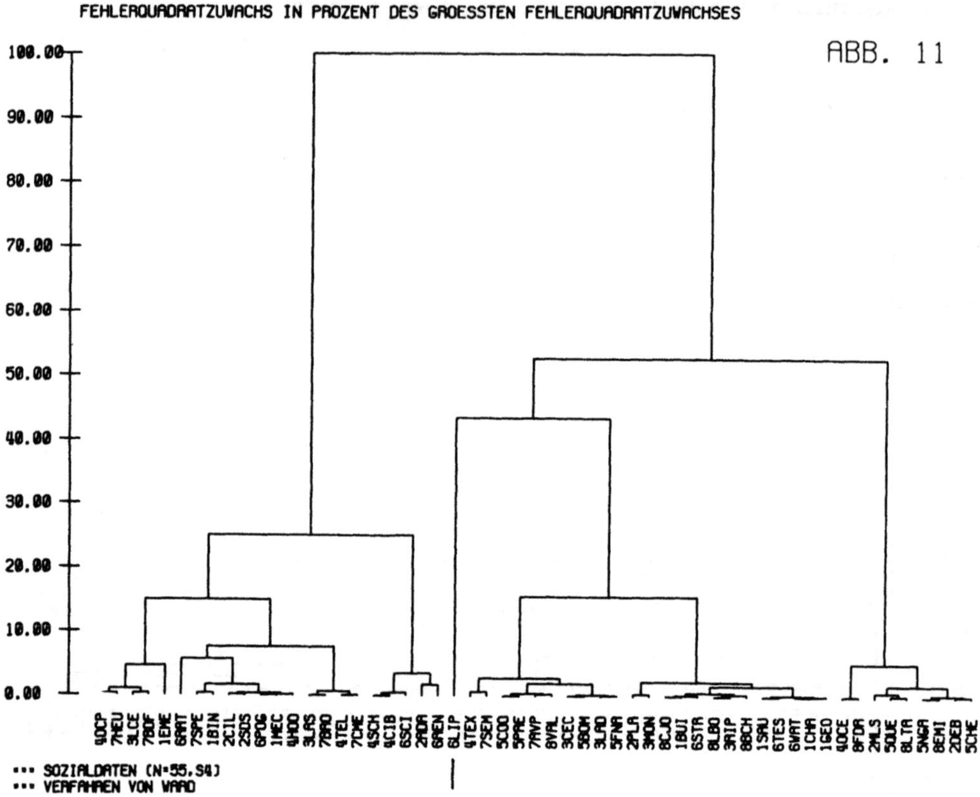
FEHLERQUADRATZUWACHS IN PROZENT DES GROESSTEN FEHLERQUADRATZUWACHSES
100.00
90.00
80.00
70.00
60.00
50.00
40.00
30.00
20.00
10.00
0.00
4OCP 7HEU 3LCE 7BDF 1EME 6AAT 7SPE 1BIN 2CIL 2SDS 6POG 1MEC 4HOO 3LAS 7BAO 4TEL 7CME 4SCH 4CIB 6SCI 2ADA 6AEN 6LIP 4TEX 7SEM 5COO 5PAE 7AVP 8VAL 3CEC 5BOM 3LAD 5FNA 2PLA 3MON 8CJO 1BUI 6STA 8LBO 3AIP 8BCH 1SAU 6TES 6WAT 1CHA 1GEO 4OCE 8FDA 2MLS 5QUE 8LTA 5NGA 8EMI 2DEB 5CHE
*** SOZIALDATEN (N=55,S4)
*** VERFAHREN VON WARD

ABB. 11

ABB. 12

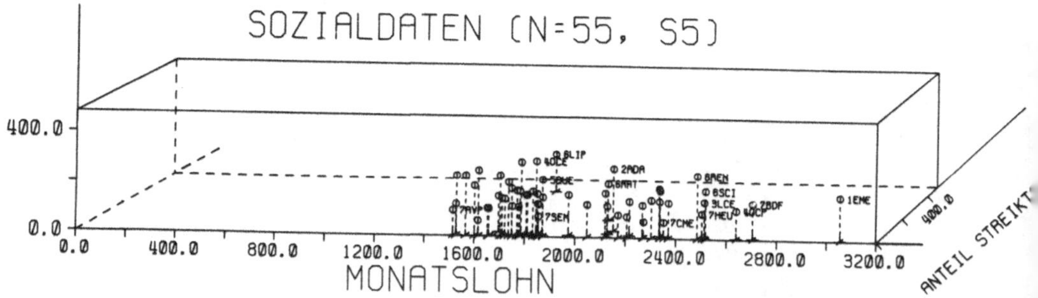
SOZIALDATEN (N=55, S5)
400.0
0.0
0.0
400.0
800.0
1200.0
1600.0
2000.0
2400.0
2800.0
3200.0
MONATSLOHN
ANTEIL STREIKT
400.0
6LIP
4OCE
2ADA
5QUE
6AAT
6AEN
6SCI
3LCE
7HEU
7BDF
4OCP
1EME
7AVP
7SEM
7CME

ABB. 13

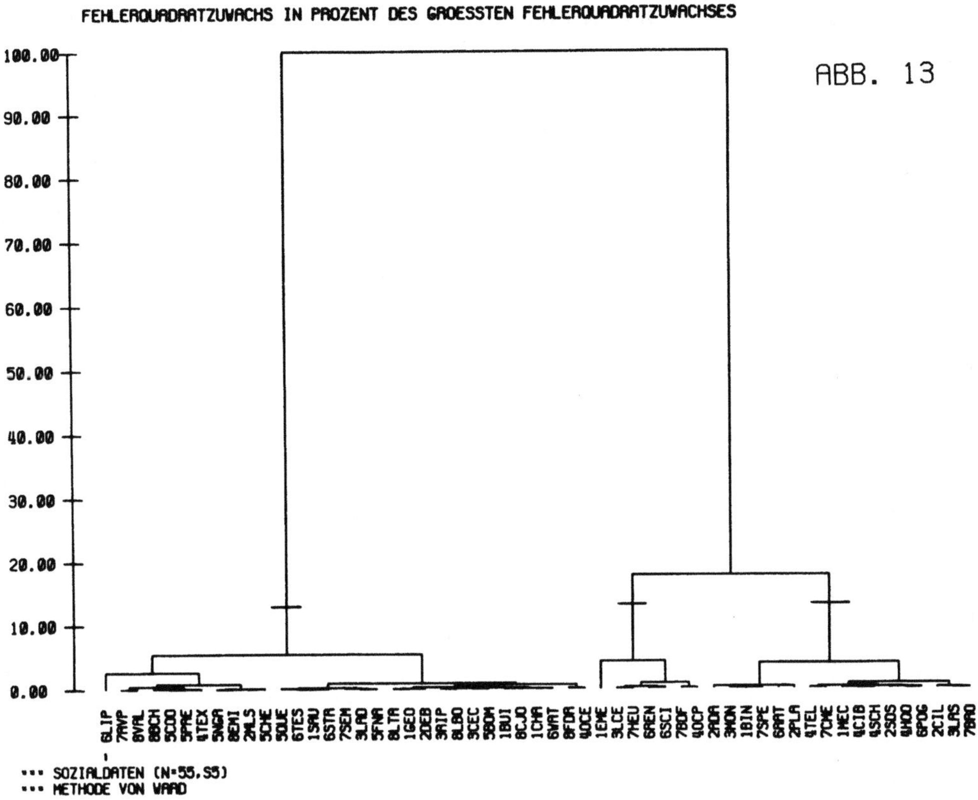
FEHLERQUADRATZUWACHS IN PROZENT DES GROESSTEN FEHLERQUADRATZUWACHSES
100.00
90.00
80.00
70.00
60.00
50.00
40.00
30.00
20.00
10.00
0.00
6LIP 7AVP 8VAL 8BCH 5COO 5PAE 4TEX 5AGA 8EMI 2ALS 5CHE 5OUE 6TES 1SAU 6STA 7SEM 3LAO 5FNA 8LTA 1GEO 2DEB 3AIP 8LBO 3CEC 3BOM 1BUI 8CJO 1CHA 6WAT 8FDA 4OCE 1EME 3LCE 7HEU 6REN 6SCI 7BOF 4OCP 2ADA 3MON 1BIN 7SPE 6AAT 2PLA 4TEL 7CHE 1MEC 4CIB 4SCH 2SOS 4HOO 6POG 2CIL 3LAS 7BAO
*** SOZIALDATEN (N=55,S5)
*** METHODE VON WARD

ABB. 14

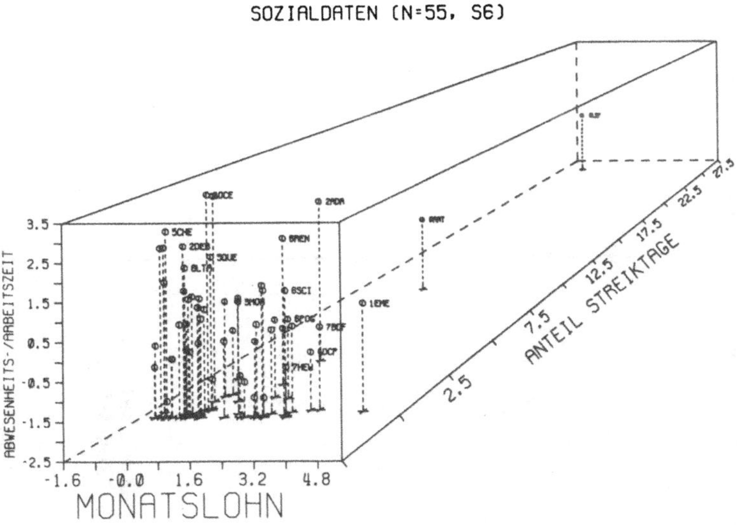
SOZIALDATEN (N=55, S6)
3.5
2.5
1.5
0.5
-0.5
-1.5
-2.5
ABWESENHEITS-/ARBEITSZEIT
-1.6
-0.0
1.6
3.2
4.8
MONATSLOHN
2.5
7.5
12.5
17.5
22.5
27.5
ANTEIL STREIKTAGE
5CHE
2DEB
5QUE
8LTA
2ADA
6REN
6SCI
3MON
7BOF
4OCP
7HEU
1EME

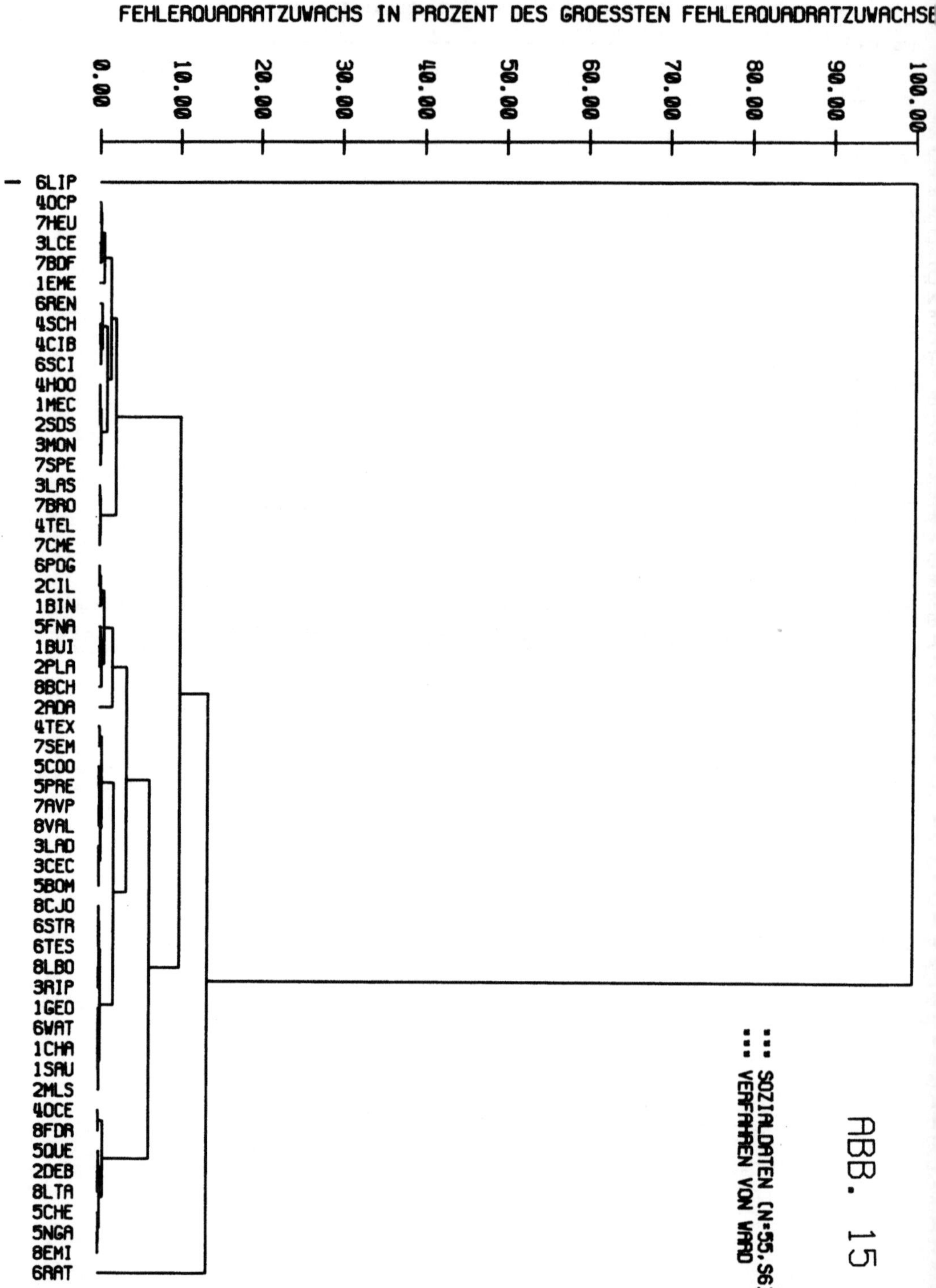

ABB. 15

::: SOZIALDATEN (N=55,S6)
::: VERFAHREN VON WARD

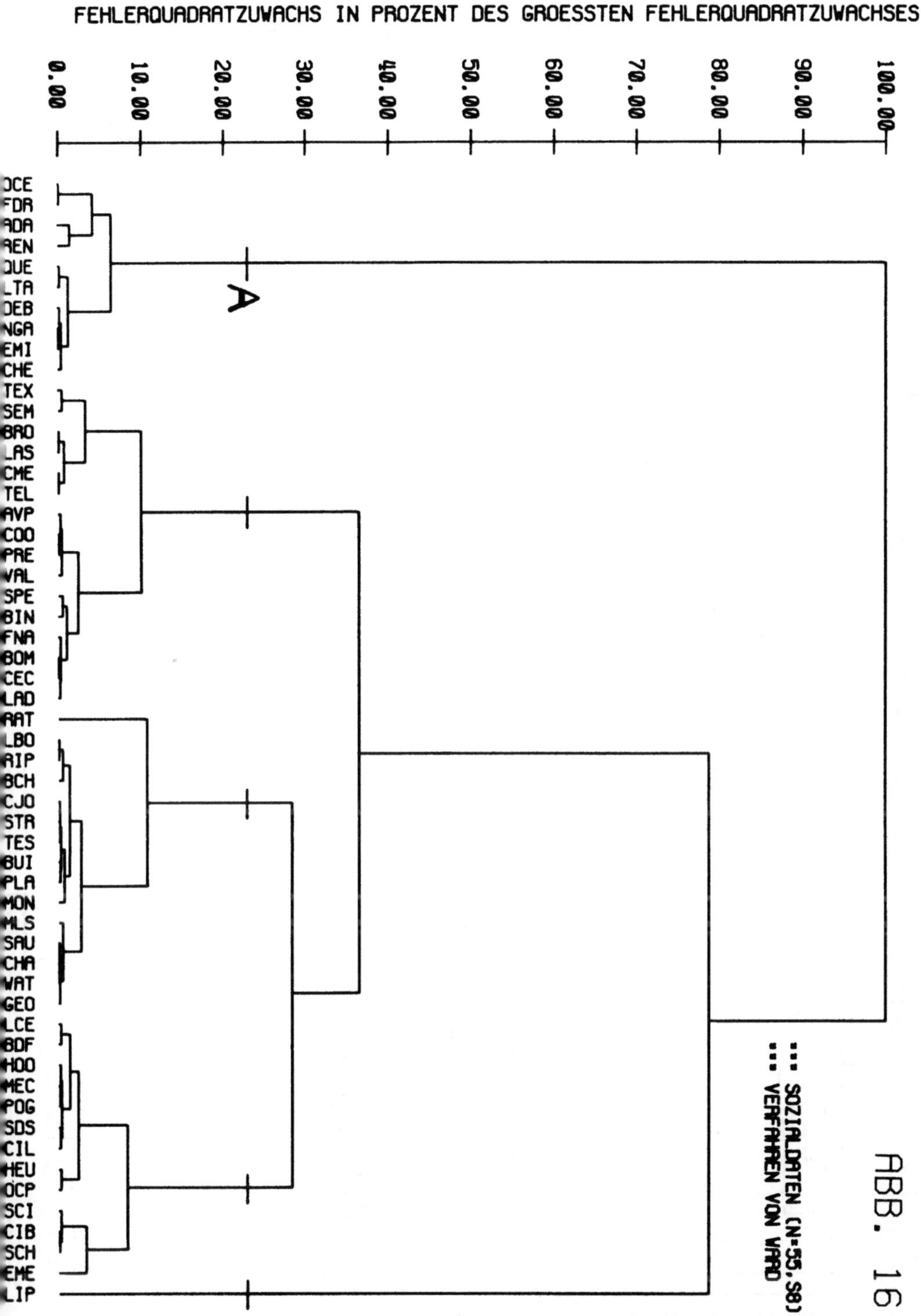
FEHLERQUADRATZUWACHS IN PROZENT DES GROESSTEN FEHLERQUADRATZUWACHSES
0.00
10.00
20.00
30.00
40.00
50.00
60.00
70.00
80.00
90.00
100.00
A
OCE
FDR
ADA
REN
QUE
LTA
DEB
NGA
EMI
CHE
TEX
SEM
BRO
LAS
CME
TEL
AVP
COO
PRE
VAL
SPE
BIN
FNA
BOM
CEC
LAD
RAT
LBO
RIP
BCH
CJO
STR
TES
BUI
PLA
MON
MLS
SAU
CHA
WAT
GEO
LCE
BDF
HOO
MEC
POG
SDS
CIL
HEU
OCP
SCI
CIB
SCH
EME
LIP
::: SOZIALDATEN (N=55,58)
::: VERFAHREN VON WARD

ABB. 16

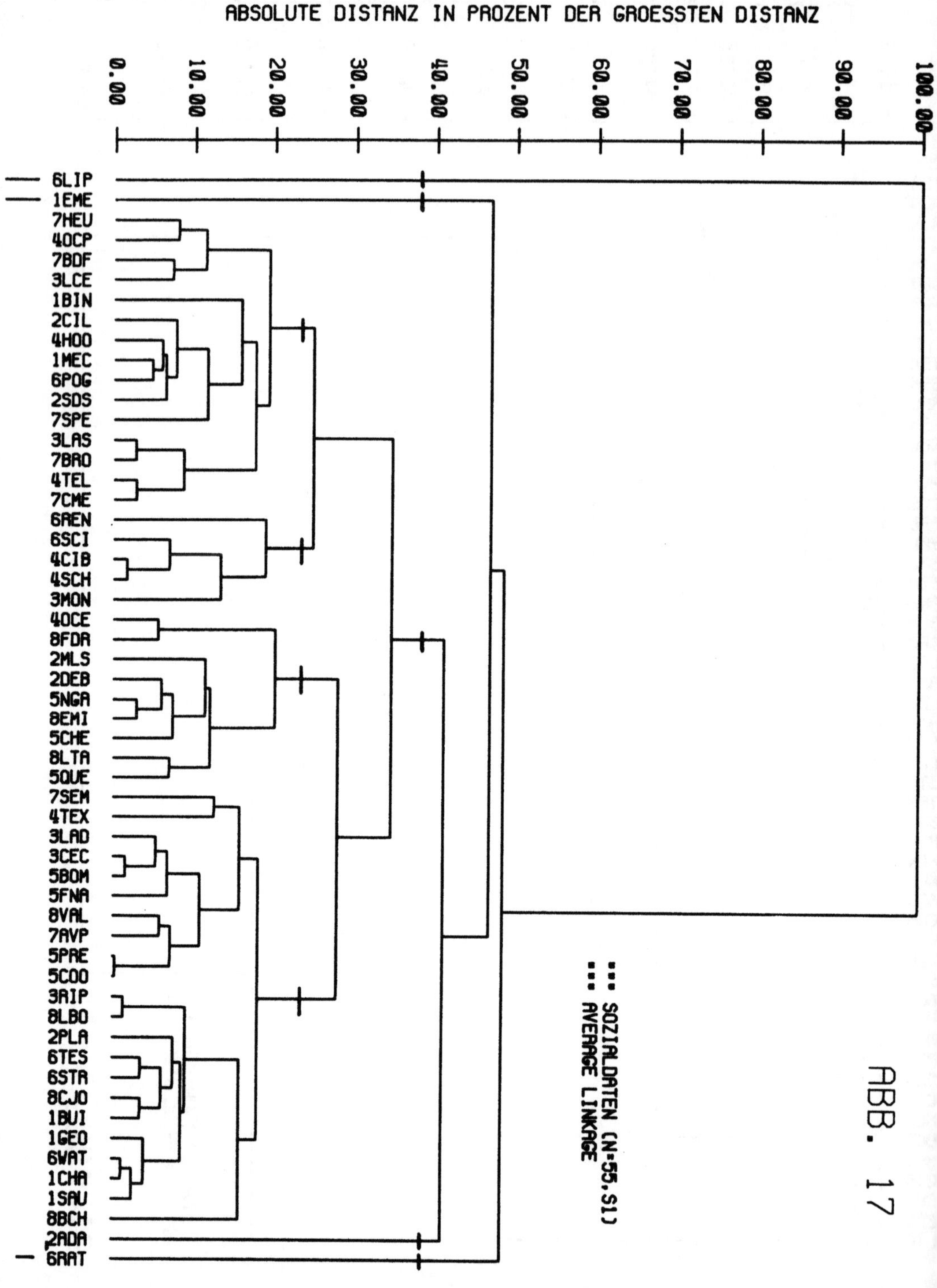
ABSOLUTE DISTANZ IN PROZENT DER GROESSTEN DISTANZ
0.00
10.00
20.00
30.00
40.00
50.00
60.00
70.00
80.00
90.00
100.00
6LIP
1EME
7HEU
4OCP
7BDF
3LCE
1BIN
2CIL
4HOO
1MEC
6POG
2SDS
7SPE
3LAS
7BRO
4TEL
7CME
6REN
6SCI
4CIB
4SCH
3MON
4OCE
8FDA
2MLS
2DEB
5NGA
8EMI
5CHE
8LTA
5QUE
7SEM
4TEX
3LAD
3CEC
5BOM
5FNA
8VAL
7AVP
5PRE
5COO
3AIP
8LBO
2PLA
6TES
6STR
8CJO
1BUI
1GEO
6WAT
1CHA
1SAU
8BCH
2ADA
6RAT
::: SOZIALDATEN (N=55.S1)
::: AVERAGE LINKAGE

ABB. 17

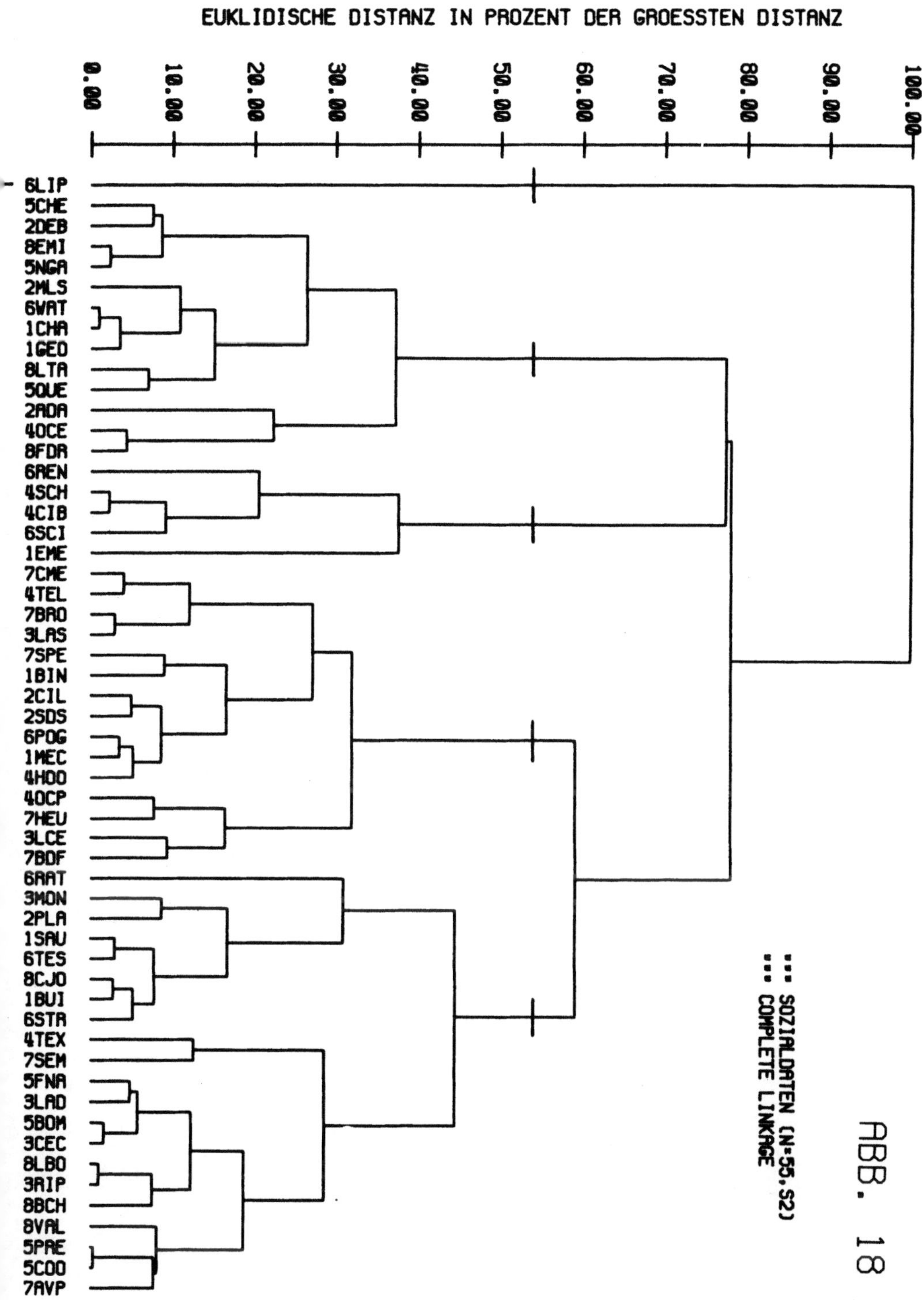
EUKLIDISCHE DISTANZ IN PROZENT DER GROESSTEN DISTANZ
0.00
10.00
20.00
30.00
40.00
50.00
60.00
70.00
80.00
90.00
100.00
6LIP
5CHE
2DEB
8EMI
5NGA
2MLS
6VAT
1CHA
1GEO
8LTA
5QUE
2ADA
4OCE
8FDA
6REN
4SCH
4CIB
6SCI
1EME
7CME
4TEL
7BRO
3LAS
7SPE
1BIN
2CIL
2SDS
6POG
1MEC
4HOO
4OCP
7HEU
3LCE
7BDF
6RAT
3MON
2PLA
1SAU
6TES
8CJO
1BUI
6STR
4TEX
7SEM
5FNA
3LAD
5BOM
3CEC
8LBO
3RIP
8BCH
8VAL
5PRE
5COO
7AVP
*** SOZIALDATEN (N=55.S2)
*** COMPLETE LINKAGE

ABB. 18

Unternehmensgesamtplanung, Organisation

Erfahrungen bei der Entwicklung eines rechnergestützten Unternehmens-Planungs-Systems

R. Feindor, Ottobrunn

0. Einführung

Gerade in einer Zeit des raschen wirtschaftlichen Wandels gewinnt die Planung in der Praxis der Unternehmensführung zunehmend an Bedeutung. Wegen der mit der Komplexität wachsenden Unsicherheiten der Zukunft geht die Entwicklung dabei immer mehr von der statischen Entscheidungsplanung ("so soll es werden") zur dynamischen Alternativplanung ("was wird, wenn ...") über.

Um die verschiedenen Teilplanungen eines Unternehmens auch in ihrer gegenseitigen Verflechtung erfassen und in ihrer Gesamtwirkung überschaubar machen zu können, werden in zunehmendem Maße Unternehmensmodelle in rechnergestützten Planungssystemen eingesetzt. Diese Entwicklung ist im angelsächsischen Raum seit vielen Jahren deutlich (Forrester (1961), Schrieber (1970), Gershefski (1970, 1971), Grinyer/Wooller (1975), Naylor/Schauland (1976)). Auch im deutschsprachigen Raum zeigt sich seit einigen Jahren in Theorie und Praxis ebenfalls ein wachsendes Interesse an Fragen der Unternehmensplanung (z. B. Grochla/Szyperski (1973), Hahn (1974), Wild (1974), Brockhoff (1975), Rosenkranz/Pellegrini (1976), Bircher (1976) mit über 600 Literaturangaben, Plötzeneder (1977) IBM-Wirtschaftsinformatik-Symposium 1976 "Computergestützte Unternehmensplanung", Schmidt/Janowski (1977)).

Die vorliegende Arbeit liefert ein Fallbeispiel eines rechnergestützten Unternehmens-Planungs-Systems in einem mittleren Dienstleistungsunternehmen des öffentlichen Bereichs (Flughafen München GmbH).

1. Problemanalyse

Die Arbeiten zur Entwicklung eines "Integrierten Langfristigen Unternehmens-Planungs-Systems" (ILUPS) der Flughafen München GmbH (FMG) wurden nach internen Vorklärungen gemeinsam mit der Beratungsfirma (IABG) Ende 1975 aufgenommen.

In einer ersten Arbeitsphase (Feindor (1976)) wurden

- die Situation des Unternehmens analysiert
- die Planungsprobleme definiert
- das bestehende Planungssystem analysiert und
- Anforderungen an ein neues Planungssystem formuliert.

Die Situation des Unternehmens wird geprägt durch den geplanten Bau des neuen Großflughafens München II. Dieses Bauvorhaben fordert eine weit vorausschauende Planung auch im betriebswirtschaftlichen Bereich, die alle Unternehmensaspekte umfaßt ("sachlich integrierte Planung") und mit den kurz- und mittelfristigen Teilplänen abstimmt ("zeitlich integrierte Planung").

2. Entwicklung von Lösungen

Nach der Phase der Problemanalyse ging es darum, geeignete Lösungen für die definierten Probleme zu entwickeln. Hierbei waren besonders hilfreich:

- eigene Erfahrungen des Anwenders und der Beratungsfirma bei Entwurf und Realisierung von betriebswirtschaftlichen Planungssystemen

- Erfahrungen anderer Anwender, soweit sie persönlich oder aus der Literatur bekannt wurden (z. B. agplan (1970), Chmielewicz (1972), Hahn (1974), Michel/Koopmann (1970), Peisl/Lüttge (1975), Schrieber (1970), Wild (1974, 1975), Zentralverband der Elektrotechn. Industrie (1974))

- Informationen über Softwareprodukte für den angesprochenen Bereich (IBM: Plancode, APL, CALL-AS; Siemens: COMET, Methaplan; Forrester: DYNAMO; BUSTER).

Bei der Analyse zeigte sich bald, daß keines der vorhandenen Modellkonzepte oder Softwarepakete den speziellen Anforderungen des Anwenders entsprach. Eine Reihe wichtiger Anregungen und Gestaltungsprinzipien konnten aber in Lösungsvorschläge übernommen werden.

3. Verabschiedung eines Gesamtkonzepts

Nach eingehender Diskussion verschiedener Lösungsalternativen wurde im Januar 1976 ein Gesamtkonzept des Integrierten Langfristigen Unternehmens-Planungs-Systems (ILUPS) verabschiedet. Dieses Konzept (Abb. 1) geht von einer Analyse des Unternehmens und seiner Umwelt aus, auf denen die Zielplanung aufbaut. Im Mittelpunkt des Systems steht ein rechnergestütztes Unternehmensmodell, das die planungsrelevanten Bereiche des gesamten Unternehmens abdeckt und die einfache und rasche Berechnung alternativer Unternehmenspläne ermöglicht.

Die Ergebnisse der Modellrechnung werden analysiert und in geeignete Maßnahmen umgesetzt.

Dieser Planungsprozeß wird sowohl für die langfristige wie für die kurzfristige Planung durchlaufen. Die kurzfristige Planung (Wirtschaftsplan) wird einmal jährlich für das Folgejahr erstellt und orientiert sich an der Langfristplanung. Die Langfristplanung wird jährlich fortgeschrieben. Sie umfaßt einen Zeitraum von 10 - 20 Jahren und enthält die wesentlichen Daten des Kurzfristplans für das erste Planjahr.

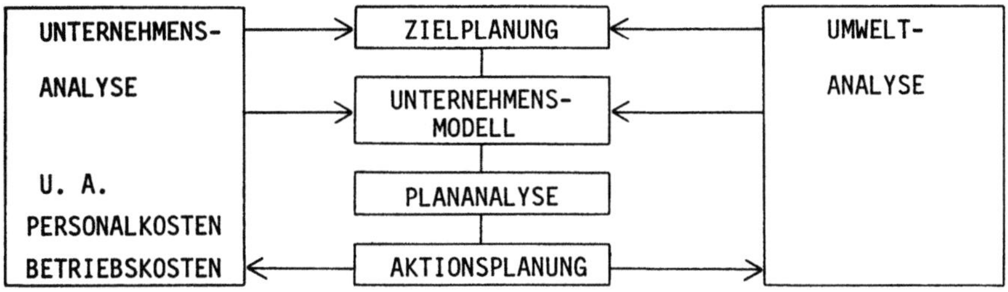

Abb. 1

Zur Unterstützung des Planers wird die Berechnung der Unternehmenspläne mit Hilfe eines neuentwickelten Programmsystems durchgeführt.

4. Entwicklung des Unternehmensmodells

Als Kernstück des Integrierten Langfristigen Unternehmens-Planungs-Systems (ILUPS) der FMG wurde ein computergestütztes Unternehmensmodell entwickelt. Das Unternehmensmodell orientiert sich am Rechnungswesen des Unternehmens. Wie das Rechnungswesen alle wirtschaftlich bedeutsamen Vorgänge von Umsatz über Kosten und Investitionen bis hin zu den Abschlußrechnungen Bilanz, Gewinn- und Verlustrechnung sowie Finanzrechnung im IST erfaßt, so wird analog auch im Modell gerechnet. Hierbei geht man allerdings in weiten Teilen nicht von den Werten aus (z. B.: Umsatzerlöse), sondern berechnet den Wert aus Menge und Preis.

Um den Oberblick über das Unternehmensmodell zu erhöhen und Weiterentwicklungen zu erleichtern, ist das Unternehmensmodell in einzelne Teilpläne gegliedert. Die Teilpläne erhalten eine zweistellige Nummer (z. B.: 11: Absatzmengen, 12: Absatzpreise, 13: Umsatzplan). Jeder Teilplan gliedert sich wiederum in einzelne Planzeilen oder Einzelpositionen. Diese Planzeilen werden fortlaufend dreistellig numeriert (z. B. in Plan 11 Absatzmengen Zeile 001 Ankommende Passagiere Inland).

Mit der Aufstellung der Teilpläne werden zunächst nur die Elemente des Unternehmensmodells festgelegt. Von einem "Modell" des Unternehmens kann man aber erst sprechen, wenn auch die Verknüpfungen (Beziehungen) zwischen den Elementen bestimmt sind. Diese Verknüpfung der Elemente wird durch die Angabe von einfachen mathematischen Formeln (Gleichungen) festgelegt (z.B.: Summe Erlöse = Erlöse Luftverkehr + Erlöse Nicht-Luftverkehr).

Man kann hier drei Kategorien von Gleichungen unterscheiden:

a) Definitionsgleichungen

   z. B.: Umsatz = Menge * Preis

b) buchhalterische Gleichungen

   z. B.: Rohertrag = Gesamtleistung - Materialaufwand

c) Verhaltensgleichungen

z. B.: Passagiere neu = Passagiere alt * Steigerungsrate

Insbesondere zur Festlegung der Verhaltensgleichungen werden einige zusätzliche (evtl. zeitabhängige) Parameter benötigt. Diese Parameter werden in einem gesonderten Plan 01 zusammengefaßt.

Die "Struktur" des Unternehmensmodells besteht also aus den "Elementen" (= Planzeilen) und ihren "Verknüpfungen" (= Formeln).

Zur Berechnung der Pläne genügt aber die Angabe der Struktur noch nicht. Zusätzlich sind verschiedene Arten von "Einlesewerten" (= Daten) erforderlich. Auch bei den Einlesewerten lassen sich drei Kategorien unterscheiden:

a) Vergangenheitswerte

(z.B.: Anfangswerte für Bilanz-Berechnungen)

b) geschätzte Planwerte

(z.B.: Investitionswerte, die aus einer gesonderten Investitionsplanung entnommen werden)

c) Parameterwerte

(z.B.: Annahmen oder Prognosen für Steigerungsraten im Luftverkehr).

Die sachlichen Pläne werden ergänzt durch eine Reihe von Übersichten und Kennzahlen zur Erleichterung der Analyse und Interpretation der Ergebnisse.

Die Orientierung des Unternehmensmodells am Rechnungswesen wird bei der Gliederung in die Einzelpläne besonders deutlich.

Die folgende Abbildung 2 zeigt die einzelnen Pläne des Modells und deren Zusammenhang in etwas vereinfachter Form. Eine zentrale Stellung nimmt dabei der Plan 40 "Finanzierung und Steuern" ein. Hier werden alle Teilplanungen nach Kriterien der Erfolgswirksamkeit und Finanzwirksamkeit zusammengefaßt, Steuern und Finanzbedarf bzw. Tilgungspotential berechnet und alle Teilpläne für Gesamtgesellschaft und Teilbetriebe abgestimmt. Schlüssel hierzu ist die einmalige analytische Auflösung eines kleinen linearen Gleichungssystems für Steuern, Finanzierung und Zinsen.

Abb. 2

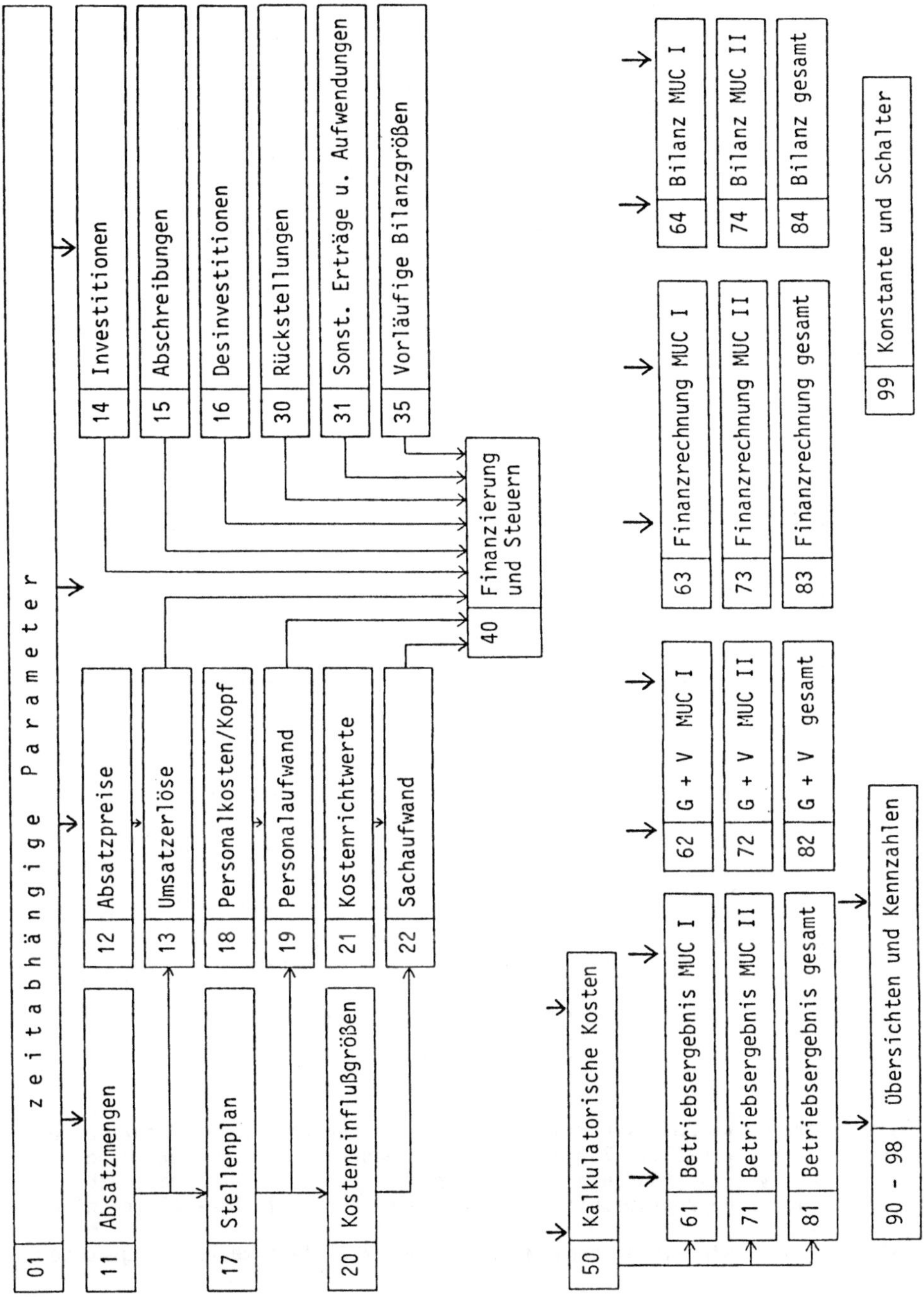
01 zeitabhängige Parameter
11 Absatzmengen
12 Absatzpreise
13 Umsatzerlöse
14 Investitionen
15 Abschreibungen
16 Desinvestitionen
17 Stellenplan
18 Personalkosten/Kopf
19 Personalaufwand
20 Kosteneinflußgrößen
21 Kostenrichtwerte
22 Sachaufwand
30 Rückstellungen
31 Sonst. Erträge u. Aufwendungen
35 Vorläufige Bilanzgrößen
40 Finanzierung und Steuern
50 Kalkulatorische Kosten
61 Betriebsergebnis MUC I
62 G + V MUC I
63 Finanzrechnung MUC I
64 Bilanz MUC I
71 Betriebsergebnis MUC II
72 G + V MUC II
73 Finanzrechnung MUC II
74 Bilanz MUC II
81 Betriebsergebnis gesamt
82 G + V gesamt
83 Finanzrechnung gesamt
84 Bilanz gesamt
90 - 98 Übersichten und Kennzahlen
99 Konstante und Schalter

5. Entwicklung des EDV-Systems

Für ILUPS wurde ein eigenes EDV-System entwickelt und in COBOL programmiert. Es ist daher weitgehend anlagenunabhängig, leicht erweiterbar und übertragbar. Das EDV-System besteht aus Dateien, Programmen und der erforderlichen Systemsteuerung.

Die Dateien enthalten das Unternehmensmodell, Eingabewerte und Planwerte.

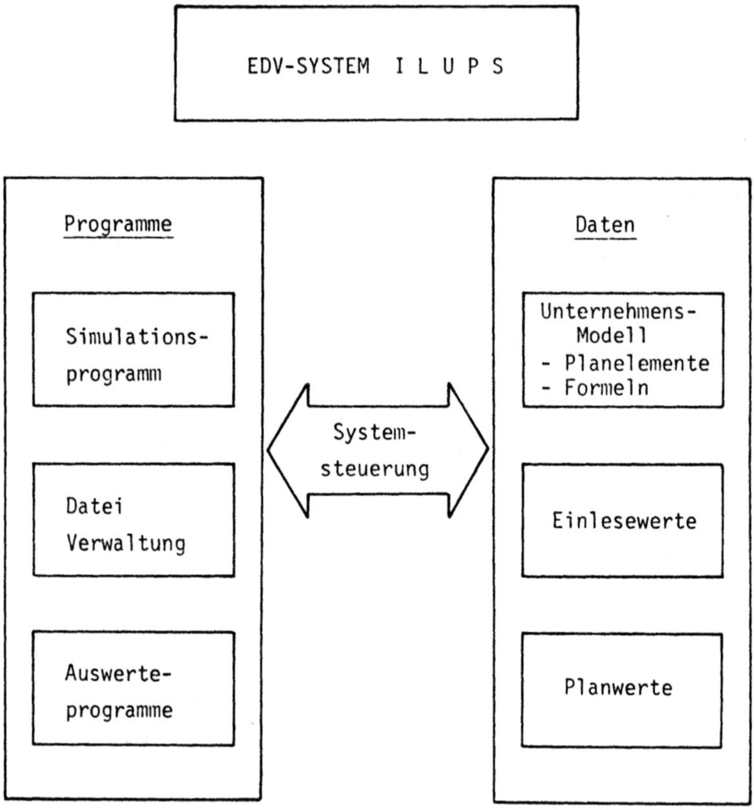

Abb. 3

Alle Programme wurden nach den Methoden der strukturierten und normierten Programmierung erstellt. Zur Unterstützung des Anwenders bei der Handhabung des Systems steht ein Benutzerhandbuch zur Verfügung, das insbesondere Standard-Programmabläufe und Hinweise zur Fehlerbehandlung enthält.

Alle Programme sind in eine automatische Job-Ablauf-Steuerung eingebunden.

Kern des EDV-Systems ist ein deterministisches Simulationsprogramm. Dieses Programm berechnet nacheinander für jedes Jahr sequentiell anhand der Formeln die einzelnen Planwerte. Hierzu wird vom Programm ein erweiterbarer Satz von Formeltypen zur Verfügung gestellt.

Die Formeldatei enthält für jeden zu berechnenden Planwert eine Formel. Diese Formel besteht aus

- Plan-Nr./-Zeile des zu berechnenden Wertes
- Formeltyp
- Anzahl Argumente
- Liste der aktuellen Argumente.

Die einzelnen Argumente werden vom Programm aus der Datei Planwerte abgerufen, geprüft und entsprechend dem Formeltyp verarbeitet. Der berechnete Planwert wird auf der Datei Planwerte gespeichert.

Nach Berechnung aller Werte über den gewünschten Planungszeitraum werden alle oder ausgewählte Pläne ausgedruckt.

Dateiverwaltungsprogramme erlauben die einfache und sichere Führung des Unternehmensmodells und der Einlesewerte.

Spezielle Auswerteprogramme vereinfachen die Handhabung des Unternehmensmodells, insbesondere bei Änderungen. Eine verbale Formelliste ist außerdem ein wichtiges Mittel zur aktuellen Dokumentation des Unternehmensmodells.

6. Durchführung von Systemtests

Die wesentlichen Arbeiten am Unternehmensmodell und am EDV-System waren im April 1976 abgeschlossen. Anschließend wurden Systemtests durchgeführt. Die Tests begannen mit üblichen Tests der EDV-Programme. Ein eingehender, computergestützter Modelltest folgte in mehreren Phasen:

- Formaltest der Modelldaten
- Verifikation des Modells (Prüfung des Modelloutputs auf formale Richtigkeit und Plausibilität; z. B. Abstimmung von Bilanz, G + V und Finanzrechnung)
- Validierung des Modells (Prüfung des Modelloutputs auf zahlenmäßige Plausibilität, Grob- und Feineinstellung der Parameter)
- Sensitivitätsanalysen (Durchführung von Testserien mit schrittweiser Variation einzelner Parameter und Prüfung der Auswirkungen auf relevante Output-Größen).

Die Durchführung der Systemtests beanspruchte etwa zwei Monate und war erheblich arbeitsintensiver als bei Projektdefinition vorausgesehen.

7. Weiterentwicklung des Unternehmens-Planungs-Systems

Nach erfolgreichem Abschluß der Systemtests begann die erste (vorläufige) materielle Planungsrunde mit der nötigen Datenbeschaffung. Der erste Bericht mit insgesamt neun langfristigen Planungsalternativen konnte intern im August 1976 vorgelegt werden.

Seit Ende 1976 wird ILUPS entsprechend dem Gesamtkonzept weiterentwickelt. Schwerpunkt dieser zweiten Ausbaustufe waren

- Integration der Kurzfristplanung
- Erweiterung des Unternehmensmodells (Einbeziehung von Preissteigerungen, Entwicklung und Anschluß eines ökonometrischen Prognosemodells für die Luftverkehrsentwicklung)
- Realisierung der fehlenden Teile des Planungssystems (Unternehmens- und Umweltanalyse, Zielplanung, Plananalyse, Aktionsplanung)
  insbesondere zur Verbesserung der Datenbasis
- Organisation und Dokumentation der Planung (Dokumentation von Modell und EDV-System, Planungshandbuch)

Die Arbeiten der zweiten Ausbaustufe werden noch in diesem Jahr abgeschlossen.

8. Einige Erfahrungen in Stichworten

- Die Ausrichtung des Unternehmensmodells auf das Rechnungswesen erleichterte nicht nur die Verständigung zwischen Anwender und Berater, sondern erhöhte vor allem die Akzeptanz der Ergebnisse innerhalb und außerhalb des Unternehmens.
- Die Trennung von Modell und EDV-System ermöglichte die Führung des Modells durch den Anwender selbst ohne Unterstützung durch EDV-Fachleute.
- Die schrittweise Realisierung des Gesamtkonzepts ermöglichte eine ständige Kontrolle der Kosten und Risiken sowie eine flexible Anpassung des Planungssystems an die Bedürfnisse des Unternehmens.
- Die Probleme des Modelltests und der Datenbeschaffung wurden bei Projektbeginn unterschätzt.

Literatur

agplan (1970) : Handbuch zur Unternehmensplanung, 2 Bd., E. Schmidt Verlag Berlin 1970

Bircher, B. (1976) : Langfristige Unternehmensplanung Paul Haupt, Bern 1976

Brockhoff, K. (1975) : Planung in mittelgroßen Industrieunternehmen
Die Unternehmung, 29, 4 (1975), S. 303

Chmielewicz, K. (1972) : Integrierte Finanz- und Erfolgsplanung
Poeschel, Stuttgart 1972

Feindor, R. (1976) : Entwurf eines Integrierten Langfristigen Unternehmens-Planungs-Systems (ILUPS)
IABG-Bericht B-SZ 1042/02, Jan. 1976

Forrester, J. W. (1961) : Industrial Dynamics
MIT Press, Cambridge/Mass., 1961

Gershefski, G. W. (1970) : Corporate Models - The State of the Art
Management Science, Feb. 1970

Gershefski, G. W. (1971) : What's Happening in the World of Corporate Models?
Interfaces 1, 4 (1971)

Grinyer, P.H./Wooller, J. (1975): Computer Models for Corporate Planning
Long Range Planning, Feb. 1975, p. 14

Grochla, E./Szyperski, N. (1973): Modell- und computer-gestützte Unternehmens-
(Hg.) planung
Gabler Wiesbaden 1973

Hahn, D. (1974) : Planungs- und Kontrollrechnung
Gabler Wiesbaden 1974

Michel, R.M./Koopmann, H.J. (1970): Finance Management SIFESP
Verlag Neue Betriebswirtschaft, Heidelberg 1970

Naylor, T.H./Schauland, H. (1976): A Survey of Users of Corporate Planning Models
Management Science 22, 9 May 1976

Peisl, A./Lüttge, B. (1975) : Konzeption und Organisation der Unternehmensplanung der Siemens AG
Zeitschrift für betriebswirtschaftliche Forschung, Heft 6 (1975), S. 349 - 365

Plötzeneder (Hrsg.) (1977) : Computergestützte Unternehmensplanung
Wirtschaftsinformatik Symposium 1976
IBM Deutschland
Science Research Associates GmbH, Stuttgart 1977

Rosenkranz, F./Pellegrini, S. (1976): Corporate Modelling: Methodology and Computer-Based Model Design Procedure
Angewandte Informatik 6/76, S. 259 - 267

Schmidt, R./Janowski, W. (1977) : Zur Gestaltung computergestützter Planungssysteme
ZfB 7 (1977), S. 417 - 436

Schrieber, A.N. (ed.) (1970) : Corporate Simulation Models
University of Washington, Seattle 1970

Sturm, R. (1975) : Kann man die Zukunft des Unternehmens planen? Die Wirtschaftsprüfung, Heft 21, 1975, S. 565 - 569

Wild, J. (1974) : Grundlagen der Unternehmungsplanung rororo studium 26, Reinbek/Hamburg 1974

Wild, J. (1975) : Unternehmungsplanung, Reader + Abstracts rororo studium 27, Reinbek/Hamburg 1975

Zentralverband der Elektrotechn. Industrie (ZVEI) (1974) : Leitfaden für die Unternehmensplanung ZVEI Frankfurt 1974

Capacity Planning and the Labour Pool

D.K. Leegwater, Rotterdam

1. Introduction

From time immemorial day labourers are known, people who were hired for one day, to work usually on the farms (also in the Bible they are mentioned on many places).
Late in the last century the first attempt was made to put an end to the one day hiring of dockworkers at the port of Rotterdam, who were waiting near the gates every day. At that time the firms had only a very small number of regular dockworkers on their payroll.
It was suggested to create a corps of dockworkers on the common responsibility of the employers to face the daily variations in the workload.
At the port of Rotterdam those variations were very large, mainly caused by the tramp-shipping contrasted with the situation in Amsterdam, where the shipping was much more regular.
However the above mentioned suggestion was rejected for fear of the necessity to guarantee regular weekly wages to the dockworkers. So the one-day-hiring was continued until further notice.
Nowadays almost all employees have regular work exept for the employees such as students who cannot work regularly or don't want it and who are working usually on secretarial bureaus.
Another exeption must be made for people who are working for malafide recruiters.
Although the social circumstances have been improved by having regular employees in almost every job now, the situation in the economic sense has become more difficult. When the workload varies from day to day a fixed number of employees causes either idling or shortage of labour coupled with extra cost of overwork or loss due to delays in the work or not-finished work.
In 1955 after several intermediate stages the employers at the port of Rotterdam created on the common responsibility of most of the stevedore

firms an organisation - a pool - which has regular employees and which supplies them to those firms, which have a workload larger than their own number of employees.
This makes the total number of employees, which a firm has at its disposal, also variable and adapted to the variable workload as much as possible.

However both the firms and the pool still had to solve the difficult problem of determining the number of employees on their payroll.
For four years they have been advised for this by "Adviesbureau voor Kwaliteitsbeleid en Besliskunde" (Quality Control and Operations Research Consultants). At this office the writer has been engaged to construct Operations Research models of pools. One of those models will be presented in section 2 to calculate the optimum number of dockworkers for each of the stevedore firms and for the pool; the optimum number is that number that minimizes the expected cost. Moreover, aspects such as the limited hiring and firing of employees and problems of prediction will be discussed.

A numerical example is given in section 3 for the special case that all firms are identical.
Section 3 also contains a comparison with the situation, in which no pool exists.
The paper ends with a more general view on the pool and sums up some applications.

2. The Operations Research Model of the dockworkers pool at the port of Rotterdam

Whether the pool operates satisfactorily or not does not only depend on the number of dockworkers on the payroll of the firms and the pool, but also on rules which determine the allocation of pool employees to the firms and the way of dividing the cost of the pool among the firms.

In Rotterdam the pool is a non-profit organisation like most other pools.
To regulate the allocations and finances the conception of "guarantee" has been introduced in 1968. The meaning of "guarantee" G is as follows:
the firm guarantees to the pool the cost of G workers, whether it employs them or not.
On the other hand the pool will supply to the firm any number up to G of workers the firm may request on a certain day.

However when a firm does not need all its guaranteed pool workers, other firms may employ some of them over their own guaranteed number and pay for it with an additional charge of 10 percent.
When the demand for pool workers is larger than the pool can supply, first of all every firm can have pool dockworkers up to its guarantee and next all firms which need pool workers over their own guarantee will get allocations in proportion to their guarantee.

The guarantee cannot be changed within a period of three months.

In the mathematical formulation of the model the following definitions will be used:

n = number of firms

$\underline{w}_i$ = workload of firm i per day (workload in mandays) with parameters μ_i and σ_i (mean and standard deviation) and density function $f_i(w)$

a_i = cost of one dockworker on the payroll of firm i per day

a_o = cost of one dockworker on the payroll of the pool per day

α_i = average fraction of the prize of a guaranteed dockworker firm i has to pay for a dockworker of its guarantee, whom it does not need

c = loss due to the shortage of one manday

β_i = average fraction of the prize of a guaranteed dockworker, that one manday will cost, which has been requested by firm i over its guarantee.
By this definition β_i is the weighted average between the prize of a dockworker who will be supplied over the guarantee of firm i (110 percent of the prize of a guaranteed dockworker) and c.
(c has been taken to be twice as much as the prize of a guaranteed dockworker)

D_i = number of dockworkers on the payroll of firm i

$1-p_i$ = the average fraction absent dockworkers of those on the payroll of firm i

G_i = guarantee of firm i

D_o = number of dockworkers on the payroll of the pool

$1-p_o$ = the average fraction absent pool dockworkers of those on the payroll of the pool

Q_i = expected number of guaranteed pool dockworkers per day, which firm i does not need

K_i = expected cost of firm i per day

As the pool should have an average number of available dockworkers equal to the sum of the guarantees, which gives $\sum_{i=1}^{n} G_i = p_o D_o$, each firm has to pay $\frac{a_o}{p_o}$ for every dockworker it needs up to its guarantee.

Optimization

$$K_i = a_i D_i + \frac{a_o}{p_o}(G_i - Q_i) + \alpha_i \cdot \frac{a_o}{p_o} Q_i + \beta_i \cdot \frac{a_o}{p_o} \int_{p_i D_i + G_i}^{\infty} (w - p_i D_i - G_i) f_i(w)\,dw$$

$$\text{where } Q_i = G_i \int_{0}^{p_i D_i} f_i(w)\,dw + \int_{p_i D_i}^{p_i D_i + G_i} (p_i D_i + G_i - w) f_i(w)\,dw$$

The optimal values of D_i and G_i are the solutions of

$\frac{\partial K_i}{\partial D_i} = 0$ and $\frac{\partial K_i}{\partial G_i} = 0$, which gives the following formulas:

$$\int_{p_i D_i}^{\infty} f_i(w)\,dw = \frac{\frac{a_i p_o}{p_i a_o} - \alpha_i}{1 - \alpha_i} \quad (1) \quad \text{and} \quad \int_{p_i D_i + G_i}^{\infty} f_i(w)\,dw = \frac{\alpha_i}{\alpha_i + \beta_i - 1} \quad (2)$$

Graphically :

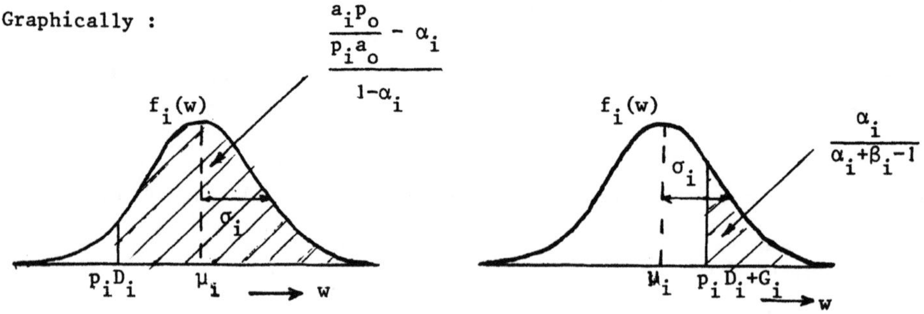

As both α_i and β_i are variables which depend on the need of pool workers of the other firms the following procedure has been developed:

1. Choose starting values for α_i and β_i (i=1,...,n)
2. Calculate D_i and G_i from (1) and (2)
3. Carry out a *simulation* by generating the workload of each of the n firms taking into account the correlation between the workload of one firm and the others and by applying the existing rules for the allocation of the pool dockworkers and for the division of cost.
4. Calculate the cost and the new α_i and β_i from the simulation.
5. Stop when the result is satisfying i.e. the cost or the values for α_i and β_i donot change more than a given limit.

   Otherwise go to step 2.

Furthermore the model has been made *dynamic* that is to say it takes into account the developments in the next four 3-months period when the optimum number of dockworkers at the firms and the pool has to be determined.

This has been done because the number of dockworkers that can be hired or fired within three months is very much limited.

The dynamic model has two main elements:
it starts with the calculations as described by the last procedure to determine the optimum number of employees in each of the four periods, which we call the "ideal" ones.
After that a strategy is found by means of *dynamic programming* which minimizes the difference between the ideal number of dockworkers and the number which each period can be reached from the present number given the limits of hiring and firing.

Like most models this one must also be used for *planning in the (near) future.*
Apart from the optimization method great importance must be attached to the *prediction* of the parameter values.
Especially the prediction of the average workload is very important, perhaps even more important than the optimization itself.
A very good relation has been found between the average workload of all firms (w_t) in period t (containing the months j, j+1, j+2) and the following factors:

t = number of the period by which factor we can also measure the changing of the productivity of labour

s_t = seasonal factor

$o_{D,j-3}$ = index for the size of the order position of the German industry in the month j-3

$o_{N,j-3}$ = index for the size of the order position of the Dutch industry in the month j-3

The relation is expressed by:

$$w_t = (d_o + d_1 t + d_2 o_{N,j-3} + d_3 o_{D,j-3})\, s_t$$

where d_o, d_1, d_2, d_3 are the regression coefficients

(d_1 has a negative sign; d_2 and d_3 have positive ones).

The correlation coefficient takes values between 0,95 and 1.

Because of the time lag between the industrial order position of both countries and the workload in the harbour, we are able to predict the average workload in the next period. Of course a single firm could have more detailed information about the probability of loosing or gaining a contract, but nevertheless it might improve the prediction of each firm, when it knows the prediction of the average workload of all firms.

3. Some calculations in the case of n identical firms with a normally distributed workload

Let us consider n identical firms, that is to say $\underline{w}_i$ (i=1,...,n) are identically distributed $[f_i(w) = f(w)]$ with $\mu_i = \mu$ and $\sigma_i = \sigma$. Moreover $a_i = a$, $p_i = p$ for i = 1,...,n and no correlation has been assumed between the firms.

The optimization becomes much more simple now.

The optimal D_i and G_i should be the same, say D and G, which gives

$D_o = \frac{nG}{p_o}$ as the optimum number of pool workers.

Two additional definitions must be made:

$\underline{v}_i$ = demand for pool employees of firm i per day with parameters μ_{v_i} and

σ_{v_i} (mean and standard deviation)

$\underline{v}_o$ = demand for pool employees of all firms per day with parameters μ_{v_o} and σ_{v_o} (mean and standard deviation) and density function $h(v_o)$

When $D_i = D(i=1,\ldots,n)$ the $\underline{v}_i$'s$(i=1,\ldots,n)$ are identically distributed with $\mu_{v_i} = \mu_v$ and $\sigma_{v_i} = \sigma_v$ given by

$$\mu_v = \sigma.\exp\left[-\tfrac{1}{2}(pD-\mu)^2/\sigma^2\right] / \sqrt{2\pi} + (\mu - pD)\int_{pD}^{\infty} f(w)dw \qquad (3)$$

$$\sigma_v^2 = \mu_v\,(\mu - pD - \mu_v) + \sigma^2 \int_{pD}^{\infty} f(w)dw \qquad (4)$$

When n is large enough, the distribution of $\underline{v}_o$ $(= \sum_{i=1}^{n} \underline{v}_i)$ is approximately normal according to the Central Limit Theorem, with mean $\mu_{v_o} = n\mu_v$ and standard deviation $\sigma_{v_o} = \sqrt{n}.\sigma_v$

Now the total expected cost per day are:

$$K = naD + a_oD_o + c\int_{p_oD_o}^{\infty} (v_o - p_oD_o)h(v_o)d_{v_o}$$

$o = \frac{\partial K}{\partial D} = \frac{\partial K}{\partial D_o}$ gives:

$$\int_{\frac{p_oD_o - \mu_{v_o}}{\sigma_{v_o}}}^{\infty} g(u)du = \frac{a_o}{p_oc} \qquad (5) \qquad \text{and}$$

$$\int_{o}^{\frac{pD-\mu}{\sigma}} g(d)du = \frac{1 - \frac{a}{a_o}\frac{p_o}{p}}{1 - \frac{c}{a_o}p_o \frac{\mu_v}{\sigma_v\sqrt{n}} \frac{\exp\left[-\frac{1}{2}(p_oD_o - \mu_{v_o})^2/\sigma_{v_o}^2\right]}{\sqrt{2\pi}}} \qquad (6)$$

where $g(u) = \frac{\exp(-\frac{1}{2}u^2)}{\sqrt{2\pi}}$ (the density function of the standard normal distribution)

The optimum D and D_o can now be found in three steps:

1) calculate $\frac{p_o D_o - \mu_{v_o}}{\sigma_{v_o}}$ from (5)

2) calculate the optimal D from (6), (3) and (4)

3) calculate μ_{v_o} and σ_{v_o} given the optimum D, which gives the optimal value of D_o and thus the optimal G ($= \frac{p_o D_o}{n}$)

Some numerical examples

The following data are given:

$n = 10 \quad \mu = 250 \quad \sigma = 75 \quad p = p_o = 0{,}75$

$a = 75 \quad a_o = 82{,}5 \quad c = 250$

We find D = 227, G = 88, D_o = 1173 as the optimum values. The minimal expected cost per day per firm are 28461 and the mean shortage per day is 68,4, which is 2,74 percent of the mean workload of all firms together (= 2500).

Lacking a pool each firm has to minimize the expected cost as expressed by

$$K_i = aD + c \int_{pD}^{\infty} (w - pD)\, f\,(w)dw$$

$$o = \frac{dK_i}{dD} \quad \text{gives} \quad \int_{pD}^{\infty} f(w)dw = \frac{a}{pc} \qquad (7)$$

With the above given values for μ, σ, p, a and c formula (7) gives D = 359 as the optimum value.
The minimal expected cost in this case are 32244 for each firm.
The mean shortage per day is 21,3, which is 8,52 percent of the mean workload (= 250).
Both cost and shortage have increased.
A mean shortage of 2,74 percent in the latter case too will be reached when D = 428 with expected cost 33828, which is 18,9 percent more than 28461.
In the figures below can be seen, how the expected minimal cost (K_{min}) and pD and G in the optimum depend on n or σ, while the other data remain the same.

Figure 1

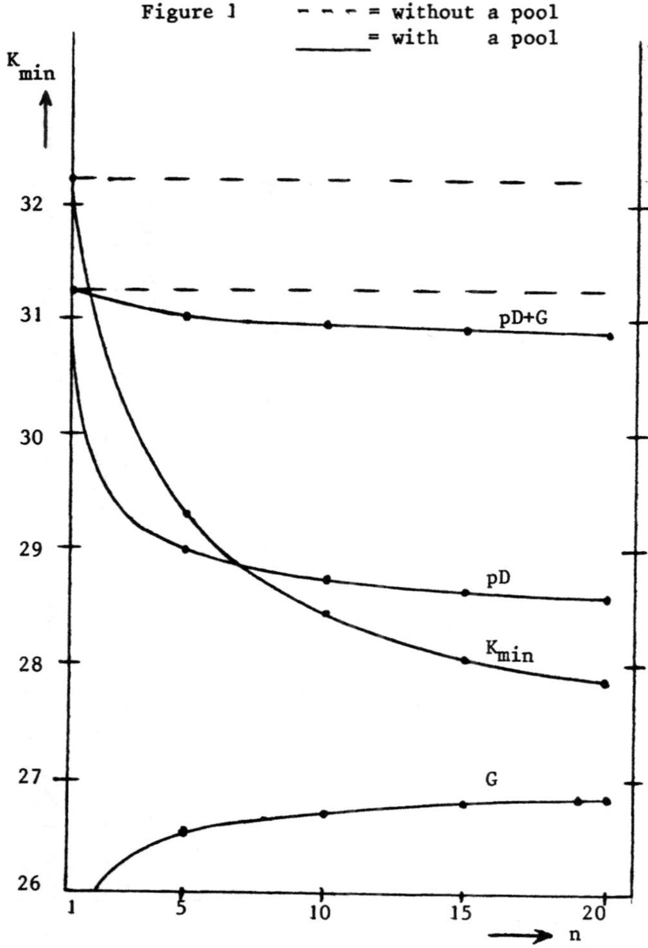

Figure 2

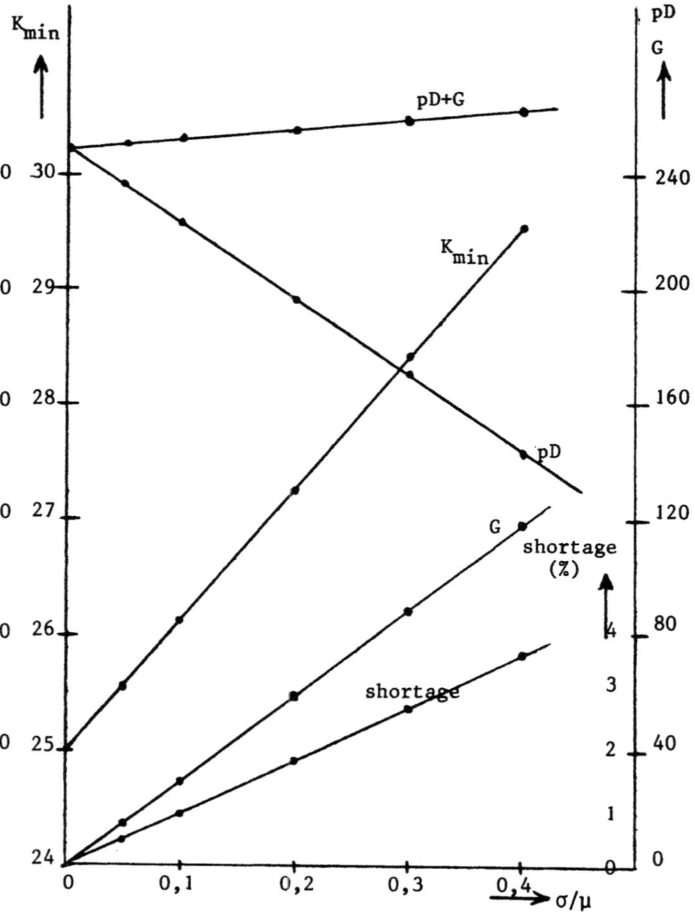

4. Closing remarks

Apart from the advantages of a pool in the situation which has been described above, the growing importance of a pool could be also seen from the following developments:

a The type of work changes faster and faster.
Therefore a firm takes more risk when having an employee on its own pay-roll.

b Within the firm we have a higher degree of specialisation than before, which reduces the possibility of exchanging employees from one job to another, and so the need for employees from external sources has been decreased.

c The tendency towards better quality of service leads to a larger variation in the workload.

d A common organisation such as the pool makes easier the negotiations with the government for instance to subsidize the idling.

e Schooling and retraining within the pool are more.economical.

f The pool could be a strong weapon against malafide recruiters.

Applications of a pool are various.
Apart from the dockworkers pool, Rotterdam has two substitute Teacher Pools, one concerning primary schools, the other concerning nursery schools.

Here we have the situation in which the workload is a constant, whereas the number of teachers that is available for teaching is variable because of illness etc. In the Los Angeles district a substitute Teacher Pool is operating on a much larger scale, ([1] and [2]).
Other pools are the metal workers pool at Rotterdam and Dordrecht, the pool for rooms at the University of Utrecht and the pool for research places at the Erasmus University of Rotterdam.
Other *possible* pools are pools for nurses, for building workers, for typists within one firm and pools for materials such as trucks or agricultural equipment.

References

[1] J.E.Bruno, the use of Monte Carlo techniques for determining optimal size of substitute teacher pools in large urban school districts. Socio-Econ.Plan.Sci., 4(1970) pp 415-428

[2] M.A.Goldbergh and J.Moore, The optimal size of a substitute teacher pool. Siam Review, 18(1976) pp 114-116

[3] J.Sittig, Pooling as an instrument of co-ordination IACC, 2nd seminar München (1975)

Dekomposition von Unternehmensmodellen bei Verletzung der Teambedingung

R. Schmidt, Kiel

Unternehmensgesamtmodelle lassen sich auf sehr verschiedene Art in Submodelle zerlegen. Deshalb wird zunächst eine Systematik der Dekomposition solcher Gesamtmodelle entwickelt. - Anschließend werden alternative Zerlegungsformen mit Hilfe des Programmsystems PLASMA experimentell verglichen. Dabei wird auf Basis des Dekompositionsalgorithmus von Dantzig untersucht, wie sich unterschiedliche Zerlegungsformen auf den Gesamtplan auswirken, wenn dezentrale Entscheidungseinheiten gegenüber der zentralen Instanz im Rückkopplungsprozeß die Teambedingung verletzen.

Integration und optimale Abstimmung dezentraler Planungen

K.-P. Schuster und P. Goeck, Hamburg

Der Planungsmodus divisional organisierter Unternehmungen mit konventionellen Methoden ist Ausgangspunkt für ein Analyse-, Planungs-und Entscheidungsmodell auf Basis des Linear Programming. Vorgestellt wird der Einsatz dieses Instruments als Integrations- und Rechenprogramm, deterministischer Simulator, optimierender Vorschlagsgenerator unter Mehrfachzielen, Hilfsmittel zur Bewertung von Geschäftspolitiken und Auskunftssystem für unterschiedliche Berichte.

Investitions- und Finanzplanung

Risikomanagement und optimales Investitionsbudget

H. Albach, Bonn

In das Modell des optimalen Investitionsbudgets bei Unsicherheit mit Hilfe eines Chance-Constraints-Programming-Modells werden verschiedene Arten einer Versicherung eingebaut: Neben der Möglichkeit einer Einzelversicherung der Maschinen mit und ohne Selbstbeteiligung (Betriebsunterbrechungsversicherung) ist auch die Möglichkeit einer allgemeinen Gewinnausfallversicherung gegeben. Es wird eine optimale Kombination der verschiedenen Instrumente des Risk Management - Risikovermeidung, Risikotragung und Versicherung - bestimmt.

In Sensitivitätsanalysen werden die Wirkungen unterschiedlicher Arten der Berechnung einer Versicherungsprämie untersucht.

Schließlich zeigt das Modell die Zusammenhänge zwischen der Risikopräferenz des Investors und dem Umfang einer Versicherung auf. Es wird nachgewiesen, daß die in der Praxis häufig anzutreffenden Strategien des Risk Management nicht optimal sind.

Portefeuilleplanung bei unvollkommen bekannten Mittelwerten und Varianzen

W. Bühler, Dortmund

I. EINFÜHRUNG

Unter Zugrundelegung einer Risikonutzenfunktion u läßt sich das einperiodige Wertpapieranlageproblem in folgender Form darstellen:

$$\max_{x \in X} \int u(r'x)dp \qquad (1)$$

In (1) bezeichnet

$X \subseteq \mathbb{R}^N$	die Menge aller zulässigen Portefeuilles aus N Wertpapieren,
$x \in \mathbb{R}^N$	ein aus N Wertpapieren zusammengestelltes Portefeuille,
$r \in \mathbb{R}^N$	den Vektor der zufälligen Renditen r_i $(i=1,\ldots,N)$ der Wertpapiere und
p	die bekannte Wahrscheinlichkeitsverteilung (Wahrscheinlichkeitsmaß) von r.

Es sei Q die Klasse der quadratischen, konkaven, über der Menge der möglichen Renditen r'x der Portefeuilles monoton wachsenden Risikonutzenfunktionen. Alle bezüglich Q effizienten Portefeuilles sind auch μ-σ^2 effizient und lassen sich mit Hilfe des folgenden parametrischen, quadratischen Optimierungsproblems ermitteln:[1)]

$$\min_{x \in X} x'V(p)x - \lambda\mu'(p)x \qquad \lambda \geq 0 \qquad (2)$$

In (2) bezeichnen

V(p)	die Varianz-Kovarianzmatrix von r bzgl. p und
$\mu(p)$	den Erwartungswert von r bzgl. p.

Vornehmlich zur Reduzierung des Datengewinnungsaufwandes spezialisierte Sharpe, einem Vorschlag von Markowitz folgend, das Optimierungsmodell (2), indem er einen stochastischen, linearen Zusammenhang

$$r_i = \alpha_i + \beta_i I + \varepsilon_i \qquad (i = 1,\ldots,N) \qquad (3)$$

zwischen den Renditen $r_i (i = 1,\ldots,N)$, einem geeigneten Index I und den stochastischen Störgrößen ε_i unterstellt.

Mit Hilfe der Bezeichnungen

p^i	Wahrscheinlichkeitsverteilung der Störgröße ε_i $(i = 1,\ldots,N)$,
p^I	Wahrscheinlichkeitsverteilung des Indexes I,
$\mu_I(p^I)$	Erwartungswert des Indexes bzgl. p^I,
$\sigma_I^2(p^I)$	Varianz des Indexes bzgl. p^I und
$\sigma_I^2(p^i)$	Varianz von ε_i bzgl. p^i

und mit Hilfe der bekannten Prämissen des Sharpeschen Single-Indexmodells, läßt sich (2) unter Ausnutzung von (3) auf das folgende parametrische, separable, quadratische Optimierungsproblem zurückführen:

$$\left.\begin{aligned} &\min_{x\in X, y} \{ \sum_{i=1}^{N} \sigma_i^2(p^i) x_i^2 + \sigma_I^2(p^I) y^2 - \lambda (\sum_{i=1}^{N} \alpha_i x_i + \mu_I(p^I) y) \} \\ &\qquad y = \sum_{i=1}^{N} \beta_i x_i \quad , \quad \lambda \geq 0 \end{aligned}\right\} \qquad (4)$$

(4) ist auch, verglichen mit (2), einer einfacheren numerischen Behandlung zugänglich.[2)]

Im folgenden soll nun der Fall untersucht werden, daß die dem Anleger zur Verfügung stehende Information nicht ausreicht, die in (4) eingehenden Momente mit einer ihm "notwendig erscheinenden Genauigkeit" zu schätzen. Vielmehr wird unterstellt, daß der Anleger lediglich eine (nicht notwendigerweise vollständige) Anordnung der möglichen Realisationen des Indexes I und der Störgrößen ε_i $(i = 1,\ldots,N)$ hinsichtlich der Wahrscheinlichkeit ihres Eintretens vornehmen kann. Eine Quantifizierung dieser Wahrscheinlichkeiten sei jedoch nicht möglich. Diese allgemeine Informationsprämisse führt, wie weiter unten deutlich werden wird, zu einer nicht eindeutigen Festlegung der Momente in (4).

Der Fall nicht vollständig bekannter Mittelwerte und Varianzen der Renditen wurde bisher nach bestem Wissen in den Arbeiten von Mao und Särndal (1966), Fried (1970), Kalymon (1971), Frankfurter, Philips und Seagle (1971) und Barry (1974) behandelt. Diese Autoren verbleiben jedoch im Bereich der Entscheidungstheorie unter Risiko. Der hier darzustellende Ansatz ist einzuordnen zwischen den beiden idealtypischen Fällen der exakten Kenntnis der Wahrscheinlichkeitsverteilung der ungewissen Daten und der ausschließlichen Kenntnis der möglichen Realisationen dieser Daten.

II OPTIMALE PORTEFEUILLES BEI QUALITATIVER INFORMATION [3)]

$\mathbf{J} = \{I_1,\ldots,I_{n_I}\}$ sei die Menge der möglichen Realisationen des Indexes I am Ende des einperiodigen Planungszeitraumes, $E_i = \{e_{i1},\ldots,e_{in_i}\}$ die Menge der möglichen Realisationen der Störgrößen ε_i $(i = 1,\ldots,N)$.

Bemerkung 1: Für die folgenden Überlegungen ist es nicht notwendig, die Zufallsvariablen ε_i als diskret vorauszusetzen.

Die Menge $\mathbf{J}$ sei durch eine die Informationen des Anlegers repräsentierende Relation $\overset{I}{\succcurlyeq}$, die als "mindestens so wahrscheinlich wie" zu interpretieren ist, halbgeordnet. Bzgl. $\overset{I}{\succcurlyeq}$ wird vorausgesetzt:

(i) $\overset{I}{\succcurlyeq}$ ist transitiv.

(ii) Es existieren mindestens zwei Elemente von $\mathbf{J}$, die bzgl. $\overset{I}{\succcurlyeq}$ in Relation zueinander stehen.

$\overset{I}{\succcurlyeq}$ wird im weiteren auch als qualitative Information oder Informationsstruktur bzgl. I bezeichnet.
Analog wird weiter unterstellt, daß jede der Mengen E_i durch eine (i) und (ii) genügende Relation $\overset{i}{\succcurlyeq}$ halbgeordnet ist.

Bemerkung 2: Die folgenden Ableitungen lassen sich grundsätzlich auch durchführen, wenn die Informationsstrukturen $\overset{i}{\succcurlyeq}$ von den Realisationen von I abhängen. Die numerische Behandlung des Problems gestaltet sich dann jedoch sehr viel aufwendiger.

Definition 1:

Eine auf $\mathbf{P}(\mathbf{J})$ definierte Wahrscheinlichkeitsverteilung $p^I \in \mathbb{R}^{n_I}$ heißt mit $\overset{I}{\succcurlyeq}$ verträglich, wenn für alle $I_j, I_k \in \mathbf{J}$ gilt:

$$\text{Aus } I_j \overset{I}{\succcurlyeq} I_k \text{ folgt } p(I_j) \geq p(I_k)$$

Analog ist die Verträglichkeit einer auf $\mathbf{P}(E_i)$ definierten Wahrscheinlichkeitsverteilung mit $\overset{i}{\succsim}$ definiert ($i = 1,\dots,N$).
Die Menge aller mit $\overset{I}{\succsim}$ verträglichen Wahrscheinlichkeitsverteilungen auf $\mathbf{P}(\mathbf{J})$ wird mit P^I bezeichnet. P^I ist ein nichtleeres, kompaktes Polyeder des $\mathbb{R}^{n_I}$.
Die Menge aller mit $\overset{i}{\succsim}$ verträglichen Wahrscheinlichkeitsverteilungen p^i, die der zusätzlichen Bedingung genügen, daß der Erwartungswert von ε_i bzgl. p^i gleich 0 ist, wird mit P^i bezeichnet. P^i wird durch das folgende Ungleichungssystem definiert:

$$\left.\begin{array}{ll} \sum\limits_{j=1}^{n_i} p^i(e_{ij}) = 1 & \\ p^i(e_{ij}) \geq 0 \qquad j = 1,\dots,n_i & \\ e_{ij} \overset{i}{\succsim} e_{ik} \Rightarrow p^i(e_{ij}) \geq p^i(e_{ik}) \quad j,k = 1,\dots,n_i & \\ \sum\limits_{j=1}^{n_i} e_{ij}\, p^i(e_{ij}) = 0 & \text{(5a)} \end{array}\right\} \quad (5)$$

Aufgrund der für das Sharpesche Indexmodell charakteristischen Bedingung (5a) kann das kompakte Polyeder P^i leer sein. Unter der folgenden, unmittelbar einsichtigen Voraussetzung gilt jedoch $P^i \neq \phi$:

<u>Resultat 1:</u>

Enthält E_i zwei bzgl. $\overset{i}{\succsim}$ maximale Elemente e_{ij}, e_{ik} mit $e_{ij} \cdot e_{ik} < 0$, dann gilt $P^i \neq \phi$.
Resultat 1 läßt sich noch wesentlich abschwächen. Hierzu sei
$N(e_{ij}) := \{e \in E_i : e \overset{i}{\succsim} e_{ij}\}$ die Menge aller Nachfolger von $e_{ij} \in E_i$. Dann gilt:

<u>Resultat 2:</u>

Enthält E_i zwei Elemente e_{ij}, e_{ik} mit der Eigenschaft $(\sum_{e \in N(e_{ij})} e) \cdot (\sum_{e \in N(e_{ik})} e) < 0$, dann ist $P^i \neq \phi$.

Im weiteren wird vorausgesetzt, daß $P^i \neq \phi$ ist ($i = 1,\dots,N$).

Das gesamte in einem Portefeuilleproblem mit qualitativer Information bzgl. I und den Störgrößen ε_i verfügbare Wissen wird durch die Menge $P = P^I \times P^1 \times \dots \times P^N$ aller mit den Relationen $\overset{I}{\succsim}$, $\overset{i}{\succsim}$ ($i = 1,\dots,N$) verträglichen Wahrscheinlichkeitsverteilungen repräsentiert. Zwischen den Elementen von P kann daher hinsichtlich ihrer "Qualität", die zukünftigen Renditen der Wertpapiere zu prognostizieren, nicht weiter differenziert werden. Es ist daher naheliegend, ein Portefeuilleproblem bei qualitativer Information als Entscheidungsproblem unter Unsicherheit mit der Alternativenmenge X, der Menge der Umweltzustände P und der Ergebnisfunktion $U(x,p) = \int u(r'x)dp$ aufzufassen.[4)] Bei Akzeptierung des max-min Kriteriums als Entscheidungsregel erhält man dann die optimalen Portefeuilles als Lösung des folgenden max-min Problems:

$$\max_{x \in X} \min_{p \in P} U(x,p) \qquad (6)$$

III DEFINITION UND CHARAKTERISIERUNG QUALITATIV EFFIZIENTER PORTEFEUILLES

Bei bekannter Wahrscheinlichkeitsverteilung p des Indexes und der Störgrößen läßt sich - wie in Abschnitt I referiert - die Menge aller bzgl. der dort präzisierten Klasse Q quadratischer Risikonutzenfunktionen als "Lösung" des Vektorminimumproblems

$$\underset{x \in X}{\text{"min"}} \begin{pmatrix} x'V(p)x \\ -\mu'(p)x \end{pmatrix} \qquad (7)$$

ermitteln. Ausgehend von dieser Darstellung wird in Übertragung des max-min Konzepts die folgende Verallgemeinerung der μ-σ^2 Effizienz für den Fall qualitativer Information vorgenommen:

<u>Definition 2:</u>

Ein Portefeuille $\bar{x} \in X$ heißt qualitativ effizient (bzgl. $\bar{p}$), wenn

(i) eine Wahrscheinlichkeitsverteilung $\bar{p} \in P$ existiert, so daß $\bar{x}$ eine "Lösung" des Vektorminimumproblems (8) und $\bar{p}$ eine "Lösung" des Vektormaximumproblems (9) ist

$$\underset{x \in X}{\text{"min"}} \begin{pmatrix} x'V(\bar{p})x \\ -\mu'(\bar{p})x \end{pmatrix} \quad (8) \qquad \underset{p \in P}{\text{"max"}} \begin{pmatrix} \bar{x}'V(p)\bar{x} \\ -\mu'(p)\bar{x} \end{pmatrix} \quad (9) \qquad \text{und wenn}$$

(ii) kein Paar $(\hat{x},\hat{p}) \in X \times P$ derart existiert, daß $(\mu'(\bar{p})\hat{x}\ ,\ \hat{x}'V(\bar{p})\hat{x})$ den Punkt $(\mu'(\hat{p})\bar{x},\ \bar{x}'V(\hat{p})\bar{x}$ dominiert.

Während (8) und (9) offensichtlich Übertragungen von (7) darstellen, bedarf (ii) noch einer Erklärung. Hierzu sei $(\bar{x},\bar{p})$ ein (i) genügendes Paar. Existiert nun ein Paar $(\hat{x},\hat{p})$, das (ii) verletzt, dann läßt sich zeigen, daß bzgl. jeder quadratischen Risikonutzenfuktion $u \in Q$

$$U(\bar{x},\bar{p}): = \int u(r'\bar{x})d\bar{p} < \int u(r'\hat{x})d\bar{p} =: U(\hat{x},\bar{p})$$

gilt, d.h. $\bar{x}$ ist nicht effizient bzgl. Q und braucht bei einer Beschränkung auf quadratische Risikonutzenfunktionen nicht berücksichtigt zu werden.
Qualitativ effiziente Portefeuilles lassen sich nun graphisch und analytisch sehr einfach charakterisieren:
In Abb. 1 stellt die mit $\bar{p}$ bezeichnete, monoton wachsende, konvexe Kurve die Varianz der "Lösungen" von (8) als Funktion deren Erwartungswerte dar. Analog charakterisiert die mit $\bar{x}$ bezeichnete, konkave Kurve die Varianz-Erwartungswert-Kombinationen der "Lösungen" von (9). Diese beiden Kurven, im weiteren auch als Effizienzlinien bezeichnet, besitzen mindestens einen Schnittpunkt, den Punkt $(\mu'(\bar{p})\bar{x},\bar{x}'V(\bar{p})\bar{x})$. Darüber hinaus läßt sich zeigen:

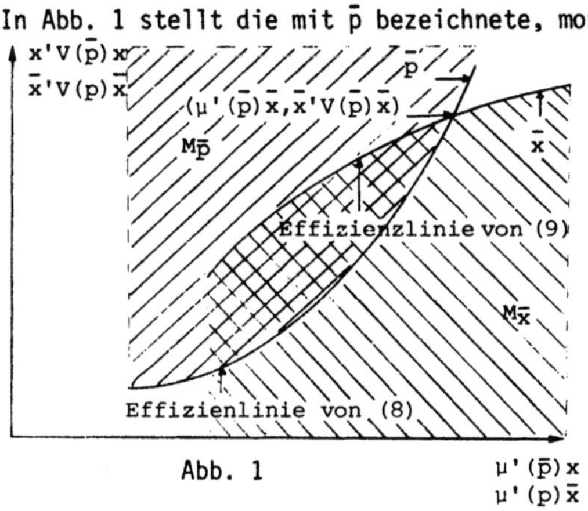

Abb. 1

<u>Resultat 3:</u>

Ist $\bar{x}$ qualitativ effizient bzgl. $\bar{p}$, dann berühren sich die beiden zu (8) und (9) gehörenden Effizienzlinien im Punkt $(\mu'(\bar{p})\bar{x},\bar{x}V(\bar{p})\bar{x})$.

Aus der Konvexität des Epigraphen $M_{\bar{p}}$ und des Hypographen $M_{\bar{x}}$ (vgl. Abb. 1) folgt deren Trennbarkeit durch eine Gerade. Mit Hilfe dieser Aussage läßt sich weiter beweisen:

<u>Resultat 4:</u>

(i) Ist $\bar{x} \in X$ qualitativ effizient bzgl. $\bar{p}$, dann existiert ein $\delta \in [0,1]$ derart, daß $(\bar{x},\bar{p})$ Lösung des min-max Problems

$$\min_{x \in X} \max_{p \in P} \{\delta x'V(p)x - (1-\delta)\mu'(p)x\} \qquad (10)$$

ist. Umgekehrt gilt:

(ii) Ist $(\bar{x},\bar{p})$ ein Sattelpunkt von (10) für $0<\delta<1$, dann ist $\bar{x}$ ein qualitativ effizientes Portefeuille.

Schließt man die eine gewisse Unsymmetrie in die Ergebnisse (i) und (ii) von Resultat 4 hineintragenden Grenzfälle $\delta\in\{0,1\}$ aus, und berücksichtigt man die spezielle Struktur von $x'V(p)x$ und $\mu'(p)x$ für das Sharpesche Indexmodell sowie die Darstellung $P = P^I \times P^1 \times \ldots \times P^N$, so läßt sich (10) auf die folgende Form transformieren (vgl. auch (4)):

$$\left.\begin{aligned} &\min_{x\in X,y} \Big\{ \sum_{i=1}^{N} \max_{p^i\in P^i}(\sigma_i^2(p^i)x_i^2 - \lambda\alpha_i x_i) + \max_{p^I\in P^I}(\sigma_I^2(p^I)y^2 - \lambda\mu_I(p^I)y)\Big\} \\ &\qquad y = \sum_{i=1}^{N}\beta_i x_i \qquad\qquad \lambda > 0 \end{aligned}\right\} \tag{11}$$

IV ERMITTLUNG ALLER QUALITATIV EFFIZIENTEN PORTEFEUILLES

Da $x_i \geq 0$ ist, kann die Maximierung bzgl. $p^i\in P^i$ unabhängig von x_i erfolgen. Da ferner der Erwartungswert der Störgröße ε_i für alle $p^i\in P^i$ gleich 0 ist, stellt jede der N Optimierungsaufgaben

$$\bar{\sigma}_i^2 := \max_{p^i\in P^i} \sigma_i^2(p^i) \tag{12}$$

ein lineares Porgramm dar.

Ein Verfahren zur Ermittlung der von (y,λ) <u>abhängigen</u> optimalen Lösungen und des optimalen Zielfunktionswertes von

$$G(y,\lambda) := \max_{p^I\in P^I} (\sigma_I^2(p^I)y^2 - \lambda\mu_I(p^I)y) \qquad \lambda \geq 0 \tag{13}$$

und die Lösung von (11) soll im weiteren skizziert werden. Ist $y \neq 0$, dann stimmt für $\eta = \lambda/y$ die Menge der optimalen Lösungen von (13) mit denen des einparametrigen, quadratischen Optimierungsproblems

$$G(\eta) = \max_{p^I\in P^I} \{\sigma_I^2(p^I) - \eta\mu_I(p^I)\} \tag{14}$$

überein und es gilt $G(y,\lambda) = y^2\, G(\eta)$ für $\eta = \lambda/y$ $(y \neq 0)$. Da ferner $G(0,\lambda) = 0$ $(\lambda \geq 0)$ gilt, kann (13) durch das einfachere Problem (14) ersetzt werden.

$p^*(\eta)$ sei eine optimale Lösungsfunktion. $p^*(\eta)$ ist stückweise linear. Bezeichnet man mit $\eta_1 < \eta_2 < \ldots < \eta_L < \eta_{L+1}$ ($\eta_1 := -\infty$, $\eta_{L+1} = +\infty$) die Endpunkte der Linearitätsintervalle und setzt man

$$K_l = \{(y,\lambda) : \lambda \geq 0,\ y \neq 0,\ \eta_l \leq \lambda/y \leq \eta_{l+1}\} \quad l = 1,\ldots,L,$$

$$K_{L+1} = \{(y,\lambda) : \lambda \geq 0,\ y = 0\},$$

dann läßt sich $G(y,\lambda)$ in der Form

$$G(y,\lambda) = f_2(y,\lambda)y^2 - \lambda f_1(y,\lambda)y + f_o(y,\lambda)\lambda^2 \tag{15}$$

darstellen, wobei die Funktionen $f_i(y,\lambda)$ $(i = 0, 1, 2)$ auf jeder der Mengen K_l $(l = 1,\ldots,L+1)$ konstant sind.

Die Mengen $K_L(l=1,\ldots,L+1)$ stellen Ursprungskegel mit $(0,0) \notin K_l$ dar, sofern $\eta_l \cdot \eta_{l+1} \geq 0$ ist (vgl. Abb. 2).

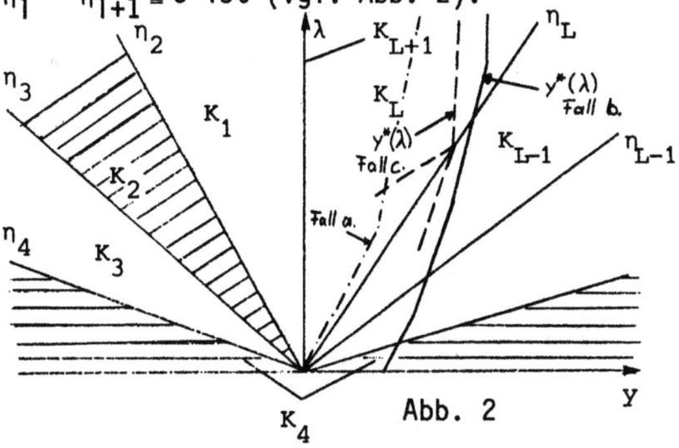

Abb. 2

Da $G(y,\lambda)$ konvex in y ist, gilt $f_2(y,\lambda) \geq 0$ für alle (y,λ). Ferner folgt aus der Struktur von $G(y,\lambda)$, daß das mit Hilfe von (15) aus (11) abgeleitete Optimierungsproblem (16) konvex und stückweise quadratisch ist.

$$\left.\begin{aligned} &\min_{x\in X, y} \{ \sum_{i=1}^{N} \bar{\sigma}_i^2 x_i^2 + f_2(y,\lambda)y^2 - \lambda(\sum_{i=1}^{N} \alpha_i x_i + f_1(y,\lambda)y) + f_o(y,\lambda)\lambda^2\} \\ &y = \sum_{i=1}^{N} \beta_i x_i \qquad \lambda \geq 0 \end{aligned}\right\} \tag{16}$$

Darüber hinaus gilt unter einer zusätzlichen schwachen Voraussetzung:

<u>Resultat 5:</u>

Ist $\bar{\sigma}_i > 0$ $(i = 1,\ldots N)$, dann besitzt (16) für jedes $\lambda \geq 0$ genau eine optimale Lösung.

Die Voraussetzung $\bar{\sigma}_i > 0$ ist immer dann erfüllt, wenn P^i mindestens zwei Elemente besitzt. $|P^i| \geq 2$ $(i = 1,\ldots,N)$ soll im folgenden erfüllt sein.

Aus $\bar{\sigma}_i > 0$ $(i = 1,\dots,N)$ folgt die eindeutige Lösbarkeit von (16) für alle $\lambda \geq 0$ und damit die Stetigkeit der optimalen Lösungsfunktion $(x^*(\lambda), y^*(\lambda))$ von (15)[5]. Diese Stetigkeitseigenschaft wird in dem nachstehend skizzierten Verfahren zur Ermittlung aller qualitativ effizienten Portefeuilles ausgenutzt:

Schritt 1: Lösung der N linearen Optimierungsprobleme (12)

Schritt 2: Lösung des einparametrigen, quadratischen, konkaven Optimierungsproblems (14). Als Ergebnis erhält man die charakteristischen Werte $\eta_2,\dots,\eta_L$ und die $3(L+1)$ Funktionswerte der Funktionen $f_i(y,\lambda)$ $(i = 0, 1, 2)$.

Schritt 3: Für hinreichend großes λ ergibt sich die optimale Lösung von (16) aus

$$\max_{x \in X, y} \{ \sum_{i=1}^{N} \alpha_i x_i + f_1(y,\lambda) y \mid \sum_{i=1}^{N} \beta_i x_i = y \}$$

mit $(y,\lambda) \in K_1$, $(y,\lambda) \in K_L$ oder $(y,\lambda) \in K_{L+1}$.
O.B.d.A. sei $(y^*(\lambda),\lambda) \in K_L$ für hinreichend großes λ.
Ermittlung der optimalen Lösungsfunktion $(x^*(\lambda),\ y^*(\lambda))$ für fallendes λ, bis eine der folgenden drei Möglichkeiten auftritt:

Fall a: $(y^*(\lambda),\lambda) \in K_L$ für alle $\lambda \geq 0$. Das Verfahren ist beendet. Alle qualitativ effizienten Portefeuilles sind ermittelt.

Fall b: $\lambda / y^*(\lambda) = \eta_L$ für einen Parameterwert $\lambda_L > 0$ und λ_L ist kein charakteristischer Wert des quadratischen Optimierungsproplems (16) für $(y,\lambda) \in K_L$.
Durchführung von Schritt 4.

Fall c: Wie Fall b, aber λ_L ist zudem ein charakteristischer Wert von (16) für $(y,\lambda) \in K_L$. Durchführung von Schritt 5.

Tritt keiner der Fälle a, b oder c ein, dann muß für ein $\lambda_{L+1} > 0$ gelten: $y^*(\lambda) = 0$. Nun sind analog zu oben für $\lambda = \lambda_{L+1}$ die Fälle b und c abzuprüfen.

Schritt 4: Man ersetzt in dem aktuellen optimalen Simplextableau die Koeffizienten $f_i(y,\lambda)$ mit $(y,\lambda) \in K_L$ durch $f_i(y,\lambda)$ mit $(y,\lambda) \in K_{L-1}$ (bzw. $(y,\lambda) \in K_{L+1}$). Aufgrund der Stetigkeit von $(x^*(\lambda),\ y^*(\lambda))$ muß auch das transformierte Tableau optimal für $\lambda = \lambda_L$ (bzw. $\lambda = \lambda_{L+1}$) sein. (vgl. den durchgezogenen Linienzug in Abb. 2)

Schritt 5: Für $\lambda_L - \varepsilon < \lambda < \lambda_L$ kann nun $(y^*(\lambda),\ \lambda) \in K_L$ oder $(y^*(\lambda),\lambda) \in K_{L-1}$ gelten. (Vgl. die punktierte Linie in Abb. 2). Durch Prüfung des Zielfunktionswertes von (16) für die beiden grundsätzlich möglichen Verläufe von $y^*(\lambda)$ kann festgestellt werden, welcher zu der optimalen Lösungsfunktion $(x^*(\lambda),\ y^*(\lambda))$ gehört.

In dieser Weise werden für fallendes λ die Schritte 3 und 4 bzw. 5 durchlaufen (wobei der Index L durch den allgemeinen Index l zu ersetzen ist), bis $\lambda = 0$ gilt. (Vgl. Abb. 2)

Fußnoten:

1) Vgl. Levy und Sarnat (1972), S. 385ff. Man beachte, daß im folgenden drei verschiedene Effizienzbegriffe verwendet werden:

   - effizient bzgl. der beschriebenen Klasse Q quadratischer Risikonutzenfunktionen,
   - $\mu - \sigma^2$ effizient und
   - qualitativ effizient.

2) Vgl. z.B. Elton, Gruber und Padberg (1976).

3) Für eine ausführliche Darstellung der in Abschnitt II zu beschreibenden Informationsform und weitere Literatur vgl. Bühler (1975), Kofler und Menges (1976).

4) Für eine ausführliche Begründung und Axiomatisierung dieser Vorgehensweise vgl. Bühler (1976), S. 124 - 151.

5) Vgl. Hartfiel und Curry (1974), S. 295.

LITERATUR:

Barry, C.B.: Portfolio Analysis under Uncertain Means, Variances, and Covariances, Journal of Finance, Bd. 29, 1974, S. 515 - 522

Bühler, W.: Characterization of the Extreme Points of a Class of Special Polyhedra, Zeitschrift für Operations Research, Bd. 19, 1975, S. 131 - 137

- , - : Investitions- und Finanzplanung bei qualitativer Information, Habilitationsschrift Aachen 1976

Elton, E.J., Gruber, M.J. und M.W. Padberg: Simple Criteria for Optimal Portfolio Selection, Journal of Finance, Bd. 31, 1976, S. 1341 - 1357

Frankfurter, G.M., Phillips, H.E. und J.P. Seagle: Portfolio Selection: The Effects of Uncertain Means, Variances and Covariances, Journal of Financial and Quantitative Analysis, Bd. 6, 1971, S. 1251 - 1262

Fried, J.: Forecasting and Probability Distributions for Models of Portfolio Selection, Journal of Finance, Bd. 25, 1970, S. 539 - 554

Hartfiel, D.J. und G.L. Curry: Concerning the Solution Vector for Parametric Programming Problems, SIAM Appl., Bd. 26, 1974, S. 294 - 296

Kalymon, B.A.: Estimation Risk in the Portfolio Selection Model, Journal of Financial and Quantitative Analysis, Bd. 4, 1971, S. 559 - 582

Kofler, E. und G. Menges: Entscheidungen bei unvollständiger Information, Berlin, Heidelberg, New York 1976

Levy, H. und M. Sarnat: Investment and Portfolio Analysis, New York, London, Sydney 1972

Mao, J.C. und C.E. Särndal: A Decision Theory Approach to Portfolio Selection, Management Science, Bd. 12, 1965/66, S. B 323 - 333

Markowitz, H.M.: Portfolio Selection, New York, London, Sydney 1959

Sharpe, W.: A Simplified Model for Portfolio Analysis, Management Science, Bd. 9, 1962/63, S. 277 - 293

Investitionsstrategie in einem inhomogenen Fluß-Problem

R. Garcia, Darmstadt

Abstract

The problem of long-term planning of a communications network is a problem of the synthesis of this network. The flow in this network is composed of individual multi-commodity flows.

The method developed to solve this problem is based on searching the shortest path between all nodal pairs. Here the costs of the edges are a function of the flow and of their length.

Furthermore, it is outlined how, by means of this method, global statements can be made on transmission techniques and operational requirements.

1 Einführung

Das Problem der Planung eines Fernmeldenetzes kann in zwei Aspekte aufgeteilt werden: die Optimierung der Investitionen in Vermittlungstechniken und die der Investitionen in Übertragungstechniken.

Diese Aspekte müssen auf Grund der Dimensionierung des Netzes der Deutschen Bundespost (ca. 500 Knoten) und trotz der Anwendung von Methoden der Datenverarbeitung getrennt behandelt werden.

Der erste Teil der Planung besteht aus der Dimensionierung der Vermittlungsstelle und der Herstellung der Nachfrage zwischen den Vermittlungsstellenpaaren.

Die vorliegende Darstellung befaßt sich mit dem zweiten Problemteil, insbesondere der langfristigen Planung. Dieses Problem kann durch folgende Fragen definiert werden:

Wo soll man investieren, d.h. welche Netzstruktur ist am kostengünstigsten?

Was soll man investieren, d.h. welche Art von Übertragungssystem erfüllt am wirtschaftlichsten die Nachfrage?

Wann soll man investieren, d.h. welche Investitionszeitpunkte sind am kostengünstigsten?

Die Planung eines Fernmeldenetzes ist auf Grund der Inhomogenität der Flüsse, die in diesem Netz fließen, besonders schwierig, denn jede Nachfrage muß getrennt von jeder anderen behandelt werden.

Ein Modell für dieses Problem soll jetzt dargestellt werden.

2 Modell und Lösungsmethode

2.1 Modell

Es seien:

- ein ungerichteter Graph $G = (V,L)$, wobei V gleich der Knotenmenge (N = card V) und L gleich der Kantenmenge (M = card L) sind;
- die Nachfrage $D = (d^k)$ mit $k = 1, \ldots, K$. Jede Nachfrage wird durch die beiden Endknoten und die Anzahl der Leitungen definiert. Die Nachfrage zwischen den Knotenpaaren ist symmetrisch, daraus folgt max $K = \frac{N(N-1)}{2}$. Für die Nachfrage d^k seien J^k die Anzahl der möglichen Wege. Es sei x_j^k der Teil der Nachfrage d^k, der auf den Weg j fließt ($x_j^k \in \mathbb{N}$) und

$$x^k = (x_j^k) \quad \text{mit } j = 1, \ldots, J^k; \; k = 1, \ldots, K;$$

$$x = (x^k), \; k = 1, \ldots, K \quad (x \in \mathbb{R}^a, \; a = \sum_{k=1}^{K} J^k).$$

Mit diesen Definitionen ergibt sich:

$(I^k)^T \cdot x^k \geqq d^k$, wobei I^k der Vektor ist, der aus J^k Einsen besteht;

es seien weiterhin:

- die Inzidenz-Matrix Kante-Weg E, die folgendermaßen definiert wird:

$e_{ij}^k = 1$, wenn die Kante i sich auf dem Weg j der Nachfrage k befindet,

$e_{ij}^k = 0$, wenn dies nicht der Fall ist;

außerdem:

$e_m = (e^k_{mj})$ mit $m = 1, \ldots, M$; $j = 1, \ldots, J^k$, $k = 1, \ldots, K$; $e_m \in \mathbb{R}$

und damit $E = (e_m)^T, m = 1, \ldots, M$ (E ist eine Mxa Matrix);

- der Fluß y_m, der auf der Kante m fließt. Dafür kann man schreiben:

$$y_m = (e_m)^T \cdot x \quad ;$$

- die Kosten K_m der Kante m.

Das Problem der Synthese eines Netzes kann dann wie folgt formuliert werden:

$$\text{minimiere} \quad K = \sum_{m=1}^{M} K_m(y_m) \tag{1}$$

unter den Nebenbedingungen:

$$y_m - (e_m)^T \cdot x = 0 \qquad \forall m,\ m = 1, \ldots, M, \tag{2}$$

$$\text{und} \qquad (I^k)^T \cdot x^k \geqq d^k \qquad \forall k,\ k = 1, \ldots, K. \tag{3}$$

Dieses Modell ist statisch, d.h. das Ergebnis besteht aus der Struktur des Netzes und dem Fluß auf den verschiedenen Kanten. Außerdem haben die Kanten in diesem Modell keine Kapazitätsbeschränkung.

In Abschnitt 3 wird gezeigt, daß die Kostenfunktion K_m durch eine stetige differenzierbare konkave Funktion angenähert werden kann. Die Knotenkosten wurden bei der Formulierung nicht explizit genannt, sondern werden implizit bei der Berechnung der Kantenkosten berücksichtigt (siehe Abschnitt 3 und [1]).

Die Haupteigenschaften dieses Modells sind:

- Die zu minimierende Kostenfunktion K ist eine Summe voneinander unabhängiger konkaver Funktionen K_m mit $m = 1, \ldots, M$. Daraus folgt, daß sie auch konkav ist.
- Die Menge aller zulässigen Lösungen bildet einen nach unten begrenzten konvexen Polyeder.
- Jeder Eckpunkt dieses Polyeders ist ein lokales Minimum und beschreibt ein Einwegnetz ($J^k = 1$ für alle $k = 1, \ldots, K$).
- Das globale Optimum des Problems liegt ebenfalls in einem Eckpunkt.

2.2 Lösungsmethode

Die Anzahl der möglichen Lösungen für dieses Problem ist sehr groß. So ist zum Beispiel für ein vollständiges Netz die Anzahl der möglichen Einwegnetzlösungen gleich:

$$\frac{N(N-1)}{2} \sum_{p=0}^{N-2} \frac{(N-2)!}{(N-2-p)!}$$

Außerdem steigt der Rechenaufwand mit N^3. Deshalb besteht das Lösungsverfahren nicht aus der Suche nach dem globalen Optimum, sondern aus einem Algorithmus der Suche eines lokalen Optimums und aus Heuristiken, um dieses lokale Optimum zu verbessern.

Ein lokales Optimum dieses Modells wird durch ein iteratives Verfahren gefunden (siehe [2] und [3]). In jeder Iteration werden die kürzesten Wege zwischen allen Knotenpaaren berechnet, wobei die Kosteneinheit pro Kanal durch Linearisierung der Kantenkosten bestimmt werden. Im allgemeinen entspricht ein lokales Optimum einer in wirtschaftlicher Hinsicht relativ ungünstigen Struktur, die jedoch in bezug auf Schwankungen der Nachfrage (10 %) und der Kosten (7 %) verhältnismäßig stabil ist.

Dieses lokale Optimum kann mit Hilfe heuristischer Methoden verbessert werden. In [3] und [4] sind ausführliche Darstellungen dieser Heuristiken enthalten.

3 Kostenfunktion

Hier sind zwei Arten von Kosten zu unterscheiden:

a) die Kantenkosten, die Funktion der Länge einer Kante und des Flusses auf diesen Kanten sind;

b) die Knotenkosten, die nur Funktionen der Flüsse sind, die in einem Knoten abgehen.

Die Kosten sind Funktionen der Flüsse; diese Flüsse sind jedoch erst bekannt, wenn die Wege, auf denen die Nachfragen fließen, auch bekannt sind.

Es wurde also vorausgesetzt:

(V1) Die Struktur des Netzes wird für das Anfangsjahr des Planungszeitraums bestimmt und bleibt im Planungszeitraum konstant (statisches Modell).

(V2) Jede Nachfrage ist linear, d.h. der Zuwachs der Nachfragen bleibt konstant.

(V3) Die Nachfrage am Anfang des Planungszeitraums ist gleich Null.

3.1 Kantenkosten

Aufgrund dieser Voraussetzungen ist der Fluß y_m auf einer Kante m zugleich eine lineare Funktion der Zeit, d.h. wenn:

D_m die Menge der Nachfragen, die auf der Kante m fließen, ist und

$x^k (k \in D_m)$ die Werte dieser verschiedenen Nachfragen sind,

$$x^k(t) = a^k \cdot t \quad \text{mit} \quad a^k \in \mathbb{R}^+ \quad \text{und } t \in [0,N] \; ;$$

dann ist der Fluß y_m, der auf der Kante m fließt, gleich:

$$y_m(t) = \sum_{k \in D_m} x^k(t) \tag{4}$$

oder

$$y_m(t) = t \cdot \sum_{k \in D_m} a^k \; .$$

Wenn der Fluß am Ende des Planungszeitraums $y_m(N)$ vorgegeben ist, ist der Fluß in jedem Jahr bekannt (siehe Gl. (4)). Es ist dann möglich, die optimale Investitionskette $K_m(y_m)$ in Übertragungssystemen zu berechnen.

Diese Investitionsoptimierung wurde für die verschiedenen möglichen Werte von $y_m(N)$ durchgeführt (siehe Ergebnis: Anlage). Diese Werte K_m können dann durch eine exponentielle Funktion angenähert werden. Hieraus ergibt sich die allgemeine Kostenfunktion für jede Kante m:

$$K_m(y) = a_m \cdot y^{1-\alpha_m} + b_m \cdot \delta(y) \quad \text{mit} \quad \delta(y) = \begin{cases} 0, & \text{wenn } y = 0, \\ 1, & \text{wenn } y > 0. \end{cases} \tag{5}$$

Die Berechnung der Parameter a_m, b_m und α_m könnte für jede Kante vorgenommen werden, aber es wäre für ein großes Netz (ungefähr 100 Knoten und 500 Kanten) ein beträchtlicher Aufwand nötig.

Deshalb wurden diese Parameter für verschiedene Werte der Länge berechnet, um deren Längenabhängigkeit zu untersuchen. Es hat sich gezeigt, daß unter den genannten Voraussetzungen für einen festen Wert von α die Parameter a und b als lineare Funktion der Länge bestimmt werden können. Daraus folgt die neue Formulierung der Kostenfunktion einer Kante m:

$$K_m(y) = a(l_m) \cdot y^{1-\alpha} + b(l_m) \cdot \delta(y)$$

mit $a(l_m) = a_1 \cdot l_m + a_0$, $b(l_m) = b_1 \cdot l_m + b_0$, wobei l_m die Länge ist,

$\alpha \in [0,1]$ und $a_1, a_0, b_1, b_0 \in \mathbb{R}^+$.

Die Optimierungsmethode der Investitionskette besteht aus einer vollständigen Enumeration unter den folgenden Voraussetzungen:

(VK1) Ein System wird erst eingerichtet, wenn das vorher verwendete System voll belegt ist.

(VK2) Der Zeitraum zwischen zwei nacheinanderfolgenden Investitionen in Übertragungssystemen muß größer oder gleich p Jahre sein.

(VK3) Die Anschaffungskosten der verschiedenen Einrichtungen werden als konstant angenommen.

Diese Nebenbedingungen, die Diensterfordernissen entsprechen, reduzieren die Anzahl möglicher Lösungen beträchtlich.

3.2 Knotenkosten

Es sind zwei Typen von Knoten zu unterscheiden:

- Endknoten, d.h. die Knoten, die den beiden Enden einer Nachfrage entsprechen. Bei der Optimierung der Struktur befinden sich diese Knoten am Ende eines Weges. Sie enthalten Übertragungseinrichtungen.
- Durchgangsknoten, d.h. Knoten, durch die eine Nachfrage fließt. Sie enthalten Übertragungsdurchschalteeinrichtungen.

Ein Knoten kann sowohl Endknoten für eine Nachfrage als auch Durchgangsknoten für eine andere Nachfrage sein.

Wie bei den Kantenkosten können die Kosten der Knoten erst genau berechnet werden, wenn die Zuordnung der Übertragungssysteme zu den Kanten bekannt ist. Das Problem der Zuweisung von End- und Durchschalteeinrichtungen in einem Netz, auf dem bekannte Flüsse fließen, kann durch ein bool'sches Modell dargestellt werden (siehe [1]). Aber die Größe dieses Modells steigt sehr schnell in Abhängigkeit von der Anzahl der Knoten und Kanten an (die Zahl der bool'schen Variablen ist gleich N.J.E. + M.E.K + M.J^2.I, wobei E die Anzahl der möglichen Endeinrichtungen, I die Anzahl der Durchschalteeinrichtungen und J die durchschnittliche Anzahl der Wege pro Nachfrage sind). Es erschien daher günstiger, in einer ersten Näherung die Durchschaltekosten gleich den Endknotenkosten zu setzen. Dadurch wird eine Berücksichtigung der Durchschaltekosten bei der Berechnung der Kantenkosten möglich.

Da ein Teil der Knotenkosten unabhängig von der Struktur ist (ca. 70 % der Gesamtkosten), ist es möglich, bei der Berechnung der Kantenkosten nur den Teil zu berücksichtigen, der von der Struktur stark abhängt, wodurch der Fehler bei den Durchschaltekosten kleiner wird.

Für ein bestimmtes System kann eine Kosteneinheit pro durchgeschalteten Kanal festgelegt werden. Wenn die Struktur bestimmt ist, ist die Folge der zu investierenden Systeme auch bekannt; dann können die Durchschaltekosten genauer berechnet werden (Fehler von ca. 5 % der Durchschaltekosten).

4 Sonstige Anwendungen

Das Hauptziel dieser Untersuchung ist sicher die Optimierung der Struktur und der Investitionen im Fernmeldenetz, aber die entsprechende Methode hat auch andere interessante Anwendungen. Zwei von diesen werden hier dargestellt.

4.1 Einführung einer neuen Übertragungstechnik

Einem Planer stellt sich sehr oft folgende Frage: Welchen wirtschaftlichen Vorteil bringt die Einführung eines neuen Systems in einem Netz mit sich? Meist besteht eine solche Untersuchung aus einem Vergleich zwischen den Kanalkosten der verschiedenen Einrichtungen (siehe z.B. [5]), aber die Darstellungskurve dieser Kosten pro Kanal enthält sehr große Unstetigkeiten, wenn man von einem Übertragungssystem zu einem anderen übergeht. Deshalb gibt es Ungenauigkeitsbereiche, die die Entscheidung des Planers erschweren.

Ein anderer großer Nachteil einer solchen statischen Untersuchung ist, daß sie weder die Entwicklung der Nachfrage noch den Einfluß der Durchschaltekosten berücksichtigt. Bei der Untersuchung über die Kostenfunktion hat sich jedoch herausgestellt, daß die Einführung eines Systems von großer Kapazität für eine gegebene Länge der Kante erst ab einem bestimmten Wert der Nachfrage wirtschaftlich interessant ist.

Außerdem sinken für eine gegebene Übertragungsart normalerweise die Kosten pro Kanal, wenn die Kapazität der Systeme steigt; bei der Errichtung eines großen Systems verliert man jedoch an Flexibilität und Sicherheit im Netz. Es ist dann nötig, den wirtschaftlichen Vorteil durch eine globale Untersuchung unter Berücksichtigung nicht nur der Endknoten- und Kantenkosten, sondern auch der Durchschaltekosten genau zu bestimmen. Eine solche Untersuchung ist durch die gezeigte Methode möglich.

Als Beispiel wurde der Einfluß des Übertragungssystems mit einer Kapazität von 10 800 Kanälen genommen. Die Struktur eines Teils des Fernmeldenetzes (64 Knoten und 274 Kanten) wurde mit unserer Methode erst durch Investitionen in Übertragungssystemen mit einer Kapazität von 300, 900 und 2 700 Kanälen optimiert und danach in den obigen Systemen und zusätzlich dem System mit einer Kapazität von 10 800 Kanälen. Es hat sich gezeigt, daß die erste erhaltene Struktur (ohne das System mit 10 800 Kanälen) 0,2 % teurer ist als die zweite (mit dem System mit 10 800 Kanälen). Somit kann der Planer besser den wirtschaftlichen Vorteil dieses Systems mit den Mängeln, die sich aus seiner Einführung ergeben, vergleichen.

4.2 Berechnung der Kosten einer betrieblichen Bedingung

Wir haben in Abschnitt 2 gesehen, daß ein Zeitraum von mindestens p Jahren zwischen zwei nacheinander folgenden Investitionen vergehen muß. Die gezeigte Methode erlaubt die Berechnung der Kosten einer solchen betrieblichen Bedingung in folgender Weise:

Die Kostenfunktion (Gl. (5)) wurde für verschiedene Werte von p bestimmt, und mit Hilfe dieser Kostenfunktionen wurde die Struktur des vorher behandelten Beispiels optimiert. Folgende Ergebnisse wurden erzielt:

p (Jahre)	1	5	7	9	10
% der strukturabhängigen Kosten	100	100,9	102	102,4	104
% der Gesamtnetzkosten	100	100	100,5	100,5	101

Bis zu dem Wert p = 5 haben die Variationen von p unbedeutenden Einfluß auf die Kosten, aber diese Bedingung bringt eine Erhöhung um 4 % für p = 10 mit sich, was der ziemlich großen Summe von etwa 7,4 Mio DM entspricht.

5 Schlußbemerkung

Die dargestellte Methode erlaubt es, die Struktur und die langfristigen Investitionen für ein Fernmeldenetz zu optimieren.

Durch dieses Verfahren sind auch globale Untersuchungen über die Einführung einer neuen Technik oder über die Berechnung der Kosten einer betrieblichen Bedingung möglich.

Dieses Verfahren muß Teil einer Reihe von Verfahren sein, die es gestatten, ausgehend von langfristig erhaltenen Ergebnissen, eine mittel- und kurzfristige Strategie der Netzplanung zu bestimmen.

Literaturverzeichnis

[1] Garcia, R.:Kostenfunktion für TF-Systeme auf Kabeln bei langfristiger Planung von Fernlinien. Techn. Bericht des FI der DBP beim FTZ, Nr. 032 TBr 3, Okt. 1976

[2] Yaged, B., Jr.: Minimum Cost Routing for Static Network Models. Networks, 1971, Nr. 1, S. 139 - 172

[3] Hackbarth, K.-D.: Kostenoptimierung von Fernmeldenetzen, Teil II. Techn. Bericht des FI der DBP beim FTZ, Nr. 032 TBr 1,Nov. 1976

[4] Minoux, M.: Recherche de la configuration optimale d'un réseau de télécommunications avec fonction de coût concave. Annales des Télécommunications, Tome 29, Nr. 1-2, 1974

[5] Ellis, L.W.: Das Gesetz von der Wirtschaftlichkeit großer Mengen in seiner Anwendung auf den Entwurf und die Planung von Nachrichtensystemen. Elektrisches Nachrichtenwesen 50(1975)1

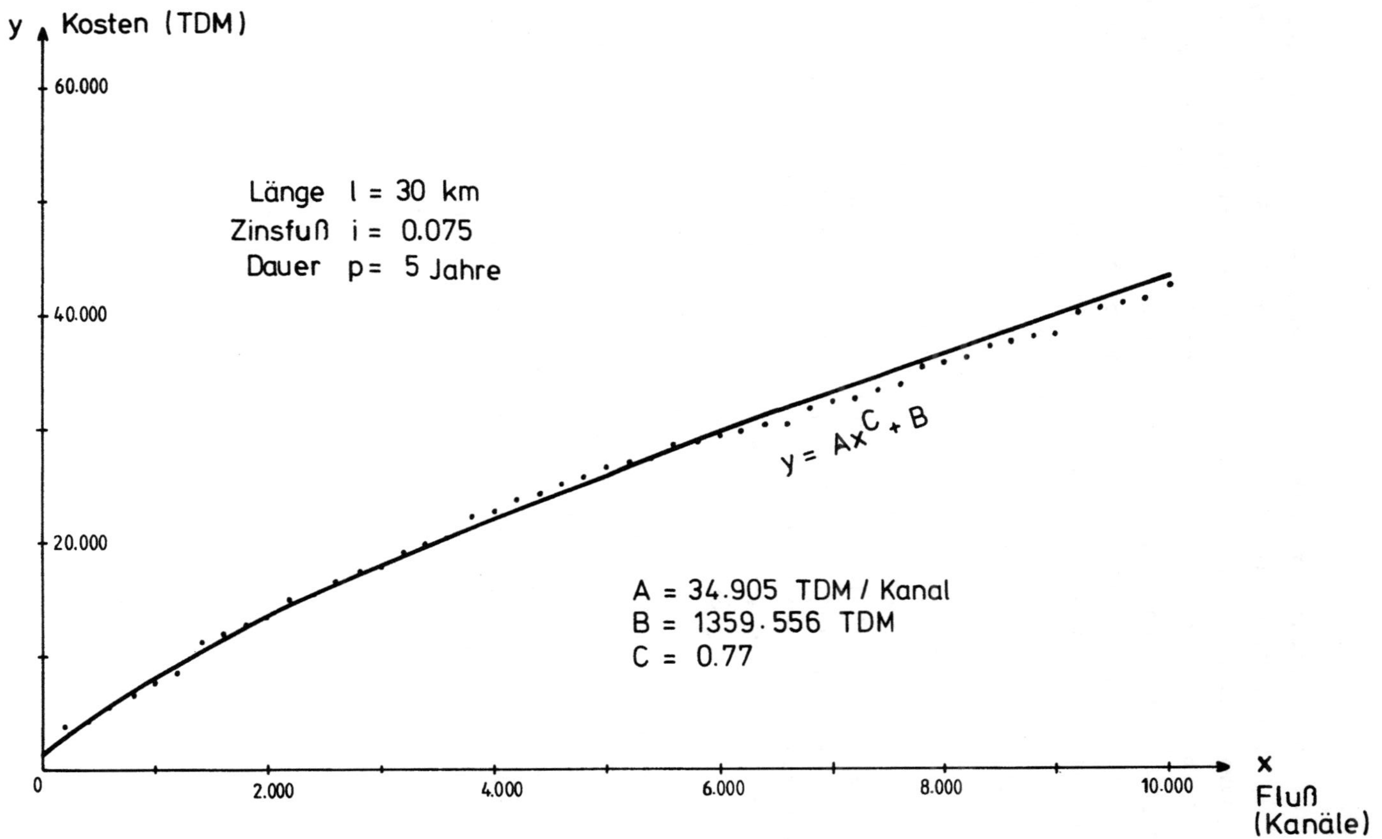

Investitionen mit voller TF - Endeinrichtung

Optimale Kassenhaltungspolitiken bei beschränktem Geldtransfer und Kassenbestand

K. Inderfurth, Berlin

Kassenhaltungsprobleme sind Teilprobleme der kurzfristigen Finanzplanung, die sich auf die Disposition der liquiden Geldmittel (Kassenbestand) eines Unternehmens beziehen. Durch autonome Entscheidungen über den Transfer von Geldern (Beschaffung bzw. Anlage liquider Mittel) kann den exogenen Änderungen des Kassenbestands durch geschäftsbedingte Ein- und Auszahlungen entgegengewirkt werden. Diese Entscheidungen sind so zu treffen, daß die Kosten für Geldtransfer und Kassenbestand (Strafzinsen bei negativem und Zinsverlust bei positivem Bestand) minimiert werden.
Da die Salden aus Ein- und Auszahlungen gewöhnlich zufallsabhängig sind und die Planung sich über mehrere Zeitperioden erstreckt, können solche Kassenhaltungsprobleme am besten durch stochastische dynamische Modelle abgebildet werden.
Solch anspruchsvolle Modelltypen lassen sich i.d.R. nur bei sehr einfacher Modellstruktur lösen. So wurden solche Kassenhaltungsmodelle zunächst unter vier vereinfachenden Annahmen untersucht:
(1) Die Zahlungssalden in aufeinanderfolgenden Perioden sind identisch verteilt und stochastisch unabhängig. (2) Die Kosten für Geldtransfer und Kassenhaltung sind mengenproportional. (3) Es gibt nur eine einzige Geldanlagemöglichkeit. (4) Geldtransfer und Kassenbestand sind weder mengen- noch kostenmäßig beschränkt.

Unter diesen Bedingungen läßt sich zeigen, daß die optimale Kassenhaltungspolitik für jedes Mehrperiodenproblem sich durch eine einfache zweiparametrige Transferregel, die sog. (s,t)-Regel, beschreiben läßt [1]: "Es ist kein Geldtransfer vorzunehmen, solange sich der Kassenbestand innerhalb eines durch zwei Transferpunkte s und t (mit $s \leq t$) begrenzten Bereichs befindet. Liegt der Kassenbestand außerhalb dieses Bereichs, so ist er durch Transfermaßnahmen dem nächstgelegenen Transferpunkt anzugleichen."
Auch unter realitätsnäheren Modellannahmen sind immer noch einfache

(d.h. durch wenige Parameter gekennzeichnete) Entscheidungsregeln optimal. Dies gilt sowohl für instationäre oder autokorrelierte Zahlungssalden als auch bei fixen Kosten des Geldtransfers. Bei mehreren konkurrierenden Geldanlagemöglichkeiten allerdings nimmt die optimale Transferpolitik im allgemeinen eine recht komplexe Form an.

Im folgenden soll auf die optimale Kassenhaltung bei Beschränkungen eingegangen werden [2]. Mengenmäßige Restriktionen liegen vor, wenn bestimmte Grenzen für Geldtransfer bzw. Kassenbestand nicht über- oder unterschritten werden dürfen. Bei kostenmäßigen Beschränkungen ist die Verletzung dieser Grenzen zwar erlaubt, sie ist aber mit zusätzlichen Kosten verbunden.

Wenn die Transfermöglichkeiten in jeder Periode (sachlich oder geschäftspolitisch bedingt) nach oben und unten streng begrenzt sind, so läßt sich zeigen, daß in jedem mehrstufigen Problem immer noch eine einfache (s,t)-Regel optimal ist. Sie ist aber insofern modifiziert, als immer dann der maximal bzw. minimal zulässige Transfer durchzuführen ist, wenn die Transferparameter s und t wegen der Restriktionen nicht mehr erreichbar sind. Weil diese Parameter hier zusätzlich von den Grenzen des Transferbereichs abhängen, sind sie nicht mit denjenigen der (s,t)-Politik im Fall ohne Beschränkungen identisch.

Wenn analog der Kassenbestand mengenmäßig beschränkt ist (Limits für Überziehungskredite bzw. zinslose Geldbestände), so ist ebenfalls eine einfache (s,t)-Regel wie im unbeschränkten Modell optimal. Allerdings sind die Transferparameter im allgemeinen von den Grenzen des zulässigen Kassenbereichs abhängig.

Eine kostenmäßige Beschränkung des Geldtransfers liegt vor, wenn die Anlage liquider Mittel bzw. die Liquidierung angelegter Mittel von einem bestimmten Betrag an nur noch mit zusätzlichen Kosten möglich ist. In diesem Fall stellt sich für jeden Planungszeitraum eine vierparametrige $(\bar{s},s,t,\bar{t})$-Politik als optimal heraus. Diese Transferpolitik hat für einen begrenzten Kassenbestandsbereich die Form der modifizierten (s,t)-Politik bei mengenmäßiger Transferbeschränkung und schreibt außerhalb dieses Bereichs die Anwendung einer $(\bar{s},\bar{t})$-Regel (mit $\bar{s} \leq s$ und $\bar{t} \geq t$) vor.

Kostenmäßige Beschränkungen des Kassenbestands können durch zusätzliche Sollzinsen bei Überziehung eines Kreditlimits bzw. Habenzinsen bei Geldanlage ab bestimmter Höhe bedingt sein. Unter diesen Umständen bleibt eine einfache (s,t)-Politik optimal, deren Parameter allerdings von den Zusatzkosten der Kassenhaltung abhängen.
Es zeigt sich also, daß bei mengen- und kostenmäßigen Restriktionen (optimale) einfache Entscheidungsregeln existieren, so daß auch hier gute Voraussetzungen für die strategische Planung der Kassenhaltung vorliegen.
Weiter lassen sich interessante Beziehungen zwischen kosten- und mengenmäßigen Beschränkungen ableiten. So gibt es (endliche) kritische Werte für die Transfer-Zusatzkosten, bei deren Überschreiten der kostengünstigere Transferbereich niemals verlassen wird, so daß die Politik mit derjenigen bei Mengenrestriktionen übereinstimmt. Bei den Zusatzkosten der Kassenhaltung existieren entsprechende kritische Werte nicht. Dort zeigt sich, daß erst bei unendlich hohen Zusatzkosten die Ergebnisse bei kostenbedingten Restriktionen dieselben sind wie bei Mengenbeschränkungen.

<u>Literatur:</u>

[1] EPPEN, G.D., FAMA, E.F. "Cash Balance and Simple Dynamic Portfolio Problems with Proportional Costs", Int. Ec. Revue, Vol. 10, (1969).

[2] INDERFURTH, K. "Optimale Kassenhaltung bei mengen- und kostenmäßigen Beschränkungen für Geldtransfer und Kassenbestand", Diskussionsarbeit Nr. 22, Inst. f. Quant. Ökonomik und Statistik, FU Berlin, 1977.

Heuristische Verfahren in der Portefeuilleplanung

R. Kühn, Kiel

Einleitung

25 Jahre sind inzwischen vergangen, seit H.M. Markowitz in seinem richtungweisenden Aufsatz "Portfolio Selection" [9] die Grundlagen für die Portfolio-Theorie legte. Seitdem erfreut sich dieses Gebiet regen theoretischen und empirischen Zuspruchs. Ein Grund hierfür ist sicherlich darin zu sehen, daß dieses Gebiet quantitativen Methoden besonders zugänglich ist; außerdem mag sich so mancher Wissenschaftler hier ein kleines Zubrot erhofft haben.

Im Gegensatz zu dem Aufwand in der Theorie ist jedoch über Erfolge bei der praktischen Anwendung nichts bekannt. Da eine erfolgreiche Strategie an der Börse wohl nicht geheimzuhalten wäre, können die Gründe nur darin liegen, daß die theoretischen Erkenntnisse entweder nicht praktisch angewendet werden oder aber nicht zum gewünschten Erfolg führen, etwa weil die Modelle dem praktischen Ablauf nicht entsprechen, zu viel numerischen Aufwand erfordern oder zu hohe Anforderungen an die vorzugebenden Daten stellen.

Problemstellung

Markowitz teilte das Vorgehen beim Zusammenstellen eines Portefeuilles in zwei Schritte - zunächst das Beschaffen von Erwartungen über die zukünftige Entwicklung verschiedener Anlagemöglichkeiten (Wertpapiere), dann auf diese Erwartungen aufbauend die zielbewußte Kombination einiger Wertpapiere zum optimalen Portefeuille - und beschränkte sich im folgenden auf den zweiten Schritt [9, S. 77].

Überlegungen zum ersten Schritt finden sich in den verschiedensten Bereichen, je nachdem, woraus die Erwartungen nach Ansicht der Autoren hergeleitet werden sollten. Diese Erwartungen werden mit Angaben über die dabei bestehende Unsicherheit im zweiten Schritt als Daten vorgegeben.

Die Portfolio Selection-Theorie (im engeren Sinne, also hier der zweite Schritt) setzt das Vorhandensein solcher Erwartungen voraus, wobei das optimale Portefeuille jeweils unter der Annahme bestimmt wird, daß die Erwartungen zutreffen. Über Untersuchungen zur Empfindlichkeit von Portefeuilleplanungsmodellen gegenüber verschiedenen Datenvorgaben berichten Frankfurter, Phillips und Seagle [3, 4]. Die Möglichkeit, sich gegen die Auswirkungen fehlerhafter Datenvorgaben mit heuristischen Regeln abzusichern, wird gegen Schluß dieses Beitrags angesprochen.

Während die meisten neuen Ansätze versuchen, durch zahlreiche Verfeinerungen an bestehenden Modellen die Wirklichkeit in noch mehr Einzelheiten abzubilden, wird im folgenden die entgegengesetzte Richtung eingeschlagen. Es werden einige meist heuristische Ansätze aufgeführt, die zwar etwas gröber und ungenauer sind, aber den numerischen Aufwand erheblich senken. Dadurch kommen sie für Kleinanleger überhaupt erst in Betracht, während sie es Großanlegern gestatten, aus der großen Anzahl der Wertpapiere, die in die Entscheidung einzubeziehen sind, eine sinnvolle Vorauswahl zu treffen, bevor ein Optimierungsprogramm, etwa nach dem von Markowitz vorgeschlagenen Verfahren der kritischen Linien, sich anschließt. Auf die Zweckmäßigkeit einer solchen Vorauswahl weisen z.B. Schmidt [14, 15] und Rodewald [12] hin.

Heuristische Verfahren zur Auswahl bzw. Vorauswahl

Im Rahmen der Auswahl bzw. Vorauswahl sind zwei Fragen zu beantworten:

- Wieviele Wertpapiere oder welcher Anteil an allen beobachteten Wertpapieren (Auswahlquote) ist auszusuchen?
- Nach welchen Kriterien soll die Auswahl getroffen werden?

Die einfachen Auswahlkriterien sollten geeignet sein, die zur Wahl stehenden Wertpapiere einzeln zu bewerten und in eine entsprechende Reihenfolge zu bringen. Anschließend kann gemäß der vorgenommenen Bewertung eine bestimmte Anzahl oder Quote ausgewählt werden, die wohl nach praktischen Gesichtspunkten festgelegt wird, bei Großanlegern etwa nach der Kapazität des nachfolgenden Optimierungsprogramms. Theoretisch ergibt sich der Wunsch, eine gewisse Mindestzahl von Wertpapieren auszuwählen, aus der Absicht, die Diversifikationswirkung zu nutzen und das unsystematische Risiko [vgl. 2, 6, 11] soweit zu reduzieren, daß es vernachlässigt werden kann (vgl. hierzu das sukzessive Vorgehen bei Mao [8]). Wie groß die Mindestzahl sein sollte, hängt von den Kovarianzen zwischen den Wertpapieren und der Risikoscheu des Anlegers ab.

Eine gute Vorauswahl läßt sich auch dadurch erzielen, daß aus allen beobachteten Wertpapieren Zufallsportefeuilles zusammengestellt werden, wobei die in den besten Zufallsportefeuilles enthaltenen Wertpapiere ausgewählt werden. Bei einer großen Grundgesamtheit müssen jedoch so viele Zufallsportefeuilles gezogen werden, daß - wie aus der Untersuchung von Schmidt [15, S. 247] bekannt ist - schon die einfache Vorauswahl nach dem Erwartungswert vorzuziehen ist.

Schließlich sind Entscheidungsbaumverfahren mit künstlichen Stoppregeln [vgl. 19, S. 149] möglich, die noch mehr Aufwand erfordern als das Vorgehen mit Zufallsportefeuilles oder die eine Bewertung und Sortierung der einzelnen Wertpapiere in der oben angesprochenen Weise schon voraussetzen.

Die im folgenden dargestellten Bewertungskriterien bauen alle auf dem Markowitz-Ansatz in der Form des Diagonalmodells von Sharpe [17] auf, so daß die Kovarianzen zwischen den Renditen jeweils zweier Aktien indirekt allein durch deren Beziehung zu einem an der Börse wichtigen Faktor, etwa einem Index, dargestellt werden können.

$$R_i = A_i + B_i \cdot I + C_i, \qquad i = 1, 2, \ldots N;$$

$$I = A_{N+1} + C_{N+1};$$

mit: $E(C_j) = 0$ und $Var(C_j) = Q_j$, $j = 1, 2, \ldots N+1$.

Außerdem sei $E_i = E(R_i)$.

Hierzu werden zwei verschiedene Zielfunktionen benutzt:

$$ZF1: \quad \frac{\mu - \mu_o}{\sigma} \longrightarrow \max!$$

bzw.

$$ZF2: \quad \mu - k \cdot \sigma^2 \longrightarrow \max!$$

mit:

$$\mu = \sum_{i=1}^{N+1} X_i \cdot A_i \; ;$$

$$\sigma^2 = \sum_{i=1}^{N+1} X_i^2 \cdot Q_i \; ;$$

wobei: $X_i \geq 0, \qquad i = 1, 2, \ldots N;$

$$\sum_{i=1}^{N} X_i = 1;$$

$$X_{N+1} = \sum_{i=1}^{N} X_i \cdot B_i.$$

Die Zielfunktion ZF1 findet sich erstmals bei Roy [13, S. 434], ZF2 bei Freund [5, S. 255] (zur Rationalität dieser Präferenzfunktion auf der Klasse der Normalverteilungen vgl. Schneeweiß [16, S. 145 ff.]).

Unter der Zielfunktion ZF1 schlagen Latané und Tuttle [7, S. 368] den Quotienten $\frac{E_i - \mu_o}{B_i \cdot \sqrt{Q_{N+1}}}$ zur Bewertung und Sortierung der Wertpapiere vor. Mao sortiert nach dem analogen Bewertungskriterium $\frac{E_i - \mu_o}{B_i}$, weist jedoch nach, daß dieses Kriterium unter seiner Annahme gleicher Anteile nicht zur optimalen Auswahl führt, und schlägt deshalb zusätzlich ein Verfahren vor, das mit systematischem Austausch arbeitet [8, S. 1115 ff.]. Elton, Gruber und Padberg [1] können schließlich zeigen, daß ein Wertpapier j ins optimale Portefeuille aufgenommen werden muß, wenn ein Wertpapier i bereits enthalten ist und

$\frac{E_j - \mu_o}{B_j} > \frac{E_i - \mu_o}{B_i}$ gilt. Mit ihrer einfachen Formel zur Auswahl der Wertpapiere und Bestimmung des jeweils optimalen Anteils kann die Aufgabe unter der Zielfunktion ZF1 als abgeschlossen angesehen werden, auch wenn Sonderfälle mit $B_i \leq 0$ nicht direkt eingeschlossen sind.

Zur Zielfunktion ZF2 schlägt Sharpe [18, S. 131 ff.] unter vereinfachenden Annahmen, die bei Großanlegern vertretbar sind, folgendes Bewertungskriterium vor:

$$z_i = (1 - \lambda) \cdot E_i - \lambda \cdot B_i , \quad (0 \leq \lambda \leq 1),$$

wobei λ abhängig von dem Grad der Risikoscheu die Verteilung der Gewichte zwischen E_i und B_i bestimmt. Dieses Kriterium setzt die Auswahl genügend vieler Wertpapiere mit genügend kleinen Anteilen voraus, so daß das unsystematische Risiko vernachlässigt werden kann.

Die im folgenden beschriebene eigene Untersuchung diente dazu, das von Sharpe angegebene Kriterium so zu erweitern, daß es das unsystematische Risiko einschließt und dadurch auch für einen Kleinanleger, der aus wenigen Wertpapieren eine noch kleinere Zahl auswählt, interessant und brauchbar wird. Hierbei werden vereinfachend gleiche Anteile für die im Portefeuille vertretenen Wertpapiere angenommen.
Zunächst galt es, abhängig von den Daten eine Vorstellung über die Größe der Auswahlquote und die Art des Kriteriums zu bekommen.

Als Input wurden mehr als 30 Datenkonstellationen vorgegeben bei jeweils drei verschiedenen Zielfunktionen, die sich durch den Grad der Risikoscheu des Anlegers unterschieden. Diese Daten wurden systematisch erzeugt, um Zufallseinflüsse zu vermeiden und die Reproduzierbarkeit zu gewährleisten.

Input: A_i, i = 1,2,...N+1;

B_i, i = 1,2,...N;

Q_i, i = 1,2,...N+1.

Von den Datenarten A_i, B_i und Q_i wurde jeweils eine konstant gehalten und die beiden übrigen variiert. Außerdem war eine risikolose Anlage möglich.

Zur Erläuterung möge folgendes Beispiel dienen (wobei der derzeitige Indexstand mit 0 angenommen sei):

	A	B	Q	E	V
IND(	2.00		1.00)		
W 1(	4.00	0.00	0.00)	4.00	0.00
W 2(	5.50	0.70	7.00)	6.90	7.49
W 3(	5.50	0.70	14.00)	6.90	14.49
W 4(	5.20	0.70	6.00)	6.60	6.49
W 5(	5.20	0.70	13.00)	6.60	13.49
W 6(	4.90	0.70	5.00)	6.30	5.49
W 7(	4.90	0.70	12.00)	6.30	12.49
W 8(	4.60	0.70	4.00)	6.00	4.49
W 9(	4.60	0.70	11.00)	6.00	11.49
W10(	4.30	0.70	3.00)	5.70	3.49
W11(	4.30	0.70	10.00)	5.70	10.49
W12(	4.00	0.70	2.00)	5.40	2.49
W13(	4.00	0.70	9.00)	5.40	9.49
W14(	3.70	0.70	1.00)	5.10	1.49
W15(	3.70	0.70	8.00)	5.10	8.49

Tab. 1: Beispiel-Input (A, B und Q sind die Koeffizienten gemäß Sharpe, E = Erwartungswert, V = Varianz)

Um festzustellen, wie sich verschiedene Zielfunktionen auf die Auswahlquote auswirken, wurden in der Zielfunktion

$$\mu - k \cdot \sigma^2 \rightarrow \max!$$

für k die Werte 0.1, 0.3 und 1 eingesetzt. An einigen Punkten auf der Kurve der effizienten Portefeuilles in Abb. 1 ist ange-

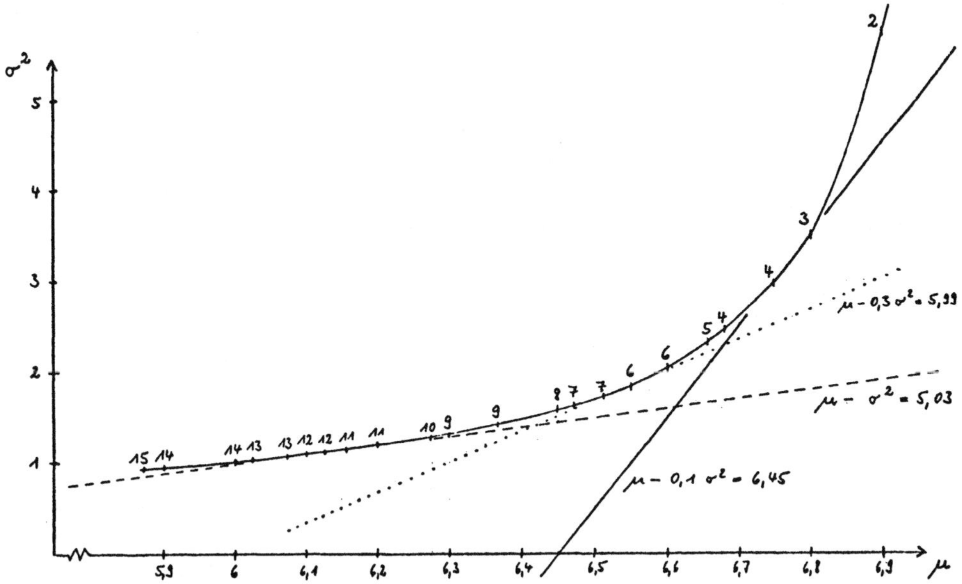

Abb. 1: Effiziente Portefeuilles mit Anzahl der jeweils enthaltenen Wertpapiere.

geben, wieviele Wertpapiere jeweils im Portefeuille enthalten sind. Es ergibt sich - wie zu erwarten war und wie auch von Zufallsportefeuilles bekannt ist (vgl. Schmidt [15]) - , daß unter den Annahmen des hier gewählten Modells die effizienten Portefeuilles bei zunehmendem Erwartungswert und zunehmender Varianz aus einer immer geringer werdenden Anzahl von verschiedenen Wertpapieren bestehen. Daraus folgt im vorliegenden Beispiel, daß der risikoscheue Anleger (k = 1) selbst bei den hier gewählten, vorteilhaften Daten mit recht geringen Varianzen praktisch keine Vorauswahl treffen kann, da in seinem optimalen Portefeuille 11 bzw. 12 verschiedene Wertpapiere vertreten sind und die übrigen möglicherweise in kleinen Mengen hinzukommen könnten, wenn die Einschränkung gleicher Anteile aufgehoben würde. Dagegen kann sich der am wenigsten risikoscheue Anleger leicht auf wenige Wertpapiere beschränken.

Abb. 2 veranschaulicht, wie die Güte der besten Lösung sinkt, wenn eine bestimmte Anzahl für die in das Portefeuille aufzunehmenden Aktien vorgegeben wird. So kann beispielsweise der besonders risikoscheue Anleger gerade 85 % seines maximalen Zielfunktionswertes erreichen, wenn er sein Geld nur in drei verschiedenen Aktien anlegen will (Anmerkung: Die relative Darstellung der Zielfunktionswerte könnte irreführend sein, wenn die Zahlen nahe Null liegen; im Beispiel liegen sie zwischen 4 und 6,5).

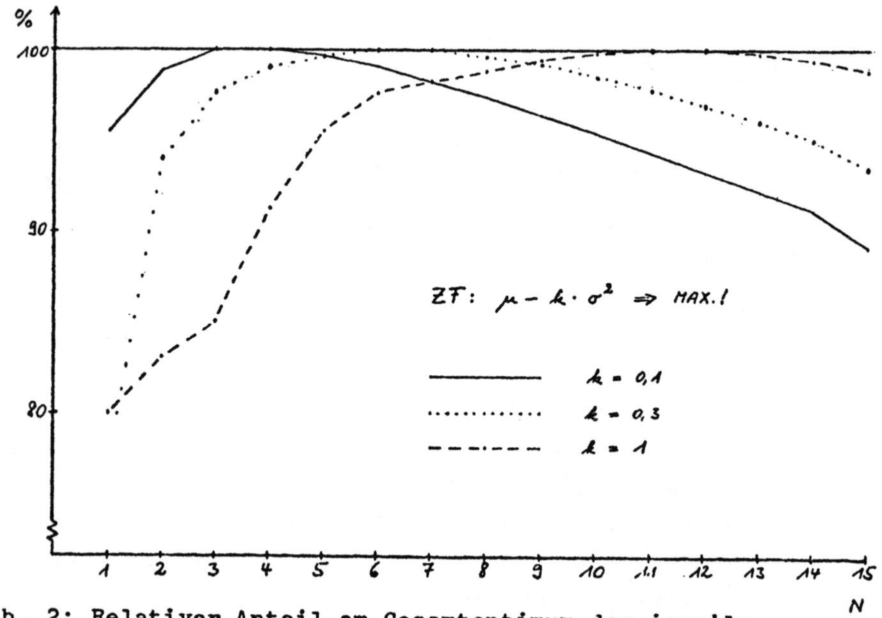

Abb. 2: Relativer Anteil am Gesamtoptimum der jeweils besten Lösung bei gegebener Anzahl N der beteiligten Wertpapiere und verschiedenen Zielfunktionskoeffizienten k.

Zahlreiche Untersuchungen mit verschiedenen Datenkonstellationen, bei denen die Auswahl nach verschiedenen Kriterien der optimalen Lösung gegenübergestellt wurden, zeigten, daß das Auswahlkriterium von Sharpe für Kleinanleger wie folgt erweitert werden sollte:

Der Koeffizient B_i sollte mit der Standardabweichung des Index gewichtet werden; ferner war es wegen der relativ geringen Zahl von auszuwählenden Wertpapieren, besonders für den wenig risikoscheuen Anleger, erforderlich, auch die Varianzen der einzelnen Wertpapiere in Form eines Risikoabschlages zu berücksichtigen. Schließlich empfahl sich ein Bewertungskriterium der Form

$$w_i = (1 - \lambda) \cdot E_i - \lambda \cdot B_i \cdot \sqrt{Q_{N+1}} - \lambda \cdot g \cdot \sqrt{Q_i}$$

$$= (1 - \lambda) \cdot E_i - \lambda \cdot (B_i \cdot \sqrt{Q_{N+1}} + g \cdot \sqrt{Q_i}),$$

das unter der Annahme gleicher Anteile eine gute Einzelbewertung der Wertpapiere erlaubte und so ein geeignetes, wenn auch nicht immer optimales Auswahlkriterium darstellte. Hierbei stieg λ mit dem Grad der Risikoscheu und g mit der Strenge der Auswahl, also als Ausgleich zur abnehmenden Diversifikationswirkung, d.h. je weniger Wertpapiere ausgewählt werden sollten, desto stärker mußten deren Standardabweichungen gewichtet werden.

Heuristische Vorkehrungen gegen Auswirkungen von Datenfehlern

Ein Anleger, der das Risiko nur wenig scheut und sein Geld daher in wenige verschiedene Wertpapiere steckt und somit relativ viel in jedes einzelne, geht hierbei ein zusätzliches Risiko ein: Die Daten, aufgrund derer er sein Portefeuille zusammengestellt hat, sind subjektive Schätzungen oder Prognosen und mit Unsicherheit behaftet.

Geht man davon aus, daß eine Investition in einen Index mit zugehöriger Rendite ohne Planungsaufwand möglich ist, so muß man von einem Planungsmodell ein entsprechend besseres Ergebnis verlangen.

Eigene Untersuchungen mit Simulationen von unzutreffenden Datenvorgaben in Portefeuilleplanungsmodellen, über die später ausführlich berichtet werden wird, zeigen, daß gerade bei risikofreudigen Anlegern, die wenig diversifizieren, schon relativ kleine Datenfehler genügen, den Vorteil des Planungsmodells gegenüber einer Investition in den Index zu verschenken. Will man sich hiergegen schützen, so hilft es nur, sich risikoscheuer zu verhalten, also die Anlage breiter zu streuen und damit letztlich dem Index "entgegenzukommen".

Abschließend läßt sich feststellen, daß die Portefeuilleplanungsmodelle mit der Güte der Input-Daten stehen und fallen; eine falsche Prognose kann mehr verderben als das beste und raffinierteste Modell an Vorteilen bringt. Der Erfolg an der Börse hängt demnach weniger von Portefeuilleplanungsmodellen ab als vom richtigen Timing und von der Auswahl des geeigneten Indexes, in den dann investiert wird.

Literatur:

(1) Elton, J.E., M.J. Gruber und M.W. Padberg, Simple Criteria for Optimal Portfolio Selection, in: JF 31 (1976), S. 1341-1357.
(2) Evans, J.L. und S.H. Archer, Diversification and the Reduction of Dispersion: An Empirical Analysis, in: JF 23 (1968), S. 761-767.
(3) Frankfurter, G.M., H.E. Phillips und J.P. Seagle, Performance of the Sharpe Portfolio Selection Model: A Comparison, in: JFQA 11 (1976), S. 195-204.
(4) Frankfurter, G.M., H.E. Phillips und J.P. Seagle, Portfolio Selection: The Effects of Uncertain Means, Variances, and Covariances, in: JFQA 6 (1971), S. 1251-1262.
(5) Freund, R.J., The Introduction of Risk into a Programming Model, in: Econometrica 24 (1956), S. 253-264.
(6) Jacob, N.L., A Limited Diversification Portfolio Selection Model for the Small Investor, in: JF 29 (1974), S. 847-856.
(7) Latané, H.A. und D.L. Tuttle, Criteria for Portfolio Building, in: JF 22 (1967), S. 359-373.
(8) Mao, J.C.T., Essentials of Portfolio Diversification Strategy, in: JF 25 (1970), S. 1109-1121.
(9) Markowitz, H.M., Portfolio Selection, in: JF 1 (1952), S. 77-91.
(10) Markowitz, H.M., Portfolio Selection, Efficient Diversification of Investments, New York 1959.
(11) Mokkelbost, P.B., Unsystematic Risk over Time, in: JFQA 6 (1971), S. 785-796.
(12) Rodewald, B., Die praktische Einsatzfähigkeit der Portfolio Selection Theorie im Wertpapierbereich, in: Österreichisches Bank-Archiv 24 (1976), S. 199-214.
(13) Roy, A.D., Safety First and the Holding of Assets, in: Econometrica 20 (1952), S. 431-449.
(14) Schmidt, R., Mehrperiodige Portefeuilleplanung, in: Albach, H. und H. Simon (Hrsg.), Investitionstheorie und Investitionspolitik privater und öffentlicher Unternehmen, Wiesbaden 1976, S. 167-193.
(15) Schmidt, R., SPORT - ein Simulationsmodell der Portefeuilleplanung, in: Proceedings in OR 5, hrsg. von J. Kohlas et al., Würzburg-Wien 1976, S. 241-249.
(16) Schneeweiß, H., Entscheidungskriterien bei Risiko, Berlin-Heidelberg-New York 1967.
(17) Sharpe, W.F., A Simplified Model for Portfolio Analysis, in: MS 9 (1962/63), S. 277-293.
(18) Sharpe, W.F., Portfolio Theory and Capital Markets, New York et al. 1970.
(19) Streim, H., Heuristische Lösungsverfahren, Versuch einer Begriffsklärung, in: ZOR 19 (1975), S. 143-162.

Symbolverzeichnis

A_i	Parameter in der Regressionsgleichung
B_i	Parameter in der Regressionsgleichung
C_i	Zufallsvariable in der Regressionsgleichung
E	Erwartungswert der Portefeuillerendite (im EDV-Output)
E_i	Erwartungswert der Rendite R_i des Wertpapiers i
g	Koeffizient zur Gewichtung des Risikoabschlages (in w_i)
I	Index in der Regressionsgleichung
i	Index der betrachteten Wertpapiere (i=1, ..., N)
k	Koeffizient zur Berücksichtigung der Risikoscheu (in ZF2)
λ	Koeffizient zur Berücksichtigung der Risikoscheu (in z_i,w_i)
μ	Erwartungswert der Portefeuillerendite
μ_o	sichere Rendite
N	Anzahl der betrachteten Wertpapiere
Q_i	Varianz des Koeffizienten C_i
R_i	Rendite des Wertpapiers i
σ	Standardabweichung der Portefeuillerendite
σ^2	Varianz der Portefeuillerendite
V	Varianz der Portefeuillerendite (im EDV-Output)
w_i	Bewertungsgröße für das Wertpapier i
X_i	Anteil des Wertpapiers i am Portefeuille
z_i	Bewertungsgröße für das Wertpapier i

Bewertung von Wärmeversorgungssystemen nach Versorgungssicherheit und Kosten

H. Rudlof, Ottobrunn

Problemtypus

Träger öffentlicher Liegenschaften stehen vor dem Problem, Versorgungssysteme für Heizungs- und Wirtschaftswärme sowohl kostengünstig als auch krisensicher bei Ausfällen von Brennstofflieferungen zu planen. Nicht selten umschließt das Planungsproblem die Erst- und Reinvestition einer Vielzahl von Anlagen bei unterschiedlichen Anlagentypen, Anlagengrößen und Brennstoffmöglichkeiten, also komplexe Systeme. In einem Untersuchungsfall im Bereich der Bundesliegenschaften war z. B. ein Wärmeversorgungssystem in einem gesetzten Rahmen technischer Alternativen zu betrachten, siehe Abb. 1:

Abb. 1

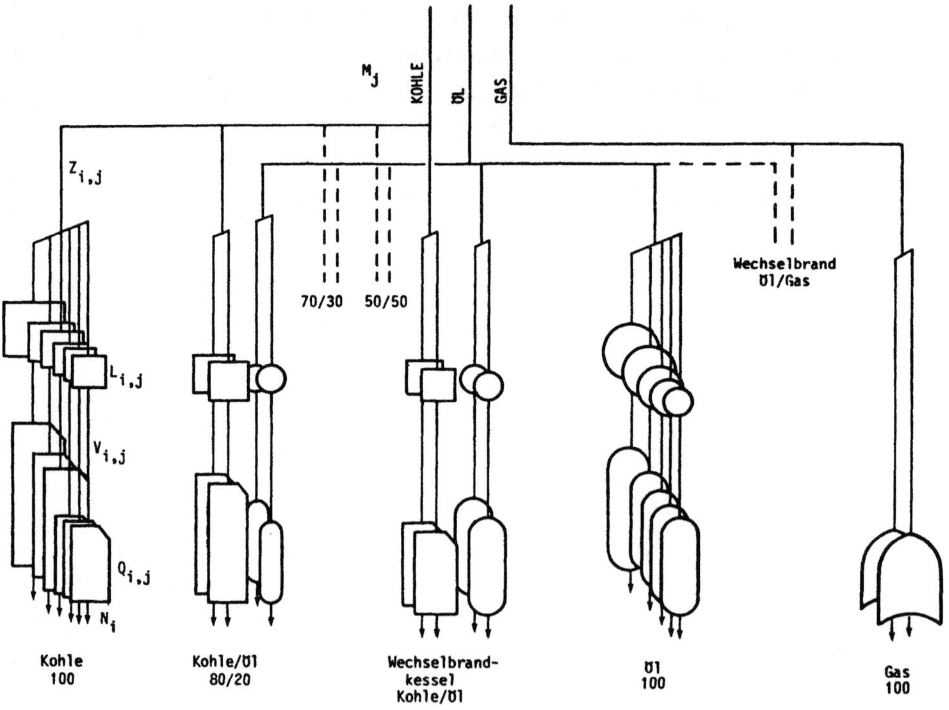

Zahl der Einzelanlagen:	mehrere Tausend
Anlagengrößen:	unter 3 Gcal/h bis über 30 Gcal/h
Anlagentypen:	Festbrennstoffanlagen, Öl-Anlagen, Gas-Anlagen, bivalente Kohle/Öl-Anlagen mit unterschiedlichem Kohle/Öl-Verhältnis (80/20; 70/30; 50/50), Kohle-Öl-Wechselbrandkessel, Gas-Öl-Wechselbrandkessel
Brennstoff-Läger:	bei jeder Anlage für jede Brennstoffart
Gesamtverbrauch des Systems:	mehrere hunderttausend Tonnen Kohle und Heizöl jährlich.

Das typische Entscheidungsproblem besteht in (Richtlinien-)Festlegungen zur

* Auslegung der Anlagenstruktur nach Anlagentypen in Abhängigkeit von Anlagengrößenklassen
* Höhe und Zusammensetzung von Brennstoffvorräten

unter den beiden Kriterien Wirtschaftlichkeit und Versorgungssicherheit.

Im vorgetragenen Fallbeispiel sind nach Maßgabe einer praktischen Entscheidungssituation Prognosen zu relativen Preisänderungen bei Investition, Betrieb und Brennstoffen nicht einbezogen. Um rasch quantifizierte Aussagen zu erhalten, wird vielmehr in bezug auf Investitions- und Betriebskosten, Brennstoffangebot und Heizenergiebedarf vom Status quo ausgegangen. Der Ungewißheit über künftige relative Preisänderungen und ebenso der Ungewißheit über das Ausmaß möglicher Versorgungskrisen wird durch die Möglichkeit parametrischer Variation Rechnung getragen.

Im folgenden wird unter Schwerpunktbildung der Versorgungssicherheit eine schrittweise Lösung beschrieben durch

* Aufstellung eines Kostenmodells für alternative Anlagestrukturen
* Erarbeitung eines Modells zur Beurteilung der Sicherheit in Brennstoffversorgungskrisen
* Aufbau eines zweidimensionalen Bewertungsfeldes zur Darstellung und Beurteilung von Planungsalternativen.

Kostenmodell

Das Kostenmodell dient dazu, die finanziellen Auswirkungen von Planungsalternativen zu bestimmen. Es besteht aus 2 Teilen. Der erste Teil zielt ab auf die Ermittlung von Einzel-Anlagekosten, aufgeschlüsselt nach Anlagen-

-typen und -größen. Der zweite Teil beinhaltet die Ermittlung der Kosten bei Strukturänderungen, die sich durch Umschichtungen des gesamten Anlagenparks ergeben.

Methodisch wirft die Kostenanalyse von Wärmeversorgungsanlagen keine besonderen Probleme auf. Sie beruht auf dem VDI-Merkblatt 2067 "Wirtschaftlichkeitsberechnungen von Wärmeversorgungsanlagen", siehe Abb. 2.

Abb. 2 KOSTENGLIEDERUNG

KOSTENGRUPPE (nach VDI 2067)	UNTERGLIEDERUNG NACH KOSTENARTEN
1. Kapitalgebundene Kosten	- Kapitaldienst (Abschreibung) - Instandhaltung (einschl. Reparaturen)
2. Betriebsgebundene Kosten	- Bedienung - Wartung
3. Verbrauchsgebundene Kosten	- Brennstoffkosten - Kosten für Hilfsenergie - Kosten für sonstige Betriebsmittel
4. Sonstige Kosten	- Versicherung, Steuern, Abgaben - Sonstiges

Eine Vereinfachung des Kostenvergleichs bedeutet in diesem Fall die Anwendung entsprechender (inter-)ministerieller Erlasse, nach denen von einer Verzinsung des eingesetzten Kapitals abzusehen ist. Die Anlagekosten werden auf die jeweilige Nutzungsdauer gleichmäßig aufgeteilt.

Output des ersten Teils des Kostenmodells sind die spezifischen Wärmekosten (DM pro erzeugte Gcal) von Einzelanlagen in Abhängigkeit vom Anlagentyp und der Anlagengrößenklasse. Teilergebnisse zeigt Abb. 3.

Abb. 3 SPEZIFISCHE WÄRMEKOSTEN (DM/Gcal)

Anlagentyp / Anlagengröße	Kohle	80/20	70/30	50/50	Öl
4 Gcal/h	84,20	85,50	85,70	85,20	62,30
6 Gcal/h	84,00	75,30	75,40	75,10	58,80
12 Gcal/h	64,70	64,40	64,70	64,40	56,50
20 Gcal/h	62,10	63,40	63,60	63,50	56,80

Es zeigt sich hierbei, daß erst ab einer Anlagengröße von etwa 20 Gcal/h Festbrennstoff-Anlagen die reinen Heizöl-Anlagen im Hinblick auf Wirtschaftlichkeit erreichen.

Hauptziel des Kostenmodells sind jedoch Aussagen über finanzielle Auswirkungen bei Änderung der Anlagenstruktur. Abb. 4 zeigt, symbolisch angedeutet, einige mögliche Planungsalternativen, die die Anlagenstruktur beeinflussen.

Abb. 4 PLANUNGSALTERNATIVEN

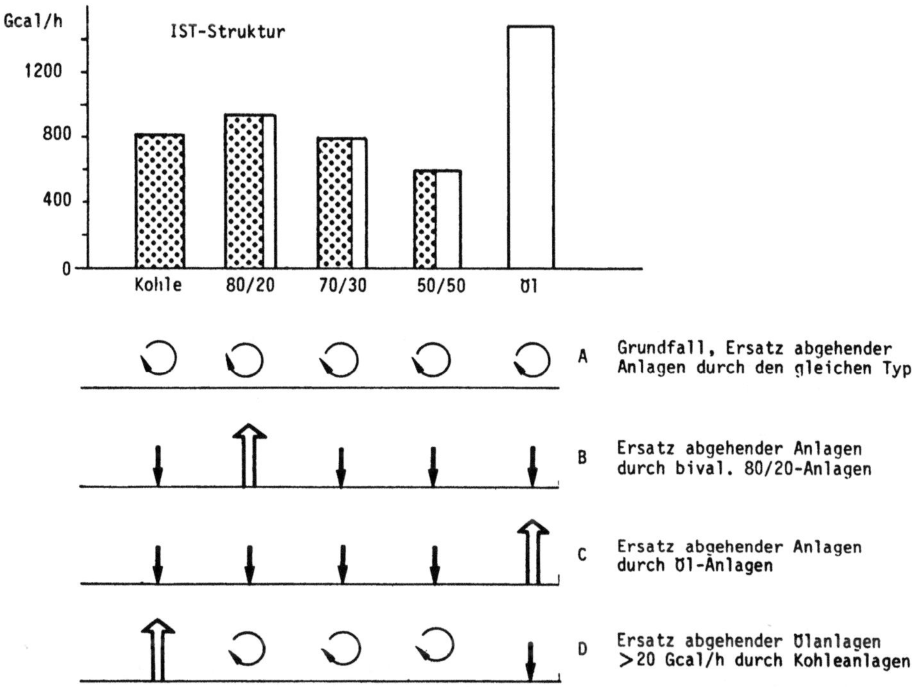

Das Wesentliche bei der Kostenbewertung dieser Planungsalternativen liegt darin, daß nicht die absolute Höhe der Kosten, sondern die jährlichen Differenzkosten zur Planungsstrategie A, dem sog. Grundfall, bei dem die bestehende Anlagenstruktur erhalten bleibt, ermittelt werden. Zur Beurteilung der Vor- und Nachteile von Alternativen sind Differenzkosten geeigneter und dabei weniger arbeitsaufwendig.

Abb. 5 zeigt einige Ergebnisse des Kostenmodells. Wegen der langen Nutzungsdauer von Heizanlagen dauert es mindestens 25 Jahre, bis annähernd alle Anlagen einmal durch neue ersetzt sind. Die Umschichtung der Anlagenstruktur ist ein über einen langen Zeitraum sich erstreckender Prozeß. In Abb. 5 bedeutet die Abszisse daher auch eine Zeitachse. Auf der Ordinate sind Einsparungen bzw. Mehrkosten der einzelnen Strategien aufgetragen. Die Reinvestitions-Alternativen unterscheiden sich beträchtlich in ihren finanziellen Auswirkungen. Es stellt sich die Frage, wie diese Alternativen hinsichtlich der Versorgungssicherheit bewertet werden müssen.

Abb. 5 ENTWICKLUNG DER JÄHRLICHEN DIFFERENZKOSTEN

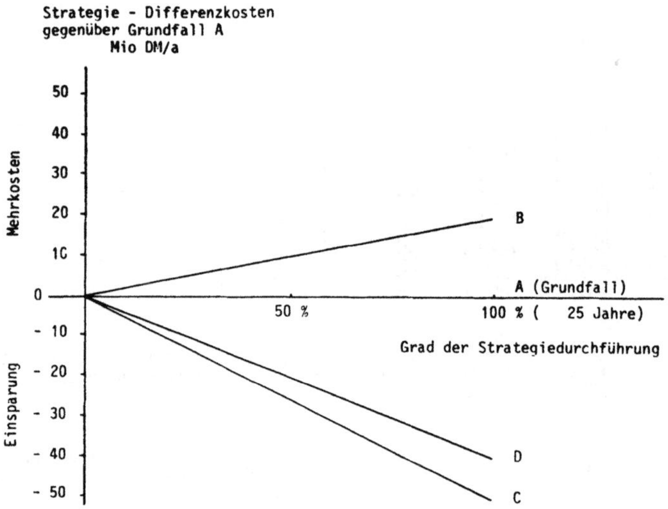

Sicherheitsmodell

Zur Beurteilung der Sicherheit bei einem Versorgungssystem muß man wissen, wie das System in einer Krise reagiert. Die Aufgabe des Sicherheitsmodells ist es daher, die Funktion des Wärmeversorgungssystems so zu simulieren, daß krisenbedingte Störungen des Versorgungsablaufs erkennbar werden. Im vorliegenden Fall können entsprechend intensive Störungen zu Defiziten bei der Abdeckung des Wärmebedarfs führen. Die Höhe von Wärmedefiziten ist damit ein geeigneter Maßstab zur Bemessung der Versorgungsstabilität eines Wärmeversorgungssystems.

Die "Ölkrise 1973/74" dient als notwendige realistische Vergleichskrise. Man kann jedoch, um auch ein breiteres Krisenszenarium abzudecken, Krisendauer und Krisenintensität parametrisch variieren. Die Krisenintensität wird durch die prozentuale Verfügbarkeit der Brennstoffe im Vergleich zu den normalen Brennstoffzulieferungen ausgedrückt. Die folgenden Überlegungen beruhen auf einer Versorgungskrise, in der die Heizöllieferungen nur 70 % und die Kohlelieferungen 90 % der Normalhöhe erreichen. Dies entspricht etwa den Verhältnissen in der o. g. "Ölkrise 1973/74".

Die Simulation der Wärmeversorgung muß folgende Gegebenheiten berücksichtigen:

* Anzahl und Größe der Kessel nach Anlagentypen als Merkmale der vorgegebenen oder geplanten Anlagenstrukturen

* Zusammensetzung der Brennstoffbezüge nach Sorten

* Kapazitäten und Reichweiten der Brennstoffläger

* Zusammensetzung und zeitlicher Verlauf des Wärmebedarfs unter Beachtung der jahres- und tageszeitlichen Verbrauchsspitzen.

Weiterhin werden folgende Verfahrensgrundsätze im Bereich des Krisenmanagements festgelegt: Ziel ist es, krisenbedingte Wärmedefizite zu minimieren. Ausfälle in Brennstoffzulieferungen werden aus den vorhandenen Vorräten abgedeckt. Ist dies nicht möglich, dann sollen alle Anlagen unabhängig vom Anlagentyp einen möglichst hohen Wärmebedarfsdeckungsgrad aufweisen, d. h. kein Anlagentyp wegen der Abhängigkeit von einer bestimmten Brennstoffsorte benachteiligt sein. Ein Wärmeversorgungssystem - gekennzeichnet durch ein bestimmtes Anlagen-Mix und Kessel-Oberkapazitäten - läßt einen derartigen Brennstoffausgleich in gewissen Grenzen zu.

Das Rechenmodell muß daher folgende Grundanforderungen erfüllen:

1. Es muß ein quasi-stationäres Modell sein, das wegen des periodisch stark schwankenden Wärmebedarfs (Winter-Sommer; Tag-Nacht) im Zeittakt von Monaten und innerhalb eines Monats nach Halbtagen die Krisenzeit abarbeitet.

2. Die vorhandenen Lagerbestände müssen so abgebaut werden, daß der zeitlich variable Wärmebedarf so lange wie möglich gedeckt wird.

3. Es müssen für jeden Zeittakt die in der Krise verringerten Brennstofflieferungen so auf die einzelnen Anlagentypen aufgeteilt werden - unter Beachtung der gegebenen Kesselkapazitäten -, daß die Anlagen einen möglichst gleichen Bedarfsdeckungsgrad aufweisen.

4. Nicht abdeckbarer Wärmebedarf (Wärmedefizit) wird über alle Zeittakte hin bis zum Krisenende zum Gesamt-Wärmedefizit aufkumuliert.

Bei dem Sicherheitsmodell handelt es sich also um ein deterministisches, analytisches Zeittakt-Simulationmodell. Die in Punkt 3 formulierte Grundforderung beinhaltet jedoch eine spezielle Optimierungsaufgabe. Zur mathematischen Lösung dieser Aufgabe wird das Problem zunächst in herkömmlicher Weise durch ein System von Gleichungen und Ungleichungen beschrieben:

Brennstoff-Mengenbilanzen:

$$\sum_{i=1}^{m} Z_{i,j} = M_j \qquad j = 1, \ldots, n$$

$Z_{i,j}$ sind die Lieferungen der Brennstoffart j zum Lager der Anlage i.

M_j ist die Gesamtbezugsmenge der Brennstoffart j.

Lagerbestands-Gleichungen:

$$V_{i,j} - Z_{i,j} = L_{i,j} \qquad i = 1, \ldots, m; \; j = 1, \ldots, n$$

$V_{i,j}$ sind die Brennstoffflüsse vom Lager zur Anlage (Brennstoffeinsatzmenge)

$L_{i,j}$ ist die Veränderung des Lagerbestandes.

Kesselkapazitätsrestriktionen:

$$V_{i,j} \leq Q_{i,j} \qquad i = 1, \ldots, m; \; j = 1, \ldots, n$$

$Q_{i,j}$ sind die Kesselkapazitäten der Anlage i in der Brennstoffart j.

Der Bedarfsdeckungsgrad BDG einer Anlage i wird allgemein definiert mit

$$BDG_i = \sum_{j=1}^{n} V_{i,j} \,/\, N_i$$

N_i ist der Wärmebedarf an der Anlage i.

Wird diese Bestimmungsgleichung als Nebenbedingung aufgenommen, etwa in der Form

$$\sum_{j=1}^{m} V_{i,j} - BDG_i \cdot N_i = 0 \qquad i = 1, \ldots, n$$

(BDG_i ist die Unbekannte, N_i ist Koeffizient),

so führt dies zu einer nichtlinearen Zielfunktion. Denn soll der Bedarfsdeckungsgrad jeder Anlage möglichst gleich sein, so muß z. B. dessen Streuung minimiert werden. Aus rechentechnischen Gründen wird man jedoch die nichtlineare Optimierung zu vermeiden suchen.

Dies gelingt in diesem Fall durch eine geschickte Abänderung des Optimierungsansatzes. Die Grundidee kann man verbal folgendermaßen formulieren: Es wird eine Obergrenze für den Bedarfsdeckungsgrad gesetzt. Es gilt weiterhin die Bedingung, daß der Bedarfsdeckungsgrad bei jeder Anlage unter dieser Obergrenze bleiben muß. Die Zielfunktion lautet nunmehr: Minimieren der Obergrenze. Damit wird bei jener Anlage, bei der der Bedarfsdeckungsgrad am höchsten ist, ebendieser gesenkt. Die obenstehenden Restriktionsgleichungen sorgen dafür, daß dadurch der Bedarfsdeckungsgrad der übrigen Anlagen angehoben wird, soweit dies technisch bedingt geht - im Grenzfall bis zur Gleichheit der Bedarfsdeckung.

Deshalb werden die obenstehenden Restriktionsgleichungen ergänzt durch:

Bedarfsdeckungs-Restriktionen

$$\sum_{j=1}^{m} V_{i,j} - BDG \cdot N_i \leq 0 \qquad i = 1, \ldots, m$$

BDG ist als die unbekannte Obergrenze eine Variable.

N_i ist als der Wärmebedarf der Anlage i eine Konstante (Koeffizient).

Zielfunktion:

$$ZIEL = BDG \longrightarrow Min$$

Die Zielfunktion hat somit die denkbar einfachste Form.

Das Rechenmodell mit dem linearen Programm als Unterprogramm ist in der Lage, für beliebige Wärmeversorgungssysteme unter verschiedenen Krisenszenarien auftretende Versorgungslücken auszuweisen, wobei sichergestellt ist, daß nicht vermeidbare Wärmedefizite auf ein Mindestmaß beschränkt bleiben.

Abb. 6 zeigt einige Detailergebnisse einer Sicherheitsanalyse für ein Versorgungssystem mit einer bestimmten Anlagenstruktur. Auf der Ordinate ist das Wärmedefizit (hier willkürlich als Prozentwert eines Jahres-Wärmebedarfs) aufgetragen. Auf der Abszisse ist die Heizöl-Verfügbarkeit in Prozent aufgetragen, also ein breites Heizöl-Krisenspektrum. Die Kohlelieferungen betragen 90 % des Normalwertes. Parameter dieser Darstellung sind die Krisendauer und die Anlagentypen. Den Kurvenzügen kann entnommen werden, bei welcher Krisenintensität und Krisendauer für verschiedene Anlagentypen Wärmedefizite auftreten.

Abb. 6 WÄRMEDEFIZIT IN VERSORGUNGSKRISEN

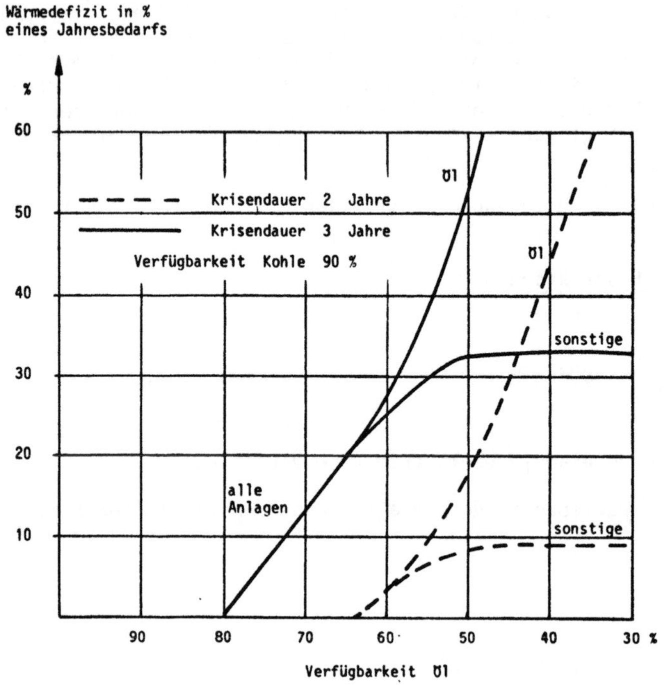

Kosten-Sicherheits-Bewertungsfeld

Nachdem verschiedene Planungsalternativen nach Kosten- und Sicherheitskriterien untersucht sind, verbleibt noch die Aufgabe, diese Ergebnisse so darzustellen, daß die Vor- und Nachteile von Planungsalternativen sichtbar und Auswahl und Entscheidungsfindung erleichtert werden.

Kosteneinsparung bzw. Mehrkosten einer Alternative gegenüber dem IST-Zustand sind Merkmale der Wirtschaftlichkeit. Mehr oder weniger hohe Wärmedefizite (in einer Vergleichskrise) sind Indikatoren für Sicherheitszuwachs bzw. -abbau im Vergleich zum IST-Zustand.

Abb. 7 stellt ein zweidimensionales Bewertungsfeld dar, in das jede Alternative mit ihren entsprechenden Kosten- bzw. Wärmedefizit-Merkmalen eingetragen werden kann. Die IST-Struktur des gegebenen Wärmeversorgungssystems repräsentiert den Koordinatenmittelpunkt. Die relative Lage der Alternativen zueinander und zum Koordinatenmittelpunkt verdeutlicht die Vor- und Nachteile der Alternativen. Bestimmte Alternativen können über andere dominieren, weil sie sowohl in den Kosten als auch in der Sicherheit günstiger liegen, wie z. B. Alternative A' über B.

Die Auswahlentscheidung über andere Alternativen hängt von der Präferenzordnung des Entscheidungsträgers ab, je nachdem, ob dieser eine Kostenersparnis oder einen Sicherheitsgewinn vorzieht.

Abb. 7 KOSTEN-SICHERHEITS-BEWERTUNGSFELD

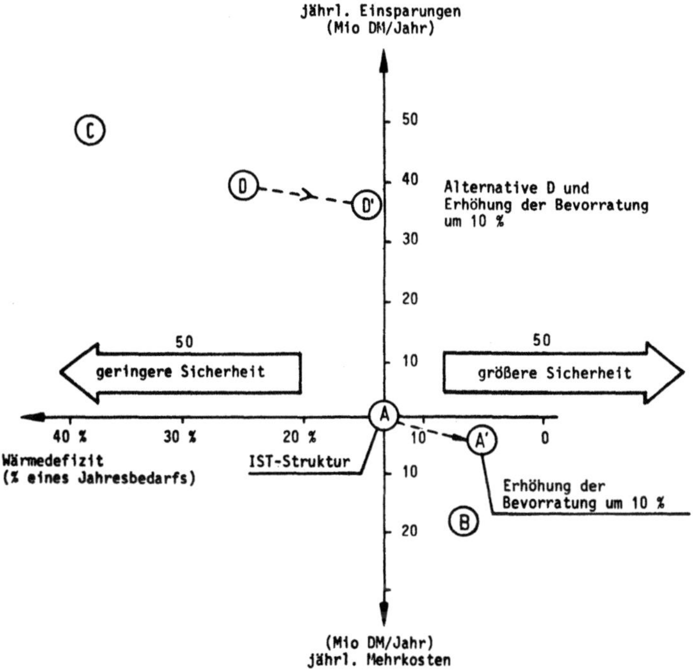

Investitionsplanung mit einem mehrperiodischen stochastischen Optimierungsmodell

G. Schiefer, Kiel

Für die Durchführung von Investitionsplanungen in einem Mehrproduktenbetrieb wird ein mehrperiodisches stochastisches LP-Modell formuliert, bei dem Zufallsvariablen in Zielfunktion, Beschränkungsvektor und Matrix auftreten. Zur Rechnung des Modells werden die Zufallsvariablen durch Varianz und Erwartungswert ihrer Wahrscheinlichkeitsverteilung ersetzt und diese in Beziehung zu Varianz und Erwartungswert der Zielgröße sowie einer als Nebenbedingung formulierten Liquiditätsforderung gesetzt. Dazu werden geeignete Modellformulierungen vorgestellt und die Ergebnisse gerechneter Modellvarianten diskutiert. Den Beispielrechnungen werden Daten eines landwirtschaftlichen Betriebs zugrundegelegt.

Ein gemischt-ganzzahliges Investitionsmodell zur mittelfristigen Projektplanung und seine Implementierung

G. Sommer, J. Braas und W. Gertz, Aachen

Es wird ein mathematisches Modell zur Ermittlung des optimalen Personaleinsatzes in der Durchführung gegebener, speziell charakterisierter Investitionsprojekte vorgestellt.

Das Optimum liefert eine Reihenfolge der Projekte sowie deren Personalbelastungen in den Bearbeitungsperioden.

Seine Implementierung erfolgte in einem Zentralbereich eines Unternehmens der Investitionsgüterindustrie.

Optimum Port Investment: Sensitivity Analysis by Simulation

S. Tuğcu, Bebek-Istanbul

The simulation model presented in this article is designed to plan port investment in terms of finding the optimum combination of number of berths, number of cranes, forklifts, and warehouse capacity. The model is adjusted according to the data availability and characteristics of port of Istanbul. Since most unloading operations are performed by shore based equipment, the port can handle more ships if the unloading rate could be increased with an additional supply of cranes. In such a case, the port would be operating at a higher efficiency without an expensive investment. Yet, there is a limit to increasing capacity through such gains in efficiency. Increasing the unloading rate would be of little use if forklifts are not clearing the apron and transferring the cargo into the transit sheds at a comparable rate; and no increase in the number of forklifts would help if there is no space in the warehouse. Given an arrival rate, available space in a warehouse is a function of: a) capacity of the warehouse net of movement isles, b) the number of days the cargo stays in the warehouse. In other words four basic bottlenecks may limit the capacity of a port. These are: a) warehouse capacity, b) number of forklifts, c) number of cranes, d) number of berths. The objective of this paper is to develop a model to identify the bottle neck area in an existing port and to enable increases in port capacity through improvements in unloading and wharfside operations as much as possible before the construction of another berth is recommended.

Data: Since the port of Istanbul primarily handles imported goods, the model deals with general cargo ships unloading imports only. Detailed data exist on commodity types unloaded from each ship. However, the discharge rate per crane varies more with the nature of the packaging and the number of consignments in a shipment than with specific commodity types. Moreover, every ship brings a different combination of various commodity groups which is very difficult to estimate and forecast. Thus, information at the commodity level is withheld, and each ship is assumed to bring the same type of general cargo.

Actual tonnage handled by a crane depends not on the maximum tonnage it can carry at a time, but on the actual weight and volume of the crate. Since differentiation according to commodity types does not exist in our data, we have to assume that all cranes are of the same type and capacity. Daily information exists on the actual tonnage discharged and the number of cranes assigned to each ship. From these data an empirical distribution for the discharge rate per crane will be obtained.

Similar information is not available on cargo transfer rates by forklifts. However, estimates on the minimum, average, and maximum tonnage that can be handled daily by a forklift is obtained from the operators. Using this information we can experiment with different statistical distributions and pick the distribution that represents the actual situation most closely.

The length and number of holds in each vessel can be determined from the Lloyd's Register of Shipping. This information enables us to develop empirical distributions for the length of arriving ships, and the number of holds and shipment size as a function of ship length.

The tonnage discharged under tackle on to a truck or a barge does not enter the port's warehouse. For every ship, information is available on the tonnage unloaded and the tonnage that enters the warehouse. From this information an empirical distribution for the daily percentage of the tonnage discharged under tackle may be obtained.

Existing data also permit the derivation of an empirical distribution for cargo waiting time in the warehouse and the cargo destination probabilities. The tonnage leaving the port for each destination will not influence the economic size of the terminal, but it will provide useful information when investment in roads surrounding the port area or the location for a new port is considered.

The total cost that will be minimized includes the berth and warehouse construction costs, the crane and forklift purchase costs and the cost of ships' waiting time at the port. The cost of a ship's waiting time will be represented by the ship's opportunity cost which can be approximated by the average daily rental price of a ship.

The Model: The block diagram of the simulation model is shown in Figure 1. The definition of the variables used in the diagram are presented in the Appendix.

After initialization and determination of the number of ship arrivals the model enters a loop which is repeated from circle 1. The loop checks each berth. If the berth is empty and there is no waiting line, the idle time of the berth is increased. If there is a waiting line, a ship from the waiting line is berthed and its shipment size and number of holds are determined. If the berth is busy, then these values would have been already determined. Therefore, we jump to the determination of daily discharge rate per crane and the number of cranes assigned. For each berth j there is a corresponding apron j and warehouse j. We cannot discharge more tonnage than the apron can carry. A record is kept on the insufficient number of cranes. If the ship has discharged all of its load, berth j is emptied and the number of ships served by the berth is increased by one. For the total tonnage unloaded that day, percentage discharged under tackle is determined, and the rest is sent to the warehouse. Given the forklift transfer rate, the number of forklifts required depends on the amount of cargo that will be stored and on the amount of tonnage remaining on the apron from previous days. A record is kept on insufficient number of forklifts. If there is no space in the warehouse, goods that cannot enter, remain on the apron and thus disrupt the next day's unloading operation. The tonnage that enters the warehouse is divided by the mean consignment size to determine the number of consignments. For each entering consignment a nested loop which is repeated from circle 2, determines the waiting and the corresponding departure time from the warehouse. Another nested loop repeats from circle 3 and checks if the departure time has arrived for each consignment in the warehouse. For each departing consignment a destination is picked probabilistically, and a record is kept on the tonnage going in each specified direction. After going through these operations for each berth j, loop repeating from circle 1 terminates. Next we determine the total waiting time and keep a record of the length of the waiting line which will be used in determining the waiting time distribution. If existing clock is less than the total length of the simulation run, the clock is incremented by one, and we return to pick the next day's number of arrivals. If the total length of the simulation is reached, specified variables are printed together with economic calculations.

<u>The Output of the Model:</u> The output of the simulation will include the following information: a) the number of days there is an insufficient number of berths, cranes, or forklifts, b) mean number of insufficient berths, cranes, or forklifts per day of shortage, c) the number of days a warehouse cannot accept the arriving cargo because of lack of space, d) mean number of tons that cannot be stored in a warehouse per day of shortage, e) total number of ships served by each berth, f) total idle time of each berth, g) total number of tons drawn from each warehouse, h) total number of tons departing from the port area in each specified destination, i) total waiting time by ships, j) waiting line distribution, k) waiting time distribution, l) total cost consisting of ship waiting time cost, berth and warehouse construction cost and crane and forklift purchase costs.

The simulation run will be made with 1974 data. The waiting time distribution (the number of ships on the x-axis; the number of days delayed on the y-axis) obtained from the simulation study will be compared to the actual waiting time distribution. If the two distributions are significantly similar to each other, the model would be considered to be a valid representation of reality. After validation, forecasting ability of the model will be checked by comparing forecasts made by the model for 1975 and 1976 with actual figures. Next, the optimum port investment in terms of number of berths, cranes, forklifts, and warehouse capacity will be determined. Last, the sensitivity of the optimum port investment to changes in the following parameters will be analyzed: a) changes in total import volume, b) changes in ship lengths, c) changes in average discharge rate per crane, d) changes in average transfer rate per forklift, e) changes in withdrawal rates from the warehouse, f) changes in the percentage of tons discharged under tackle.

<u>Summary:</u> The model developed helps the identification of the bottleneck area in an existing port and specifies the minimum cost investment required to relieve the bottleneck. Additional berth construction is recommended only after the port has reached maximum possible efficiency with the existing number of berths. The number of days cargo stays at the warehouse can be limited either by law or by charging high storage rates or by physically removing the goods to a storage place outside the port area. Unloading rates or forklift transfer rates can be increased by basing the wages of the stevedore gangs and forklift operators on the tonnage handled. The model will study the effects of changes in such operating practices in addition to changes in exogenous variables like total imports and ship length distributions.

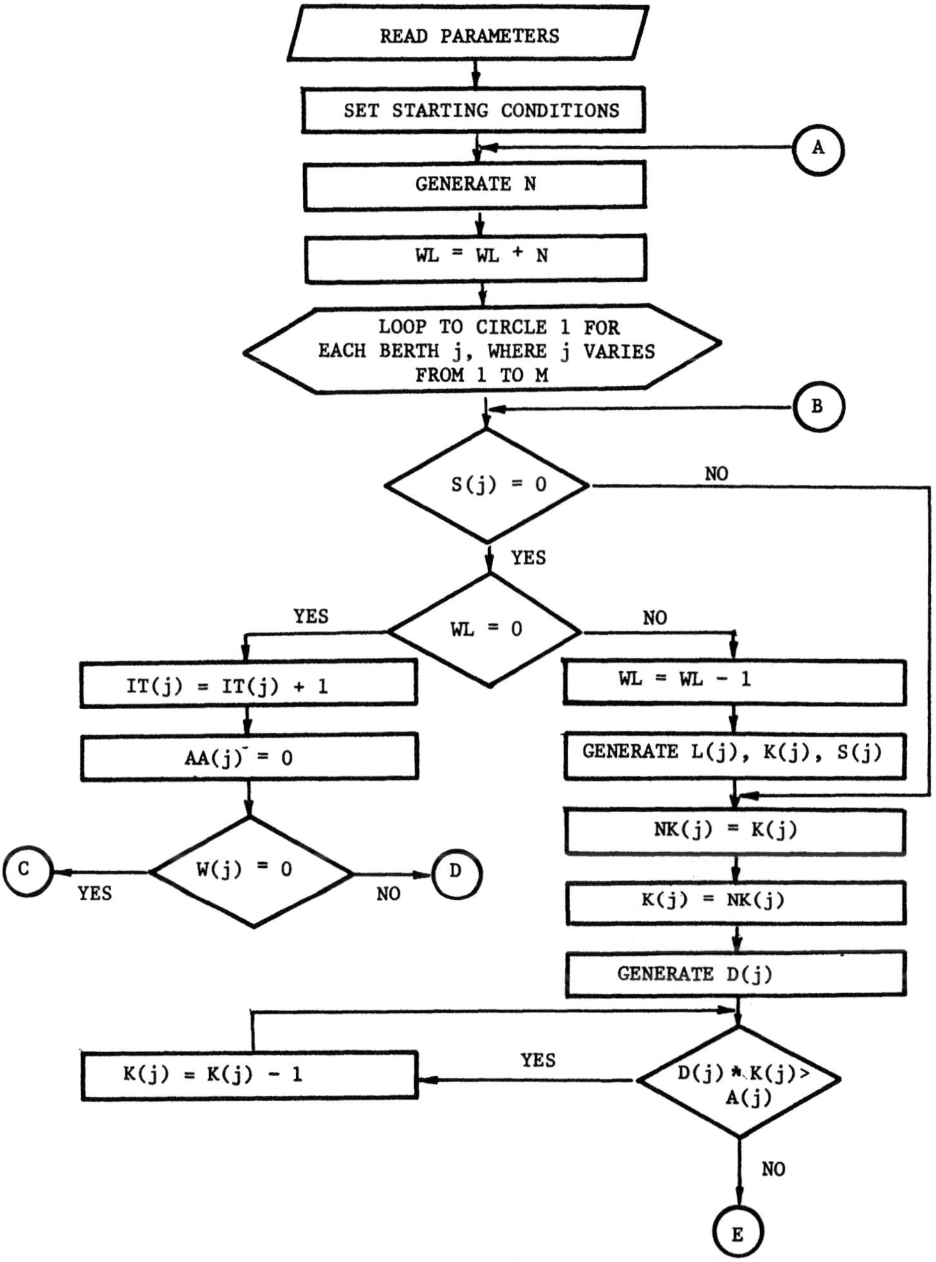
READ PARAMETERS
SET STARTING CONDITIONS
A
GENERATE N
WL = WL + N
LOOP TO CIRCLE 1 FOR EACH BERTH j, WHERE j VARIES FROM 1 TO M
B
S(j) = 0
NO
YES
WL = 0
YES
NO
IT(j) = IT(j) + 1
AA(j) = 0
W(j) = 0
C
YES
NO
D
WL = WL - 1
GENERATE L(j), K(j), S(j)
NK(j) = K(j)
K(j) = NK(j)
GENERATE D(j)
K(j) = K(j) - 1
YES
D(j) * K(j) > A(j)
NO
E

Fig. 1

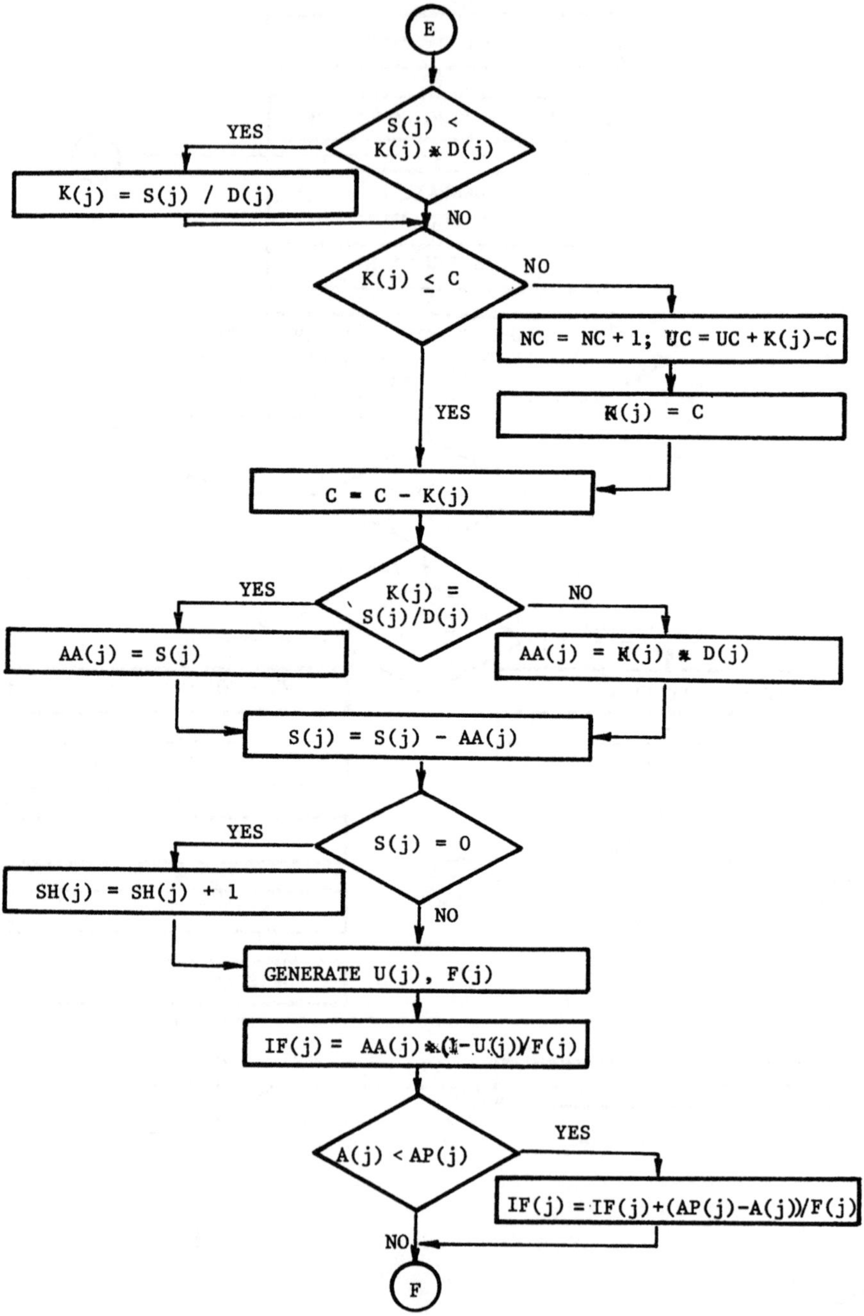
E
S(j) < K(j) * D(j)
YES
K(j) = S(j) / D(j)
NO
K(j) ≤ C
NO
NC = NC + 1; UC = UC + K(j)-C
K(j) = C
YES
C = C - K(j)
K(j) = S(j)/D(j)
YES
NO
AA(j) = S(j)
AA(j) = K(j) * D(j)
S(j) = S(j) - AA(j)
S(j) = 0
YES
SH(j) = SH(j) + 1
NO
GENERATE U(j), F(j)
IF(j) = AA(j) * (1-U(j))/F(j)
A(j) < AP(j)
YES
IF(j) = IF(j)+(AP(j)-A(j))/F(j)
NO
F

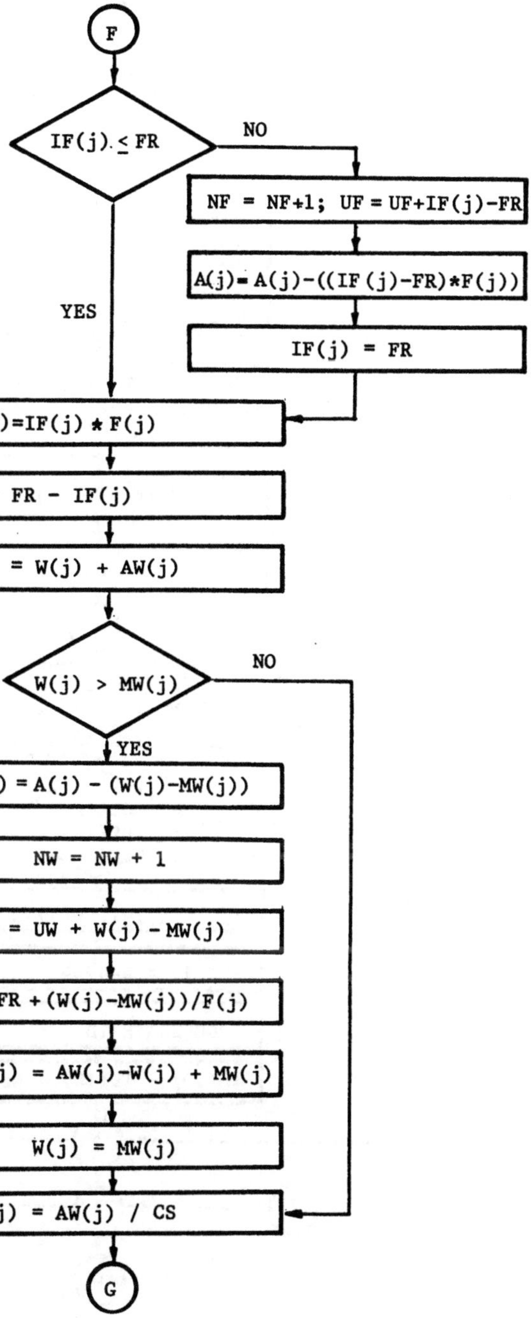
F
IF(j) ≤ FR
NO
NF = NF+1; UF = UF+IF(j)-FR
A(j)= A(j)-((IF(j)-FR)*F(j))
YES
IF(j) = FR
AW(j)=IF(j) * F(j)
FR = FR - IF(j)
W(j) = W(j) + AW(j)
W(j) > MW(j)
NO
YES
A(j) = A(j) - (W(j)-MW(j))
NW = NW + 1
UW = UW + W(j) - MW(j)
FR = FR + (W(j)-MW(j))/F(j)
AW(j) = AW(j)-W(j) + MW(j)
W(j) = MW(j)
IC(j) = AW(j) / CS
G

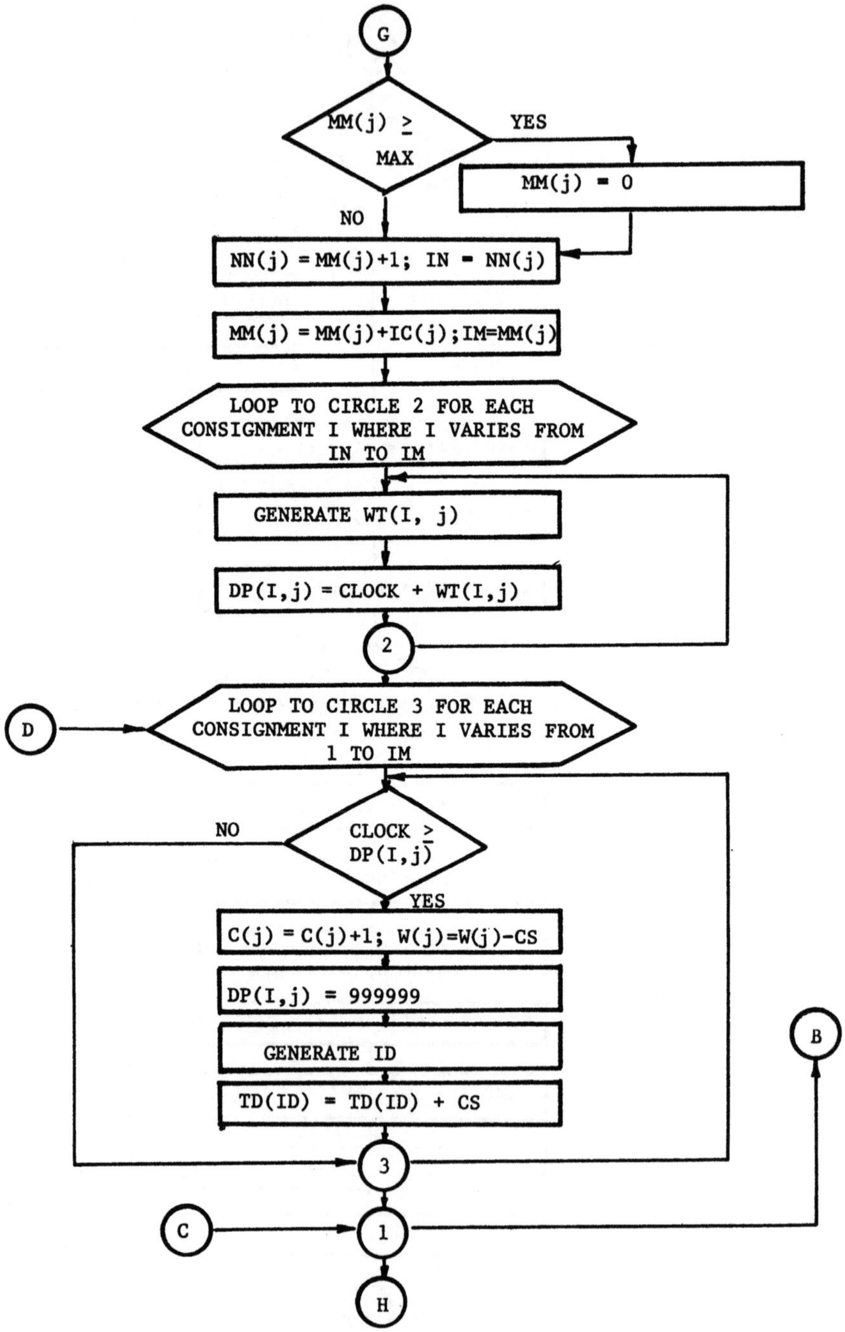
G
MM(j) ≥ MAX
YES
MM(j) = 0
NO
NN(j) = MM(j)+1; IN = NN(j)
MM(j) = MM(j)+IC(j);IM=MM(j)
LOOP TO CIRCLE 2 FOR EACH CONSIGNMENT I WHERE I VARIES FROM IN TO IM
GENERATE WT(I, j)
DP(I,j) = CLOCK + WT(I,j)
2
D
LOOP TO CIRCLE 3 FOR EACH CONSIGNMENT I WHERE I VARIES FROM 1 TO IM
NO
CLOCK ≥ DP(I,j)
YES
C(j) = C(j)+1; W(j)=W(j)-CS
DP(I,j) = 999999
GENERATE ID
TD(ID) = TD(ID) + CS
B
3
C
1
H

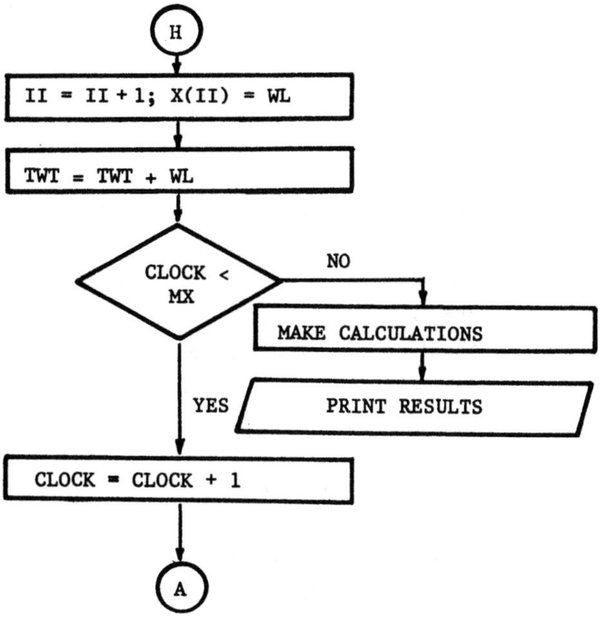

APPENDIX: VARIABLE DEFINITIONS

Parameters:

MX	:	The total length of the simulation run
M	:	The number of berths in the port
MAX	:	Maximum value M(j) is allowed to take in order to save computer space
FR	:	The number of forklifts
C	:	The number of cranes
CS	:	Mean consignment size
AP(j)	:	Maximum tonnage apron of berth j can carry
MW(j)	:	Maximum tonnage that can be stored in warehouse of berth j

Exogenous Variables:

N	:	The number of ship arrivals
L(j)	:	Length of ship unloading at berth j
S(j)	:	Shipment size of the ship unloading at berth j
K(j)	:	The number of holds of the ship unloading at berth j
D(j)	:	Daily unloading rate per crane at berth j

U(j)	:	Daily percentage of shipment discharged under tackle at berth j
F(j)	:	Daily forklift transfer rate at berth j
WT(I,j)	:	The number of days consignment i will stay in warehouse j.
ID	:	Destination of consignment leaving the warehouse

Endogenous Variables:

WL	:	The number of ships in the waiting line
NC	:	The number of days there is an insufficient number of cranes
UC	:	Total number of unavailable cranes
NF	:	The number of days there is an insufficient number of forklifts
UF	:	Total number of unavailable forklifts
NW	:	The number of days needed warehouse is unavailable
UW	:	Total tonnage that cannot be stored on the day of arrival because of lack of space
TWT	:	Total ship waiting time
CLOCK	:	Simulated time
IT(j)	:	Total idle time of berth j
AA(j)	:	Tonnage unloaded on the apron of berth j
A(j)	:	Tonnage that can be put on the apron considering available empty space
IF(j)	:	Daily number of forklifts employed on berth j
AW(j)	:	Daily tonnage arrival to warehouse j
W(j)	:	Total tonnage stored in warehouse j
DP(I,j)	:	The clock time at which consignment i will leave warehouse j
C(j)	:	Total number of consignments that depart from warehouse j
SH(j)	:	Total number of ships served by berth j
IC(j)	:	Number of consignments entering warehouse j
TD(ID)	:	Tonnage leaving the port for destination ID
NN(j), MM(j)	:	Subscripts of the first and last consignment entering warehouse j
IN, IM	:	Variables used to change NN(j) and MM(j) into fixed-point variables respectively
NK(j)	:	Variable used to store the number of holds for a ship unloading for more than one day
X(II)	:	Variable used to store daily waiting line

Produktionsplanung und Lagerhaltung

Ein Verfahren zur Darstellung und Berechnung von Arbeitsabläufen in Systemen

M. Bauer, Düsseldorf

Der Titel dieses Berichtes enthält zwei Schlüsselbegriffe, die zunächst erläutert werden sollen, die Begriffe System und Arbeitsablauf.

Unter Systemen seien vorzugsweise Produktionssysteme zu verstehen, gebildet aus mehreren Betriebsmitteln, die miteinander im Verbund arbeiten. Der Verbund ergibt sich aus dem Fluß der Produkte durch die verschiedenen Betriebsmittel des Systems.

Unter dem Begriff Arbeitsablauf sei die Menge aller Tätigkeiten oder Teilvorgänge verstanden, die an allen Betriebsmitteln und an allen Produkteinheiten ablaufen. Da sich mehrere Erzeugnisse gleichzeitig im System befinden, weist der Arbeitsablauf zeitparallel ablaufende Teilvorgänge auf.

Ein für die Stahlindustrie typisches Beispiel für ein Produktionssystem ist das in Bild 1 gezeigte Stahlwerk mit zwei Elektrolichtbogenöfen und zwei Stranggießanlagen. Betriebsmittel sind die beiden Schmelzöfen, der Transportweg und die beiden Stranggießanlagen; Erzeugniseinheiten sind die sogenannten Chargen, sie befinden sich während des Erschmelzens im Elektroofen und während des Transportes sowie beim Vergießen in einer Pfanne.

Die bis heute in Schrifttum und Praxis anzutreffenden Leistungsberechnungen in derartigen Produktionssystemen basieren üblicherweise auf E n g p a ß ü b e r l e g u n g e n . Dabei wird die Zeitbilanz der Engpaßanlage der Zeitbilanz des Gesamtsystems gleichgesetzt. Zur Engpaßanlage wird üblicherweise das Betriebsmittel mit dem höchsten Zeitauslastungsgrad erklärt. Die eigentliche Leistungsberechnung geschieht durch Division der Durchsatzmenge durch Elemente der Zeitbilanz des Engpaßaggregates.

Diese Betrachtungsweise ist falsch bei Arbeitsabläufen in derartigen Systemen mit zeitlich parallel laufenden Teilvorgängen, von denen einige fallweise zeitbestimmend (zeitkritisch), andere nicht zeitbestimmend (unkritisch) für die Leistung des Gesamtsystems sein können.

Bild 2 zeigt schematisch einen denkbaren Arbeitsablauf im Stahlwerk, dargestellt als Balkendiagramm. Das Produktionssystem ist durch insgesamt fünf Zeitstrahlen beschrieben; jedes Betriebsmittel hat seinen eigenen Zeitstrahl und damit seine eigene Zeitbilanz.

Die Zeitbilanz jedes Betriebsmittels besteht aus Tätigkeitszeiten und Wartezeiten: bei den Öfen z.B. Schmelzzeiten, Flickzeiten und Wartezeiten; bei den Stranggießanlagen Gießzeiten, Rüstzeiten und Wartezeiten. Jede Charge wird auf einem der beiden Öfen erschmolzen, nachdem dieser vorher geflickt wurde, die fertige Charge wird in einer vollen Pfanne zu einer der beiden Stranggießanlagen transportiert, die nach dem Gießen gerüstet wird.

In dieser Darstellung existiert genau eine - schwarz gekennzeichnete - Folge von unmittelbar aneinander anschließenden Tätigkeiten. Nur die Verkürzung einer auf diesem Weg liegenden Tätigkeit führt zu einer Verkürzung der Gesamtzeit des Arbeitsablaufes. Diese Folge kann daher als Zeitbilanz des Gesamtsystems bezeichnet werden: sie enthält nur zeitkritische Tätigkeiten und keine Wartezeiten. Alle übrigen Tätigkeitsfolgen - hier schraffiert gezeichnet - haben keine unmittelbaren Nachfolger. Sie können im Rahmen ihrer Pufferzeiten verkürzt oder verlängert werden, ohne den Endzeitpunkt des Arbeitsablaufes zu verschieben.

Es ist zu erkennen, daß die gleiche Tätigkeitsart, z.B. das Vergießen des Stahles oder das Rüsten der Stranggießanlagen, fallweise zeitkritisch und fallweise unkritisch ist. Daher sollte, im

Rahmen einer neuen Betrachtungsweise, gefordert werden, bei Leistungsuntersuchungen in Systemen von der Engpaßdefinition einzelner Betriebsmittel oder bestimmter Ablaufarten abzugehen und dafür zunächst alle Aktivitäten eines Arbeitsablaufes als gleichwertig zu betrachten. Wenn es anschließend gelingt, jeden Teilvorgang als kritisch oder unkritisch für die Leistung des Gesamtsystems zu berechnen, so ermöglicht diese Unterscheidung neuartige Überlegungen zur Leistungssteigerung von Produktionssystemen. Einzelne Betriebsmittel bilden nicht mehr in ihrer gesamten Zeitbilanz den Engpaß eines Produktionssystems, sondern werden nur noch in dem Umfang in Engpaßbetrachtungen einbezogen, in dem sie zur Zeitbilanz des kritischen Weges im Gesamtsystem beitragen.

Im unteren Teil des Bildes sind die Zeitengliederungen in Säulenform dargestellt. Auch hier ist erkennbar, daß die Tätigkeitszeiten zum Teil kritisch (gemustert), zum Teil unkritisch (weiß) sind. Aus der Zusammenfassung aller kritischen Anteile aller Betriebsmittel ergibt sich der untere Balken, die Zeitengliederung des Gesamtsystems. Diese Gesamtgliederung ist nichts anderes als eine Aufgliederung des Systemengpasses:

- Obwohl die Schmelzöfen zu 96 % ihrer Zeit mit Schmelz- und Flickzeiten ausgelastet sind, bilden diese Abschnitte nur 83 % des kritischen Weges.

- Der Transportweg ist zu etwa 15 % ausgelastet, jedoch nur knapp 1 % aller kritischen Zeiten sind Transportzeiten.

- Die Stranggießanlagen sind zu über 80 % ausgelastet, tragen aber nur mit 16 % zum kritischen Weg bei.

Aus diesem Beispiel lassen sich folgende Schlußfolgerungen ziehen:

Laufen in bestimmten Produktionssystemen mehrere Bearbeitungsvorgänge an einem oder mehreren Erzeugniseinheiten zeitlich parallel ab, so kann in jedem Moment grundsätzlich nur einer (wenige) dieser Vorgänge für den Arbeitsablauf zeitbestimmend und damit für die Durchsatzleistung des Systems verantwortlich sein. Es ist wünschenswert, diese Ablaufabschnitte oder ihren Anteil an der Zeitbilanz jedes Betriebsmittels zu kennen, um daraus eine Zeitbilanz des Gesamtsystems zu berechnen, die sich über alle Betriebsmittel erstrecken kann. Daraus resultiert der Wunsch, Aussagen über kritische und unkritische Aktivitäten, wie sie die Netzplantechnik für die Abwicklung von Projekten bietet, auch für Arbeitsabläufe in Produktionssystemen bereitstellen zu können. Dazu bedarf es einer Berechnungsmethode, die die Vorteile der Simulation - Abbildung zeitlich unbegrenzter Arbeitsabläufe mit Tätigkeiten wechselnder Dauer und Reihenfolge - mit den Vorteilen der Netzplantechnik - Berechnung von kritischen und unkritischen Aktivitäten im Arbeitsablauf - verbindet.

Eine derartige Methode wurde von uns entwickelt und an zwei Stahlwerksbetrieben erprobt. Zu ihrer Erläuterung zeigt Bild 3 den Netzplan eines Arbeitsablaufes an einem Kaltwalzwerk. Da der Arbeitsablauf an diesem Walzwerk aus periodisch wiederkehrenden Tätigkeitsfolgen und Ereignissen besteht, setzt sich das Gesamtnetz aus gleichartigen Teilnetzen zusammen, die miteinander verknüpft sind, in diesem Beispiel vier. Die Darstellung ist jedoch über ihr Ende hinaus beliebig verlängerbar.

Versieht man in diesem Netz jeden Vorgang mit einer Zeitdauer und berechnet es nach den Rechenvorschriften der Netzplantechnik, so ergibt sich zwischen Anfangs- und Endpunkt ein kritischer Weg, z.B. die eingezeichnete Linie. Abhängig von der Struktur des Netzes und von den Schwankungen in der Dauer einiger oder aller Aktivitäten werden fallweise andere Wege durch ein Teilnetz kritisch, so daß theoretisch jede Aktivität zu einem Anteil für die Leistung des Gesamtsystems verantwortlich sein kann.

Dieses beispielhafte, aus wenigen Teilnetzen bestehende Gesamtnetz kann natürlich - ebenso wie ein normaler Netzplan - berechnet werden, indem man zunächst in Richtung des Zeitfortschritts durchgehend alle frühestmöglichen und dann gegen die Zeitrichtung alle spätest erlaubten Zeitpunkte berechnet. Diese Vorschrift der einfachen Netzplantechnik mußte jedoch geändert werden, um die zeitlich unbegrenzte Berechnung von Arbeitsabläufen zu ermöglichen. Daraus ergab sich ein für diese Methode typisches Berechnungsverfahren für die Rückwärtsrechnung: sie wird nicht mehr durchgehend ausgeführt, sondern aufgelöst in zahlreiche Einzelschritte. Jede Tätigkeitsfolge, d.h. jeder Weg im Netz wird zunächst als potentiell zeitkritisch angesehen, immer dann, wenn zwei Netzwege in einen Vorgang einmünden, kann nur einer der beiden Wege zeitbestimmend für die folgenden Ablaufabschnitte sein. Der andere wird rückwärts entgegengesetzt zur Zeitrichtung verfolgt und alle auf ihm liegenden Vorgänge werden für unkritisch erklärt.

Bild 5 zeigt das Ablaufschema der Berechnung. In der ersten Programmschleife wird der Aufbau des Netzwerkes um eine weitere Tätigkeitsfolge fortgesetzt, solange, bis ein Vorgang mit mehr als einem einlaufenden Pfeil ansteht. In der zweiten Programmschleife wird der als unkritisch erkannte Netzweg gegen die Zeitrichtung verfolgt. Stößt diese Rückwärtsberechnung auf das bisher berechnete Ende des kritischen Weges, so wird in der dritten Programmschleife dieser wiederum in Richtung des Zeitfortschrittes verfolgt bis zur nächsten Verzweigung, von der mindestens zwei bisher nicht als unkritisch erkannte Netzwege ausgehen. Aus der zweiten und dritten Programmschleife heraus ist ein Rücksprung zum weiteren Netzaufbau in der ersten Programmschleife möglich.

Es ist eine Eigenheit dieses Berechnungsverfahrens, daß die laufende Bilanzierung der kritischen und unkritischen Tätigkeiten im Arbeitsablauf fast schritthaltend mit dem Zeitfortschritt im Modell erfolgt. Testrechnungen mit gleichverteilten Einzelzeiten im dargestellten Netz haben gezeigt, daß die Bilanzierung um durchschnittlich 3,7 Teilnetze (Standardabweichung = 3,4, kleinster Wert = 1, größter Wert = 18) zurückhing gegenüber dem Netzaufbau.

Sind alle Aktivitäten eines Teilnetzes als kritisch oder unkritisch erkannt und getrennt bilanziert, so sind die Daten für die weiteren Berechnungen uninteressant, und das Teilnetz kann "vergessen" werden. Dadurch - und hier liegt ein großer Vorteil der

Berechnungsmethode - braucht nicht der gesamte Netzplan des Arbeitsablaufes mit unter Umständen mehreren 1000 Einzelaktivitäten im Rechner gespeichert zu sein. Der Speicherbedarf beschränkt sich vielmehr nur auf die Teilnetze, die noch potentiell zeitkritische Aktivitäten enthalten.

Die Berechnungsergebnisse, soweit sie sich von einer konventionellen Simulation unterscheiden, seien wieder am Beispiel des Elektrostahlwerkes erläutert: Tafel 1 zeigt die Zeitbilanzen der Elektroöfen und Stranggießanlagen. Beide enthalten kritische und unkritische Tätigkeiten sowie Wartezeiten. Die Zeitbilanz des Gesamtstahlwerkes darunter besteht dagegen ausschließlich aus kritischen Tätigkeiten aller Betriebsmittel.

In Bild 6 ist die Aufteilung des kritischen Weges im Istzustand an der linken Seite in Säulenform dargestellt. In weiteren Berechnungsläufen wurde die Schmelzzeit der Elektroöfen schrittweise um jeweils 5 bis 25 % verkürzt. Dadurch änderte sich die Aufteilung des kritischen Weges einschneidend. Während im Ausgangszustand die Öfen zu etwa 85 %, die Stranggießanlagen zu knapp 14 % und der Transportweg zu unter 1 % den Engpaß des Produktionssystems gebildet hatten, bestand der kritische Weg bei der vollen Zeitverkürzung zu fast 50 % aus den Zeitarten Gießen und Rüsten der Stranggießanlagen.

Durch die Verknüpfung der Betriebsmittel untereinander, traten schon im Ausgangszustand systembedingte Wartezeiten auf, auch an den Elektroöfen. Die stetigen Veränderungen dieser Wartezeiten sind in Bild 7 als unterbrochene Linien dargestellt. Die Wartezeiten der Stranggießanlagen werden mit zunehmender Schmelzzeitverkürzung aufgezehrt, die Wartezeiten der Öfen steigen progressiv an. Kurz vor der vollen Schmelzzeitverkürzung schneiden sich die beiden Linien. An diesem Punkt ist in erster Näherung die Aussage zulässig, daß Öfen und Stranggießanlagen in gleichem Umfang den Engpaß des Systems bilden.

Die Zunahme der systembedingten Wartezeiten der Elektroöfen hatte zur Folge, daß nicht die volle Schmelzzeitverkürzung als Leistungssteigerung des Gesamtsystems nutzbar wurde. Das kann so erklärt werden, daß sich das System mit zunehmender Gleichberechtigung der Öfen einerseits und der Stranggießanlagen andererseits mehr und mehr selbst behinderte.

Aus den Berechnungsergebnissen lassen sich verbesserte Aussagen über mögliche Leistungssteigerungen in Systemen ableiten. Die Unterscheidung in kritische und unkritische Aktivitäten und die Bildung einer systemeigenen Zeitbilanz nur aus kritischen Aktivitäten ermöglichen eine genauere Analyse des Durchsatzengpasses, indem die Betriebsmittel eines Systems nur noch in dem Umfang in Engpaßüberlegungen einbezogen werden, indem sie zur Zeitbilanz des kritischen Weges beitragen. Dadurch ist es möglich, die für eine möglichst effektive Leistungssteigerung sinnvollerweise zu verkürzenden Ablaufabschnitte zu erkennen und die Auswirkung von deren Zeitverkürzung auf die Leistung des Gesamtsystems im Grenzbereich vorauszusagen.

Die beiden bisherigen Anwendungsfälle der Berechnungsmethode unterscheiden sich in bezug auf die Art der Fertigung. Der Fertigungsablauf im Kaltwalzwerk läßt sich vom Typ her der Fließfertigung zuordnen. Dementsprechend besteht das dem Rechenmodell zugrundeliegende Netzwerk (Bild 3 und 4) aus Teilnetzen unveränderlicher Struktur. Der Arbeitsablauf im Elektrostahlwerk ist dagegen vom Typ her eher der Werkstattfertigung zuzuordnen. Das hier geschilderte Rechenmodell - aus Demonstrationsgründen bewußt einfach gehalten - sollte zeigen, daß das Berechnungsverfahren auch für Netzwerke mit veränderlicher Struktur einsetzbar ist. Derartige Netzwerke lassen sich nicht ohne weiteres als einfache Netzpläne darstellen. Sie können dennoch nach der gleichen Methodik berechnet werden, indem man anstelle der unveränderlichen Tätigkeitsfolgen veränderliche Tätigkeitsfolgen im Arbeitsablaufmodell programmiert.

Die beiden Modelle sind bisher noch individuell in FORTRAN programmiert. Zur Zeit arbeiten wir an einem Programmsystem, welches die generelle Abbildung von Produktionssystemen und deren Berechnung nach der geschilderten Methode gestattet. Das Vorhaben wird vom Bundesministerium für Forschung und Technologie gefördert. Die entwickelte Software wird allgemein verfügbar sein.

Unser nächster Anwendungsfall wird bei Leistungsberechnungen an Bandbehandlungsanlagen, das sind Beizlinien, Verzinnungs- oder Verzinkungslinien, liegen. In weiterer Zukunft denken wir daran, den Arbeitsablauf in einem Blasstahlwerk mit vielfältigen Transport- und Gießeinrichtungen abzubilden und im Echtzeitbetrieb durch laufende Rückmeldungen aktuell zu halten, um durch Variantenrechnungen mit Aussagen über zu erwartende kritische Systemzustände die dispositiven Entscheidungen des Betriebspersonals zu unterstützen.

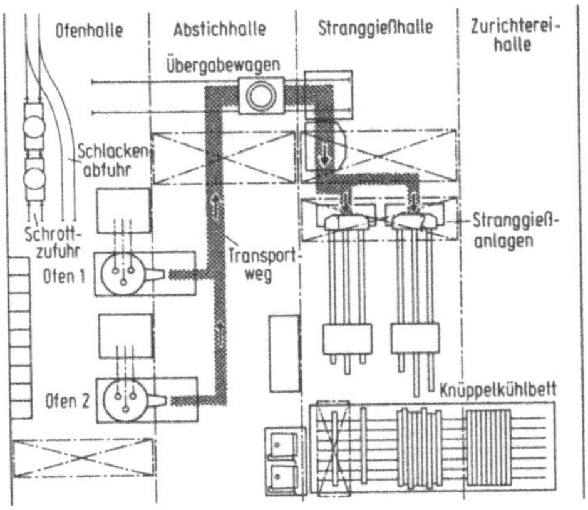

Bild 1: Elektrostahlwerk

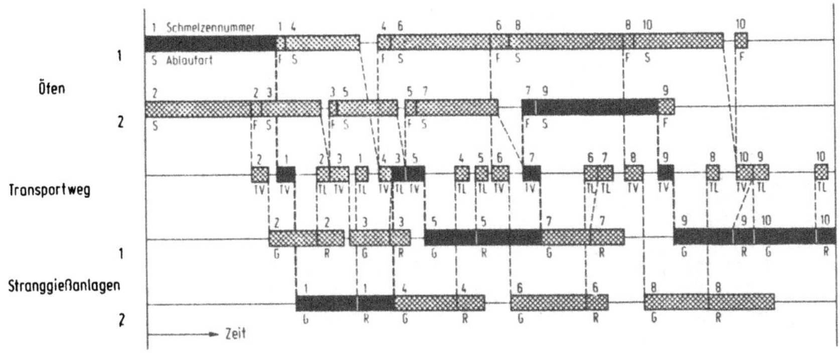

Öfen: *S* Schmelzen, *F* Flicken; Transportweg: *TV* Transport einer vollen Pfanne, *TL* Transport einer leeren Pfanne; Stranggießanlagen: *G* Gießen, *R* Rüsten

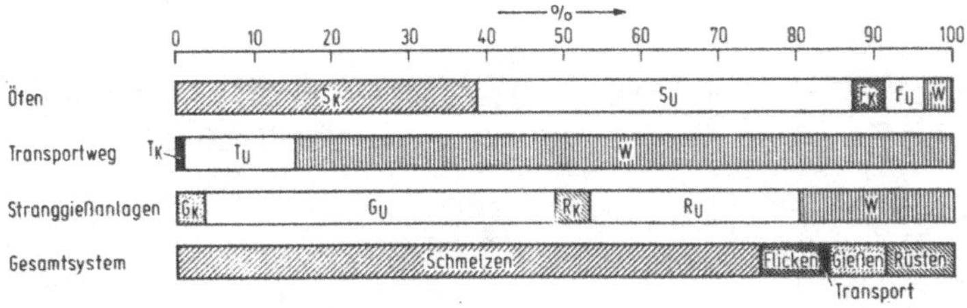

Ablaufarten: *S* Schmelzen, *F* Flicken, *T* Transporte, *G* Gießen, *R* Rüsten, *W* Warten; Indizes: *K* zeitkritische Vorgänge, *U* unkritische Vorgänge

Bild 2: Schematischer Arbeitsablauf und Zeitbilanzen

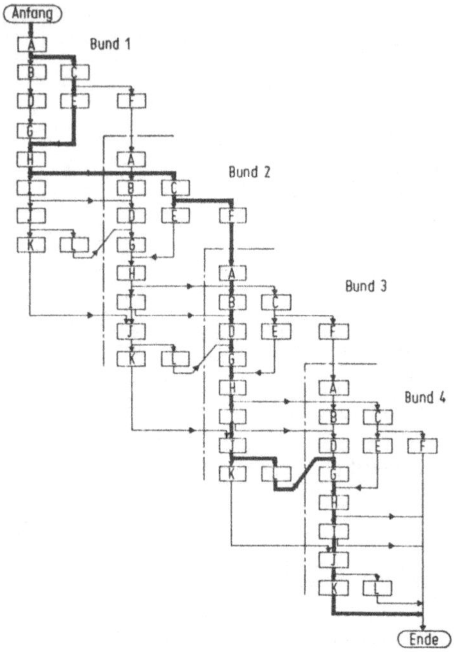

<u>Bild 3 und 4:</u> Netzplan eines Arbeitsablaufes

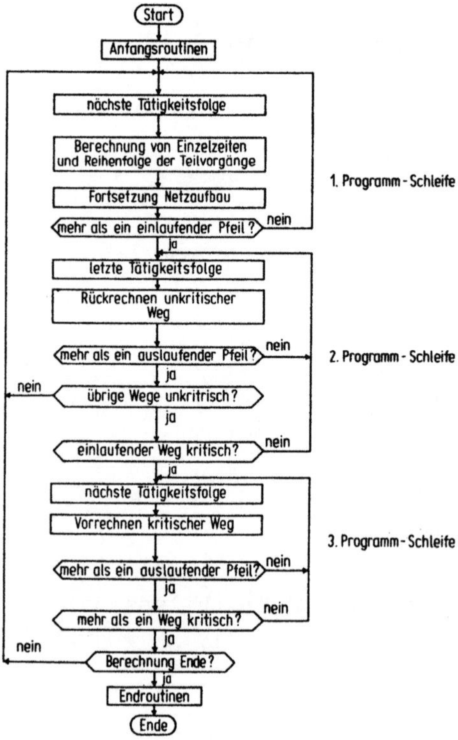

<u>Bild 5:</u> Ablaufschema der Berechnung

Zeitarten	Zeitdauer min	Zeitanteil %
Zeitbilanz Elektroofen		
Schmelzen kritisch	6 255	38,71
Schmelzen unkritisch	7 873	48,72
Summe Schmelzen	14 128	87,43
Flicken kritisch	634	3,92
Flicken unkritisch	870	5,38
Summe Flicken	1 504	9,31
Summe Schmelzen + Flicken	15 632	96,74
Warten Ofen auf Transport	22	0,14
Warten Ofen auf Strangguß	505	3,13
Summe Warten	527	3,26
Zeitbilanz Stranggießanlagen		
Gießen kritisch	612	3,81
Gießen unkritisch	7 178	44,63
Summe Gießen	7 790	48,43
Rüsten kritisch	706	4,39
Rüsten unkritisch	4 384	27,26
Summe Rüsten	5 090	31,65
Summe Gießen + Rüsten	12 880	80,08
Warten Stranggießanlagen	3 204	19,92
Zeitbilanz Gesamtsystem		
Schmelzen	6 255	75,74
Flicken	634	7,68
Summe Schmelzen + Flicken	6 889	83,42
Transport	51	0,62
Gießen	612	7,41
Rüsten	706	8,55
Summe Gießen + Rüsten	1 318	15,96

<u>Tafel 1:</u> Zeitbilanzen

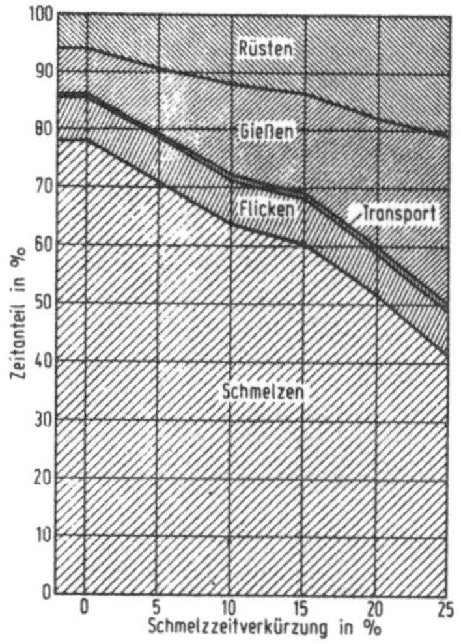

<u>Bild 6:</u> Änderung der Bilanz des kritischen Weges durch Verkürzung der Schmelzzeiten

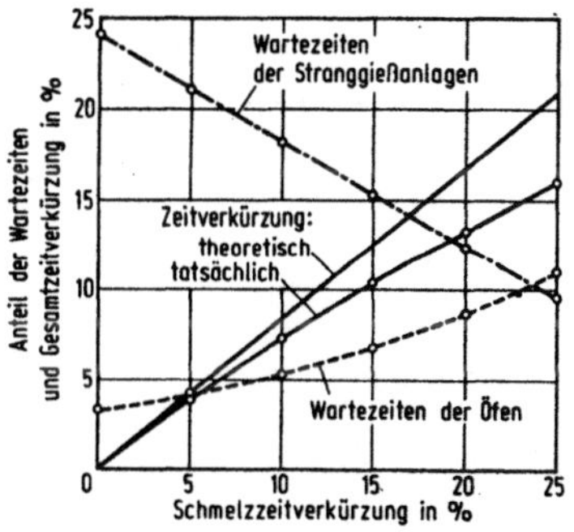

<u>Bild 7:</u> Abhängigkeit der Gesamtzeitverkürzung und der Wartezeitanteile von der Schmelzzeitverkürzung

Scheduling-Algorithmen für Flow-Shop-Probleme bei Konfigurationen mit mehreren Maschinen in jeder Stufe

M. Böhm, Hamburg

Kurzfassung

Flow-Shop-Probleme sind deterministische Scheduling-Probleme, bei denen Aufträge in gleicher Reihenfolge mehrere Bearbeitungsstufen - jede auf einer anderen Maschine - durchlaufen müssen.

Die bekannten Algorithmen befassen sich entweder mit Konfigurationen mit nur einer Maschine für jede Stufe oder mit Spezialfällen.

Für zweistufige Probleme mit mehreren Maschinen in jeder Stufe wird ein Scheduling-Algorithmus angegeben, der keine einschränkenden Anforderungen an die Auftragsmenge stellt und einen für einen Spezialfall schon bekannten Algorithmus umfaßt. Für M-stufige Probleme wurde ein Algorithmus entwickelt, der auf einem recht einfachen Prinzip beruht und für alle Stufen gleich arbeitet.

1. Einführung und Übersicht

Schedulingprobleme [1] treten überall dort auf, wo eine Menge von Aufgabenstellungen von einer beschränkten Menge an Betriebsmitteln bearbeitet werden soll. Es läßt sich leicht feststellen, daß es von dem Verfahren der Betriebsmittelvergabe (z.B. zeitliche Reihenfolge) abhängt, wie gut bestimmte Kriterien des Systemverhaltens erfüllt werden. Diese Kriterien können sehr verschieden sein. Häufig wird eine möglichst kleine mittlere Fertigstellungszeit der Aufgaben, eine minimale Gesamtfertigstellungszeit, eine möglichst hohe Betriebsmittelauslastung oder eine kleine mittlere Wartezeit der Aufgaben gefordert. Es sind auch komplexere zusammengesetzte Kriterien denkbar, wie z. B. die Zielsetzung einer optimalen Betriebsmittelauslastung unter der Randbedingung, daß eine maximale mittlere Fertigstellungszeit nicht überschritten wird. Schon recht einfache Beispiele zeigen, daß sich viele Zielsetzungen widersprechen.

Die Verfahren, nach denen die Belegung der einzelnen Betriebsmittel durch die Aufgaben vorgenommen wird, werden als Schedulingalgorithmen oder -strategien bezeichnet. Der dadurch erzielte Nutzen ist stark von der aktuellen Problemstellung abhängig und kann manchmal beträchtlich sein oder aber auch so geringfügig, daß er in keinem Verhältnis zum Aufwand steht. Es müssen also auch Kriterien entwickelt werden, die es möglich machen, zu entscheiden, welcher Algorithmus wo sinnvoll eingesetzt werden kann.

Ihre erste Anwendung erfuhren Schedulingverfahren im wirtschaftlichen und industriellen Bereich (z. B. Operations Research) für die Erstellung von Produktionsplänen und zur Festlegung von Maschinenbelegungsstrategien. Mit dem Aufkommen aufwendiger Betriebssysteme für Rechner ergab sich für die Schedulingtheorie ein weites Anwendungsgebiet und ein verstärktes Interesse. Aus theoretischer Sicht ist eine unterschiedliche Behandlung von industriellen-und Rechnersystemen nicht notwendig.
Sind die Anforderungen (z.B. Ausführungszeit) der Aufträge im voraus bekannt, spricht man von deterministischen Schedulingproblemen (Coffmann [2]). Eine Gruppe davon sind die Flow-Shop-Probleme. Bei diesen müssen alle Aufträge in gleicher Reihenfolge mehrere Bearbeitungsstufen - jede auf einem anders gearteten Prozessor - durchlaufen.

In der vorliegenden Arbeit soll die für Betriebssysteme übliche Terminologie verwendet werden. Die Aufgabenstellungen werden als Aufträge bezeichnet, und als zur Verfügung stehende Betriebsmittel werden Prozessoren betrachtet.

Flow-Shop-Scheduling läßt sich an einem Beispiel leicht erklären. Es sei eine Menge von Auftragssystemen gegeben, bei der jedes System aus einer Kette (chain) von 3 Aufträgen besteht. Der erste Auftrag ist für die Eingabe von Daten bestimmt und muß auf einem Eingabeprozessor laufen. Der 2. Auftrag übernimmt die Verarbeitung der Eingabedaten und benötigt als Prozessor eine Zentraleinheit. Der 3. Auftrag einer jeweiligen Kette macht die Ausgabe und benötigt einen Ausgabeprozessor. Wir haben also 3 Klassen von Prozessoren, die von den Auftragsketten in gleicher Reihenfolge benötigt werden.

Die Verarbeitung der Aufträge einer Kette darf sich dabei nicht überlappen, d. h. ein für eine bestimmte Prozessorklasse bestimmter Auftrag kann erst dann anfangen, wenn sein Vorgänger auf der vorigen Prozessorklasse fertig geworden ist. Ein Schedule für dieses Problem ist eine bestimmte Belegung der Prozessoren mit Aufträgen, die den genannten Bedingungen genügt. Das Ziel ist, ein Schedule mit minimaler Gesamtlänge (d. h. der letzte Auftrag muß möglichst früh fertig sein) zu finden. Dieses Problem wird als ein Flow-Shop-Problem bezeichnet. Die Ausführungszeiten, die von jedem Auftrag benötigt werden, sind gemäß Voraussetzung vorher bekannt. Derartige Aufgabenstellungen gibt es in Echtzeitanwendungen (z. B. Prozeßsteuerung) und bei häufig benutzten Betriebssystemkomponenten, die in festgelegter Reihenfolge bei bekannten Ausführungszeiten durchlaufen werden müssen. Im industriellen Bereich finden sich Flow-Shop-Probleme überall dort, wo Produkte in verschiedenen Stufen hergestellt werden.

Die ersten Flow-Shop-Algorithmen wurden von Johnson [3] im Jahre 1954 angegeben. Sie behandeln das Problem von 2 bzw. 3 Prozessorklassen, wobei jedoch nur 1 Prozessor in jeder Klasse zugelassen ist. Für den erstgenannten Fall eines zweistufigen Flow-Shops konnte Johnson zeigen, daß sein Algorithmus eine optimale Lösung liefert. Der Algorithmus für 3-stufige Flow-Shops ist im allgemeinen Fall nicht optimal, stellt aber eine gute und praktisch ausreichende Näherungslösung dar.

Die Problemstellung wird erheblich komplexer, wenn in jeder Klasse mehrere Prozessoren zugelassen werden. In Abschnitt 2 wird gezeigt, warum es nicht nur ziemlich hoffnungslos, sondern auch unzweckmäßig ist, Algorithmen zu suchen, die eine optimale Lösung liefern sollen. Sie wären zu aufwendig, um noch sinnvoll eingesetzt werden zu können. Dazu werden zwei Sätze von Johnson [3] über künstliche Leerlaufzeiten und Permutationsschedules auf den Fall mehrerer Prozessoren in den Stufen erweitert. Das Ziel ist also, nur suboptimale, aber dafür einfache

Algorithmen zu finden. Dabei ist es wünschenswert, wenn Aussagen über die Güte des Algorithmus gemacht werden können. Dazu dienen Abschätzungen des schlechtestmöglichen Verhältnisses zwischen der optimalen Schedulelänge und der Länge eines durch den Algorithmus produzierten Schedules.

Für Konfigurationen mit mehreren Maschinen in zwei Stufen haben Shen und Chen [4] einen Algorithmus für einen Spezialfall angegeben. Sie stellen dabei an die Auftragsmenge die stark einschränkende Forderung, daß die jeweils kleinsten Aufträge für die erste Stufe die jeweils größten Folgeaufträge für die zweite Stufe haben.

Für zweistufige Probleme soll hier ein Algorithmus vorgestellt werden, der mit einer gewissen Vorausschau arbeitet und keine einschränkenden Anforderungen an die Auftragsmengen stellt. Für Auftragsmengen, die den oben genannten Bedingungen genügen, vereinfacht sich der Algorithmus zu dem von Shen und Chen. Wird nur eine Stufe betrachtet, reduziert sich der Algorithmus auf die LPT-Regel. Das Verfahren ist nicht auf den Fall beschränkt, daß alle Aufträge am Anfang schon bekannt sind. Sie können dynamisch eintreffen.

Für M-stufige Probleme wurde ein Algorithmus entwickelt, der auf einem recht einfachen Prinzip beruht und für alle Stufen gleich arbeitet. Je nach dem Zustand der Maschinen der nachfolgenden Stufe wird zwischen zwei Strategien hin- und hergeschaltet. Auch dieses Verfahren kann dynamisch eingesetzt werden.+

2. Struktur optimaler Schedules

Es soll untersucht werden, wie komplex Schedules sein müssen, um eine minimale Länge zu garantieren. Eine auf den ersten Blick unverständliche Anomalie betrifft die künstlichen Leerlaufzeiten. In Satz 1 wird gezeigt, daß von einigen einfachen Ausnahmen abgesehen, Prozessoren künstlich untätig gehalten werden müssen, obwohl Aufträge auf Bearbeitung warten, um optimale Schedulelängen zu erhalten. Satz 2 zeigt, daß sich optimale Schedules nicht durch eine Permutation der Auftragsketten beschreiben lassen. Damit ist auch die Möglichkeit ausgeschlossen die künstlichen Leerlaufzeiten durch Ketten von Leeraufträgen zu erzwingen.

+Die vorgestellten Ergebnisse sind Teil einer Diplomarbeit [5] bei Prof. Dr. W. Brauer am Institut für Informatik in Hamburg.

Im folgenden soll M die Anzahl der Stufen des Flow-Shops angeben, wobei in jeder Stufe $m_1, \ldots, m_M$ Prozessoren zur Verfügung stehen.

Satz 1:

Es gibt optimale Flow-Shop-Schedules die unvermeidbare künstliche Leerlaufzeiten enthalten genau dann, wenn gilt:

(i) $M \geqslant 4$ und $m_i = 1$ (Johnson)

oder

(ii) $M \geqslant 2$ und $m_i \geqslant 2$.

Satz 2:

Es gibt Flow-Shop-Probleme für die kein optimales Schedule existiert, daß sich durch eine Permutation der Auftragsketten (Permutationsschedule) beschreiben ließe, genau dann, wenn gilt:

(i) $M \geqslant 4$ und $m_i = 1$ (Johnson)

oder

(ii) $M \geqslant 2$ und $m_i \geqslant 2$.

Aus den Sätzen 1 und 2 ergibt sich, daß der Aufwand, der allein zur Beschreibung eines optimalen Schedules für ein größeres Problem nötig ist, schon beträchtlich ist. Es müßten die Anfangszeiten jedes Auftrags explizit angegeben werden. Anwendbare Schedulingalgorithmen müssen deshalb auf die Berücksichtigung künstlicher Leerlaufzeiten verzichten.

3. Ein Algorithmus für 2-stufige Flow-Shop-Probleme

Je nach den vorliegenden Anforderungen sind verschiedene Vorgehensweisen sinnvoll. Soll ein Schedule für sehr wenige aber sehr große Aufträge erstellt werden, ist eine enumerative Vorgehensweise angebracht. Da der Rechenaufwand dabei aber exponentiell mit der Größe des Problems wächst, sind der Anwendung enumerativer Techniken enge Grenzen gesetzt. Dieses gilt insbesondere für Rechnerbetriebssysteme, wo es sonst leicht passieren könnte, daß 90 % der Rechenzeit dazu verwendet würden, die verbleibenden 10 % optimal einzuteilen. Es sind also suboptimale, aber dafür schnelle Schedulealgorithmen notwendig.

Für einen Spezialfall der hier behandelten Probleme ist ein Schedulingalgorithmus von Shen und Chen [5] bekannt. Dabei wird an die Auftragsmenge die Bedingung gestellt, daß die kleinsten Aufträge für die erste Stufe die größten Folgeaufträge für die zweite Stufe haben. Es ist anschaulich klar, daß es vernünftig ist, die Aufträge mit den kleinsten Ausführungszeiten zuerst zu bearbeiten (SPT-Schedule), denn dadurch werden die Prozessoren der zweiten Stufe so früh wie möglich beschäftigt, und das sogar mit den größten Aufträgen (LPT-Schedule).

Im folgenden soll ein Algorithmus vorgestellt werden, der keine einschränkenden Bedingungen an die Auftragsmenge stellt. Der Algorithmus ist durch zwei Struktogramme beschrieben. Für die mathematische Darstellung, die nur für Beweise notwendig ist, sei auf [5] verwiesen.

Algorithmus 1:

Nach einer Anfangsbelegung (Struktogramm 1), die jedem Prozessor einen ersten Auftrag zuteilt, wird jeweils, nachdem ein Auftrag auf einem Prozessor fertig wurde, nach in Struktogramm 2 festgelegten Kriterien ein neuer Auftrag aus der Menge der wartenden Aufträge ausgewählt und bearbeitet.

Der nächste Satz zeigt, daß die bekannten Algorithmen für die hier betrachteten Mehrprozessorsysteme (LPT für M = 1, Shen und Chen für M = 2) Sonderfälle des Algorithmus 1 sind.

<u>Satz 3:</u>

Für Algorithmus 1 gilt:

(i) Für Auftragsmengen, die der Bedingung von Shen und Chen genügen, vereinfacht sich Algorithmus 1 zu dem Algorithmus von Shen und Chen.

(ii) Auf nur eine Prozessorklasse angewendet vereinfacht sich Algorithmus 1 zum LPT-Algorithmus.

Für die Beweise der Sätze in diesem Abschnitt sei auf [5] verwiesen.

Um zu Aussagen über die Performanz von Algorithmus 1 zu kommen, werden zwei extreme Fälle betrachtet: In Behauptung 4 der Fall, daß der Engpaß in der ersten Prozessorklasse liegt, und in Satz 5 der Fall, daß die zweite Prozessorklasse den Engpaß bildet. Dabei ist T_S die Länge eines Schedules S und T_{opt} die zugehörige optimale Schedulelänge.

<u>Behauptung 4:</u>

Sei S ein nach Algorithmus 1 erstelltes Flow-Shop-Schedule, bei dem der zuletzt fertig werdende Auftrag unmittelbar nach seinem Vorgänger anfangen kann. Dann läßt sich eine Folge von Beispielen angeben, die der Grenze

$$\frac{T_S}{T_{opt}} \leq 2 - \frac{1}{m_1}$$

beliebig nahekommt.

<u>Satz 5:</u>

Sei S ein nach Algorithmus 1 erstelltes Flow Shop Schedule, bei dem auf der 2-ten Prozessorklasse keine Leerlaufzeiten zwischen den Aufträgen entstehen. Dann gilt:

(i) $\frac{T_S}{T_{opt}} \leq 2 - \frac{1}{m_2}$

(ii) Der Grenze in (i) kann beliebig nahegekommen werden.

Shen und Chen haben für die Abschätzung der Performanz ihres Algorithmus auch diese beiden extremen Fälle betrachtet. Sie erhielten eine Abschätzung von $3/2 - 1/2\ m_1$ bzw. $3/2 - 1/2\ m_2$. Sie vermuten, daß das insgesamt schlechtestmögliche Verhalten durch das Maximum beider Abschätzungen begrenzt ist. Diese Vermutung liegt auch in dem allgemeinen Fall bei Algorithmus 1 nahe. Ein Beweis steht jedoch noch aus.

4. Ein Algorithmus für M-stufige Flow-Shop-Probleme

Der in diesem Abschnitt beschriebene Algorithmus für M-stufige Flow-Shop-Probleme beruht auf einem einfachen Prinzip. Wenn ein Auftrag auf einem Prozessor fertig geworden ist, wird bestimmt, ob ein Prozessor einer nachfolgenden Klasse untätig ist. Wenn ja, wird unter den wartenden Aufträgen einer ausgewählt, der einen Folgeauftrag hat, der den untätigen Prozessor beschäftigen könnte. Sind alle Prozessoren der nachfolgenden Klassen beschäftigt, wird der größte der wartenden Aufträge ausgewählt. Der Algorithmus sorgt also, wenn nötig, dafür, daß untätige Prozessoren nachfolgender Klassen so schnell wie möglich beschäftigt werden, und optimiert andererseits die eigene Prozessorklasse nach LPT, wenn die Gelegenheit dazu gegeben ist.

Algorithmus 2:

Nach einer Anfangsbelegung (Struktogramm 1) wird jeweils, nachdem ein Auftrag auf einem Prozessor fertig wurde, nach in Struktogramm 3 festgelegten Kriterien ein neuer Auftrag aus der Menge der wartenden Aufträge ausgewählt und bearbeitet.

5. Dynamische Flow-Shop-Probleme

Bei der Behandlung von Flow-Shop-Algorithmen wird üblicherweise davon ausgegangen, daß alle Aufträge vorliegen, wenn das jeweilige Schedulingverfahren gestartet wird. Für die hier vorgestellten Algorithmen ist diese Forderung jedoch nicht zwingend. Sie lassen sich auch anwenden, wenn die Aufträge nach und nach eintreffen. Es muß aber bedacht werden, daß ein Schedulingalgorithmus umso besser arbeiten kann, je größer seine Auswahlmöglichkeiten sind, d. h. je mehr Aufträge am Anfang schon vorliegen.

[1] Coffman, E.G., Jr., Denning, P.J.: Operating Systems Theory. Prentice-Hall, Englewood Cliffs, N.J., 1973

[2] Coffman, E.G., Jr., Ed. et al.: Computer and Job-Shop Scheduling Theory. John Wiley & Sons, New York, 1976

[3] Johnson, S.M.: Optimal Two- and Three-Stage Production Schedules with Set-Up Times Included. Nav. Res. Log. Quart. 1,1 (March), 1954

[4] Shen, V.Y., Chen, Y.E.: A Scheduling Strategy for the Flow-Shop Problem on a System with Two Classes of Processors. Proc. 6th Annual Conf. Inform. Sys. Sci., Dept. of Electrical Engineering, Princeton Univ., Princeton, N.J., March 1972

[5] Böhm, M.: Flow-Shop-Probleme bei Konfigurationen mit mehreren Prozessoren in jeder Stufe. Diplomarbeit, Institut für Informatik, Hamburg 1977

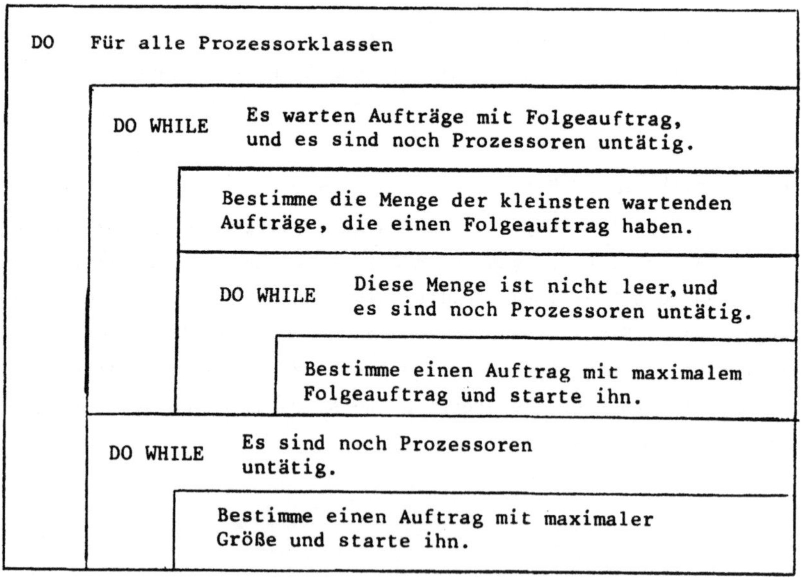

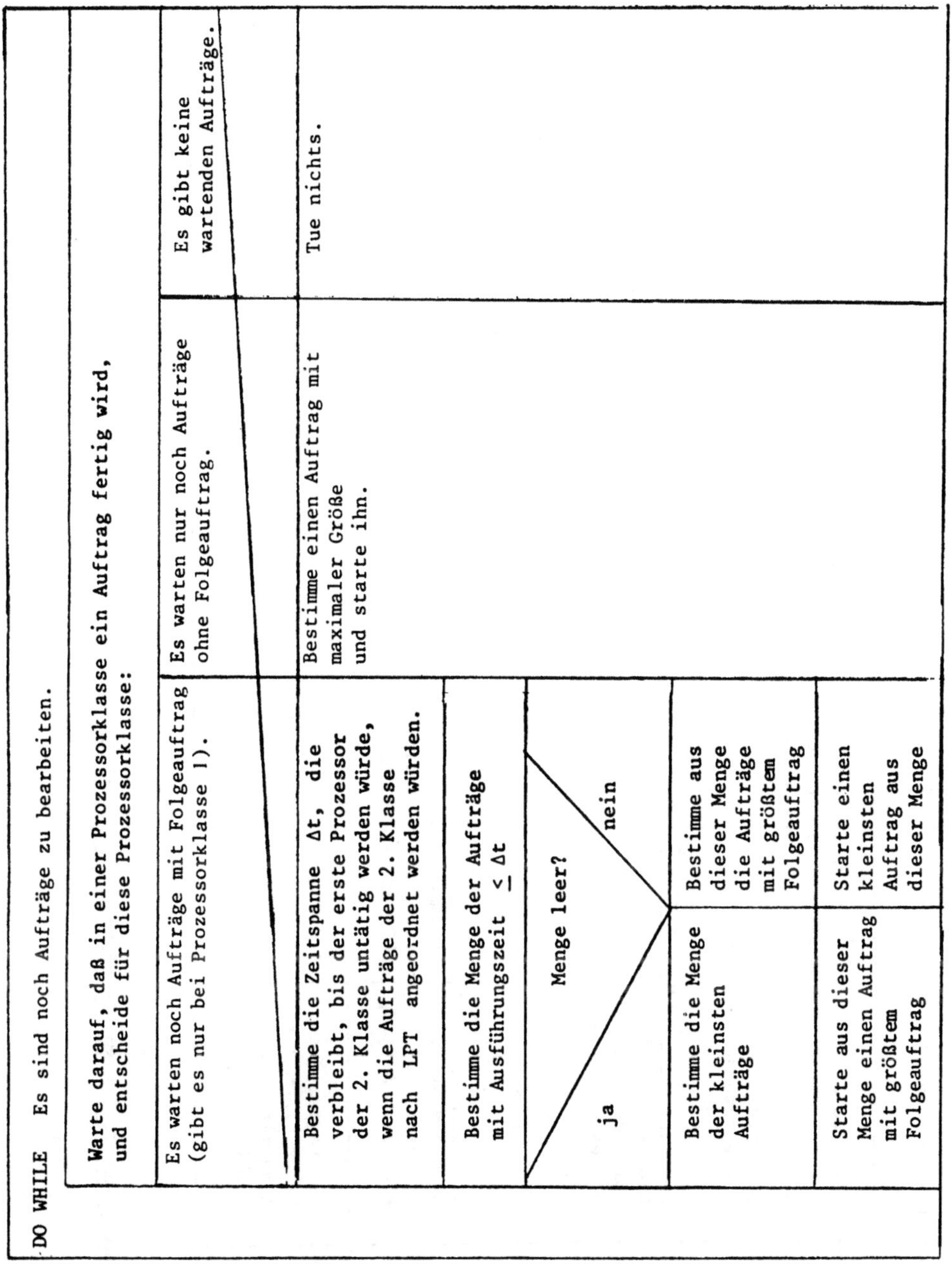

Struktogramm 2: Auswahlverfahren bei Algorithmus 1

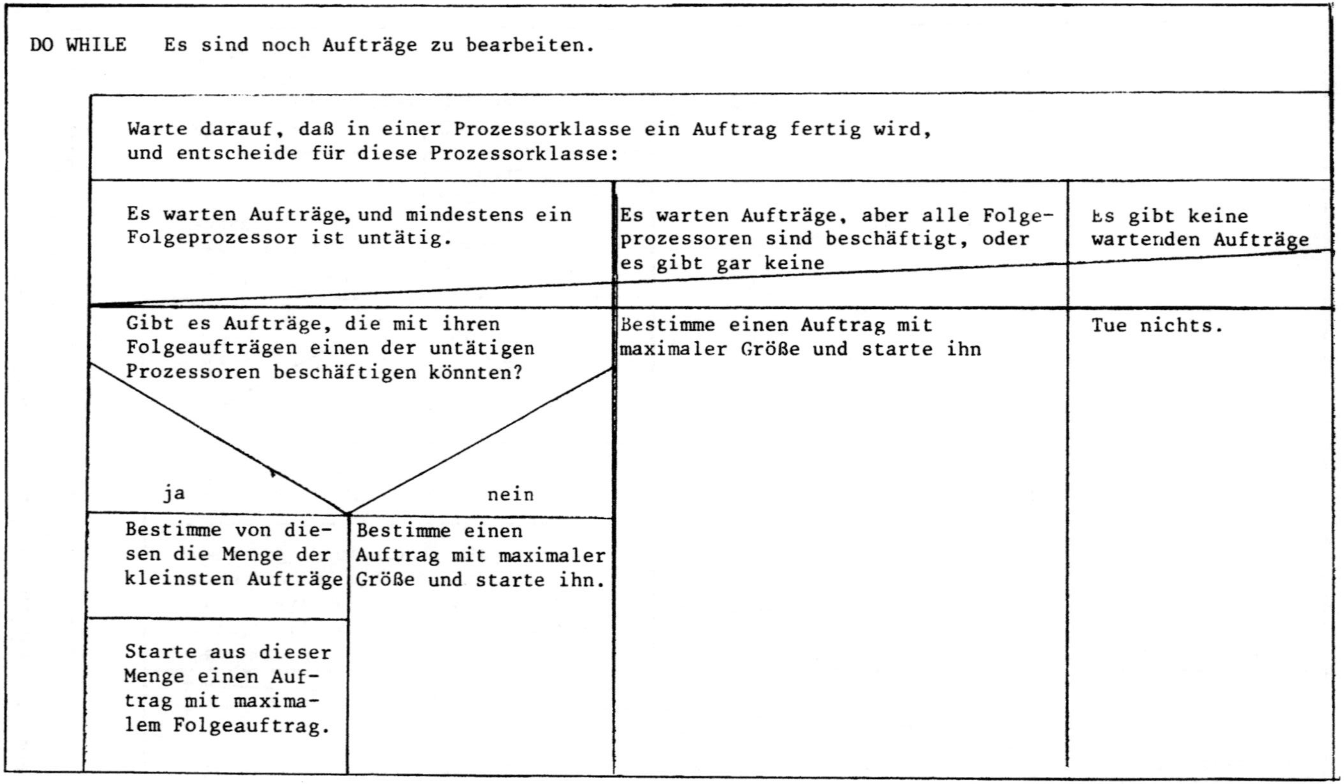

Struktogramm 3: Auswahlverfahren bei Algorithmus 2

Regelungstechnische Untersuchung mehrstufiger Produktions-/Lagerhaltungssysteme

F. Bumba, Erlangen

1. Einleitung

Die optimale Gestaltung der mehrstufigen Produktions-/Lagerhaltungssysteme (P/L-Systeme) stellt ein Problem dar, daß in zwei Phasen zu lösen ist:

1. Festlegung der Struktur des Systems
   Die Elemente des Systems (z.B. Brutto- und Nettobedarf, Sicherheitsbestände, Bestellungen, Produktion) werden alternativ in Beziehung zueinander gestellt. Dadurch entstehen unterschiedliche System-Auslegungen, wie z.B. Systeme mit Bedarfs- oder Verbrauchssteuerung.

2. Optimierung der Parameter einzelner Systemelemente
   Optimale Einstellung der Prognoseparameter, Dimensionierung der Sicherheitsbestände, Losgrößenbildung usw.

Für die optimale Gestaltung des gesamten Systems ist die 1. Phase von entscheidender Bedeutung. Ein strukturell falsch angelegtes System kann i.d.R. durch keine Teiloptimierung seiner einzelnen Elemente wesentlich verbessert werden.

In diesem Beitrag soll gezeigt werden, wie sich das regelungstechnische Instrumentarium einsetzen läßt, um eine gute Systemstruktur zu entwerfen. Zu diesem Zweck werden die mehrstufigen P/L-Systeme als lineare Regelsysteme (LRS) abgebildet, und es wird abgeleitet, wie die Produktion und die Lagerbestände in diesen Systemen auf die Nachfrage reagieren[1)]. Die Güte unterschiedlicher Systemauslegungen wird anhand technischer Kriterien beurteilt. Dabei konzentrieren wir uns auf die Gegenüberstellung der Bedarfs-

---

1) vgl. hierzu Poppelwell, Bonney (1976)

und Verbrauchssteuerung sowie der sog. zentralen und dezentralen Sicherheitsbestandsrechnung. Die Darstellung berücksichtigt ein zweistufiges P/L-System, das die mehrstufigen Systeme hinreichend repräsentiert.

2. Gegenüberstellung Verbrauchs-/Bedarfssteuerung

Ein mehrstufiges P/L-System mit Verbrauchssteuerung ist dadurch gekennzeichnet, daß die Bedarfsinformation für die sekundären Fertigungsstufen aus dem Produktionsniveau der jeweils unmittelbar höheren Fertigungsstufe abgeleitet wird. In einem bedarfsgesteuerten System wird die Bedarfsinformation der sekundären Fertigungsstufen aus dem Primärbedarf (Nachfrage) bestimmt. Beide Alternativen werden in Abb. 1 in Form eines Blockdiagramms dargestellt.

Ist S_V geschlossen, wird die Bedarfsinformation der 2. Stufe (b_2) durch die Produktionsentscheidung der 1. Stufe (p_1) bestimmt. Die 2. Stufe ist verbrauchsgesteuert. Andernfalls (S_B zu, S_V auf) wird die Bedarfsinformation der 2. Stufe direkt aus dem Primärbedarf (r) abgeleitet. Dadurch erhält man ein bedarfsgesteuertes System.

Unter der Annahme, daß

- alle Transaktionen (Lagerzu- und Lagerabgang, Produktionsentscheidung, Bedarfsermittlung) jeweils am Anfang der Planungsperiode erfolgen,
- Bedarfsvorhersage sich der exponentiellen Glättung bedient,
- die Durchlaufzeit der Fertigung eine Periode beträgt,

läßt sich das verbrauchsgesteuerte (bedarfsgesteuerte) System durch Differenzgleichungen (1) und (2) beschreiben:

(n = Periodenindex)

1. Stufe:
$$\begin{aligned} l_1(n) &= l_1(n-1)+p_1(n-1)-r(n) \qquad (1)\\ b_1(n) &= \alpha\, r(n)+(1-\alpha)b_1(n-1)\\ p_1(n) &= b_1(n)-l_1(n) \end{aligned}$$

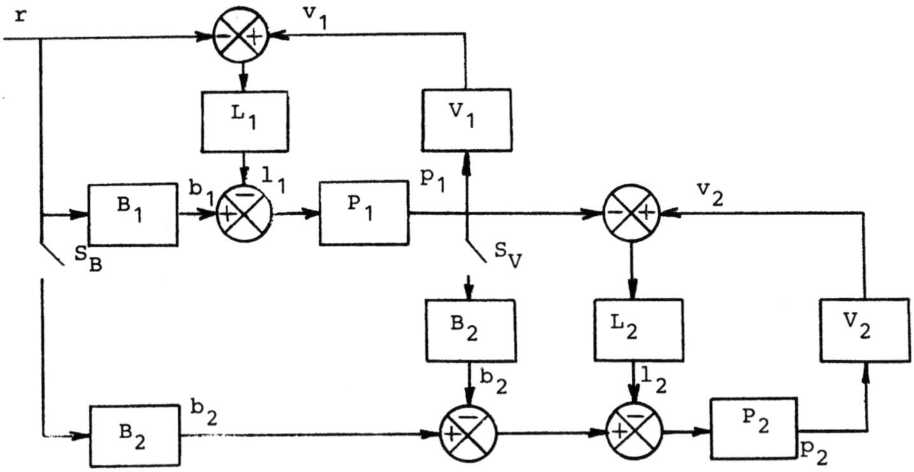

Abb. 1 Blockdiagramm eines zweistufigen P/L-Systems mit Bedarfs- oder Verbrauchssteuerung

r	= Nachfrage
b_i	= Bedarf der Stufe i
l_i	= Lagerbestand der Stufe i
p_i	= Produktionsentscheidung der Stufe i
v_i	= Lagerzugang der Stufe i, gegenüber p_i um die Durchlaufzeit λ verzögert
S_B (S_V)	= Schalter für Bedarfs- (Verbrauchs-)Steuerung
B	= Bedarfsermittlung
P	= Produktion
V	= Produktionsverzögerung (Durchlaufzeit λ)
L	= Lager

2. Stufe: (verbrauchsgesteuert) (2.1)

$$l_2(n) = l_2(n-1)+p_2(n-1)-p_1(n)$$
$$b_2(n) = \alpha p_1(n)+(1-\alpha)b_2(n-1)$$
$$p_2(n) = b_2(n)-l_2(n)$$

2. Stufe: (bedarfsgesteuert)

$$
\begin{aligned}
l_2(n) &= l_2(n-1)+p_2(n-1)-p_1(n) && (2.2)\\
b_2(n) &= \alpha\, r(n)+(1-\alpha)b_2(n-1)\\
p_2(n) &= b_2(n)-l_2(n)
\end{aligned}
$$

Die Auflösung von (1) und (2) für p_2 und l_2 nach r ergibt die Gewichtungsfunktionen g_V (Verbrauchssteuerung) und g_B (Bedarfssteuerung):

$$
g_V(n)\,{}^{p}_{r}2 = \begin{cases} (\alpha+1)^2 & (n=0)\\ -2\,\alpha^2(1+\alpha) & (n=1)\\ \alpha^2\left[\alpha^2(n+1)-2\right](1-\alpha)^{n-2} & (n\geq 2)\end{cases} \qquad (3.1)
$$

$$
g_V(n)\,{}^{l}_{r}2 = \begin{cases} -(\alpha+1) & (n=0)\\ \alpha(2\alpha+1) & (n=1)\\ \alpha\left[\alpha+1-\alpha^2(n+1)\right](1-\alpha)^{n-2} & (n\geq 2)\end{cases} \qquad (3.2)
$$

$$
g_B(n)\,{}^{p}_{r}2 = \begin{cases} 1+2\alpha & (n=0)\\ -2\,\alpha^2(1-\alpha)^{n-1} & (n\geq 1)\end{cases} \qquad (4.1)
$$

$$
g_B(n)\,{}^{l}_{r}2 = \begin{cases} -(\alpha+1) & (n=0)\\ \alpha(1+\alpha)(1-\alpha)^{n-1} & (n\geq 1)\end{cases} \qquad (4.2)
$$

Die Gewichtsfunktionen beschreiben die Antwort der Outputgrößen (l_2, p_2) auf die Impulsnachfrage

$$
\begin{aligned}
r(0) &= 1 \quad \text{für } n = 0 && (5)\\
r(n) &= 0 \quad \text{für } n \neq 0
\end{aligned}
$$

Für $\alpha = 0{,}5$ erhalten wir aus (3) und (4) Impulsantworten, die in der Abbildung 2 dargestellt sind.

Die Antwort h (n) auf einen beliebigen Input r (n) erhält man durch die Faltung der Input- und der Gewichtsfunktion:

$$
h(n) = \sum_{j=0}^{n} r(j)g(n-j) \qquad n = 0, 1, \ldots, \infty \qquad (6)
$$

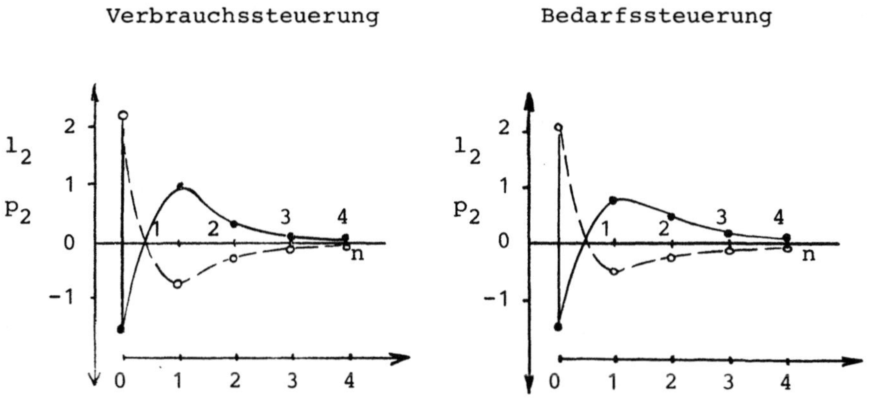

Abb. 2 Antworten von p_2 und l_2 auf eine Impulsnachfrage (5) für $\alpha = 0{,}5$

o = Produktion p_2
● = Lagerbestand l_2

Ist die Nachfrage r ein stationärer, unkorrelierter Gaußscher Prozeß mit $E\left[r(n)\right] = \mu$ und $V\left[r(n)\right] = \sigma^2$, ist die Systemantwort ebenfalls ein Gaußscher Prozeß mit[1])

$$E\left[h(n)\right] = \mu \sum_{j=0}^{n} g(j) \tag{7.1}$$

$$V\left[h(n)\right] = \sigma^2 \sum_{j=0}^{n} \left[g(j)\right]^2 \tag{7.2}$$

Zur Beurteilung der Systeme wählen wir die Varianz des Lagerbestandes l_2 im steady-state-Zustand. Sie ergibt sich aus

$$\lim_{n \to \infty} V\left[l_2\right] = \sigma^2 \sum_{j=0}^{\infty} \left[g(j)^{l_2}_{r}\right]^2 \tag{8}$$

1) vgl. hierzu Bishop (1975) S. 203 ff. und Drenick (1976) S. 184 ff.

Nach diesem Kriterium ist dasjenige System besser, dessen Varianz der Nachfrage niedriger ist.

Die analytischen Ausdrücke für die steady-state-Varianzen sind ziemlich unübersichtlich. Deswegen vergleichen wir die l_2-Varianzen anhand der Tabelle 1 für drei ausgewählte α-Werte und $V[r(n)]=1$:

	steady-state-Varianz des Lagerbestandes l_2		
	$\alpha = 0$	$\alpha = 0{,}5$	$\alpha = 1$
Verbrauchs-steuerung	1	3,4	13
Bedarfs-steuerung	1	3,0	8
Differenz	0	0,4	5

Tabelle 1 Vergleich der steady-state-Varianzen des Lagerbestandes der 2. Stufe bei Bedarfs- und Verbrauchssteuerung

Aus der Tabelle 1 geht hervor, daß ein bedarfsgesteuertes System im Sinne des gewählten Gütekriteriums besser ist. Der Vorteil nimmt mit dem Wert der Glättungskonstante α zu.

3. Gegenüberstellung dezentrale-zentrale Sicherheitsbestandsrechnung (SB-Rechnung)

Die dezentrale SB-Rechnung bestimmt die Sicherheitsbestände (SB) der sekundären Fertigungsstufen aus den Produktionsentscheidungen der unmittelbar höheren Stufe. Die zentrale SB-Rechnung leitet die SB direkt aus der Nachfrage ab.

Beide Verfahren werden im Rahmen eines bedarfsgesteuerten Systems gegenübergestellt. Ihr Blockdiagramm ist in Abb. 3 enthalten:

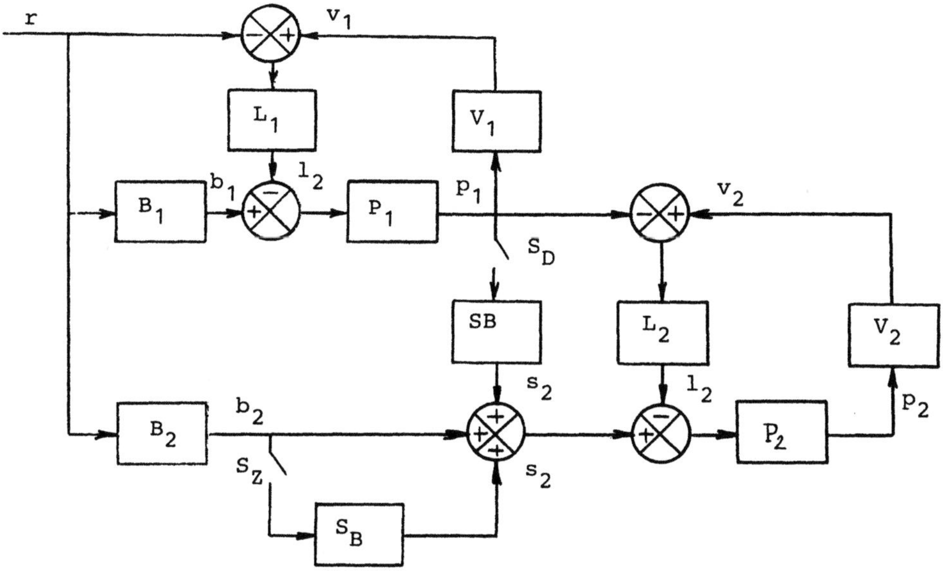

Abb. 3 Blockdiagramm eines zweistufigen P/L-Systems mit zentraler oder dezentraler SB-Rechnung

SB = Sicherheitsbestand
s_2 = Höhe des SB der 2. Stufe
S_Z (S_D) = Schalter für zentrale (dezentrale) SB-Rechnung

Ist S_Z geschlossen und S_D geöffnet, ist SB zentral (aus der Nachfrage) dimensioniert. Andernfalls (S_Z auf S_D zu) wird SB aus p_1 abgeleitet. In beiden Fällen definieren wir s_2 als ß-Anteil der bestimmenden Größe, d.h.

$s_2 = ßp_1$ (dezentrale SB-Rechnung) oder
$s_2 = ßb_2$ (zentrale SB-Rechnung)

Die Differenzgleichungen für die 1. Stufe sind mit (1) identisch.

Für die 2. Stufe gilt:

dezentrale SB-Rechnung:

$$\text{Stufe 2:}\quad \begin{aligned} l_2(n) &= l_2(n-1)+p_2(n-1)-p_1(n) \\ b_2(n) &= \alpha r(n)+(1-\alpha)b_2(n-1) \\ p_2(n) &= b_2(n)+\beta p_1(n)-l_2(n) \end{aligned} \qquad (9.1)$$

zentrale SB-Rechnung:

$$\text{Stufe 2:}\quad \begin{aligned} l_2(n) &= l_2(n-1)+p_2(n-1)-p_1(n) \\ b_2(n) &= \alpha r(n)+(1-\alpha)b_2(n-1) \\ p_2(n) &= (1+\beta)b_2(n)-l_2(n) \end{aligned} \qquad (9.2)$$

Die Gewichtsfunktionen:

$$g_D(n)_r^{p_2} = \begin{cases} 1+\beta+\alpha(\beta+2) & (n=0) \\ -\beta(\alpha+1)-\alpha^2(\beta+2) & (n=0) \\ \alpha^2\left[\alpha(\beta+2)-2\right](1-\alpha)^{n-2} & (n\geq 2) \end{cases} \qquad (10.1)$$

$$g_D(n)_r^{l_2} = \begin{cases} -(\alpha+1) & (n=0) \\ (1+\alpha)(\alpha+\beta) & (n=1) \\ \alpha\left[1-\alpha(\alpha+\beta)\right](1-\alpha)^{n-2} & (n\geq 2) \end{cases} \qquad (10.2)$$

$$g_Z(n)_r^{p_2} = \begin{cases} 1+\alpha(\beta+2) & (n=0) \\ -\alpha^2(\beta+2)(1-\alpha)^{n-1} & (n\geq 1) \end{cases} \qquad (11.1)$$

$$g_Z(n)_r^{l_2} = \begin{cases} -(\alpha+1) & (n=0) \\ \alpha(\alpha+\beta+1)(1-\alpha)^{n-1} & (n\geq 1) \end{cases} \qquad (11.2)$$

Unter Anwendung von (7), (8), (10) und (11) können wiederum die Varianzen von l_2 berechnet werden. Für drei ausgewählte α- und β-Werte sowie $V[r(n)] = 1$ sind sie in der Tabelle 2 enthalten.

Anhand der Tabelle 2 sind Vorteile der zentralen SB-Rechnung feststellbar, die mit steigenden α und β zunehmen.

	steady-state-Varianz des Lagerbestandes l_2								
	ß = 0			ß = 1			ß = 2		
	α=0	α=0.5	α=1	α=0	α=0.5	α=1	α=0	α=0.5	α=1
dezentrale SB-Rechnung	1	3	8	2	7.33	21	5	22.51	44
zentrale SB-Rechnung	1	3	8	1	4.33	13	1	6.33	20
Differenz	0	0	0	1	3	8	4	14.18	24

Tabelle 2 Vergleich der steady-state-Varianzen des Lagerbestandes der 2. Stufe bei dezentraler und zentraler SB-Rechnung

4. Abschließende Bemerkungen

Aus den obigen Ausführungen folgt:

Ein mehrstufiges P/L-System mit Nachfrage in Form eines stationären unkorrelierten Gaußschen Prozesses weist die niedrigste Varianz der Lagerbestände auf, wenn es als ein System mit Bedarfssteuerung und zentraler SB-Rechnung gestaltet ist. In diesem Fall werden die Soll-Lagerbestände am genauesten eingehalten.

Eine Verallgemeinerung der aufgezeigten Analyse in Richtung auf

- kompliziertere Systeme
- allgemeinere Nachfrageverläufe
  (nicht stationär, korreliert)

ist im Prinzip möglich, falls der erhöhte Rechenaufwand in Kauf genommen wird.

Literatur

Bishop, A. B.: Introduction to descrete linear controls, Academic Press, 1975

Drenick, R. F.: Optimierung linearer Regelsysteme, Oldenburg, 1967

Poppelwell, K. Bonney, M. C.: The application of descrete linear control theory to the synthesis and analysis of production/inventory control systems in a multi-product multi-level enviroment. Preprints of Second European Congress on OR, 1976, Stockholm, North-Holland Publ. Comp.

Simulationsuntersuchungen zur Reihenfolgeplanung unter dem Einfluß von Vereinheitlichungs-Elementen der Produktion

R. Haupt, Köln

1. Simulative Ansätze zur Reihenfolgeplanung der industriellen Auftragsbearbeitung

Während exakte Methoden zur Reihenfolgeplanung weitgehend einschränkenden Prämissen unterliegen, sind nicht-exakte, heuristische Verfahren auch in realitätsnäheren Modellen erprobt worden. Insbesondere eröffnet sich der Simulation auf der Basis von Prioritätsregeln ein weites Anwendungsfeld. Jedoch weist das entsprechende Schrifttum [1] überwiegend Ansätze auf, die auf idealisierten Fertigungsbedingungen - wenn auch praxisnäher als in den Beiträgen der exakten Reihenfolgeplanung - beruhen. Die wenigen ausgesprochen anwendungsbezogenen Ansätze [2] zeigen die ganze Komplexität eines aussagekräftigen Simulationsexperiments.

2. Berücksichtigung von Elementen der Vereinheitlichung bei Untersuchungen zur Reihenfolgeplanung

2.1 Kennzeichnung der Vereinheitlichung

Ein Charakteristikum der abstrahierenden Simulationen zur Reihenfolgeplanung stellen die zufallsmäßig generierten Aufträge dar, die durch willkürliche Bearbeitungsfolgen, also durch den Typ einer ausgeprägten Einzelfertigung, beschrieben werden. In Wirklichkeit zeigt ein genauerer Blick auf die große Masse der Industrieunternehmungen, daß die Produkte durch einen beträchtlichen Anteil an gleichen oder ähnlichen Teilen und Abläufen repräsentiert werden. Dabei ist keineswegs nur an den Fertigungstyp der (Groß-)Serien- oder Massenfertigung gedacht, sondern auch gerade

---

1) vgl. die Bibliographien in CONWAY/MAXWELL/MILLER (5.), DAY/HOTTENSTEIN (6.) und HOCH (13.).

2) vgl. z.B. BULKIN/COLLEY/STEINHOFF (4.), GRÄSSLER (1o.),BERR/PAPENDIECK (2.) und HAUK (11.).

an Unternehmungen, die - vom Gesamterzeugnis her gesehen- als Einzelfertiger anzusprechen sind, deren Teilespektrum aber wesentlichen Elementen der Vereinheitlichung unterliegt.

Mit Vereinheitlichung [3] wird das Bestreben der Unternehmung beschrieben, durch Angleichung den Produktelementen mehrfache Verwendungsweisen und damit höhere Auflagen sicherzustellen [4]. Dieses Bestreben begründet sich durch den Kostendegressionseffekt [5], der von steigenden Auflagenhöhen ausgeht. Im einzelnen können den Standardisierungsbemühungen vor allem folgende Tatbestände zugerechnet werden [6]:

- Normung (von Einzelteilen),
- Typung (als Stufung der Baureihe eines Produktes),
- Baukastentechnik (als Prinzip der Kombinationsmöglichkeiten von wenigen Elementen zu einer Vielzahl von Endprodukten) und
- Teilefamilienfertigung (als Zusammenfassung von Teilen mit gleichem Ablauf, d.h. gleicher Bearbeitungsfolge, aber unterschiedlichen Bearbeitungszeiten).

Allen Fällen ist gemeinsam, daß die Produktelemente in größeren Serien (Losen) zusammengefaßt, auf Vorrat gelagert und bei Bedarf für unterschiedliche Erzeugnistypen abgerufen werden können. Der Vereinheitlichung wohnt also eine Tendenz zur Serienfertigung inne.

2.2 Der Einfluß der Vereinheitlichung auf die Reihenfolgeplanung

Da die Ermittlung einer optimalen Reihenfolge umso bedeutungsloser wird, je gleichartiger die zu bearbeitenden Einheiten sind [7], darf erwartet werden, daß die Reihenfolgeplanung durch Vereinheitlichung an Relevanz verliert. Ebenso leuchtet ein, daß die Ausdehnung mehrfach verwendbarer Elemente den Spielraum der Reihenfolgeplanung erhöht [8], denn die Fertigung auf Vorrat wirkt dem Terminzwang entgegen. Daher ist anzunehmen, daß durch Ein-

3) vgl. BESTE (3.).
4) vgl. ELLINGER (8.), S.489.
5) vgl. Derselbe, S.489.
6) vgl. Derselbe, S.489 ff.
7) vgl. ELLINGER (9.), Sp.3411 f.
8) vgl. ELLINGER (7.), S.65.

satz von Vereinheitlichungsformen die Ergebnisse unterschiedlicher Reihenfolgeentscheidungen

- sich insgesamt (aufgrund des elastischeren Spielraums der Reihenfolgeplanung) verbessern und
- sich im einzelnen (aufgrund der Tendenz zur Gleichartigkeit) weniger voneinander abheben.

2.3 Reihenfolgeplanung im besonderen Fall von Netzaufträgen in der Fertigung

In der Literatur [9] werden diese Hypothesen zwar - wenn auch nicht explizit - am Rande erwähnt, aber nicht geprüft. Sie sollen nun für einen besonderen Fall genauer untersucht werden.

Anstatt - wie in den meisten Simulationsstudien zur Reihenfolgeplanung üblich - Erzeugnisse in Form reiner Einzelteile durch die Fertigung zu steuern, sollen hier Aufträge zugrundeliegen, die durch die Verknüpfung von Teilen zu Baugruppen und durch die Montage dieser zu Baueinheiten höherer Ordnung bis hin zur Endmontage eines fertigen Erzeugnisses charakterisiert sind. Man mag dabei an Produkte wie Getriebe oder Maschinen denken, wenn auch deren zahlenmäßiger Umfang an eingehenden Teilen beträchtlich reduziert im Modell abgebildet werden soll.

Es wurden an anderer Stelle Prioritätsregeln, die solchen Fertigungsstrukturen unter Montage-Restriktionen adäquat sind, getestet [1o]: Sie zielen nicht nur auf eine möglichst rechtzeitige, sondern auch auf eine möglichst gleichzeitige Fertigstellung der zu montierenden Elemente ab, um die montagebedingten Wartezeiten zu verhindern. Man kann von einer Strategie des "pace-up" (Aufrücken) [11] oder der "Synchronisation" [12] sprechen, wodurch im ständigen Vergleich des Arbeitsfortschrittes von Partnerteilen einer Montageeinheit ein Nachhinken eines Teils möglichst vermieden wird; so kann etwa einem Partnerteil eines ohnehin verspäteten Teils ebenfalls ein zusätzlicher Spielraum gewährt werden, wenn

---

9) vgl. BERR/PAPENDIECK (2.), SCHACHT (18.), BECHTE (1.).

1o)vgl. MAXWELL (15.), MAXWELL/MEHRA (16.) und HAUPT (12.).

11)MAXWELL/MEHRA (16.), S.248.

12)CONWAY/MAXWELL/MILLER (5.), S.245.

dafür der Termindruck auf andere Teile in der Fertigung gemildert werden kann. Es muß betont werden, daß solche synchronisierende Prioritätsregeln einen ausgesprochen hohen Informationsaufwand erfordern.

2.4 Auftragsstrukturen mit unterschiedlichem Grad an Vereinheitlichung

Die 2 Auftragsstrukturen mit unterschiedlichem Grad an Vereinheitlichung können folgendermaßen gegenübergestellt werden:

- Zum einen handelt es sich um Produkte mit jeweils 3 Hauptbaugruppen sowie einigen zusätzlichen Ausrüstungsteilen; man mag - quantitativ vereinfacht - an eine Werkzeugmaschine, z.B. an einen Mehrspindeldrehautomaten denken. Diese Produkte werden auf Kundenbestellung hin einzeln in Auftrag gegeben.
- Zum anderen kann an dem gleichen Produkt eine eher homogene Grundstruktur, die sich mehreren Markttypen zuordnen läßt, und eine individuelle, kundenspezifische Endausstattung erkannt werden. Eine derartige, in der Praxis häufig vertretene "vertikale Mischform von Kunden- und Marktproduktion" [13] legt es nahe, die Grundgestalt des Gesamterzeugnisses typweise in kleinen Serien auf Vorrat zu fertigen und anschließend einzeln auf Kundenauftrag hin zum vollständigen Produkt auszustatten.

Damit steht ein Simulationsmodell mit "Auftragsfertigung" einem solchen mit "Kombinierter Auftrags- und Marktfertigung", also mit einem höheren Grad an Vereinheitlichung, gegenüber. Dabei muß betont werden, daß beiden Auftragsstrukturen der gleiche Teileumfang - auf diese Weise werden vergleichbare Ergebnisse der Simulation erzielt -, aber unterschiedliche Dispositionsweisen zugrundeliegen: im ersten Fall Einzelfertigung [14], im zweiten Fall Kleinserienfertigung beim Grunderzeugnis und Einzelfertigung beim Enderzeugnis.

Ausdrücklich wird im zweiten Modell der Kostendegressionseffekt größerer Auflagen außer Acht gelassen, um den Zusammenhang zwi-

13) RIEBEL (17.).

14) Beiden Modellen ist eine permanente Lagerhaltung gewisser Kleinteile,also ein Minimum an Vereinheitlichung,gemeinsam.

schen der Vereinheitlichung und der Reihenfolgeplanung isoliert untersuchen zu können.

3. Bedingungen und Ergebnisse der Simulationsuntersuchungen

3.1 Ziele der Reihenfolgeplanung

Als Ziele werden in den Simulationsläufen verfolgt:

- die Minimierung der Kapitalbindungskosten (KB), dargestellt durch die Verzinsung des als mittlerer Lagerwert ausgedrückten Kapitals; dabei kann KB in die Zinsen auf das in der Fertigung (KB_F) und in dasjenige in der Montage (KB_M) gebundene Kapital differenziert werden;
- die Minimierung der durchschnittlichen Terminüberschreitung(TÜ) (TÜ) und
- die Minimierung der durchschnittlichen Durchlaufzeit (DLZ) der Aufträge;
- die Maximierung der(pro Zeiteinheit) mittleren Kapazitätsauslastung (KAP).

3.2 Strategien der Reihenfolgeplanung

Als recht wirkungsvolle Prioritätsregel wurde verschiedentlich[15)] eine Konzeption erprobt, welche die kürzesten Puffer- (oder Schlupf-) zeiten der Aufträge (oder Varianten davon) bevorzugt, z.B. die auf die Restarbeitsgänge oder die Restfertigungszeit eines Teils bezogene Pufferzeit. Diese letztere wird im Modell als Basiskomponente herangezogen, additiv ergänzt um eine "Synchronisations"-Komponente, die auf dem Vergleich der Pufferzeiten der Partnerteile beruht [16)]. Vier alternative Simulationsläufe (mit alternativen Gewichtungsfaktoren a [%] der Synchronisationskomponenten, mit a = 0, 1o, 2o und 3o%) in beiden Modelltypen, also insgesamt 8 Läufe, stehen zum Vergleich an.

3.3 Ergebnisse der Simulationsuntersuchungen

Tab.1 zeigt die Ergebnisse dieser 2 Serien mit je 4 Läufen. Diese lassen sich wie folgt auswerten:

---

15) vgl. HOSS (14.), S.166; MAXWELL/MEHRA (16.),S.247 u.a.

16) vgl. HAUPT (12.), S.1o7 ff.

Strategien / Ziel-erreichungsgrade		"Auftragsfertigung"				"Kombinierte Auftrags- und Marktfertigung"			
		"Synchronisations"-Komponente mit einem Gewicht von a =							
		0 %	10 %	20 %	30 %	0 %	10 %	20 %	30 %
(1)	KB_F	3.836	2.681	2.515[3]	2.640	5.116	5.1o3	4.962	5.096
(2)	KB_M	12.697	12.574	12.150	13.270	20.591	20.782	19.226	19.763
(3)	$KB = KB_F + KB_M$	16.533	15.255	14.665	15.910	25.707	25.885	24.188	24.859
(4)	TÜ [2]	-676	-701	-716	-692	-523	-521	-527	-522
(5)	DLZ	417	379	369	393	611	607	607	608
(6)	KAP	68,7%	70,2%	70,1%	70,3%	65,7%	66,6%	66,1%	67,1%

Tab.1: Ergebnisse der Simulationsläufe[1]

1) Die Modelle wurden in GPSS V programmiert und auf der CDC-CYBER 72 der Universität zu Köln zum Ablauf gebracht; jeder Lauf wurde mit der Fertigstellung von 5o Enderzeugnissen abgebrochen.

2) Aufgrund hoher Terminvorgaben wurden nur negative Terminüberschreitungen erzielt; als optimal gilt also der Wert mit dem größten Absolutbetrag von TÜ.

3) Der optimale Lauf innerhalb jeder Serie für die einzelnen Ziele ist unterstrichen.

- In jedem Fall gelingt der Synchronisation (a 0%) eine Verbesserung der reinen Basisregel (Puffer-pro-Restfertigungszeit-Regel): Die besten Ergebnisse für jedes Ziel in beiden Serien werden nur von Regeln mit Synchronisationseinfluß erzielt; in den meisten Fällen liegen sogar die schlechtesten Ergebnisse bei den Läufen mit a = 0%.
- Der Gewichtungsanteil von a = 20% schneidet (abgesehen von der Kapazitätsauslastung) am besten ab, und zwar unabhängig vom Grad der Vereinheitlichung, d.h. in beiden Serien.
- Die Serie "Auftragsfertigung" ist derjenigen der "Kombinierten Auftrags- und Marktfertigung" ohne Einschränkungen überlegen. Die Elastizität der Reihenfolgeplanung steigt also nicht mit Einsatz von Vereinheitlichungsbestrebungen. Damit wird die erste der in 2.2 ausgesprochenen Hypothesen eindeutig widerlegt. Eine Erklärung hierfür kann die Tatsache liefern, daß Netzaufträge (statt Einzelteilaufträge) und zudem solche Netzaufträge mit disharmonischer Vereinheitlichungsstruktur, d.h. mit zur Endausrüstung hin abnehmendem Seriencharakter, vorliegen. Die erwartete Ausdehnung des Spielraums der Reihenfolgeplanung bleibt unter diesen speziellen Modellbedingungen aus und weicht stattdessen Abstimmungsschwierigkeiten aufgrund dieser komplexen Auftragsstrukturen [17].
- Dagegen wird die zweite Hypothese (aus 2.2) überzeugend verifiziert: Tab.2 zeigt, daß die Profilierung der Regeln untereinander in beiden Serien erheblich voneinander abweicht; mit Ausnahme der Zielerreichungsgrade für KB_M und KAP beträgt der relative Unterschied von der besten zur schlechtesten Regel bei der ersten Serie ein jeweils Vielfaches gegenüber demjenigen der zweiten Serie.

---

17) Schließlich könnte evtl. vermutet werden, daß mit der geringen Anzahl der durchgeschleusten Aufträge (5o Stück) das System noch nicht seinen Gleichgewichtszustand erreicht hat.

	"Auftragsfertigung"	"Kombinierte Auftrags- und Marktfertigung"
KB_F	35,1	3,0
KB_M	8,4	7,5
KB	11,3	6,6
TÜ	5,9	0,9
DLZ	11,5	0,6
KAP	1,0	1,0

Tab.2: Verbesserung der Ergebnisse des besten gegenüber dem schlechtesten Lauf einer Serie bei den einzelnen Zielen in %

4. Konsequenzen

Da sich die Modellkonstruktion eng an praktische Gegebenheiten industrieller Auftragsbearbeitung anlehnt, müßte weiter überprüft werden, ob sich eine realitätsnahe Vereinheitlichung (in der Art der 2. Modellserie) überhaupt in einer höheren Elastizität der Reihenfolgeplanung auswirken kann. Allerdings geht der Anstoß zur Standardisierung ohnehin nicht von der Reihenfolgeplanung, sondern von der Kostensenkung aufgrund des Gesetzes der Massenproduktion aus.

Zum anderen sind angesichts der schwachen Profilierung der Prioritätsregeln bei dem weit verbreiteten Vereinheitlichungs-Typ die Ergebnisse der wenig anwendungsorientiert ausgerichteten Simulationsstudien zur Reihenfolgeplanung in der Literatur mit ihren beträchtlichen Verbesserungsraten gewisser Regelungen zu relativieren [18]. Vor allem stellt sich auch die Frage nach der Wirtschaftlichkeit solcher komplexer und informationsaufwendiger Regeln wie der "Synchronisation" in der industriellen Praxis.

Literaturhinweise:

1. Bechte, H.: Belastungsorientierte Losgrößenrechnung bei gemischt auftragsgebundener und lagergesteuerter Teilefertigung, Diss.Köln 1973.
2. Berr, U./Papendieck, A.J.: Produktionsreihenfolgen und Losgrößen der Serienfertigung in einem Werkstattmodell, Werkstattstechnik 6o (197o), S.191 ff.
3. Beste, Th.: Rationalisierung durch Vereinheitlichung. In: Beste, Th.: Die Mehrkosten bei der Herstellung ungängiger Erzeugnisse im Vergleich zur Herstellung vereinheitlichter Erzeugnisse, Köln, Opladen 1957, S.9 ff.
4. Bulkin, M.H./Colley, J.L./Steinhoff, H.W.: Load Forecasting, Priority Sequencing and Simulation in a Job Shop Control System, Management Science 13 (1967), Serie B., S.29 ff.
5. Conway, R.W./Maxwell, W.L./Miller, L.W.: Theory of Scheduling, Reading/Mass. 1967.
6. Day, J.E./Hottenstein, M.P.: Review of Sequencing Research, Naval Research Logistic Quarterly 17 (197o), S.11 ff.
7. Ellinger, Th.: Ablaufplanung. Grundfragen der Planung des zeitlichen Ablaufs der Fertigung im Rahmen der industriellen Produktionsplanung, Stuttgart 1959.
8. Derselbe: Industrielle Einzelfertigung und Vorbereitungsgrad, ZfhF 15 (1963) S.481 ff.
9. Derselbe: Reihenfolgeplanung. In: Grochla, E./Wittmann, W. (Hrsg): Handwörterbuch der Betriebswirtschaft, Bd.3, 4.Aufl., Stuttgart 1976, Sp.3412 ff.

1o. Gräßler, D.: Der Einfluß von Auftragsdaten und Entscheidungsregeln auf die Ablaufplanung von Fertigungsstraßen, Diss. Aachen 1968.

11. Hauk, W.: Beitrag zur Lösung des Reihenfolgeproblems bei der Auftragsplanung, Diss.Aachen 1972.
12. Haupt, R.: Reihenfolgeplanung im Sondermaschinenbau. Wiesbaden 1977.
13. Hoch, P.: Betriebswirtschaftliche Methoden und Zielkriterien der Reihenfolgeplanung bei Werkstatt- und Gruppenfertigung, Frankfurt, Zürich 1973

18) vgl. auch BERR/PAPENDIECK (2.).

14. Hoss, K.: Fertigungsablaufplanung mittels operationsanalytischer Methoden, Würzburg, Wien 1965.

15. Maxwell, W.L.: Priority Dispatching and Assembly Operations in a Job Shop, Memorandum RM-537o-PR Rand Corp., Santa Monica 1969.

16. Maxwell, W.L./Mehra, M.: Multiple-Factor Rules for Sequencing with Assembly Constraints, Naval Research Logistic Quarterly 15 (1968), S.241 ff.

17. Riebel, P.: Typen der Markt- und Kundenproduktion in produktions- und absatzwirtschaftlicher Sicht, Zeitschrift für betriebswirtschaftliche Forschung 17 (1965) S.663 ff.

18. Schacht, N.: Kapazitätsabgleich durch Lageraufträge, Zeitschrift für wirtschaftliche Fertigung 67 (1972) S.137 ff.

Optimale Ersatzteilausstattung bei der Einführung neuer bzw. Ausphasung alter Waffensysteme

H.W. Hofmann, Neubiberg

1. Vorbemerkungen

Bereits relativ früh vor der Einführung neuer bzw. Ausphasung alter Waffensysteme müssen zur Sicherstellung einer funktionierenden Materialwirtschaft eine Reihe von Entscheidungen getroffen werden. Hierzu gehört u.a. die Festlegung der Ersatzteilausrüstung für die einzelnen Betriebsperioden unter Berücksichtigung von Ein- bzw. Ausphasungen.

Die sich ergebende Problemstellung zerfällt dabei in zwei Teilprobleme:

- Prognose des Ersatzteilverbrauchs sowie des notwendigen Sicherheitszuschlags für eine bestimmte Zeitperiode;
- Ermittlung der optimalen Bestellmengen unter Berücksichtigung des prognostizierten Verbrauchs, des Sicherheitszuschlags sowie Lager-, Bestell- und Anschaffungskosten etc.

2. Prognose des Ersatzteilverbrauchs (incl. Sicherheitszuschlags)

Die Vorgehensweise sei zunächst für ein nicht reparaturfähiges Ersatzteil (Nicht-Kreislaufgerät), das zudem nicht periodisch ausgewechselt wird, erläutert.

Da bei neu einzuführenden Waffensystemen entsprechende Erfahrungswerte meist fehlen, erfolgt die Prognose hier aufgrund von Zuverlässigkeitsdaten.

Gegeben sind:

- Typ und Parameter der Lebensdauerverteilung des betrachteten Teiles
- Gesamtplanungszeitraum und Anzahl der Teilperioden (i=1...m)
- Betriebszeit des Teiles/Systems in den Teilperioden
- Anzahl an eingebauten Teilen des betrachteten Typs pro Waffensystem
- Zulauf bzw. Anzahl an eingesetzten Systemen in den betrachteten Teilperioden i.

Gesucht sind:

1. die mittleren Verbräuche $\bar{v}_i$ in den einzelnen Teilperioden i

2. die Anzahl an Teilen n_i, die zu Beginn jeder Teilperiode jeweils gelagert werden muß, damit das Lager mit einer bestimmten Wahrscheinlichkeit von P% (entsprechend der geforderten Bevorratungssicherheit) nicht leerläuft.+)

Frage 1 läßt sich für den stationären Fall unabhängig vom Typ der zugrunde liegenden Lebensdauerverteilung beantworten, da als Schätzwert für die mittleren Verbräuche in Teilperiode i gilt:

$$\bar{v}_i = \frac{t_i}{\bar{m}} \cdot k \cdot z_i \qquad (1)$$

mit: t_i = geplante Einsatz- bzw. Beanspruchungsdauer pro eingesetztes System in Teilperiode i

$\bar{m}$ = mittlere Lebensdauer des betrachteten Teiles bei dem geplanten Belastungsniveau

k = Anzahl an eingebauten und gleichzeitig belasteten Teilen pro Waffensystem

z_i = Anzahl an betriebenen Systemen in Teilperiode i

Die so ermittelten $\bar{v}_i$ entsprechen dabei im stationären Fall, d.h. unabhängig von den gewählten Anfangsbedingungen, einer ca. 50%-igen Bevorratungssicherheit, die demnach mit je 50% Wahrscheinlichkeit über- oder unterschritten werden kann.

Frage 2 läßt sich auf ein Redundanzproblem der Zuverlässigkeitstheorie zurückführen. Die gelagerten Ersatzteile eines Typs werden dabei als inaktive (Standby-) Komponenten aufgefaßt, die nach Ausfall des jeweils aktiven Elements "zugeschaltet" d.h. eingebaut werden. Die Aufgabenstellung lautet dann: Wieviele Elemente des betrachteten Typs müssen als passive (Standby-) Komponenten parallel geschaltet werden, damit die "Zuverlässigkeit der Bevorratung" $R(t_i) \geq P\%$ wird.

Für die Lebensdauer eines Systems mit n passiven Redundanzen gleichen Typs gilt offenbar

$$T = T_0 + T_1 + \ldots + T_n \qquad (2)$$

mit der Zuverlässigkeit

$$R_n(t) = R_{n-1}(t) + \int_0^t f_{n-1}(u) \cdot R_0(t-u) \cdot du \qquad (3)$$

+) Hierbei sei vereinfachend angenommen, daß die Ersatzteile zentral gelagert werden bzw. im Falle dezentraler Lagerung Austauschmöglichkeiten bestehen.

mit: $f_{n-1}(u) = -\frac{d}{du} R_{n-1}(u)$ und

$R_0(t)$ als Zuverlässigkeit des betrachteten Elements.

$R_n(t)$ läßt sich dabei sukzessive ausgehend von der Zuverlässigkeit des Standardelements ermitteln. (Vgl. hierzu etwa [1].)

Da es sich bei (2) offensichtlich um die Addition von n (genauer n+1) identisch verteilten Zufallsgrößen handelt, gilt nach dem zentralen Grenzwertsatz, unabhängig von der zugrundegelegten Lebensdauerverteilung des betrachteten Teiles für $n \to \infty$, praktisch jedoch bereits auch schon für $n \geq 30$, daß die Zufallsgröße T $(n \cdot \bar{m};\ \sigma\sqrt{n})$-normalverteilt ist.

D.h. für die "Zuverlässigkeit der Bevorratung" in Periode i gilt für $n_i \geq 30$

$$R(\tau_i) = WS\{T > \tau_i\} = \frac{1}{\sqrt{2\pi}\,\sqrt{n_i}\,\sigma} \int_{\tau_i}^{\infty} e^{-\frac{1}{2}\left(\frac{u-n_i\bar{m}}{\sqrt{n_i}\,\sigma}\right)^2} du$$

(4)

$$= 1 - \Phi\left(\frac{\tau_i - n_i \cdot \bar{m}}{\sqrt{n_i}\,\sigma}\right) = P\%$$

mit: Φ als Verteilungsfunktion der Standardnormalverteilung

$\bar{m}$ als Mittelwert der Lebensdauerverteilung des betrachteten Teiles

σ als Standardabweichung der Lebensdauerverteilung des betrachteten Teiles

$\tau_i = k \cdot Z_i \cdot t_i$ als Gesamtbeanspruchungsdauer für alle Teile in Periode i.

Bedingung (4) liefert eine Bestimmungsgleichung für n_i, unabhängig vom Typ der zugrundeliegenden Lebensdauerverteilung.

Falls $n_i < 30$ empfiehlt es sich demgegenüber, die Lebensdauerverteilung des betrachteten Teiles explizit zu berücksichtigen. Besonders einfache Lösungen ergeben sich dabei:

- im Falle exponentialverteilter Lebensdauer (reine Zufallsfehler); hier erhält man durch schrittweise Integration von (3) für die "Zuverlässigkeit der Bevorratung" in Periode i

$$(5) \qquad R(\tau_i) = e^{-\alpha\tau_i}\left(1+\alpha\tau_i+\frac{(\alpha\tau_i)^2}{2!}+\ldots+\frac{(\alpha\tau_i)^{n_i}}{n_i!}\right)$$

$$= \sum_{\nu=0}^{n_i} \frac{(\alpha\tau_i)^{\nu}}{\nu!} e^{-\alpha\tau_i}$$

d.h. die kummulative Poissonverteilung.

- im Falle normalverteilter Lebensdauer (Ermüdungsfehler); hier gilt das Additionsgesetz für Normalverteilungen, d.h. die Zufallsgröße T ist $(n\cdot\bar{m}, \sqrt{n}\sigma)$-normalverteilt. Bedingung (4) ist demnach auch für $n_i < 30$ anwendbar.

Zahlenbeispiel:

Ein Ersatzteil sei in einem geplanten Flugzeugtyp einmal vorhanden. Die Lebensdauer des betrachteten Teiles sei allein von der Flugstundenzahl abhängig und exponentialverteilt mit α=1/80 h. Tabelle 1 zeigt die vorgesehene Anzahl an Flugzeugen in den Verbänden sowie die Flugstundenplanung pro Maschine in den ersten vier Perioden (z. B. Halbjahren).

Teilperiode i	Anzahl an Flzg. z_i	Flugstd./Flzg. t_i
1	40	100
2	80	120
3	120	110
4	160	130

Tabelle 1

Tabelle 2 zeigt die entsprechenden mittleren Verbräuche $\bar{v}_i$ sowie die notwendigen Ersatzteile n_i zur Erfüllung einer 99%-igen Bevorratungssicherheit. $s_i=n_i-\bar{v}_i$ ist dabei die erforderliche "Überbevorratung" zur Sicherung der Lieferbereitschaft.

Teilperiode i	mittlerer Verbrauch $\bar{v}_i$	notw. Ersatzteilmenge bei P=99% n_i	Sicherheitsreserve s_i
1	50	69,4	19,4
2	120	148,3	28,3
3	165	197,7	32,7
4	260	300,3	40,3

Tabelle 2

Für Periode 1 seien die entsprechenden Berechnungen zur Erläuterung kurz dargestellt.

Es gilt für $\bar{m}=\sigma=\frac{1}{\alpha}=80[h]$:

$$\bar{v}_1 = \frac{t_1 \cdot k \cdot Z_1}{\bar{m}} = \frac{100 \cdot 1 \cdot 40}{80} = \frac{4000}{80} = 50$$

$$WS\ \{T_1 > t_1 \cdot k \cdot Z_1\} = 1 - \emptyset\ (\frac{t_1 \cdot k \cdot Z_1 - n_1 \bar{m}}{\sqrt{n_1}\sigma}) = P\%$$

oder

$$1 - \emptyset\ (\frac{4000-80 \cdot n_1}{80\ \sqrt{n_1}}) = 0,99$$

Daraus ergibt sich unter Verwendung des entsprechenden Tabellenwertes der Standardnormalverteilung

$$\frac{4000-80 \cdot n_1}{80\ \sqrt{n_1}} = -2,326$$

und durch Umformung die quadratische Gleichung

$$n_1^2 - (100+2,326^2)n_1 + 2500 = 0$$

mit der hier relevanten Lösung von $n_1 \approx 69,4$.

Die Ausweitung dieser Betrachtungsweise auf Kreislaufgeräte (reparierfähige Ersatzteile) bereitet keine besonderen Schwierigkeiten. Hierbei kehren die ausgetauschten Teile nach einer bestimmten Zeit vollzählig oder auch nur teilweise (je nach der Häufig- bzw. Wahrscheinlichkeit der Reparierfähigkeit) wieder in das zentrale Lager zurück. Die Ausfallcharakteristik ändere sich durch die Reparatur nicht.

Gegeben sind in diesem Fall zusätzlich

- m_r = (mittlere) Reparaturzeit (=Zeit vom Austausch des betreffenden Teiles bis zur Rückkehr in das zentrale Lager)
- f_r = Wahrscheinlichkeit, daß ein ausgefallenes Teil nicht mehr repariert werden kann (Overhault-Faktor)

  Anm.: Statt f_r kann auch die zulässige oder mittlere Anzahl A_r an möglichen Instandsetzungen gegeben sein, wobei im stationären Fall der Zusammenhang

$$A_r = \frac{1}{f_r} - 1$$

besteht.

- T^* = Länge der Teilperioden (z.B. in Mon.)

Die mittlere Anzahl an auszutauschenden Ersatzteilen $\bar{v}_i$ in Periode i ermittelt sich hier gleichfalls nach (1). Die mittlere Anzahl an Ersatzteilen $\bar{v}_i^*$, die für Periode i gelagert werden müssen (= mittlere Anzahl an notwendigen Kreislaufgeräten in Periode i), ergibt sich zu

$$(6) \quad \bar{v}_i^* = \bar{v}_i - \underbrace{\frac{T^*-m_r}{T^*} \cdot \bar{v}_i \cdot (1-f_r)}_{\substack{\text{Anzahl an Teilen, die}\\ \text{durch Recycling innerhalb derselben Periode}\\ \text{zurückkehren}}} - \underbrace{\frac{m_r}{T^*} \cdot \bar{v}_{i-1} \cdot (1-f_r)}_{\substack{\text{Anzahl an Teilen, die}\\ \text{durch Recycling aus der}\\ \text{vorhergehenden Periode zurückkehren}}}$$

mit $0 \leq m_r \leq T^*$.

Hierbei wird angenommen, daß die Ausfälle gleichmäßig verteilt über die betrachteten Perioden auftreten.

Falls $T^* \leq m_r \leq 2T^*$ gilt entsprechend

$$\bar{v}_i^* = \bar{v}_i - \left(\frac{2T^*-m_r}{T^*} \cdot \bar{v}_{i-1} + \frac{m_r-T^*}{T^*} \cdot \bar{v}_{i-2} \right) \cdot (1-f_r)$$

oder allgemein, falls $\nu T^* \leq m_r \leq (\nu+1)T^*$, $\nu = 0,1,2...$

$$\bar{v}_i^* = \bar{v}_i - \left(\frac{(\nu+1)T^*-m_r}{T^*} \cdot \bar{v}_{i-\nu} + \frac{m_r-\nu T^*}{T^*} \cdot \bar{v}_{i-(\nu+1)} \right) \cdot (1-f_r)$$

Die Abschätzung des Sicherheitszuschlags für eine P%-ige Bevorratungssicherheit erfolgt analog zu den Überlegungen von oben, wobei jetzt als Ausgangszahl jeweils die ermittelte mittlere Kreislaufreserve $\bar{v}_i^*$ zugrunde zu legen ist.

<u>Zahlenbeispiel:</u>
Das oben betrachtete Verschleißteil sei nun durch ein Austauschteil mit gleicher Ausfallcharakteristik ersetzt. Die Reparaturzeit m_r betrage 1 Monat, der Overhault-Faktor f_r sei 0,1.

Für <u>Periode 1</u> ergibt sich mit $\bar{v}_1 = 50$:

$$\bar{v}_1^* = \bar{v}_1 - \left(\frac{T^*-m_r}{T^*} \cdot \bar{v}_1\right) \cdot (1-f_r)$$

$$= 50 - \left(\frac{6-1}{6} \cdot 50\right) \cdot (1-0,1) = 12,5 \ [\text{Teile}]$$

Durch Anwendung der Formel für die kummulative Poissonverteilung nach (5) erhält man für P=99% eine notwendige Kreislaufreserve n_1^* für Periode 1 von 21 Teilen.

Die entsprechenden Ergebnisse für die anderen Perioden sind in Tabelle 3 aufgeführt.

Teilperiode i	Mittl.Anzahl an auszutauschen-den Teilen $\bar{v}_i$	Mittl.Anzahl an notw.Kreislauf-geräten $\bar{v}_i^*$	Notw.Kreislauf-reserve bei P=99% n_i^*	Sicherheitsreserve an Kreislauf-geräten s_i^*
1	50	12,5	21	8,5
2	120	22,5	33	10,5
3	165	23,3	34	10,7
4	260	40,0	54	14,0

Tabelle 3

3. Ermittlung der optimalen Bestellmengen

Auf der Basis der so ermittelten Verbrauchsdaten lassen sich nun Untersuchungen über die optimale Bestellpolitik anstellen. Die hierbei auftretende Fragestellung lautet u.a.: Inwieweit wird eine möglicherweise sinnvolle anfängliche Bevorratung über die geforderte Liefersicherheit hinaus (etwa infolge von hohen Mengenrabatten bei größeren Bestellmengen) durch die dann höheren Lagerungskosten (incl. Kosten für gebundenes Kapital) aufgewogen.

Gegeben sind jetzt

$\bar{v}_i$ = erwartete mittlere Verbräuche des betreffenden Ersatzteils in Periode i

s_i = Sicherheitsbestand zur Gewährleistung einer P%-igen Liefersicherheit

$k_i(q_i)$ = Anschaffungspreis pro Ersatzteil in Periode i bei Abnahme von q_i Stück (durch Tabelle oder als Fkt. geg.!)

c_{1i} = variable Lagerhaltungs- u. Zinskosten in Periode i; diese sind prop. zum mittleren Lagerbestand

c_{0i} = Fixkostenanteil der Lagerhaltungskosten in Periode i

$c_{ti}(q_i)$ = Transportkosten für Menge q_i in Periode i

(Bei Kreislaufgeräten sind statt $\bar{v}_i$ und s_i die Größen $\bar{v}_1^*$ und s_1^* gegeben.)

Gesucht sind

die Bestellmengen q_i, so daß die Gesamtkosten über alle Perioden i=1,...,n ein Minimum werden!

Die Lösung erfolgt hier durch Überführung auf das Standardmodell der eindimensionalen dynamischen Optimierung nach [5].

Hierfür gilt:

i = Stufenindex (entspricht der Teilperiode i)

x_i = Zustandsvariable = Zahl der auf Stufe i insgesamt noch zu bestellenden Teile bei Planung der nächsten Stufe

x_0 = Anzahl an notwendigen Teilen für den Gesamtzeitraum = Anzahl an insgesamt noch zu bestellenden Teilen auf Stufe 0

$y_i = q_i$ = Bestellmenge für Periode i = Anzahl an Ersatzteilen, die zu Beginn von Planperiode i eintreffen müssen, damit für Periode i mindestens $\bar{v}_i+s_i$ Teile auf Lager liegen

Modell:

(1) $x_0 = \sum_{i=1}^{n} \bar{v}_i+s_k$ (Anfangszustand)

Für die Bestimmung von s_k gilt: Insgesamt soll für den Gesamtzeitraum die Summe der mittleren Verbräuche in den einzelnen Teilperioden plus der Sicherheitsbestand für die letzte Teilperiode beschafft werden, also $s_k=s_n$. Falls jedoch der notwendige Sicherheitsbestand auf irgendeiner vorhergehenden Stufe i die restlichen mittleren Verbräuche incl. den notwendigen Sicherheitsbestand übersteigt, muß die darüberliegende Menge zusätzlich beschafft werden. Es gilt also in diesem Fall

$$s_k = \operatorname*{Max}_{i=1...n} \left[s_i - \sum_{j=i+1}^{n} \bar{v}_j \right] \quad \text{mit } \bar{v}_{n+1} = 0.$$

(2) $x_i = x_{i-1}-y_i$ (Übergangsfkt.)

(3) $0 \le x_i \le x_0 - (\sum_{j=1}^{i} \bar{v}_j + s_i)$ (Zustandsraum)

(4) $UG \le y_i \le x_{i-1}$ (Entscheidungsraum)

mit: Untere Grenze UG =

- 0, falls $x_0-x_{i-1} \ge \sum_{j=1}^{i} \bar{v}_j+s_i$ (Zahl der bereits bestellten Artikel ≥ Zahl der bis Stufe i verbrauchten + die Sicherheitsreserve auf Stufe i)
- $\sum_{j=1}^{i} \bar{v}_j + s_i - (x_0-x_{i-1})$ sonst (Mindestzahl an zu bestellenden Einheiten)

$$(5)\quad Z=\sum_{i=1}^{n}\Big[\underbrace{k_i(y_i)\cdot y_i}_{\text{direkte Ersatzteilkosten}}+\underbrace{c_{1i}\cdot\Big(\sum_{j=1}^{i-1}y_j-\sum_{j=1}^{i-1}\bar{v}_j+y_i-\frac{\bar{v}_i}{2}\Big)}_{\text{variable Lagerkosten}}+\underbrace{c_{0i}+c_{ti}(y_i)}_{\text{fixe Lager- und Transportkosten}}\Big]\Longrightarrow \text{Min.}$$

4. Schlußbemerkungen

Neben der Ermittlung der optimalen Bestellmengen lassen sich mit dem Modell Sensitivitätsanalysen durchführen, etwa zur Beantwortung folgender Fragestellungen:

- Was kostet ein bestimmtes Mehr an Liefersicherheit? (Untersuchung der Lagerhaltungskosten als Funktion der Bevorratungssicherheit.)
- Bis zu welcher Höhe dürfen zusätzliche Kosten für mögliche Eilbeschaffungen im Falle einer gewählten geringeren Liefersicherheit entstehen?
- Gibt es eine günstigere (optimale) Bestellzykluszeit?

Auch sind Erweiterungen in verschiedener Hinsicht möglich, etwa

- Berücksichtigung weiterer Kostenarten, z.B. von Risikokosten für Veralten von Teilen bzw. techn. Änderungen als Funktion der Zeit, z.B. für Ersatzteile, die länger als eine Periode lagern;
- Berücksichtigung von Lagerzeitbeschränkungen für bestimmte Teile;
- Übergang zur dynamischen Planung, d.h. Revision der Bestellpolitik jeweils am Ende einer Periode, je nach Höhe des tatsächlichen Restbestands;
- Ausdehnung auf N verschiedene Ersatzteiltypen unter Berücksichtigung der unterschiedlichen Lieferzeit sowie Anschaffungs- und Lagerkosten; hier ließe sich dann z.B. dasjenige Ersatzteilpaket bestimmen, das bei gegebenem Budget für eine bestimmte Operationszeit eine maximale Verfügbarkeit des Waffensystems garantiert.

Das Modell läßt sich natürlich auch zur Ermittlung der optimalen Restbevorratung bei auslaufenden Waffensystemen verwenden, wobei man sich hier jedoch bei den Verbrauchsdaten meist auf mehr oder weniger gute Erfahrungswerte abstützen kann, so daß sich die Abschätzung auf der Basis von Zuverlässigkeitsdaten in diesem Fall meist erübrigt.

Im eingeschwungenen Zustand - also ohne Ein- und Ausphasungen und unbegrenzter Möglichkeit zur Nachbestellung bei der Industrie - wird man dagegen zweckmäßigerweise eine der üblichen Lagerhaltungstechniken, wie z.B. eine (s,S)-Politik, anwenden.

Literaturverzeichnis

[1] H. Störmer: Mathematische Theorie der Zuverlässigkeit. München 1970

[2] A. Etzrodt (Hrsg.): Technische Zuverlässigkeit in Einzeldarstellungen. Heft 1-10, München 1964-67

[3] E. Naddor: Lagerhaltungssysteme. Frankfurt/Main 1971

[4] M. Wolff: Optimale Instandhaltungspolitik in einfachen Systemen. Berlin, Heidelberg, New York 1970

[5] P. Gessner, H. Wacker: Dynamische Optimierung. München 1972

[6] H.W. Hofmann: Zuverlässigkeit von Waffensystemen - technische und verfahrensmäßige Aspekte, in Huber, Schelle, Hofmann (Hrsg.): Waffensystemplanung. Oldenbourg Verlag, München 1977

[7] G. Schollmeyer: Ersatzteilerstbedarf (ETE-Bed.) bei der Einführung neuer Waffensysteme, in TRUPPENPRAXIS, Heft 5/76, S. 339-344

Ein nichtlineares Optimierungsmodell für das Job-Shop-Problem

K. Huckert, Saarbrücken

In diesem Beitrag wird das Job-Shop-Problem als nichtlineares Optimierungsmodell formuliert. Diese Formulierung hat gegenüber den gemischt-ganzzahligen Optimierungsmodellen für das Job-Shop-Problem den Vorteil, daß die Anzahl der benötigten Variablen und Restriktionen geringer ist. Mit Hilfe kombinatorischer Verfahren aus der Ablaufplanung und der Theorie der nichtlinearen Optimierung werden Näherungslösungen für das nichtlineare Modell ermittelt.

Die Produktionsplanung eines Unternehmens umfaßt neben der Produktionsprogramm- und Bereitstellungsplanung die Planung des Produktionsprozesses. Wesentlicher Teil der Prozeßplanung ist die Ablaufplanung. Die im Rahmen der Ablaufplanung zu lösenden Probleme sind weitgehend abhängig von der Art der Fertigung. Ein Problemtyp läßt sich dadurch kennzeichnen, daß zu Beginn einer Planungsperiode n verschiedene Aufträge (Jobs) auf m unterschiedlichen Maschinen zu bearbeiten sind. Die Reihenfolge der auf den m Maschinen durchzuführenden Bearbeitungen eines Auftrags kann technologisch festgelegt sein. Ist die Reihenfolge der Bearbeitung nicht für alle Aufträge gleich, so spricht man von Werkstattfertigung (Job-Shop-Scheduling). Die Aufgabe der Ablaufplanung bei Werkstattfertigung besteht nun darin, die in bezug auf eine vorgegebene Zielsetzung optimale Reihenfolge der n Aufträge auf den m Maschinen zu bestimmen.

Die klassischen Ansätze zur Lösung dieses Job-Shop-Problems setzen eine Reihe von Prämissen voraus. So müssen etwa Bearbeitungsdauern und technologische Reihenfolgebedingungen für jeden Auftrag bekannt sein. Weiterhin wird angenommen, daß eine Maschine zur gleichen Zeit nur einen Auftrag bearbeiten kann, und daß die Bearbeitung ohne Unterbrechung zu Ende geführt wird. Für eine weitere Diskussion der Prämissen, Zielsetzungen und Erweiterungen des Ablaufplanungsproblems sei auf BAKER [1], CONWAY-MAXWELL-MILLER [2], RINNOOY KAN [9] und SEELBACH [10] verwiesen.

1960 entwickelte MANNE [7] ein gemischt-ganzzahliges Optimierungsmodell zur

Ablaufplanung. Dieser Ansatz dürfte bis heute das beste analytische Modell zur Bestimmung optimaler Ablaufpläne sein. Beim gegenwärtigen Entwicklungsstand der numerischen Verfahren der gemischt-ganzzahligen Programmierung treten jedoch schon bei verhältnismäßig geringer Anzahl von Maschinen und Aufträgen kaum zu überwindende Probleme der rechnerischen Bestimmung eines Optimums auf. Daher wird hier der Versuch unternommen, das Ablaufplanungsproblem als Modell zu formulieren, das gegenüber dem gemischt-ganzzahligen Ansatz eine erheblich geringere Anzahl an Variablen und Restriktionen aufweist.

1. Das Entscheidungsproblem

Beim allgemeinen Job-Shop-Problem wird von n Aufträgen ausgegangen, die auf m Maschinen zu bearbeiten sind. Die Bearbeitungsdauern der einzelnen Aufträge auf den verschiedenen Maschinen sowie die Reihenfolgen, in denen die Aufträge auf den einzelnen Maschinen bearbeitet werden, sind als Daten vorgegeben.

Im einzelnen bezeichne (vgl. DINKELBACH [3]):

p_{ij} := gegebene Bearbeitungsdauer des Auftrags i auf der Maschine j, wobei $p_{ij} > 0$ ($i = 1,\ldots,n$; $j = 1,\ldots,m$); die $n \cdot m$ Zahlen p_{ij} werden zu einer Matrix

$$P = \begin{pmatrix} p_{11} & \cdots & p_{1m} \\ \vdots & & \vdots \\ p_{n1} & \cdots & p_{nm} \end{pmatrix}$$

zusammengefaßt.

$q_{i(m)}$:= ([1],...,[m]) := gegebene Maschinenfolge für den Auftrag i ($i = 1,\ldots,n$); es ist $q_{i(m)}$ eine Permutation der Zahlen 1 bis m; die unterschiedlichen Maschinenfolgen für alle Aufträge seien zu einer Maschinenfolgematrix

$$Q = \begin{pmatrix} [1] & \ldots & [m] \\ \vdots & & \vdots \\ [1] & \ldots & [m] \end{pmatrix}$$

zusammengefaßt.

h_{ij} := Beginnzeitpunkt der Bearbeitung des Auftrags i auf der Maschine j ($i = 1,\ldots,n$; $j = 1,\ldots,m$).

$h_{i[j]}$:= Beginnzeitpunkt der Bearbeitung des Auftrags i auf der Maschine, die an j-ter Stelle der Maschinenfolge für den Auftrag i tätig wird. Die $n \cdot m$ Beginnzeitpunkte h_{ij} werden zu einer Matrix

$$H = \begin{pmatrix} h_{11} & \cdots & h_{1m} \\ \vdots & & \vdots \\ h_{n1} & \cdots & h_{nm} \end{pmatrix}$$

zusammengefaßt.

Die Zeitpunkte h_{ij} $(i = 1,\ldots,n;\ j = 1,\ldots,m)$ sind die Entscheidungsvariablen.

Eine Matrix H soll zulässiger Ablaufplan heißen, wenn

1. alle $n \cdot m$ Beginnzeitpunkte nichtnegativ sind,
2. die gegebenen Maschinenfolgen für alle Aufträge eingehalten werden und
3. eine Maschine nicht gleichzeitig zwei Aufträge bearbeiten kann.

Die Menge X aller zulässigen Ablaufpläne H kann dann formal dargestellt werden:

$$\begin{aligned} X \quad := \{H = ((h_{ij})) \mid\ & h_{ij} \geqq 0 \ (i = 1,\ldots,n;\ j = 1,\ldots,m), \\ & h_{i[j]} < h_{i[j+1]} \ (i = 1,\ldots,n;\ j = 1,\ldots,m-1), \\ & h_{\ell j} \notin \{y \mid h_{ij} \leqq y \leqq h_{ij} + p_{ij} \ (i = 1,\ldots,n;\ i \neq \ell)\} \\ & (j = 1,\ldots,m;\ \ell = 1,\ldots,n)\} \end{aligned}$$

Aus der Alternativenmenge X ist die Alternative zu bestimmen, die eine vorgegebene Zielsetzung extremiert. Von den im Rahmen der Ablaufplanung diskutierten Zielsetzungen (BAKER [1], CONWAY-MAXWELL-MILLER [2], RINNOOY KAN [9], SEELBACH [10]) wird hier die Minimierung der Zykluszeit ausgewählt, wobei unter Zykluszeit die Zeitspanne verstanden wird, die zwischen dem Beginn der ersten Bearbeitung und dem Ende der letzten Bearbeitung am gesamten Auftragsbestand vergeht.

2. Ein Optimierungsmodell

Mit Hilfe der oben eingeführten Bezeichnungen lassen sich die Zulässigkeitsbedingungen operationalisieren.

a) Die Maschinenfolgebedingungen

Die Bearbeitungsreihenfolge des Auftrags i muß den Maschinenfolgebedingungen genügen. Es muß gelten:

$$h_{i[j]} + p_{i[j]} \leqq h_{i[j+1]} \quad (i = 1,\ldots,n;\ j = 1,\ldots,m-1).$$

b) Die Auftragsfolgebedingungen

Durch die Auftragsfolgebedingungen wird verhindert, daß eine Maschine gleichzeitig durch mehr als einen Auftrag in Anspruch genommen wird. Um sicherzustellen, daß eine Bearbeitung des Auftrags i auf der Maschine j frühestens nach Abschluß der Bearbeitung eines Auftrags k auf der selben Maschine erfolgen kann, muß gelten:

1. $h_{kj} + p_{kj} \leqq h_{ij}$, wobei $i \neq k$, $i,k \in \{1,\dots,n\}$ und $j \in \{1,\dots,m\}$.

Nun kann aber Auftrag i auf der Maschine j auch vor Auftrag k eingeplant werden. In diesem Falle gilt dann:

2. $h_{ij} + p_{ij} \leqq h_{kj}$, wobei $i \neq k$, $i,k \in \{1,\dots,n\}$ und $j \in \{1,\dots,m\}$.

Von diesen beiden Auftragsfolgebedingungen kann aber nur <u>eine</u> Bedingung gelten. MANNE erreicht dies in [7], indem er Binärvariablen und eine obere Schranke C einführt. Die Auftragsfolgebedingungen für die Maschine j bezüglich der Aufträge i und k lauten dann:

$$h_{kj} + p_{kj} \leqq h_{ij} + C\cdot\delta_{i,k,j}$$
$$h_{ij} + p_{ij} \leqq h_{kj} + C(1-\delta_{i,k,j}) \text{ mit } \delta_{i,k,j} \in \{0,1\},\ i \neq k$$
$$i,k \in \{1,\dots,n\} \text{ und } j \in \{1,\dots,m\}$$

Für alle Maschinen und alle Aufträge lauten die Auftragsfolgebedingungen:

$$h_{ij} + p_{ij} \leqq h_{i+\nu,j} + \delta_{i,\nu,j} \cdot C$$
$$h_{i+\nu,j} + p_{i+\nu,j} \leqq h_{ij} + (1-\delta_{i,\nu,j}) \cdot C$$
$$(j = 1,\dots,m;\ i = 1,\dots,n-1;\ \nu = 1,\dots,n-i)$$

Hier werden die Binärvariablen umgangen und aus den Ungleichungen (1) und (2) eine nichtlineare Restriktion formuliert.

$$(h_{ij} + p_{ij} - h_{i+\nu,j})(h_{i+\nu,j} + p_{i+\nu,j} - h_{ij}) \leqq 0$$
$$(j = 1,\dots,m;\ i = 1,\dots,n-1;\ \nu = 1,\dots,n-i)$$

Gilt $h_{ij} + p_{ij} - h_{i+\nu,j} \leqq 0$ für ein festes i,j,ν, so folgt, daß $h_{i+\nu,j} + p_{i+\nu,j} - h_{ij} > 0$ ist. Gilt andererseits $h_{i+\nu,j} + p_{i+\nu,j} - h_{ij} \leqq 0$, so folgt, daß $h_{ij} + p_{ij} - h_{i+\nu,j} > 0$ ist.
Die multiplikative Verknüpfung der sich ausschließenden Auftragsfolgebedingungen leistet also dasselbe wie die von MANNE eingeführten Binärvariablen.

c) <u>Begrenzung der Zykluszeit</u>

Wird die Zielsetzung der Zykluszeitminimierung verfolgt, so muß die Zykluszeit den folgenden Bedingungen genügen:

$$h_{i[m]} + p_{i[m]} \leqq Z \quad (i = 1,\dots,n).$$

Damit ist die Alternativenmenge X vollständig beschrieben. Die zu minimierende Zielfunktion lautet

$$\min Z.$$

Das nun so beschriebene nichtlineare Optimierungsmodell (NLO) kann formal dargestellt werden.

$$
\text{(NLO)}\quad
\begin{array}{ll}
\min & Z \\
\text{u.d.N.} & h_{i[j]} + p_{i[j]} \leqq h_{i[j+1]} \qquad (i = 1,\dots,n;\ j = 1,\dots,m-1) \\
 & (h_{ij} + p_{ij} - h_{i+\nu,j})\cdot(h_{i+\nu,j} + p_{i+\nu,j} - h_{ij}) \leqq 0 \\
 & (j = 1,\dots,m;\ i = 1,\dots,n-1;\ \nu = 1,\dots,n-i) \\
 & h_{i[m]} + p_{i[m]} \leqq Z \qquad (i = 1,\dots,n) \\
 & h_{ij} \geqq 0 \qquad (i = 1,\dots,n;\ j = 1,\dots,m)
\end{array}
$$

Ähnliche Modelle wie das hier dargestellte wurden von JURKE in [6] und NEPOMIASTCHY in [8] entwickelt.

(NLO) soll der Ansatz von MANNE [7] gegenübergestellt werden.

$$
\text{(MA)}\quad
\begin{array}{ll}
\min & Z \\
\text{u.d.N.} & h_{i[j]} + p_{i[j]} \leqq h_{i[j+1]} \qquad (i = 1,\dots,n;\ j = 1,\dots,m-1) \\
 & h_{ij} + p_{ij} \leqq h_{i+\nu,j} + \delta_{i,\nu,j} \cdot C \\
 & h_{i+\nu,j} + p_{i+\nu,j} \leqq h_{ij} + (1-\delta_{i,\nu,j}) \cdot C \\
 & (j = 1,\dots,m;\ i = 1,\dots,n-1;\ \nu = 1,\dots,n-i) \\
 & h_{i[m]} + p_{i[m]} \leqq Z \qquad (i = 1,\dots,n) \\
 & h_{ij} \geqq 0 \qquad (i = 1,\dots,n;\ j = 1,\dots,m) \\
 & \delta_{i,\nu,j} \in \{0,1\} \qquad (j = 1,\dots,m;\ i = 1,\dots,n-1;\ \nu = 1,\dots,n-i)
\end{array}
$$

Die folgende Tabelle gibt für ein Job-Shop-Problem mit der Zielsetzung „Minimierung der Zykluszeit" mit n Aufträgen und m Maschinen die Variablenzahl und die Restriktionenzahl an.

Modell	Variablenzahl	Auftragsfolgebedingungen	Maschinenfolgebedingungen	Zykluszeitbeschränkungen
MA	$n\cdot m+1 + n\cdot(n-1)m/2$	$n\cdot(n-1)\cdot m$	$n\cdot(m-1)$	n
NLO	$n\cdot m+1$	$n\cdot(n-1)\cdot m/2$	$n\cdot(m-1)$	n

Das eben formulierte nichtlineare Optimierungsmodell wird an einem Beispiel von DINKELBACH [3] illustriert. Gegeben seien die Matrizen P und Q mit

$$P = \begin{pmatrix} 4 & 4 & 7 \\ 3 & 1 & 4 \end{pmatrix} \quad \text{und} \quad Q = \begin{pmatrix} 1 & 2 & 3 \\ 3 & 2 & 1 \end{pmatrix}.$$

Dann lautet das nichtlineare Optimierungsmodell:

$$\begin{array}{lll}
\min & Z & \\
\text{u.d.N.} & h_{11} + 4 \leqq h_{12} & h_{23} + 4 \leqq h_{22} \\
 & h_{12} + 4 \leqq h_{13} & h_{22} + 1 \leqq h_{21} \\
 & (h_{11} - h_{21} + 4)(h_{21} - h_{11} + 3) \leqq 0 & \\
 & (h_{12} - h_{22} + 4)(h_{22} - h_{12} + 1) \leqq 0 & \\
 & (h_{13} - h_{23} + 7)(h_{23} - h_{13} + 4) \leqq 0 & \\
 & h_{13} + 7 \leqq Z & h_{21} + 3 \leqq Z \\
 & h_{11},\dots,h_{23} \geqq 0 &
\end{array}$$

Der Zulässigkeitsbereich dieses nichtlinearen Optimierungsmodells ist nicht zusammenhängend, wie durch eine graphische Darstellung einer der nichtlinearen Ungleichungen gezeigt werden kann.

Die multiplikative Verknüpfung der sich ausschließenden Auftragsfolgebedingungen bewirkt, daß der Zulässigkeitsbereich von NLO nicht konvex ist. In der nichtlinearen Optimierungstheorie existiert noch kein Verfahren, das bei nichtkonvexen Restriktionen oder nichtkonvexen Zielfunktionen ein globales Minimum ermitteln kann. Die meisten vorgeschlagenen nichtlinearen Optimierungsalgorithmen konvergieren in diesem Fall auf sogenannte stationäre Punkte. Die Qualität der entwickelten Optimierungsalgorithmen hängt neben der Beschaffenheit der Restriktionen und der Zielfunktion wesentlich von dem Startpunkt ab, mit dem der Optimierungsprozeß begonnen wird. Auf dem Gebiet der Ablaufplanung existieren zahlreiche heuristische Verfahren, die sogenannte suboptimale Lösungen erzeugen. Von diesen Lösungen kann im allgemeinen nicht ausgesagt werden, wie weit sie vom globalen Optimum entfernt sind. Mit Hilfe dieser heuristisch erzeugten Ablaufpläne kann der nichtlineare Optimierungsprozeß gestartet werden, der auf einen stationären Punkt konvergiert.

3. Die numerische Lösung des nichtlinearen Optimierungsmodells

In diesem Abschnitt soll zunächst kurz ein Algorithmus zur nichtlinearen Optimierung vorgestellt werden, dann wird neben einer Möglichkeit zur Erzeugung von zulässigen Ablaufplänen ein Konzept beschrieben, das das beschriebene Optimierungsmodell näherungsweise löst.

3.1. Der Algorithmus von JAHN [5]

In der nichtlinearen Programmierung werden Probleme der Form

$$(\text{NLP}) \quad \min_{x \in \mathbb{R}^n} \{f(x) \mid x \in M\} \text{ mit } M := \{x \in \mathbb{R}^n \mid g_\sigma(x) \leqq 0 \quad (\sigma = 1,\ldots,s); \; h_\tau(x) = 0 \quad (\tau = 1,\ldots,t)\}$$

betrachtet, wobei $s,t \in \mathbb{N}$ und f,g_σ,h_τ reellwertige Funktionen auf dem $\mathbb{R}^n$ sind. M heißt <u>zulässiger</u> Bereich für NLP.

Im folgenden wird ein Verfahren zur Lösung des nichtlinearen Optimierungsproblems (NLP) skizziert, bei dem der zulässige Bereich so „aufgeblasen" wird, daß eine Lösung von (NLP) durch sequentielles Lösen „gestörter" Optimierungsprobleme erhalten wird. Zur Definition gestörter Restriktionsmengen sei der Begriff der Zulässigkeitsfunktion eingeführt.

<u>Definition 1</u>: Eine stetige Funktion $r : \mathbb{R}^n \to \mathbb{R}^o_+$, für die

$$x \in M \iff r(x) = 0$$

gilt, heißt <u>Zulässigkeitsfunktion</u> von NLP.

Ein Beispiel einer Zulässigkeitsfunktion ist die Funktion

$$r(x) = \sum_{\sigma=1}^{s} (\max \{0,g_\sigma(x)\})^2 + \sum_{\tau=1}^{t} h_\tau^2(x)$$

Damit läßt sich (NLP) wie folgt darstellen:

$$(\text{OP}_o) \quad \min_{x \in M} \{f(x)\} = \min_{x \in \mathbb{R}^n} \{f(x) \mid r(x) = 0\}.$$

<u>Definition 2</u>: r sei eine Zulässigkeitsfunktion, und es sei $\varepsilon > 0$; $M_\varepsilon := \{x \in \mathbb{R}^n \mid r(x) \leqq \varepsilon\}$ heißt <u>fastzulässiger Bereich</u> bezüglich ε und $x \in M_\varepsilon$ heißt <u>fastzulässig</u> bezüglich ε.

Der Algorithmus von JAHN zur Lösung von (OP_o) sieht folgende Iterationsschritte vor:

Gegeben seien die Parameter $\varepsilon_1 > 0$ und $\beta \in \,]0,1[$

0. Schritt: Setze $i := 1$.

1. Schritt: Berechne ein $x_i \in M_{\varepsilon_i}$ als Lösung von

$$(\text{OP}_i) : \min_{x \in \mathbb{R}^n} \{f(x) \mid r(x) \leqq \varepsilon_i\}$$

2. Schritt: Setze $\varepsilon_{i+1} := \beta\varepsilon_i$.

3. Schritt: Setze $i := i+1$ und gehe zum 1. Schritt.

Hinsichtlich des Abbruchkriteriums sei auf JAHN [5] verwiesen.

Dieses Konzept wirft natürlich vom Standpunkt der praktischen Anwendung einige Probleme auf, insbesondere wie die Unterprobleme (OP_i) gelöst werden können. Zur Lösung von (OP_i) kann man sich der Methoden der zulässigen Richtungen bedienen. Für weitere Einzelheiten - insbesondere Konvergenzeigenschaften, Bestimmung einer zulässigen Richtung und einer Schrittweite - sei auf JAHN [5] verwiesen.

3.2. Ein Konzept zur approximativen Lösung des nichtlinearen Optimierungsmodells

Für das Job-Shop-Problem mit n Aufträgen und m Maschinen existieren $(n!)^m$ verschiedene Ablaufpläne. Allerdings ist diese obere Schranke für die mögliche Anzahl von zulässigen Ablaufplänen zu grob, da sich sehr viele mögliche Ablaufpläne als unzulässig erweisen, weil sie nicht den Maschinenfolgebedingungen genügen. Möglichkeiten zur Einschränkung dieser großen Anzahl wurden beispielsweise von GIFFLER-THOMPSON [4] und CONWAY-MAXWELL-MILLER [2] untersucht.

Definition 3: (DINKELBACH [3], GIFFLER-THOMPSON [4])
Ein Ablaufplan $H \in X$ heißt aktiv bezüglich X, wenn kein anderer Ablaufplan $H' \in X$ existiert, bei dem alle Fertigstellungstermine $h'_{ij} + p_{ij}$ kleiner oder gleich den entsprechenden Fertigstellungsterminen beim Ablaufplan H sind und wenigstens ein Fertigstellungstermin $h'_{ij} + p_{ij}$ echt kleiner als der entsprechende Fertigstellungstermin beim Ablaufplan H ist.

Algorithmen zur Erzeugung von verschiedenen aktiven Ablaufplänen finden sich bei BAKER [1], CONWAY-MAXWELL-MILLER [2], GIFFLER-THOMPSON [4], RINNOOY KAN [9] und SEELBACH [10].

Das folgende Konzept ist am Telefunken-Computer TR 440 der Universität des Saarlandes realisiert. Eingeleitete Tests haben recht gute Näherungslösungen für die untersuchten Job-Shop-Probleme gebracht.

Algorithmus 1:
Daten: Matrizen P,Q, Anzahl der zu erzeugenden aktiven Ablaufpläne.
0. Schritt: Setze i := 1.
1. Schritt: Ermittle unter den erzeugten Ablaufplänen den Ablaufplan mit der kleinsten Zykluszeit. Bezeichne die gefundene Zykluszeit mit Z_i.

2. Schritt: Füge zu der Restriktionenmenge von NLO die Bedingung $Z \leq Z_i$ hinzu.

3. Schritt: Löse das nichtlineare Programm. Bezeichne den gefundenen Wert für die Zykluszeit mit Z_{i+1}. Ersetze Z_i durch $Z_{i+1} - 1$.

4. Schritt: Besitzt das neue Restriktionensystem eine zulässige Lösung? Wenn ja, setze i := i+1 und gehe zu Schritt 2. Wenn nein, gehe zu Schritt 5.

5. Schritt: ENDE

Ausgabedaten: Ganttdiagramm des Startablaufplans und des Ablaufplans, der durch den nichtlinearen Optimierungsprozeß gefunden wurde.

Die hauptsächlichen Schwierigkeiten bei der Anwendung dieses Algorithmus treten in Schritt 4 auf. Die Überprüfung, ob das neue Restriktionensystem eine zulässige Lösung besitzt, geschieht durch die Minimierung der Zulässigkeitsfunktion r(x). Diese wird mit Hilfe eines Gradientenverfahrens so lange minimiert, bis ihr Wert kleiner als der vorgegebene Parameter ε_1 ist. Ist dies nach einer gewissen Zahl von Iterationen noch nicht erreicht, so bricht der beschriebene Algorithmus ab. Wegen der Nichtkonvexität der Zulässigkeitsfunktion kann das Restriktionensystem jedoch trotzdem eine zulässige Lösung besitzen; aus einem Abbruch des Algorithmus kann daher nicht geschlossen werden, daß der gefundene Ablaufplan optimal ist. Es kann lediglich ausgesagt werden, daß diese Lösung stationär ist. Aus demselben Grund wird der Algorithmus auch nur Näherungslösungen für das Job-Shop-Problem ermitteln.

4. Literaturverzeichnis

[1] BAKER, K.R.: Introduction to Sequencing and Scheduling. New York: John Wiley & Sons 1974.

[2] CONWAY, R., W. MAXWELL, and L. MILLER: Theory of Scheduling. Reading, Mass.: Addison Wesley Publ. Comp. 1967.

[3] DINKELBACH, W.: Ablaufplanung in entscheidungstheoretischer Sicht. Zeitschrift für Betriebswirtschaft 47, S. 545-566 (1977).

[4] GIFFLER, B., and G. THOMPSON: Algorithm for Solving Production Scheduling Problems. Operations Research 8, S. 487-503 (1960).

[5] JAHN, J.: A Sequential Interior Point Algorithm for Solving Constrained Optimization Problems. Erscheint demnächst in EJOR.

[6] JURKE, L.: Beiträge zum Problem der Ablaufplanung. Dissertation Universität Bochum 1970.

[7] MANNE, A.S.: On the Job-Shop-Scheduling Problem. Operations Research 8, S. 219-223 (1960).

[8] NEPOMIASTCHY, P.: Application of Penalty Technique to Solve a Scheduling Problem and Comparison with Combinatorial Methods. Rapport de Recherche 7, Institut de Recherche d'Informatique et d'Automatique 1973.

[9] RINNOOY KAN, A.H.G.: Machine Scheduling Problems. The Hague: Martinus Nijhoff 1976.

[10] SEELBACH, H.: Ablaufplanung. Würzburg: Physica-Verlag 1975.

Darstellung des technologischen Wandels durch optimale Verfahrenswahl in der Petro- und Kohlechemie

E. Jochem, Karlsruhe-Waldstadt

Für F & E-Entscheidungen im Rohstoffbereich sind mittel- und langfristig angelegte Perspektivuntersuchungen von Bedeutung, um mögliche technische und wirtschaftliche Anpassungsvorgänge angesichts eines veränderten Rohstoffangebots sowie die Auswirkungen neuer Verfahren oder Produkte auf die Versorgungslage und die Produktionskosten abzuschätzen.

Im Hinblick auf diese Fragestellung wurde ein Simulationsmodell entwickelt, das den Verfahrensstrukturwandel in der Petro- und Kohle-Chemie in Abhängigkeit vom Rohstoffangebot, der Nachfrage nach Endprodukten und der technologischen Möglichkeiten beschreibt. Der Verfahrensstrukturwandel auf der Produktionsstufe der organischen Grundchemikalien wird durch ein Optimierungsteilmodell bestimmt, das nach dem Hauptkriterium minimaler Produktionskosten der Grundchemikalien über Kapazitätserweiterungen oder -abbau der rd. 2o Produktionsverfahren entscheidet.

Ex post-Projektionen zwixhen 1958 und 1972 zur Überprüfung des Modells ergaben, daß die großen Strukturverschiebungen der Vergangenheit gut anhand der Modellberechnungen abgebildet werden können. Es werden erste Ergebnisse von ex-ante-Projektionen bis 1990 vorgestellt und Möglichkeiten der F & E-Beurteilung an Beispielen erläutert.

Anwendungen der Cluster-Analyse in der Produktionsplanung

G. Kälberer, Dietzenbach

Die Erfahrungen mit Daten aus der Industrie zeigen, daß die Cluster-Analyse für die Untersuchung von Produktspektren sinnvoll angewendet werden kann. Positive Ergebnisse wurden insbesondere bei Untersuchungen zur Neuordnung der Fertigungsstruktur erzielt. Mit wirtschaftlich vertretbarem Aufwand konnten rasch alternative Konzepte für eine Konzentration der Fertigung abgeleitet werden. Zur Anwendung kamen 7 hierarchische Verfahren und 2 partitionierende Cluster-Algorithmen. Als günstigstes Verfahren hinsichtlich Rechenzeitbedarf und Ergebnisqualität hat sich das partitionierende Verfahren mit dem Varianzkriterium als Zielfunktion bewährt. Aus der Untersuchung konnten direkt Pla nungsmaßnahmen abgeleitet werden, die zu einer verbesserten Kapazitätsauslastung der Fertigung führen.

Production Planning in a Paper Mill

M. Kallio, Helsinki

Abstract. A system is presented for optimizing the production schedule of a paper mill. The key optimization problems involved are the traveling salesman problem with deadlines and the cutting-stock problem. The system, which has been successfully in use since 1969, was developed as part of the integrated computer control system for Varkaus´ paper mill of A. Ahlström Co (Finland).

1. Introduction

This paper presents a heuristic cost-minimizing system to be used for production planning in a paper mill. The system, which was developed by A. Ahlström Co., Pulp and Paper Division, belongs as a part to the integrated computer control system of the company's newsprint mill in Varkaus, Finland [6]. In this paper mill the system has been successfully used since 1969.

The paper mill (in consideration) consists of three paper machines, each of which producing newsprint of various grades. Some of the grades may be produced by alternative machines. There is a backlog of orders to be delivered within a given period of time (say one month). The planning problem is to find a production schedule for each of the paper machines (for this time period) to minimize total costs. Of course, only costs which are dependent on the production schedules need to be considered. Such costs are trim losses, grade change costs, paper machine costs, inventory holding costs and late delivery costs. They will be discussed some in detail below.

Trim-losses. Each machine produces paper in jumbo rolls of a given width (dependent on the machine). The ordered rolls have a smaller width but the same length as the larger rolls. As the smaller widths are being slit, parts of the larger (standard width) rolls get wasted. This trim loss is normally recycled in the production process.

Grade change costs. The grade of a newsprint is determined by several factors, such as raw material mix, basis weight, color, etc. As the grade being produced by a machine is changed to another, normally part of the production gets wasted (and recycled). Furthermore, additional capacity losses accrue, because immediately after the grade change the production rate is relatively low.

Paper machine costs. For a given grade, production costs are dependent on the paper machine. Furthermore, an order group may fit in the jumbo roll width of one machine better than in another.

Inventory holding and late delivery costs. To save in trim losses or grade change costs, it may be worthwhile to produce an order far in advance, and pay the resulting inventory holding cost. For the same reason one might want to delay an order despite the delay penalty being charged.

Although theoretically feasible, it is not practical to solve the production planning problem as stated above. The main simplification, which we shall assume, is that the orders are preallocated to the machines (manually). To justify this, we note that only in a relatively few cases an order can be produced by alternative machines, and even then usually one machine is strongly preferred to another, because most customers are permanent and require constant quality (which in turn varies from a machine to another).

As a further simplification, inventory holding costs (which mainly are interest costs) are assumed negligible, and late delivery costs are thought of being infinite. Thus the simplified planning problem can be stated separately for each machine as to find the production schedule to minimize total costs accrued by trim losses and grade changes subject to delivery time constraints.

2. Production Planning System

We shall now describe the main characteristics of the production planning system [5], which basically, first minimizes trim losses and grade change costs thereafter.

As shown in Figure 1, the system first defines certain order groups. Two orders belong to the same group if they can be produced simultaneously (by one particular paper machine). Then, a trim problem is solved to minimize trim loss for each of the order groups.

Consider an order group with k different widths in it. A k-vector $a = (a_i)$ is a (trim) combination for this order group, if one jumbo roll can be slit to produce exactly a_i rolls of width i, for each i. In general, there are several possible combinations for each order group. The solution of a trim problem is given by the numbers of jumbo rolls to be slit using each of the combinations. The trim problem will be discussed in more detail in Section 3 below.

Next in the flow-chart, we check if there are unacceptable combinations. Such a combination usually has an extremely high trim loss. In this case we may try to find additional orders to the same order group and retrim. Such orders may currently be allocated to other machines or they may be produced for permanent customers. A combination is sometimes rejected, if it produces ordered rolls with distant delivery times and thereby causes a considerable inventory holding problem. In such a case new order groups will be prepared.

After all combinations are accepted we have a set of jumbo rolls of various grades to be scheduled for the paper machine. A combination as well as a certain order group has been assigned to each jumbo roll. The delivery time of a jumbo roll is the earliest delivery time of the orders being produced from it. The set of jumbo rolls in an order group is partitioned into runs according to delivery times: a run consists of those jumbo rolls having the same

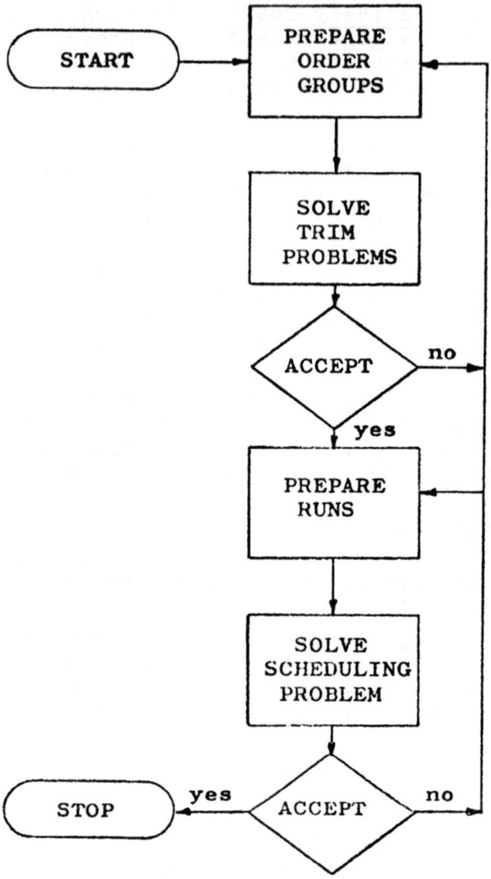

Figure 1.

delivery time. Thus, a run may have several combinations but only one grade.

Using a contradictory assumption, the following fact can be shown easily: For the problem of finding a production schedule for all jumbo rolls to minimize total grade change costs subject to delivery time constraints, there is an optimal schedule where jumbo rolls, which belong to the same run, are consequent. Thus, to solve the scheduling problem, it is sufficient to find an optimal schedule for the runs. A detailed discussion of this problem is given in Section 4 below.

A test for the optimal schedule of runs is carried out by comparing it with the optimal schedule, which results when the delivery time constraints are relaxed. If the schedule is found to be unsatisfactory, we may reconstruct order groups (which would ease the time constraints for jumbo rolls) or we may try to rearrange shipping dates.

3. Trim Problem

Consider one particular order group with k widths in it. Let $w = (w_i)$ be the vector of these widths. A width (indexed by) i has to be produced at least n_i rolls and this amount may be exceeded up to an amount of m_i rolls. Denote $n = (n_i)$ and $m = (m_i)$. As before, for a combination $a_j = (a_{ij})$, a component a_{ij} is the number of rolls of width i to be slit from one jumbo roll. Thus, if v is the width of the jumbo roll, an amount $c_j = v - wa_j$ of the width gets wasted if combination j is used. Let t be the number of possible combinations, and let $c = (c_j)$ be the t-vector of trim losses (per jumbo roll), $A = (a_j)$ the kxt-matrix of combinations and $x = (x_j)$ a decision vector, whose jth component indicates the number of jumbo rolls to be slit using combination j. Then the problem T, to minimize total trim loss, is the following:

	find	$x \in R^t$ and $y \in R^k$ to
(T.1)	min	cx
(T.2)	s.t.	$Ax - y = n$
(T.3)		$x \geq 0,\ m \geq y \geq 0.$

Here the ith component of the slack vector y indicates the number of rolls to be produced above the minimum requirement n_i. (The integrality requirement for x has been relaxed because the orders are large.)

Typically the number k of constraints (T.2) is very low (say 5 to 15) but t, the number of variables x_j is relatively large (of the order of hundreds or thousands). To solve the problem, we may use the column generation procedure [3,4]. Accordingly, all combinations (columns of A) are not considered explicitly. Consider T being solved by the simplex method. At some stage, let π denote the price vector for constraints (T.2), and let the variable entering the basis be the one with the smallest reduced cost. Because the columns of A are not explicitly available, equivalently a column candidate to enter can be found via solving the following knapsack problem K:

	find	$a \in R^k$ to
(K.1)	min	$v - (w + \pi)\, a$
(K.2)	s.t.	$wa \leq v$
(K.3)		$a_i = 0,1,2,\ldots$ for all i.

Here constraints (K.2) and (K.3) imply that vector a is a combination. The objective function is the reduced cost for that combination.

It would be desirable, that the number of different combinations, which are needed for one order group, is small. At the optimal solution of the trim problem we denote this number by p and the number of widths i for which neither the lower nor the upper bound on production is binding (i.e., $0 < y_i < m_i$), by q. Then, from the optimal basis for T we obtain

(1) $$p = k - q.$$

For instance, for k = 10 (widths), there are at most 10 combinations, which actually are used in the optimal trimming plan.

4. Sequencing Problem

Finally, we consider the problem of finding a sequence of runs to minimize the grade change costs subject to the delivery time constraints. Consider n runs each of which corresponding to a state of the paper machine. For notational convenience, let run 0 indicate both the initial and a desired terminal state. These states, however, may correspond to different grades.

A schedule is a directed and connected graph of n + 1 nodes (runs) $0,\overline{1},\ldots,\overline{n}$, which has exactly one arc (grade change) entering and another leaving each node. (For examples, see Figure 2.) Thus, a schedule corresponds to a production sequence for the runs. If this sequence satisfies the delivery time constraints, the schedule is feasible.

We characterize a schedule by a vector $x = (x_{ij})$, whose component x_{ij} is one if there is an arc from i to j in the schedule, and zero otherwise. Thus a schedule x must be an element of the following set:

(2) $$X = \{x \mid \sum_i x_{ij} = 1,\ \sum_j x_{ij} = 1,\ x_{ij} = 0,1, \text{ for all } i,j\}.$$

We shall now define three interrelated problems, which will be useful later. Let c_{ij} be the grade change costs from (run) i to j, and let $c = (c_{ij})$ be a vector of such costs so that the grade change costs, corresponding to a schedule $x = (x_{ij})$, are given by cx. We define the following assignment problem (e.g. [2]):

A(X) $$\min \{cx \mid x \in X\}.$$

As it is easy to check, an element of X may not be a schedule, because the corresponding graph may not be connected. Let Y be the subset of schedules in X. We define S(Y) as the following traveling-salesman problem (e.g. [1]):

S(Y) $$\min \{cx \mid x \in Y\}.$$

Finally, let Z be the subset of feasible schedules in Y. Then the sequencing problem can be stated as

P(Z) $$\min \{cx \mid x \in Z\}.$$

Because of its unimodularity property, problem A(X) is relatively easy to solve. Problem S(Y) is considerably harder than A(X). Problem P(Z) is the traveling salesman problem with deadlines. It appears to be a slightly easier problem than S(Y) because the delivery time constraints can be used effectively to eliminate infeasible schedules from consideration.

We shall now consider methods for solving P(Z). Basically, they are methods for problem S(Y) with the additional feature of utilizing the time constraints. As A(X) is a relaxation of P(Z), A(X) may be used to obtain bounds on P(Z).

A branch and bound method

We shall first consider a branch and bound method for P(Z). For a survey of such methods, see [1]. As usual, at one stage of the method we consider a branch, a subset Z_1 in Z. Suppose Z_1 is defined as the subset of vectors x in Z for which $x_{ij} = 0$ for $ij\varepsilon I$ and $x_{ij} = 1$ for $ij\varepsilon J$, for some I and J. Let X_1 and Y_1 be the corresponding subset of X and Y, respectively (e.g., $x\varepsilon X_1$ if and only if $x\varepsilon X$, $x_{ij} = 0$ for $ij\varepsilon I$ and $x_{ij} = 1$ for $ij\varepsilon J$).

The optimal schedule for this branch can be found by setting c_{ij} to infinity for $ij\varepsilon I$ (for which $x_{ij} = 0$). For each $ij\varepsilon J$ we combine runs i and j in the usual way: if the delivery time for run i is d_i, and its production takes the time h_i, then the combined run of i and j has the delivery time of min $\{d_j, d_i + h_j\}$ and its production takes the time $h_i + h_j$. (We have neglected the time required for the grade change, because it is small compared with $h_i + h_j$.) Similarly, combined runs may be further combined.

Consider in Y, a schedule x, for which the order of the (possibly combined) runs follow the order of their delivery times. If x is not in Z_1 (that is, x is infeasible) then Z_1 is empty. Even though Z_1 is nonempty, this fact can be applied as follows (see e.g.[7]): if no x in Z satisfy $x_{ij} = 1$, then $x_{ij} = 0$ for all $x\varepsilon Z$; i.e., ij can be appended to I. This test may be carried out for all i and j to eliminate infeasible schedules from consideration.

After these tests, we solve the assignment problem A(X) for $X = X_1$. Let x* be an optimal solution for it. Because Z_1 is in X_1, x* solves also $P(Z_1)$ provided that x* is in Z_1. In this case a feasible solution is found for the original problem P(Z) and the branch Z_1 is fathomed. If x* is not in Z_1, then cx* is a lower bound for the cost of an optimal schedule in Z_1. If a feasible schedule has already been found, with a cost no larger than this lower bound, then the branch is fathomed. Otherwise we create new branches: Z_1 is partitioned into disjoint subsets via defining appropriate sets I and J for each one.

As the solution time for the branch and bound method increases rapidly, as n increases, also heuristic techniques were considered. Furthermore, for one of the paper machines, the grade change costs are relatively insignificant, because it produces only standard newsprint of varying basis weight. In this case, a fast method is preferred to find a (hopefully) near optimal feasible schedule. An appropriate heuristic method is presented in the following.

A heuristic method

Consider a schedule $x\varepsilon Y$. It is easy to see that there are no other schedules which differ from x in less than three arcs and, given three arcs of x, there exists a unique schedule $\bar{x}$ which differs from x only in these arcs. (For an illustration, see Figure 2.)

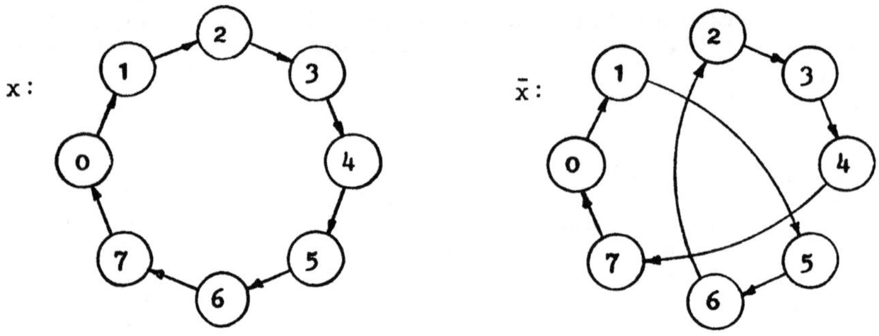

Figure 2. Schedule x and adjacent schedule $\bar{x}$.

Two schedules are adjacent if they differ in exactly three arcs. A heuristic method can now be stated as one moving in one iteration from a feasible schedule to an adjacent and better feasible schedule.

Note that a schedule has $\binom{n+1}{3}$ adjacent schedules (which for n=20 is 1330). As usual, one may not want to find the best adjacent schedule at each iteration. Also, time constraints can be used to eliminate infeasible adjacent schedules from consideration.

Each schedule corresponds to a basic solution for the assignment problem A(X). It may be interesting to note that adjacent schedules correspond to adjacent basic solutions for A(X). Therefore we may think of the heuristic method as a simplex-like method for problem P(Z).

REFERENCES

1. Bellmore, M. and Nemhauser, G., "The Traveling Salesman Problem: A Survey", Operations Research, Vol. 16, pp. 538-558, 1968

2. Dantzig, G., Linear Programming and Extensions, Princeton University Press, Princeton, New Jersey, 1963.

3. Gilmore, P. and Gomory, R., "A Linear Programming Approach to the Cutting Stock Problem", Operations Research, Vol. 9, pp. 849-859, 1961.

4. Gilmore, P. and Gomory, R., "A Linear Programming Approach to the Cutting Stock Problem. Part II", Operations Research, Vol. 11, pp. 863-888, 1963.

5. Kallio, M., "Production Planning System, User's Manual", (in Finnish), A. Ahlström Co., Pulp and Paper Div., 1969.

6. Lehtikoski, O., Ström, U. and Witting, K., "Integrated Computer Control of a Paper Mill", Paper and Timber, 1970.

7. Pierce, J. and Hatfield, D., "Production Sequencing by Combinatorial Programming", Special Technical Association Publication No. 4, pp. 308-336, T.A.P.P.I., New York, 1967.

A New Model and Algorithms for Flow-Shop Scheduling with Overlap Feasibility*

I.I. Karayalçin, and **A.S. Kiran**, Istanbul

INTRODUCTION

In provious studies [2], [6], [7], [8] , the sequencing problem in a flowshop was considered as a problem of minimizing the make-span of jobs that consist of a singl item. This consideration has been reflected to the model with one condition ; Even though, the job lot production is done in flowshops where the machines are arranged serially, no job may be processed in more than one machine at the same time. I the job lot shop, an overlap is feasible through the operations of the same job on adjacent machines. If job lot size is enough and/or transportation is available, th schedule with an overlap will have a shorter make-span than one without an overlap. Maximum allowable overlap [1] , is calculated by using operation times, "start lag" and "stop lag".

Start lag [4] , is the minimum time which must elapse between starting times of two adjacent operations. Stop lag is the minimum time which must elapse between complet ing times of two adjacent operations.

On the other hand, the proposed model can be generalized for long enough setup time If the overlap is taken to be zero, then the model applies to the classical flowsho scheduling problem.

In this study the measure of performance is taken to be the make-span as determined by summing up the total idle time and total processing time on machine m. In order to find the optimal schedule among the permutation schedules, an algorithm is developed based on the elimination method (see also Reference [3] by the present author).

---

* *This paper is a summary of a part of Dr.KIRAN's Ph.D.Dissertation (Ref [3]) under Prof.Dr.Eng.İ.İ.KARAYALÇIN.*

NOTATION AND THE MODEL

t_{ik} : Processing time of job i on machine k.

a_{ik} : Start lag of job i between kth and (k+1)th operation.

b_{ik} : Stop lag of job i between (k-1)th and kth operation.

σ An initial partial schedule of jobs.

Let

$$K(\sigma i,k) = \max\{\sum_{\ell\varepsilon\sigma} t_{\ell,k-1} - \sum_{\ell\varepsilon\sigma} t_{\ell,k} + a_{i,k-1}),$$

$$(\sum_{\ell\varepsilon\sigma i} t_{\ell k-1} - \sum_{\ell\varepsilon\sigma} t_{\ell,k} + b_{i,k})\} + Q(\sigma i,k-1), \qquad (1)$$

then

$$Q(\sigma i,k) = \max_{\ell\varepsilon\sigma i} \{K(\ell,k)\} \qquad (2)$$

is the idle time on machine k through partial schedule "σi". For this objective function an algorithm described in this work, which also minimize make-span. This is proven by main theorem of elimination method which was used by many authors. In this case following theorems are proven and an elimination criterion is developed for flow shop scheduling problem with overlap feasibility.

MAIN THEOREM : Let π and π' be arbitrary sequences of jobs satisfying conditions:

$$\pi\cap\pi' = \phi \quad , \quad (\pi\cup\pi')\cap\sigma ij = \phi \ ,$$

$$(\pi\cup\pi')\cup\sigma ij=\{\text{all jobs}\}$$

where ϕ denotes the null set.

$\bar{\pi}$ will denote the partial schedule excluding the last job filled in π.

Consider the two schedules :

$$S = \sigma ij\pi\pi' \qquad \text{and} \qquad S' = \sigma j\pi i\pi'.$$

If

$$K(\sigma j,k) \geq \max\{K(\sigma i,k),\ K(\sigma ij,k)\} \quad \text{for all} \quad k = 2,\ldots..m, \qquad (3)$$

Then job i is said to dominate job j with respect to σ. We will prove this theorem by using following lemmas.

Lemma 1 : Inequalities (3) imply

$$Q(\sigma j\pi i,k) \geq Q(\sigma ij\pi,k) \quad \text{for all} \quad k = 2,\ldots,m. \tag{4}$$

Proof : It is sufficient to show that

$$K(\sigma j\pi,k) \geq K(\sigma ij\pi,k) \quad \text{for all} \quad k = 2,\ldots,m.$$

Proof will be by induction. For $k = 2$, (5)

$$K(\sigma j,2) - K(\sigma ij,2) = -t_{i1} + t_{i2} \geq 0, \quad \text{by using (3)}. \tag{6}$$

It will now be proven that

$$K(\sigma ij\pi,2) \leq K(\sigma j\pi,2).$$

Using (1), we have

$$K(\sigma j\pi,2) = \max \left(\sum_{\ell\varepsilon\sigma j\bar{\pi}} t_{\ell_1} - \sum_{\ell\varepsilon\sigma j\bar{\pi}} t_{\ell_2} + a_{z1}, \sum_{\ell\varepsilon\sigma j\pi} t_{\ell_1} - \sum_{\ell\varepsilon\sigma j\pi} t_{\ell_2} + b_{z2}\right) \tag{7}$$

$$K(\sigma ij\pi,2) = \max \left(\sum_{\ell\varepsilon\sigma ij\bar{\pi}} t_{\ell_1} - \sum_{\ell\varepsilon\sigma ij\bar{\pi}} t_{\ell_2} + a_{z1},\right.$$

$$\left.\sum_{\ell\varepsilon\sigma ij\pi} t_{\ell_1} - \sum_{\ell\varepsilon\sigma ij\pi} t_{\ell_2} + b_{z2}\right) \tag{8}$$

and noting that

$$\max(a,b) = \frac{(a+b) + |a-b|}{2},$$

it is seen that

$$K(\sigma j\pi,2) - K(\sigma ij\pi,2) = -(t_{i1} - t_{i2}) \geq 0. \tag{9}$$

Thus, the lemma is true for $k = 2$. To complete the inductive proof, one assumption will be made about the $m-1$ case :

$$Q(\sigma j\pi,m-1) - Q(\sigma ij\pi,m-1) \geq Q(\sigma j,m-1) - Q(\sigma ij,m-1) \quad (10)$$

which is implied by (3).

For $k = m$, rewriting (3)

$$K(\sigma j,m) \geq K(\sigma ij,m) \;, \quad (11)$$

or

$$K(\sigma j,m) - K(\sigma ij,m) = Q(\sigma j,m-1) - Q(\sigma ij,m-1) - (t_{i,m-1} - t_{im}) \geq 0. \quad (12)$$

Now it is only necessary to show that

$$K(\sigma j\ ,m) \geq K(\sigma ij\ ,m) \;, \text{ which is the same as} \quad (13)$$

$$Q(\sigma j\pi,m-1) - Q\ (\sigma ij\pi,m-1) \geq t_{i,m-1} - t_{im} \;. \quad (14)$$

By using (11) and (12) we obtain necessary result :

$$Q(\sigma j\pi,m-1) - Q(\sigma ij\pi,m-1) \geq Q(\sigma j,m-1) - Q(\sigma ij,m-1) \geq t_{i,m-1} - t_{i,m} \;. \quad (15)$$

To complete the inductive proof it is necessary to show that the theorem is true for $k = m$. This can be simplified to the following :

$$\max\{Q(\sigma,m),\ K(\sigma j,m),\ K(\sigma j\ ,m)\} - \max\{Q(\sigma,m),\ K(\sigma i,m),\ K(\sigma ij,m),$$

$$K(\sigma ij\ ,m)\} \geq \max\{Q(\sigma,m),\ K(\sigma j,m)\} - \max\{Q(\sigma,m),\ K(\sigma i,m)\ ,\ K(\sigma ij,m)\} \quad (16)$$

If either of terms $Q(\sigma,m)$ or $K(\sigma i,m)$ or $K(\sigma ij,m)$ in the second term of the left hand side of (16) is maximum, then obviously the inequality holds. In this term, if $K(\sigma ij\pi,m)$ is maximum then in the first term $K(\sigma j\pi,m)$ is maximum by using (10). Now, inequality (16) is equivalent to

$$K(\sigma j\pi,m) - K(\sigma ij\pi,m) \geq \text{maks } \{Q(\sigma,m),\ K(\sigma j,m)\} - \text{maks } \{Q(\sigma,m),\ K(\sigma i,m),\ K(\sigma ij,m)\}. \quad (17)$$

If $Q(\sigma,m)$ is maximum in the first term of the right hand side the inequality holds by using (10) and (12). In this term, if $K(\sigma j,m)$ is maximum, then

$$K(\sigma j\pi,m) - K(\sigma ij\pi,m) \geq K(\sigma j,m) - K(\sigma ij,m) \quad (18)$$

which can be reduced to equation (10). Q.E.D.

Lemma 2 : Let ρ and ρ' be different permutations of same jobs and let $\pi = \{z_1, z_2, \ldots\ldots z_t\}$ be any partial schedule of all jobs except the ones in ρ. Then

$$Q(\rho,k) \leq Q(\rho',k) \qquad \text{for all } k=2,\ldots\ldots, m$$

implies that

$$Q(\rho\pi,k) \leq Q(\rho'\pi,k). \text{ for all } k=2,\ldots\ldots, m$$

Proof : Let $\pi = z_1$. Proof will again be by induction. Theorem is true for k=2;

$$Q(\rho z_1,2) = \max \{Q(\rho,2)\ \ K(\rho z_1,2)\} \leq Q(\rho' z_1,2) = \max \{Q(\rho',2),\ K(\rho' z_1,2.\} \quad (19)$$

This is seen as follows :

In this last equation we have

$$K(\rho z_1,2) = \max (\sum_{\ell\epsilon\rho} t_{\ell,1} - \sum_{\ell\epsilon\rho} t_{\ell,2} + a_{z_1,1}\ ,\ \sum_{\ell\epsilon\rho z_1} t_{\ell,1} - \sum_{\ell\epsilon\rho z_1} t_{\ell,2} + b_{z_1,2})$$

$$= K(\rho z_1,2) \quad (20)$$

Since $Q(\rho,2) \leq Q(\rho',2)$, (19) is obvious.

Suppose theorem is true for k-1 ; it will be proven that

$$Q(\rho z_1,k) = \max \{Q(\rho,k)\ ,\ K(\rho z_1,k)\} \leq Q(\rho' z_1,k) = \max \{Q(\rho',k),\ K(\rho' z_1,k)\} \quad (21)$$

In this inequality, for $K(\rho z_1,k)$ and $K(\rho' z_1,k)$, using the inductive assumption, we get

$$K(\rho z_1,k) = \max\Big(\sum_{\ell\varepsilon\rho} t_{\ell,k-1} - \sum_{\ell\varepsilon\rho} t_{\ell,k} + a_{z_1,k-1}\ ,\ \sum_{\ell\varepsilon\rho z_1} t_{\ell,k-1} - \sum_{\ell\varepsilon\rho z_1} t_{\ell,k} \tag{22}$$

$$+ b_{z_1,k}\Big) + Q(\rho z_1,k-1) \le \max\Big(\sum_{\ell\varepsilon\rho'} t_{\ell,k-1} - \sum_{\ell\varepsilon\rho'} t_{\ell,k} + a_{z_1,k-1},\ \sum_{\ell\varepsilon\rho' z_1} t_{\ell,k-1} -$$

$$\sum_{\ell\varepsilon\rho' z_1} t_{\ell,k} + b_{z_1,k}\Big) + Q(\rho' z_1,k-1)$$

and since $Q(\rho,k) \le Q(\rho',k)$ (21) must hold.

Now let $\pi = (z_1,z_2)$. In this case for $k=2$, it is easy to show that

$$\begin{aligned} Q(\rho z_1 z_2,2) &= \max\{Q(\rho z_1,2)\ ,\ K(\rho z_1 z_2,\ 2)\} \le \\ Q(\rho' z_1 z_2,2) &= \max\{Q(\rho' z_1,2)\ ,\ K(\rho' z_1 z_2,\ 2)\} \end{aligned} \tag{23}$$

Assuming it is true for k-1, it is necessary to show that ;

$$\begin{aligned} Q(\rho z_1 z_2,k) &= \text{maks}\ \{Q(\rho z_1,k),\ K(\rho z_1 z_2,k)\} \le \\ Q(\rho' z_1 z_2,k) &= \text{maks}\ \{Q(\rho' z_1,k),\ K(\rho' z_1 z_2,k)\} \end{aligned} \tag{24}$$

By using (21) and inductive assumption this is obvious. By repeating these steps for $\pi = \{z_1,z_2,z_3\}$,....., $\pi = \{z_1,z_2 \dots z_t\}$,

we obtain the necessary result.

PROOF OF MAIN THEOREM : By using Lemma 1 it can be written that

$$Q(\sigma j\pi i,k) \ge Q(\sigma ij\pi,k) \qquad k = 2,\dots\dots, m.$$

Applying Lemma 2 (where $\rho = \sigma ij\pi$ and $\rho' = \sigma j\pi i$), we have

$$Q(\sigma j\pi i\pi',\ k) > Q(\sigma ij\pi\pi',k) \qquad k = 2,\dots\dots,m.$$

Hence, for $k = m$

$$Q(\sigma j\pi i\pi',m) > Q(\sigma ij\pi\pi',m) \quad . \text{ Q.E.D.}$$

THE ALGORITHM

Step 1 : For a given presequence $\sigma(\sigma = \emptyset$ at the outset) calculate $Q(\sigma,k)$.

Step 2 : Select job "i" from the candidate set of jobs which is not contained in σ.

Step 3 : Select job $j(j \neq i)$ from the candidate set of jobs.

Step 4 : Compare σij and σj using (3). If this is met, i.e., if i. dominates j with respect to σ, remove job j from the candidate set and go to next step.

Step 5 : Repeat step 4 for all other jobs j in the candidate set.

Step 6 : Repeat step 3 for all other jobs i in the candidate set.

Step 7 : For all the jobs remaining in the candidate set, let $\rho = \sigma i$

Step 8 : For all the presequences ρ that consist of the same jobs, check the sequence dominance property. All the undominated presequences are σ. If all the jobs are already in σ, choose the sequence or sequences that have the smallest $Q(\sigma,m)$ as optimal and stop. Otherwise return to step 1 and repeat.

THREE MACHINES CASE

For the three machines case, optimal schedules can be developed easily if problem data satisfy some conditions.

If

$$\min_i (t_{i1} - t_{i2}) \geq \max_i (a_{i1}) \text{ and}$$

$$\min_i (a_{i1}) \geq \max_i (b_{i2}),$$

then we define ;

$$K(\sigma i,3) = \sum_{j\epsilon\sigma} t_{j1} + t_{i2} - \sum_{j\epsilon\sigma} t_{j3} + m_i + n_i \qquad (25)$$

where

$$m_i = \max\,(a_{i1} - t_{i1},\, b_{i2} - t_{i2}) \quad \text{and}$$

$$n_i = \max\,(a_{i2} - t_{i2},\, b_{i3} - t_{i3}).$$

Using Eq. (25),

$$Q(\sigma i,3) = \max_{\ell\epsilon\sigma i} \{K(\ell,k)\}\,.$$

This is minimized by the following algorithm :

Step 1 : Calculate m_i and n_i for all jobs.

Step 2 : Calculate $s_i = t_{i1} + t_{i2} + m_i + n_i$ for the jobs with processing times $t_{i1} < t_{i3}$. Arrange these jobs in nondecreasing order of s_i and find the sequence S.

Step 3 : Calculate $s_i' = t_{i2} + t_{i3} + m_i + n_i$ for the jobs with processing times $t_{i1} \geq t_{i3}$. Arrange these jobs in nonincreasing order of s_i' and find the sequence S'.

Step 4 : $S^* = \{S, S'\}$ is the optimal schedule.

This algorithm is illustrated by the following 5 jobs-3 machines problem:

i	t_{i1}	t_{i2}	t_{i3}	a_{i1}	a_{i2}	b_{i2}	b_{i3}	S_i	s_i'
1	80	2	70	28	75	13	44	-	156
2	72	38	85	24	51	8	49	93	-
3	90	27	72	25	14	24	12	-	83
4	58	20	47	30	66	3	69	-	96
5	67	23	27	25	36	17	52	-	69

$S = \{2\}$ $\qquad$ $S' = \{1,4,3,5\}$

$S^* = \{2,1,4,3,5\}$

REFERENCES

1. HOLLOWAY, C.A. - NELSON, R.T., "Job Shop Scheduling with Due Dates and Operation Overlap Feasibility", AIIE Transactions 7, No.1 (1975).

2. JOHNSON, S.M., "Optimal Two-and Three-Stage Production Schedules with Setup Times Included", Nav. Res. Log. Quart. 1, 61-69 (1954)

3. KIRAN, A.Ş., "New Models and Algorithms for the Flow Shop Scheduling Problem" in Turkish, Ph.D. Dissertation, İTÜ. (1977)

4. MITTEN, L.G., "A Scheduling Problem", The J. of Ind. Eng. 10, No.2 (1959)

5. MITTEN, L.G., "Sequencing n Jobs on Two Machines with Arbitrary Time Lags", Man. Sci. 5, No.3 (1959)

6. SZWARC, W., "Elimination Methods in the mxn Sequencing Problem", Nav.Res. Log. Quart. 18, 295-305 (1971)

7. SZWARC, W., "Mathematical Aspects of 3xn Job Shop Sequencing Problem", Nav. Res. Log. Quart. 21, 145-153 (1974) and 725-726 (1974)

8. SMITH, R.D. - DUDEK, R.A., "A General Algorithm for Solution of the n-Job, M - Machine Sequencing Problem of Flow Shop", Opns. Res.15, 71-82 (1967) and "Errata", Opns.Res.17, 756 (1969).

Warteschlangenuntersuchungen in der spanabhebenden Mittel- und Kleinserienfertigung mit einem Computersimulationsmodell

G. Kasigkeit, Berlin

Es wird vielfach angenommen, daß mit dem Warteschlangenmodell M/G/1 brauchbare Ergebnisse bei der Berechnung von Durchlaufzeiten von Aufträgen an Arbeitsplätzen im Bereich der Fertigung erzielt werden können. Das Eintreffen von Aufträgen wird in vielen Fällen durch einen Poisson-Prozeß näherungsweise dargestellt. Der Parameter und ebenso die Verteilung der Bearbeitungszeiten werden oft in empirischen Untersuchungen und Auswertung der Fertigungsunterlagen ermittelt.
Inwieweit die Aussagen des Warteschlangenmodells für reale Betriebsabläufe verwendbar sind, wurde mit Hilfe des Simulationsmodells COSMIK untersucht. Es ergab sich, daß bei zwei Drittel der 30 in dem Modell abgebildeten Arbeitsplätze die Hypothese abgelehnt wurde, daß sich Zwischenankunftszeiten exponential verteilt verhalten. Weiterhin konnte nur an zwei der Arbeitsplätze mit exponential verteilten Ankünften eine Übereinstimmung der aufgetretenen Wartezeiten mit den Werten der POLLACZEK-KHINTCHINE-Formel gefunden werden. An den anderen Arbeitsplätzen sind die Zwischenankunftszeiten oder Bearbeitungszeiten nicht stochastisch unabhängig.

COSMIK ist ein Computersimulationsmodell der Mittel und Kleinserienfertigung, mit dem Betriebe abgebildet und untersucht werden können, die Produkte in spanabhebenden Fertigungsverfahren mit anschließender Montage herstellen. Mit der Erstellung des Programmsystems wurde das Ziel verfolgt, ein Dateien- und Ablaufgerüst zu konstruieren, das vielen Betrieben dieser Branche gemeinsam ist. Es werden die für den Fertigungsablauf relevanten Teilbereiche des Betriebes berücksichtigt. Um die Eigenart eines individuellen Betriebes verarbeiten zu können, sind dessen reale Daten leicht zu ergänzen. Die Arbeitsweise mit dem Modell erlaubt eine integrierte

Betrachtungsweise des gesamten Fertigungsablaufes. Dabei geht man von der Erkenntnis aus, daß ein betriebliches Gesamtoptimum von Betriebsabläufen nicht notwendig durch eine Summe von Einzeloptima erreicht wird.
Das Modell umfaßt die Teilsysteme Fertigung, Personal, Material, Transport und Rechnungswesen. Punkte, in denen der Mensch als Entscheider notwendig ist, sind als Schnittstellen ausgebildet.
Als Grunddaten sind für COSMIK erforderlich: Personalbestand, Betriebsmittelbestand, Stücklisten, Arbeitspläne. Damit sind die Grundlagen für die Simulation der Bearbeitung von Aufträgen in dem abgebildeten Betrieb gegeben.
Für das Verhalten der oben genannten betrieblichen Teilsysteme ist es charakteristisch, daß zu gewissen Zeitpunkten Ereignisse eintreten, in denen sich der Zustand des Betriebes in irgendeiner Form ändert und eventuell verschiedene Entscheidungen notwendig werden. Beispielsweise sind dies im Bereich der Fertigung die Ereignisse: Eintreffen eines Auftrages an einer Maschine, Beginn der Rüstzeit, Beginn der Bearbeitung, Ende der Bearbeitung, Ausfallanfang und -ende u.a. Im Regelfall kann man davon ausgehen, daß es bei Auftreten eines Ereignisses möglich ist, Folgeereignisse vorherzusagen; in anderen Fällen stehen (empirisch ermittelte) Wahrscheinlichkeitsverteilungen zur Verfügung. Aus diesem Gesichtspunkt heraus wurde COSMIK als ereignisfolgenorientierte Simulation realisiert. Die Auftragsreihenfolge an den Betriebsmitteln kann über Prioritätsregeln festgelegt werden, so daß weitere Untersuchungen im eingangs genannten Problemkreis realitätsnah durchgeführt werden können.

Literatur:

Heinrich, G./ Hopfer, G./ Kasigkeit, G./ Turnblad, P.
Praxisgerechte Simulation der Klein- und Mittelserienfertigung mit dem Modell COSMIK; in: VDI-Bericht Nr. 292 (1977)

Dr.Jürgen Müller, Joachim Schwalbach

Kostendegressionen, Sortenvielzahl und Strukturwandel bei Brauereien

J. Müller und **J. Schwalbach**, Berlin

1. Einleitung

Die Brauereibranche in der Bundesrepublik Deutschland ist gekennzeichnet durch eine stark angestiegene Unternehmenskonzentration, wobei diese Veränderungen in der Hauptsache auf Fusionen zurückzuführen sind. Diese Zusammenschlüsse haben gleichzeitig für die führenden Unternehmen einen Grad der Mehrbetrieblichkeit und geographischen Verteilung erbracht, der eventuelle Wettbewerbsvorteile gegenüber einzelbetrieblichen Unternehmen beinhaltet. Gleichzeitig profitieren diese Unternehmen von einer seit 1960 wesentlich angestiegenen mindestoptimalen technischen Betriebsgröße kurz MOTB genannt, die aufgrund der durch Fusionen gesicherten Absatzgebiete ausgenutzt werden konnten.
Ziel der folgenden Untersuchung ist es, diese Wettbewerbsvorteile der Großunternehmen zu quantifizieren und durch einen Vergleich mit der gegenwärtigen mehr mittelständigen Struktur die langfristigen strukturellen Implikationen der angestiegenen Betriebsgröße und Kostenvorteile aufzuzeigen.

2. Unternehmenskonzentration und Mehrbetrieblichkeit

In dem traditionell mittelständischen Braugewerbe hat seit den 60er Jahren durch verstärkte Fusionsaktivitäten, zum Teil von branchenfremden Unternehmen, eine starke Unternehmenskonzentration stattgefunden. Während 1965 der Marktanteil der ersten vier Unternehmen nur bei knapp 13% lag, ist deren Marktanteil 1974 auf fast 38% emporgeschnellt und ist noch weiter im Ansteigen begriffen. Eine detaillierte Analyse der Konzentrationsveränderungen zeigt, daß vor allem Fusionen für diese Konzentrationserhöhung verantwortlich sind 1). Dies bringt konsequenterweise eine starke Mehrbetrieblichkeit mit sich, wenn die aufgekauften Brauereien nicht nach einer Rationalisierung stillgelegt werden. Vor allem für die größten

1) J.Müller,R.Hochreiter(1975): Stand und Entwicklungstendenzen der Konzentration in der Bundesrepublik Deutschland,S.235ff.

Unternehmen ist die Mehrbetrieblichkeit besonders stark angestiegen. Während 1965 die größten vier Unternehmen im Durchschnitt nur 5,5 Betriebsstätten hatten, waren es 1971 schon 19,3. Mittlerweile dürfte diese Zahl aufgrund der erfolgten Stillegungen etwas zurückgegangen sein, aber man kann nach wie vor von einem starken Ausmaß an Mehrbetrieblichkeit für die führenden Unternehmen sowie von einer stark angestiegenen Betriebsgröße ausgehen. Diese Tendenz ist in einigen anderen Ländern noch viel stärker gewesen (vgl.Tab.1) und hat dort fast zu einem völligen Verschwinden der kleineren Brauereien und einer sehr hohen Unternehmenskonzentration geführt. Es erhebt sich deshalb die Frage, ob die gestiegene Unternehmenskonzentration einerseits und der Trend zur Mehrbetrieblichkeit andererseits, langfristig auch für die Bundesrepublik eine ähnliche Entwicklung erwarten lassen.

Land	Unternehmenskonzentration[4]		Anzahl der Betriebe		% Änderung	Durchsch. Größe in Mio. hl		% Änderung	Durchsch. kummulierte Betriebsgröße für die ersten 50% in Mio 1971/72
	1958/60	1972/75	1964	1974		1964	1974		
Belgien	28,4[2]	57,2[3]	324	185	-42,9	0,035	0,076	+116,2	0,61
Luxemburg	n.a.	n.a.	11	7	-36,4	0,052	0,099	+90,6	0,61
Frankreich	25,7	77	175	86	-50,9	0,112	0,253	+126,1	0,72
BR Deutschland	11,8	37,8	2083	1636	-21,5	0,035	0,057	+63,4	0,52
Italien	n.a.	66,3	35	37	+5,7	0,120	0,217	+81,0	0,36
Niederlande	76[2]	92	34	23	-32,4	0,146	0,506	+246,7	5,08
U.K.	19,2	56,1	295	152	-48,5	0,165	0,415	+151,6	1,12
U.S.A.	33[1]	69[1]	204	148	-27,5	0,567	1,742	+207,0	4,72

1)für die ersten 5 Untern. 2)1965 3)1974 4)f.d.ersten 4 Unter

Tab.1[2]: Unternehmens- und Betriebsgrößenentwicklung: EG und USA

Nicht nur der Trend zur Mehrbetrieblichkeit ist für diese Fragestellung wichtig, denn dafür ist zum Teil die Vielzahl der Fusionen verantwortlich, sondern auch der Trend zu größeren Braustätten. Zwar ist die durchschnittliche westdeutsche Braustättengröße 1974 mit ca. 57 Tsd. hl Jahresausstoß immer noch relativ klein im Verhältnis zu den Durchschnittszahlen z.Bsp. von Großbritannien, den Niederlanden, Schweden und den USA; aber diese Durchschnittszahlen geben aufgrund der Vielzahl von kleinen Unternehmen ein falsches Bild. 1965 waren 79 Braustätten in der Lage, 50% des Ausstoßes

2) Quelle: Statistisches Jahrbuch des Deutschen Brauerbundes und ausländische Verbandsberichte und eigene Berechnungen

zu produzieren bei einer durchschnittlichen Betriebsgröße von 0,463 Mio hl. 1974 waren sogar nur 60 Braustätten notwendig, um mit einer Durchschnittsgröße von 0.773 Mio hl über 50% des Ausstoßes zu produzieren. Der Trend zu größeren Braustätten ist also auch in der Bundesrepublik eindeutig feststellbar.

3. Wettbewerbsvorteile von mehrbetrieblichen Brauereiunternehmen

Ein Blick auf die Unternehmensverteilung zeigt uns, daß Mehrbetrieblichkeit nur bei den ersten drei Unternehmen wirklich von Bedeutung ist. Für den Rest der Unternehmen handelt es sich eher um einbetriebliche Unternehmen oder Unternehmen mit einem Brauereischwerpunkt und mehreren Betriebsstätten, die zum Teil auch auf eine Fusionstätigkeit zurückzuführen sind. Es stellt sich nun die Frage, inwieweit die führenden drei Großunternehmen in der Lage sind, aus ihrer Mehrbetrieblichkeit Kostenvorteile zu erzielen, die langfristig die Unternehmensstruktur ähnlich wie im Ausland beeinflußen werden.
Zur Beantwortung dieser Frage werden die Kostendegressionen von Brauereien mit dem heutigen Stand der Technologie ermittelt. Diese Kostenkurve geht zusammen mit den Transportkosten und der Nachfragemenge in ein Optimierungsmodell ein. Dabei ist es jedoch außerdem notwendig, auch auf die Losgrößenersparnisse einzugehen, die zusätzliche Wettbewerbsvorteile bei kombinierter Sorten- und Braustättenkoordination, kurz KSBK genannt, ergeben.
Geht man nämlich nur von einem Einproduktunternehmen aus, so sind die wichtigsten Größendegressionen bei 2 Mio hl Jahresausstoß erschöpft (vgl.Abb.1). Das heißt, die mindestoptimale technische Betriebsgröße für ein Einproduktunternehmen kann mit 2 Mio hl Jahresausstoß angenommen werden. Berücksichtigt man nun zusätzlich die Transportkosten, die notwendig sind, um das Produkt zu vermarkten, so steigt mit zunehmender Unternehmensgröße auch der Transportkostenanteil und hebt damit einen Teil der Größendegressionen auf. Eine transportkostenbereinigte MOTB genannt TBMOTB wird deswegen kleiner als die von uns oben definierte MOTB-Größe sein (vgl.Abb.2).

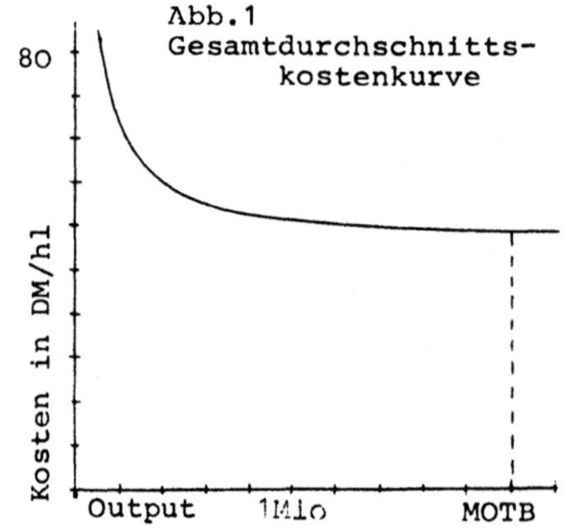

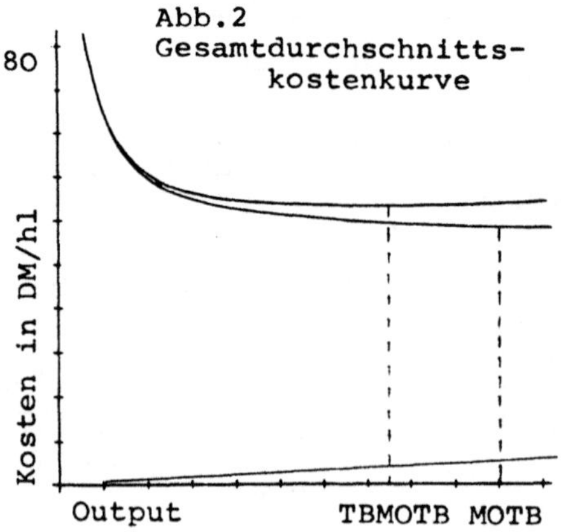

Erhöht man die Sortenvielzahl, so erhöht sich auch die MOTB aufgrund der Sortenwechselkosten oder die Durchschnittskosten steigen für eine vorgegebene Betriebsgröße. Unternehmen mit einer Vielzahl von kleinvolumigen Sorten in ihrer Angebotspalette haben deshalb höhere Kosten, auch wenn sie die MOTB-Größe für ein Einproduktunternehmen erreichen.
Kostenvorteile ergeben sich aus kombinierter Sorten- und Braustättenkoordination (KSBK), das heißt aus der zentralen Produktion kleinvolumiger Sorten, wobei nur die großvolumigen Sorten dezentral hergestellt werden. Aus der betriebswirtschaftlichen Literatur wissen wir, daß durch solche Maßnahmen Kostenersparnisse möglich sind, nur deren Umfang ist nicht genau bekannt.

4. Das Modell

Zur Quantifizierung der KSBK-Vorteile sowie zur Schätzung einer effizienten Betriebsstättenstruktur kann ein nichtlineares Optimierungsmodell formuliert werden, in das Werte über Kostendegression, Sortenwechsel- und Transportkosten eingehen, und in dem unterschiedliche Annahmen über Nachfragedichte und Sortenvielzahl gemacht werden können. Die zu minimierenden Gesamtkosten bestehen aus produkt- und betriebsspezifischen Kosten sowie Transportkosten.

$$\text{Min} \rightarrow \text{Gesamtkosten} = \sum_{i=1}^{n} \sum_{k=1}^{p} f_{ik}(s_{ik}) + \sum_{i=1}^{n} \sum_{j=1}^{m} \sum_{k=1}^{p} t_{ijk}\, x_{ijk} + \sum_{i=1}^{n} g_i(y_i)$$

i : Standortindex $i=1, \ldots, n$
j : Marktindex $j=1, \ldots, m$
k : Produktindex $k=1, \ldots, p$

x_{ijk} : Menge von Produkt k, das im Betrieb i produziert und zum Markt j transportiert wird.

$s_{ik}=\sum_{j=1}^{m} x_{ijk}$: Gesamtmenge von Produkt k, das im Betrieb i produziert wird.

$f_{ik}(s_{ik})$: sämtliche produkt-spezifische Produktionskosten bei Produktion von s_{ik} von Produkt k im Betrieb i.

t_{ijk} : Transportkosten pro Einheit von Produkt k bei Transport von Betrieb i zum Markt j.

$g_i(y_i)$: sämtliche betriebsspezifische Produktionskosten bei der Produktion einer Gesamtmenge y_i in Betrieb i.

$y_i : \sum_{k=1}^{p} s_{ik} = \sum_{k=1}^{p} \sum_{j=1}^{m} x_{ijk}$

Das Problem erfüllt folgende Bedingung:

$$\sum_{i=1}^{n} x_{ijk} = d_{jk}$$

d_{jk} : Nachfrage von Produkt k im Markt j [3)]

5. Mathematisches Lösungsverfahren

Ein mathematisches Lösungsverfahren wurde von SOLAND(1971) für einen Einproduktfall mit Kostendegressionen beschrieben und später von BECKENSTEIN(1972) auf den Mehrproduktfall übertragen. Im folgenden soll nur eine allgemeine Beschreibung des Lösungsverfahrens erfolgen. Dem Lösungsverfahren liegt der Gedanke zugrunde, mit Hilfe seperabler nicht-konvexer Programmierung die optimale Lösung zu finden. In jeder Stufe des branch-and-bound Algorithmus wird die konkave Gesamtkostenkurve durch ihre Linearisierung unterschätzt. Das lineare Problem ist ein leicht zu lösendes Transportproblem. Die lineare Aproximation bildet den lower bound, während die konkave Kostenfunktion den upper bound bildet. Der Lösungsraum wird ständig in jeweils zwei Subprobleme unterteilt und zwar dort, wo der Abstand zwischen LB und UB am größten ist. In jeder Stufe des Algorithmus wird die Lösung mit den niedrigsten linearen Gesamtkosten ausgewählt, die ihrerseits mit den tatsächlichen Gesamtkosten verglichen werden. Der Lösungsraum wird solange unterteilt, bis die Lösung optimal ist, das heißt der LB $\geqq$ UB ist.

Der Algorithmus kann zusammenfassend in drei Schritten beschrieben werden:

Schritt 1: h=0. Suche $LB(K^{o}_{GK})$, UB^{o}_{GK}, UB^{o}_{s}, UB^{o}_{y}

$$GK = \min \sum_{i}\sum_{k} f_{ik}(s_{ik}) + \sum_{i}\sum_{j}\sum_{k} t_{ijk}x_{ijk} + \sum_{i} g_i(y_i)$$

Schritt 2: Suche h^*, so daß $LB(K^{h^*})$ das Minimum über alle vorhergehenden Knoten k^h ist. Wenn $LB(K^{h^*}) \geqq UB^{2h}_{GK}$, dann ist UB^{2h}_{s} und UB^{2h}_{y} die optimale Lösung. Ansonsten setze $p=h^*$ und gehe zu Schritt 3.

3) Bzgl. der mathematischen Formulierung vgl. A.R.Beckenstein(1972): An Optimization Approach for Evaluating Multi-Plant Scale Economies, Diss. University of Michigan und R.M.Soland(1971): Optimal Plant Location with Concave Costs, Paper presented to the 39th Meeting of the Operations Research Society of America, Dallas, Texas (May 5-7,1971).

Schritt 3: h=h+1. Branch von Knoten K^p, d.h. unterteile den Lösungsraum in K^{2h-1} und K^{2h}. Suche $LB(K^{2h-1})$, $LB(K^{2h})$, UB_y^{2h}, UB_s^{2h} und UB_{GK}^{2h} .

Gehe zu Schritt 2.

6. Empirische Resultate

Ausgehend von einem geographischen Raum (hier Bundesland Bayern) mit vorgegebener Nachfrage, 15 Märkten und 16 möglichen Standorten, wird die optimale Standort- und Betriebsgrößenverteilung bei unterschiedlicher Produktpalette, unterschiedlichen Marktanteilen und Kostenstrukturen gesucht. Die Resultate im Mehrproduktfall sollen die Vorteile einer Sorten- und Braustättenspezifischen Koordination gegenüber einer autonomen Produktion für Unternehmen, in diesem Fall mit vier Sorten aufzeigen.

In der ersten Variante (V1) soll zunächst eine optimale Branchenstruktur für den Einproduktfall ermittelt werden, wenn das mehrbetriebliche Unternehmen in allen Märkten 50% Marktanteil hat. An diesem Referenzpunkt vergleichen wir dann die Gesamtkosten mehrbetrieblicher Unternehmen im Mehrproduktfall mit und ohne KSBK und bei geringeren Marktanteilen (V2-V3). Die letzte Variante (V4) soll für unterschiedliche Kostenstrukturen den Einfluß der Kostendegression auf die Betriebsgrößenverteilung und Produktspezialisierung aufzeigen.

Die optimale Lösung von V1 wird in Tab.2 dargestellt. Von den möglichen 16 Standorten werden 6 ausgewählt. Die durchschnittlichen Gesamtkosten je hl betragen 48,26*DM. Die durchschnittliche Betriebsgröße beläuft sich auf 2,075 Mio hl Jahresausstoß bei einer Variation von 1,294 Mio hl bis 2,799 Mio hl. Die Schwankungen der Be-

Tab.2:

Standort	Produkt	Märkte	Produktion in 1000 hl	Gesamt
1	1	1 2 6	2349	2349
2-5		Keine Produktion		O
6	1	3 4 5	2541	2541
7		Keine Produktion		O
8	1	7 15	1741	1741
9-10		Keine Produktion		O
11	1	9 10 11	1733	1733
12		Keine Produktion		O
13	1	8 12	1294	1294
14	1	13 14	2799	2799
15-16		Keine Produktion		O

* Diese Werte entsprechen der Kostenkurve für 1973, jedoch ohne Biersteuer, Vertrieb und Marketing.

triebsgrößen haben mehrere Gründe. Erstens sind die Modellrestriktionen so, daß jeder Markt nur von einem Standort beliefert werden kann, so daß durch diskrete Marktumverteilungen relativ starke Veränderungen entstehen. Zwar kann durch eine größere Anzahl von Märkten das Problem vermindert werden, aber die Rechenzeiten steigen dadurch enorm an. Zweitens sind die Schwankungen der Betriebsgrössen auf die unterschiedlichen Marktdichten zurückzuführen. Die Transportkosten reduzieren demnach den MOTB-Wert. Allerdings ist hier nicht mehr der Begriff einer optimalen technischen Betriebsgröße angebracht, sondern man spricht jetzt von einer transportbereinigten MOTB, d.h. TBMOTB. Es ist daher logisch, daß eine Brauerei in München die Kostendegressionen besser ausnutzen kann als eine Brauerei in einem relativ bevölkerungsarmen Raum, wo der Transportkostenanteil entsprechend steigt.
In V1 beträgt die durchschnittliche Transportentfernung 45 km und der Anteil der Transportkosten 4) an den Gesamtkosten 4,16%. In Abb.2 ist graphisch dargestellt, wie in unserem Beispiel die durchschnittlichen Transportkosten den MOTB-Wert reduzieren. In Märkten mit hoher Marktdichte wie z.Bsp. München wird der TBMOTB-Wert nahe am MOTB-Wert liegen, deshalb ist i.d.R. am Standort München eine größere Betriebsgröße zu erwarten.

In der zweiten Variante (V2) sollen die Vorteile einer sorten- und Braustättenkoordination beim Mehrproduktfall gezeigt werden. Ein mehrbetriebliches Unternehmen soll in allen Märkten einen Marktanteil von 50% haben, und vier Produkte sollen im Verhältnis 57(Pils): 38(Export):3(Alt):2(Bock) nachgefragt werden.
Die optimale Lösung (vgl.Tab.3) zeigt, daß die wenig nachgefragten Sorten zentral an einer Braustätte produziert werden. Somit können auch für kleinere Nachfragemengen angemessene Lösgrößen erreicht werden. Dies ist jedoch mit erhöhten Lager- und Transportkosten verbunden, da durch die zentrale Produktion die Transportkosten zu den Depots steigen.
Diese Kombinationsvorteile müßten eigentlich mehrbetrieblichen Unternehmen zusätzliche Kostenersparnisse bringen. Zur Quantifizierung dieser Ersparnisse wird das Modell dahingehend modifiziert, daß in einem gesonderten Optimierungslauf sämtliche ausgewählten Betriebe alle vier Sorten herzustellen haben, d.h. die gesamte Produktpalette produzieren werden. Tab.4 zeigt die optimale Lösung für diesen Fall. Der Gesamtkostenvergleich zwischen der optimalen Lösung mit Koordination und der Lösung ohne Koordination, d.h. mit autonomer Produktion erbringt einen 3,61%igen Kostenvorteil der KSBK-Lösung. Der relativ geringe Prozentsatz überrascht etwas. Anscheinend werden die Vorteile einer KSBK durch höhere Transportkosten wieder aufgehoben. Die durchschnittliche Transportentfernung liegt bei der KSBK doppelt so hoch wie bei der autonomen Lösung (ca. 50 gegenüber 100 km). Diese Ergebnisse deuten darauf hin, daß keine wichtigen Wettbewerbsvorteile in diesem Bereich für die größten Unternehmen abgeleitet werden können. Eine Sensitivitäts-

4) Zur Berechnung der Transportkosten je hl von jedem Standort zu jedem Markt wurde das Gutachten von Prof.R.Krüger: Transportkostenvergleich Werkverkehr/Fuhrunternehmen/DBB, 3.,überarbeitete Auflage, Freising 1976 verwendet.

analyse mit höheren Transportkosten bestätigt diese Vermutung. Setzt man die Kostendegression andererseits höher an, so erhöhen sich die KSBK-Vorteile.
Die optimalen Lösungen von V2 führen zur durchschnittlichen Betriebsgröße von 2,491 Mio hl Jahresausstoß. Diese Betriebsgröße ist grösser als die durchschnittliche Größe der Lösung V1, da im Mehrproduktfall wegen der Sortenwechselkosten die Kostendegression viel länger anhält. Trotzdem sind die Gesamtkosten der V2-Lösungen höher als in V1. Die Sortenwechselkosten sind jedoch bei der KSBK-Lösung wiederum geringer als bei der autonomen Lösung. Die Gesamtkosten der KSBK-Lösung liegen nur 3,93% höher und die der autonomen Lösung immerhin 7,83% über den Gesamtkosten im Einproduktfall. Sortenvielzahl ist demnach mit höheren Kosten verbunden, wenn die regionale Nachfrage nicht mehrere MOTB-Werte übersteigt.

Tab.3: Gesamtkosten=624 741,81

Betrieb		Output in 1000hl				Gesamt
Nr.	Standort	1	2	3	4	output
3	Bamberg	1487	991			2478
6	Nürnberg	1301	1238			2539
13	Freising	2355				2355
14	München	1958		374	248	2580
15	Rosenhm.		2505			2505

Tab.4: Gesamtkosten=648 190.90

Betrieb		Output in 1000hl				Gesamt
Nr.	Standort	1	2	3	4	output
3	Bamberg	1487	991	79	52	2609
6	Nürnberg	1301	867	69	46	2283
8	Augsburg	1210	807	64	42	2123
10	Landshut	1507	1005	80	53	2645
14	München	1596	1064	84	56	2800

In der dritten Variante (V3) wird der Marktanteil der mehrbetrieblichen Unternehmung für sämtliche Märkte auf 10 % reduziert, um den Einfluß von Wettbewerbern und Sorten auf die Betriebsstruktur und Kostenstruktur zu ermitteln. Der Marktanteil von 10% entspricht in etwa dem der vier größten Brauereiunternehmen (Müller,Hochreiter (1975),S.64).
Die Lösung in Tab.5 zeigt die Auswirkungen des geringeren Marktanteils. Da die Nachfragemengen im Verhältnis zum MOTB-Wert relativ klein sind, hat eine geringere Dezentralisierung auf nur zwei Betriebsstätten stattgefunden. Die eigentlichen Betriebsgrößen liegen stark unter dem MOTB-Wert (durchschnittliche Betriebsgröße 1,246 Mio hl Jahresausstoß), wodurch sich eine Produktionskostensteigerung gegenüber der Lösung aus V1 von 10,47% ergibt. Mit nur zwei Produktionstätten pro Unternehmen ist der Vorteil der Produktspezialisierung in diesem Fall gegenüber einer autonomen Produktionsweise aufgrund der geringen Nachfragemenge geringer als in V2. Berechnungen für eine autonome Produktion ergaben nur einen Standort (vgl. Tab.6) und 2,39% höhere Kosten gegenüber der KSBK-Lösung. Waren schon aufgrund des geringeren Marktanteils und der dadurch bedingten Sub-MOTB-Größen höhere Gesamtkosten zu erwarten, so haben sicherlich die höheren Transportkosten (durchschnittliche Entfernung jetzt 190 km) diese Tendenz verstärkt.

Tab.5: Gesamtkosten=132 814.41

Betrieb		Output in 1000hl				Gesamt
Nr.	Standort	1	2	3	4	output
5	Amberg		947			947
7	Ansbach	1420		75	50	1545

Tab.6: Gesamtkosten=136 073.06

Betrieb		Output in 1000hl				Gesamt
Nr.	Standort	1	2	3	4	output
9	Ingolst.	1420	947	75	50	2492

Die vierte Variante (V4) soll für unterschiedliche Kostenstrukturen den Einfluß der Kostendegression auf die Betriebsgrößenverteilung und Produktspezialisierung aufzeigen. Bisher wurde eine Kostenkurve unterstellt, die relativ stark degressiv verläuft (vgl.Abb.1). Diese Kostenstruktur beruht auf Kostenvergleichen für Brauereineubauten. Der jetzigen Branchenstruktur entspricht eher eine flacher verlaufende Kostenkurve (vgl.Abb.3), da Brauereineubauten im unteren Größenbereich relativ selten sind. Eine Diskussion über die tatsächliche Kostenstruktur führt innerhalb dieses Beitrags zu weit; denn hier soll nur exemplarisch der Vergleich optimaler Lösungen bei unterschiedlicher Kostenstruktur erfolgen.

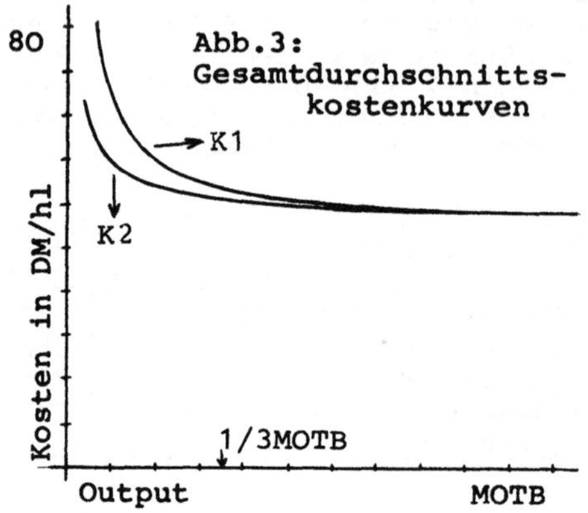

Abb.3: Gesamtdurchschnittskostenkurven

Verwendet man zunächst die Daten aus V2 so zeigt die optimale Lösung in Tab.7 folgendes: Bei schwacher Degression der Produktionskosten ist die Streuung der Betriebsgrößen stärker, d.h. die kleinste Betriebsgröße hat 1,357 Mio hl und der größte Betrieb 3,179 Mio hl Jahresausstoß. Die durchschnittliche Betriebsgröße beträgt 2,075 Mio hl Jahresausstoß im Gegensatz zu 2,491 Mio hl in V2. Der Unterschied ist auf die stärkere Degression zurückzuführen. Die Kostenersparnis beträgt bei K1 von 1/3 MOTB auf MOTB 32,54% und bei K2 dagegen nur 15,67%.
Die obigen Feststellungen werden auch mit den Daten aus V3 unter Verwendung von K2 bestätigt. Die Lösung ergibt drei Standorte gegenüber V2 mit nur zwei Standorten (vgl.Tab.8). Die durchschnittliche Betriebsgröße fällt von 1,246 Mio hl in V2 auf 0.831 Mio hl Jahresausstoß.

Tab.7: Gesamtkosten=621 160,03

Betrieb		Output in 1000hl				Gesamt
Nr.	Standort	1	2	3	4	output
1	Würzburg	1339	501			1840
3	Bamberg		1357			1357
6	Nürnberg	1448				1448
8	Augsburg	1210	662	374	248	2494
10	Landshut	988	1151			2139
14	München	2115	1064			3179

Tab.8: Gesamtkosten=130 936,45

Betrieb		Output in 1000hl				Gesamt
Nr.	Standort	1	2	3	4	output
6	Nürnberg	690				690
8	Augsburg	730		75	50	854
9	Ingolst.		947			947

Es folgt daraus: Erstens, je flacher die Kostenkurve verläuft, umso geringer wird die durchschnittliche Betriebsgröße im Verhältnis zur MOTB sein. Zweitens wirkt sich die bei flacher werdenden Kostenkurve zunehmende Dezentralisierung von Produktionsstätten auf die Produktspezialisierung so aus, daß größere Nachfragemengen zunehmend dezentral produziert werden und die kleineren Nachfragemengen nach wie vor zentral hergestellt werden. Eine dezentrale Produktion der kleinen Mengen würde allerdings erst bei extrem flach verlaufenden

Kostenkurve und bei höheren Transportkosten(geringeren Marktdichte) erfolgen. Drittens, je geringer der Marktanteil und je höher die Transportkosten, umso unbedeutender wird der MOTB-Wert bei einer flacher werdenden Kostenkurve als Referenzpunkt für eine optimale Betriebsgröße.

7. Investitionsstrategien oder Kapazitätsanpassung für mehrbetriebliche Unternehmen

Bisher wurde für einen vorgegebenen geographischen Raum eine optimale Standort- und Betriebsgrößenverteilung sowie die optimale Produktspezialisierung für mehrbetriebliche Unternehmen mit Mehrprodukten geliefert. Diese Verteilung ist jedoch von der momentanen Branchenstruktur weit entfernt und beruht zum Teil auf einem starken Abstrahierungsgrad. Trotzdem lassen sich gewisse Schlüsse auf die Branchenentwicklung ziehen, die hier auszuführen aus räumlichen Gründen nicht möglich ist.
Für das einzelne Unternehmen besteht jedoch ein ganz anderes Problem, nämlich die Notwendigkeit der Annäherung an eine effiziente Produktionsstruktur, z.Bsp. dadurch, daß die Kapazitäten stufenweise in einigen Betrieben erweitert und in anderen Betrieben abgebaut werden. Dies ist besonders bei den Unternehmen der Fall, die eine Vielzahl von Produktionstätten durch Fusionen erworben haben, aber diese nun rational koordinieren müssen. Die dazu nötigen Entscheidungshilfen lassen sich nicht aus dem hier benutzten Modell ableiten, sondern das Entscheidungsproblem wird als gemischt-ganzzahliges Modell formuliert werden, das dem Kriterium der Gewinnmaximierung unterliegt 3) und Restriktionen und Grundvoraussetzungen der einzelnen Unternehmen besser berücksichtigen kann. Die Ergebnisse dieser Untersuchung werden zu einem späteren Zeitpunkt vorgestellt.

8. Schluß

Das verwendete Optimierungsmodell ermöglichte es die anfangs vermuteten Wettbewerbsvorteile großer Unternehmen zu quantifizieren. Der schematische Ansatz kann allerdings die Kosten im allgemeinen und die Kosten der Sortenvielzahl im besonderen nur sehr grob erfassen. Nur eine realistischere und statistisch gesichertere Kostenfunktion läßt hier exaktere Angaben erwarten. In Wirklichkeit gibt es pro Brauereiunternehmen durchschnittlich 20 Sorten- und Gebindearten, eine Zahl, die mit unserem Modell in vertretbaren Rechenzeiten kaum zu bewältigen ist.

---

3) Im Gegensatz zur Kostenminimierung erscheint die gewinnmaximale Betriebsgröße den Bedingungen auf den Märkten eher zu entsprechen.

Automatische Schnittplan-Optimierung

H.P. Niederhausen, Bremen

Vorgestellt wird ein Programm für die elektronische Datenverarbeitung, mit dem Schnittpläne für beliebig gestaltete Werkstücke automatisch erstellt werden können. Es beruht auf der Monte-Carlo-Methode. Die Kosten für einen Schnittplan können hierdurch gegenüber manueller Arbeitsweise bis zu 5o Prozent gesenkt werden. Werkstoffeinsparungen zwischen 1o und 3o Prozent sind erreichbar. Neben dem Zeichnen der Schnittpläne ermöglicht das Programm die Bildschirmausgabe der Schnittpläne, den Ausdruck von Kontroll-Listen und die Herstellung der Lohnstreifen für numerisch gesteuerte Brennschneidemaschinen.

Terminplanung in der Netzplantechnik bei variablem Einsatzmittelbedarf

H. Paul, Augsburg

Einführung

Die Modelle der Netzplantechnik, die beschränkt verfügbare Einsatzmittel berücksichtigen, erfordern im allgemeinen, daß der Einsatzmittelbedarf jeden Vorganges vor Beginn der Planungsrechnung fest vorgegeben wird [1], [2], [8]. Weiterhin wird im allgemeinen angenommen, daß die jeweils erforderlichen Einsatzmittel während der gesamten Dauer eines Vorganges in gleichbleibender Höhe benötigt werden. Nur wenige Arbeiten betrachten die Einsatzmittelbedarfe als Modellvariable, die im Rahmen der Modelloptimierung ebenfalls bestimmt werden müssen, so daß eine mengenmäßige Anpassung der Produktionsfaktoren an die Gegebenheiten möglich sind, z. B. [5], [9], [10]. Teilweise wird dieser Modelltyp erwähnt, ohne praktikable Verfahren explizit anzugeben [3], [4]. Bei gegebener Arbeitsmenge werden dabei während der Terminplanung die für die Modelloptimierung günstigsten Einsatzmittelbedarfe und die sich daraus ergebenden Vorgangsdauern bestimmt. Diese Modelle unterscheiden sich von den Kostenoptimierungsverfahren wie z. B. CPM-COST dadurch, daß in jedem Zeitintervall des Projektablaufs die Einsatzmittelkapazität (EMK) als strenge Obergrenze der verfügbaren Einsatzmittel gegeben ist. Diese Einsatzmittelkapazität kann in jedem Zeitintervall t des Projektablaufs verschieden sein (EMK_t).

Als Lösungsverfahren werden in der Praxis fast ausschließlich heuristische Prioritätsregelverfahren eingesetzt, von denen es eine ganze Reihe von Modifikationen gibt, die z. B. in [2] dargestellt sind. Exakte Verfahren benötigen im allgemeinen zu lange Rechenzeiten, so daß ihr Einsatz unwirtschaftlich ist. In der vorliegenden Arbeit wird ein spezielles Prioritätsregelverfahren zur Lösung des Modells mit variablem Einsatzmittelbedarf vorgestellt. Es basiert auf den Eigenschaften kritischer Sequenzen, die Wiest [10] gezeigt hat.

Zur Abschätzung, welche Vorteile der variable Einsatzmittelbedarf hat und wie groß in etwa der zusätzliche Rechenaufwand ist, werden die Ergebnisse einiger Testbeispiele angegeben.

Beschreibung der Netzplanmodelle

Zur Beschreibung des Netzplanmodells mit variablem Einsatzmittelbedarf werden die folgenden Bezeichnungen benötigt:

$X :=$ Menge aller Vorgänge x, die abgeschlossen sein müssen, damit das Projekt beendet ist;

$x \in X$

$A :=$ Menge aller Anordnungsbeziehungen zwischen den Vorgängen

$A = \{(x,y) \mid x$ ist unmittelbarer Vorgänger von $y\}$

$A \subset X \times X$

$AM_x :=$ die beim Vorgang x erforderliche Arbeitsmenge (nach DIN 69900: $AM_x = AM(X)$)

$EMB_x :=$ Einsatzmittelbedarf des Vorgangs x (nach DIN 69900: $EMB_x = EMB(X)$)

$B_x :=$ Menge aller beim Vorgang x möglichen Einsatzmittelbedarfe aus denen EMB_x ausgewählt wird

$EMB_x \in B_x \subset \mathbb{N} \cup \{0\}$

$EMB_x(\tau) :=$ Einsatzmittelbedarf des Vorgangs x in der Zeiteinheit τ nach Vorgangsanfang

$1 \le \tau \le D_x$

$\sum_{\tau=1}^{D_x} EMB_x(\tau) \geq AM_x$ (wegen Ganzzahligkeit von D_x und EMB_x auch ">")

D_x := Dauer des Vorgangs x $D_x \in \mathbb{N} \cup \{0\}$ (nach DIN 69900: $D_x = D(X)$)

d_x := Abbildung, die dem Vorgang x die zur Einsatzmittelmenge b_x gehörende Dauer D_x zuordnet $d_x(EMB_x) = D_x$

Z_{xy} := Zeitbewertung der Anordnungsbeziehung von Vorgang x zu Vorgang y (hier: als Anfangsfolge AF)

EMK_t := Einsatzmittelkapazität (nach DIN 69900: $EMK_t = EMK(T)$)

t := Zeitintervall vom Zeitpunkt $t - 1$ bis t ; $(t - 1, t]$

T := Projektdauer; d. h. zum Zeitpunkt T wird der letzte Vorgang beendet

t_x := geplanter Anfangszeitpunkt des Vorgangs x

Die Modellgleichungen sind (Vorgangsknotennetzplan in Anfangsfolge):

$$t_x \geq \max \{t_y + Z_{yx} \mid (y,x) \in A\}$$

$$EMK_t \geq \sum_{x \mid t_x+1 \leq t \leq t_x+D_x} EMB_x(t - t_x)$$

Zielfunktion:

$$\text{Min} \stackrel{!}{=} T = \max \{t_x + D_x \mid x \in X\}$$

Mit diesen Größen des Projektmodells stellt sich jetzt die Aufgabe, die Anfangszeiten $t_x, x \in X$ und alle Einsatzmittelbedarfe aller Vorgänge $EMB_x(\tau)$, $1 \leq \tau \leq D_x, x \in M$, zu bestimmen. Dabei soll die kleinstmögliche Projektdauer gefunden werden, die unter Beachtung der Modellgleichungen als Nebenbedingungen zulässig ist.

Lösungsverfahren

Zur Lösung dieses Projektplanungsproblems soll ein heuristisches Näherungsverfahren vorgeschlagen werden, das im wesentlichen ein Prioritätsregelverfahren, wie z. B. in [2], [3], [4] beschrieben, ist. Ein exaktes Verfahren, z. B. ein Verfahren der 0 - 1 Optimierung [8], würde im allgemeinen einen unvertretbar hohen Speicher- und Rechenaufwand erfordern.

Um nach Möglichkeit zu vermeiden, daß bei der nacheinander erfolgenden Einplanung der Vorgänge, bei jedem Vorgang Einplanungsentscheidungen getroffen werden, die die Einplanung späterer Vorgänge erschwert, wurde ein iteratives Verfahren gewählt, das mit einem vorgegebenen Einsatzmittelbedarf beginnt und die spezielle Auswahl der Einsatzmittelbedarfe erst in einer späteren Iterationsstufe durchführt.

1. Schritt

Einplanen aller Vorgänge gemäß eines Prioritätsregelverfahrens, z. B. [2], [3], [4], mit einem beliebigen Wert $EMB_x(\tau) = EMB_x \in B_x$

2. Schritt

Maximales Rechtsverschieben aller Vorgänge ohne Veränderung der Projektdauer und der $EMB_x(\tau)$ (global rightshift [10]). t_x soll möglichst groß gewählt werden unter Beachtung von

$$t_x \leq \max \{t_y - Z_{xy} \mid (x,y) \in A\} \cup \{T - D_x\}$$

und

$$EMK_t \geq \sum_{v \mid t_v+1 \leq t \leq t_v+D_v} EMB_v(t - t_v)$$

Die Reihenfolge der Verschiebung kann nach einer beliebigen Prioritätsregel erfolgen [5], z. B.

$$\max r_x = \max (t_x + D_x)$$

<u>3. Schritt</u>
Maximale Linksverschiebung entsprechend Schritt 2, wobei die Projektdauer evtl. verkleinert wird [6].

<u>4. Schritt</u>
Maximale Rechtsverschiebung mit geeigneter Veränderung der Einsatzmittelbedarfe $EMB_x(\tau)$, so daß alle t_x-Werte möglichst groß werden.

<u>5. Schritt</u>
Maximale Linksverschiebung mit gegebenenfalls erneuter Veränderung der Einsatzmittelbedarfe $EMB_x(\tau)$, wobei die Projektdauer evtl. verkleinert wird [7].

Ein Vorteil dieses Verfahrens liegt darin, nach jeder Linksverschiebung das Verfahren abbrechen zu können, wenn z. B. die Rechenzeit zu lang wird.

Im Ablauf des Iterationsverfahrens bieten sich außerdem mehrere Abweichungen von dem skizzierten Verlauf an. Wird z. B. in Schritt 3 die Projektdauer verkürzt, so empfiehlt es sich, Schritt 2 und 3 zu wiederholen. Schritt 4 und 5 lassen sich noch dadurch variieren, daß man nur Vorgänge ohne "Puffer" [10] mehr Einsatzmittel zuweist, solchen mit "Puffer" evtl. weniger Einsatzmittel.

Rechenerfahrungen

Als Testbeispiele wurden 20 verschiedene Netzpläne mit je 100 Vorgängen mit einem Zufallszahlengenerator erzeugt. Es ergaben sich die folgenden durchschnittlichen Projektdauern und Rechenzeiten:

Schritt 1	Schritt 2 + 3	Schritt 4 + 5
T = 100%	96,5%	89,3%
0,63 sec	1,45 sec	4,46 sec

CPU-Zeit, IBM 370-158, G1-Compiler

Es konnten dabei zwei Tendenzen beobachtet werden. Erstens besteht eine hohe Korrelation zwischen der Projektdauerverkürzung und der Rechenzeit, weil einige Schritte nach erfolgreichem Verkürzungsversuch nochmals durchlaufen werden. Zweitens waren die relativen Verkürzungen der Projektdauer dann besonders groß, wenn die Einsatzmittelkapazitäten eine "starke" Beschränkung darstellten und die Werte für die Einsatzmittelkapazitäten in den einzelnen Zeiteinheiten sehr unterschiedlich sind.

Literaturverzeichnis

[1] Balas, E. (1970): Project Scheduling with Resource Constraints; in Beale (Hrsg.), Applications of Mathematical Programming Techniques, S. 187-200, London 1970

[2] Gewald, K.; Kasper, K.; Schelle, H. (1972): Netzplantechnik Bd. 2: Kapazitätsoptimierung

[3] Küpper, W.; Lüder, K.; Streitferdt, L. (1975): Netzplantechnik, Physica-Verlag

[4] Neumann, K. (1975): Operations Research Verfahren Bd. III, S. 303-319

[5] Paul, H. (1974): Ein Reihenfolgeproblem bei der Projektabwicklung mit beschränkt verfügbaren Betriebsmitteln und variablem Betriebsmittelbedarf; Dissertation an der Universität Augsburg

[6] Paul, H. (1977): Das Verschiebungsverfahren im Vergleich mit anderen Prioritätsregelverfahren der Netzplantechnik; Arbeitspapiere zur Mathematischen Wirtschaftsforschung, Universität Augsburg Heft 28

[7] Paul, H. (1977): Termin- und Einsatzmittelplanung mit einem Verschiebungsverfahren; Arbeitspapiere zur Mathematischen Wirtschaftsforschung, Universität Augsburg Heft 30

[8] Pritzker, A.B.; Watters, L.J.; Wolfe, P.M. (1969): Multiproject Scheduling with Limited Resources: A Zero-one Programming Approach; Management Science 16, 1969, S. 93-108

[9] Ramps (1962): Multi-Task Successor to PERT; Administration Management, Sept. 62

[10] Wiest, J.D. (1964): Some Properties of Schedules for Large Projects with Limited Resources, Operations Research, 12, 1964, S. 395-418

Die Anwendung des Warteschlangenmodells GI/G/k für die Produktionsplanung in der Montage und Reihenfertigung

P. Sainis, München

Für die Einplanung und Terminierung von Betriebsaufträgen in der Montage und Reihenfertigung werden die Wartezeiten an den einzelnen Fertigungsgruppen benötigt. Durch Auflösung der Fertigungsstruktur in Vorgänger-Nachfolgerelemente werden die Voraussetzungen für die Anwendung des Warteschlangenmodells GI/G/k geschaffen. Mittelwert und Streuung der Wartezeiten lassen sich genau aus Daten des Fertigungsprogramms ermitteln. (Keine oberen und unteren Grenzen.) Ein Beispiel industrieller Anwendung wird erläutert.

Einkauf von Rohmaterial bei Staffelpreisen

Ch. Schneeweiß und **A. Schnieder**, Berlin

0 Einleitung

Beim Einkauf unter Gewährung von Staffelpreisen geht es darum, unter Ausnutzung der Mengenrabatte die Frage zu beantworten, wann und wieviel zu bestellen und eventuell einzulagern ist. Würde man dabei den zukünftigen Bedarfsverlauf genau kennen, so läge eine deterministische Entscheidungssituation vor, und die o.g. Frage wäre mit Hilfe eines mathematischen Entscheidungsmodells relativ leicht zu beantworten. In der Realität läßt sich jedoch der Bedarf nur in den seltensten Fällen genau vorhersagen. Setzt man allerdings voraus, daß sich zumindest eine subjektive Wahrscheinlichkeitsverteilung des wöchentlichen Bedarfs angeben läßt, so liegt ein stochastisch dynamisches Lagerhaltungsproblem vor.
Zur Lösung solcher Probleme sind von der stochastischen Lagerhaltungstheorie verschiedene Modelle entwickelt worden, die jedoch wegen ihres hohen Informationsbedarfes und komplexen Optimierungsansatzes bisher nur wenig Eingang in die Praxis gefunden haben [1]. Man geht daher häufig den Weg, durch Bildung von Bedarfsprognosen, das stochastische Problem auf ein deterministisches zu reduzieren, das jedoch nur eine Näherung darstellt. Der Disponent muß daher vor der Erteilung der eigentlichen Bestellung die in der Realität vorhandenen Risiken nachträglich berücksichtigen, indem er von dem rechnerisch ermittelten Bestellvorschlag mehr oder weniger abweicht.

Ausgehend von einem deterministischen, allein die Kosten minimierenden Modell, soll im folgenden insbesondere gezeigt werden, wie dieses Modell zu erweitern ist, damit der Disponent in die Lage versetzt wird, Risikoüberlegungen in durchschaubarer und systematischer Weise zu berücksichtigen.

1 Die Ausgangssituation

Ein Großunternehmen der Wasch- und Körperpflegemittelbranche bezieht von einem Zuliefererbetrieb in großer Anzahl Pappkartons ver-

schiedener Formate und Bedruckungen, für die Mengenrabatte in Form von Staffelpreisen gewährt werden. Die Lieferzeit beträgt 6 Wochen und wird wegen der engen vertraglichen Bindung des Lieferanten im allgemeinen sehr gut eingehalten. Sie kann in Einzelfällen auch verkürzt werden.
In die Kartons sind unmittelbar nach der Produktion in großen Mischbehältern die jeweiligen Waschmittel abzufüllen. Da keine Möglichkeit der Zwischenlagerung besteht, müssen zur Aufrechterhaltung eines reibungslosen Produktionsablaufes Fehlmengen unbedingt vermieden werden.
Der Bedarf an dem erforderlichen Verpackungsmaterial ist aufgrund des Produktionsplanes festgelegt. Die Daten des Produktionsplanes (und in der Folge auch der Bedarf an Verpackungsmaterial) sind jedoch mit erheblichen Unsicherheiten behaftet. Wegen der schwierigen Situation auf dem deutschen Waschmittelmarkt ist es zwar möglich, den Gesamtbedarf für einen überschaubaren Zeitraum hinreichend genau anzugeben, allerdings läßt sich aufgrund der häufigen Marketing-Aktionen die Realisierung dieses Bedarfs nur schwer vorhersehen. Da außerdem Produktionslose zu verpacken sind, fällt der Bedarf für den einzelnen Artikel sporadisch an. Außerdem wird die Disposition dadurch erschwert, daß gerade die Marketing-Aktionen i.d.R. eine Neugestaltung der Verpackung erfordern und somit bereits gelagertes Material unbrauchbar wird.

Die Aufgabe des Disponenten besteht nun darin, zum einen die gegenläufigen Bestell- und Lagerkosten zu minimieren und zum anderen die verschiedenen Risiken zu reduzieren. Formal steht er damit vor der Aufgabe, ein Mehrzielproblem zu lösen, das die folgenden drei Zielvorschriften enthält:

1. Minimiere die Kosten
2. Reduziere das Fehlmengenrisiko
3. Reduziere das Bestandsrisiko
   (d.i. das Risiko eines Verlustes an Verpackungsmaterial infolge von Marketing-Aktionen)

Diese Ziele konkurrieren partiell, d.h. die Mehrerfüllung eines Zieles hat die Mindererfüllung mindestens eines anderen Zieles zur

Folge. So kann z.B. das Bestandsrisiko durch häufigere und kleinere Bestellungen (was einen niedrigeren durchschnittlichen Lagerbestand nach sich zieht) reduziert werden. Kleine Bestellungen behindern jedoch die Ausnutzung der Staffelpreise, was wiederum höhere Kosten bedeutet, da im allgemeinen die Einsparungen an Lagerkosten die höheren Einkaufskosten nicht aufwiegen. Außerdem erhöht ein niedrigerer durchschnittlicher Lagerbestand das Fehlmengenrisiko, da das Lager dann bei Bedarfsschwankungen schneller leerlaufen kann.

2 Ein Elementares Lagerhaltungsmodell

Die Behandlung des Problems geschieht bisher in der Weise, daß zunächst mit Hilfe eines sehr einfach strukturierten deterministischen Lagerhaltungsmodells über einen Horizont von N = 22 Wochen unter Einhaltung eines Sicherheitsbestandes und Vernachlässigung von Lieferzeiten die Kosten minimiert werden [2]. Das Modell wird dabei nach dem Prinzip der rollenden Planung eingesetzt, d.h. die Optimierung wird unter Hinzunahme eines neuen Bedarfswertes und Berücksichtigung adjustierter Bedarfswerte für die übrigen Wochen in jeder Woche neu durchgeführt. Dadurch wird eine schnellere Anpassung an die Bedarfsentwicklung erreicht und größere Fehlplanungen können vermieden werden. Am Ergebnis der Modellrechnung interessiert dann primär die für die jeweils aktuelle Woche vorgeschlagene Bestellung, da die restlichen Bestellungen im weiteren Planungsverlauf noch geändert werden können.

Bezeichnet

z_k	den Lagerbestand zu Beginn der Periode k
u_k	die Bestellmenge (die hier ohne Lieferverzögerung zu Beginn der Periode k am Lager eintrifft)
r_k	den (prognostizierten) Bedarf im Intervall (k,k+1)
s	den Sicherheitsbestand
$P(u_k)$	den jeweils gültigen Staffelpreis bei der Bestellmenge u_k
K_o	die fixen Bestellkosten
h_o	den Lagerkostensatz pro Stück

so läßt sich das sequentielle Entscheidungsmodell wie folgt formulieren:

1) Zustandsvariable: z_k $(k = 0,1,...,N)$
Zulässiger Zustandsbereich $Z_k := \{z_k : z_k \geq s\}$

2) Entscheidungsvariable: u_k $(k = 0,1,...,N-1)$
Zulässiger Entscheidungsbereich $U_k := \{u_k : u_k \geq \max [r_k + s - z_k; 0]\}$

3) Zustandstransformationsgleichung: Lagerbilanzgleichung

$$z_{k+1} = z_k + u_k - r_k \quad (k = 0,1,...,N-1)$$

4) Kostenkriterium:

$$\sum_{K=0}^{N-1} \{u_k P(u_k) + K_0 \delta(u_k) + h_0 (z_k + u_k - \frac{r_k}{2})\} \Rightarrow \min.$$

Hierbei stellt der erste Term $u_k P(u_k)$ die Einkaufskosten dar. Die bestellmengenunabhängigen Kosten sind durch $K_0 \delta(u_k)$ gegeben, wobei $\delta(u_k) = \begin{cases} 1 \text{ falls } u_k \neq 0 \\ 0 \text{ falls } u_k = 0 \end{cases}$. Der letzte Term schließlich gibt die Kosten der Lagerung für die im Mittel in der Periode k im Lager gebundene Menge $(z_k + u_k - \frac{r_k}{2})$ wieder.

Die optimale Bestellpolitik wird mit Hilfe der deterministischen dynamischen Programmierung ermittelt. Sie kann z.B. auf die Abb.1 dargestellte Folge von Bestellungen führen.

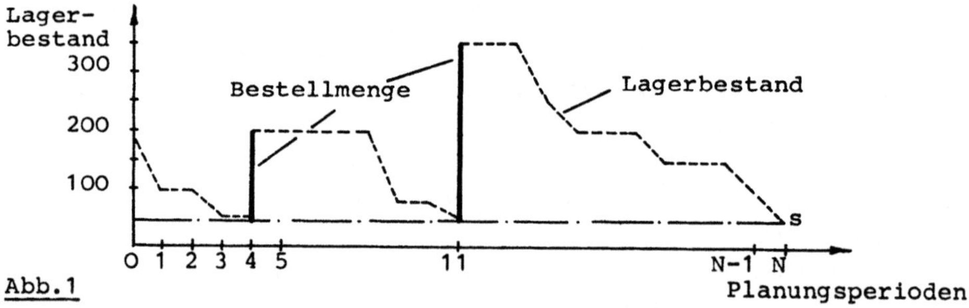

Abb.1

In Abb.1 sind auf der Abszisse die Planungswochen und auf der Ordinate die möglichen Lagerbestände eingetragen. In der Darstellung erkennt man zu Beginn der 5. und 12. Woche Bestellungen, die ohne Lieferverzögerung am Lager eintreffen. Diese - am Bildschirm eines Terminals erscheinende - Bestellpolitik dient nun dem Disponenten als Entscheidungsgrundlage. Tatsächlich hält sich der Disponent nur in Ausnahmefällen an diesen Bestellvorschlag,

da die Modellrechnung die bereits erwähnten Risiken auch durch die Einhaltung eines Sicherheitsbestandes und den Einsatz des Modells nach dem Prinzip der rollenden Planung nicht genügend berücksichtigen kann. Außerdem ist in der Realität eine Lieferzeit von 6 Wochen zu beachten, so daß die hier vorgeschlagene Bestellung in der 5. Woche bereits vor Beginn des Planungszeitraumes hätte erteilt werden müssen.
Der Disponent berechnet daher die Kosten verschiedener Alternativpolitiken, die er entsprechend seinen Risikovorstellungen und ihm zusätzlich bekannten Informationen selbst festlegt. Unter Abwägung der gegenüber der "kostenoptimalen" Politik entstehenden Mehrkosten und den mit der jeweiligen Alternativpolitik verbundenen Risiken, versucht er dann einen Kompromiß in dem o.g. Zielkonflikt zu finden, der einen möglichst guten Beitrag zur Befriedigung des übergeordneten Unternehmenszieles liefert.
Dieses Verfahren bezeichnet man als "Nachrechnung". Der Disponent hat dabei im wesentlichen folgende Möglichkeiten:

1. Der Bestellvorschlag kann so geändert werden, daß die zu berücksichtigenden Lieferzeiten eingehalten werden können.
2. Große Bestellmengen können verringert und möglichst gleichmäßig auf mehrere Bestellungen im Planungszeitraum verteilt werden, was das Bestandsrisiko reduziert.
3. Relativ kleine Bestellmengen werden zu einer Bestellung zusammengefaßt bzw. anderen Bestellungen zugeschlagen, was das Fehlmengenrisiko reduziert.
4. Bei tendenziell steigender Nachfrage oder in Erwartung größerer Produktionsumstellungen kann der Sicherheitsbestand erhöht bzw. im umgekehrten Fall erniedrigt werden.

Diese Vorgehensweise hat nun den erheblichen Nachteil, daß die Alternativpolitiken und in der Folge auch die damit verbundenen Kosten nicht mehr durch eine Optimierung ermittelt werden. Daher kann der Disponent nicht sicher sein, daß es nicht Politiken gibt, die das Risiko in gleicher Weise oder noch besser, aber bei geringeren Kosten reduzieren; mit anderen Worten, er weiß nicht, ob die von ihm festgelegte Politik überhaupt eine effiziente Lösung darstellt.

3 Darstellung eines erweiterten Modells

Den folgenden Überlegungen liegt der Gedanke zugrunde, das Lagerhaltungsmodell so zu erweitern, daß die Risikovorstellungen des Disponenten über bestimmte Parameter bereits bei der Optimierung berücksichtigt werden. Es werden daher (entsprechend der in Absch.2 unter Ziffer 1-3 aufgeführten Möglichkeiten) zusätzlich eingeführt:

1. Eine variierbare deterministische Lieferfrist λ,
2. eine variable maximale Bestellmenge u_{max}, durch die das Bestandsrisiko begrenzt werden soll, und
3. ein Mindestbestellabstand MB, der das Auftreten kleiner Bestellungen in kurzen Zeitabständen verhindern und damit das Fehlmengenrisiko vermindern soll.

3.1 Modellformulierung

1. Die Berücksichtigung einer (deterministischen) Lieferfrist wird in bekannter Weise vorgenommen (siehe Modellformulierung weiter unten).
2. Die Einführung einer variablen maximalen Bestellmenge u_{max} bereitet ebenfalls keine Probleme, da lediglich der zulässige Entscheidungsbereich nach oben beschränkt werden muß.
3. Zur Einführung eines Mindestbestellabstandes MB können nicht einfach die äqudistanten Bestellintervalle auf MB Perioden verlängert werden, da hierdurch die möglichen Bestelltermine unzulässig eingeschränkt würden, sondern eine Bestellung darf grundsätzlich auch weiterhin im Lager eintreffen, wenn in den vorangegangenen Wochen k-m (m=1,2,...,MB) keine Bestellung eingegangen ist;*) d.h. es wird lediglich die Anzahl der maximal realisierbaren Bestellungen eingeschränkt. Daraus folgt, das eine Bestellung, die in der Periode k eintrifft, mindestens den Bedarf dieser Periode und der nächsten MB Perioden befriedigen muß.

Bei Verwendung der in Abschn. 2 erläuterten Symbole erhält man für das erweiterte Modell:

---

*) Dabei wird angenommen, daß $u_{k-m} = 0$ für $k = \lambda$ (m=1,2,...,MB)

1) <u>Zustandsvariable</u>: z_k $(k=\lambda,\lambda+1,\ldots,N)$

$$\text{mit } z = z' = z'_o + \sum_{k=o}^{\lambda-1} u_k^v - \sum_{k=o}^{\lambda-1} r_k \quad \text{und } z_N = z'_N = s$$

Zulässiger Zustandsbereich:

$$Z_k := \{z_k : s \leq z_k \leq \sum_{j=k}^{N-1} r_j + z_N\}$$

2) <u>Entscheidungsvariable</u>: u_k $(k=\lambda,\lambda+1,\ldots,N-1)$

Zulässiger Entscheidungsbereich:

$$U_k: \left\{ \begin{array}{ll} \{u_k : u_k \equiv 0\} & \text{für ein } u_{k-m} > 0 \\ \left\{ u_k: \left\{ \begin{array}{l} u_k \geq \left\{ \begin{array}{ll} \sum\limits_{j=k}^{K+\min[MB;N-(k+1)]} r_j + s - z_k & \text{für } r_k+s-z_k > 0 \\ 0 & \text{sonst} \end{array} \right\} \\ u_k \leq \min \left[\sum\limits_{j=k}^{N-1} r_j + z_N - z_k ; u_{max} \right] \end{array} \right\} \right\} & \text{für alle } u_{k-m} = 0 \end{array} \right\}$$

dabei gilt

$$u_{max} \quad \max_{k \leq \Lambda} \left\{ \sum_{j=k}^{k+MB} r_j \right\} \qquad \Lambda := \{\lambda,\lambda+1,\ldots,N-(MB+1)\}$$

3) <u>Zustandstransformationsgleichung</u>: Lagerbilanzgleichung

$$z_{k+1} = z_k + u_k - r_k \qquad (k=\lambda,\lambda+1,\ldots,N-1)$$

4) <u>Kostenkriterium</u>:[1]

$$C = \sum_{k=\lambda}^{N-1} \{u_k P(u_k) + K_o \delta(u_k) + h_o(z_k + u_k - \frac{r_k}{2})\} \Rightarrow \min$$

Die Lösung erfolgt wieder mit Hilfe des dynamischen Programmierens.[2]

1) Vgl. hierzu auch die Erläuterungen zum Kostenkriterium auf S. 4
2) Auf die dabei zu bewältigenden Probleme kann hier wegen der gebotenen Kürze nicht näher eingegangen werden. Vgl. [3]

3.2 Die Auswirkungen von maximaler Bestellmenge und Mindestbestellabstand

Der Einfluß von u_{max} und MB auf die Bestellpolitik wurde unter Verwendung von empirischen Daten untersucht, die für mehrere Produkte zur Verfügung standen. Für ein typisches Produkt sind die Ergebnisse in Abb.2 und 3 graphisch dargestellt. Dabei sind auf der Abszisse u_{max} in TST bzw. MB in Wochen und auf der Ordinate jeweils unter a) die relative Änderung der Gesamtkosten $\frac{\Delta C}{C}$ in %, b) die Anzahl der Bestellungen und c) die Höhe der 1. Bestellung angegeben.

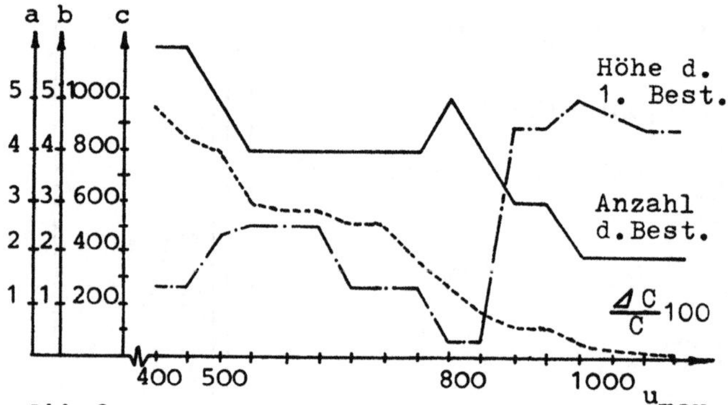

Abb.2

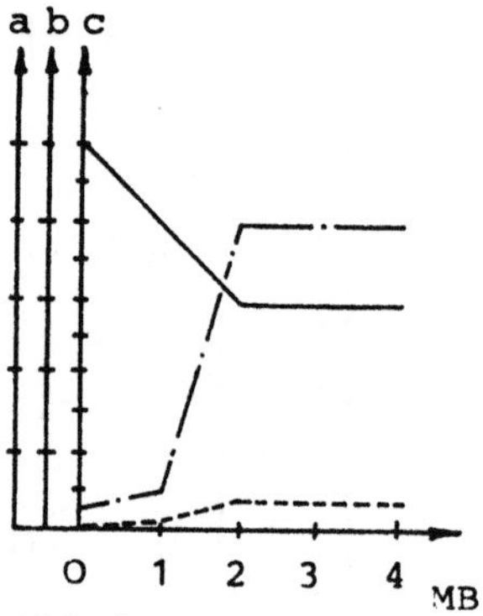

Abb.3

Die maximale Bestellmenge wurde in Abständen von 50 TST variiert. Dabei zeigte sich, daß sich die Zeitpunkte für die 1. Bestellung im Gegensatz zu den nachfolgenden nicht verändern. Die Bestellhäufigkeit steigt mit fortlaufender Verminderung von u_{max} zwangsläufig an. Da sich außerdem die einzelnen Bestellungen gleichmäßig über den Planungszeitraum verteilen und auch weitgehend die bei Berücksichtigung des jeweiligen u_{max} minimal mögliche Anzahl von Bestellungen vorgeschlagen wird, wird das Bestandsrisiko im Sinne des Disponenten recht gut reduziert. Gleichzeitig wird das durch die häufigeren Bestellungen grundsätzlich entstehende Fehlmengenrisiko nur soweit erhöht, als es zur Verminderung des Bestandsrisikos unbedingt erforderlich ist. Ein geringeres Bestandsrisiko bedeutet jedoch in jedem Fall höhere Kosten, wie aus Abb.2 zu ersehen ist.

Der Mindestbestellabstand wurde von 0 bis 5 Wochen in Abständen von einer Woche variiert. Die dabei entstandenen Kostenabweichungen, die Anzahl der Bestellungen sowie die Höhe der 1. Bestellung sind Abb.3 zu entnehmen. Man erkennt, daß die Anzahl der Bestellungen wie erwartet tendenziell abnimmt. Dabei entfallen jedoch nicht nur die bei einem MB von 0 vorgeschlagenen kleinen Bestellungen, sondern es können sich auch die Zeitpunkte der übrigen (einschl. der 1.) Bestellungen verschieben. Die Höhe der 1. Bestellung kann wie alle anderen Bestellungen wegen der Definition von MB nur zunehmen oder gleichbleiben. Es zeigt sich allerdings, daß diese Erhöhungen recht sprunghaft erfolgen. Durch die Verwendung eines MB wird das Fehlmengenrisiko in jedem Fall reduziert, da die Bestellungen dann immer den Bedarf mehrerer Perioden abdecken. Dabei sind die Kostenabweichungen gegenüber einer Politik bei einem MB von 0 sehr gering. Da außerdem unabhängig von dem verwendeten MB Politiken, die bei einem MB von 0 von vornherein nur größere Bestellungen vorschlagen, in jedem Fall optimal bleiben, kann die grundsätzliche Anwendung eines MB von 2 bis 4 Wochen empfohlen werden. Eine "Nachrechnung" in bezug auf das Fehlmengenrisiko würde dann entfallen.
Zusammenfassend läßt sich sagen, daß durch die Einführung von u_{max} und MB Politiken erzeugt werden können, welche die Risikovorstellungen des Disponenten optimal konkretisieren. Darüber hinaus wird deutlich, daß der Disponent in der oben dargestellten "Nachrechnung" die Auswirkungen seiner Eingriffe in die Bestellpolitik nur schwer überschauen kann. Er wird i.d.R. Politiken erzeugen, die das Risiko bei höheren Kosten vermindern als an sich erforderlich wäre.

4. Diskussion der Ergebnisse im Rahmen eines Entscheidungstheoretischen Ansatzes

Eine eindeutige Einkaufsentscheidung kann bei dem hier vorliegenden Mehrzielproblem nur dann gefällt werden, wenn der gegebene Zielkonflikt gelöst wird. Dazu sind bekanntlich zwei Schritte erforderlich:

1. Es sind die effizienten Politiken anzugeben.
2. Es ist aus den effizienten Politiken eine auszuwählen.

Zur Ermittlung der Menge der effizienten Politiken macht man sich

zunächst klar, daß in Anbetracht der in Abschn.1 genannten 3 Ziele die Einkaufsentscheidung eine Funktion von u_{max}, MB, s und C ist. Das Fehlmengenrisiko wird durch das Halten eines Sicherheitsbestandes s und durch den Mindestbestellabstand MB verringert, durch den der Bedarf für einen möglichst großen Zeitraum abgedeckt wird. Da nun die Ausnutzung der Staffelpreise in den meisten Fällen ohnehin relativ hohe und wenige Bestellungen erfordert, besteht zwischen dem Ziel, das Risiko zu vermindern und die Kosten zu minimieren, nur ein geringer Konflikt, der wegen der Bedeutung, die der Vermeidung von Fehlmengen zukommt, i.d.R. durch einfache Zieldominanz gelöst werden kann. Das Bestandsrisiko erfordert dagegen die Verringerung der Bestellmengen (u_{max}), was höhere Kosten und in der Tendenz auch ein höheres Fehlmengenrisiko zur Folge hat.
Der Disponent stellt nun an die Erreichung der Ziele Mindestanforderungen, indem er die Einhaltung eines bestimmten Wertes für s und MB fordert und außerdem kein höheres u_{max} zuläßt, als das 13-fache eines durchschnittlichen Wochenbedarfes (bei einem Planungshorizont von 22 Wochen). Nur innerhalb dieser Grenzen kann das Ziel, die Kosten zu minimieren, angestrebt werden. Wenn der Disponent die Mindesterreichung der Ziele festgelegt hat, besteht sein verbleibender Handlungsspielraum darin, u_{max} zu verringern, wodurch auf der einen Seite das Bestandsrisiko reduziert und auf der anderen Seite das Fehlmengenrisiko und die Kosten erhöht werden.

An einem Beispiel, bei dem der Disponent die Einhaltung eines Sicherheitsbestandes von 256 TST und eines MB von 3 Wochen wünscht, soll dies verdeutlicht werden. Die höchstzulässige Bestellmenge beträgt 1217 TST und wird in Abständen von 50 TST verringert, wobei jeweils eine erneute Optimierung vorgenommen wird.

u_{max}	Bestellzeitpunkte (Woche)		Höhe der 1. Best.	Gesamtkosten C	$C-C^+$
1217	1/	12	1050	712333^+	0
1000	1/	9	1000	713237	904
950	1/	8	950	714657	2324
900	1/	6	750	716204	3871
850	1/	6	750	716204	3871
.					
700	1/	5/12	500	723246	10913
.					
550	1/	5/12	500	723246	10913

In diesem konkreten Beispiel kann sich der Disponent im Extremfall zwischen einem hohen Bestandsrisiko und Kosten in Höhe von 712333 DM auf der einen und einem niedrigen Bestandsrisiko und Kosten in Höhe von 723246 DM auf der anderen Seite entscheiden. Damit wird ihm gleichzeitig verdeutlicht, daß er die Kosten in einem Bereich von 10913 beeinflussen kann. Was nun auffällt, ist die Tatsache, daß nur eine relativ geringe Anzahl effizienter Politiken existiert. So wird z.B. bei einem u_{max} von 900 TST eine Bestellpolitik vorgeschlagen, bei der die höchste Bestellmenge nur 750 TST beträgt. Das bedeutet, jede andere Bestellpolitik, die eine höhere Bestellmenge als 750 TST und eine geringere als 900 TST zuläßt, reduziert das Risiko nicht in dem Maße, wie die durch die Optimierung ermittelte Politik, führt aber zu höheren Kosten, und ist damit nicht effizient. In dem konkreten Beispiel existieren nur fünf effiziente Alternativpolitiken, die durch eine geeignete Abfrage auch in nur fünf Optimierungen ermittelt werden können. Durch Variation von MB kommt nur eine geringe Anzahl weiterer effizienter Politiken hinzu [3].

Schlußbemerkung:

Mit der Einführung des erweiterten Modells und dessen Einbettung in die real vorliegende Entscheidungssituation ist es gelungen, das ursprüngliche OR-Modell zu einem bequem einsetzbaren Entscheidungsinstrument auszubauen, das im Gegensatz zu dem z.Z. noch implementierten deterministischen Modell die Entscheidung des Disponenten weitgehend vorbereitet. Die Aufgabe des Disponenten reduziert sich auf die Festlegung einiger Parameter und die Auswahl einer geeigneten Politik aus einer geringen Anzahl effizienter Politiken.

LITERATUR

[1] SCHNEEWEISS, CH.; "Zur Informationsadäquanz von Lagerhaltungsmodellen", Proceedings in Operations Research 4, Physica-Verlag, Würzburg-Wien, 1974

[2] SCHNEEWEISS, CH.; "Dynamisches Programmieren", Physica-Verlag, Würzburg-Wien, 1974

[3] SCHNIEDER, A.; Optimaler Einkauf bei Staffelpreisen; Diplomarbeit an der Fachrichtung Operations Research der FU Berlin, 1977

Contribution of Operations Research to Standardization

J. Sittig, Rotterdam

Modern (industrial) production methods require the manufacture of series of identical goods or services. In other words: the satisfaction of demand must be achieved with a limited number of different designs, even if the demand itself is continuous.

> The structural engineer e.g. in designing a structure will calculate the required moment of inertia of a steel beam, on the basis of load, span, elasticity modulus, admissible deflection and other design data. The answer will be continuous in the sense that the required moment of inertia may have any value between, say, 100 cm^4 and 100.000 cm^4.
> Technical and economic considerations of the rolling mill process have led to the situation that a certain type of beam is manufactured only in about 10 to 20 different sizes. The moment of inertia of successive sizes increases by about 50%, the weight per unit of length by about 20%.

Standardization can thus be considered the (necessary) restriction of the freedom of the user's choice. This restriction permeates modern society everywhere: not only in the fields of consumption and production goods, but also in the domains of education, communication, health and other services the user must choose one out of a limited number of possibilities to satisfy his needs.

The process of standardization starts with the development of a standard, as shown in figure 1. This development process is a chain of interrelated decisions. Operations Research as the science of decisions therefore can usefully be applied to standardization. In this paper we are concerned only with the design of a standard, and then only with the stages of determination of density and pattern.

> Standardization being the selection of a limited number of types, sizes, colours, ... of products, we can describe it as the selection of a number n of points in an a-dimensional space, whereas the demand may be described by the probability density over the same space.
> n is called the density of the standardization system under consideration; a is the number of dimensions; it must be distinguished from ϕ, the number of degrees of freedom, i.e. the number of independent choices the user is given (see fig. 2 and 3).

Figure 1 Product development as applied to a standard

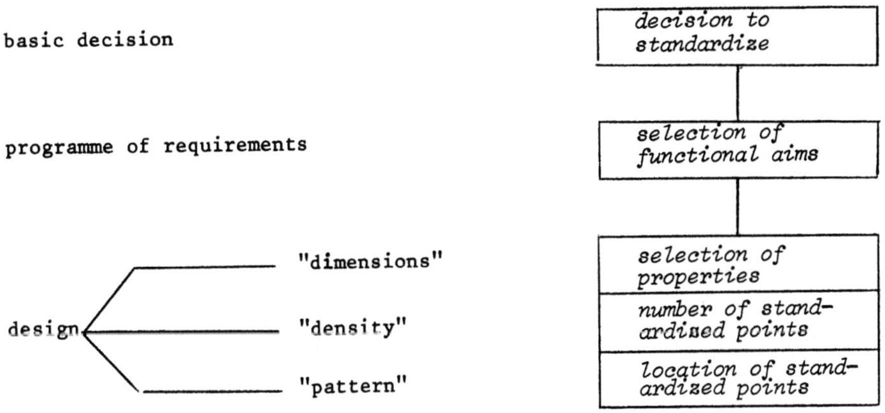

Figure 2 and 3 Dimensions of standardization and degrees of freedom

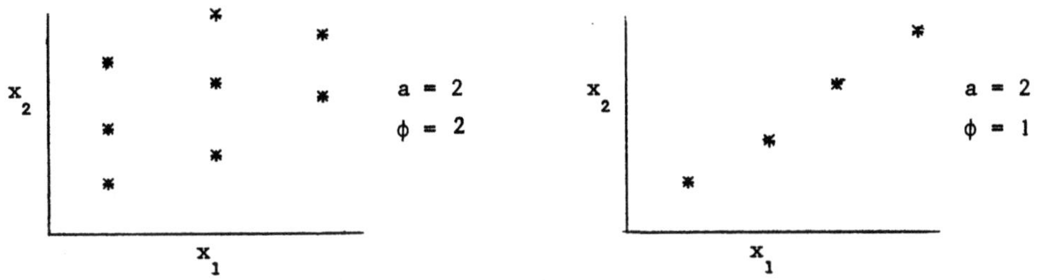

Economic factors in standardization

Operations Research aims at the taking of optimum decisions, i.e. decisions which maximize (or minimize) an objective function. In the case of standardization, the objective is to minimize the social cost necessary to satisfy existing needs.

"Cost" has to be interpreted widely as "all the sacrifices necessary ...", including not only monetary, but also immaterial sacrifices.

"Social" cost means that we are concerned with all cost whereever they originate: producer - retailer - user - community.

The first and best-known economic factor in standardization is the reductions of manufacturing and retailing cost which arise from standardization and which can be considered a function of the standardization density: the smaller the number n of types, the lower these costs.

The second economic factor of standardization has always been neglected, although its existence is well known. It arises from the fact, mentioned earlier in this paper, that demand is continuous and the means of satisfying it, discrete. This means that under a system of standardization needs have to be satisfied by products or services which in general are not ideally adapted to the needs. This leads either to under-consumption (the needs are not fully satisfied) or to over-consumption (the product used could satisfy more extensive needs).

The cost arising in the situation described is called: loss due to maladaptation, or shorter: adaptation loss. It can also be considered a function of the density n: the smaller the number n of types, the higher the adaptation loss.

Apart from the density, this loss depends on the pattern of standardization points.

Density of standardization and production cost

Standardization means reduction of number of types to be produced, and therefore an increase of the serial length in production. The "scale-effect" of larger series can be explained in two ways:

a) a weak model : no change in technology - larger series only lead to a smaller contribution of fixed cost to the cost per unit.

b) a strong model: this is a more realistic way of estimating scale effects, especially long-term ones; we take into consideration the fact that in the case of fewer types other machines, tools, raw materials and designs may be used.

In both cases, the cost per unit increases degressively with the number of types. To describe this effect, we choose as a simple mathematical model of wide applicability

$$c(n) = c_1 n^{\varepsilon} \tag{1}$$

where $c(n)$ = the unit cost of production and distribution for n types

n = the number of types

ε = a coefficient $0 \leq \varepsilon \leq 1$

c_1 = the unit cost at $n = 1$

(1) describes a family of functions distinguished by the value of ε. If ε is small, effects of scale are weak. Increasing effects of scale, equivalent to increasing relative importance of fixed cost, lead to increasing ε.
The parameter ε can therefore be used to describe the degree of mechanization or automation in a production process.

Figure 4 Unit cost as a function of number of types

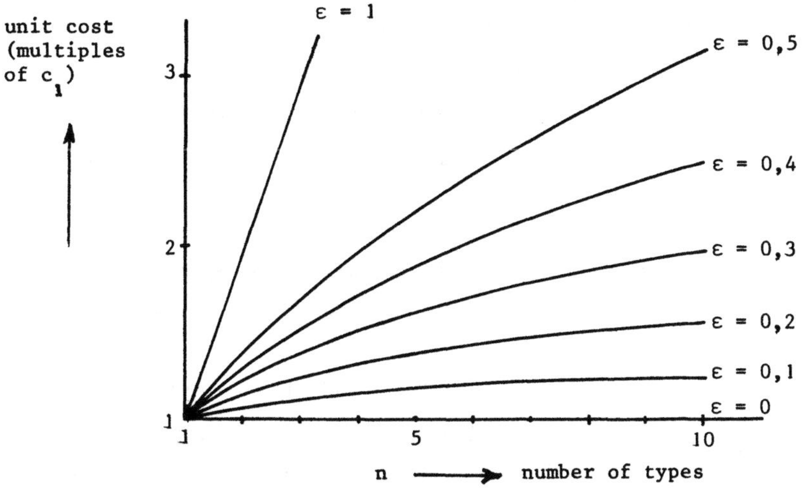

If we translate the (scarce) data on influence of variety reduction on cost - see table 1 - we find that:

1) In general values of ε are small, indicating that the process of mechanization and automation is still at its beginning
2) Differences of values of ε between branches of industry are in line with what we would expect from general technological considerations

Table 1 Empirical values of ε (calculated by the writer)

product	country	calculation m	ε	r	source	
floor joists	Spain	3	0,077	0,992	Un. Nat.	/1/
dwellings	Netherlands	12	0,084	0,955	Van Zwet	/2/
prefabr. concrete panels	Ukrainian SSR	4	0,088	0,975	Un. Nat.	/1/
timber windows	Germany	3	0,101	0,953	Rettig	/3/
ethylene	U.K.	3	0,130	0,991	Pratten	/4/
small tools	U.K.	3	0,141	0,995	Pratten	/5/
standard tools	U.K.	4	0,213	0,949	Pratten	/5/
integrated circuits	U.K.	4	0,350	0,956	Pratten	/4/

m : number of data   r : correlation coefficient

We will return to the model for economies of scale later.

Adaptation loss influenced by pattern and density

In a former paragraph of this paper, the notion of adaptation loss has been introduced as a cost element of standardization. In this paragraph the calculation of this cost will be treated.

Only the simple case of one-dimensional standardization will be considered here, and only one of several possible "shift rules" *) namely the shift to a higher value of the variable, according to

$$y_{i-1} < x \leq y_i \tag{2}$$

where x describes the situation of the demand, and y_i the product used for the satisfaction of the demand.
Only the linear loss function, i.e. the case in which the loss is proportional to $y_i - x$, needs to be considered, because it is always possible to apply a transformation to the variable x so that the loss becomes linear with respect to the transformed variable **)

If the vector $\vec{y}$ is used to describe the series of standardization points (y_0), $y_1, \ldots, y_n$ then the adaptation loss for a given situation of demand becomes

$$L(x|\vec{y}) = a(y_i - x) \qquad \text{for } y_{i-1} < x \leq y_i \tag{3}$$

Because we are not concerned with the effects of standardization in an individual case, but with the collective effects of it, the next step is to integrate the loss function (3) over the distribution of the demand, which we describe by its probability density function f(x). We then arrive at the average or expected loss:

$$EL(x|\vec{y}) = \sum_{i=1}^{n} \int_{y_{i-1}}^{y_i} (y_i - x)\ f(x)dx \tag{4}$$

where the cost factor in (3) has for simplicity's sake been put equal to unity.

It follows easily that the expected adaptation loss can be calculated by

$$EL(x|\vec{y}) = \sum_{i=1}^{n} p_i y_i - E(x|\underline{x} \leq y_n) \tag{5}$$

$$\text{with } \sum_{i=1}^{n} p_i = 1 \quad \text{(see fig. 5)}$$

------

*) The term is due to Bongers /6/

**) For a more general solution see Sittig /7/

Figure 5 Calculation of adaptation loss

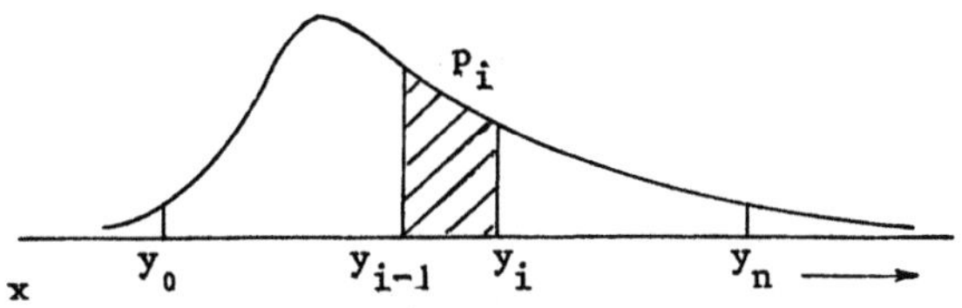

As an example we take the standardization of hot-rolled steel sections in India described in /8/. Taking sections from 7,44 kg/m to 81,85 kg/m, the demand for traditional sections (expressed in m) during the years 1956 to 1961 was approximately distributed according to the negative exponential with average 27,32 kg/m. The standardized sections at that time were the following:

inches	5 × 3	6 × 3	7 × 4	8 × 4	9 × 4	10 × 4½	10 × 5
kg/m	16,37	17,86	23,81	26,79	31,25	37,20	44,64

inches	12 × 5	12 × 6	15 × 5	15 × 6	16 × 6	18 × 6
kg/m	47,62	60,35	62,50	66,97	74,41	81,85

The average adaptation loss as calculated by (5), appears to have been 3,65 kg/m, i.e. 13,4% of the average demand.

Optimization of the standardization pattern

Conventional standardization treats the problem of patterns by prescribing the use of "preferred numbers" (e.g. Ballas, /9/). Preferred numbers form a geometrical series, comprising the number 1 and having one of the ratio's $\sqrt[5]{10}$, $\sqrt[10]{10}$, ...

If we look upon the economic consequences of standardization, we may well become suspicious of choosing a pattern without taking into account the distribution of the demand. Our aim is to construct a pattern of standardization which minimizes the expected adaptation loss over a given distribution of demand.

Figure 6 Recursion formula for optimum patterns

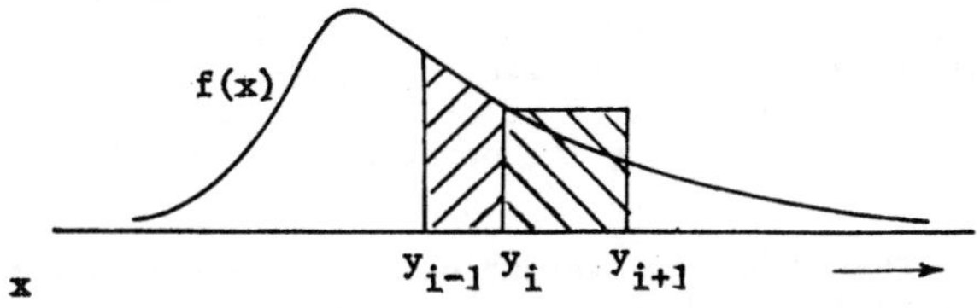

In order to achieve this, the pattern (y_0), $y_1, \ldots, y_n$ has to satisfy the following relation

$$\int_{y_{i-1}}^{y_i} f(x)dx = f(y_i)\ \{y_{i+1} - y_i\} \tag{6}$$

of which the proof is given by Sittig /10/.

The recursion formula implies that an economically optimum pattern requires that for every i, the two shaded areas in figure 6 must be equal. This makes an iterative method for establishing the optimum pattern in a given case quite easy.

When the demand has a well-known probability distribution, it is sometimes possible to translate (6) into more specific terms:

a) in the case of a homogeneous demand $f(x) = \frac{1}{b-a}$ it is clear that the optimum pattern is an arithmetic series

$$y_0 = a;\ y_i - y_{i-1} = y_{i+1} - y_i = \frac{b-a}{n} \tag{7}$$

in which case it is also easily seen that $E(L) = \frac{b-a}{2n}$ (8)

b) in the case of a negative exponential distribution of the demand $f(x) = \lambda e^{-\lambda x}$ we find that (6) takes the form

$$m_{i+1} = \frac{e^{\lambda m_i} - 1}{\lambda} \qquad \text{where } m_i = y_i - y_{i-1}. \tag{9}$$

We use this result to optimize the pattern of the sections of steel produced in India and discussed earlier in this paper. Using the same y_0 and y_n as before, and also using the same number of types, i.e. 13, we find:

optimum patterns in kg/m: 10,23 - 13,21 - 16,43 - 19,91 - 23,71 - 27,88 - 32,51 - 37,72 - 43,65 - 50,53 - 58,72 - 68,80 - 81,85.

The average adaptation loss now appears to be 2,30 kg/m or 8,4% of the average demand. The effect of the optimization of the pattern - without change of the density - would have been a saving of 5% of the steel used.

If we apply (9) to other densities, we find that optimum patterns lead to adaptation losses which can be described perfectly by $EL = 36\ n^{-1,1155}$ $(r = 0,999)$ (10)

c) In the case of a normal distribution of demand, no explicit solution seems to be possible, but use of the recurrence relation (6) on a computer makes the solution easy. Table 2 gives some results for this case, in comparison with an arithmetic and a so-called "preferred" (geometric) series, which appears to be easily the worst of the three! *)

------

*) The normal distribution treated has an average of 4, a standard deviation of 1; it has been truncated at 1 and 7.

Table 2 Several patterns of standardization with normal distribution of demand

n		patterns of standardization		
		geometrical series	arithmetical series	optimal series
1	y_0	1	1	1
	y_1	7	7	7
	EL	3	3	3
2	y_0	1	1	1
	y_1	2,65	4	4,67
	y_2	7	7	7
	EL	2,61	1,49	1,25
3	y_0	1	1	1
	y_1	1,91	3	3,94
	y_2	3,66	5	5,13
	y_3	7	7	7
	EL	1,73	0,99	0,79
4	y_0	1	1	1
	y_1	1,63	2,5	3,53
	y_2	2,65	4	4,42
	y_3	4,30	5,5	5,37
	y_4	7	7	7
	EL	1,18	0,75	0,60
5	y_0	1	1	1
	y_1	1,48	2,2	3,27
	y_2	2,18	3,4	4,03
	y_3	3,21	4,6	4,73
	y_4	4,74	5,8	5,57
	y_5	7	7	7
	EL	0,89	0,60	0,47

Simultaneous optimization of pattern and density

When we realize that the user of the standardized product has to pay for the cost whereever it arises - in production, during the distribution process or in the use of the product - the minimization of "social cost" seems to be the obvious aim.

First of all, we have to determine the optimum pattern - i.e. the pattern which minimizes adaptation losses - for all feasible values of n; then we have to calculate that n for which the sum of (minimum) adaptation loss and cost of production (and distribution) is a minimum.

The first minimization can be carried out by means of (6) or equations derived from it.

The second optimization can be achieved either analytically, numerically or graphically. The sensitivity of the solution generally being small, the simplest method is the best.

In the case of steel sections treated earlier in this paper, the problem was solved analytically. Two alternative values of the parameter ε have been chosen: 0,125 for a traditional technology; 0,200 for a modern or perhaps future manufacturing method.

	ε = 0,125	ε = 0,200
optimum n	10	7
saving with respect to optimum pattern at n = 13	0,4%	3,1%
saving by optimizing the pattern at n = 13	5,0%	5,0%
total saving possible	5,4%	8,1%
minimum and maximum n at extra cost of not more than 1%	8 ... 15	6 ... 9

The low sensitivity of the solution with respect to n makes it possible to introduce certain other (non-economic) considerations into the decision process without a heavy penalty in cost. Another aspect is that standardization in most situations need not be a weapon of competition between low-developed and high-developed technologies.

The author wants to point out that the savings possible in the example treated in this paper, are, according to his experience, typical for the order of magnitude of economic results of optimum standardization.

References

/1/ United Nations, Economic Commission for Europe, *Cost, Repetition, Maintenance*, Geneva 1963

/2/ J. van Zwet, *De invloed van de Uitvoeringswijze en van de Seriegrootte op de Bouwtijd en op de Bouwkosten van Woningen* Rotterdam 1960

/3/ H. Rettig, *Die Fertigung von Fenstern und Türen*, München 1949

/4/ C.F. Pratten, *Economies of Scale in Manufacturing Industry*, Cambridge 1971

/5/ C.F. Pratten, Economies of Scale for Machine Tool Production, *Journal of Industrial Economics*, Vol. 19 (1970/1971)

/6/ C. Bongers, Doctor's thesis Erasmus University Rotterdam (to be published)

/7/ J. Sittig, Gradation of technical Parameters in a Standard, *Proceedings, Second International Symposium on Applications of Mathematical Methods to Standardization*, Warszawa 1973

/8/ National Council of Applied Economic Research, *Saving in Structural Steel through Standardisation*, New Delhi 1965

/9/ F. Ballas, Erfahrungen über Anwendung von Normzahlen, *12. Plenarsitzung des Ausschusses Normenpraxis im DNA am 4. und 5. Oktober 1962*

/10/ J. Sittig, Economically optimal Standardization, *Proceedings First International Symposium on Applications of Mathematical Methods to Standardization*, Warszawa 1971

Lagerdisposition im Verbund eines Teile- und Geräte-Herstellers

M. Soeding-Frhr. v. Blomberg, München

Mittels Simulation und mathematischen Methoden wie Regelungstheorie und Dynamischer Optimierung wurde die Fertigungs-Disposition bei einem Hersteller und einem Verarbeiter elektronischer Bauelemente untersucht. In dem Verbund beider Werke schwanken sowohl die Bestellungen als auch die Lieferzeiten für die elektronischen Bauelemente stärker als die Konjunktur für Geräte. Es wurden Dispositionsregeln entwickelt, bei deren Anwendung diese Verbund-interne Konjunktur erheblich gedämpft wird: Bestellregeln, Lieferzeitengestaltung, Informationsfluß.

Optimale vorbeugende Instandhaltung

W. Spickenheuer, Lingen

1. Problemstellung

Betriebliche Instandhaltung ist mit dem Problem konfrontiert, daß in einem Anlagenbereich verschiedenartige Reparaturanforderungen zusammentreffen, die aufeinander abgestimmt werden müssen. Für drei der häufig anzutreffenden Aktivitäten

- vorbeugende Instandhaltung
- minimale Reparatur
- Justierung

wird auf der Basis regenerativer, stochastischer Prozesse ein Modell formuliert. Hiermit werden zwei Instandhaltungsstrategien

- laufzeitabhängige Strategie
- gewinnabhängige Strategie

untersucht und miteinander verglichen.

2. Modellbildung

2.1 Laufzeitabhängige Strategie

Bei der laufzeitabhängigen Strategie wird der Zeitpunkt einer vorbeugenden Instandhaltung der gesamten Anlage in Abhängigkeit von der bisherigen Betriebszeit festgelegt.
Die Lebensdauer der n-ten Anlage werde durch eine stochastische Variable $(X_n)_{n \in \mathbb{N}}$ mit der Verteilungsfunktion F, der Zuverlässigkeitsfunktion $\overline{F}$ und der Ausfallrate $\emptyset$ beschrieben. T sei der Zeitpunkt einer geplanten vorbeugenden Reparatur. Die Laufzeit der n-ten Anlage beträgt dann

$$LZ_n(T) = \min \{X_n, T\}$$

Während der Laufzeit können minimale Reparaturen erforderlich werden; minimale Reparaturen beeinflussen das Ausfallverhalten

(Reparaturanfälligkeit) der Anlage nicht. Beanspruchen diese Arbeiten T_M Zeiteinheiten und finden sie während der Laufzeit $N_M(LZ_n(T))$-mal statt, so vergeht bis zum Austausch der Anlage die Zeit

$$LZ_n(T)+N_M(LZ_n(T))\cdot T_M$$

Wir unterscheiden bei den instandhaltungsbedingten Stillstandszeiten, ob diese Maßnahme vorbeugend ($\hat{T}_{p,n}$) oder ausfallbedingt ($\hat{T}_{f,n}$) geschieht oder ob eine Justierung erforderlich ist ($\hat{T}_{r,n}$). Denn ein gut vorbereiteter Austausch wird i. a. weniger Zeit beanspruchen als ein unvorhergesehener Stillstand. Die benötigte Stillstandszeit kann allgemein dargestellt werden durch einen laufzeitunabhängigen und einen laufzeitabhängigen Teil:

$$\hat{T}_{\cdot,n}(x) = T_{\cdot,n} + q_{\cdot}(x)$$

wobei $(T_{\cdot,n})_{n\in\mathbb{N}}$ ein Erneuerungsprozeß und $q_{\cdot}(x)$ eine monoton steigende Funktion mit $q_{\cdot}(0) = 0$ ist [1].

Die Zeit von der Inbetriebnahme einer Anlage bis zum Start der Folgeanlage bezeichnen wir als Erneuerungszyklus. Er hat die Länge

$$Z_n(T) = LZ_n(T) + SZ_n(T)$$

mit der Stillstandszeit

$$SZ_n(T) = N_M(LZ_n(T))\cdot T_M+I_T(X_n)\hat{T}_{f,n}(X_n)+\overline{I}_T(X_n)\hat{T}_{p,n}(T)+\hat{T}_{r,n}(T)$$

und

$$I_T(x) = \begin{cases} 1 & \text{für } x < T \\ 0 & \text{für } x \geqq T \end{cases}$$

und $\overline{I}_T(x) = 1-I_T(x)$.

Der Erneuerungszyklus stellt einen alternierenden Erneuerungsprozeß dar.

Die Instandhaltungskosten lassen sich mit der gleichen Struktur erfassen, die wir bei den Reparaturzeiten eingeführt haben. Die Kosten der minimalen Reparatur betragen

$$N_M(LZ_n(T))\cdot C_M$$

und für die übrigen Maßnahmen entstehen Kosten in Höhe von

$$\hat{C}_{\cdot,n}(x) = C_{\cdot,n} + g_{\cdot}(x)$$

---

[1] Zur Vereinfachung der Darstellung setzen wir voraus, daß die Erwartungswerte existieren und endlich sind; die Funktionen seien stetig differenzierbar (ein- bzw. zweimal).

$(C_{\cdot,n})_{n\in\mathbb{N}}$ sei ein Erneuerungsprozeß und g eine monoton steigende Kostenfunktion mit $g_{\cdot}(0) = 0$.
Aber nicht nur durch einen Stillstand werden Kosten verursacht, sondern auch durch den Betrieb der Anlage. Sie steigen i. a. während der Nutzungsdauer der Anlage, da beispielsweise der Betriebsmittelverbrauch wegen Verschleiß einiger Teile wächst. Die Genauigkeit der Justierung von Anlageteilen beeinflußt ebenfalls die Kostenentwicklung. Die Güte der Justierung beeinflußt das Kostenniveau beim Start der Anlage. Es werde durch eine stochastische Variable $(V_n)_{n\in\mathbb{N}}$ wiedergegeben. Die weiteren Laufzeitkosten steigen von diesem Startniveau ab entlang einer Kostenfunktion $g_{\cdot}$ Die kumulierten Laufzeitkosten betragen

$$LK_n(T) = \int_0^{LZ_n(T)} (V_n + g(t))dt.$$

Die Stillstandskosten ergeben

$$SK_n(T) = N_M(LZ_n(T))C_M + I_T(X_n)\hat{C}_{f,n}(X_n) + \overline{I}_T(X_n)\hat{C}_{p,n}(T) + \hat{C}_{r,n}(T)$$

Ist G der Bruttoerlös, der pro Produktionszeiteinheit erzeugt wird, so beträgt der Gewinn

$$G_n(T) = G\ LZ_n(T) - (LK_n(T) + SK_n(T))$$

Ist $P_t(T)$ der kumulierte Gewinn vom Start der ersten Anlage bis zum Zeitpunkt t unter der Strategie T, so ist $P_t(T)$ ein kumulativer Prozeß, für den gilt [1]:

$$\lim_{t\to\infty} \frac{P_t(T)}{t} = \frac{E(G_n(T))}{E(Z_n(T))} \quad := \quad \mathcal{f}(T)$$

mit dem zu erwartenden Gewinn

$$E(G_n(T)) = G \int_0^T \overline{F}(t)dt - E(SK_n(T))$$

und

$$E(SK_n(T)) = \int_0^T (V + g(t))\overline{F}(t)dt + \int_0^T \emptyset_M(t)\overline{F}(t)dt + (C_f - C_p)F(T) + \int_0^T \hat{g}_f(t)dF(t) + \hat{g}(T)\overline{F}(T) + C_p + C_r$$

Hierbei ist V der Erwartungswert zu V_n, $\emptyset_M$ die Ausfallrate der minimalen Reparaturen, $C_{\cdot}$ die Erwartungswerte der zufälligen

---

1) vgl. Ross, S.M., Applied Probability Models with Optimization Applications, Holden-Day, San Francisco 1970, S. 52

Größen $C_{\cdot,n}$ und $\hat{g}_{\cdot}(t) = g_{\cdot}(t) + g_r(t)$.
Eine notwendige Bedingung, daß eine endliche Strategie T den Gewinn einer Anlage $E(G_n(T))$ optimiert, liefert die Nullsetzung der 1. Ableitung. Nach einigen elementaren Umformungen erhalten wir die Bedingungsgleichung für das Optimum

$$G = (V+g(T))+C_M\emptyset_M(T)+(\hat{C}_f(T)-\hat{C}_p(T))\emptyset(T)+\hat{g}_p'(T)$$

mit $\hat{C}_{\cdot} = C_{\cdot}+g_{\cdot}(T)$.

Diese notwendige Bedingung besagt, daß im Optimum der Gewinnzuwachs gleich der Kostenzunahme sein muß.

<u>Lemma 1:</u> Es existiert eine endliche optimale Strategie T_1^*, die den Gewinn $E(G_n(T))$ maximiert, wenn folgende Bedingungen erfüllt sind:

(1) $0 \leqq C_p < C_f$, $0 \leqq g_p(t) \leqq g_f(t), t \in \mathbb{R}^+$, $C_M > 0$

(2) $\emptyset$ und/oder $\emptyset_M$ steigen monoton gegen $+\infty$.

<u>Beweis:</u> Ist nun für alle $T \in \mathbb{R}^+$ die rechte Seite größer als G, so ist die Strategie $T_1^*=0$ optimal, d. h. die Anlage wirft keinen Gewinn ab und sollte stillgelegt werden. Ist für ein $T \in \mathbb{R}^+$ die rechte Seite kleiner als G, so hat die Gleichung für ein endliches T eine Lösung, die ein Maximum liefert, da die rechte Seite gegen Unendlich strebt. ▲

Mit Hilfe von Lemma 1 wollen wir nun eine hinreichende Bedingung angeben für ein Optimum der Zielfunktion $\mathcal{f}(T)$.

<u>Satz 1:</u> Die Voraussetzungen von Lemma 1 seien erfüllt und der erwartete Gewinn $E(G_n(T_1^*))$ sei positiv; außerdem gelte

$$0 \leqq T_p \leqq T_f,\ 0 \leqq q_p(t) \leqq q_f(t),\ t \in \mathbb{R}^+,\ T_M \geqq 0$$

Unter diesen Voraussetzungen existiert eine endliche optimale Strategie T^*, die den Gewinn pro Zeiteinheit $\mathcal{f}(T)$ maximiert.

<u>Beweis:</u> Auf Grund von Lemma 1 besitzt der Zähler der Zielfunktion sein Optimum in der Strategie T_1^*. Die Voraussetzungen des Satzes garantieren weiterhin, daß der Nenner monoton steigend ist. Somit existiert auch für die Zielfunktion $\mathcal{f}(T)$ eine endliche, optimale Strategie. ▲

Ein Beispiel soll nun den Vorteil der vorbeugenden Instandhaltung verdeutlichen.
Der Gewinn pro Zeiteinheit sei G = 200. Die Startkosten V_n seien eine beliebig verteilte stochastische Variable mit Mittelwert V = 50. Die Kostenfunktion g sei linear mit g(t) = 5t. Die Anlagenausfälle können durch eine Weibullverteilung mit $\alpha = 2$ und $\lambda = 0.005$ beschrieben werden. Die Ausfallkosten bzw. die Ausfallzeiten seien stochastische Variable mit dem Erwartungswert

c_f	c_p	c_r	T_f	T_p	T_r
120	70	10	1.	0.5	0.1

Anlagenteile, die mit minimaler Reparatur instandgehalten werden, wollen wir im Beispiel nicht mit einbeziehen. Unter der optimalen Strategie werden die vorbeugenden Instandhaltungen zum Zeitpunkt $T^* = 7.1$ durchgeführt [1]. Der zu erwartende Gewinn vergrößert sich gegenüber der Basisstrategie (d. h. Austausch nur nach Ausfall) von 91.7 auf 107.4. Dies ist eine Gewinnverbesserung um 17 %. Hierbei verkürzt sich die durchschnittliche Stillstandszeit der Anlage für Reparaturen gegenüber der Basisstrategie um 35 % und nur jede fünfte Instandhaltung geschieht ausfallbedingt.

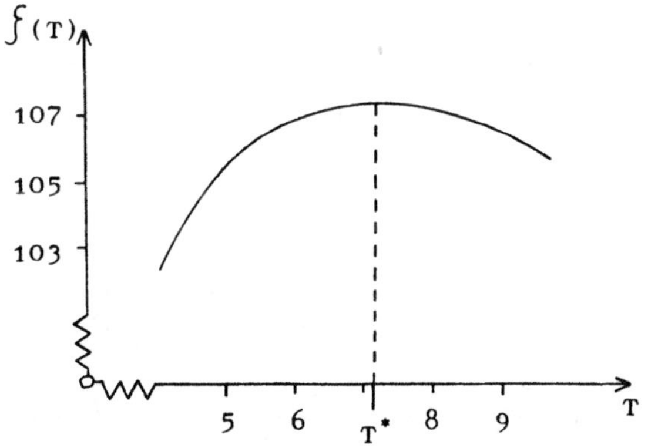

[1] Die Ergebnisse wurden mit der Rechenanlage IBM 1130 des Instituts für Wirtschafts- und Gesellschaftswissenschaften der Universität Bonn ermittelt.

2.2 Gewinnabhängige Strategie

Bei der gewinnabhängigen Strategie geschehen die vorbeugenden Instandhaltungsmaßnahmen nicht in deterministischen, periodischen Zeitabständen wie bei der laufzeitabhängigen Strategie. Vielmehr werden die Abstände von der Gewinnentwicklung während der Nutzungsdauer der Anlage bestimmt.

Bei gleicher Gewinn- und Kostenstruktur wie im Abschnitt 2.1 wird eine Untergrenze für den während der Laufzeit entstehenden Gewinn $G-(V_n+g(t))$ gesucht, so daß der zu erwartende Gesamtgewinn pro Zeiteinheit maximiert wird, wenn bei Erreichen der Grenze vorbeugend instandgehalten wird. Bei gegebener Grenze $\hat{c}$ errechnet man die Zeit bis zur vorbeugenden Maßnahme aus

$$G - (V_n + g(t_n(\hat{c}))) = \hat{c}$$

Hierzu äquivalent ist die Bestimmung einer optimalen Kostenobergrenze c, bei deren Erreichen während der Laufzeit durch $V_n+g(t)$ eine vorbeugende Reparatur durchgeführt wird. Die Funktion g sei streng monoton steigend gegen $+\infty$, so daß für $V_n < c$ immer ein $t_n(c) > 0$ eindeutig bestimmt ist. Liegt das Startkostenniveau schon über c, d. h. $V_n \geqq c$, so wird die Anlage erneut justiert ohne Austausch des Systems ($t_n(c) = 0$).

Die Laufzeit einer Anlage erreicht die Länge von

$$LZ_n(c) = \min\{X_n , t_n(c)\}$$

Die Stillstandszeiten und Instandhaltungskosten betragen

$$N_M(LZ_n(c))\cdot T_M , \quad N_M(LZ_n(c))\cdot C_M$$

$$\hat{T}_{\cdot,n}(c) = T_{\cdot,n} + q_{\cdot}(LZ_n(c))$$

$$\hat{C}_{\cdot,n}(c) = C_{\cdot,n} + g_{\cdot}(LZ_n(c))$$

Bezeichnet $P_t(c)$ den Gesamtgewinn bis zum Zeitpunkt t, so ist dies wieder ein kumulativer Prozeß und es gilt:

$$\lim_{t\to\infty} \frac{P_t(c)}{t} = \frac{E(G_n(c))}{E(Z_n(c))} := \mathcal{f}(c).$$

Diese Zielfunktion $\mathcal{f}(c)$ ist zu maximieren. Hierbei ist der zu erwartende Gewinn $E(G_n(c) = G\cdot E\ (LZ_n(c)) - E(LK_n(c))-E(SK_n(c))$

mit der Laufzeit

$$E(LZ_n(c)) = \int_0^c \int_0^{g^{-1}(c-v)} \overline{F}(t)\,dt\,dG(v)$$

den Laufzeitkosten

$$E(LK_n(c)) = \int_0^c \int_0^{g^{-1}(c-v)} (v+g(t))\overline{F}(t)\,dt\,dG(v)$$

und den Stillstandskosten

$$E(SK_n(c)) = C_M \int_0^c \int_0^{g^{-1}(c-v)} \emptyset_M(t)\overline{F}(t)\,dt\,G(v) + C_r +$$

$$\int_0^c \Big[(C_f - C_p)F(g^{-1}(c-v)) + C_p + \int_0^{g^{-1}(c-v)} g_f(t)\,dF(t)$$

$$+\overline{F}(g^{-1}(c-v))\ \hat{g}_p'(g^{-1}(c-v)) \Big]\ dG(v)$$

Die Nullsetzung der 1. Ableitung der Zielfunktion liefert eine notwendige Bedingung für die Existenz eines Optimums. Um zu hinreichenden Bedingungen zu gelangen, betrachten wir zunächst den Gewinn eines Zyklus $E(G_n(c))$.

Lemma 2: Es existiert eine Obergrenze c_1^* für die Grenzkosten $V_n+g(t)$, so daß $E(G_n(c))$ maximal wird, wenn gilt:

(1) $0 \leqq C_p < C_f$, $0 \leqq g_p(t) \leqq g_f(t)$, $t \in \mathbb{R}^+$, $C_M > 0$

(2) $P\{V_n \leqq G\} \neq 0$, $\overline{F}(t) \neq 0$, $t \in \mathbb{R}^+$,

d. h. die Wahrscheinlichkeit, daß die Startkosten größer als G sind ist kleiner als 1; sonst würde das System nämlich nur Verluste erzeugen.

Beweis: Die 1. Ableitung der Laufzeitkosten ist proportional zu der 1. Ableitung der Laufzeit:

$$c\ \frac{dE(LZ_n(c))}{dc} = c \cdot \int_0^c \overline{F}(g^{-1}(c-v))\ \frac{dg^{-1}(c-v)}{dc}\ dG(v) = \frac{dE(LK_n(c))}{dc}$$

Somit läßt sich die Nullsetzung der 1. Ableitung von $E(G_n(c))$ darstellen als

$$(G-c)\ \frac{dE(LZ_n(c))}{dc} = \frac{dE(SK_n(c))}{dc}$$

Die linke Seite dieser Gleichung ist positiv für $c < G$ und negativ für $c > G$. Die Stillstandskosten sind monoton steigend mit wachsendem c, so daß die rechte Seite positiv ist. Somit ist die 1. Ableitung negativ für $c > G$, d. h. $E(G_n(c))$ ist monoton fallend für $c > G$ und besitzt daher eine optimale Kostenschranke $c_1^* \leqq G$. ▲

Hinreichende Bedingungen für die Existenz eines Optimums der Zielfunktion $f(c)$ liefert uns der folgende Satz:

Satz 2: Die Voraussetzungen von Lemma 2 seien erfüllt und außerdem gelte

$$0 \leqq T_p \leqq T_f \ , \ 0 \leqq q_p(t) \leqq q_f(t), \ t \in \mathbb{R}^+, \ T_M \geqq 0.$$

Unter diesen Bedingungen gibt es eine endliche optimale Schranke c^*, die den Gewinn pro Zeiteinheit maximiert.

Beweis: Die Zykluslänge wächst mit c, und der Zähler der Zielfunktion $f(c)$ hat auf Grund von Lemma 2 ein Maximum für eine endliche Strategie c_1^*. Daher nimmt auch $f(c)$ sein Maximum bei einer Kostengrenze $c^* \leqq c_1^*$ an.

3. Strategievergleich

Die laufzeitabhängige Strategie berücksichtigt bei der Festsetzung der Zeitpunkte für die vorbeugende Instandhaltung nicht die Genauigkeit der Justierung der Anlage. Die gewinnabhängige Steuerung dagegen bezieht diese Information mit ein, da der Zeitpunkt $t_n(c)$ vom Wert V_n abhängig ist.

Bei konstantem Startkostenniveau V_n für alle Anlagen führen beide Strategien zu identischen Zielfunktionen und identischen Austauschzeitpunkten. Es gilt nämlich für alle Anlagenzyklen

$$t_n(c) = g^{-1}(c-V_n) = T = \text{konstant}$$

Bei zufallsabhängigem V_n bedarf es einer größeren Flexibilität in der Reparaturplanung bei gewinnabhängiger Strategie als bei der laufzeitabhängigen. Jedoch ist die Zeit für eine Detailplanung i. a. ausreichend, da nach Inbetriebnahme der Anlage das Kostenniveau V_n bekannt ist und somit t_n bestimmt werden kann.

Die vorbeugenden Maßnahmen zu einem festen periodischen Zeitpunkt T haben den Nachteil, daß alle Anlagen gleich lang in Betrieb sind, gleichgültig ob gut oder schlecht justiert.

Dagegen werden bei der gewinnabhängigen Steuerung schlecht justierte Anlagen direkt einer erneuten Justierung unterzogen, wodurch die Betriebskosten gesenkt werden.

Diesen Sachverhalt wollen wir an einem Beispiel näher betrachten:

Der Gewinn pro Zeiteinheit betrage G = 200. Die Startkosten seien rechteckverteilt über dem Intervall [0 , 100] . Die Laufzeitkosten wachsen mit g(t) = 5t und die Ausfälle seien exponentialverteilt mit $\lambda = 0.5$. Minimale Reparaturen seien vernachlässigbar. Die durchschnittlichen Kosten und die benötigten Zeiten für die Instandhaltung betragen

c_f	c_p	c_r	T_f	T_p	T_r
120	70	10	1.0	0.5	0.1

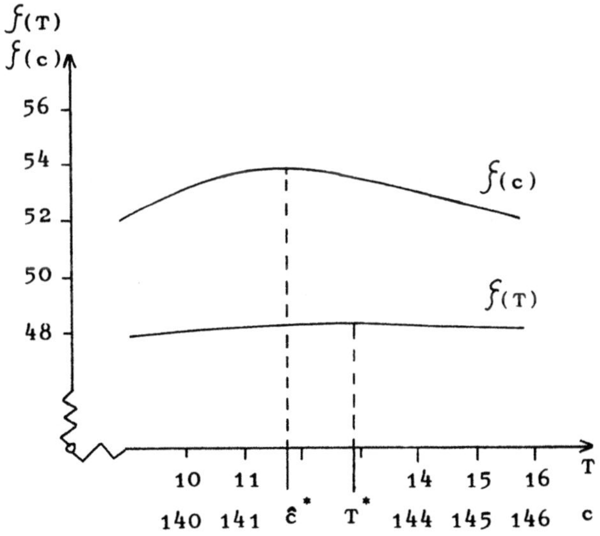

Die periodische Strategie maximiert den Gewinn, wenn die vorbeugenden Instandhaltungsmaßnahmen nach $T^* = 12.9$ Zeiteinheiten Betriebszeit der Anlage durchgeführt werden. Es wird dann ein zu erwartender Gewinn pro Zeiteinheit von $f(T^*) = 48.4$ erzielt.

Die optimale Gewinnuntergrenze liegt bei $\hat{c}^* = 141.9$ mit einem durchschnittlichen Gewinn von $f(\hat{c}^*) = 54.0$ pro Zeiteinheit. Die gewinnabhängige Strategie erhöht den erzielbaren Gewinn somit um 11,5 %.
Im Vergleich zur Basisstrategie verbessert die periodische vorbeugende Instandhaltung den Gewinn nur minimal von 48.39 auf 48.40. Die gewinnorientierte Steuerung verbessert trotz erhöhter Justierungskosten den Gewinn, da die durchschnittlichen Laufzeitkosten hierdurch gesenkt werden.

Trotz dieser Vorzüge der c-Strategie kann sie nicht immer angewendet werden. Die während der Betriebszeit entstehenden Kosten sind vielfach nicht direkt erfaßbar, da z. B. Qualitätsminderungen sich erst in nachfolgenden Arbeitsgängen auswirken. Außerdem ist der Aufwand für eine direkte Kostenerfassung manchmal sehr hoch, so daß nur eine periodische Abrechnung erfolgt. Die Aufzeichnung der Betriebszeit einer Anlage ist dagegen problemlos und wird daher meist bevorzugt.

Den höheren Kosten für die Datenerfassung bei gewinnabhängiger Instandhaltungsplanung steht aber auch ein höherer Gewinn gegenüber. Daher sollte diese Möglichkeit in die Instandhaltungsüberlegungen einbezogen werden, um dann an Hand der betrieblichen Gegebenheiten die wirtschaftlichste Strategie einzuschlagen.

Marketing

Renditegesteuerte Selektion von Vertriebswegen

P. Goeck und K.-P. Schuster, Hamburg

I. Ausgangssituation

In einer Vertriebsgesellschaft für eine Vielzahl von unterschiedlichen Konsumgütern werden einfache und duale Distributionssysteme jeweils für einzelne Programmteile nebeneinander praktiziert. Dies beruht im wesentlichen darauf, daß in der Vergangenheit außer voneinander abweichenden Marktgegebenheiten auch artikelspezifische Marketingziele gegeben waren. Die Entscheidung zur Direktbelieferung des Einzelhandels oder zur Einbeziehung des Großhandels war von verschiedenen Voraussetzungen abhängig; sie begannen bei Kostenerwägungen und endeten bei Bestrebungen der Firma, möglichst konsumnah zu operieren. Mit zunehmender Sortimentsbreite wuchs die Komplexität der historisch gewachsenen Absatzstruktur.

In der kurz- und mittelfristigen Umsatz- und Ergebnisplanung wird das Vertriebssystem entweder garnicht berücksichtigt oder stillschweigend als bestmöglich angenommen. Die Pflege der Absatzkanäle ist aber in zunehmendem Maße mit abnehmer- und produktabhängigen Fixkosten verbunden. Aus diesem Grunde sieht das Unternehmen in einer Selektion der Vertriebswege unter Beachtung der langfristigen Umsatz- und Renditeziele einen Ansatzpunkt zur Senkung der Vertriebskosten. Das im folgenden vorgestellte Optimierungsmodell dient zur Vorbereitung von Entscheidungen, die zur Durchsetzung einer selektiven Distributionspolitik für eine ausgewählte Produktpalette getroffen werden müssen.

II. Entscheidungsmodell

Unter dem Aspekt der Umsatzlenkung vom Markt zum Unternehmen werden die möglichen Handelsketten in Form eines Netzwerkes dargestellt. Die Knoten Absatzgebiete, Einzelhändler, Großhändler und Unternehmung sind durch Potentiale, wie Aufnahmefähigkeiten und Betriebsgrößen gekennzeichnet. Renditen und strukturabhängige Fixkosten bewerten die Absatzwege.

a. Absatzstruktur

Ausgehend von einer vorhandenen Einteilung des Gesamtmarktes in regionale Teilmärkte (Landkreise) k und einer Aufstellung der infrage kommenden Einzelhandelsgeschäfte e differenziert nach Produkten i beschreibt

$$(1) \qquad \sum_e U_{iek} - S_{ik} = 0 \qquad \forall\, i,k$$

die Aufteilung des Gesamtumsatzes S_{ik} auf die Umsätze U_{iek} der einzelnen Outlets.

Der Einzelhandel kann sich sowohl als Direktabnehmer des Unternehmens als auch über den Großhandel g mit Ware eindecken. Mit S_{ie} als gesamten Einkaufswert und P_{ie} als Einzelhandelsdirektumsatz ist durch

$$(2) \qquad \sum_g U_{ige} + P_{ie} - S_{ie} = 0 \qquad \forall\, i,e$$

die Aufteilung der Einkäufe auf die einzelnen Bezugsquellen gegeben. Die wertmäßigen Gleichgewichte zwischen Einkauf und Verkauf werden durch die Kontinuitätsbedingungen

$$(3) \qquad \sum_k U_{iek} - (1 + s_{ie}) \cdot S_{ie} = 0 \qquad \forall\, i,e$$

für den Einzelhandel und

$$(4) \qquad \sum_e U_{ige} - (1 + s_{ig}) \cdot P_{ig} = 0 \qquad \forall\, i,g$$

für den Großhandel sichergestellt. P_{ig} sind die Einkaufswerte des Großhandels beim Hersteller; s_{ie} und s_{ig} die Einzel- bzw. Großhandelsspannen.

Die Gleichungen (1) - (4) beinhalten als strukturbegrenzende Annahmen, daß zwischen Betrieben derselben Handelsstufe keine Waren ausgetauscht werden. Zusätzlich wird aus vertriebspolitischen Überlegungen durch

(5) $\alpha \cdot \sum_{g} U_{ige} + N_{ie} \leq 1 \qquad \forall i,e \quad \text{mit } \alpha \ll 1$

und N_{ie} als Entscheidungsvariable für das Einzelhandelsdirektgeschäft exklusive Distribution gefordert.

b. Umsatzgrenzen

In den Absatzkreisen werden gegebene Umsatzpotentiale pro Produkt angenommen. Durch zusätzliche Fixierung einer Gesamtaufnahmefähigkeit pro Gebiet, die kleiner ist als die Summe der Einzelgrenzen, wird Substitutionszwang bei konkurrierendem Sortiment erreicht. Die Gleichungen

(6) $S_{ik} \leq BND(S_{ik}) \qquad \forall i,k$

und

(7) $\sum_{i,e} U_{iek} \leq a_k \qquad \forall k$

mit BND als Boundvektor und a_k als Marktaufnahmefähigkeit beschreiben diesen Effekt.

Analoge Umsatzbegrenzungen sind für den Handel vorgesehen. Die potentiellen Abnehmer haben gegebene Betriebsgrößen b_g bzw. b_e gemessen am Gesamtumsatz und an ihrer produktbezogenen Leistungsfähigkeit.

(8a) $S_{ie} \leq BND(S_{ie}) \qquad \forall i,e$ (8b) $P_{ig} \leq BND(P_{ig}) \qquad \forall i,g$

(9a) $\sum_i s_{ie} \leq b_e \quad \forall e$ (9b) $\sum_i p_{ig} \leq b_g \quad \forall g$

c. Bewertungen

Umsatzrenditen r_{ie} bzw. r_{ig} für jeden potentiellen Kunden im Einzel- oder Großhandel dürfen im Rahmen dieses Modelles keine Kostenanteile beinhalten, deren Einflußgrößen in der heutigen Vertriebsstruktur begründet sind. In Relation zu den jeweiligen Betriebsgrößen der Abnehmer ergibt sich im Falle einer Unterlieferung als Ergebnis einer Optimierung eine Unterschätzung des Ergebnisses auf Verkäufe. Die Summe

(10) $$\sum_{i,g} r_{ig} \cdot p_{ig} + \sum_{i,e} r_{ie} \cdot p_{ie}$$

beinhaltet das Verkaufsergebnis ohne strukturabhängige Fixkostenanteile.

Strukturmerkmale, wie Anzahl und regionale Streuung der Abnehmer determinieren feste Vertriebskostenanteile, die mit jedem selektierten Handelspartner wachsen. Zusätzlich zu diesen abnehmerfixen Kosten werden pro Produkt und Kunde produktfixe Kosten verrechnet. Daraus folgt eine Degression der gesamten fixen Stückkosten mit zunehmender Sortimentsbreite (vgl. Abb. 1).

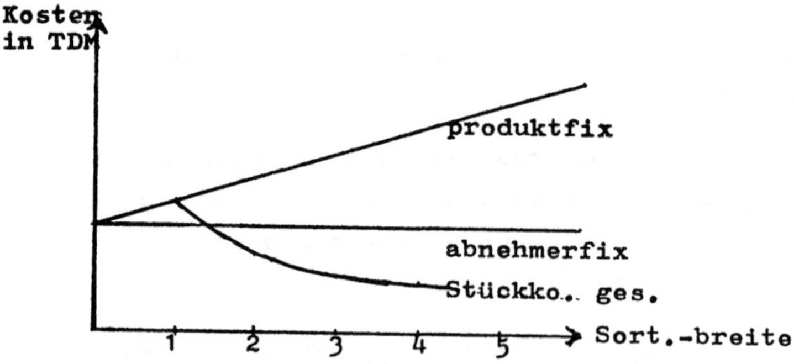

Abb. 1: Fixkosten

Eine derartige Kostenfunktion gibt Handelsbetrieben mit einem breiten Sortiment eine größere Chance, Direktabnehmer zu werden. Bereits durch akquisitorischen Aufwand gepflegte Kundenbeziehungen kommen weiteren Sortimentskomponenten zugute; einer Fächerung des Angebots über ggf. konkurrierende Vertriebswege wird entgegengesteuert. Im Modell werden die produktfixen Kosten durch die Gleichungen

(11a) $-\alpha \cdot P_{ie} + N_{ie} \geq 0 \qquad \forall i,e$

(11b) $-\alpha \cdot P_{ig} + N_{ig} \geq 0 \qquad \forall i,g$

und die Summe

(12) $\sum_{i,e} f_{ie} \cdot N_{ie} + \sum_{i,g} f_{ig} \cdot N_{ig}$

verrechnet.

Abnehmerfixe Kosten werden über

(13a) $-\beta \cdot \sum_{i} N_{ie} + M_{e} \geq 0 \qquad \forall e$

(13b) $-\beta \cdot \sum_{i} N_{ig} + M_{g} \geq 0 \qquad \forall g$

und

(14) $\sum_{e} h_{e} M_{e} + \sum_{g} h_{g} M_{g}$

erfaßt. h_g, h_e, f_{ig}, f_{ie} sind die von den Entscheidungsvariablen M_g, M_e, N_{ig}, N_{ie} abhängigen Fixkostenblöcke.

Mit den Termen (10), (12) und (14) als Zielfunktion legen die restlichen Ungleichungen die Problemmatrix eines gemischt-ganzzahligen Optimierungsmodelles fest. Zur Lösung mithilfe des IBM-Softwarepaketes MPSX hat sich

$$(15) \quad \alpha := (10^3 \sum_k a_k)^{-1} \quad \text{und} \quad \beta := (10 \cdot z)^{-1}$$

mit z = Zahl der Produkte im Sortiment als zweckmäßig erwiesen.

III. Testbeispiele

Anhand der folgenden Beispiele soll die Auswahllogik des Planungsmodelles in speziellen Marktsituationen illustriert werden.

a. Distribution eines Produktes

Ausgehend von den Daten der Tabelle 1

	Umsatz-maxima	Umsatz-rendite	abnehmer-fixe Ko.
Absatzkreis 1	100		
Absatzkreis 2	200		
Großhandel A	90	.3	7
Einzelhandel B	150	.4	15
Einzelhandel C	80	.35	11

Tabelle 1: Daten Einproduktfall

ergibt sich eine Lenkung der Umsätze nach Abb. 2.

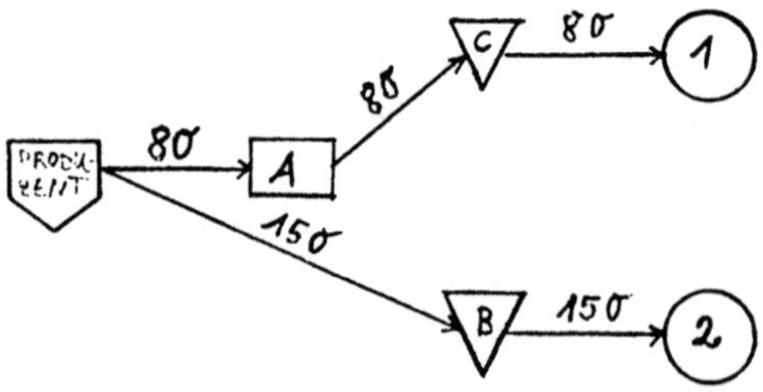

Abb. 2: Lösung Einproduktfall

Der relativ umsatzschwache GH-A wird als Handelsmittler zum EH-C selektiert, da er sich bei zwar niedriger Rendite durch für das Unternehmen vorteilhafte Fixkosten auszeichnet.

Bei einer Erhöhung der Betriebsgrößen gemessen am Umsatz von GH-A auf 300, EH-B auf 210 und EH-C auf 160 und Konstanz aller übrigen Daten wird vom Modell eine Ausschaltung der GH-Zwischenstufe vorgeschlagen. Hohe Umsätze bei besseren Renditen überkompensieren die abnehmerfixen Kosten.

Sinkt die Umsatzrendite des EH-B auf .33, so hat der GH-A eine ausreichende Umsatzstärke, um die gesamte latente Nachfrage auf sich zu ziehen. Sein Fixkostenvorteil gegenüber den EH's kommt dem Hersteller voll zugute.

b. Distribution eines Sortiments

Tabelle 2 beschreibt die Situation eines engen Marktes für drei Produkte, der durch zwei relativ umsatzstarke EH's bedient werden kann. Ein GH mit ausreichender Betriebsgröße bietet sich als Handelsmittler an. Den höheren EH-Renditen stehen niedrigere GH-Fixkosten gegenüber.

	Umsatzmaxima für Produkte				Umsatzrenditen für Produkte			produkt-fixe Ko.			abn.-fixe Ko.
	1	2	3	ges.	1	2	3	1	2	3	
Markt 1	100	60	30	150							
Markt 2	200	40	30	250							
EH-B	210	40	100	300	.35	.25	.12	7	5	10	23
EH-C	160	50	50	200	.4	.25	.08	6	4	5	15
GH-A	300	50	150	400	.33	.2	.1	4	2	5	11

Tabelle 2: Daten Mehrproduktfall

Als Lösung ergibt sich das Distributionssystem in Abb. 3 bei einem Zielfunktionswert von 92.

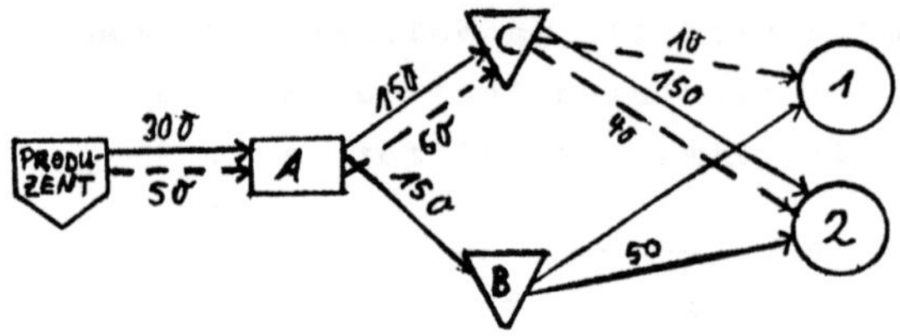

Abb. 3: Lösung Mehrproduktfall

Die bei den EH's erzielbaren höheren Renditen wiegen die geringeren abnehmerfixen Kosten durch GH-Orientierung nicht auf. Mit Produkt 3 können keine Erlöse erzielt werden, die nach Abzug der produktfixen Kosten zu einem positiven Ergebnis führen. Es wird daher aus dem Sortiment gestrichen.

Eine Erhöhung der abnehmerfixen Kosten des GH auf 26 führt zu keiner Strukturänderung; die Lösung ist stabil bzgl. einer über 100 %-igen Kostenerhöhung. Eine Reduzierung der produktfixen Kosten beim EH-B um ca. 50 %, gleichzeitige Anhebung der Rendite für Produkt 3 beim EH-B um 100 % und Verdoppelung der Marktaufnahmefähigkeit für dieses Erzeugnis im Gebiet 2 führen zu einer Erweiterung des Sortiments. Die Distributionsstruktur bleibt erhalten. Die Lösung ist stabil bzgl. der Sortimentsbreite. Die Vorteile der vorhandenen Handelskette für Produkt 1 und 2 kommen dem "neuen" Produkt zugute.

IV. Gesichtspunkte beim Modelleinsatz

Die Variablen des Optimierungsmodelles beinhalten zu einem großen Teil Entscheidungen, die von den Abnehmern des Unternehmens getroffen werden. Das rechnerisch beste Distributionssystem unterliegt der Prämisse, daß alle an den Handelsketten Beteiligten sich im Sinne des Produzenten bestmöglich verhalten. Daher sind die Modellaussagen als Hilfen für den Marketingplaner zur Bewertung wünschenswerter

Entwicklungen und deren Beeinflussung durch Maßnahmen im Rahmen einer selektiven Distributionspolitik zu verstehen.

Eine dementsprechende organisatorische Einbettung des Modelles in den Entscheidungsfindungsprozeß im Marketing ist gegeben. Ausgehend von einer reinen Durchrechnung der jetzigen Struktur wird dem Modell schrittweise die Möglichkeit zur Selektion von Absatzkanälen gegeben. Parallel dazu werden weitere, bislang nicht genutzte Handelsketten in die Rechnung einbezogen. Jede Strukturänderung unterliegt der Überwachung und fachlichen Beurteilung anhand der Erfahrungen der kommerziellen Abteilungen. Restriktionen aufgrund marktpolitischer Zielsetzungen außerhalb des Modellrahmens werden gesetzt. Dieser Prozeß des Herantastens an eine neue Distributionsstruktur endet mit der Festlegung eines wünschenswerten Absatznetzes. Dieses wird auf dem Wege der massiven Variation der Umsatzpotentiale und der Bewertungen auf seine Stabilität hin überprüft. Somit wird auch der Unsicherheit der Modelldaten Rechnung getragen.

Der Modelleinsatz legt technische Anforderungen fest, deren Erfüllung hier nur in Stichworten genannt werden soll:

- maschinell gestützter Modellaufbau durch Interfaces zu Kundenstammdateien, dem Rechnungswesen sowie anderen Planungssystemen
- Datenbeschaffung und Pflege über unterschiedliche Fachabteilungen durch komfortable Einsteuerungs- und Änderungsmöglichkeiten für nicht maschinell gespeicherte Daten
- Einsatz der bounding-technique zur schnellen und sicheren Formulierung von Restriktionen
- leicht lesbare Reports ohne Bezug zum verwendeten Lösungsverfahren

Auf die Programmierung eines der speziellen Netzwerkstruktur der vorliegenden Anwendung angepaßten Algorithmus wurde aus Kostengründen und Überlegungen der Verfahrenssicherheit verzichtet.Deshalb wurde das vorliegende gemischt-ganzzahlige Optimierungsmodell mithilfe der IBM-Software MPSX incl. MIP gelöst. Numerische Probleme aufgrund der relativ vielen (0,1)-Variablen ergaben sich nicht, da in den Optimierungsläufen aufgrund der oben beschriebenen Vorgehensweise nur eine ausgewählte Menge der Entscheidungsvariablen nicht vorab fixiert wird.

Über optimale Werbestrategien bei einem dynamischen Marketing-Modell mit Budgetrestriktionen

M. Köhler, Zürich

1. Einleitung und Problemformulierung

Ausgehend von einem dynamischen Marketing-Modell des Nerlove-Arrow Typs mit gleichmässig beschränkten Werbeanstrengungen pro Zeiteinheit, soll der Einfluss einer Budgetrestriktion für die Kosten der Werbeanstrengungen auf die optimale Werbepolitik untersucht werden. Dabei wird diejenige Werbepolitik als optimal angesehen, die den Gewinn maximiert. Ferner werden Voraussetzungen angegeben, unter denen es optimal ist, solange mit voller Intensität zu werben bis das Werbebudget aufgebraucht ist.

Folgende Daten des Modells seien gegeben:

Ausgehend vom Planungszeitraum $[0,T]$ bezeichnet für jedes $t \in [0,T]$

- $x(t)$ den Kundschaftsbestand ("stock of goodwill") der Firma ($x(t)$ fasst die Auswirkung der gegenwärtigen und vergangenen Werbeanstrengungen der Firma auf die Nachfrage nach dem von der Firma produzierten Gut zusammen),
- $\hat{q}(t)$ die Verkaufsrate,
- $p(t)$ den vorgegebenen Preis des von der Firma produzierten Gutes,
- $\hat{c}(t)$ die totalen Produktionskosten pro Zeiteinheit,
- $u(t)$ die Werbeanstrengungen pro Zeiteinheit,
- $g(u(t))$ die Kosten der Werbeanstrengungen pro Zeiteinheit (vgl. [2],[3]).

Es gelte $\hat{q}(t)=q(x(t),p(t),t)$ (d.h. die Verkaufsrate $\hat{q}(t)$ ist eine von der Zeit abhängige Funktion des Kundschaftsbestandes und des Preises) und $\hat{c}(t)=c(\hat{q}(t))$ (d.h. die totalen Produktionskosten sind eine Funktion des Verkaufs). Ferner sei folgendes dynamische

Verhalten angenommen (vgl. [3],[5]):

$\frac{d}{dt}x(t)=-\beta(t)x(t)+u(t)$, d.h. die Werbeanstrengungen wirken der Abnahme des Kundschaftsbestandes (gemäss der Rate $\beta(t)\geq 0$) entgegen. Bezeichnet $r(x(t),t)-g(u(t)):=p(t)q(x(t),p(t),t)-\hat{c}(\hat{q}(t))-g(u(t))$ die Nettoeinnahmen durch Werbeanstrengungen zum Zeitpunkt t, so erhalten wir zunächst folgendes Modell (vgl. [3]):

Die Firma ist bestrebt, eine Werbepolitik u(.) derart auszuwählen, dass unter den Nebenbedingungen

$$\frac{d}{dt}x(t)=-\beta(t)x(t)+u(t) \quad \text{fast alle } t\in[0,T] \text{ ,} \tag{1.1}$$

$$x(0)=x_0 \text{ ,} \tag{1.2}$$

$$0\leq u(t)\leq a(t) \quad \text{für alle } t\in[0,T] \text{ ,} \tag{1.3}$$

$$\int_0^T e^{-\bar{\alpha}(t)t}g(u(t))dt\leq b \text{ ,} \tag{1.4}$$

$$u(.) \text{ messbar und beschränkt} \tag{1.5}$$

der gegenwärtige Wert aller Nettoeinkommen durch Werbeaufwand

$$\int_0^T e^{-\bar{\alpha}(t)t}(r(x(t),t)-g(u(t)))dt \tag{1.6}$$

maximal wird.

Hierbei bezeichnet $x_0\geq 0$ den Anfangsbestand an Kundschaft und $\bar{\alpha}(t)$ den durchschnittlichen Zinssatz bis zum Zeitpunkt t; d.h. $\bar{\alpha}(t)=\frac{1}{t}\int_0^t \alpha(s)ds$, falls $\alpha(s)$ den Zinssatz zum Zeitpunkt s angibt.

Durch die Ungleichung (1.3) wird gefordert, dass die Werbeanstrengungen pro Zeiteinheit beschränkt sind. Die Ungleichung (1.4) besagt, dass die Firma eine Budgetrestriktion für die Werbeausgaben während des gesamten Planungszeitraumes zu berücksichtigen hat. (In [3] wird dagegen ein Werbemodell behandelt, in dem die Werbeausgaben pro Zeiteinheit beschränkt sind.)

Nimmt man noch zusätzlich an, dass die Firma den Kundschaftsbestand am Ende der Planungsperiode, x(T), mit h(x(T)) bewertet, so ergibt sich schliesslich folgendes als optimales Kontrollproblem formulierte Werbemodell:

$$\text{Max! } \int_0^T e^{-\bar{\alpha}(t)t}(r(x(t),t)-g(u(t)))dt + h(x(T)) \tag{1.7}$$

bzgl. (1.1)-(1.5).

2. Charakterisierung der optimalen Werbepolitiken bei inaktiver Budgetrestriktion

Um eine Analyse des Modells (1.7),(1.1)-(1.5) vornehmen zu können, nehmen wir an, dass die anschliessenden Voraussetzungen stets erfüllt sind:

V1: $a(.)\in C_1[0,T]$ mit $0<a(t)<\infty\ \forall\ t\in[0,T]$.

V2: i) $\alpha(.)\in L_1[0,T]$, $\alpha(t)\geqq 0\ \forall\ t\in|0,T|$,

ii) $\beta(.)\in C_1[0,T]$ mit $0<\beta(t)\ \forall\ t\in[0,T]$, falls $\beta(.)\not\equiv 0$,

iii) $x_0\geqq 0$.

V3: $g:R\to R$ ist streng konkav, stetig differenzierbar und streng monoton wachsend.

V4: $r:R\times[0,T]\to R$ ist stetig differenzierbar.

V5: $h:R\to R$ ist zweimal stetig differenzierbar.

(V4 impliziert abnehmende Grenzkosten der Werbeanstrengungen.)

Wegen V1 ist das Problem (1.7),(1.1)-(1.5) dem Kontrollproblem

$$\text{Min!}\ \int_0^T\{-e^{-\bar{\alpha}(t)t}(r(x(t),t)-g(a(t)v(t)))\}dt\ -\ h(x(T)) \tag{2.1}$$

bzgl.

$$\frac{d}{dt}x(t)=-\beta(t)x(t)+a(t)v(t)\quad \text{fast alle } t\in[0,T], \tag{2.2}$$

$$\frac{d}{dt}y(t)=e^{-\bar{\alpha}(t)t}g(a(t)v(t))\quad \text{fast alle } t\in[0,T], \tag{2.3}$$

$$x(0)=x_0\ , \tag{2.4}$$

$$y(0)=0\ , \tag{2.5}$$

$$y(T)\leqq b\ , \tag{2.6}$$

$$v(.)\in V \tag{2.7}$$

mit $V:=\{v(.)\in L_1[0,T]\mid 0\leqq v(t)\leqq 1\ \forall\ t\in[0,T]\}$ äquivalent.

Ist $v^*(.)$ optimale Politik des Problems (2.1)-(2.7), so ist $u^*(.)$ mit $u^*(t):=a(t)v^*(t)\ \forall\ t\in[0,T]$ optimale Politik des Problems (1.7),(1.1)-(1.5). Umgekehrt, ist $u^*(.)$ optimale Politik des Problems (1.7).(1.1)-(1.5), so ist $v^*(.)$ mit $v^*(t):=a(t)^{-1}u^*(t)$ $\forall\ t\in[0,T]$ optimale Politik von (2.1)-(2.7). Wegen

$$h(x(T))=\int_0^T\frac{d}{dt}h(x(t))dt+h(x_0)=\int_0^T h_x(x(t))(-\beta(t)x(t)+a(t)v(t))dt+h(x_0)$$

lässt sich das Zielfunktional (2.1) in der Form

$$-h(x_0)+\int_0^T\{-e^{-\bar{\alpha}(t)t}(r(x(t),t)-g(a(t)v(t)))-h_x(x(t))(-\beta(t)x(t)+a(t)v(t))\}dt$$

schreiben. Da die additive Konstante $-h(x_0)$ im Zielfunktional für die Bestimmung bzw. Charakterisierung der optimalen Politik für das Problem (2.1)-(2.7) ohne Einfluss ist, können wir stets von dem Kontrollproblem in Standardform

$$\text{Min!} \int_0^T \{-e^{-\bar{\alpha}(t)t}(r(x(t),t)-g(a(t)v(t))) \\ -h_x(x(t))(-\beta(t)x(t)+a(t)v(t))\}dt \tag{2.8}$$

bzgl. (2.2)-(2.7) ausgehen. ($v^*(.)$ ist nämlich genau dann optimal bzgl. (2.1)-(2.7), wenn $v^*(.)$ optimal bzgl. (2.8),(2.2)-(2.7) ist.)

Zunächst gilt: Zu jedem $v(.)\in V$ existiert genau eine absolut stetige Lösung $z(.;v(.))=(x(.;v(.)),y(.;v(.)))$ des Anfangswertproblems (2.2)-(2.5) (vgl. [1]). Dabei ist $z(.;v(.))$ gegeben durch

$$x(t;v(.))=e^{-\bar{\beta}(t)t}(x_0+\int_0^t e^{\bar{\beta}(s)s}a(s)v(s)ds) \text{ mit } \bar{\beta}(t):=\frac{1}{t}\int_0^t \beta(s)ds \tag{2.9}$$

und

$$y(t;v(.))=\int_0^t e^{-\bar{\alpha}(s)s}g(a(s)v(s))ds \tag{2.10}$$

Sei $a_M := \max_{t\in[0,T]} a(t)$, $\beta_m := \min_{t\in[0,T]} \beta(t)$ und $\beta_M := \max_{t\in[0,T]} \beta(t)$.
(Entsprechendes sei für α_m und α_M vereinbart.) Wegen V1 und V2 ist für jedes $t\in[0,T]$

$$e^{-\beta_M T}x_0 \leq x(t;v(.)) \leq x_0+\frac{a_M}{\beta_m} \quad \forall\ v(.)\in V, \text{ falls } \beta(.)\not\equiv 0, \text{ bzw.}$$
$$x_0 \leq x(t;v(.)) \leq x_0+Ta_M \quad \forall\ v(.)\in V, \text{ falls } \beta(.)\equiv 0. \tag{2.11}$$

Jeder von der Firma innerhalb der Periode $[0,T]$ erreichbare Kundschaftsbestand liegt also im Intervall

$$[e^{-\beta_M T}x_0, x_0+\frac{a_M}{m}] \quad \text{bzw.} \quad [x_0, x_0+Ta_M] .$$

Nach diesen Vorbereitungen können wir für das Problem (2.8), (2.2)-(2.7) das Maximumprinzip von Pontrjagin anwenden. Als Charakterisierung der optimalen Werbepolitiken erhalten wir den folgenden Satz:

<u>Satz 2.1</u>. Ist $u^*(.)$ optimale Werbestrategie des Problems (1.7), (1.1)-(1.5) mit $\int_0^T e^{-\bar{\alpha}(t)t}g(u^*(t))dt<b$, und ist $x^*(.):=x(.;u^*(.))$ der optimale Verlauf des Kundschaftsbestandes (d.h. $x^*(.)$ ist Lösung der Anfangswertaufgabe (1.1),(1.2) bzgl. $u^*(.)$), so gilt folgende Aussage:

Für fast alle $t \in [0,T]$ ist

$$u^*(t) \begin{cases} \in \{0,a(t)\}, & \text{falls } t \in \Omega(x^*(.)) \\ = \frac{1}{2}\operatorname{sgn}(1+\omega(t)), & \text{falls } t \in [0,T] \setminus \Omega(x^*(.)) . \end{cases}$$

Dabei ist

$$\omega(t) := e^{-\bar{\alpha}(t)t}(g(0)-g(a(t))) + e^{\bar{\beta}(t)t}\Big(e^{-\bar{\beta}(T)T}h_x(x^*(T)) + \int_t^T e^{-(\bar{\alpha}(\tau)+\bar{\beta}(\tau))\tau} r_x(x^*(\tau),\tau)d\tau\Big)a(t)$$

und

$$\Omega(x^*(.)) := \{t \in [0,T] \mid \omega(t)=0\}.$$

<u>Beweis</u>. Sei $u^*(.)$ optimale Werbestrategie des Kontrollproblems (1.7),(1.1)-(1.5) mit $\int_0^T e^{-\bar{\alpha}(t)t} g(u^*(t))dt<b$. Dann ist $v^*(.)$ mit $v^*(t):=a(t)^{-1}u^*(t)\ \forall\ t \in [0,T]$ optimale Politik des Problems (2.8), (2.1)-(2.7). Sei $x^*(.):=x(.;v^*(.))$ und $y^*(.):=y(.;v^*(.))$ gemäss (2.9) bzw. (2.10). Sei ferner $H:R^2 \times R \times R^2 \times [0,T] \to R$ durch

$$\begin{aligned} H(x,y,s,\lambda_1,\lambda_2,t) := &-\{-e^{-\bar{\alpha}(t)t}(r(x,t)-g(a(t)s)) \\ &-h_x(x)(-\beta(t)x+a(t)s)\} + \lambda_1(-\beta(t)x+a(t)s) \\ &+\lambda_2(e^{-\bar{\alpha}(t)t}g(a(t)s)) \end{aligned} \tag{2.12}$$

gegeben. Wegen (2.11) und V1 bis V5 sind die Voraussetzungen für die Anwendbarkeit des Maximumprinzips erfüllt; siehe [4], Seite 323 (Bemerkung 3 in Verbindung mit Seite 319, Theorem 2). Danach gilt: Es existieren Multiplikatoren $\lambda_i:[0,T]\to R$, $i=1,2$, derart, dass folgende Bedingungen erfüllt sind:

i) Für fast alle $t \in [0,T]$ gilt

$$\frac{d}{dt}\lambda_1(t) = -H_x(x^*(t),y^*(t),v^*(t),\lambda_1(t),\lambda_2(t),t), \tag{2.13}$$

$$\frac{d}{dt}\lambda_2(t) = -H_y(x^*(t),y^*(t),v^*(t),\lambda_1(t),\lambda_2(t),t). \tag{2.14}$$

ii) Für fast alle $t \in [0,T]$ ist

$$H(x^*(t),y^*(t),v^*(t),\lambda_1(t),\lambda_2(t),t) \geqq H(x^*(t),y^*(t),s,\lambda_1(t),\lambda_2(t),t) \text{ für alle } s \in [0,1]. \tag{2.15}$$

iii) $\lambda_i(T)=0$, $i=1,2$. (2.16)

Definiert man $\tilde{\lambda}_1(.)$ durch

$$\tilde{\lambda}_1(t) := \lambda_1(t) + h_x(x^*(t)) \tag{2.17}$$

und setzt für alle $(s,t) \in [0,1]\times[0,T]$

$$\tilde{H}(x^*(t),y^*(t),s,\tilde{\lambda}_1(t),\lambda_2(t),t):=-\{-e^{-\bar{\alpha}(t)t}(r(x^*(t),t)-g(a(t)s))\}$$
$$+\tilde{\lambda}_1(t)(-\beta(t)x^*(t)+a(t)s)+\lambda_2(t)(e^{-\bar{\alpha}(t)t}g(a(t)s)) \ , \qquad (2.18)$$

so gilt für alle $(s,t)\in[0,1]\times[0,T]$

$$\tilde{H}(x^*(t),y^*(t),s,\tilde{\lambda}_1(t),\lambda_2(t),t)=$$
$$=H(x^*(t),y^*(t),s,\lambda_1(t),\lambda_2(t),t) \ . \qquad (2.19)$$

Wegen (2.13), (2.17) und (2.18) gilt

$$\frac{d}{dt}\tilde{\lambda}_1(t)=-H_x(x^*(t),y^*(t),v^*(t),\lambda_1(t),\lambda_2(t),t)$$
$$+h_{xx}(x^*(t))(-\beta(t)x^*(t)+a(t)v^*(t))$$
$$=-\tilde{H}_x(x^*(t),y^*(t),v^*(t),\tilde{\lambda}_1(t),\lambda_2(t),t) \ . \qquad (2.20)$$

Zusammen mit (2.17) und (2.19) erhält man schliesslich, dass die Bedingungen i), ii), iii) den Bedingungen

i') für fast alle $t\in[0,T]$ gilt

$$\frac{d}{dt}\tilde{\lambda}_1(t)=-\tilde{H}_x(x^*(t),y^*(t),v^*(t),\tilde{\lambda}_1(t),\lambda_2(t),t) \ ,$$
$$\frac{d}{dt}\lambda_2(t)=-\tilde{H}_y(x^*(t),y^*(t),v^*(t),\tilde{\lambda}_1(t),\lambda_2(t),t) \ ,$$

ii') für fast alle $t\in[0,T]$ ist

$$\tilde{H}(x^*(t),y^*(t),v^*(t),\tilde{\lambda}_1(t),\lambda_2(t),t)$$
$$\geqq \tilde{H}(x^*(t),y^*(t),s,\tilde{\lambda}_1(t),\lambda_2(t),t) \text{ für alle } s\in[0,1] \ ,$$

iii') $\tilde{\lambda}_1(T)=h_x(x^*(T))$, $\lambda_2(T)=0$

äquivalent sind. Aus i') und iii') folgt, dass $\lambda_2(.)\equiv 0$ und

$$\tilde{\lambda}_1(t)=e^{\bar{\beta}(t)t}(e^{-\bar{\beta}(T)T}h_x(x^*(T))+\int_t^T e^{-(\bar{\alpha}(\tau)+\bar{\beta}(\tau))\tau}r_x(x^*(\tau),\tau)d\tau) \qquad (2.21)$$

gilt. Ferner ist ii') gleichbedeutend damit, dass für fast alle $t\in[0,T]$

$$-e^{-\bar{\alpha}(t)t}g(a(t)v^*(t))+\tilde{\lambda}_1(t)a(t)v^*(t)$$
$$\geqq -e^{-\bar{\alpha}(t)t}g(a(t)s)+\tilde{\lambda}_1(t)a(t)s \quad \text{für alle } s\in[0,1] \qquad (2.22)$$

gilt. Definiert man für jedes $t\in[0,T]$ $F(t,.)$ durch

$F(t,s):=-e^{-\bar{\alpha}(t)t}g(a(t)s)+\tilde{\lambda}_1(t)a(t)s$, $s\in[0,1]$, wobei $\tilde{\lambda}_1(.)$ durch (2.21) gegeben ist, so gilt: Für fast alle $t\in[0,T]$ ist

$$v^*(t)=\underset{s\in[0,1]}{\arg\max}\ F(t,s).$$

Da $g(.)$ streng konkav ist, ist $F(t,.)$ für alle $t\in[0,T]$ streng konvex in s. $F(t,.)$ nimmt daher das Maximum nur an den Randpunkten des Intervalls $[0,1]$ an. Setzt man für alle $t\in[0,T]$

$\omega(t):=F(t,1)-F(t,0)$, so folgt , dass für fast alle $t\in[0,T]$

$$v^*(t)\begin{cases}\in\{0,1\}\ , & \text{falls } \omega(t)=0\\ =\frac{1}{2}\operatorname{sgn}(1+\omega(t)), & \text{falls } \omega(t)\neq 0\end{cases}$$

gilt. Wegen $u^*(t)=a(t)v^*(t)$ für alle $t\in[0,T]$ folgt dann die Behauptung.

Folgerung. Es gelten die Voraussetzungen V1 bis V5. Die optimalen Werbestrategien für das Modell (1.7),(1.1)-(1.5) mit inaktiver Budgetrestriktion sind, falls sie existieren, notwendigerweise Bang-Bang-Strategien. Falls eine optimale Werbepolitik existiert, so lässt sie sich folgendermassen charakterisieren: Für fast alle Zeitpunkte $t\in[0,T]$ wird entweder mit voller Intensität (d.h. $u^*(t)=a(t)$) oder überhaupt nicht (d.h. $u^*(t)=0$) geworben. Diese qualitative Aussage ist unabhängig von der jeweiligen Bewertung des Kundschaftsbestandes am Ende der Periode.

3. Optimale Werbepolitiken

Zur Bestimmung optimaler Werbepolitiken für das Werbemodell (1.7), (1.1)-(1.5) unter Berücksichtigung aktiver Budgetrestriktionen setzen wir zusätzlich zu den bisher gemachten Annahmen voraus, dass die Funktion $h:R\to R$, welche den Kundschaftsbestand am Ende der Periode bewertet, durch $x\to h(x):=\gamma x$ gegeben ist.
Ferner nehmen wir an, dass $r:R\times[0,T]\to R$ bzgl. des ersten Arguments konkav ist (vgl. [2]).

Satz 3.1. Sei $h:R\to R$ durch $x\to h(x):=\gamma x$ definiert und sei $r:R\times[0,T]\to R$ bzgl. des ersten Arguments konkav. Ferner sei $u^*(.)$ eine Werbepolitik mit $x^*(.):=x(.;u^*(.))$ als zugehörigem Verlauf des Kundschaftsbestandes, die folgenden Bedingungen genügt:

i) Es existiert ein $\nu\leq 0$, so dass
$$u^*(t)=\frac{1}{2}a(t)(1+\operatorname{sgn}(e^{-\bar{\alpha}(t)t}(\nu-1)(g(a(t))-g(0))+\tilde{\lambda}_1(t)a(t)))$$
mit $\tilde{\lambda}_1(t):=e^{\bar{\beta}(t)t}(e^{-\bar{\beta}(T)T}\gamma+\int_t^T e^{-(\bar{\alpha}(\tau)+\bar{\beta}(\tau))\tau}r_x(x^*(\tau),\tau)d\tau)$ gilt.

ii) $\int_0^T e^{-\bar{\alpha}(t)t}g(u^*(t))dt\leq b$.

Dann ist $u^*(.)$ optimale Werbepolitik des Modells (1.7),(1.1)-(1.5).

Beweis. $u^*(.)$ erfülle die Bedingungen i) und ii). Definiere $v^*(.)$ durch $v^*(t):=a(t)^{-1}u^*(t)$ für alle $t\in[0,T]$. Definiert man ferner $\lambda_2(.)$ durch $\lambda_2(t):=\nu$ für alle $t\in[0,T]$, so gilt mit den Bezeichnungen aus dem Beweis von Satz 2.1 (vgl. (2.18)):

$$\frac{d}{dt}\tilde{\lambda}_1(t)=-\tilde{H}_x(x^*(t),y^*(t),v^*(t),\tilde{\lambda}_1(t),\lambda_2(t),t) \quad \text{fast alle } t\in[0,T],$$

$$\frac{d}{dt}\lambda_2(t)=-\tilde{H}_y(x^*(t),y^*(t),v^*(t),\tilde{\lambda}_1(t),\lambda_2(t),t) \quad \text{fast alle } t\in[0,T],$$

$$\tilde{\lambda}_1(T)=\gamma,\ \lambda_2(T)\leqq 0.$$

Setzt man $F(t,\nu,s):=e^{-\bar{\alpha}(t)t}(\nu-1)(g(a(t)s))+\tilde{\lambda}_1(t)a(t)s$, so ist $F(t,\nu,.)$ für alle $(t,\nu)\in[0,T]\times(-\infty,0]$ streng konvex bzgl. s. Daher ergibt sich aus der Definition von $v^*(.)$, dass

$$v^*(t)=\arg\max_{s\in[0,1]} F(t,\nu,s)$$

gilt. $v^*(.)$ erfüllt also für alle $t\in[0,T]$ die Bedingung

$$\tilde{H}(x^*(t),y^*(t),v^*(t),\tilde{\lambda}_1(t),\lambda_2(t),t)$$
$$\geqq \tilde{H}(x^*(t),y^*(t),s,\tilde{\lambda}_1(t),\lambda_2(t),t) \text{ für alle } s\in[0,1].$$

Setzt man $\lambda_1(t):=\tilde{\lambda}_1(t)-\gamma$ für alle $t\in[0,T]$ und berücksichtigt wiederum die Bezeichnungen aus dem Beweis von Satz 2.1, so genügt $v^*(.)$ für alle $t\in[0,T]$ der Beziehung

$$H(x^*(t),y^*(t),v^*(t),\lambda_1(t),\lambda_2(t),t)$$
$$\geqq H(x^*(t),y^*(t),s,\lambda_1(t),\lambda_2(t),t) \quad \text{für alle } s\in[0,1]$$

mit

$$\frac{d}{dt}\lambda_1(t)=-H_x(x^*(t),y^*(t),v^*(t),\lambda_1(t),\lambda_2(t),t) \quad \text{fast alle } t\in[0,T],$$

$$\frac{d}{dt}\lambda_2(t)=-H_y(x^*(t),y^*(t),v^*(t),\lambda_1(t),\lambda_2(t),t) \quad \text{fast alle } t\in[0,T],$$

$$\lambda_1(T)=0,\ \lambda_2(T)\leqq 0.$$

Nach [4], Seite 341 (Theorem 5), ist $v^*(.)$ optimal bzgl. des Problems (2.8),(2.2)-(2.7). Hieraus folgt dann die Behauptung.

Mit Hilfe von Satz 3.1 lassen sich nun Voraussetzungen finden, unter denen es für die Firma optimal ist, solange mit voller Intensität zu werben (d.h. $u^*(.)=a(t)$), bis ihr Werbebudget aufgebraucht ist. Zunächst gelte

$$\int_0^T e^{-\bar{\alpha}(t)t}g(a(t))dt>b. \tag{3.1}$$

Andernfalls wäre die Budgetrestriktion (1.4) nicht wirksam. Daher existiert ein $t^*\in[0,T]$ mit

$\int_0^{t^*} e^{-\bar{\alpha}(t)t} g(a(t))dt = b - \int_{t^*}^{T} e^{-\bar{\alpha}(t)t} g(0)dt$. Definiere $u^*(.)$ durch

$$u^*(t) := \begin{cases} a(t) & \text{für alle } t \in [0,t^*] \\ 0 & \text{für alle } t \in (t^*,T] \end{cases} \tag{3.2}$$

Damit gilt für den Verlauf des zugehörigen Kundschaftsbestandes $x^*(.) := x(.;u^*(.))$

$$x^*(t) = \begin{cases} x(t;a(.)) & \text{für alle } t \in [0,t^*] \\ x(t^*;a(.))e^{-\bar{\beta}(t)t} e^{+\bar{\beta}(t^*)t^*} & \text{für alle } t \in (t^*,T]. \end{cases} \tag{3.3}$$

Setzt man noch für alle $t \in [0,T]$

$$\Lambda(t) := e^{(\bar{\alpha}(t)+\bar{\beta}(t))t} \left(e^{-\bar{\beta}(T)T} \gamma + \int_t^T e^{-(\bar{\alpha}(\tau)+\bar{\beta}(\tau))\tau} r_x(x^*(\tau),\tau)d\tau\right) a(t)$$

mit $x^*(.)$ aus (3.3), so erhält man folgendes Resultat:

Satz 3.2. Zusätzlich zu den Voraussetzungen von Satz 3.1 gelte die Beziehung (3.1). Ferner gelte $\frac{d}{dt}a(t) \geq 0$ für alle $t \in [0,T]$. Ist dann die Werbepolitik $u^*(.)$ durch (3.2) gegeben und ist $\Lambda(.)$ streng monoton fallend, so folgt:

$u^*(.)$ ist optimale Werbepolitik, falls $\Lambda(t^*) \geqq (g(a(t^*)) - g(0))$.

Beweis. Der Beweis folgt unmittelbar aus Satz 3.1, wenn man noch

$$\nu := +1 - \frac{\Lambda(t^*)}{g(a(t^*)) - g(0)}$$ setzt.

Die Frage, unter welchen Voraussetzungen $\Lambda(.)$ streng monoton fallend ist, wird durch folgendes Lemma beantwortet:

Lemma 3.3. Sei $a(t) = a$ für alle $t \in [0,T]$. Ferner sei $\beta(.) \not\equiv 0$ und $\tilde{\alpha}: [0,T] \to R$, $\tilde{\alpha}(t) := \int_0^t \alpha(s)ds$ für alle $t \in [0,T]$ differenzierbar. Ist dann

für $r_M := \sup_{v(.) \in V} \max_{t \in [0,T]} r_x(x(t;v(.)),t)$,

$r_m := \inf_{v(.) \in V} \min_{t \in [0,T]} r_x(x(t;v(.)),t)$ und

$\gamma := e^{-\bar{\alpha}(T)T} \kappa$ mit $\kappa \in [0,\infty)$

$r_M \neq 0$ und $D := 1 + \kappa(\alpha_m + \beta_m) r_M^{-1} - r_m(\alpha_m + \beta_m)(r_M(\alpha_M + \beta_M))^{-1} \geqq 0$, so gilt:

$\Lambda(.)$ ist streng monoton fallend, falls

$$0 < T < \frac{1}{\alpha_M + \beta_M} \log(D) \text{ ist.}$$

Beweis. Der Beweis erfolgt, indem man die erste Ableitung von $\Lambda(.)$ nach oben abschätzt.

Abschliessend sei vermerkt, dass sich die hier gewonnenen Resultate auch für lineare Kostenfunktionen $g:[0,T]\rightarrow R$ erzielen lassen. Man hätte lediglich vorauszusetzen, dass die jeweiligen Kontrollprobleme nicht singulär (vgl. Definition in [3]) sind.

Literatur:

[1] Bauer,H. und K.Neumann: Berechnung optimaler Steuerungen. Lecture Notes in Operations Research and Mathematical Systems, Vol. 17,Springer-Verlag 1969.

[2] Gould,J.P.:Diffusion Processes and Optimal Advertising Policy. In:E.S.Phelps et al.(ed.): Microeconomic Foundation of Employment and Inflation Theory. W.W.Norton and Co, 1970.

[3] Köhler,M.: Eine Verallgemeinerung des Werbemodells von Nerlove-Arrow. Operations Research Verfahren XXII, 1976.

[4] Lee,E.B. and L.Markus: Foundation of Optimal Control. John Wiley (New York) 1967.

[5] Nerlove,M. and K.J.Arrow: Optimal Advertising Policy Under Dynamic Conditions. Economica, Vol. 39, 1962.

Optimale Imagepositionierung unter Berücksichtigung von Kosten und Preisen*

H. Simon, Bonn

1. Das Entscheidungsproblem

Ein Unternehmen beabsichtige die Einführung eines neuen Produktes. Die Gegebenheiten des Marktes, auf dem die Einführung vorgesehen ist, sollen durch das folgende Modell adäquat beschrieben werden:

a. Gegeben ist ein m-dimensionaler semantischer Raum der Produkteigenschaften, dessen voneinander unabhängige Dimensionen alle kaufrelevanten Merkmale erfassen.
b. Jeder Konsument k, $k=1,\dots,n$ ordnet jeder auf dem Markt vorhandenen Produktmarke j, $j=1,\dots,s$ einen Vektor $r_{jk} = (c_{jk1},\dots,c_{jkm})$ von Merkmalsausprägungen zu. Dieser Vektor heißt Realproduktimage des Produktes j in der Sicht des Konsumenten k.
c. Jeder Konsument k, $k=1,\dots,n$ besitzt individuelle Vorstellungen darüber, welche Merkmalsausprägungen $c_k = (c_{k1},\dots,c_{km})$ ein für ihn "ideales" Produkt haben sollte. Der Vektor c_k heißt Idealproduktimage des Konsumenten k.

Grundlegende Bedeutung für die anstehende Entscheidung hat die Hypothese, daß die Wahrscheinlichkeit, daß der Konsument k das Produkt j kauft, eine Funktion der Distanz zwischen dem Idealproduktimage c_k und dem Realproduktimage r_{jk} ist.

Auf der Grundlage dieser noch näher zu spezifizierenden Verhaltenshypothese ist diejenige Imageposition $y = (y_1,\dots,y_m)$ zu bestimmen, die den Gewinn maximiert.

Bei der Behandlung dieser Aufgabe muß im allgemeinen davon ausgegangen werden, daß einerseits die Wahrnehmung von Produktimages nicht unabhängig von den Preisen der betreffenden Produkte

*basierend auf einer gemeinsam mit Dr. A. Bachem (Bonn) verfaßten Arbeit

erfolgt und daß andererseits mit der Realisierung unterschiedlicher Imagepositionen unterschiedlich hohe Kosten verbunden sind.

In den vorhandenen Positionierungsansätzen (Shocker-Srinivasan (1974), Brockhoff-Albers (1976)) werden diese Möglichkeiten nicht berücksichtigt. Als Folge kann sich die Optimierung in diesen Fällen nur auf Absatz- oder Umsatzziele beziehen.

2. Ein neuer Optimierungsansatz

Die Wahrscheinlichkeit, daß der Konsument k das neue Produkt bei einer Positionierung in y kauft (Verhaltenshypothese), sei:

$$(1) \qquad P_k(y) \begin{cases} = 1 & \text{falls } D_k(y) \leqq \alpha_{1k} \\ > 0 & \text{falls } \alpha_{1k} < D_k(y) < \alpha_{2k} \\ = 0 & \text{falls } \alpha_{2k} \leqq D_k(y) \end{cases}$$

Dabei sind α_{1k} und α_{2k} beliebige, aber fest vorgegebene Parameter, und $D_k(y)$ bezeichnet die Euklidische Distanz zwischen der Position y und dem Idealproduktimage c_k des Konsumenten k.

Für numerische Zwecke ersetzen wir $P_k(y) = 0$ durch $P_k(y) < \varepsilon$, falls $\alpha_{2k} \leqq D_k(y)$.

Im Bereich $\alpha_{1k} < D_k(y) < \alpha_{2k}$ soll $P_k(y)$ überproportional fallen, d.h. wir setzen für dieses Intervall

$$(2) \qquad P_k(y) := \delta_k \, (M_k - D_k(y))^{\nu_k}$$

wobei

$$\nu_k \geq \ln \varepsilon \, (\ln(M_k - \alpha_{2k}) - \ln(M_k - \alpha_{1k}))^{-1} \quad \text{und}$$

$$\delta_k = (M_k - \alpha_{1k})^{-\nu_k}$$

und M_k den maximalen Abstand bezeichnet, den eine Imageposition vom Idealproduktimage c_k haben kann.

Es werden drei als linear angenommene Kostenarten unterschieden:

a. stück- aber nicht positionierungsabhängige Kosten

(3) $K \cdot f(y)$

mit f(y) als Absatzmenge bei Positionierung in y.

b. stück- <u>und</u> positionierungsabhängige Kosten (z.B. Kosten der Verpackung)

(4) $a' \cdot y \cdot f(y)$

Die erste Komponente von y bezeichne den Preis, so daß der zugehörige Koeffizient $a_1 = -1$ ist.

c. positionierungs- <u>aber nicht</u> stückabhängige Kosten (z.B. Kosten der Werbung)

(5) $b' \cdot y$

Entsprechend zu (4) ist hier $b_1 = 0$ gesetzt.

Zu maximieren ist die Gewinnfunktion

(6) $$G(y) = -(a'y + K) \cdot f(y) - b'y$$

Hierzu formulieren wir das Optimierungsprogramm

(7) $$\min \quad (a'y + K) \sum_{i=1}^{n} x_i^{\nu_i} + b'y$$

$$D_k(y) - (M_k - \alpha_{1k}) \cdot (1 - x_k) - \alpha_{1k} \leqq 0 \qquad k=1,\dots,n$$

$$0 \leqq x \leqq 1$$

$$e \leqq y \leqq f$$

mit $x_k^{\nu_k} = P_k(y)$ und e und f als Grenzen der Produktbeurteilungsskalen.

Unter der Annahme, daß es überhaupt eine Imageposition mit positivem Gewinn gibt, maximiert (7) die Funktion (6) unter den Voraussetzungen (1) - (5).

Der Ansatz stellt ein nichtlineares (im allgemeinen auch nichtkonvexes) Programmierungsproblem dar. Grundsätzlich lassen sich zur Lösung dieses Problems sämtliche bekannten nichtlinearen Verfahren einsetzen. In der Anwendung erwies sich ein von Davidon (1975) vorgeschlagenes Verfahren als besonders geeignet. Mit Hilfe dieses Verfahrens gelingt selbst die Lösung von Problemen mit realistischer Größenordnung in sehr kurzer Zeit. Um diesen Algorithmus einsetzen zu können, ist es notwendig, das restringierte Problem (7) in ein unrestringiertes zu überführen.

3. Zusammenfassung

Als wichtigste Verbesserung gegenüber bestehenden Ansätzen muß gelten, daß die absatz- bzw. umsatzorientierte Zielsetzung durch eine gewinnorientierte Zielfunktion ersetzt werden konnte, so daß sowohl die Erlös- als auch die Kostenseite der Handlungsalternativen nunmehr adäquat in die Entscheidung einbezogen werden.

Die explizite Berücksichtigung des Preises bei den Positionierungsüberlegungen schließt eine Lücke, die aus der Sicht der Imageforschung als besonders gravierend empfunden werden mußte.

Als Vorteil erweist sich auch, daß das vorgeschlagene Optimierungsprogramm ohne Ganzzahligkeitsbedingungen auskommt. Die Möglichkeit der Umwandlung des restringierten in ein unrestringiertes Problem bietet schließlich den Ansatzpunkt für eine algorithmisch effiziente Behandlung.

Literatur

Brockhoff, K. - Albers, S., A Procedure for New Product Positioning in an Attribute Space, Working Paper 76-15, European Institute for Advanced Studies in Management, Brüssel 1976

Davidon, W.C., Optimally Conditioned Optimization Algorithms without Line Searches, Mathematical Programming 9(1975)1

Shocker, A.D. - Srinivasan, V., A Consumer Based Methodology for the Introduction of New Product Ideas, Management Science 20(1974), S. 921-937

Urban, G.L., PERCEPTOR: A Model for New Product Positioning, Management Science 21(1975), S. 858-871

A Practical Approach to Large Scale Distribution Problems

A. Soysal, Istanbul

This paper is related to a large scale distribution system which is prepared for the Turkish State Monopoly. The biggest state economic enterprise produces about 200 different products such as cigarettes and alcohol drinks in 25 factories. The monopoly also distributes and sells the products to 700 sales points all around Turkey. Up to now, according to the distribution system organization there was a direct link between factories and the sales points. The system had not a computer and the speed of information flow was not satisfactory.
After the system studies it was understood that the regional distribution system was the best solution and also it had to use a computer in the distributions system. A computerized macro model which was subjected to transport costs and long range demand forecasting, was used for evaluating the capacities and geographical places of the regional depots. After the evaluation of the model, Turkey was separated into seven geographical regions and the region centres which have distribution depots were selected.
In this paper, the philosophy of the new system, planning and system study, organization and requirements of the system and the main advantages of the new distribution system will be discussed.

Transport- und Verkehrsplanung

Spatial Interaction Network Flow Models

B. Dejon, Erlangen

I. Introduction

The gravity models (see e.g. Wilson (1)), the single perhaps most important class of spatial interaction models, will be looked at in this paper as convex network flow models. The arc characteristics of gravity type flow networks are such that the equilibrium potentials can be calculated by solving Kirchhoff's nodal equations of flow conservation. A standard iterative procedure for doing this - in Regional Science sometimes named after K.P. Furness (2) - will be shown to be a coordinate descent method for calculating the minimum of an appropriate convex function. In fact, it is what in network flow theory is called a dual method for calculating optimal flows. As such, it is easily recognized to be applicable to more general spatial interaction network flow models, as presented e.g. in Sections III and IV. In these more general cases one might speak of implicit Furness iteration as opposed to the explicit procedure in use for the classical gravity models (see Section III).
Among the two more general spatial interaction network flow models of Sections III and IV, let us point here to the more comprehensive one, which is a direct variable demand model of traffic generation, distribution and modal split. Last, not least, mention should be made that the unifying network theoretic treatment of the models discussed in this paper, and of others, allows for a systematic theoretical and empirical comparison of various spatial interaction models. In this paper, only the theoretical side of the comparisons is but touched upon. The empirical part will have to follow.

II. Gravity models

The directed graph underlying gravity models is very often of the type shown in Fig. 1. I denotes the set of production nodes, and J the set of attraction nodes, which both may be any number. In a typical application like e.g. a traffic distribution model, I represents the various traffic producing cells, each of them possibly subdivided by socio-economic categories, while J stands for the traffic attracting cells, in turn possibly subdivided by socio-economic categories.

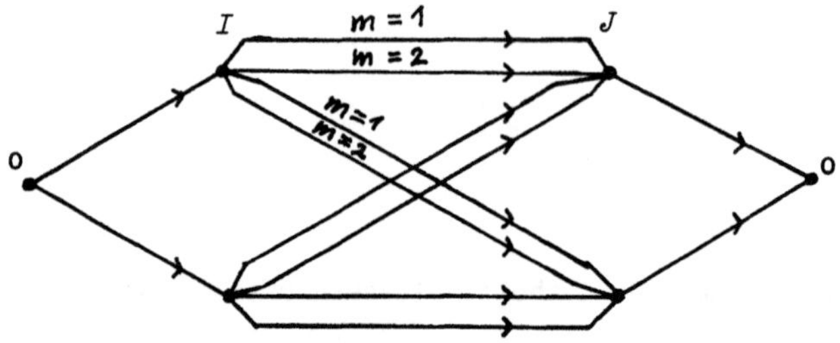

Fig. 1

The two or more arcs connecting a production node i to an attraction node j - in the sequel distinguished by an index m - stand for the various modes of transport - like public and private transport or other - that are to be considered in the traffic distribution process. If there is only one arc per ij-pair, the traffic distribution model is said to be without modal split, otherwise it is a joint traffic distribution and modal split model.
The two dots marked o in Fig. 1 represent the same node.
Arcs (oi), $i \in I$, will be called production arcs and correspondingly arcs (jo), $j \in J$, attraction arcs.
Gravity models are characterized by the following type of arc characteristics for ij-arcs:

(1) $f_{ijm} = e^{t_{ij}} a_{ijm}(x)$ with $a_{ijm}(x) > 0$.

Here f_{ijm} denotes the flow in arc (ij,m) and t_{ij} the tension from node i to node j. (Our network theoretic notions are essentially as used by Iri (3).) As for every tension t in a network there exists a node potential p such that the tension t_{ij} from any node i to any node j is equal to $p_i - p_j$, (1) can be written

(2) $f_{ijm} = e^{p_i - p_j} a_{ijm}(x)$.

$a_{ijm}(x)$ is a "factor of attraction" of cell j for cell i by mode m, the value of a_{ijm} being calculated as a function of a set x of explanatory variables that are not determined within the model under discussion, but exogenously.

In simple traffic distribution models, cf. chapt. 9 in Wilson's monograph (1), one might have

$$a_{ijm}(x) \equiv e^{-\beta^m c_{ij}^m},$$

or

$$a_{ijm}(x) \equiv e^{-\beta_i^m c_{ij}^m},$$

where the explanatory variable c_{ij}^m measures in some sense generalized cost of travel by traffic mode m from traffic cell i to traffic cell j. β^m or β_i^m are empirical parameters that have to be estimated (calibrated) on the basis of some empirically observed flow $\hat{f}$ in the network.

A singly constrained gravity model is one with production arcs that are current sources (cf. Iri (3)) of positive strengths usually denoted by O_i, while the attraction arcs are short-circuits (any flow through such an arc is feasible at zero tension from the starting to the ending node of the arc).

A doubly constrained gravity model has positive current sources in both production and attraction arcs, the strengths of the current sources in arcs (jo) usually being denoted by D_j.

In singly and in doubly constrained gravity models the equilibrium node potential p can be calculated from Kirchhoff's nodal conservation law for flows. With a directed graph of the type of Fig. 1, Kirchhoff's nodal law says at nodes $i \in \mathcal{I}$:

$$(3) \qquad O_i = \sum_{j,m} f_{ijm} = \sum_{j,m} e^{p_i - p_j} a_{ijm},$$

or

$$(4) \qquad e^{p_i} = O_i / \sum_{j,m} e^{-p_j} a_{ijm} .$$

In a singly constrained gravity model where the attraction arcs are short-circuits, p_o equals p_j for all $j \in \mathcal{J}$. As the potential of one of the nodes can be fixed arbitrarily, we set $p_o = 0$, and hence $p_j = 0$ for all $j \in \mathcal{J}$.

Equation (4) then reads

$$(5) \qquad e^{p_i} = O_i / \sum_{j,m} a_{ijm}.$$

Inserting this in equation (2) one obtains an explicit expression for the equilibrium flows in arcs (ij,m):

$$(6) \qquad f_{ijm} = \frac{a_{ijm}(x)}{\sum_{j,m} a_{ijm}(x)} O_i .$$

In a doubly constrained gravity model, Kirchhoff's nodal conservation law has to be applied at $j \in \mathcal{J}$, too:

$$(7) \qquad D_j = \sum_{i,m} f_{ijm} = \sum_{i,m} e^{p_i - p_j} a_{ijm},$$

or

$$(8) \qquad e^{-p_j} = D_j / \sum_{i,m} e^{p_i} a_{ijm}.$$

With $e^{p_i} =: A_i O_i$ and $e^{-p_j} =: B_j D_j$ one obtains

$$(2a) \qquad f_{ijm} = A_i B_j O_i D_j a_{ijm},$$

$$(4a) \qquad A_i = 1/\sum_{j,m} B_j D_j a_{ijm} \text{ for all } i \in \mathcal{I},$$

$$(8a) \qquad B_j = 1/\sum_{i,m} A_i O_i a_{ijm} \text{ for all } j \in \mathcal{J}.$$

The constants A_i and B_j are the so-called balancing factors of doubly constrained gravity models. According to a proposal by Furness (2), they are determined iteratively from equations (4a) and (8a) and then inserted in equations (2a).

Iterating through equations (4a) and (8a) is nothing else but running through all nodes $i \in \mathcal{I}$, $j \in \mathcal{J}$ in turn and adjusting the respective node potentials p_i or p_j such that - the potentials at the other nodes being kept fixed - Kirchhoff's nodal law of flow conservation is satisfied at the node under adjustment. (From network equilibrium theory it is easily deduced that the equilibrium node potentials p_i and p_j are only determined up to an additive constant, or equivalently, that the balancing factors A_i and B_j can be replaced by αA_i and $\frac{1}{\alpha} B_j$, α a constant. The latter is easily checked on equations (4a) and (8a).)

Adjusting the node potentials p_i and p_j as described above is equivalent to solving successively the following one-dimensional minimization problems:

$$(9) \qquad \min_{p_i \text{ resp. } p_j} \sum_j p_j D_j - \sum_i p_i O_i + \sum_{i,j,m} e^{p_i - p_j} a_{ijm}.$$

The one-dimensional minimum with respect to p_{i_o} e.g. is obtained when

$$(10) \qquad \frac{d}{dp_{i_o}} \left(-\sum_i p_i O_i + \sum_{i,j,m} e^{p_i - p_j} a_{ijm}\right) = -O_{i_o} + \sum_{j,m} e^{p_{i_o} - p_j} a_{i_o jm} = 0.$$

This, however, is equation (3) for $i = i_o$.
Therefore, the Furness iteration procedure is a coordinate descent method for calculating the unique minimum of the convex function of the variables p_i and p_j as shown in (9) (uniqueness of the minimum being assured only after fixing any one arbitrarily chosen p_{i_o} or p_{j_o} to zero). Convergence of the procedure follows from a general convergence theorem for descent methods by Zangwill (4). An ad hoc proof of convergence of the Furness iteration procedure has been given by Evans (5).

III. Modified gravity models

The models discussed in the preceding section are such that at any node $i \in I$ or $j \in J$ Kirchhoff's conservation equation for flows can be analytically solved for the potential of the respective node, providing us thus - in the doubly constrained case - with explicit iteration formulae for the equilibrium potentials p_i and p_j (or rather for e^{p_i} and e^{-p_j}). If one does not insist on such explicit formulae, a broader range of models gets available.
For a first example, let us modify the gravity model in its attraction arcs by replacing the short-circuits (singly constrained model) or current sources (doubly constrained model) by what might be called soft capacity restraints, i.e. functions $f_{jo} = f_{jo}(t_{jo}) = f_{jo}(p_j)$ of roughly the type indicated in Fig. 2.

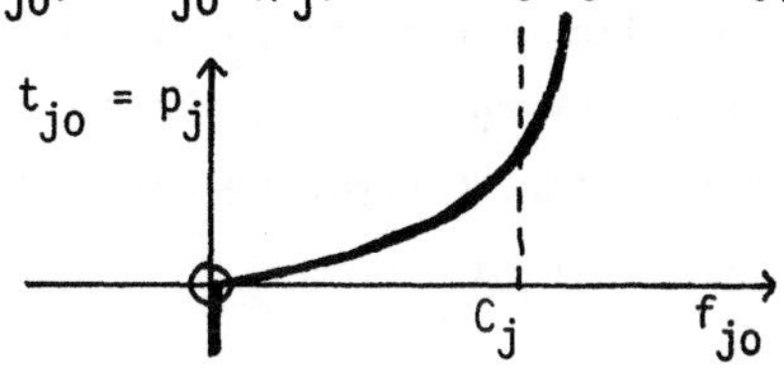

Fig. 2

The tension t_{jo} from node j to node o increases strictly with the flow f_{jo} through arc (jo), and takes a very steep slope in the neighbourhood of, and beyond some value C_j which may be related to the flow capacity of arc (jo).

In modelling e.g. utilization of services such arc characteristics could be adequate, the strict increase of tension t_{jo} with flow f_{jo} reflecting effects of congestion in service cell j. A doubly constrained gravity model is out of question for simulating utilization of services as one of the answers one wants to obtain from the model is precisely the flows f_{jo} in the attraction arcs, namely customer patronage at the different cells where services are offered. The models by Lakshmanan and Hansen (6) and by Huff (7), which essentially are singly constrained gravity models, introduce service center size W_j at cell j into the singly constrained model by assuming on ij-arcs (m = 1, no modal split) the following type of arc characteristics:

$$f_{ij} = e^{t_{ij}} W_j^{\alpha} c_{ij}^{-n},$$

$\alpha > 0$, $n > 0$ being empirical constants and c_{ij} a measure of generalized cost (as farther above). This means that service center sizes enter the model as factors of attraction. Possible congestive effects - just because of limited service center sizes - would, however, have to be taken care of via capacity restraints in the attraction arcs as presented above.

With soft capacity restraints on attraction arcs, Kirchhoff's nodal equations read as follows:

$$(11i) \qquad O_i = e^{p_i} \sum_{j,m} e^{-p_j} a_{ijm}, \qquad i \in I,$$

$$(12j) \qquad f_{jo}(p_j) = e^{-p_j} \sum_{i,m} e^{p_i} a_{ijm}, \qquad j \in J.$$

From these, the equilibrium potential p is computed iteratively by solving successively equations (11i) for e^{p_i} and equations (12j) for p_j. While (11i) can be solved explicitely for e^{p_i} - cf. (5) - , (12j) in general will have to be solved for p_j by some numerical procedure. Therefore, one might speak of an implicit Furness iteration as opposed to the explicit one for equations (4) and (8) or (4a) and (8a). Convergence is assured, as one is again dealing with a coordinate descent method for determining the minimum of a convex function:

Solving (11i) or (12j) means

$$(13) \qquad \min_{p_i \text{ resp. } p_j} \sum_j \int_o^{p_j} f_{jo}(\pi)d\pi - \sum_i p_i O_i + \sum_{i,j,m} e^{p_i - p_j} a_{ijm}.$$

Having computed the equilibrium potential p from equations (11i) and (12j), one inserts p into equations (2) to obtain the equilibrium flows in arcs (ij,m).

IV. Direct variable demand models for trip generation, distribution and modal split

We are now going to operate on a directed graph of the following type:

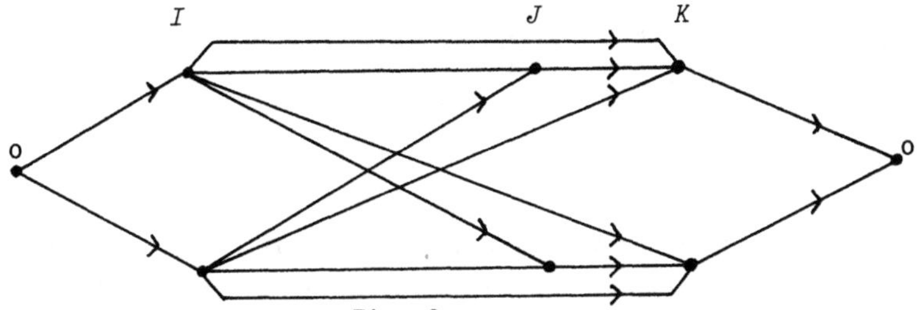

Fig. 3

I-nodes represent, as in the application example of Section II, traffic producing cells and J-nodes traffic attracting cells. K-nodes stand, in rather simple cases, for the same traffic attracting cells as do J-nodes. Arcs (ij), $i \in I$, $j \in J$, represent private transport and arcs (ik), $i \in I$, $k \in K$, public transport. Arcs (jk), $j \in J$, $k \in K$, j and k designating the same geographic attraction cell, represent the process of searching for a parking lot after arrival at cell j by private transport.
Arc characteristics $f_{ij} = f_{ij}(t_{ij})$, and $f_{ik} = f_{ik}(t_{ik})$ will be, say, of the gravity type, arc characteristics $f_{jk} = f_{jk}(t_{jk})$ and $f_{ko} = f_{ko}(t_{ko})$ of the soft capacity restraint type.
A variable demand model is achieved by replacing the current sources we had so far in the production arcs (oi) by arc characteristics $f_{oi}(t_{oi})$ that respond elastically to changes in t_{oi} (as opposed to the strictly inelastic behaviour of current sources). The function $f_{oi}(-t_{oi})$, i.e. $f_{oi}(t_{io})$, may then be interpreted as a travel demand function, t_{io} measuring in some sense

the inconvenience of travelling for trip makers of traffic cell i. According to trip purpose, $f_{oi}(t_{oi})$ may depend more or less elastically on t_{oi}. Fig. 4 shows two imaginable demand functions, one for work trips and the other for recreation trips. The assumed demand function for work trips (full line) comes very close to a current source of strength O_i, quite contrary to the assumed demand function for recreation trips (dotted line).

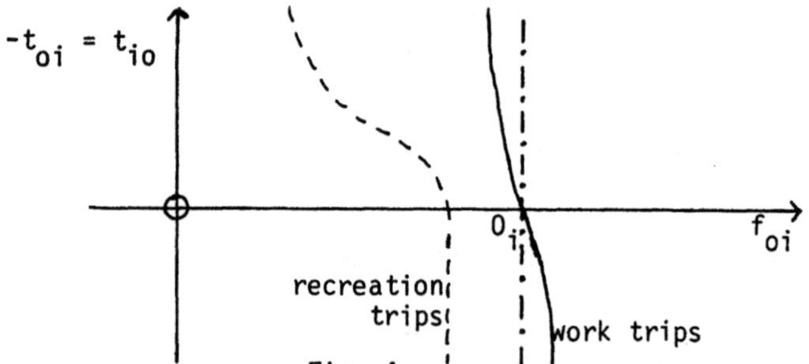

Fig. 4

Remember that the endogenous variables of our model are the flows in the different arcs, in particular in the production arcs, and the tensions from node to node. The above graphs of demand functions exhibit only the dependence of flow f_{oi} on the tension value t_{io}. Like in the case of the gravity type and of the soft capacity restraint type arc characteristics, however, demand functions $f_{oi}(t_{io})$ depend also on exogenously determined explanatory variables and empirical parameters that have to be calibrated.
The problem of calibrating model parameters will not be studied here, but referred to a later paper. Here we restrict ourselves essentially to the question of how to solve the equations of the model.
With the type of arc characteristics proposed above for our variable demand model, the equilibrium node potential p is again obtained from Kirchhoff's nodal equations by an implicit Furness iteration. The equations now read:

$$(14i) \quad f_{oi}(-p_i) = \sum_j f_{ij}(p_i - p_j) + \sum_k f_{ik}(p_i - p_k), \qquad i \in \mathcal{I},$$

$$(15j) \quad \sum_i f_{ij}(p_i - p_j) = f_{jk}(p_j - p_k), \qquad j \in \mathcal{J}, \quad k \sim j,$$

$$(16k) \quad \sum_i f_{ik}(p_i - p_k) + f_{jk}(p_j - p_k) = f_{ko}(p_k), \qquad k \in \mathcal{K}, \quad j \sim k.$$

This model is a d i r e c t demand model in the sense that traffic generation, distribution and modal split are effected simultaneously as opposed to the sequential procedures in classical four-step traffic models. The model may also claim the attribute of an equilibrium model, traffic demand and supply being equilibrated. Such models were proposed earlier by various authors: Kraft and Wohl (8), Quandt and Baumol (9), Manheim and Ruiter (10), to mention but a few. In these authors' models, however, the network structures that can be handled appear to be rather restricted as compared to the theoretically complete arbitrariness with which the topological structure of a network may be chosen when (implicit) Furness iteration is intended. (Arc characteristics must, however, not contain too many horizontal pieces, where the tension values remain constant while the flow values increase.) Beckmann's paper (11), too, deals with simpler network structures than the ones of this paper and, in addition, assumes constant arc characteristics on ij-arcs (i.e. constant unit transportation cost) which precludes gravity models. Variable demand equilibrium models have also been proposed and analyzed in the context of the traffic assignment problem; see Murchland (12), to mention but one author. There, however, the accent is on primal methods to calculate the equilibrium flows, while Furness iteration is a dual method.

V. Conclusion

The equations of a broad class of spatial interaction models, including gravity models and direct variable demand models for traffic generation, distribution and modal split, can be treated on a common flow network theoretic basis. Thus, scope is given for a systematic comparison of various spatial interaction models - admittedly not a novel task, this time, however, under hopefully novel side conditions. The theoretical part of that task has been barely touched upon in this paper, the empirical part being referred to later publication altogether.

Bibliography

(1) A.G. WILSON: Urban and Regional Models in Geography and Planning. J.Wiley & Sons 1974.

(2) K.P. FURNESS: Trip forecasting. Paper presented at a seminar on the use of computers in traffic planning, London 1962 (unpublished).

(3) M. IRI: Network Flow, Transportation and Scheduling. Academic Press 1969.

(4) W.J. ZANGWILL: Nonlinear Programming, A Unified Approach. Prentice-Hall, Inc. 1967.

(5) A.W. EVANS: Some properties of trip distribution methods. Transpn. Res. 4, 1970, 19-36.

(6) T.R. LAKSHMANAN, W.G. HANSEN: A retail market potential model. JAIP 31, 1965, 134-143.

(7) D.L. HUFF: Defining and estimating a trading area. Journal of Marketing 28, 1964, 37-38.

(8) G. KRAFT, M. WOHL: New directions for passenger demand analysis and forecasting. Transpn. Res. 1, 1967, 205-230.

(9) R.E. QUANDT, W.J. BAUMOL: The demand for abstract transport modes: theory and measurement. Journal of Regional Science 6, 1966, 13-26.

(10) M.L. MANHEIM, E.R. RUITER: DODOTRANS I: A decision-oriented computer language for analysis of multimode transportation systems. Highway Research Record 314, Highway Research Board, Washington, D.C., 1970.

(11) M.J. BECKMANN: Duality in transportation problems with flexible demand. in (13), pp. 15-21.

(12) J.D. MURCHLAND: Gleichgewichtsverteilung des Verkehrs im Straßennetz. in (13), pp. 145-183.

(13) R. HENN, H.P. KÜNZI, H. SCHUBERT (ed.): Methods of Operations Research VIII. Vlg. Anton Hain 1970.

Zeit- und Kostenoptimierung von Bottleneckwegen

W. Gaul und J. Hartung, Bonn

Zusammenfassung: Es wird die Einbeziehung mehrfacher Bewertungen bei Wegproblemen behandelt, wobei eine zeitabhängige Graphenstruktur berücksichtigt wird. Insbesondere sind neben zeitoptimalen Wegen mit zeitabhängigen Kantenbenutzungsdauern Wege von Interesse, deren maximale Kantenbenutzungsdauer Einschränkungen unterliegt.
Unter zusätzlichen zeitabhängigen Kostenüberlegungen werden Rechenverfahren angegeben, die (funktional-) effiziente Lösungen (im Sinne der Vektoroptimierung) unter Nebenbedingungen bestimmen können. Ein Beispiel ist zur Verdeutlichung beigefügt.

Einleitung

Eine Vielzahl von Problemformulierungen aus dem Operations Research Gebiet erlauben die Anwendung graphentheoretischer Überlegungen. Dabei vergrößert eine Berücksichtigung zeitabhängiger Änderungsmöglichkeiten bei der Modellwahl natürlich den Realitätsbezug. Als erste haben FORD/FULKERSON [4,1958] für Flußprobleme dynamische Aspekte durch Einbeziehung von Benutzungsdauern für die Verbindungen im Flußgraphen betrachtet. Wegprobleme mit vom Benutzungszeitpunkt abhängigen Benutzungsdauern haben zuerst COOKE/HALSEY [1,1966] mittels dynamischer Optimierung formuliert, weitere Ansätze DREYFUS [3,1969] mittels Modifikation des DIJKSTRA [2]-Verfahrens und KLAFSZKY [11,1972]. Die Berücksichtigung zusätzlicher zeitabhängiger Benutzungsverbote für Wegprobleme findet man bei GAUL [6,1975], HALPERN [8,1977] und HALPERN/PRIESS [9,1974].
In der vorliegenden Arbeit wird für zeitabhängige Wegformulierungen eine Berücksichtigung mehrerer Zielkriterien angestrebt. Dabei ist auf eine Ausnutzung des Konzepts der Ersatzprogramme (siehe z.B. HARTUNG [10,1974],KOSMOL [12,1973]) verzichtet worden, (obwohl Algorithmus II eine solche Formulierung zuließe), weil die für eine dann erforderliche Transformation der verschiedenen Bewertungskriterien (z. B. Kosten des Weges, Zeitdauer des Weges) auf ein gemeinsames Bewertungskriterium benötigte Information (Vorbewertungen) stark problemabhängig und häufig a priori nicht erhältlich ist. Unter Berücksichtigung einer sinnvollen Vorgabe von Schranken für die Einzelbewertungen wird deshalb die Angabe aller ((funktional-)effizienter) Lösungen in dem durch die Schranken definierten Kegel ermöglicht, wobei der Entscheidungsträger aus

dieser Lösungsmenge dann diejenige auswählen kann, die seiner (aufgrund der Kenntnis der Lösungsmenge a posteriori möglicherweise besser erhältlichen) Präferenzstruktur entspricht. Ein Beispiel ist zur Verdeutlichung beigefügt.

Problemformulierung

Sei $G(P,K,l,c)$ ein schlichter, zusammenhängender, gerichteter, endlicher Graph mit der Punktmenge P und der Kantenmenge K. Für $\mathcal{T} = \{0,1,..,T\}$ (T Beobachtungsgrenze) seien $l: K \times \mathcal{T} \to R_+$ bzw. $c: K \times \mathcal{T} \to R_+$ Bewertungen, deren (positive, ganzzahlige) Werte $l_{ij}(t)$ bzw. $c_{ij}(t)$ die Benutzungsdauer bzw. die Benutzungskosten für die Kante $(i,j) \varepsilon K$ in Abhängigkeit vom Benutzungsbeginn $t \varepsilon \mathcal{T}$ im Punkt $i \varepsilon P$ bestimmen (Ist eine Benutzung zum Zeitpunkt t nicht möglich, gelte $l_{ij}(t)=c_{ij}(t)=\infty$). Für $a,b \varepsilon P$, $\tau \varepsilon \mathcal{T}$, kann ein Weg von a nach b, der zur Zeit $\tau \varepsilon \mathcal{T}$ in a beginnt, eindeutig beschrieben werden durch

$$w(a,b,\tau)=(P_{w(a,b,\tau)}, A_{w(a,b,\tau)}, D_{w(a,b,\tau)})$$

wobei

$$P_{w(a,b,\tau)} = (a=p_0, p_1, .., p_m=b), \; p_i \varepsilon P, \; i \varepsilon I_{w(a,b,\tau)}=\{0,1,..,m\}$$

die Folge der dabei (in dieser Anordnung) durchlaufenen Punkte,

$$A_{w(a,b,\tau)} = (A^\tau(p_0), ..., A^\tau(p_m))$$

$$D_{w(a,b,\tau)} = (D^\tau(p_0), .., D^\tau(p_{m-1})), \; D^\tau(p_i) \varepsilon \mathcal{T},$$

die dabei realisierten Ankunfts- bzw. Startzeiten für die Punktfolge $P_{w(a,b,\tau)}$ angibt, für die natürlich

(1) $D^\tau(p_i) \geqslant A^\tau(p_i)$ $\qquad i \varepsilon I_{w(a,b,\tau)} \setminus \{m\}$

(2) $A^\tau(p_0) = \tau$

(3) $A^\tau(p_m) \leqslant T$

(4) $A^\tau(p_i) = D^\tau(p_{i-1}) + l_{p_{i-1}p_i}(D^\tau(p_{i-1}))$ $\qquad i \varepsilon I_{w(a,b,\tau)} - \{0\}$

gelten muß. Die Differenz $D^\tau(p_i) - A^\tau(p_i)$ beschreibt die Wartezeit in p_i. Falls im Punkt $p \varepsilon P$ Warteverbote bestehen während der Zeitintervalle

$$V_p = \bigcup_{k=1}^{n(p)} [t^p_{1k}, t^p_{2k}], \quad t^p_{1k} \leqslant t^p_{2k} \; (< t^p_{1(k+1)} \quad \text{falls } n(p)>1)$$

so hat man, falls für einen Weg $w(a,b,\tau)$ die Beziehung $p_i = p$ erfüllt ist, zusätzlich zu beachten

(5) $D^\tau(p) = A^\tau(p)$ $\qquad$ falls $\quad A^\tau(p) \varepsilon V_p$

(6) $D^\tau(p) \leqslant t^p_{1(k+1)}$ $\qquad$ falls $\quad t^p_{2k} < A^\tau(p) < t^p_{1(k+1)}$

Es interessieren nun Wege, für die die Bewertungen

$$(7)\quad l^1(w(a,b,\tau)) = \max_{i\varepsilon I_{w(a,b,\tau)} \setminus \{m\}} \{ l_{p_i p_{i+1}} (D^\tau(p_i)) \}$$

$$(8)\quad l^2(w(a,b,\tau)) = \sum_{i\varepsilon I_{w(a,b,\tau)} \setminus \{m\}} l_{p_i p_{i+1}} (D^\tau(p_i)) + D^\tau(p_i) - A^\tau(p_i)$$

$$(9)\quad c(w(a,b,\tau)) = \sum_{i\varepsilon I_{w(a,b,\tau)} \setminus \{m\}} c_{p_i p_{i+1}} (D^\tau(p_i)) + \tilde{c}_i(A^\tau(p_i), D^\tau(p_i) - A^\tau(p_i))$$

minimal werden, bzw. gewissen Schranken $L^1, L^2-\tau, C$ genügen, sogenannte L^1-, L^2- bzw. C-Wege. Bei der hier benutzten Problemformulierung gilt sinnvollerweise $L^1 \leqslant L^2 \leqslant T$, aus (4) und (8) folgt außerdem für L^2-Wege

$$(10)\quad l^2(w(a,b,\tau)) = A^\tau(b) - \tau \leqslant L^2 - \tau$$

Mit $\tilde{c}_i(.,.)$ kann man Wartezeitkosten in p_i berücksichtigen.

l^1-minimale Wege seien als Bottleneckwege bezeichnet (weil "große" Kantenbenutzungsdauern Transporthindernisse darstellen können, siehe auch [5]), sie sind von Interesse, wenn die Benutzungsdauer von Verbindungen zwischen zwei Punkten einschränkenden Bedingungen genügen muß. Daneben ist natürlich eine Optimierung der Bewertungen l^2 und c wünschenswert. Dabei wird man sich manchmal mit

I) l^1-optimalen L^2-C-Wegen

II) l^2-optimalen L^1-C-Wegen

III) c-optimalen L^1-L^2-Wegen

begnügen (Man beachte: Die Lösungen von I,II,III brauchen nicht effizient zu sein.).

Im folgenden wird es von Vorteil sein, mehrere Wege zu einem Weg zu verbinden. Aus $w(i,\rho,\nu)$, $w(x,j,\mu)$ erhalte man

$$(11)\quad w(i,j,\nu) = w(i,\rho,\nu) \cup w(x,j,\mu) \qquad \text{falls } \rho=x \text{ und } A^\nu(\rho)=\mu$$

Weiter bezeichne $w(a,b,\tau)^i$ [bzw. $w(a,b,\tau)_i$] für $i\varepsilon I_{w(a,b,\tau)}$ den Teilweg von $w(a,b,\tau)$, der von $a=p_o$ (zum Zeitpunkt τ) bis nach p_i (zum Zeitpunkt $A^\tau(p_i)$) [bzw. von p_i (zum Zeitpunkt $A^\tau(p_i)$) bis nach b (zum Zeitpunkt $A^\tau(b)$)] führt.

Rechenverfahren

Bezeichne $W(a,b,\tau)$ die Menge der Wege $w(a,b,\tau)$ in $G(P,K,l,c)$, hinzugefügte nach unten gestellte Schranken -Indices die Teilmengen vom entsprechenden Beschränkungstyp, speziell sei $W_{L^2}(a,b,\tau)$ die Menge der L^2-Wege in $G(P,K,l,c)$. Zuerst soll die Frage nach der Existenz solcher Wege untersucht werden.

Wegen der durch die Berücksichtigung dynamischer Aspekte bedingten aufwendigeren Anschrift für Wege ist es sinnvoll, das folgende Problem zu betrachten

$$(12)\quad \max_{\mathcal{L}^\tau} B^\tau(b)$$

mit

$\mathcal{L}^\tau := \{B^\tau(i),\ i\varepsilon P \mid B^\tau(a)=\tau,\ B^\tau(j) \leq \min_{(i,j)\varepsilon K} \min_{t\varepsilon T_i^\tau} \{l_{ij}(t)+t\},\ j\varepsilon P-\{a\}\}$

wobei

$T_i^\tau := \{t\varepsilon \mathcal{T} \mid \exists\ w(a,i,\tau)$ mit $\tau+l^2(w(a,i,\tau))=d\leq t$ und $[d,t)\cap V_i=\emptyset\}$ die Menge der Zeitpunkte angibt, in denen eine Ankunft(bzw. ein Aufenthalt)im Punkt i nach einem Start von Punkt a zum Zeitpunkt τ möglich ist. Es gilt

Lemma 1:

(i) $\mathcal{L}^\tau \neq \emptyset$

(ii) $\min_{W_{L^2}(a,b,\tau)} A^\tau(b) \geq \max_{\mathcal{L}^\tau} B^\tau(b)$

(iii) $B^\tau_{max}(b) > L^2 \Longrightarrow W_{L^2}(a,b,\tau) = \emptyset$

(iv) $B^\tau_{max}(b) \leq L^2 \Longrightarrow \exists\ w_o(a,b,\tau)\varepsilon W_{L^2}(a,b,\tau)$ mit $A^\tau_o(b) = B^\tau_{max}(b)$

Beweis:

(i) Wegen $l_{ij}(t)\varepsilon R_+$ kann man $B^\tau(i)=\tau$ für alle $i\varepsilon P$ wählen.

(ii) $W_{L^2}(a,b,\tau)=\emptyset$ ergibt $\min_{W_{L^2}(a,b,\tau)} A^\tau(b)=\infty \geq \max_{\mathcal{L}^\tau} B^\tau(b)$,

andernfalls gilt für $w(a,b,\tau)\varepsilon W_{L^2}(a,b,\tau)$ und $B^\tau \varepsilon \mathcal{L}^\tau$ (wegen (4) und (12))

$A^\tau(b)=A^\tau(p_m)=l_{p_{m-1}p_m}(D^\tau(p_{m-1}))+D^\tau(p_{m-1}) \geq$

$\geq \min_{t\varepsilon T^\tau_{p_{m-1}}} \{l_{p_{m-1}p_m}(t)+t\} \geq \min_{(i,p_m)\varepsilon K} \min_{t\varepsilon T_i^\tau} \{l_{ip_m}(t)+t\} \geq B^\tau(p_m)=B^\tau(b)$

(iii) $B^\tau_{max}(b)>L^2$ und $W_{L^2}(a,b,\tau)\neq\emptyset$ ergibt wegen (ii) die Beziehung $A^\tau(b)>L^2$ im Widerspruch zu (10).

(iv) Sei $P_p=\{i\varepsilon P \mid (i,p)\varepsilon K\}$ für $p\varepsilon P$. Wegen $B^\tau_{max}\varepsilon \mathcal{L}^\tau$ hat man

$B^\tau_{max}(b) \leq \min_{(i,b)\varepsilon K} \min_{t\varepsilon T_i^\tau} \{l_{ib}(t)+t\}$. Es muß gelten: Es gibt $i_o\varepsilon P_b$ und

$t_o\varepsilon T^\tau_{i_o}$ mit $B^\tau_{max}(b)=l_{i_ob}(t_o)+t_o(\leq L^2)$. Anderfalls wäre

$B^\tau_{max}(b)>L^2$ wählbar. Dann gibt es aber $w(a,i_o,\tau)$ mit

$l^2(w(a,i_o,\tau))+\tau=d\leq t_o$ und deshalb

$w_o(a,b,\tau)=w(a,i_o,\tau)\cup((i_o,b),(d,B^\tau_{max}(b)),(t_o))$

Man braucht also einen Algorithmus zur Lösung des Problems (12). Wegen Lemma 1 wird dadurch nicht nur die Frage nach der Existenz eines L^2-Weges beantwortet, sondern darüberhinaus, falls $W_{L^2}(a,b,\tau)\neq\emptyset$ gilt, ein zeitoptimaler L^2-Weg gefunden. Ein solches Verfahren ist (für den Spezialfall $\tau=0$, der eine Verallgemeinerung auf die hier betrachtete Situation zuläßt) in [6] und [7] beschrieben. Brauchen keine Warteverbote berücksichtigt zu werden ($V_i=\emptyset$ für $i\in P$), so können nach $|P|-1$ Schritten als Lösungen sogar zykelfreie Lösungen gefunden werden. (Siehe aber auch [1], [3], [8], [9], [11]). Die Kenntnis eines solchen Verfahrens, kurz Basisverfahren genannt, wird für die folgenden Überlegungen vorausgesetzt. Erfüllt ein so gefundener Weg die Schranken L^1 und C, hat man schon eine Lösung von Problem II.

Sei nun $G_{L^1}(P,K,l,c)$ der Graph, der aus $G(P,K,l,c)$ durch Streichen der Verbindungen $l_{ij}(t)>L^1$ $((i,j)\in K, t\in\mathcal{T})$ entsteht. Die Überprüfung von $W_{L^1}(a,b,\tau)\neq\emptyset$ (man setzt $L^2=T$) ermöglicht der

<u>Algorithmus I:</u>

<u>Schritt 0:</u> Setze $L(o)=o$, $N=\emptyset$.

Suche $w_o=w_{opt}(a,b,\tau)$ im $G_{L^1-L(o)}(P,K,l,c)$ mittels Basis-Alg.

$B^\tau_{max}(b)>T \longrightarrow W_{L^1}(a,b,\tau)=\emptyset \longrightarrow$ STOP

$N=\{(w_o, l^1(w_o))\}$

$L(1)=L^1-(l^1(w_o)-1)$, $h=1$

<u>Schritt h:</u>

Suche $w_h=w_{opt}(a,b,\tau)$ in $G_{L^1-L(h)}(P,K,l,c)$ mittels Basis-Alg.

$B^\tau_{max}(b)>T \longrightarrow$ STOP (N enthält Lösung)

$N=\{w_h, l^1(w_h))\}$

$L(h+1)=L^1-(l^1(w_h)-1)$, $h=h+1$, gehe zu Schritt h.

Endet Alg. I nicht schon im 0-ten Schritt, gilt $W_{L^1}(a,b,\tau)\neq\emptyset$ und man kann einen l^1-optimalen (Bottleneck-) Weg finden.

Erfüllt ein so gefundener Weg die Schranken L^2, C, hat man schon eine Lösung von Problem I.

Zur Einbeziehung von Kostengesichtspunkten benutzen wir zur besseren Unterscheidung für Wege w(h) (h Iterationsindex) die Bezeichnungsweise

$w(h)=(P_{w(h)}, A_{w(h)}, D_{w(h)})$ mit $P_{w(h)}=(p_o,p_1,\dots,p_{m(h)})$, $I_{w(h)}=\{0,1,\dots,m(h)\}$

$A_{w(h)}=(A_h(p_i), i\in I_{w(h)})$, $D_{w(h)}=(D_h(p_i), i\in I_{w(h)}\setminus\{m(h)\})$.

Sei mit $G[i,j,t]$ derjenige Graph bezeichnet, der aus einem Graphen $G(P,K,l,c)$

durch Streichen der Verbindung $l_{ij}(t)$ $((i,j)\varepsilon K, t\varepsilon \mathcal{T})$ entsteht. Die Angabe von kostenoptimalen Lösungen (man setze $L^2=T$) ermöglicht der

Algorithmus II:

Schritt O: Setze $U=\emptyset$, $M=\emptyset$.

Suche $\hat{w}_o=w_{opt}(a,b,\tau)$ im $G(P,K,l,c)$ mittels Basis-Alg.

$B^{\tau}_{max}(b)>T \longrightarrow W_C(a,b,\tau)=\emptyset \longrightarrow$ STOP

$c(\hat{w}_o)>C \longrightarrow$ gehe zu O.1

$U=\{\hat{w}_o\}$

O.1: $w(1)=\hat{w}_o$, $v(1)=w(1)^o$, $G(1)=G(P,K,l,c)$, $h=1$

Schritt h: Setze $i=0$.

h.1.:

Suche $w_{hi}=w_{opt}(p_i,b,\rho)$, $\rho=A_h(p_i)$, im $G(h)\left[p_i,p_{i+1},D_h(p_i)\right]$, $p_i,p_{i+1}\varepsilon P_{w(h)}$, mittels Basis-Alg.

$B^{\rho}_{max}(b)>T \longrightarrow$ gehe zu h.2

$w(a,b,\tau)=v(h)\cup w(h)^i\cup w_{hi}$

$M=M\cup\{w(a,b,\tau)\}$

h.2: $i+1\varepsilon I_{w(h)}\setminus\{m(h)\} \longrightarrow i=i+1$, gehe zu h.1

Prüfe M, $M=\emptyset \longrightarrow$ STOP (U enthält Lösungsantwort)

Bestimme $\hat{w}_h=v(j(h))\cup w(j(h))^{i(h)}\cup w_{j(h)i(h)}$, $i(h)\varepsilon I_{w(j(h))}\setminus\{m(j(h))\}$, $j(h)\leq h$,

mittels $l^2(\hat{w}_h)=\min\limits_{w\varepsilon M} l^2(w)$

$c(\hat{w}_h)>C \longrightarrow$ gehe zu h.3

$U=\emptyset \longrightarrow U=\{\hat{w}_h\}$, gehe zu h.3

$U\neq\emptyset, c(\hat{w}_h)<c(w), w\varepsilon U \longrightarrow U=\{\hat{w}_h\}$

h.3: $M=M\setminus\{\hat{w}_h\}$

$G(h+1)=G(j(h))\left[p_{i(h)},\ p_{i(h)+1}, D_{j(h)}(p_{i(h)})\right]$

$w(h+1)=w_{j(h)i(h)}$, $v(h+1)=v(j(h))\cup w(j(h))^{i(h)}$

$h=h+1$, gehe zu Schritt h

Für Algorithmus II in der hier angegebenen Form ist $\breve{c}_i(A^{\tau}(p_i), D^{\tau}(p_i)-A^{\tau}(p_i))\equiv 0$ (siehe (9)) vorausgesetzt worden, um eine aufwendige Zyklenüberprüfung bei Vorliegen von Wartezeiten zu vermeiden (Es bleiben dann dadurch höchstens Lösungen unberücksichtigt, für die man schon "nicht schlechtere" kennt.).Endet Algorithmus II nicht schon im O-ten Schritt, kann man, falls $U \neq \emptyset$ gilt, einen c-optimalen Weg finden. Erfüllt ein so gefundener Weg die Schranken L^1, L^2 (Dies läßt sich immer erreichen, wenn man T durch L^2 und G(P,K,1,c) im O-ten Schritt durch $G_{L^1}(P,K,1,c)$ ersetzt.), hat man eine Lösung von Problem III. Algorithmus II modifiziert Überlegungen zur Berechnung k-kürzester Wege (siehe z.B. LAWLER [13,1976]) unter Berücksichtigung dynamischer Gesichtspunkte. Man überlege:

Sei M(h) die im h-ten Schritt berechnete Menge M, bevor Operation h.3 durchgeführt wird, sei $W(v(\rho),w(\rho)^i,G(\rho)[p_i,p_{i+1},D_\rho(p_i)])$ die Menge der Wege der Gestalt $w(a,b,\tau)$ in $G(\rho)[p_i,p_{i+1},D_\rho(p_i)]$, $p_i,p_{i+1} \in P_{w(\rho)}$, die mit $v(\rho) \cup w(\rho)^i$, $i \in I_{w(\rho)} \setminus \{m(\rho)\}$, beginnen. Für $W_h(\rho,i)$, $\rho \leq h$ ($h \geq 1$ Iterationsindex), $i \in I_{w(\rho)} \setminus \{m(\rho)\}$, mit $W_1(1,i)=W(v(1),\ w(1)^i,G(1)[p_i,p_{i+1},D_1(p_i)])$ und

$$(13)\quad W_{h+1}(\rho,i) = \begin{cases} W_h(\rho,i) & \rho \leq h, \rho \neq j(h), i \neq i(h) \\ \emptyset & \rho = j(h), i = i(h) \\ W(v(h+1),w(h+1)^i,G(h+1)\left[p_i p_{i+1},D_{h+1}(p_i)\right]), & \begin{matrix}\rho = h+1 \\ i \in I_{w(h+1)} \setminus \{m(h+1)\}\end{matrix} \end{cases}$$

und

$$(14)\quad M_h = \bigcup_{\rho \leq h} \ \bigcup_{i \in I_{w(\rho)} \setminus \{m(\rho)\}} W_h(\rho,i)$$

gilt

<u>Lemma 2:</u>

(i) $\quad W_h(\rho_1,i_1) \cap W_h(\rho_2,i_2) = \emptyset \quad$ für $(\rho_1,i_1) \neq (\rho_2,i_2)$

(ii) $\quad M(h) \subset M_h$

(iii) $\quad M_h \cap \bigcup_{\nu=0}^{h-1} \{\hat{w}_\nu\} = \emptyset$

<u>Beweis:</u>

(i) Man sieht unmittelbar

$$(15)\quad W_h(\rho,i_1) \cap W_h(\rho,i_2) = \emptyset \quad \text{für } i_1 \neq i_2$$

Für h=1 liefert (15) schon (i). Unter Annahme der Gültigkeit für h braucht man für h+1 wegen (13) und (15) nur z.B. $W_{h+1}(h+1,i)$ und $W_{h+1}(\rho,j)$ für $\rho \leq h$, $\rho \neq j(h)$, $j \neq i(h)$ zu überprüfen. In diesem Fall gilt aber $W_{h+1}(\rho,j) = W_h(\rho,j)$ und $W_{h+1}(h+1,i) \subset$ $\subset W_h(j(h),i(h))$.

(ii) Für h=1 gilt $M(1)=\bigcup_{i\in I_{w(1)}\setminus\{m(1)\}}\{v(1)\cup w(1)^{i}\cup w_{1i}\}\subset\bigcup_{i\in I_{w(1)}\setminus\{m(1)\}} W_1(1,i) = M_1$.

Aus der angenommenen Gültigkeit von (ii) für h folgt $M(h)\setminus\{\hat{w}_h\}\subset M_h\setminus\{W_h(j(h),i(h))\}$, denn wegen (i) gilt

$$w\in M(h)\setminus\{\hat{w}_h\}\Longrightarrow w\notin W_h(j(h),i(h))$$

Dann folgt für h+1 aber $M(h+1)=M(h)\setminus\{\hat{w}_h\}\cup\bigcup_{i\in I_{w(h+1)}\setminus\{m(h+1)\}}\{v(h+1)\cup w(h+1)^{i}\cup w_{h+1i}\}\subset$

$$\subset M_h\setminus\{W_h(j(h),i(h))\}\cup\bigcup_{i\in I_{w(h+1)}\setminus\{m(h+1)\}}\{W_{h+1}(h+1,i)\} = M_{h+1}.$$

(iii) Man hat $M_1\cap\{\hat{w}_o\}=\emptyset$. Bei angenommener Gültigkeit von (iii) für h erhält man für h+1 mit der entsprechenden Aufspaltung wie unter (ii)

$$(M_h\setminus\{W_h(j(h),i(h)\}\cup\bigcup_{i\in I_{w(h+1)}\setminus\{m(h+1)\}}\{W_{h+1}(h+1,i))\cap(\bigcup_{\mu=o}^{h-1}\{\hat{w}_\mu\}\dot{\cup}\{\hat{w}_h\}) = \emptyset$$

wenn man die entsprechenden Überlegungen für die einzelnen Durchschnittsterme beachtet.

Da wegen der eingangs angeschriebenen Voraussetzungen über die Struktur der betrachteten Graphen nur endlich viele Wege zur Verfügung stehen, ist Algorithmus II wegen Lemma 2 endlich. Dabei ist eine Reduktion der Schranken L^1,L^2 bzw. ein Abbruch des Verfahrens nach Kenntnis einer suboptimalen Lösung, die einer geeigneten Kostenschranke genügt, empfehlenswert. Bei der Anschrift von Algorithmus II ist auf die Einbeziehung eines Hilfsverfahrens zur Markierung effizienter Punkte verzichtet werden, weil der Algorithmus in der vorliegenden Form prinzipiell auch auf ein Ersatzprogramm anwendbar wäre (bei Kenntnis der transformierten Kostenvorbewertung). Entsprechende (Effizienz-) Markierungen können jedoch leicht berücksichtigt werden (z.B. durch komponentenweisen Vergleich). Zur Verdeutlichung dient das folgende

<u>Beispiel:</u>

Für ein Beispiel einfachster Form bestehe der Graph G(P,K,l,c) aus den Punkten $P=\{a,p,q,b\}$ und den Kanten $K=\{(a,p),(a,q),(p,a),(p,q),(p,b),(q,p),(q,b)\}$. Sei T = 10. Die zeitabhängige Entfernungs- und Kostenstruktur sei gegeben durch die folgende Tabelle, wobei der erste Wert die Benutzungsdauer $l_{ij}(t)$, der zweite die Kosten $c_{ij}(t)$ für die entsprechende Kante $(i,j)\in K$ bei Benutzung zum Zeitpunkt t beschreibt (Für fehlende Wertepaare existieren keine Verbin-

Kanten		(a,p)	(a,q)	(p,a)	(p,a)	(p,b)	(q,p)	(q,b)
Zeit t	0	3,2				$\underline{4,2}$	3,3	3,5
	1	1,4	3,2	2,3		$\underline{4,1}$	$\underline{4,3}$	$\underline{4,5}$
	2	1,3	$\underline{5,1}$	1,4			2,4	3,5
	3			3,1	$\underline{4,6}$		3,1	3,5
	4		2,3				2,3	
	5	3,3			$\underline{4,6}$		$\underline{4,2}$	
	6		3,2		2,8		1,4	
	7		3,2		3,7	1,5		2,7
	8	2,4						1,8
	9					1,5		
	10							

dungen.). Als Verbotsintervalle für Wartezeiten in den Punkten seien ($V_a=[1,2]$, $V_p=[3,6]\cup[8,9]$, $V_q=[5,9]$, $V_b=\emptyset$ festgelegt.

Bei Vorgabe genügend großer Schranken $L^1\geqslant 4$, $L^2=T$, $C\geqslant 21$ findet der Algorithmus II die Lösungen (geordnet nach den Ankunftszeiten, die aus dem letzten Wert des zweiten Tupels abzulesen sind)

$w_1=((a,p,a,q,p,b),(0,2,3,6,7,8),(1,2,4,6,7))$, $l^1(w_1)=2$, $l^2(w_1)=8$, $c(w_1)=20$

$w_2=((a,p,q,b),(0,3,7,9),(0,3,7))$

$l^1(w_2)=4$, $l^2(w_2)=9$, $c(w_2)=15$

$w_3=((a,p,q,b),(0,2,7,9),(1,3,7))$

$l^1(w_3)=4$, $l^2(w_3)=9$, $c(w_3)=17$

$w_4=((a,q,p,q,b),(0,4,6,8,9),(1,4,6,8))$

$l^1(w_4)=3$, $l^2(w_4)=9$, $c(w_4)=21$

$w_5=((a,q,p,b),(0,4,9,10),(1,5,9))$

$l^1(w_5)=4$, $l^2(w_5)=10$, $c(w_5)=9$

Aufgrund der Algorithmusstruktur wirkt sich vor allem eine Reduktion der Schranken L^1,L^2 rechenaufwandverringernd aus.

Wählt man $L^1=3$ (und $L^2=T$, $C\geqslant 21$), findet der Algorithmus (die in der Graphenstrukturtabelle unterstrichenen Werte fallen dann heraus) in 2 Schritten die Wege w_1 und w_4. w_4 wird als nicht effizient verworfen, w_1 ist in diesem Fall perfekte Lösung.

Wählt man $L^1\geqslant 4$, $L^2=9$, $C=20$ erhält man w_1,w_2,w_3. w_3 wird als nicht effizient verworfen, w_1 löst I und II, w_2 löst III.

Wählt man $9\leqslant C<15$ (und $L^1=4$, $L^2=T$) hätte der Algorithmus trotzdem auch $w_1,\dots,w_4$ zu berechnen (und als nicht zulässig zu verwerfen). w_5 ist in diesem Fall perfekte Lösung.

Literatur:

[1] COOKE,K.L.,HALSEY,E.: The shortest route trough a network with time-dependent internodal transit times, J.Math.Analysis Appl.14 (1966) 493-498.

[2] DIJKSTRA,E.W.: A note on two problems in connexion with graphs, Num.Math.1 (1959)269-271.

[3] DREYFUS,S.E.: An appraisal of some shortest-path algorithms, J.ORSA 17(1969)395-412.

[4] FORD,L.R.,Fulkerson,D.R.: Constructing maximal dynamic flows from static flows, J.ORSA 6(1958)419-433.

[5] GARFINKEL,R.S., RAO, M.R.: The bottleneck transportation problem, NRLQ 18(1971)465-472.

[6] GAUL,W.: On constrained shortest route problems, Lect.Notes in Economics and Math.Systems 117 (1975)83-91.

[7] GAUL,W.: Zur Lösung von Wegproblemen mit zeitabhängigen Beschränkungen, ZAMM 57(1977)T323-T325.

[8] HALPERN,J.: Shortest route with time-dependent length of edges and limited delay possibilities in nodes, ZOR 21 (1977) 117-124.

[9] HALPERN,J.,PRIESS,I.: Shortest paths with time constraints on movement and parking, Networks 4(1974)241-253.

[10] HARTUNG,J.: Über Ersatzprogramme bei der Vektoroptimierung, ORV 18(1974)129-133.

[11] KLAFSZKY,E.: Determination of shortest path in a network with time-dependent edge-length, Math.Operationsforschung und Statistik 3(1972)255-257.

[12] KOSMOL,P.: Zur Vektorwertigen Optimierung, ORV 15(1973)77-84.

[13] LAWLER,E.L.: Combinatorial Optimization: Networks and Matroids, Holt, Rinehart and Winston (1976).

[14] ZELENY,M.: Linear Multiobjective Programming, Lect.Notes in Economics and Math.Systems 95(1974).

Individuenorientierte Simulation – ein Mittel für die Dimensionierung von Anlagen mit Publikumsverkehr

E. Héjj, D. Sigl und **D. Zimek**, Essen

1. Einleitung

Eine Sonderstellung bei der rechnerischen Simulation von Anlagen nehmen diejenigen mit Publikumsverkehr ein. Hier sind die Funktionseinheiten nicht deterministisch bewegte Gegenstände, sondern Einzelpersonen, deren Entscheidungskraft, Durchsetzungsvermögen, Rücksichtnahme, Eilbedürftigkeit, Zielstrebigkeit, Beeinflußbarkeit und Beweglichkeit durchaus unterschiedlich sein können. Zu solchen Anlagen gehören Haltestellen von Verkehrssystemen, aber auch Sportstadien, Theater, Kaufhäuser u.ä. Ihre Funktionsfähigkeit, ausgedrückt z. B. in maximalen Fahrgastströmen ohne Stauerscheinungen oder in der Mindestzeit, die für einen Entleervorgang erforderlich ist, hängt sehr weitgehend von den Individualeigenschaften der Benutzer (Fahrgäste, Besucher usw.) der Anlage ab. Die Planer behelfen sich meistens so, daß sie statistisch ermittelte Erfahrungswerte anwenden und, um damit auf der sicheren Seite zu bleiben, sich um Großzügigkeit bei der Auslegung bemühen. Die Folgen sind dann häufig die unnötig hohen Anlagenkosten.

Zur Begegnung der genannten Schwierigkeiten wurde ein Simulationsverfahren entwickelt, das die Individualeigenschaften des Publikums und die Folgerungen daraus berücksichtigt und sich als geeignetes Hilfsmittel für den Planer anbietet. Es ist geeignet, damit die Bewegungen von Einzelpersonen in einer vorausbestimmten Umgebung zu verfolgen und zu untersuchen. Als Ergebnis können nicht nur Mittelwerte, sondern auch "Momentaufnahmen", das Sichtbarmachen instationärer Abläufe (z.B. die Bildung von Staus) dargestellt werden. Die Wirkung geplanter Anlagen läßt sich somit vor der Erstellung überprüfen und gegebenenfalls leicht korrigieren.

2. Aufbau und Funktion des Simulationsverfahrens

Die rechnerische Behandlung der Bewegungen von Personen ist für nahezu beliebige Anlageformen möglich die Anwendung wird i.a. nur durch die Speicherkapazität der zu verwendenden Rechenanlage begrenzt. Für die Simulationsrechnung ist es erforderlich, die vorhandene Anlagenfläche in einfache Bereiche mit rechteckiger Gestalt aufzuteilen und mit einem rechtwinkligen Raster zu versehen. Dabei werden Unterschiede zwischen der wirklichen Flächengestalt und der rechnerisch relevanten Fläche gemäß der Maschenweite des Schachbrettmusters approximiert. Das Rastermaß bzw. die Größe einer Zelle orientiert sich an dem von einer normalen Person üblicherweise als Standfläche oder als Spurweite beim Gehen benötigten Platz; i.a. Fall erhält man damit ein Rastermaß von 0,6 m.

Die Darstellung in Bild 1 soll verdeutlichen, wie z.B. eine ovale Fläche angenähert wird.

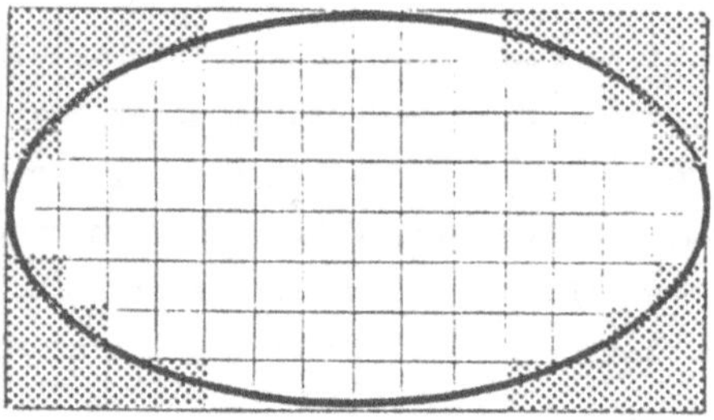

Bild 1: Flächeneinteilung in Elementarfelder

Die gekennzeichneten Randfelder werden programmintern so dargestellt, daß sie im weiteren Verlauf der Simulation nicht von den"Personen" betreten werden können.

Das Simulationsverfahren besteht aus drei wesentlichen Funktionsblöcken. Es sind dies

1. die Generierung
2. die Zielwahl
3. die Bewegung

Zur Erzielung wirklichkeitsnaher Abläufe bestehen die zu bewegenden Personeneinheiten,analog den relevanten Eigenschaften realer Personen, aus Zahlengruppen mit teilweise stochastischen Eigenschaften. Die Festlegung dieser Zahlengruppen erfolgt ausgehend von festzulegenden Randbedingungen und Anfangswerten, wie z. B. Verteilungen und Zulaufraten, mittels Pseudozufallszahlengenerator. Dieser nach dem Prinzip der Monte-Carlo-Methode arbeitende Generator erzeugt nach entsprechender Aufbereitung vor allem folgende Größen:

- Status der Personeneinheit (wie z.B. Einsteiger, Aussteiger, Barzahler u.ä.)
- Gehgeschwindigkeit
- Dynamikfaktor (= Maß für das Durchsetzungsvermögen und die Mobilität der Person)
- Start- und Zielpunkt.

Außerdem beinhaltet dieser Personendatenvektor noch Angaben über momentane Koordinaten, Aufenthaltszeiten im System und Steuerungsgrößen. Die vom Generator erzeugten Daten weisen i.a. Fall eine Normalverteilung über alle Personeneinheiten auf. Es sind allerdings auch andere Verteilungen möglich. Diese sog. Personengenerierung erfolgt zu Beginn der Simulation für eine Anfangsbelegung der betrachteten Anlage zur Verkürzung der Einschwingzeit und im Verlauf der Rechnung an den Systemzugängen entsprechend den vorgegebenen Zulaufraten.

Für die Bewegung der Personen ist es notwendig, über eine geeignete Zielzuweisung im betrachteten Gebiet zu verfügen. Es können feste Ziele sein, die unabhängig vom Zustand des Systems vorgegeben sind, und es können variable Zielbereiche sein, die in Abhängigkeit von deterministisch oder stochastisch verteilten Parametern und dem Zustand im System (z.B. Personendichte) dynamisch ermittelt werden. Ein Beispiel für die dynamische Zielzuweisung ist die Wahl der zu benutzenden Treppen in Abhängigkeit von der Personendichte vor der Treppe.

Die Personeneinheiten werden in festen Zeitschritten - z. B. 1 sec - bewegt, und zwar in der Reihenfolge, wie sie sich auf dem Raster befinden. Die Bewegungsrichtung erhält man aus der Differenz zwischen Ziel- und Momentankoordinaten. Auf dem quadratischen Raster kann in Richtung der Koordinatenachsen und in 45° dazu (diagonal) bewegt werden. Der je Zeitschritt zurückgelegte Weg ergibt sich aus der individuellen Gehgeschwindigkeit, dem Dynamikfaktor und den örtlichen Gegebenheiten. Dies sind sowohl die Behinderungen durch Hindernisse als auch durch andere Personen. Diese Behinderungen bewirken Verzögerungen und evtl. auch Umwege. Eine Darstellung prinzipieller Bewegungsabläufe ist in Bild 2 wiedergegeben.

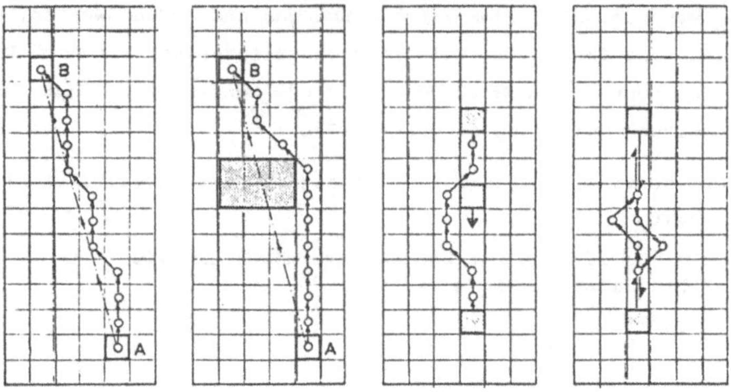

a) ungestörte Bewegung von A nach B

b) festes Hindernis versperrt den kürzesten Weg

c) Begegnung bei unterschiedlichem Dynamikfaktor der Einheiten

d) Begegnung mit gleichem Dynamikfaktor der Einheiten

Bild 2: Bewegungsabläufe unter verschiedenen Bedingungen

Diese Darstellung zeigt die ungestörte und gestörte Bewegung einer Personeneinheit von A nach B sowie die Begegnung zweier Einheiten mit ungleichem bzw. gleichem Dynamikfaktor.

Bei stärkerem Füllungsgrad ist es durchaus möglich, daß ein Weg zum Ziel erst gesucht werden muß. Diese Ermittlung des Weges ist keine Auswahl eines opitmal kurzen Weges, dies wäre zu rechenintensiv und evtl. auch unrealistisch, sondern lediglich ein heuristisches Suchen freier Felder. Das Suchen freier Felder erfolgt innerhalb eines Winkels von $\pm 135^{\circ}$ - in Abständen von 45° - um die direkte Linie zum Ziel. Wird in dieser Bandbreite kein freies Feld gefunden, so erfolgt auch kein Bewegen.

Ebenso wie das Ausweichen ist die Vermeidung der Mehrfachbelegung eines Zielfeldes durch gleichzeitig ankommende Personeneinheiten von grundsätzlicher Bedeutung für die einwandfreie Bewegung. Falls keine bestimmten Prioritäten vorgegeben sind, erfolgt die Verteilung der Personeneinheiten auf die umliegenden freien Felder entsprechend dem Dynamikfaktor, d.h., die Person mit der größten Dynamik wird auf das Zielfeld gesetzt.

Die Darstellung des gesamten Ablaufes durch das Simulationsprogramm soll später anhand eines konkreten Beispiels erfolgen.

3. Möglichkeiten des Simulationsverfahrens

Ausgehend von der Methode der Betrachtung einzelner Personen bietet dieses Simulationsverfahren die Möglichkeit der Behandlung folgender Probleme:

Untersuchung der Bewegungsvorgänge in beliebigen Verkehrsknoten. Damit ist die optimale Gestaltung der Haupteinflußfaktoren z.B. in Bahnhöfen und Flughäfen durchführbar.

Ganz allgemein läßt sich diese Methode für die optimale Auslegung von Flächen und Räumen mit großem Publikumsverkehr anwenden. So läßt sich die Auslegung von z.B. Theatern, Kaufhäusern, Stadien, Hörsälen in bezug auf möglichst schnelles Entleeren bei Notfällen überprüfen. Außerdem ist es möglich,die bewegungsoptimale und kaufgerechte Anordnung von Vitrinen und Regalen in Kaufhäusern zu ermitteln.

Verfolgung der Bewegung von Fahrzeugen oder Geräten, die von Menschen gesteuert werden, wie Autos, rollende Flugzeuge, Container-Fahrzeuge, Elektrokarren, Gabelstapler o.ä. Damit können Auslegungsmerkmale von Parkplätzen, Parkäusern, Flughafen-Vorfeldern, Containerterminals, Lagerhäusern usw. funktionsoptimal bestimmt werden.

Die Behandlung der verschiedenen erwähnten Fälle setzt voraus, daß das Simulationsverfahren auf die jeweiligen besonderen Umstände abgestimmt wird. Um den Programmablauf und einige mit dem Verfahren erzielbaren Ergebnisse anschauliche darzustellen, wurde als konkrete Anwendung eine Stadtbahn-Haltestelle gewählt.

4. Simulationsbeispiel: Stadtbahnhaltestelle

Die einfache Stadtbahnhaltestelle ist als Rechnerausdruck in Bild 3 dargestellt. Sie besitzt zwei Seitenbahnsteige, an denen Zweiwagenzüge in gleichen Zeitabständen halten. Die Bahnsteige sind durch 2 Treppenaufgänge mit einer gemeinsamen Vorhalle verbunden. Hier befinden sich die Schalter (oder Automaten) für den Fahrscheinerwerb. Sie sind alternativ in der Mitte zwischen den Ein- und Ausgängen oder an den seitlichen Begrenzungswänden angebracht.

Das Bild 3 stellt gleichzeitig eine Momentaufnahme der Personenbewegungen dar. Zur besseren Erklärung sind die Wege von 2 Personen besonders erkenntlich gemacht. Die Nr. 64 steht im Augenblick der Aufnahme vor dem Schalter. Sie hat

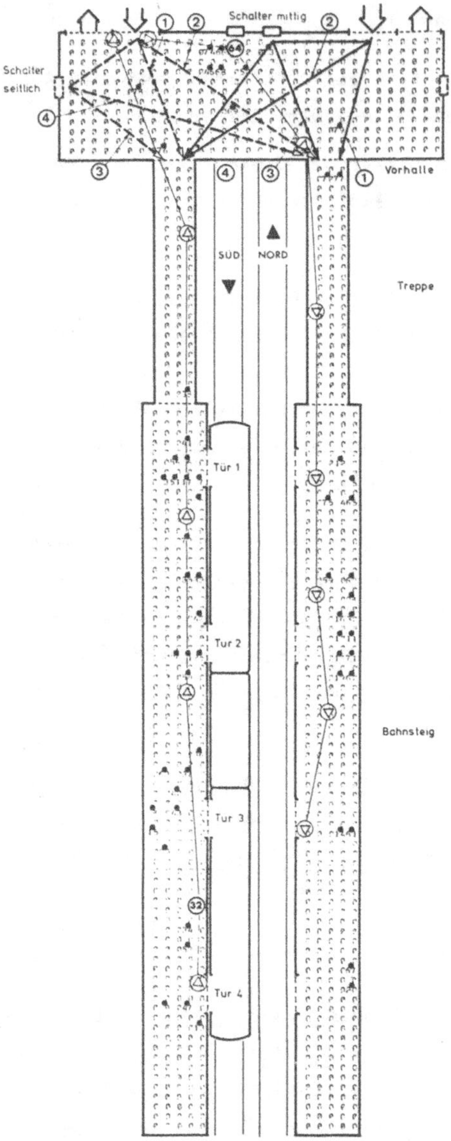

Bild 3 Rechnerausdruck der Haltestellenauslegung (nicht maßstäblich)

①: Laufrichtung 1, vom Eingang zur nächstgelegenen Treppe

②: Laufrichtung 2, vom Eingang zur entfernten Treppe

③: Laufrichtung 3, vom Eingang zum Schalter, von dort zur Treppe, die näher zum Eingang ist

④: Laufrichtung 4, wie ③, jedoch zur entfernten Treppe

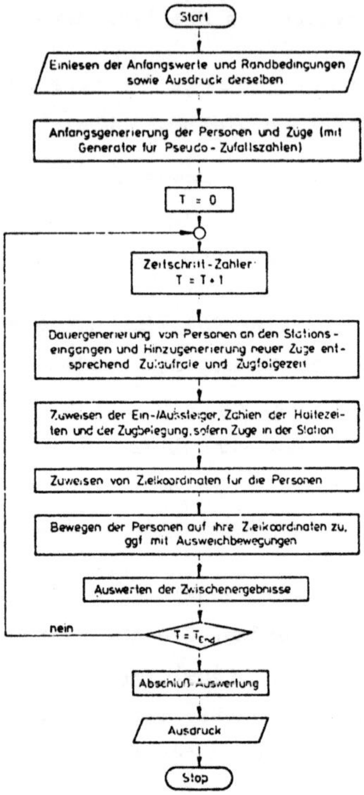

Bild 4 Darstellung des Programmablaufes

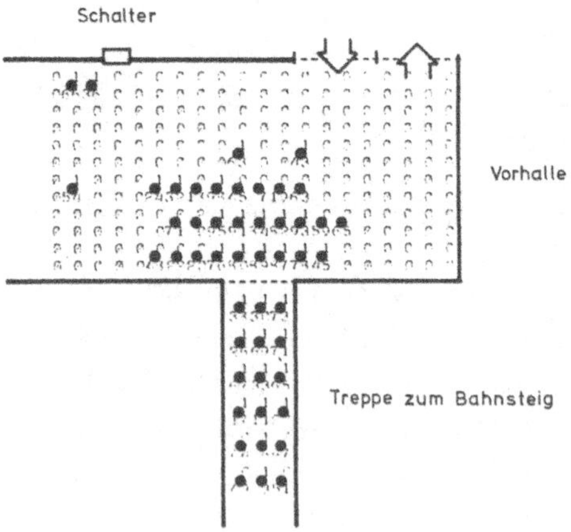

Bild 5 Stau im Fahrgastfluß (Rechnerausdruck)

durch den linken Eingang die Vorhalle betreten und wird sich über die rechte Treppe zum Bahnsteig "Nord" zur Tür 3 des Zuges bewegen. Die Nr. 32 ist mit dem Zug am Bahnsteig "Süd" angekommen und aus Tür 4 ausgestiegen. Sie befindet sich noch auf dem Bahnsteig und wird über die linke Treppe zum linken Ausgang gehen.

Die Aufgabe dieser Simulation ist es, die Personen innerhalb der Haltestelle zu bewegen und in Abhängigkeit bestimmter Randbedingungen die mittlere Aufenthaltszeit in den einzelnen Haltestellenbereichen zu ermitteln. Den hierzu erforderlichen Programmablauf zeigt Bild 4. Danach setzt sich das Simulationsprogramm aus den fünf Funktionsblöcken zusammen:

- Einlesen und Aufbereiten der Daten sowie Steuerung des Ablaufs
- Generieren der stochastisch verteilten Parameter
- Zuweisen der Bewegungsziele, jeweils unterteilt für die Haltestellenbereiche
- Bewegen der Personeneinheiten
- Auswerten der im Rechenablauf angefallenen Daten und Ausdrucken der Ergebnisse und Bilder

Außerdem gestattet diese Art der Simulation die Untersuchung instationärer Effekte in den Fahrgastströmen. So zeigt Bild 5 einen Stau auf der Treppe zum Bahnsteig, der sich innerhalb von 10 min gebildet hat und durch große Zulaufraten und zu schmale Fahrgasttüren verursacht wurde.

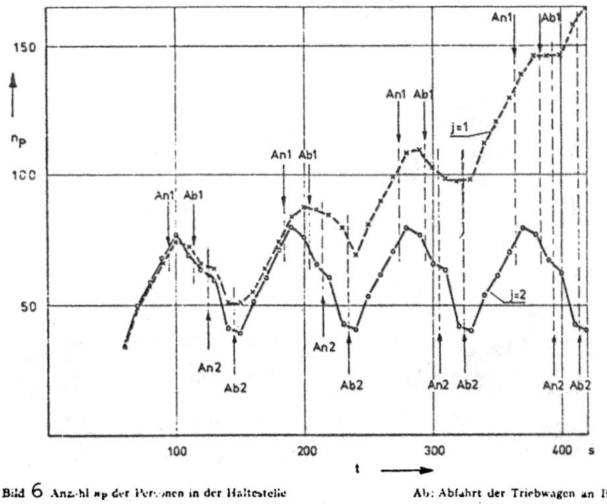

Bild 6 Anzahl n_P der Personen in der Haltestelle

An: Ankunftszeitpunkt der Triebwagen an Bahnsteig 1 bzw. 2

Ab: Abfahrt der Triebwagen an Bahnsteig 1 bzw. 2

j: Anzahl der Spuren für den Fahrgastwechsel je Triebwagentüreinheit

Ebenso läßt sich z.B. die Überlastung der Haltestelle gut verfolgen. Bild 6 zeigt die Gesamtzahl der in der Haltestelle befindlichen Personen in Abhängigkeit der Zeit. Die Instabilität des Fahrgastflusses beginnt mit einer Verzögerung und führt zu einer immer stärkeren Überfüllung. Die in diesem Beispiel gewählte Maßnahme - die Verdoppelung der Türbreiten am Triebwagen - wirkt stabilisierend: die Anzahl der Fahrgäste in der Haltestelle pendelt zwischen einem konstanten Höchst- und Mindestwert.

Für ein Zahlenbeispiel wurden folgende Auslegungsdaten gewählt:

Einsteigerrate je Richtung	1.000 Pers/h
Aussteigerrate je Richtung	560 Pers/h
Zugfolgezeit	90 s
Haltezeit	20 s
Bahnsteiglänge	22,2 m
Vorhallenlänge	19,2 m
Treppenbreite	1,8 m
Stufenzahl	12

4.1. Einfluß der Vorhallenbreite

Es war zu ermitteln, welchen Einfluß die Varianten der Vorhallenbreite zwischen 3,6 und 2,4 m auf den Fahrgastfluß hat. Als weitere Parameter wurde der Anteil der Barzahler zwischen 15 und 40 % variiert. Die 2 Schalter befinden sich in der Mitte zwischen den Ein- und Ausgängen.

Als Ergebnis sind die mittleren Laufzeiten für die vier möglichen Laufrichtungen der Einsteiger über den Barzahleranteil jeweils für die drei untersuchten Vorhallenbreiten in Bild 7 aufgetragen. Mann erkennt daraus, daß

- nur die Laufzeiten der Barzahler durch die Vorhallenbreite beeinflußt werden
- nur bei einem Barzahleranteil von über 30% ein nennenswerter Einfluß zu erkennen ist
- die Laufzeitverlängerung auch bei der kleinsten Breite noch erträglich ist

4.2. Einfluß der Schalterlage

Es war zu ermitteln, welche Schalterlage in Abhängigkeit der Vorhallenbreiten und des Barzahleranteils für den Fahrgastfluß geeigneter ist. Neben der mittleren Schalterlage kam noch die seitliche in Frage. Ermittelt wurden zunächst die mittleren Laufzeiten für die verschiedenen Vorhallenbreiten und Barzahlenanteile, um diese Ergebnisse mit den bei der mittleren Schalterlage gewonnenen zu vergleichen.

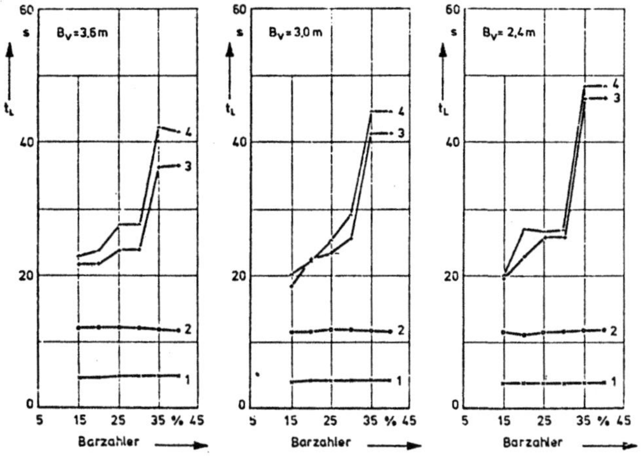

Bild 7 Mittlere Laufzeit t_L für die Richtungen 1 bis 4 bei mittiger Lage der Fahrkartenschalter, B_v: Breite der Vorhalle

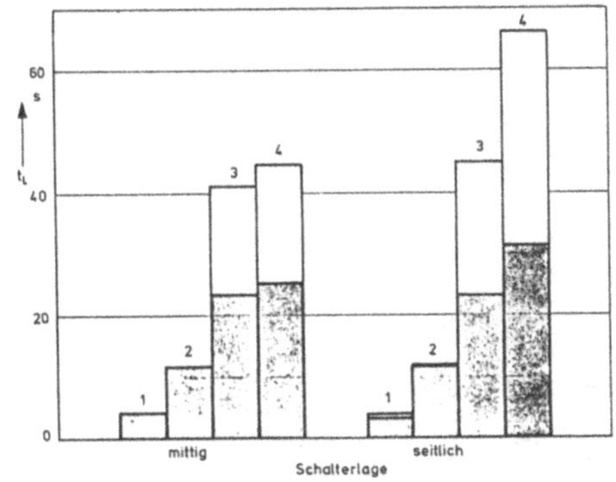

Bild 8 Mittlere Laufzeit für die Richtungen 1 bis 4 mit 3 m breiter Vorhalle bei einem Barzahleranteil von 25 (dunkel) bzw 40%

Einige Ergebnisse sind in Bild 8 zusammengefaßt. Man erkennt daraus, daß

- bei einem mittleren Barzahleranteil (25 %) und einer mittleren Vorhallenbreite von 3 m keine wesentlichen Unterschiede auftreten
- bei einem Barzahleranteil von 40 % seitliche Schalter längere Zeiten ergeben und deshalb ungünstiger sind.

Die Rechenergebnisse zeigten außerdem, daß eine Vorhallenbreite von 2,4 m die Laufzeiten bei seitlicher Schalterlage besonders erhöht.
Eine seitliche Schalterlage ist bei breiten Vorhallen und wenigen Barzahlern der mittleren gleichwertig, sonst dieser unterlegen.

4.3. Einfluß der Bahnsteigbreite

Die Bahnsteigbreite ist in den verschiedenen Vorschriften für die Haltestellenauslegung auf der Grundlage langjähriger Erfahrung vorgegeben. Es war zu ermitteln, in welchem Maße die Bahnsteigbreite vermindert werden kann, ohne einen nachteiligen Einfluß auf die Fahrgastbewegung auszuüben.

Für die Beurteilung wurden die Laufzeiten der Aussteiger von den Zugtüren bis zum Treppenanfang herangezogen. Bild 9 zeigt die Ergebnisse in Abhängigkeit der Bahnsteigbreite, getrennt für die vier Türen. Man erkennt daraus, daß

- die Laufzeit umso länger ist, je weiter die Tür vom Treppenanfang entfernt ist
- die daraus errechenbaren mittleren Gehgeschwindigkeiten jedoch mit der Entfernung zunehmen
- auch bei der extrem kleinen Bahnsteigbreite von 1,8 m noch keine unzulässigen Behinderungen auftreten.

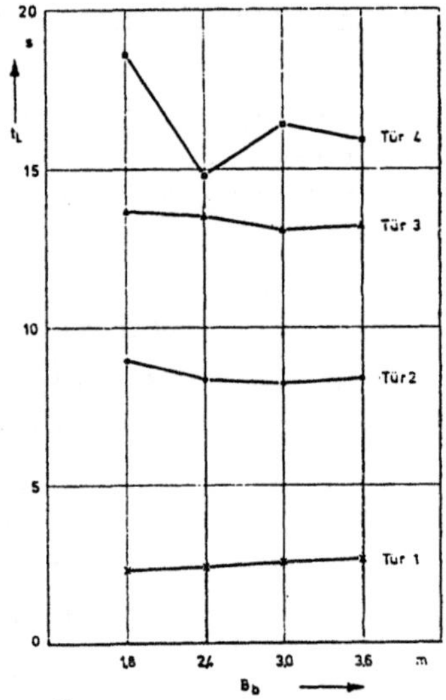

Bild 9 Mittlere Laufzeit t_L auf dem Bahnsteig für die aus Tür 1 bis 4 Aussteigenden
B_b: Bahnsteigbreite

5. Schlußwort

Die gezeigten Beispiele führen zu dem Ergebnis, daß die wirklichkeitsnahe Simulation der Verhältnisse in Anlagen mit Publikumsverkehr eine neue Möglichkeit bietet, diese ohne Beeinträchtigung ihrer Funktion mit kleineren Abmessungen zu entwerfen. Dadurch ergeben sich große Einsparungsmöglichkeiten bei der Erstellu oder aber es könnte für die gleichen Mittel mehr gebaut werden. Ein weiterer Vo teil ergibt sich noch dadurch, daß die Simulation es erlaubt, die Auswirkung no nicht praktizierter Maßnahmen - wie z.B. von Absperrungen an der Bahnsteigkante zu ermitteln und bei der Planung zu berücksichtigen. Es bleibt nur zu hoffen, d die Verkehrsplaner aus den Möglichkeiten des gezeigten Verfahrens auch mehr Gebrauch machen werden.

Klassifikation der mehrdimensionalen Transportprobleme

W. Junginger, Stuttgart

Ein mehrdimensionales Transportproblem (TPn) erhält man, wenn man in dem bekannten Transportproblem (TP2) der linearen Optimierung die zweifach indizierten Problemvariablen durch mehrfach indizierte Variablen ersetzt. Verschiedene Erweiterungen des TP2 (mehrere Sorten, verschiedene Transportarten) führen auf ein TPn mit n>2. Für die Nebenbedingungen eines TPn kommen Einfach-, Doppel-, Dreifachsummen usw. in Frage sowie Kombinationen derselben. Damit erhält man eine Vielfalt von Problemen, worunter auch gleichwertige Probleme verschiedenen Aussehens sind. Man kann nun zu einem TPn einen Strukturhypergraphen definieren. Dieser ermöglicht dann, einen Überblick über die verschiedenen Problemarten zu gewinnen und gleichwertige Probleme ineinander überzuführen. Damit kommt man zu einer Klassifikation der mehrdimensionalen Transportprobleme.

Optimierungsverfahren für lineare Modelle überlasteter Straßennetze

G. Marte, Bremen

Die Theorie überlasteter Straßennetze wird stark vereinfacht, wenn man die Wartezeitfunktionen linearisiert. Man muß allerdings eine gemischt-ganzzahlige Optimierungsaufgabe lösen, wenn man außer den überlasteten Straßenabschnitten schwachbelastete Abschnitte zulassen will, deren Abflüsse nicht durch die Grünzeiten bestimmt sind. In der vorliegenden Arbeit wird gezeigt, daß bei dem Zerlegungsalgorithmus nach Bender die speziellen Eigenschaften überlasteter Straßennetze dazu ausgenutzt werden können, um den Rechenaufwand für die Lösung der gemischt-ganzzahligen Optimierungsaufgaben zu verringern.

Das Zeit-Umlade- oder Bottleneck-Transshipmentproblem

D. Ohse, Darmstadt

1. Einführung

Ohne weiteren erklärenden Zusatz versteht man in der Literatur unter einem Transport-, Zuordnungs- und Umladeproblem jeweils diejenige Version, bei der die Gesamtkosten (oder Wege, Bewertungen etc.) der Transporte bzw. Zuordnungen zu minimieren sind. Neben diesen - hier als Kosten-Probleme bezeichneten - Fragestellungen gibt es noch die Klasse der sog. Zeit-, Engpaß- oder Bottleneck-Probleme. Bei ihnen ist das Ziel, die Transportzeit zu minimieren.

Die Transportzeit ergibt sich - im Gegensatz etwa zu den Kosten - nicht als Summe der Einzelzeiten aller Verbindungen, auf denen ein Transport stattfindet, sondern sie ist durch den zeitlängsten Transportweg - den Engpaß - festgelegt. Der längste Weg entspricht unter bestimmten Bedingungen dem kritischen Weg eines CPM-Netzplanes. Seine Länge möchte man bei Bottleneck-Problemen minimieren.

Die praktische Relevanz derartiger Fragestellungen sei an drei Beispielen skizziert:

- Den Transport leicht verderblicher Güter (Obst, Gemüse, Lebensmittel) möchte man möglichst schnell durchführen, um dem Risiko der Verrottung entgegenzuwirken.
- Im militärischen Bereich werden häufig Truppenverlegungen vorgenommen. Bei derartigen Aktionen einschließlich der logistischen Versorgung der Truppe mit Material und Gerät kommt es meist auf einen möglichst raschen Abschluß an.
- Anläßlich der DGOR-Jahrestagung 1974 berichtete Molnâr (1974) über ein Problem der Fahrzeitoptimierung im Berufszubringerverkehr. Anstelle der damals vorgenommenen Minimierung der insgesamt zurückzulegenden km könnte man Fahrstrecken und Fahrziele so auswählen, daß die längste tägliche Fahrzeit minimal wird.

Als Zeit-Engpaßproblem wurde bislang besonders das lineare Transportproblem behandelt (vgl. u.a. Hammer, Garfinkel and Roa, Szwarc sowie die Hinweise auf die osteuropäische Literatur bei Szwarc). Auch über die Lösung des linearen Bottleneck-Zuordnungsproblems findet man mehrere Veröffentlichungen (vgl. u.a. Pape und Schön, Garfinkel und Burkard). Wenig Lösungsvorschläge gibt es dagegen für das Zeit-Umlade- oder Bottleneck-Transshipmentproblem.

Die Besonderheit des Umladeproblems gegenüber dem Transportproblem besteht in der Existenz sog. Umladeorte, in denen das zu transportierende Gut weder angeboten noch nachgefragt, sondern nur umgeladen, zwischengelagert o.ä. wird. Im Gegensatz zum Transport- und zum Zuordnungsproblem besteht daher der Engpaß als zeitlängstem Transportweg nicht mehr nur aus einer einzigen Verbindung, sondern in der Regel aus einer Folge von Teilwegen. Die Konsequenz ist, daß sich beim Zeit-Umladeproblem ein Auswahlproblem (Transportmengen) und ein Reihenfolgeproblem (Transportwege) überlagern.

In dieser Arbeit wird ein Lösungsverfahren für das Zeit-Umladeproblem vorgeschlagen. Es ist seinem Optimierungsprinzip nach ein duales Verfahren, das netzwerkorientiert arbeitet. Anhand eines kleinen Beispielnetzwerkes werden die einzelnen Schritte illustriert.

2. Problemformulierung

Dem Umladeproblem liege ein Netzwerk zugrunde, in dem die Orte als Knoten und die potentiellen Transportwege als Kanten dargestellt sind. Das Netzwerk werde mit $N = [V, X, k, x, d]$ bezeichnet, wobei die verwendeten Symbole folgendes bedeuten

$V = \{..,i,..,h,..,j,..\}$

Menge aller Knoten, bestehend aus Quellenknoten i (mit Angeboten A_i), Senkenknoten j (mit Bedarfsmenge B_j) und Umladeknoten h (weder Bedarf noch Angebot). Jeder Quellen- und Senkenknoten kann selbst auch Umladeknoten sein.

$X = \{(i,j) \mid i, j \varepsilon V\}$

Menge aller Kanten, auf denen ein Transport möglich ist.

Die auf den Kanten $(i,j) \varepsilon X$ definierten Funktionen k, x und d sind diskretwertig und bedeuten

k_{ij} = Obergrenze der auf $(i,j) \varepsilon X$ transportierbaren Menge

x_{ij} = Transportmenge entlang $(i,j) \varepsilon X$

d_{ij} = Dauer des Transportes auf der Kante $(i,j) \varepsilon X$

Vorausgesetzt sei, daß die in einem Umladeknoten eintreffenden Transporte gesammelt und nur zusammen weitergeleitet werden. Ein denkbarer Grund für diese Einschränkung kann ein gemeinsamer Behandlungsprozeß sein, dem alle eintreffenden Güter in einem Knoten unterworfen werden.

Als Beispiel ist in der Abb. 1 ein Netzwerk dargestellt, das sich aus je zwei Angebots-, Umlade- und Bedarfsknoten zusammensetzt.

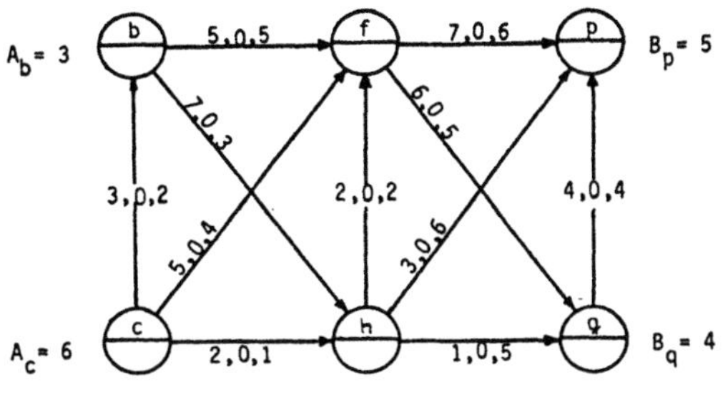

Abb. 1

Beispielnetzwerk $N' = [V', X', k, x, d]$ mit Angebotsmengen A_i in den Quellenknoten i und Bedarfsmengen B_j in den Senkenknoten j und dem Zahlentripel k_{ij}, x_{ij}, d_{ij} an den Pfeilen:
k_{ij} = Kapazität
x_{ij} = Fluß
d_{ij} = Transportdauer

Ohne Einschränkung der Allgemeingültigkeit kann im folgenden angenommen werden, daß nur ein Angebotsknoten a mit dem Angebot A und ein Nachfrageknoten z mit dem Bedarf B ($A \geq B$) vorliegt. Diese Situation kann leicht dadurch hergestellt werden, daß man zusätzliche Knoten a und z hinzufügt, sie mit den Angebots- bzw. Nachfrageknoten verbindet und als Obergrenze $k_{ai} = A_i$ bzw. $k_{jz} = B_j$ setzt. Die Transportzeiten auf diesen zusätzlichen Verbindungen müssen gleich Null sein (vgl. Abb. 2).

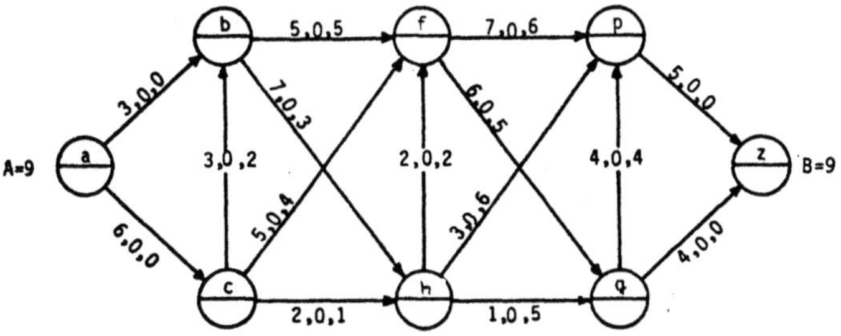

Abb. 2

Um einen zentralen Angebotsknoten a und Bedarfsknoten z erweitertes Netzwerk $N = [V, X, k, x, d]$

Äquivalent mit der Problemstellung des Zeit-Umladeproblems oder Bottleneck-Transshipmentproblems ist die Aufgabe, in dem Netzwerk $N = [V, X, k, x, d]$ zwischen a und z einen Gesamtfluß (=Transportmenge) der Intensität B derart zu bestimmen, daß der zeitlängste Weg, entlang dem ein Fluß fließt, minimal ist.

Es seien

$$W_{az} = \{(i,j) \varepsilon X \mid x_{ij} > 0\}$$

die Menge der Kanten eines Weges von a nach z mit einem Fluß größer Null,

$$t = \sum_{(i,j) \varepsilon W_{az}} d_{ij}$$

die Transportdauer entlang W_{az} und

$$\bar{W}_{az} = \{(i,j)\varepsilon X \mid T = \max \sum_{(i,j)\varepsilon W_{az}} d_{ij}\}$$

die Menge der Kanten des zeitlängsten Weges von a nach z, auf dem ein Fluß stattfindet.

Als Zeit-Umladeproblem wird dann das folgende Formalproblem bezeichnet:

Minimiere $T = \sum_{(i,j)\varepsilon \bar{W}_{az}} d_{ij}$

u.d.N.

$$\sum_{(a,j)\varepsilon X} x_{aj} \leq A \qquad \forall\, j\varepsilon V\,; \quad j \neq a$$

$$\sum_{(i,j)\varepsilon X} x_{ij} - \sum_{(h,i)\varepsilon X} x_{hi} = 0 \qquad \forall\, i,\, j\varepsilon V;\; i,j \neq a,z$$

$$\sum_{(i,z)\varepsilon X} x_{iz} = B \qquad \forall\, i\varepsilon V\,; \quad i \neq z$$

$$0 \leq x_{ij} \leq k_{ij} \qquad \forall\, (i,j)\varepsilon X$$

Notwendig für die Existenz einer Lösung ist $A \geq B$; ohne Einschränkung der Allgemeingültigkeit kann man auch $A = B$ annehmen, da nicht mehr als die Menge B nach z transportiert werden kann.

Der einzige - allerdings wesentliche - Unterschied zum Kosten-Umladeproblem besteht in der Zielfunktion. Statt der Kostenminimierung bezogen auf alle Transporte wird jetzt nur die Dauer des zeitlängsten Weges minimiert.

3. Lösungseigenschaften

Es soll im folgenden davon ausgegangen werden, daß als Ergebnis der ersten Rechenschritte ein definierter Fluß von a nach z fließe, d.h. auf einigen Kanten $(i,j)\varepsilon X$ des Netzwerkes Transportmengen $x_{ij} > 0$ bekannt seien. Diese bilden mit den zugehörigen Knoten ein zusammenhängendes Teilnetzwerk, in dem sich entlang dem zeitlängsten Weg die Transportdauer t ergeben möge. Das so definierte Teilnetzwerk soll als Transport-Netzwerk $N^t = [V^t, X^t, k, x, d]$ bezeichnet werden.

In der Abb. 3 wurden Lösungen $x_{ij} > 0$ im Netzwerk eingetragen und das Transport-Netzwerk N^t durch ausgezogene Kanten dargestellt, während die Kanten ohne Fluß gestrichelt gezeichnet sind.

Der zeitlängste Weg $\bar{W}_{az}$ im Transportnetzwerk N^t definiert die Transportdauer $t = 9$ und führt über die Kanten $\bar{W}_{az} = \{(a,b), (b,h), (h,p), (p,z)\}$.

Eine Lösung ist primal zulässig, wenn sie alle Nebenbedingungen erfüllt, d.h. sowohl die Angebots- und Bedarfsrestriktionen als auch die durch die Obergrenzen gegebenen Restriktionen. Der aktuelle Fluß von 4 ME ist im Beispiel kleiner als der durch den Bedarf von B = 9 ME geforderte Gesamtfluß, so daß im vorliegenden Fall die Lösung primal unzulässig ist.

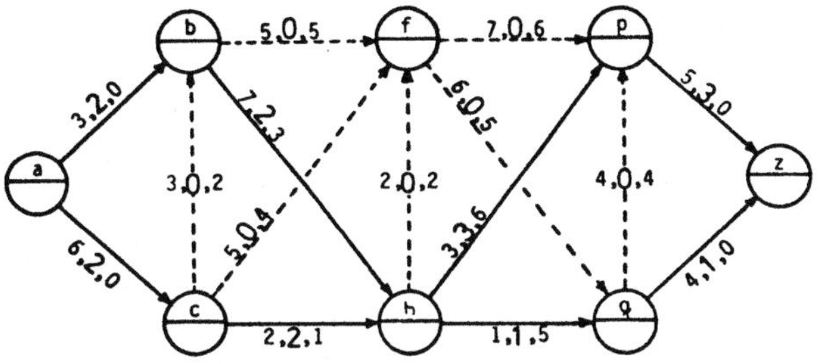

Abb. 3

Transportnetzwerk $N^t = [V^t, X^t, k, x, d]$, dargestellt durch ausgezogene Kanten

Läßt sich auf der anderen Seite nachweisen, daß die Transportdauer T der optimalen Lösung nicht kürzer als die Dauer t entlang dem längsten Weg in N^t ($t \leq T$) ist, dann kann keine Lösung existieren, die besser als die bisher gefundene ist. Die aktuelle Lösung wäre in diesem Fall optimal (wenn auch nicht primal zulässig), d.h. also dual zulässig.

Da man eine Lösung sucht, die sowohl primal als auch dual zulässig ist, könnte man die folgende duale Lösungsstrategie einschlagen:

Schritt 0: Man beginnt mit einer dual zulässigen Lösung, zum Beispiel dem kürzesten Weg von a nach z als erstem Transportnetzwerk N^t. Damit ist eine Untergrenze t für die Transportdauer gegeben.

Schritt P: Im Netzwerk N^t versucht man, eine primal zulässige Lösung zu finden, was der Berechnung des maximalen Flusses in N^t gleichkommt. Gelingt es, dabei alle Restriktionen zu erfüllen, dann ist das Problem gelöst. Andernfalls führt man Schritt D aus.

Schritt D: Das Transportnetzwerk N^t wird nun um den nächstlängeren Transportweg erweitert, wodurch man den bislang zeitlängsten Weg minimal verlängert. Dadurch gewinnt man eine neue Untergrenze für die Transportdauer, d.h. wiederum eine dual zulässige Lösung, mit der Schritt P wiederholt wird.

Beide Schritte P und D werden alternierend ausgeführt. Die Berechnung des maximalen Flusses im Schritt P ist dabei unproblematisch; sie wird mit Hilfe des FORD/FULKERSON-Algorithmus (vgl. Ford/Fulkerson (1962), S.17-22) ausgeführt. Das schwierigere Problem scheint sich im Schritt D zu ergeben. Um welche Kanten soll man das Netzwerk N^t erweitern, damit einerseits der längste Weg möglichst wenig verlängert wird, und andererseits die primale Lösung im anschließenden Schritt P verbessert werden kann? Im folgenden Abschnitt wird als Antwort auf diese Frage ein Lösungsvorschlag unterbreitet.

4. Ein duales Lösungsverfahren

Auf der Basis der zuvor erläuterten Lösungsstrategie wird ein duales Verfahren beschrieben. Eine dual zulässige Lösung - repräsentiert durch das zugehörige Transportnetzwerk N^t - sei bekannt; t sei die Untergrenze für die minimale Transportdauer. Als Beispiel kann die in der Abb. 3 dargestellte Lösung angesehen werden, die nach Konstruktion die obige Eigenschaft besitzt. Da sie den Bedarf B des Knotens z nicht deckt, ist die Lösung primal unzulässig.

Der Versuch, im Netzwerk N^t durch Markieren einen fluß-vergrößernden Pfad zu finden (FORD/FULKERSON-Algorithmus), endet in einem NONBREAKTHROUGH, der durch folgende Eigenschaften charakterisiert ist:

N1: Eine Teilmenge der Knoten t ist markiert; sie wird mit V^m bezeichnet und enthält den Knoten a.
Die übrigen Knoten des Netzwerkes N^t sind unmarkiert; sie bilden die Knotenmenge V^u, in der wegen des NONBREAKTHROUGH der Knoten z enthalten ist.
Alle nicht in V^t enthaltenen Knoten sind nach Definition ebenfalls unmarkiert. Sie bilden die Knotenmenge V^o, die gegebenenfalls leer sein kann.
Das heißt, es sind $V = V^t \cup V^o$ und $V^t = V^m \cup V^u$.

N2: Die Marke $(h^{\pm}, \delta)$ eines markierten Knoten $i \varepsilon V^m$ besagt, daß der Fluß in den Knoten i vom Knoten h aus bis zu δ vergrößert werden kann, indem man entweder den Fluß in Pfeilrichtung erhöht (h^+ entlang $(h,i) \varepsilon X^t$) oder in Gegenpfeilrichtung verringert (h^- entlang $(i,h) \varepsilon X^t$). Umgekehrt gilt für die unmarkierten Knoten $j \varepsilon V^u$, daß bis zu ihnen kein fluß-vergrößernder Pfad existiert, weil die Kapazitäten aller Wege in den Knoten $j \varepsilon V^u$ erreicht sind.

N3: Die unmarkierten Knoten $j \varepsilon V^u$ des Transportnetzwerkes N^t sind stets durch den minimalen Schritt S von den markierten Knoten $i \varepsilon V^m$ getrennt:

$$S = \{(i,j) \varepsilon X^t \mid i \varepsilon V^m,\ j \varepsilon V^u \text{ und } x_{ij} = k_{ij}\}$$

In der Abb. 4 ist für das Beispielnetzwerk die entsprechende Situation beim Erreichen eines NONBREAKTHROUGH dargestellt. Die Kanten der Schnittmenge S sind durch eine stärkere Strichstärke kenntlich gemacht.

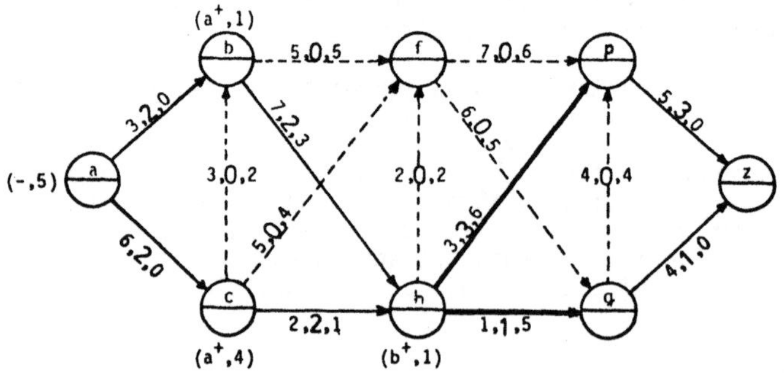

Abb. 4

Erreichen eines NONBREAKTHROUGH bei der Flußmaximierung in N^t mit:

$V^m = \{a,b,c,h\}$;
$V^u = \{p,q,z\}$;
$V^o = \{f\}$ und
$S = \{(h,p),\ (h,q)\}$

Da nun einerseits mit dem Erreichen der Kapazität des minimalen Schnittes auch die Kapazität des Transportnetzwerkes N^t erschöpft ist, und andererseits ein Restbedarf im Zielknoten besteht, muß man N^t um eine neue Transportverbindung erweitern. Sie muß die folgenden Eigenschaften besitzen:

E1: Es ist eine Kantenfolge zu bestimmen, die den minimalen Schnitt S umgeht, damit der Engpaß des Transportnetzes überwunden wird.

E2: Unter allen Umwegen mit der Eigenschaft E1 ist derjenige auszuwählen, der die geringste Wegverlängerung des zeitlängsten Weges zur Folge hat. Dann ist die neue Lösung wieder dual zulässig.

Klar ist, daß es keine zulässige Lösung geben kann, wenn kein Umweg um S existiert. Dann ist die Kapazität des Transportnetzwerkes N^t gleich der Kapazität des Gesamtnetzwerkes N, die nicht ausreicht, um den Bedarf im Zielknoten zu decken. In jedem anderen Fall kann das Netzwerk N^t um eine Kantenfolge erweitert werden, die in einem Knoten $r \varepsilon V^m$ beginnt, um den Schnitt S herumführt und in einen Knoten $s \varepsilon V^u$ wieder an das Netzwerk N^t angeschlossen wird. In der Abb. 5 ist diese Situation schematisch wiedergegeben.

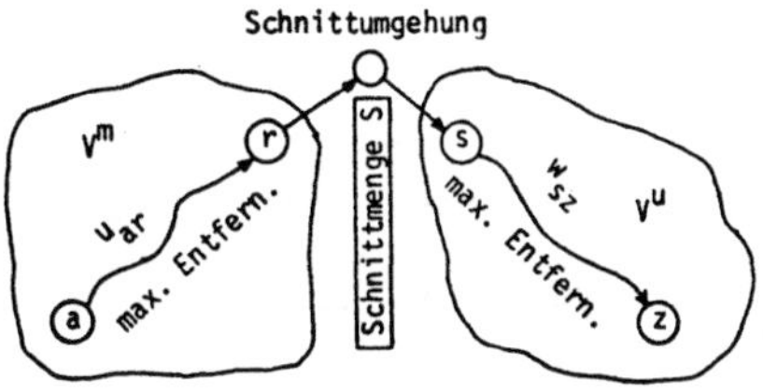

Abb. 5

Zur Konstruktion der Schnittumgehung

Das um die Umgehung erweiterte Netzwerk sei N^T. Welches ist nun der längste Weg in dem neuen Netzwerk N^T?

Da man das Netzwerk N^T im Vergleich zu N^t erweitert hat, ohne eine Kante herauszunehmen, kann der längste Weg in N^T nicht kürzer sein als der längste Weg in N^t: $t \leq T$. Auf der anderen Seite hat die Umgehung die Wegverlängerung (im Degenerationsfall ergibt sich allenfalls ein gleich langer Weg) bewirkt. Das heißt, der Pfad von r nach s, der aus mindestens einer Kante $(r,j) \varepsilon X^t$ besteht, muß Teil des längsten Weges in N^T sein, der sich daher aus den folgenden drei Teilstücken zusammensetzt:

1. dem längsten Weg von a nach r im Netz N^t (mit der Länge u_{ar}),

2. der Umgehung des Schnittes von $r \varepsilon V^m$ nach $s \varepsilon V^u$ (mit der Länge v_{rs}),

3. dem längsten Weg von s nach z im Netz N^t (mit der Länge w_{sz}).

Soll unter allen möglichen Umgehungen des Schnittes S diejenige ausgewählt werden, die zu der geringsten Wegverlängerung des Maximalweges führt, dann muß man die folgende Auswahl treffen:

$$u_{ar} + v_{rs} + w_{sz} = \min_{\substack{i \varepsilon V^m \\ j \varepsilon V^u}} \{u_{ai} + v_{ij} + w_{jz}\}$$

Da die beiden längsten Teilwege in N^t wohldefiniert sind und unabhängig von der endgültigen Auswahl der Umgehung berechnet werden können, läßt sich die Minimierung zweistufig durchführen:

$$u_{ar} + v_{rs} + w_{sz} = \min_{j \varepsilon V^u} \{\min_{i \varepsilon V^m} (u_{ai} + v_{ij}) + w_{jz}\}$$

Die Minimierung in der geschweiften Klammer entspricht bei bekannten Werten u_{ai} vom Aufwand her dem der Berechnung kürzester Wege in einem gerichteten Netzwerk:

$$u_{aj} = \min_{i \varepsilon V^m} (u_{ai} + v_{ij}) \text{ für } j \varepsilon V^u$$

Sie kann sehr effizient mit Hilfe des DIJKSTRA-Algorithmus ausgeführt werden. Die äußere Minimierung ist dann nur noch eine einfache Auswahlvorschrift:

$$u_{ar} + v_{rs} + w_{sz} = u_{as} + w_{sz} = \min_{j \varepsilon V^u} \{u_{aj} + w_{jz}\}$$

Im einzelnen sind dabei die folgenden Berechnungen durchzuführen:

Schritt 1: Bestimme die maximalen Entfernungen u_{ai} der Knoten $i \varepsilon V^m$ vom Anfangsknoten a im Netzwerk Nt.

Schritt 2: Bestimme unter Einbeziehung der Maximalentfernungen u_{ai} von sämtlichen Knoten $i \varepsilon V^m$ aus die kürzeste Umgehung u_{aj} des Schnittes S bis zum Knoten $j \varepsilon V^u$.

Schritt 3: Bestimme die maximalen Entfernungen w_{jz} der Knoten $j \varepsilon V^u$ vom Zielknoten z im Netzwerk N^t.

Anhand des Beispiels seien die Rechenschritte illustriert. Die Knoten enthalten in der Abb. 6 im linken unteren Feld die Größen u_{ai} (für $i \varepsilon V^m$) bzw. u_{aj} (für $j \varepsilon V^u$) und im rechten unteren Feld die Größen w_{jz} (für $j \varepsilon V^m$). Es wird $u_{aj} = \infty$ gesetzt, wenn der Knoten j über keinen Umweg direkt erreichbar ist.

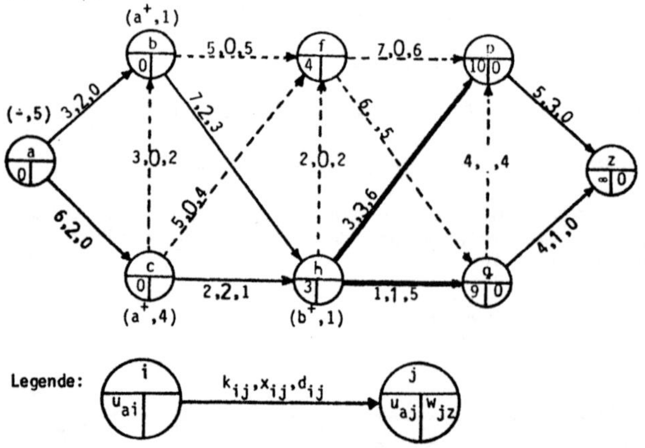

Abb. 6

Berechnung der minimalen Wegverlängerung des längsten Weges:

u_{ai}=max.Entf.($a \rightarrow i \varepsilon V^m$)

u_{aj}=min(u_{ai}+Entf.$i \rightarrow j \varepsilon V^u$)

w_{jz}=max.Entf.($j \varepsilon V^m \rightarrow z$)

Addiert man in allen nichtmarkierten Knoten $j \in V^u$ die Größen $u_{aj} + w_{jz}$ und wählt die kleinste Summe, so erhält man als Umgehung des Schnittes den kürzesten Maximalweg. Er hat die Länge t = 9, wenn man die Kanten von r = c über den Knoten f nach s = q in das Netzwerk N^t aufnimmt.

Das auf diese Weise erweiterte Netzwerk ist in der Abb. 7 durch die ausgezogenen Kanten dargestellt. In Ihm wird wieder der maximale Fluß berechnet. Die Flußvergrößerung endet in einem NONBREAKTHROUGH mit $S = \{(h,p), (q,z)\}$ als dem Schnitt minimaler Kapazität.

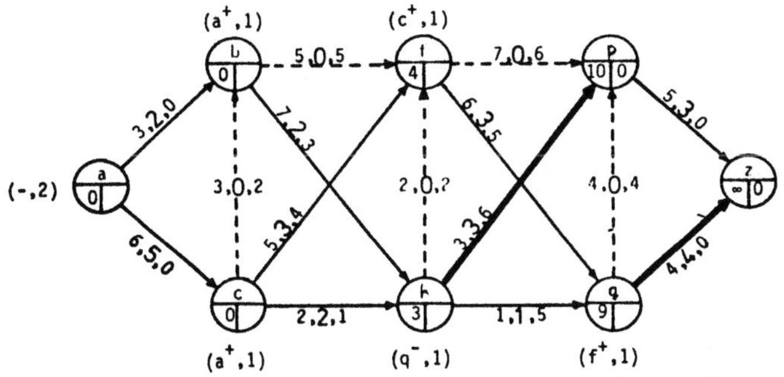

Abb. 7

Netzwerk
$N = [V, X, k, x, d]$
nach Erreichen des nächsten NONBREAKTHROUGH

Die neuerliche Schnittumgehung führt über die Kante (f,p) zu der geringsten Verlängerung des maximalen Weges auf t = 10. In dem um die Kante (f,p) vergrößerten Netzwerk findet man einen Fluß, der alle Nebenbedingungen erfüllt (vgl. Abb. 8). Die Flußmengen x_{ij} repräsentieren die optimalen Transportmengen. Die minimale Transportdauer beträgt T = 10; sie ist bestimmt durch den zeitlängsten Transport entlang dem Weg
$\bar{W}_{az} = \{(a,c), (c,f), (f,p), (p,z)\}$

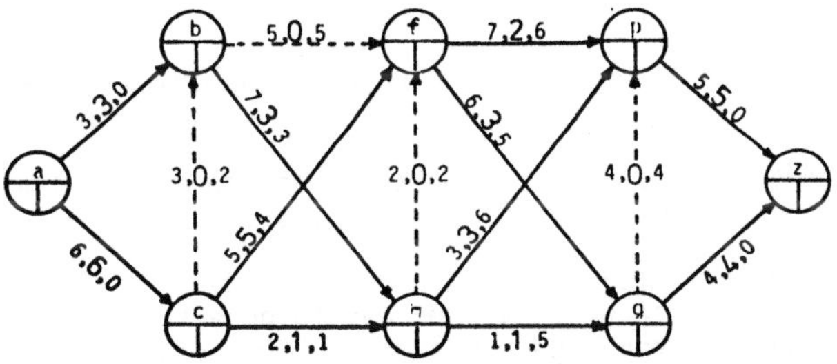

Abb. 8

Optimale Lösung des Zeit-Umladeproblems

5. Die Endlichkeit des Verfahrens

In jeder Iteration des Verfahrens werden die Schritte P und D abwechselnd ausgeführt. Im Schritt P wird entweder der Fluß erhöht, oder es ergibt sich ein NONBREAKTHROUGH.

Die Flußerhöhung erfolgt in ganzzahligen Schritten, falls die Kapazitätsgrenzen k_{ij} ganzzahlig sind. Bei endlich vielen Wiederholungen des Schrittes P erreicht man daher die optimale Lösung, oder es zeigt sich, daß keine zulässige Lösung existiert.

Vorausgesetzt ist dabei, daß in jedem Schritt P der Fluß auch tatsächlich erhöht werden kann, das heißt, der Erweiterung des Transportnetzwerkes ein BREAKTHROUGH folgt. Das wird zwar im allgemeinen der Fall sein; es kann jedoch die Möglichkeit nicht ausgeschlossen werden, daß ohne Flußerhöhung direkt wieder ein NONBREAKTHROUGH auftritt. In dieser Situation gibt es einen zweiten Schnitt S' mit der gleichen Kapazität wie der vorher umgangene Schnitt S. Da entlang der Umgehung des Schnittes S jedoch mindestens ein unmarkierter Knoten markiert werden kann, ist sichergestellt, daß unmittelbar aufeinanderfolgende NONBREAKTHROUGH nur endlich oft vorkommen können. Bei endlich vielen Knoten muß dann einmal der Zielknoten z markiert sein und daher ein BREAKTHROUGH eintreten, der zu einer Flußerhöhung führt.

6. Der Aufwand des Verfahrens

Der Rechenaufwand zur Lösung eines Zeit-Umladeproblems hängt primär von der Anzahl der benötigten Iterationen ab:

- Falls die Kapazität des Gesamtnetzwerkes $N = [V, X, k, x, d]$ wesentlich größer als die Gesamtnachfrage B ist, dann wird das optimale Transportnetzwerk N^T in der Regel nur eine realtiv kleine Untermenge X^T der Menge X aller Kanten umfassen. In diesem Fall werden i.a. nur wenig Iterationen durchzuführen sein.

- Ist auf der anderen Seite die Kapazität des Netzwerkes annähernd gleich der Gesamtnachfrage, dann muß man mit großer Wahrscheinlichkeit fast alle Kanten des Netzwerkes N in das Transportnetzwerk N^T übernehmen, wozu i.a. sehr viele Iterationen benötigt werden.

In jeder Iteration des Lösungsverfahrens sind im wesentlichen zwei Teilaufgaben zu lösen:

- Der Schritt P beinhaltet die Berechnung des maximalen Flusses in dem Transportnetzwerk mit dem FORD/FULKER SON-Algorithmus.

- Der Schritt D besteht aus den drei Unteraufgaben, entweder die längsten oder kürzesten Wege von je einem Wurzelknoten aus zu berechnen. Die hierbei zu untersuchenden Kantenmengen sind disjunkt, so daß dieser Schritt vom Aufwand her etwa der Berechnung der kürzesten (oder längsten) Wege im Gesamtnetzwerk vom Anfangsknoten a aus gleichkommt. Hierzu wird der DIJKSTRA-Algorithmus verwendet.

Beide Lösungsschritte stützen sich also auf sehr effiziente Algorithmen, die als Markierungstechniken einen verhältnismäßig geringen Rechenaufwand erfordern. Dieser Aufwand entspricht in etwa auch dem des Out-of-kilter-Algorithmus von Fulkerson (1961) zur Lösung des Kosten-Umladeproblems. Bei dieser primal-dual arbeitenden Methode ist in jeder Iteration ebenfalls zunächst ein Flußmaximierungsproblem in einem Teilnetzwerk zu lösen. Bei

Erreichen des NONBREAKTHROUGH werden danach die Knotenpotentiale (Dualwerte) geändert, ein Prozeß, der annähernd so aufwendig wie die Wegoptimierung ist.

Zum Abschluß sei noch auf eine Eigenschaft der Lösung des Zeit-Umladeproblems aufmerksam gemacht, die bei fast allen Engpaßproblemen zu beobachten ist. Da nur der längste Weg über die Optimalität der Lösung entscheidet, wird die Lösung im allgemeinen hoch degeneriert sein. Das bedeutet, daß in der Regel sehr viele optimale Lösungen existieren, die zwar alle denselben längsten Weg benützen, die sich jedoch durch Mengenumverteilungen auf den kürzeren, ebenfalls in N^T enthaltenen Transportwegen ergeben. Aus diesen kann man nun denjenigen Transportplan auswählen, der die geringsten Transportkosten verursacht, indem im Anschluß an die Lösung des Zeit-Umladeproblems im Transportnetzwerk N^T ein Kosten-Umladeproblem gelöst wird. Da eine primal zulässige Lösung bekannt ist, kommen hierfür vor allem primale Lösungsverfahren in Frage.

7. Literatur

Burkard, R.E. (1975): Numerische Erfahrungen mit Summen- und Bottleneck-Zuordnungsproblemen, in: Collatz/Werner (1975), S. 9 - 25

Collatz, L.; H. Werner (Hrg.) (1975): Numerische Methoden bei graphentheoretischen und kombinatorischen Problemen, Basel, Stuttgart

Ford, L.R.; D.R. Fulkerson (1962): Flows in Networks, Princeton, N.J.

Fulkerson, D.R. (1961): An Out-of-Kilter Method for Minimal Cost Flow Problems, in: J. Soc. Indust. Appl. Math. 9, S. 18 - 27

Garfinkel, R.S. (1971): An Improved Algorithm for the Bottleneck Assignment Problem, in: Op. Res. 19, S. 1747 - 1751

Garfinkel, R.S.; M.R. Rao (1971): The Bottleneck Transportation Problem, in: Nav. Res. Log. Quart. 18, S. 465 - 472

Hammer, P.L. (1969): Time-Minimizing. Transportation Problems, in: Nav. Res. Log. Quart. 16, S. 345 - 357

Hammer, P.L. (1971): Communication on "The Bottleneck Transportation Problem" and "Some Remarks on the Time Transportation Problem", in: Nav. Res. Log. Quart. 18, S. 487 - 490

Molnár, L. (1974): Einsatz von Optimierungsprogrammen für Probleme des Berufsverkehrs in einem Unternehmen der Grundstoffindustrie, in: Proceedings in Operations Research 4, S. 22 - 31

Pape, U.; B. Schön (1970): Verfahren zur Lösung von Summen- und Engpaß-Zuordnungsproblemen, in: Elektronische Datenverarbeitung 4, S. 149 - 163.

Szwarc, W. (1971): Some Remarks on the Time Transportation Problem, in: Nav. Res. Log. Quart. 18, S. 473, - 485

Einsatzplanung von Fahrzeugen am Beispiel des Luftverkehrs

H.-J. Peters, Köln

Zur Lösung des Einsatzproblems wird eine Methode angegeben, die es gestattet, die Betriebskosten stärker bei der Planung von Fahrzeugeinsätzen zu berücksichtigen als es bei einer modellinternen Berücksichtigung der Kosten unmittelbar im Optimierungsprozess möglich ist. Dazu ist es erforderlich, daß die Wirtschaftlichkeitsberechnung von der eigentlichen Einrichtung eines Netzumlaufs getrennt wird. In diesem Fall läßt sich für das Umlaufproblem ein Verfahren angeben, das auf bekannte Methoden des Operationsresearch zurückgreift. Die Wirtschaftlichkeit wird durch praxisnahe Aufwands- und Ertragsrechnungen berücksichtigt. Durch eine wechselseitige und gleichgewichtige Berücksichtigung beider Teilaspekte des Fahrzeugeinsatzes kann die Betriebs- und Verkehrsleistung im Netz verbessert werden. Die vorgeschlagene Methodik wird auf ein Modell des innerdeutschen Regionalluftverkehrs angewendet. Als Ergebnisse werden quantitative Verbesserungen in den Erträgen bzw. in der Verkehrsbedienung erreicht.

OR-Verfahren im Verkehrswesen

R.-J. Riepl, Basel

1. Das Transport-System

Jede Tätigkeit im Transportwesen, sei sie nun beratender oder ausführender Natur, ist ein Eingriff in ein komplexes Gefüge vielfältiger Wechselwirkungen.

Wir haben 3 Komponenten: Das Transport-System, das Socio-ökonomische System, beide bestimmen die dritte Komponente, die Transport-Flüsse, (Bild 1), [7].

Das Transport-System umfasst alle Verkehrsträger, Verkehrsmittel, das Strassen- und Schienennetz, die geographische Ausdehnung, bis hin zur einzelnen Haltestelle, wenn dies dem Feinheitsgrad der Untersuchung angepasst ist, h i e r entsteht ein Angebot an Transportleistungen.

Das Socio-ökonomische System, die Summe der sozialen und ökonomischen Aktivitäten einer Gesellschaft, schafft erst ein Bedürfnis an Transportleistung (Nachfrage). Inwieweit das Transport-System diesem Bedürfnis zu entsprechen vermag (Beziehung 1) kommt in Art und Umfang der konsumierten Transportleistung, den Transportströmen zum Ausdruck.

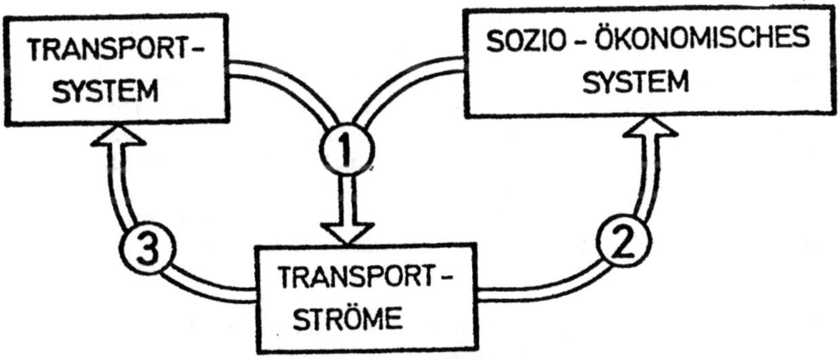

Bild 1 Grundlegende Beziehungen

Die konsumierten Transportleistungen können (z.B. durch den damit verbundenen Verzehr an Resourcen) Veränderungen im Socio-ökonomischen System hervorrufen (Beziehung 2).
Stichworte: Fluglärm, Umweltschutz, Landnutzung.

Die konsumierten Transportleistungen beeinflussen andererseits das Transport-System (Beziehung 3); z.B. können private oder öffentliche Unternehmen zu einem neuen/veränderten Leistungsangebot angeregt werden.

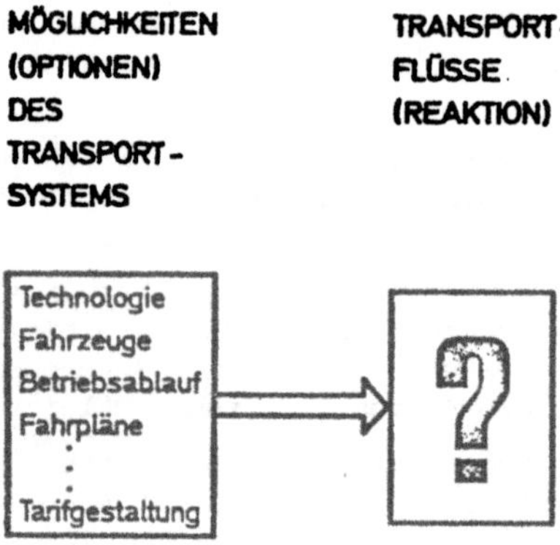

Bild 2 Das Prognose-Problem

Angesichts eines Kostendrucks, der nicht erst in Zeiten einer allgemeinen wirtschaftlichen Unlust auf den Transportunternehmern lastet, sehen sich diese genötigt, ihre Leistungserstellung vermehrt unter ökonomischen Kriterien zu sehen. Es besteht ganz offensichtlich die Notwendigkeit vorherzusagen, w i e von einer veränderten Transportinfrastruktur Gebrauch gemacht wird; umso den Erfolg der beträchtlichen Investitionen rechtfertigen zu können (Bild 2).
Hierzu und zu einem zweiten Punkt: Dem Bereitstellen von Verfahren zur besseren betrieblichen Nutzung der vorhandenen Infrastruktur, kann die Disziplin Operations Research beitragen.

Bereits im Jahre 1924 veranschaulichte Knight [6] an einem Beispiel die eingangs dargestellten Beziehungen. Zwischen den Städten A und B bestehen zwei Strassenverbindungen, eine gutausgebaute Strasse mit geringer Kapazität und eine weitere, die sich in einem schlechten Zustand befindet, aber mit hoher Kapazität. Die Städte betreiben regen Güteraustausch; sämtlicher Transport wird mit Camions abgewickelt. Es sei unmöglich, dass dies ausschliesslich auf der gutausgebauten Strasse geschieht.

Wie wird sich der Verkehrsstrom aufteilen ?
Knight vermutete: So, dass die Kosten/Transporteinheit gleich sind.
Wir würden heute sagen: So, dass pro beförderte Transporteinheit der gleiche "Return on Investment" erzielt wird.

Knapp 30 Jahre später formulierte Wardrop, für ein Strassennetz des Individualverkehrs, seine bekannten Prinzipien, auf denen jede Verkehrsaufteilung beruhe. [8].

1. Die Fahrzeit auf den benutzten Wegen ist gleich; sie ist kürzer, als auf den nicht benutzten Wegen (Benutzter-optimierte Flüsse)
2. Die durchschnittliche Fahrzeit ist minimal (System-optimierte Flüsse)

2. Equilibrium-Analyse

Wardrop legte den Grundstein zu einer Gleichgewichts-Analyse, wie sie aus der ökonomischen Theorie (speziell der Mikrotheorie) hinreichend bekannt ist, und der eingangs formulierten Beziehung 1 entspricht.

Eine erste mathematische Formulierung, aufbauend auf den Gedanken von Wardrop, erfolgte m.W. in den fünfziger Jahren [1] .
Betrachten wir das Transportnetz T, T=(K,E,d,u) mit der Knotenmente K und der Bogenmenge E. (Bild 3)
Bezeichne F(i,j) den Fluss auf den (gerichteten) Bogen $(i,j)\in E$.
Die den einzelnen Bögen zugeordneten "delay functions" $d:R^1\rightarrow R^1$ werden als konvex und monoton nicht fallend vorausgesetzt - und beschreiben den funktionalen Zusammenhang von Serviceattributen (z.B. Fahrzeit) und den aktuellen Flüssen auf den entsprechenden Bögen; sei ferner u auf KxK erklärt, und ordne jedem Paar $(q,s)\in E$ die "Kosten" für eine Fahrt von q nach s zu, mit $u(q,s)\geq 0$.

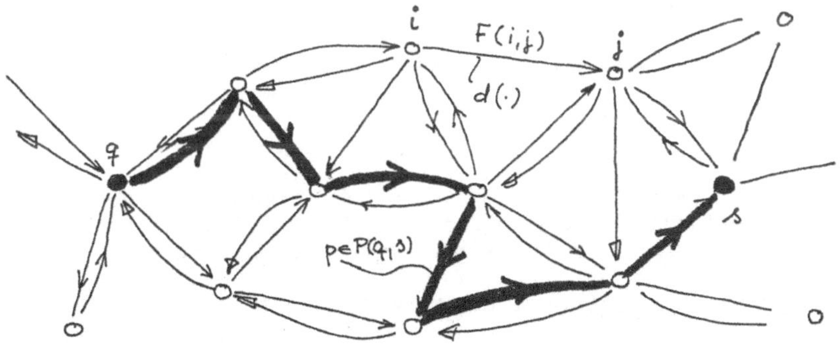

Bild 3 Das Transport-Netzwerk

Die Erzeugungsfunktion $g(u(q,s))$ definiere die Anzahl Fahrten von q nach s in Abhängigkeit der Kosten $(u(q,s)$. $P(q,s)$ sei die Menge aller Pfade p, die von q (Quelle) nach s (Ziel) führen - ein Pfad p von q nach s ist eine zusammenhängende Bogenfolge gleicher Richtung mit Anfangs-/Endknoten q bzw. s.
Werde schliesslich der Fluss längs eines Pfades $p \in P(q,s)$ mit $f(q,s)^p$ bezeichnet, so ist die Bedeutung der untenstehenden Beziehungen offensichtlich.

$$(1) \quad \sum_{p \in P(q,s)} f(q,s)^p = g(u(q,s)) \quad \forall (q,s)$$

$$(2) \quad F(i,j) = \sum_q \sum_s \sum_p \delta_{qs}{}^p \cdot f(q,s)^p \quad \forall (i,j)$$

$$(3) \quad f(q,s)^p \geq 0 \text{ , } p \in P(q,s), \quad (F(i,j) \geq 0, \forall (i,j))$$

Für das oben definierte Transport-Netzwerk entsprechen die Beziehungen (4) und (5) dem 1. Prinzip von Wardrop (Benutzer-optimierte Flüsse).

$$(4) \quad \sum_{(i,j)} \delta_{q,s}^{p} \, d(F(i,j)) = u(q,s) \qquad \text{falls } f(q,s)^p > 0$$

$$(5) \quad \sum_{(i,j)} \delta_{q,s}^{p} \, d(F(i,j)) \geqq u(q,s) \qquad \text{falls } f(q,s)^p = 0$$

$$\delta_{qs}^{p} = \begin{cases} 1 & \exists p \in P(q,s): (i,j) \in p \\ 0 & \text{sonst} \end{cases}$$

Die zwei letztgenannten Beziehungen (4) und (5) sind andererseits Teil der Kuhn-Tucker Bedingungen der folgenden Optimierungs-Aufgabe (P)

$$(P) \quad \min \left\{ \sum_{(i,j)} \int_0^{F(i,j)} d(z)dz - \sum_{(q,s)} \int_0^{g} g^{-1}(z)dz \;\middle|\; (1),(2),(3) \right\}$$

(Für monoton nicht wachsendes g ist (P) ein konvexes Problem)

Der Zusammenhang zu den bekannten Assignmentverfahren[1] (gewöhnlich der letzte Schritt im klassischen 4-Stufen Verkehrsmodell) wird deutlich, wenn g konstant gehalten wird (O-D Matrix); (P) reduziert sich zu (P)*

Sei also $g(\cdot) = g^*$ konstant (eine O-D Matrix)

$$(P)^* \quad \min \left\{ \sum_{(i,j)} \int_0^{F(i,j)} d(z)dz \;\middle|\; \sum_p f(q,s)^p = g^* \text{ ,(2),(3)} \right\}.$$

1) Das in (P)* formulierte 'assignment problem' ist von dem aus der OP-Literatur geläufigen Zuordnungsproblem zu unterscheiden.

Bezüglich der weiteren Entwicklung der 'Equilibrium'-Modelle seien, stellvertretend für viele andere, zwei Untersuchungen genannt:
Hasan, I. and Talvitie, A. [4] und Florian, M. et al. [2].

Nachwievor besteht das Problem der geeigneten Wahl von 'delay functions' und Erzeugungsfunktionen; ebenso die rechentechnischen Schwierigkeiten bei grossen (realen) Netzwerken. Es ist daher nicht verwunderlich, wenn man in der Praxis einen anderen Weg einschlug (z.B. UTPS, Urban Transportation Planning System, als einer der bekanntesten Ansätze).

3. Betriebsplanung (operational planning)

Planungshorizonte umfassten - zumindest in der Vergangenheit - mehrere Jahre, ja sogar Jahrzehnte. Die schwer überschaubare Entwicklung sozialer und ökonomischer Einflussgrössen, die zunehmend restriktiveren Budgets auf der anderen Seite erfordern ein Ueberdenken des Planungsprozesses [3]. Als wichtige Erkenntnis mag gelten: Die bereits heute vorhandene Transportinfrastruktur wird auch zukünftig die Hauptlast des Verkehrsaufkommens zu bewältigen haben. Die Transportplanung wird sich daher vermehrt jener Instrumente bedienen, die zu einer effizienteren Nutzung der bestehenden Infrastruktur führen. Ein Hauptmerkmal der betrieblichen Planung ist der kurzfristige Planungshorizont. Schematisch ist - für einen öffentlichen Verkehrsbetrieb - dieser Planungsablauf in Bild 4 dargestellt.

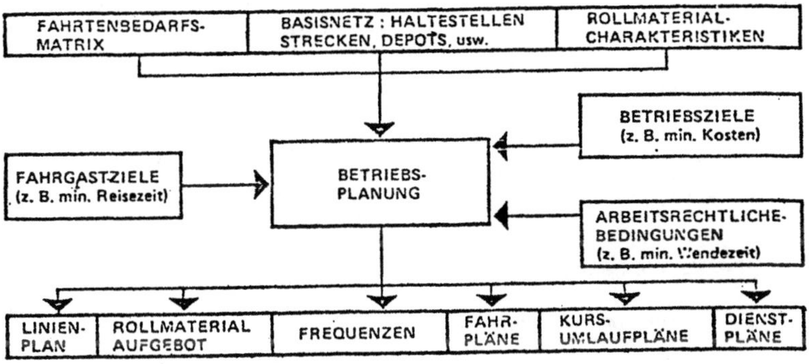

Bild 4 Betriebsplanung (öffentlicher Verkehrsbetrieb)

Grundsätzlich ist eine nachfrage-orientierte Verkehrsplanung anzustreben, d.h. die Benützerziele (z.B. kurze Reisezeit, geringe Umsteigebewegungen) stehen im Vordergrund; diesen Wünschen ist unter den gegebenen finanziellen und arbeitsrechtlichen Beschränkungen Rechnung zu tragen. Das computergestützte Planungssystem NOPTS [5] versucht nun die einzelnen Planungsstufen in einen einheitlichen Prozess zu integrieren (Bild 5). Wir beschränken uns an dieser Stelle auf die Beschreibung der Stufe I, genauer den darin verwendeten Assignment-Algorithmus. Sei T,T = (K,E,d) wiederum ein Netzwerk, $d: E \rightarrow R^1$ eine auf der Bogenmenge erklärte reelle Bewertungsfunktion (vgl. Bild 3).

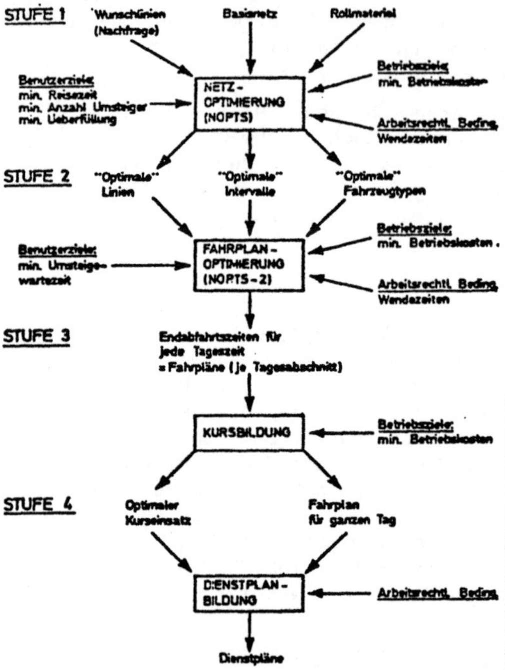

Bild 5 NOPTS-Prozessablauf

Bezeichne prob(p), $p \in P(q,s)$ die Wahrscheinlichkeit, dass eine Fahrt in q beginnend und in s endend längs des Pfades p verläuft. Sicher soll gelten

$(|P(q,s)| < \infty)$ für $P(q,s) \neq \emptyset$

$$(6) \qquad \sum_{p \in P(q,s)} \text{prob}(p) = 1.$$

Für einen Bogen $e = (i,j) \in E$ ist dann prob (e)

$$(7) \qquad \text{prob } (e) = \sum_{p \in P(q,s)} \text{prob}(p)\, \delta_{ep}$$

$$\delta_{ep} = \begin{cases} 1 & e \in p \\ 0 & \text{sonst} \end{cases}$$

die Wahrscheinlichkeit, dass diese Fahrt über den Bogen e führt; analog definiert man für einen Knoten $i \in K$

$$(8) \qquad \text{prob } (i) = \sum_{p \in P(q,s)} \text{prob } (p)\, \delta_{ip} \, , \quad \delta_{ip} = \begin{cases} 1 & \exists e \in p: e = (i,\cdot) \\ 0 & \text{sonst} \end{cases}$$

und eine bedingte Wahrscheinlichkeit

$$(9) \qquad \text{prob } (e|i) = \text{prob } (e) \,/\, \text{prob } (i).$$

Unterstellt man, prob (p) lasse sich multiplikativ aus der Bogenbewertung d(e) berechnen,

$$(10) \qquad \text{prob}(p) = k \prod_{e \in E} d(e)^{\delta_{ep}} \, , \qquad p \in P(q,s)$$

der Faktor K ist so zu bestimmen, dass (6) erfüllt ist - so erhält man für prob $(\tilde{e})$, $\tilde{e} = (i,j) \in E$

$$(11) \qquad \text{prob } (\tilde{e}) = \sum_{p \in P(q,s)} \delta_{\tilde{e}p} \, (k \prod_{e \in E} d(e)^{\delta_{ep}})$$

$$= k (\sum_{p\ P(q,i)} \prod_{e \in E} d(e)^{\delta_{ep}}) \cdot d(\tilde{e}) \cdot (\sum_{p \in P(j,s)} \prod_{e \in E} d(e)^{\delta_{ep}})$$

Mit der Konvention

$$(12)\quad w(i,j) = \begin{cases} \sum_{p\in P(i,j)} \prod_{e\in E} d(e)^{\delta_{ep}} & \text{falls } i \neq j,\ P(i,j)\neq\emptyset \\ 1 & i = j \\ 0 & \text{sonst} \end{cases}$$

ergibt sich, wie man leicht nachprüft, die rekursive Form zur Berechnung von w(i,j)

$$(13)\quad w(i,j) = \sum_k w(i,k)d(k,j) = \sum_k w(k,j)d(i,k) \quad ,\ k\in K\ ;$$

und hieraus, die für jede Verkehrsaufteilung relevanten Grössen

$$(14)\quad 1/k = w(q,s)$$

$$\text{prob}\ (e|i) = d(e)w(j,s)\ /\ w(i,s)$$

Alle Fahrten von q nach s lassen sich nun entsprechend den Wahrscheinlichkeiten prob (p) auf die Pfade $p\in P(q,s)$ verteilen. (Die resultierenden Belastungen sind von der speziellen Wahl von d abhängig - über die "richtige" Wahl von d kann letztlich nur die praktische Anwendung Aufschluss geben)

Sei insbesondere für $\varphi\in\mathbb{R}^1$, $\varphi\leq 0$

$$(15)\quad d(e) = \begin{cases} \exp(\varphi(\ell(q,j)-\ell(i,j)-\ell(q,i)) & \text{falls } \ell(q,i)<\ell(q,j)\ (^*) \\ 0 & \text{sonst} \end{cases}$$

mit $\ell(q,j)$ "Länge" des kürzesten Pfades von q nach j; so bedeutet dies, dass nach (10) und (15) unter allen Pfaden $p\in P(q,s)$ nur diejenigen mit positiver Wahrscheinlichkeit benützt werden, deren Verlauf vom Ursprung q (echt) wegführt ("Effiziente"Pfade).

Interpretiert man d als zeitliche Bewertung (Fahrzeit), so wird durch (15) dem Wunsch nach zeitlich kurzen Wegen entsprochen - allerdings erhält der zeitlich kürzeste unter den effizienten Pfaden nur einen Teil der gesamten Fahrten (Mehr-Weg-Wahl). Durch eine geeignete Transformation des Transportnetzes werden, die für ein öffentliches Verkehrsnetz typischen Eigenschaften (Linienverlauf, Linienintervalle (Kursfolgezeiten), Umsteigemöglichkeit, Fussgängerverbindungen ...) erreicht; so dass entsprechend den oben erläuterten Grundgedanken eine Verkehrsaufteilungauf dem transformierten Netz möglich ist. Einige typische Ergebnisse sind (in Form von Computergraphiken) in den folgenden Abbildungen dargestellt.

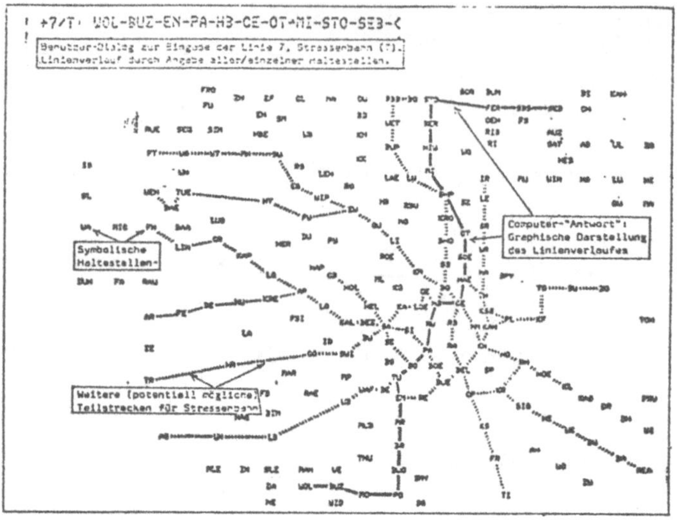

Beispiel: Linieneingabe (Abbildung oben)
Linienbelastung (Abbildung unten)

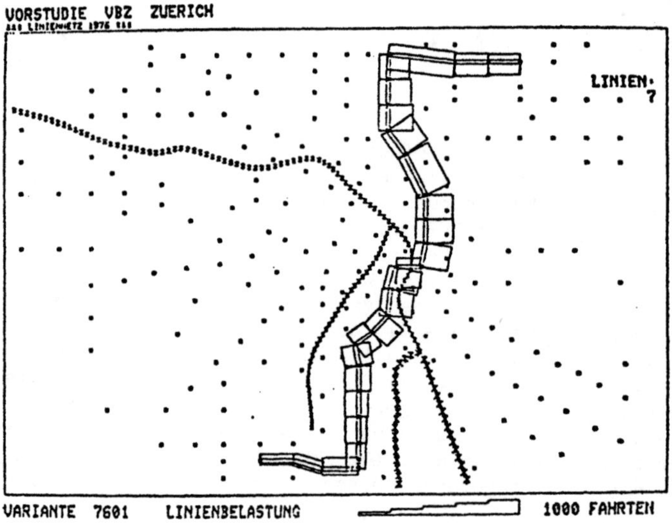

Literatur

[1] Beckmann, M.J., McGuire, C.B. and Winsten, C.B., Studies in the Economics of Transportation, Yall University Press, 1956

[2] Florian, M. et al., "EMME: A Planning Method for Multi-modal Urban Transportation Systems", Université de Montréal, Publication 62, 1977.

[3] Genton, D.L., "Planung von Verkehrssystemen unter Ungewissheit", Vorträge und Studien aus dem Institut für Verkehrswissenschaften an der Universität Münster, Heft 16.

[4] Hasan, I., Talvitie, A. "An Equilibrium Mode-Split Model of Work Trips Along a Transportation Corridor", University of California, Berkeley (Referat: World Conference on Transport Research, Rotterdam, 1977).

[5] ITEP-EPFL (Lausanne), W. + J. Rapp AG, Basel, "NOPTS: Computer Programm for Operational Planning in Public Transit",1976.

[6] Knight, F.H., "Some Fallacies in the Interpretation of Social Costs", 38, Quarterly J. of Economics.

[7] Manheim, M.L., Fundamentals of Transportation Systems Analysis, Vol. I, M.I.T., 1976.

[8] Wardrop, J.G., "Some Theoretical Aspects of Road Traffic Research", Proc. Inst. Civil Engineers, Part II, 1952.

Linienplanung im öffentlichen Personennahverkehr

H. Sonntag, Berlin

1. Allgemeines

Die Notwendigkeit der Überarbeitung der Liniennetzgestaltung auf den im allgemeinen historisch gewachsenen Liniennetzen ergibt sich durch die Veränderung der Verkehrsverteilung - den Quelle-Ziel-Verkehrsbedarfswerten - in den langen Planungszeiträumen.

Die Komplexität der Netzgestaltung[1] erfordert eine Teilung des Problems in die Komponenten

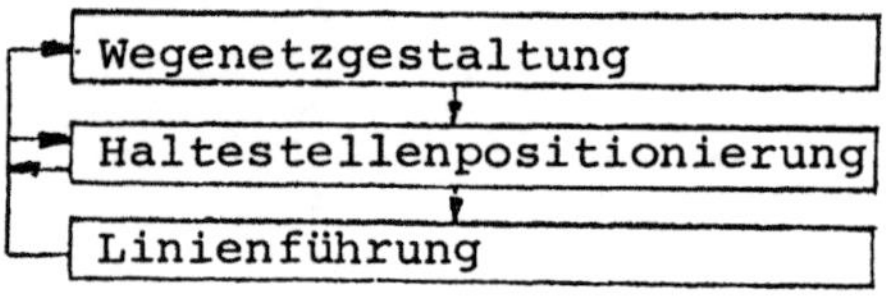

Für die vorliegende Untersuchung wird die Linienführung auf gegebenem Wege- und Haltestellennetz betrachtet, wobei benutzer- und betriebsorientierte Zielsetzungen betrachtet werden müssen.

Die Kosten eines Linienplans in der Planungskomponente Linienführung lassen sich auf die allein relevante Bezugsgröße der Gesamtlinienlänge beziehen. Eine Steigerung der Benutzerattraktivität ist der betriebsorientierten Zielsetzung eines kostengünstigen Liniennetzes in der Regel entgegengesetzt, d.h. über den Entscheidungsraum der Linienorganisation hinaus kann die Attraktivität nur durch einen erhöhten finanziellen Einsatz verbessert werden. Die Zielsetzung Maximierung der Benutzerattrakti-

---

1) Der Gesamtkomplex der Berechnung nachfrageorientierter Netze des öffentlichen Nahverkehrs (ÖPNV) wird am Institut für OR als Forschungsauftrag der DFG bearbeitet (s. WEBER,1977).

vität (geringe Reisezeit und Umsteigehäufigkeit) erfordert daher bei der Linienplanung die Einhaltung eines Anspruchniveaus der betrieblichen Zielsetzung Kostenminimierung durch Vorgabe einer maximalen Gesamtlinienlänge.

2. Problembeschreibung

Notwendige Eingangsinformationen für die Linienplanung sind:

(1) Der Graph G(K,U) des Wege- und Haltestellennetzes[1)] einer Planungsregion mit den Knoten K (k_i, i=1,2,..,n) als den Haltestellen und den Kanten U (u_r, r=1,..,m) als den mit der Fahrzeit $d(u_r)$ bewerteten Wegstrecken,

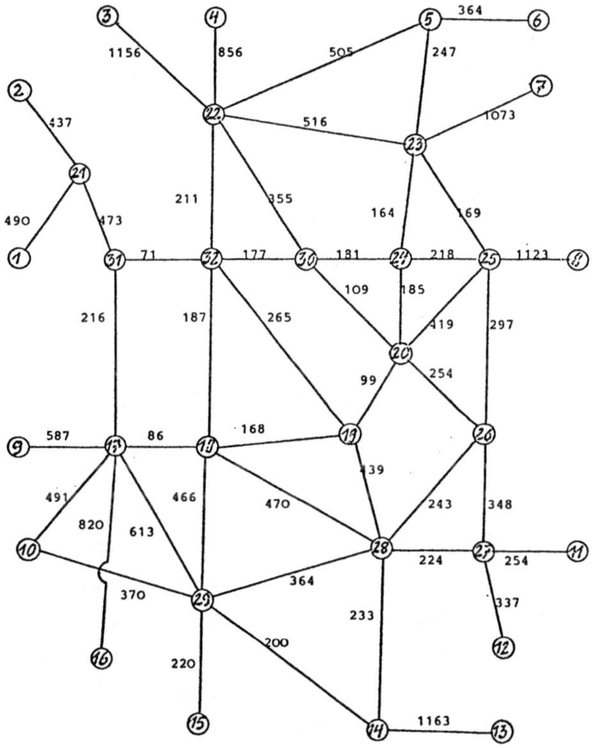

Abb.1: Graph des Wege- und Haltestellennetzes

1) Im Graphen G des Anwendungsbeispiels (s.Abb.1) sind Haltestellen- und Wegenetz identisch.

(2) die Verkehrsbedarfsmatrix $F(n,n)$ mit den Verkehrsbedarfswerten f_{ij} einer Verkehrsbeziehung von Knoten i nach Knoten j, wobei $f_{ij}=f_{ji}$ für alle $i \neq j$,

(3) die Linienendknoten $K_E \subset K$, an denen aus betriebstechnischen Gründen nur Linien enden dürfen,

(4) die zulässige Gesamtlinienlänge D_Z als Bezugsgröße der einsetzbaren Betriebskapazität,

(5) die Umsteigezeit UZ, die sich aus der mittleren Wartezeit und einer fahrzeitäquivalenten Mißgunstzeit für die Unbequemlichkeit des Umsteigevorgangs zusammensetzt.

Zielsetzung für den Entwurf eines Linienplans ist die Minimierung der mittleren Reisezeit MR entlang der jeweils kürzesten Route jeder Verkehrsbeziehung

$$MR = \frac{\sum_{i=1}^{n-1} \sum_{j=i+1}^{n} f_{ij} \cdot t_{ij}}{\sum_{i=1}^{n-1} \sum_{j=i+1}^{n} f_{ij}} \quad \Longrightarrow \quad \text{Min. !}$$

t_{ij}: Reisezeit (Fahr- und Umsteigezeit) entlang der kürzesten Route i-j

wobei jede Kante mindestens einmal im Linienplan enthalten sein muß (im allgemeinen befinden sich zusätzliche Haltestellen entlang den Wegstrecken des Wegenetzes).

Seiner formalen Struktur nach ähnelt das Problem demjenigen des Chinesischen Briefträgers. Jedoch können die Zielfunktionskoeffizienten bei der Linienplanung nicht wie in diesem klassischen Problem des Operations Research à priori angegeben werden. Diese Komplexität der Linienplanung ergibt sich daraus, daß der Routenverlauf und damit die Reisezeiten t_{ij} der Verkehrsbeziehungen erst nach der vollständigen Ermittlung des Linienplans bekannt sind. Damit hängt die Attraktivitätsgröße der Zuordnung zweier Elemente entsprechend quadratischer Zuordnungsprobleme auch von der Zuordnung aller anderen Elemente ab. Weiterhin ist die Gesamtgröße der Mehrfachzuordnung von Kanten zu Linien durch die Vorgabe der maximalen Gesamtlinienlänge beschränkt. Hingegen soll beim Chinesischen Briefträger gerade diese Mehrfachbelegung von Kanten minimiert werden.

Aufgrund dieser kombinatorischen Struktur läßt sich ein solches Reihenfolgeproblem der Linienplanung bereits bei kleiner Problemgröße nur durch spezielle problemorientierte heuristische Verfahren lösen (vgl. hierzu BURKARD,1975).

3.Verfahrensablauf

Der Grundgedanke des entwickelten Verfahrens besteht darin, eine zulässige sehr gute Lösung in der Nähe der idealen[1] aber aus Kapazitätsgründen unzulässigen Lösung zu suchen. Die Bewertung der Attraktivität der Verknüpfung zweier Netzelemente in einer Linie erfolgt über die Stärke des Verkehrsstroms im angenommenen (idealen) Linienplan, der zwischen beiden Netzelementen verläuft.
Auf diese Weise wird - im Gegensatz zur formalen Problemstruktur - eine à priori-Bewertung der Verknüpfungsattraktivität möglich.

Das Verfahren der verkehrsstromorientierten Linienplanung unterteilt sich in drei Phasen:

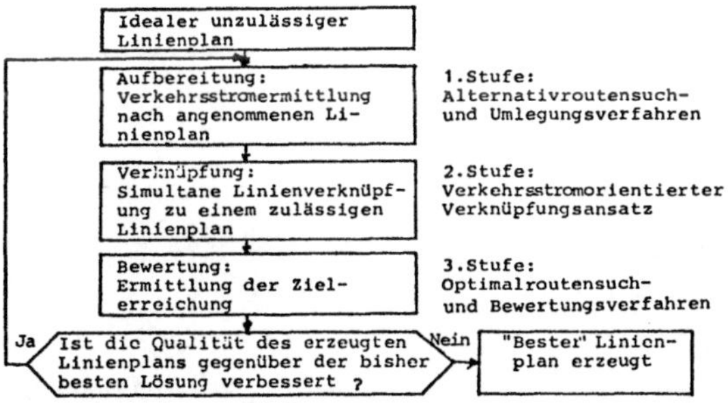

Abb.2: Ablaufplan des Linienplanungsansatzes

1) Direktbedienung aller Verkehrsbeziehungen entlang den optimalen Routen

In der Aufbereitungsphase erfolgt die Ermittlung der Verkehrsströme durch einen Ansatz der Simultanumlegung auf der Grundlage des agenommenen Linienplans. Die alternativen Routen einer Verkehrsbeziehung werden durch das auf die Anwendung in Liniennetzen erweiterte k-beste-Wegeverfahren von WEIGAND(1976) ermittelt und auf ihre Relevanz überprüft. Sinnlose Alternativrouten, die sich beispielsweise durch Hin- und Herpendeln zwischen parallel geführten Linien oder durch zusätzliches Aus- und Zusteigen entlang einer Linien ergeben, werden ausgeschlossen. Der Verkehrsbedarfswert jeder Verkehrsbeziehung wird anschließend mit Hilfe einer empirisch bestätigten Umlegungsfunktion aus der Verkehrsplanung simultan auf die relevanten Alternativrouten umgelegt. Der Stromverlauf wird als Knoten-Kanten-Stromwert in Stromrichtungslisten gespeichert, um in der nachfolgenden Verknüpfungsphase den Strom nach Weg und Stärke zur Bestimmung der Verknüpfungsattraktivität identifizieren zu können.

Routensuchen in Liniennetzen geschieht dabei auf erweiterten Linienwegenetzen, um die Umsteigevorgänge in den Graphen abzubilden (vgl. AJZEN/ROKEACH 1974).

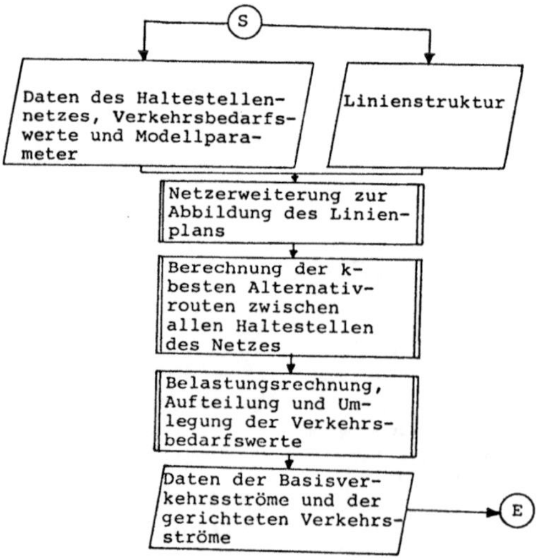

Abb.3: Aufbereitungsphase

Den Entwurf eines zulässigen Linienplans, der in seinem Verkehrsstromverlauf dem angenommenen Linienplan möglichst ähnlich ist, leistet in der Verknüpfungsphase ein neu entwickelter Simultanansatz. Die Linien werden hinsichtlich bestimmter Verknüpfungseigenschaften simultan verknüpft, wodurch der Zusammenhang zwischen allen Linien beachtet werden kann. In den folgenden Verknüpfungsstufen werden auf der Grundlage des aktuellen Verknüpfungsstandes die weiteren Zuordnungen hinsichtlich verfeinerter Eigenschaften durchgeführt. Das Verfahren beachtet bei der Attraktivitätsbewertung von Verknüpfungsmöglichkeiten neben den Wegströmen des angenommenen Linienplans auch die aktuelle Verknüpfungshäufigkeit von Wegekanten im teilverknüpften Linienplan. Im Laufe des Verfahrens besteht zudem Gelegenheit, einmal geschlossene Verbindungen wieder aufzubrechen, wenn dadurch andere Verknüpfungen mit größerer Attraktivität ermöglicht werden.

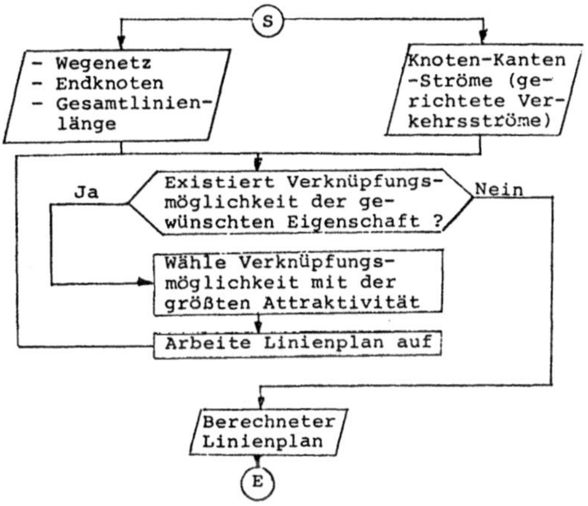

Abb.4: Verknüpfungsphase

In der Bewertungsphase werden die Zielerreichung und weitere Kenngrößen der Netzbeurteilung des entworfenen Linienplans ermittelt. Ein auf Liniennetze des ÖPNV erweitertes Optimalroutensuchverfahren von PAPE (1973) - eine Implementierungsversion des Verfahrens von D'ESOPO - ist Grundlage der Berechnung der mittleren Reisezeit, des Direktfahreranteils und der mittleren quadratischen Abweichung der realen zur idealen Reisezeit, wodurch die Gleichmäßigkeit der Bedienungsqualität bewertet werden kann.

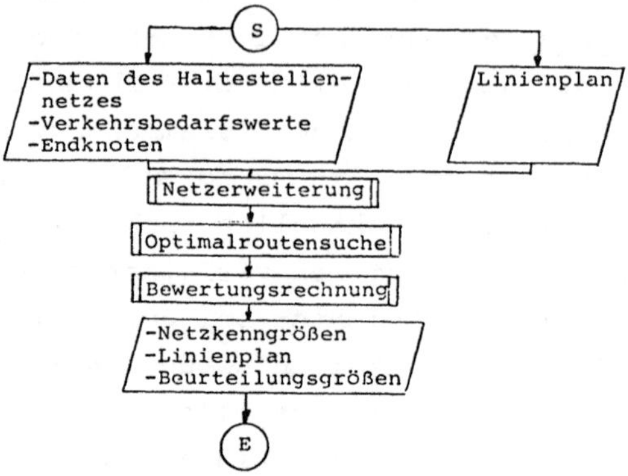

Abb.5: Bewertungsphase

In weiteren Iterationen kann nun der erzeugte zulässige Linienplan solange als Linienplan eines folgenden Durchgangs zur Verkehrsstromermittlung angenommen werden, bis keine weitere Verbesserung in der Qualität des erzeugten besten Linienplans erreicht wird bzw. angenommener und erzeugter Linienplan konvergieren.

4. Ergebnisse

Der Gesamtansatz wurde in der Programmiersprache ALGOLW implementiert. Als Anwendungsbeispiel wurde ein in der Literatur bekanntes Beispiel ausgewählt, für das NEBELUNG (1961) und MÜLLER (1967) mit intuitiven rechnerunterstützten Ansätzen jeweils "bestmögliche" Linienpläne bei gleicher Kapazitätsbeschränkung der Gesamtlinienlänge entworfen haben.

Der Graph G des Wegenetzes ist in Abb.1 mit den Fahrzeiten der Wegenetzkanten angegeben. Die zulässige maximale Gesamtlinienlänge D_{max} beträgt

$$D_{max} = 1{,}35 \cdot D_{Ein}, \text{ wobei } D_{Ein} = \sum_{r=1}^{m} d_r \text{ ist.}$$

Neben den unbedingten Endknoten des Graphen G, das sind alle Knoten mit nur einer inzidenten Kante, sind zusätzlich folgende mögliche Linienendknoten zugelassen:

5,10,14,19,22,31

Die Umsteigezeit UZ wurde mit UZ= 10 min angenommen.

Die Verkehrsbedarfswerte f_{ij} für den symmetrischen Fall sind MÜLLER (1967) entnommen.

Der beste numerisch ermittelte Linienplan konnte durch vier kleine Änderungen weiter verbessert werden, indem augenscheinliche Schwächen (dies sind beispielsweise Beinahezyklen, die aufgrund der Kapazitätsbeschränkung nicht zu Ringlinien vollendet sind) beseitigt wurden:

LINIENPLAN ZUR BEWERTUNG:

1. LINIE:	10	17	18	19	20	26	27	11					
2. LINIE:	16	17	18	19	20	24	23	5	6				
3. LINIE:	22	32	31	17	29	15							
4. LINIE:	4	22	32	19	28	14	13						
5. LINIE:	3	22	32	31	17	18	29	14					
6. LINIE:	2	21	31	32	18	28	27	12					
7. LINIE:	10	17	18	32	22	4							
8. LINIE:	1	21	31	32	19	20	25						
9. LINIE:	7	23	24	30	32	22	5						
10. LINIE:	8	25	24	30	32	31	17	18	19	20	26	27	11
11. LINIE:	10	29	28	26	25	23	22	30	20	19	18	17	9

ZIELKRITERIUM:

DIE DURCHSCHNITTLICHE GESAMTREISEZEIT AUF DER BASIS DER KUERZESTEN WEGE IM REALEN LINIENPLAN BETRAEGT:

(1) REALZEIT =====> 1507.478 SEKUNDEN

Abb.6: Numerisch ermittelter Linienplan

LINIENPLAN ZUR BEWERTUNG:

1. LINIE:	10	17	18	19	20	26	27	11	
2. LINIE:	16	17	18	19	20	24	23 .	5	6
3. LINIE:	6	5	22	32	31	17	29	15	
4. LINIE:	4	22	30	20	19	28	14	13	
5. LINIE:	3	22	32	31	17	18	29	14	13
6. LINIE:	2	21	31	32	18	28	27	12	
7. LINIE:	16	17	31	32	22	4			
8. LINIE:	1	21	31	32	19	20	25	23	7
9. LINIE:	8	25	24	30	32	31	17	10	
10. LINIE:	10	29	28	26	25	23	22		
11. LINIE:	19	18	17	9					

ZIELKRITERIUM:

DIE DURCHSCHNITTLICHE GESAMTREISEZEIT AUF DER BASIS DER KUERZESTEN WEGE IM REALEN LINIENPLAN BETRAEGT:

(1) REALZEIT =====> 1483.657 SEKUNDEN

Abb.7: Korrigierter Linienplan

Die unterschiedlichen Ansätze ergaben hinsichtlich der mittleren Reisezeit und weiterer Kenngrößen für Liniennetze folgende Ergebnisse:

Ansatz	Mittlere Reisezeit MR	Mittlere quadrat. Abweich. $t_{ij(real)}$ von $t_{ij(ideal)}$	Möglicher Direktfahreranteil (%)	Tatsächl. Gesamtlinienlänge $(D_{Ein})ec$
Nebelung	1511,8	277 256	76,7	1,3527
Müller	1509,2	277 533	78,1	1,3478
Sonntag Rechpl.	1507,5	291 915	92,9	1,3442
Sonntag Korrpl.	1483,7	269 355	77,5	1,3501
Idealplan	1202,7	0	100	1,35

In Richtung auf die Idealbedienung erbrachte der korrigierte Linienplan gegenüber dem Ergebnis von NEBELUNG eine relative Verbesserung von 9,1 %.

Die Unzulänglichkeit des Kriteriums Direktfahreranteil demonstriert die Abnahme dieser Kenngröße im korrigierten Linienplan gegenüber dem numerisch ermittelten Linienplan (Rechpl.). Dies läßt sich aus der ungünstigen Route mancher Direktbedienung über Ringlinien oder ringähnlichen Linien (s. Abb. 6 Linie 10 und 11) gegenüber der zeitkürzesten Route erklären.

Der Speicherbedarf des Ansatzes gestattet seine Anwendung auch bei größeren Netzen in großstädtischen Planungsregionen[1]. Die Rechenzeit[1] einer Iterationsstufe beträgt für die

- Aufbereitungsphase 1200 sec (CPU-Zeit)
- Verknüpfungsphase 150 sec (CPU-Zeit)
- Bewertungsphase 7 sec (CPU-Zeit)

Die lange Rechenzeit der Aufbereitungsphase erklärt sich trotz der Anwendung des sehr effizienten WEIGAND-Verfahrens aus der aufwendigen k-besten zyklenfreien Wegebestimmung im erweiterteten Graphen des Liniennetzes.

---

1) Es stand der Rechner der TU Berlin IBM 370/158 zur Verfügung.

5. Literatur

Ajzen,H.,Rokeach,L.: Routenwahl in Liniennetzen, in: Zeitschrift für Operations Research (ZOR), B18,S.101-120,1974

Burkard,R.E.: Heuristische Verfahren zur Lösung quadratischer Zuordnungsprobleme, in: ZOR 19,S.183-193,1975

Müller,K.H.: Ein mathematisches Modell für die Bestimmung von Endknotenzuordnungen in Nahverkehrsnetzen,Diss.Bergakademie Freiberg,1967

Nebelung,H.: Rationelle Umgestaltung von Straßenbahnnetzen in Großstädten,in:Technische und volkswirtschaftliche Berichte des Ministeriums für Wirtschaft NRW 55,1961

Pape,U.: Zur Implementierung und Wirtschaftlichkeit von MOORE-Algorithmen zur Bestimmung kürzester Weglängen..., Fachbereich 20 TU Berlin 73-06,1973

Weber,H.H. u.a.: Entwicklung eines Programmablaufs zur Berechnung von nachfrageorientierten Netzen des ÖPNV auf der Grundlage eines Planungsinformationssystems, Arbeitsbericht zum Forschungsauftrag der Deutschen Forschungsgemeinschaft, 1977

Weigand,M.M.: Algorithmus 27 - Ein neuer Algorithmus zur Bestimmumg von k-kürzesten Wegen in einem Graphen,Computing 16,1976

Ermittlung der Leistungsfähigkeit von Knotenpunkten spurgeführter Verkehrssysteme mittels Graphentheorie

W.-D. Völz, Hannover

1. Problemstellung

Die Bewegungsabläufe bei allen spurgeführten Verkehrssystemen sind dadurch gekennzeichnet, daß sie nach Ort und Zeit, d.h. durch den Fahrweg und durch den Fahrplan genau definiert sind. Somit läßt sich der Betriebsablauf dieser Systeme auf Strecken und in Knoten theoretisch und im voraus ermitteln und darstellen. Derartige Untersuchungen zur Durchleuchtung von Betriebsabläufen und zur Ermittlung der Leistungsfähigkeit der festen Anlagen (z.B. Gleisentwicklungen bei Schienenbahnen) bilden einen bedeutenden Bestandteil bei der betrieblichen Planung spurgeführter Verkehrssysteme; insbesondere

- für die Bestimmung des Auslastungsgrades einer bestehenden Anlage,
- für die Bemessung neu zu erbauender Anlagen sowie
- für die Ermittlung einer optimalen Betriebsqualität.

Ein weiteres Merkmal bei spurgeführten Transportsystemen sind die Weichen und Kreuzungen; denn nur mit deren Hilfe ist für die Fahrzeuge der Wechsel von einem Fahrweg auf einen anderen möglich. Diese Notwendigkeit hat zur Folge, daß die Verknüpfung bzw. Verzweigung von mehreren Fahrwegen zu umfangreichen Knotenpunkten mit einem sehr komplexen Betriebsablauf führen kann. Die Verknüpfungs- und Verzweigungspunkte in spurgeführten Verkehrssystemen haben deshalb eine so große Bedeutung, weil sie in den meisten Fällen die Leistungsfähigkeit des Systems bestimmen; das gilt in besonderem Maße für das konventionelle Verkehrssystem Eisenbahn.

Die bisher bekannten und angewandten Verfahren zur Untersuchung der Leistungsfähigkeit von Knotenpunkten bei Schienenbahnen erfordern entweder einen hohen Arbeitsaufwand oder haben eine unzureichende Aussagefähigkeit. Häufig handelt es sich um wahrschinlichkeitstheoretische Methoden, die die tatsächlichen Gegebenheiten nicht genügend berücksichtigen. Außerdem beschränken sich diese

Verfahren auf begrenzte Anlagenbereiche, z.B. Strecken, kleine Fahrstraßenknoten, Bahnsteiggleise usw. Die Verknüpfungen und gegenseitigen Beeinflussungen werden nicht erfaßt und eine Gesamtleistungsfähigkeit nicht ermittelt.

Diese Überlegungen führten zur Entwicklung einer neuartigen Rechenmethodik, mit der in digitalen Rechenanlagen der Betriebsablauf in Fahrstraßenknoten von Schienenbahnen wirklichkeitsgetreu nachgebildet werden kann. Um die Leistungsfähigkeit der Knotenpunkte genauer als bisher ermitteln zu können, ist es notwendig, die Abhängigkeiten zwischen wählbaren Planungsparametern und den unbeeinflußbaren Gegebenheiten des Schienenverkehrs zahlenmäßig zu erfassen und darzustellen. Dieses komplexe Optimierungsproblem wird bei der im folgenden vorgestellten Rechenmethodik mit Hilfe der Übertragung des Fahrstraßenknotens beliebiger Konfiguration in ein Graphenmodell und der Simulation der Bewegungsabläufe (Zug- und Rangierfahrten) in diesem Knotenmodell gelöst.

2. Übertragung des Gleisplanes in einen gerichteten Graphen

Die Graphentheorie wird dem mathematischen Gebiet der Mengenlehre zugeordnet und wurde etwa in den 30er Jahren entwickelt [1]. Die wesentlichen Elemente eines Graphen bilden die Knoten und Kanten, die als Verbindungslinien der Knoten mit einer Richtungsorientierung (gerichtete Kante) und einer Bewertung z.B. physikalischer Größen (u.a. Weglängen) versehen werden können.

Verschiedene Algorithmen in der Graphentheorie liefern z.B. in der Netzplantechnik die kritischen Wege bzw. kritischen Tätigkeiten. In der hier entwickelten Methodik werden Algorithmen benutzt, mit deren Hilfe sowohl kürzeste Wege in Abhängigkeit von der Kantenbewertung als auch Alternativrouten ermittelt werden können [2, 3].

Zwei wesentliche Abbildungsvorschriften für die Übertragung von Gleisplanelementen in einen gerichteten Graphen enthält Bild 1. Dementsprechend läßt sich jedes Element eines Gleisplans als eine Folge von gerichteten Kanten mit den zugehörigen Knoten darstellen, wobei nur Kantenfolgen im Sinne der Fahrstraßenlogik gebildet werden. Die Knoten in einem Graph können auch anderen charakteristischen Punkten wie Signalstandorte, Neigungswechsel, Beginn oder Ende von Langsamfahrstellen usw. entsprechen.

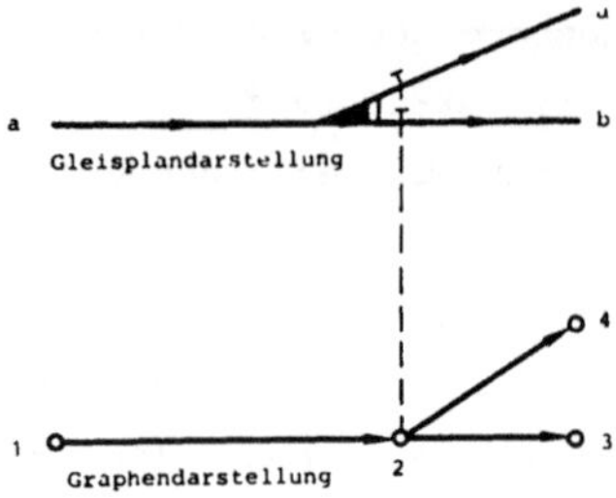

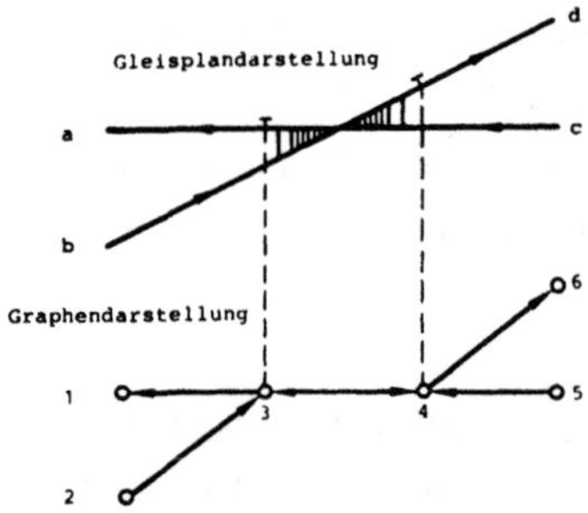

Bild 1 Übertragung der Gleisplanelemente - einfache Weiche bzw. Kreuzung in einen gerichteten Graphen (T: Auflösungspunkt)

3. Simulationsmodelle

Für die Untersuchung der Betriebsabläufe sind vier Simulationsmodelle entwickelt worden, deren wesentliche Merkmale im folgenden erläutert werden. Die beiden ersten Modelle unterscheiden sich durch die Fahrwegsuche, die mit Hilfe der oben erwähnten Algorithmen durchgeführt wird. Im Modell I erfolgt die automatische Suche des kürzesten Fahrwegs für jede Zugfahrt während der Simulation; der Fahrweg wird dann im Verlauf einer Zugfahrt abschnittsweise aufgelöst. Beim Modell II erfolgt die automatische Ermittlung mehrerer möglicher Fahrstraßen (Fahrwege) sowie ihrer Teilauflösungen für jede Fahrtrichtung vor Simulationsbeginn. In beiden Modellen umfaßt der Simulationsbereich Fahrstraßenknoten beliebiger Größe und Anordnung, die mit einem orstfesten Signalsystem ausgerüstet sind.

Ein Zug befindet sich im Simulationsbereich, sobald die Zugspitze das den ersten Konfliktpunkt deckende Hauptsignal passiert hat; er verläßt den Simulationsbereich, wenn das Zugende den Auflösungspunkt hinter dem nächsten Hauptsignal überfahren hat. Die Züge werden in der Reihenfolge ihrer Einbruchszeiten abgearbeitet (first in - first out) und durchfahren den Knoten ohne Halt. Die Simulation läuft in beiden Modellen ereignisorientiert mit festen Zeitschritten ab (quasi-parallele Verarbeitung). Vier verschiedene Betriebsstrategien ermöglichen eine wirklichkeitsgetreue Anpassung des Simulationsvorganges an die tatsächliche Betriebsbelastung der zu untersuchenden Anlage.

Eine Bewertung der beiden Verfahren nach Rechenzeit- und Speicherplatzbedarf zeigte deutliche Zeitvorteile des Modells II, wenn berücksichtigt wird, daß der Speicherplatzbedarf durch segmentiertes Laden der Kernspeicher im Rechner und durch Auslagerung auf Massenspeicherdateien jederzeit reduziert werden kann. Deshalb wurde auf der Grundlage des zweiten Modells das Modell III entwickelt, das die Eingabe einer sog. "Haltekante" erlaubt, wenn innerhalb des Fahrstraßenknotens Haltemöglichkeiten vorgesehen sind.

Betrachtet man die gesamten Gleisanlagen eines Bahnhofs als Knotenpunkt, so läßt sich durch die Berücksichtigung von derartigen Haltekanten, die nun die Funktion von Bahnsteiggleisen übernehmen, ein Bahnhof im Rechner abbilden und der Betriebsablauf nachvollziehen. Der Simulationsbereich erstreckt sich dabei vom Vorsignal des ersten Hauptsignals über das Ausfahrsignal des Bahnsteiggleises bis zum nächsten Blocksignal der freien Strecke.

Einen Sonderfall stellt dabei die Berücksichtigung von Wendezügen dar. Mit Hilfe derartiger Zugfahrten können neben Kopfbahnhöfen auch spezielle Rangierfahrten im Bahnhofsbereich erfaßt und simuliert werden. Die bisherige Abarbeitung der Züge (first in - first out) wird durch die Eingabemöglichkeit einer Vorrangzahl ergänzt. Diese Zahl ist definiert als Wartezeit vor dem Einfahrsignal und kann in beliebiger Größe für jede Fahrtrichtung und Zuggattung festgelegt werden.

Eine weitere umfangreiche Programmerweiterung (Simulationsmodell IV) enthält u.a. die Vergrößerung des Simulationsbereiches, der auf mehrere Blockabschnitte sowohl innerhalb als auch außerhalb des Bahnhofs (Fahrstraßenknoten) ausgedehnt werden kann. Weiterhin werden die zulässigen Einfahrgeschwindigkeiten in Abhängigkeit von unterschiedlichen Durchrutschwegen während der Simulation berücksichtigt.

Der Einfluß benachbarter Knoten wird erstmalig mit einer Dispositionsmatrix erfaßt, die die Einbruchzeiten und Reihenfolge der Züge in den Simulationsraum nach vorgegebenen Dispositionsregeln festlegt.

4. Anwendungsbeispiele

Mit Hilfe der genannten Modelle ist eine betriebliche Untersuchung im Zuge der geplanten Unterfahrung der Gleisanlagen von Düsseldorf Hbf durch die Stadtbahn durchgeführt worden. Dabei sollten Auswirkungen auf den Betriebsablauf ermittelt werden, die sich durch die Sperrung von Bahnsteiggleisen ergeben können.

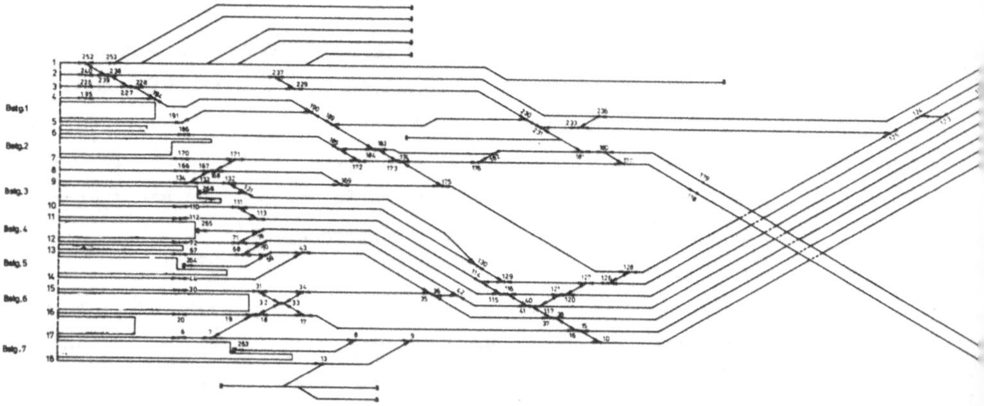

Bild 2 Auszug aus der Graphendarstellung für den Bahnhof Düsseldorf Hbf

Das Bild 2 gibt auszugsweise den Gleisplan von Düsseldorf Hbf als Graphen wieder. In allen 18 Bahnsteiggleisen können Züge planmäßig und außerplanmäßig halten, außerdem sind Betriebsüberholungen sowie gleichzeitige Ein- und Ausfahrten möglich. Das Simulationsergebnis für eine Untersuchungsvariante (es sind insgesamt 16 Varianten untersucht worden) zeigt auszugsweise das Bild 3. Im oberen

ERGEBNIS DER SIMULATION STATISTISCHER DATEN

SIMULATIONSZEITRAUM 6 STD. DAVON 1 STD. VORLAUF
SCHRITTWEITE 5 SEK.
DIE ERGEBNISSE SIND MITTELWERTE AUS 1. SIMULATIONSVORGÄNGEN
ALLE FOLGENDEN ZEITANGABEN IN (MIN)

ANZAHL DER ZÜGE 55.0
ANZAHL DER VERSP. ZÜGE 8.0
MITTL. VERSPÄTUNG JE ZUG .2 MIN
MITTL. VERSPÄTUNG JE WART.ZUG 1.6 MIN
ANTEIL DER VERSPÄTETEN ZÜGE 14.5 PROZENT

STAT. DATEN DER FAHRTRICHTUNG

RICHT.NR.	GESAMTZAHL	DAVON OHNE VERSP. ZAHL	DAVON OHNE VERSP. PROZENT	DAVON MIT VERSP. ZAHL	DAVON MIT VERSP. PROZENT	VERSPÄTUNG GESAMT	VERSPÄTUNG JE VERSP.ZUG
1	4.0	4.0	100.0	0.0	0.0	0.0	0.0
2	2.0	2.0	100.0	0.0	0.0	0.0	0.0
3	3.0	3.0	100.0	0.0	0.0	0.0	0.0
4	1.0	1.0	100.0	0.0	0.0	0.0	0.0
5	2.0	2.0	100.0	0.0	0.0	0.0	0.0
6	1.0	0.0	0.0	1.0	100.0	1.9	1.9
7	1.0	1.0	100.0	0.0	0.0	0.0	0.0
8	1.0	1.0	100.0	0.0	0.0	0.0	0.0
9	1.0	1.0	100.0	0.0	0.0	0.0	0.0
10	3.0	3.0	100.0	0.0	0.0	0.0	0.0
11	3.0	3.0	100.0	0.0	0.0	0.0	0.0

Bild 3 Auszug aus dem Simulationsergebnis einer Untersuchungsvariante für den Bahnhof Düsseldorf Hbf

Teil der Zahlentafel sind die statistischen Aussagen über den gesamten Knoten (Bahnhof) enthalten, während im unteren Teil fahrtrichtungsbezogene Ergebnisse wiedergegeben sind.

Das Rechenprogramm erstellt automatisch auch die Bahnhofsfahrordnung, so daß die erforderliche Anzahl der Bahnsteiggleise aus dem Bahnsteiggleisbelegungsplan abgelesen werden kann, der in Bild 4 auszugsweise dargestellt ist. Die Gleisbelegung (gekennzeichnet durch XXX) für einen bestimmten Zug beginnt mit dem Zeitpunkt der Fahrstraßenbildung und endet mit dem Freigabezeitpunkt der Haltekante (Bahnsteiggleis). Schließlich liefert das Programm auch eine "Kantenstatistik", aus der die Belegungshäufigkeit aller Gleisplanelemente einzeln abgelesen werden kann. Mit Hilfe der Belegungsstatistik der Gleisplanelemente kann festgestellt werden, ob auf bestimmte Weichenverbindungen verzichtet werden kann, ohne damit Zahl und Größe der Behinderungen zu vergrößern.

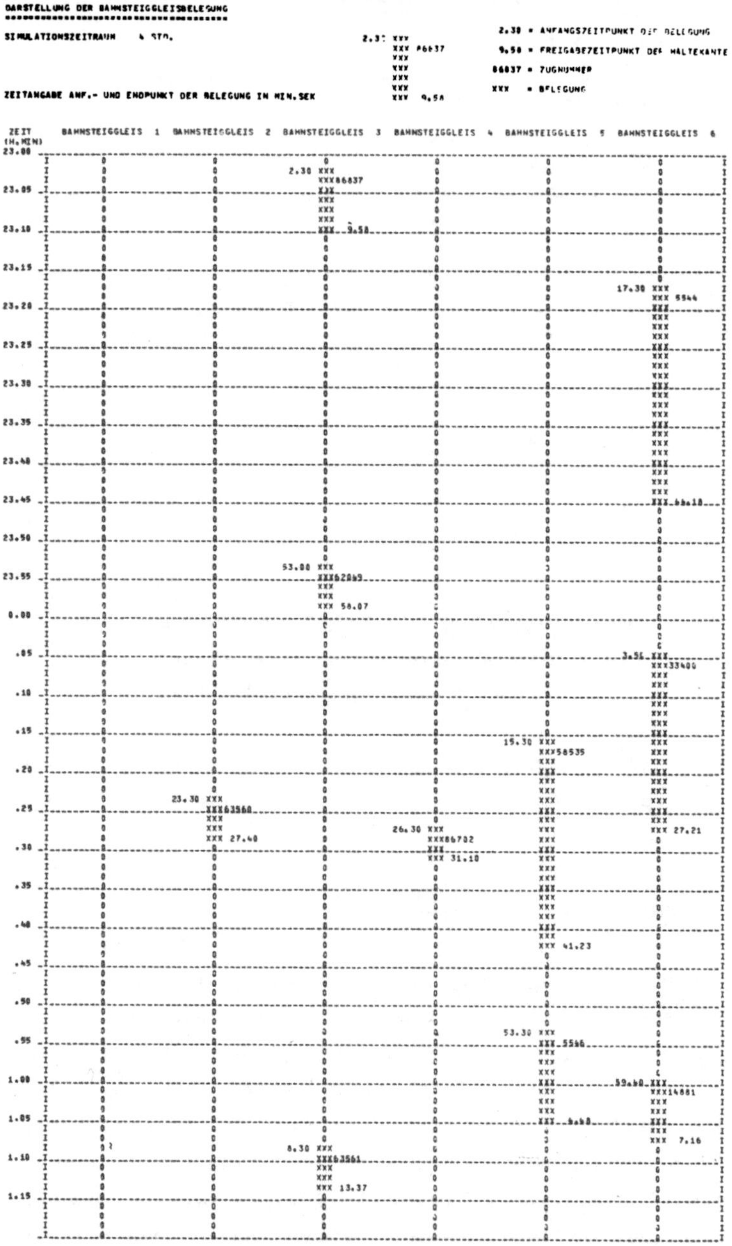

Bild 4 **Auszug aus dem Bahnsteiggleisbelegungsplan für den Bahnhof Düsseldorf Hbf**

Ein zweites Beispiel zeigt, daß sich die Untersuchungsmethodik auch auf Verkehrsknoten anwenden läßt, in denen sich die Fahrwege spurgeführter Verkehrsmittel (in diesem Fall Straßenbahnen) und des Individualverkehrs kreuzen. Bild 5 enthält die Darstellung eines städtischen Verkehrsknotens mit 8 Straßenbahnlinien und 3 Individualverkehrsströmen.

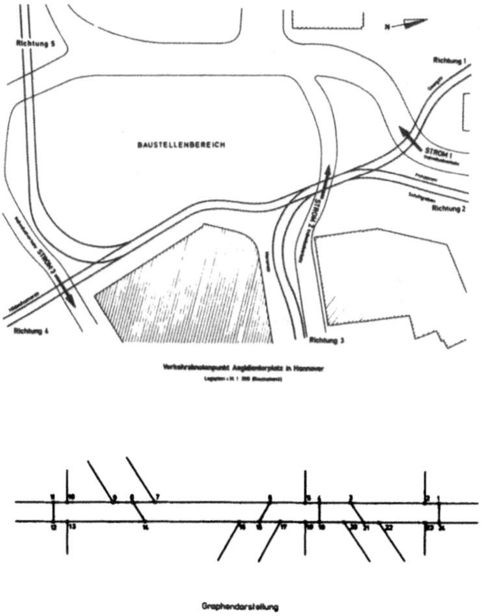

Bild 5 Lageplan und Graphendarstellung eines städtischen Verkehrsknotens

An den Konfliktpunkten mit dem IV-Verkehr findet keine Lenkung statt, so daß der spurgeführte Verkehr aufgrund der vorhandenen Verkehrszeichen Vorfahrt erhält. Im Ergebnis einer Simulationsrechnung (Bild 6) sind deshalb sämtliche Verspätungen der Straßenbahnen auf gegenseitige Behinderungen zurückzuführen. Für den Kraftfahrzeugverkehr der 3 IV-Ströme liefert das Simulationsmodell die Häufigkeitsverteilung der Zeitlücken, die dem Kfz-Verkehr zur Verfügung stehen.

SIMULATION DES BETRIEBSABLAUFES AM VERKEHRSKNOTENPUNKT AEGIDIENTORPLATZ HANNOVR

ERGEBNIS DER SIMULATION
STATISTISCHE DATEN

SIMULATIONSZEITRAUM 1.0 STD. VORHER 5.0 MIN VORLAUF
SCHRITTWEITE 1 SEK
DIE ERGEBNISSE SIND MITTELWERTE AUS 40. SIMULATIONSVORGÄNGEN
ALLE FOLGENDEN ZEITANGABEN IN (SEK)

ANZAHL DER BAHNEN 130.2
ANZAHL DER VERSP.BAHNEN 76.7
MITTL. VERSPÄTUNG JE BAHN 23. SEK
MITTL. VERSPÄTUNG JE WART.BAHN 39. SEK
ANTEIL DER VERSPÄTETEN BAHNEN 58.9 PROZENT

STAT. DATEN DER FAHRTRICHTUNG

RICHT.-NR.	FAHRTEN GESAMT	DAVON OHNE VERSP. ZAHL	PROZENT	DAVON MIT VERSP. ZAHL	PROZENT	VERSPÄTUNG GESAMT	VERSPÄTUNG JE VERSP. BAHN
1	8.5	4.0	46.6	4.5	53.4	109.	24.
2	16.7	7.6	45.2	9.1	54.8	380.	42.
3	35.9	10.3	28.7	25.6	71.3	1464.	57.
4	4.5	2.3	50.3	2.2	49.7	118.	53.
5	8.3	4.3	52.0	4.0	48.0	54.	13.
6	33.4	14.1	42.1	19.3	57.9	546.	28.
7	17.6	8.5	48.8	9.0	51.2	235.	26.
8	5.5	2.5	46.1	3.0	53.9	74.	25.

Bild 6 **Ergebnis einer Simulationsrechnung für den städtischen Verkehrsknoten**

Mit Hilfe geeigneter Vorrangzahlen könnten den Straßenbahnen gewisse "Grünzeiten" eingeräumt werden, so daß mit diesem Simulationsmodell auch lichtsignalgesteuerte Verkehrsknoten aller Art erfaßt und betrieblich untersucht werden können.

5. Schlußfolgerungen

Da Bau und Betrieb der festen Anlagen des Schienen- und Straßenverkehrs im allgemeinen einen hohen Aufwand erfordern, ist schon aus wirtschaftlichen Gründen eine sorgfältige Planung der Anlagen und des Betriebsablaufes notwendig, die auch eine Überprüfung der Leistungsfähigkeit und des Ausnutzungsgrades einschließen muß. Mit der vorgestellten Untersuchungsmethodik können die Bewegungsabläufe in Verkehrsknotenpunkten und Bahnhöfen beliebiger Anordnung und Größe untersucht und die Leistungsfähigkeit dieser Anlagen ermittelt werden. Die praktischen Anwendungsbeispiele zeigen, daß das auf der Graphentheorie aufbauende Verfahren nicht nur auf jedes spurgeführte System, sondern mit entsprechenden Abwandlungen auch auf nicht-spurgeführte Verkehrssysteme angewendet werden kann.

L I T E R A T U R V E R Z E I C H N I S

[1] König, D. "Theorie der endlichen und unendlichen Graphen" (Leipzig, 1931)

[2] Busacker, R.G., Saaty, T.L. "Endliche Graphen und Netzwerke" (R. Oldenbourg-Verlag)

[3] Knödel, W. "Graphentheoretische Methoden und ihre Anwendungen" (Springer-Verlag)

[4] Völz, W.-D. "Ermittlung der Sperrzeiten und Leistungsfähigkeiten von Fahrstraßenknoten auf Nahschnellverkehrsbahnen mittels digitaler Rechenanlagen" - Eine methodische Studie - (veröffentlicht in der Schriftenreihe BVM Stadtverkehr, 1975)

[5] Völz, W.-D. Kracke, R. "Eine neue Methodik zur betrieblichen Untersuchung von Verkehrsknoten" (Internationales Verkehrswesen, 1977, H. 2

Anwendungen in der öffentlichen Verwaltung

A Dynamic Programming Application to Socio-Sanitary Districting

F. Andria, P. Chiancone, and S. Piraino, Palermo

In the present work the problem of the optimal division in socio-sanitary districtis of Sicilian homogeneous subregional areas is faced and solved; in addition, it results the best allocation of the hospitals to be built.

In particular, deciding to attribute the function of 'poles' to those towns that already have a hospital and considering both 'conjunctive' and 'disjunctive' links (for which two or more towns may or may not be included in the same district), a graph is drawn, the vertexes of which represent the 'population units' (towns) and the sides represent the communication lines.

Then we solve the proposed problem by a dynamic programming algorithm, which assures convergence to the optimal solution (in contrast with most of the regrouping methods used in practice), without having to enumerate all the possible regrouping alternatives. Moreover, from a computational standpoint such an algorithm eliminates many redundant calculations implicit in total enumeration, which is rather unrealistic when both the number N of the towns and N-M (M=number of districtis) are not very small.

Using the population units as indivisible elements, the algorithm generates all feasible districts (where feasibility indicates contiguity, compactness, and limited population deviation) and finds that set of M feasible districts, which 'covers' each population unit exactly once and minimizes a weighed objective function, that aims at assuring in every district a balance between demand and supply (in terms of beds) and attaining the maximum compactness of the districts themselves.

Zur optimalen Größe von Krankenhäusern

D. Fischer, Ottobrunn

Als Beitrag zur Dämpfung der Kostenentwicklung im Krankenhauswesen bietet sich die Bestimmung der optimalen Größe von Krankenhäusern an. Die ursprünglich rein qualitativ geführte Diskussion über die Existenz von Economies bzw. Diseconomies of Scale im Krankenhauswesen wurde ab Mitte der 6oer Jahre - vor allem im angelsächsischen Bereich - durch quantitative Analysen ergänzt. Der von den meisten Autoren gewählte Weg der statistischen Analyse empirischer Kostendaten aus einer Vielzahl von Krankenhäusern führte zu sehr unterschiedlichen, z.T. konträren Aussagen, bedingt durch Unterschiede in den getesteten Hypothesen, die begrenzte Vergleichbarkeit von Krankenhäusern sowie die Vielzahl von zu berücksichtigenden Einflußfaktoren. Über die Anwendung anderer Methoden wie die Entwicklung von Produktionsfunktionen, den Einsatz parametrischer Kostenmodelle oder die Anwendung von Optimierungsverfahren liegen bisher nur bruchstückhafte Aussagen vor.

Der Vortrag berichtet über den Versuch, die Frage nach der optimalen Größe von Krankenhäusern für das bundesdeutsche Krankenhaus-System zu klären. Ein grundsätzliches Problem bestand in der Schaffung einer Datenbasis, die Leistungs- und Kostendaten über Patienten als Funktion der Einlieferungs-Diagnose darstellt. In Anpassung an eine realisierbare Datenbasis wurden drei Modelle entwikkelt:

1. PARK ein parametrisches Kostenmodell, das eine relative Abschätzung der Kosten in Abhängigkeit von der Funktion und Größe des Krankenhauses sowie der Zusammensetzung des Patientengutes erlaubt.

2. OPTIK ein LP-Modell zur Bestimmung der optimalen Allokation von Ressourcen innerhalb eines Krankenhauses bestimmter Größe und Funktion unter Berücksichtigung vorgegebener Randbedingungen.

3. FLINK ein LP-Modell zur Bestimmung der optimalen Größe eines Krankenhauses als Teil einer flächendeckenden, hierarchisch gegliederten Struktur von Krankenhäusern.

Die zu den Modellen führenden Überlegungen sowie die mit Hilfe der Modelle erzielten Ergebnisse legen trotz der mit den Eingabedaten und dem geringen Auflösungsvermögen der Modelle verbundenen Unsicherheiten folgende Schlußfolgerungen nahe:

1. Bei Bestehen einer hierarchischen Struktur bzw. einer Spezialisierung von Krankenhäusern ist die isolierte Frage nach der optimalen Größe eines einzelnen Krankenhauses falsch gestellt. Das unbefriedigende Ergebnis vieler früherer Untersuchungen, in denen die Wechselwirkungen zwischen dem einzelnen Krankenhaus und dem gesamten Krankenhaus-System vernachlässigt wurden, muß nicht zuletzt auf diese falsche Fragestellung zurückgeführt werden.

2. In den untersuchten Bereichen nehmen die Kosten pro Bett bzw. pro Fall mit der Krankenhaus-Größe zu. Dies ist auch bei Ausklammerung der als soziale Kosten zu betrachtenden Besuchskosten der Fall.

3. Für ein geschlossenes, hierarchisches System kann die Existenz einer optimalen Größe der Krankenhäuser in Abhängigkeit von der Versorgungsstufe nachgewiesen werden.

4. Eine Gliederung der Krankenhaus-Struktur in mehr als drei Ebenen - entsprechend dem Krankenhaus-Gesetz - erscheint fragwürdig, da sie keine sinnvolle Darstellung einer integrierten, flächendeckenden Struktur erlaubt.

5. In einem Krankenhaus-System mit vorgegebener, begrenzter Kapazität hat die Vorgabe jeder Zielfunktion eine Auswahl unter dem Patientengut zur Folge. Die präferierten Diagnosegruppen

werden maßgeblich durch die Art der Zielfunktion bestimmt. Eine Maximierung der Patienten-Zahl kommt im Gesamtergebnis jedoch einer Maximierung der Kosten-Wirksamkeit des Systems bzw. einer Minimierung der Kosten pro Fall nahe.

Für Planspiel-artige Untersuchungen dürften die drei geschilderten Modelle bereits in der vorliegenden Form geeignet sein; eine Anwendung zu Planungszwecken setzt jedoch sicher eine Reihe von Verbesserungen voraus. Abgesehen von einer ständigen Aktualisierung der Datenbasis ist ihre Verbreiterung und die Erhöhung der statistischen Repräsentanz erforderlich. Unter Berücksichtigung der auf breiter Front im Krankenhaus in Einführung befindlichen EDV sowie spezieller Datenerfassungsprogramme wie des Deutschen Hospital Indexes erscheint die Forderung mittlerweile realisierbar.

PARK wäre zur Vergrößerung der Verwendungsbreite zu einem Modell zur Abschätzung der absoluten Systemkosten auszubauen. Zur Anwendung von FLINK wären generell akzeptierte Richtzahlen für das minimale Patientenaufkommen auf den Versorgungsebenen oberhalb der Grundversorgung zu erarbeiten. Für FLINK wie für OPTIK sind zuverlässigere Angaben über die minimale Betriebsgröße von Fachabteilungen bzw. zentralen medizinischen Diensten erforderlich. Eine weitere Detaillierung der Modelle wäre insbesondere bei OPTIK anzustreben, um seinen Einsatz zur Optimierung des Betriebs eines spezifischen, vorgegebenen Krankenhauses zu ermöglichen.

Alle drei Modelle sind grundsätzlich nicht an die dieser Untersuchung zugrunde gelegte idealtypische Krankenhaus-Struktur gebunden; eine Anpassung an andere Strukturen kann über die Eingabedaten erfolgen wie Kapazitätsgrenzen, Patientenaufkommen usf. Erschwert würde lediglich die Bestimmung der durchschnittlichen Transport- bzw. Reiseentfernungen.

Hochwasserschutz in komplexen Fluß-Systemen: Anwendung einer dynamischen Strömungssimulation zur Bestimmung optimaler Schutzspeichersteuerungen

K.H. Germann, München

Abstract:

A simulation program including dynamic flow routing has been developed to determine the optimal regulation of a headwater reservoir as a function of arbitrary flood inputs and boundary conditions of actual complex river systems. A semi-empirical self-adjusting regulation function is used which yields an upper limit for the capability of prognostic regulations; any prognostic strategy can easily be tested by the program, too.

1. Einleitung:

Die Anwendung von OR-Methoden auf Problemstellungen der quantitativen hydraulischen und hydrologisch-wasserwirtschaftlichen Prozesse ist seit einigen Jahren anerkannt und sehr erfolgreich (1).

METHODIK	ANGEWANDT IM MODELL	IN	METHODIK	ANGEWANDT IM MODELL	IN
LINEARE PROGR.	St.JOHN-RIVER-M.	CAN	SIMPLEX-VERFAHREN	St.JOHN RIVER-M.	CAN
DYNAM. PROGR.	RIVER TRENT MODELL	GB	OUT-OF-KILTER-ALG.	WEICHSEL MODELL	P
STOCHASTISCHES DP	WEICHSEL-MODELL	P	MOMENTENMETHODE	DEJOREG	F
MARKOV-PROZESSE	PLUDEBAL	F	"PATTERN SEARCH"-M.	NWSRFS-MODELL	USA
DIREKTES SUCHEN	ALLER-LEINE-OKER-M.	D	POST-OPTIMALE ANALYSE	WEICHSEL-MODELL	P
STOCH. VARIATION	CLEARWATER RIVER M.	USA	KRIT.-PUNKT-PHILOS.	SUSQUEHANNA RIVER M.	USA
DYN.RÜCKKOPPLUNG	SUSQUEHANNA RIVER M.	USA	CHARAKTERISTIKEN-M.	DYN.-FLOOD-ROUTING	USA
SIMULATION	RIVER BASIN SIMUL.	USA	FOLIE 1 : einige konkrete OR-Anwendungen		

(nach: "Studie über bestehende Flußgebietsmodelle" der Inst. f.Wasserbau III und f.Siedlungswasserwirtschaft, Universität Karlsruhe (1974))

Mußten sich die ersten Anwender noch mit dem Vorwurf auseinandersetzen, daß Systeme von der Komplexheit der meisten Fluß-Kanal-Speicher-Anordnungen "unmöglich" mit vertretbarem Eingabedaten-Aufwand abzubilden und sinnvoll zu berechnen seien*, so wird heute schon eine große Anzahl von ausgefeilten Standard-Modellen angeboten, die auch hohen Ansprüchen gerecht werden (1),(2),(3).

Typische Aufgabenstellungen betreffen hierbei:
- optimale Abflußsteuerung in verzweigten Flußsystemen
- Speichersee-Auslegung und -Bewirtschaftung
- Trinkwasser-Versorgung
- Niedrigwasser-Aufbesserung
- Planung und prophylaktische Tests von Flußbaumaßnahmen
- Hochwasserschutz

uvm., wobei selbstverständlich Verknüpfungen und Überlappungen zwi-

* : Gerade mit dieser Aussage werden heute die Entwickler und Anwender von ökologischen Fluß-Modellen konfrontiert, die auch höhere biologische Ebenen beinhalten ((1),(4),(5)), selbst wenn diese definiert und vorsichtig pauschaliert behandelt werden.

schen den Problemkreisen.bestehen.

In diesem Vortrag beschäftigen wir uns mit dem Hochwasserschutzproblem der optimalen Steuerung und Auslegung von Speicherseen am Oberlauf hochwassergefährdeter Flußgebiete.Zur Lösung werden wir dynamische Strömungs-Simulationsverfahren mit einer parametrisierten deterministischen Regelfunktion und trial-and-error-Anpassung ihrer Parameter zu einem rasch konvergierenden Optimierungsmodell verbinden. Es handelt sich dabei um eine auftragsbezogene Entwicklung mit vorgegebenen Randbedingungen zu Eingabedaten und Optimierungszielen (und wie stets in der Prxis mit engen Terminrestriktionen) für das bayerische Landesamt für Umweltschutz, München.

Wir behandeln zunächst die Problemstellung, wobei wir kurz auf das physikalische System, die primären Simulationsziele, die hierbei zu beachtenden besonderen Schwierigkeiten eingehen, sowie auf die sekundären Optimierungsziele und die sich daraus ergebenden Anforderungen an das zu entwickelnde Modell. Im nächsten Abschnitt besprechen wir die Abbildung des physikalischen Systems und die dynamische Strömungssimulation ("Routing"), um danach auf den Hauptteil des Vortrags, die optimale Speichersteuerung eingehen zu können: hier diskutieren wir Gütekriterium, Randbedingungen und Algorithmus der Steuerung. Im letzten Abschnitt werden Realisierung und Anwendung, sowie abschließend die Erweiterungsmöglichkeit erläutert.

2. Problemstellung:

2.1 Das physikalische System und primäres Simulationsziel:

In einem komplexen Flußsystem (siehe Abbildung) soll das unterhalb eines regulierbaren Speichers (SP) liegende Flußgebiet (Fluß A) vor Hochwasser geschützt werden. Durch vorhergehende dynamische Strö-

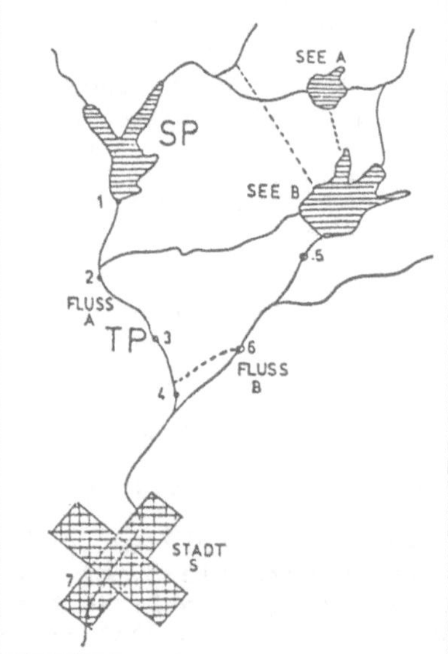

FOLIE 2 : PHYSIKALISCHES SYSTEM UND SIMULATIONSZIELE

PRIMÄRES SIMULATIONS-ZIEL:

$Q_{TP} \leq Q_{max}$

VARIATIONSPARAMETER :

$\Delta V = V_{max} - V_{Start}$ = FREIES SCHUTZRAUMVOLUMEN

V_{max} = MAXIMALES SPEICHER-(SP-)VOLUMEN

V_{min} = MINIMAL ZULÄSSIGES VOLUMEN

$Q_{SP}(t)$ = SPEICHERZULAUF

$Q^{i}_{IN}(t)$ = ZULÄUFE ZWISCHEN SP UND TP

$Q^{j}_{OUT}(t)$ = ENTNAHMEN ZWISCHEN SP UND TP

SEKUNDÄRE SIMULATIONS-UND OPTIMIERUNGS-ZIELE:

$V_{max}, V_{min}, \Delta V$: TEST DER AKTUELLEN SP-SCHUTZKAPAZ.

$Q^{PS}_{o}(t)$: TEST PROGNOSTISCHER STEUERUNGEN

$V^{opt}_{max}, V^{opt}_{min}, \Delta V^{opt}$: OPTIMALE SP-AUSLEGUNG

$Q^{opt}_{o}(t)$: OPTIMALE STEUERSTRATEGIE

(ggfls.: opt. FLUSSBAUMASNAHMEN IN FLUS A)

mungssimulation (siehe z.B. (1) oder (4)) ist die Schwachstelle (Testpunkt TP) und der hier gültige maximale Durchfluß Q_{max} in m^3/s bereits festgelegt. Primäres Simulationsziel der Speichersteuerung ist es dann, den Abfluß $Q_o(t)$ von SP so einzustellen, daß Q_{TP} Q_{max}; als Systemparameter sind dabei zu beachten, bzw. zu variieren:

- freies Schutzraumvolumen ΔV vor dem Hochwasseranstieg,
- maximales Speichervolumen V_{max},
- minimal zulässiges Volumen V_{min} (resultiert z.B. aus Aufgaben der Trinkwasserversorgung und Niedrigwasseraufbesserung, sowie bei nicht reinen Nutzspeichern auch aus Landschaftsschutzgründen)
- beliebiger Hochwasserverlauf $Q(t)$, und zwar sowohl bei den in SP einlaufenden Wassermengen, als auch bei allen Zuläufen zwischen SP und TP.

2.2 Hauptschwierigkeit des Regelsystems:

Bei der obigen Problemstellung liegt die besondere Schwierigkeit im fließzeitkritischen Verhalten des Regelsystems: wenn zu einem Zeitpunkt t_o der Speicherabfluß $Q_o(t)$ geändert wird, so dauert es ,je nach Entfernung zwischen SP und TP, mehr oder weniger lang, bis sich die Q_o-Änderung auf Q_{TP} auswirkt; es genügt also keineswegs, Q_o am aktuellen Durchfluß $Q_{TP}(t_o)$ zu orientieren, sondern die Fließzeit t_F zwischen SP und TP und alle während t_F noch zulaufenden Nebenflüße u.ä. müssen berücksichtigt werden. Nun ist aber t_F keine Konstante des Systems, sondern hängt ihrerseits nach hydraulischen Gesetzmäßigkeiten von den Durchflußmengen Q ab. Damit gibt es komplexe Wechselwirkungen zwischen Q_o, t_F und Nebenzuläufen, die eine a-priori-Festlegung von $Q_o(t)$ ohne dynamische Simulation unmöglich machen.

2.3 Sekundäre Simulationsziele und Anforderungen an das Modell:

Durch die Anwendung des Simulationsmodells soll geklärt werden,

- ob das derzeitige Speichervolumen genügend groß war/ist bei historischen und/oder statistisch zu erwartenden Hochwassern (z.B. "Jahrhundert-Hochwasser" o.ä.); und falls nicht, wie groß es dann werden müßte,
- ob beliebig vorgegebene prognostische Steuerstrategien (d.h. Betriebsvorschriften über den Abfluß von SP als Funktion der Zeit t und anderer, bei t zur Verfügung stehender, meßbarer Parameter) Schutz gewährleisten bei vorgegebenen Fluß-und Speicher-Parametern und (historischen oder statistisch begründeten) Hochwassern,
- ob eine "optimale"(s.u.) Steuerstrategie zur Verhinderung/Verminderung historischer/statistisch erwarteter Hochwasserereignisse bei TP geführt hätte.

Für das zu entwickelnde Programm ergeben sich daraus folgende konkrete Anforderungen:

- ein hochwertiges Verfahren zur dynamischen Strömungsberechnung muß eingesetzt werden (siehe z.B. (1),(2)),
- beliebige Hochwasser-Zulaufdaten zu Speicher und Nebenzuflüssen müssen verarbeitet werden,
- beliebige Steuerstrategien (d.h. Speicherabflußvorschriften) müssen einfügbar sein,
- eine "optimale" Steuerung muß im Modell enthalten sein (nicht notwendigerweise eine prognostische Steuerung!),
- das zeitlich variable Speichervolumen muß den Abflußsteuerungs-Vorgang beeinflussen können (z.B. bei $V > V_{max}$, $V < V_{min}$).

3. Dynamisches Routing und Abbildung des physikalischen Systems:

Um den ersten drei in 2.3 genannten Anforderungen an das Modell gerecht zu werden, können wir auf bereits voll entwickelte, flexible dynamische Routing-Programme zurückgreifen, bei denen die Hydrographen von Quelle, Nebenzuflüssen und Zwischeneinzugsgebieten (ZEG) eines Flusses zeitabhängig eingelesen werden (siehe Aufstellung solcher Modelle in (1)); als "Quelle" setzen wir bei unserem Problem den Speicherabfluß ein, der nach beliebig vorgegebener Strategie aus Systemparametern und Zuflüssen errechnet worden ist.

Wir verwenden die Standard-Module des St.-Venant- und des Muskingum-Verfahrens (2) eines modernen, streng modular aufgebauten Routing-Programms (3), wobei wir hier nicht näher auf die Algorithmen dieser Methoden eingehen wollen (siehe dazu ausführlich (2) oder (6)). Wir verwenden sie als Makrobausteine (black boxes)des komplexeren Simulationsprogramms zur Speichersteuerung, die uns aus wenigen Eingabedaten dynamisch die Durchflußmengen Q und Strömungstiefen y im gesamten Flußgebiet errechnen.

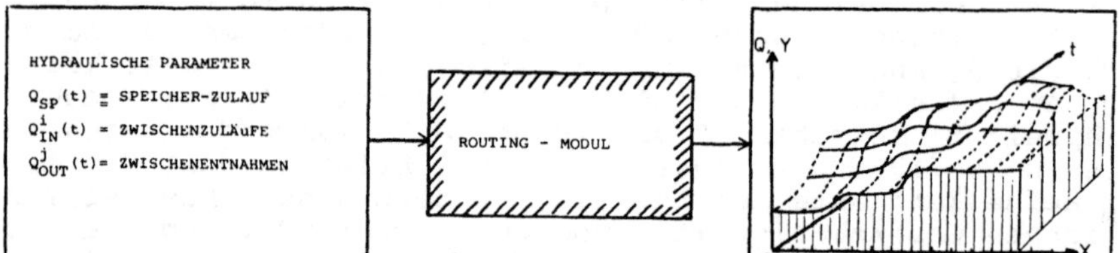

FOLIE 3

Das Flußsystem wird als lineares Netzwerk einer Serie von Elementen modelliert, die über Knoten miteinander verbunden sind und innerhalb derer homogene hydraulische Bedingungen herrschen. Zur Charakterisierung der hydraulischen Eigenschaften werden an einigen Knoten Querschnitte (A), hydraulische Radien (R), Oberflächenbreiten (T), Reibungskoeffizienten (n) und Flußsohlen-Höhe (z) eingelesen; zwischen diesen Markierungsknoten werden alle diese Eigenschaften linear interpoliert.

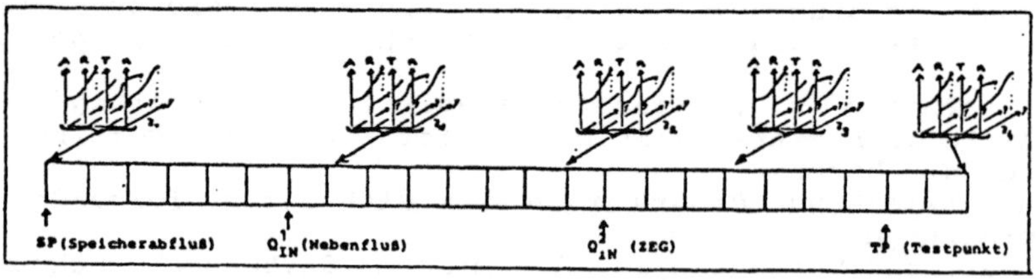

4. Optimale Speicherabfluß-Steuerung:

Mit dem oben kurz charakterisierten Routing-Programm kann der hydraulische Zustand des gesamten Flußsystems, also auch bei TP, berechnet werden, falls neben den reinen Eingabedaten Q_{IN} und Q_{OUT} auch $Q_o(t)$ nach beliebiger Strategie extern generiert und dann ein gelesen wird. Wir konzentrieren uns nun ausschließlich auf die Entwicklung eines Algorithmus zur Berechnung der "optimalen" Steuerung und zur Einkoppelung des Volumens des (im Routing-Modell gar nicht explizit enthaltenen) Speichers. Dabei ist zuerst zu klären, was eine "optimale" Steuerung sein soll.

4.1 Gütekriterium für optimale Speichersteuerung:

Wie meist bei wasserwirtschaftlichen (und natürlich nicht nur solchen) Aufgabenstellungen wird letztlich auch beim vorliegenden Hochwasserschutzproblem nach der kostengünstigsten Lösung gesucht. Ein direkter Vergleich verschiedener Lösungen (z.B. Aufstocken des Speichervolumens kontra Reparaturzahlungen bei Hochwasserschäden) ist wegen unzureichender wirtschaftlicher Daten oft nicht möglich. Daher wird hier nur nach den Möglichkeiten der generellen Hochwasserverhinderung/Verminderung gesucht (Test vorhandener Schutzkapazitäten bei optimaler Steuerung, zum Schutz notwendige Speicher-Erweiterungen und Flußbettbaumaßnahmen u.ä.) und als Gütekriterium für optimalen Speicherabfluß wird die Kürze der Zeitdauer einer Q_{max}-Überschreitung bei TP vorgegeben

Dieses Kriterium ist durchaus nicht unangreifbar oder die einzige Definitionsmöglichkeit: bei gewissen Voraussetzungen im Anliegergebiet bei TP kann es z.B. günstiger (d.h. billiger !) sein, während einer längeren Zeit geringere Q_{max}-Überschreitungen zuzulassen als bei gleichem Integralwert $\int (Q_{TP}(t) - Q_{max})\,dt$ kurzzeitig eine erhebliche Durchflußerhöhung einzustellen. In diesem Fall müßte neben dem Zeitkriterium noch eine Wichtung der Überlaufmenge pro Zeiteinheit hinzukommen. Im folgenden ist jedoch das reine Zeitkriterium zu verwenden.

4.2 Randbedingungen:

Der Durchfluß bei TP setzt sich zusammen aus

$$Q_{TP}(t) = Q_o(t - t_F^o) + \sum_{i=1}^{k} Q_{IN}^i(t - t_F^i) - \sum_{j=1}^{\ell} Q_{OUT}^j(t - t_F^j) \qquad \text{(G1)}$$

mit t = Simulationszeit = $t_o, t_o+\Delta t, t_o+2\Delta t, \ldots, t_o+n\Delta t$ (t_o=Startzeit, Δt=Schrittweite, n= Anzahl von Simulationsschr.)

t_F^o = Fließzeit zwischen TP und SP

Q_{IN}^i = i. Nebenzufluß-Menge

Q_{OUT}^j = j. Entnahme-Menge

t_F^i = Fließzeit zwischen i.Nebenzufluß und TP

t_F^j = fiktive Fließzeit (d.h. Fortpflanzungszeit der Entnahme-Wirkung) zwischen j.Entnahmestelle und TP

Dabei sind die $Q_{IN}^i(t)$, $Q_{OUT}^j(t)$ $\forall$ $t \in [t_o, t_o+n\Delta t]$ vorgegeben, und zu bestimmen sind die $Q_o(t)$, die entweder zu

$$Q_{TP}(t + t_F^o) \leq Q_{max} \qquad \text{(G2)}$$

: Den vorgegebenen Daten entsprechend werden hier stets Durchflußmengen Q in $[m^3/s]$ als Maß für Hochwasser verwendet; alternativ end evtl. einsichtiger könnten auch die Strömungstiefen y verwendet werden, die simultan zu den Q-Werten vom Routing-Modul berechnet werden.

führen, oder bei denen eine Überschreitung $\Delta Q_{TP}(t+t_F^o) = Q_{TP}(t+t_F^o) - Q_{max} > \emptyset$ möglichst kurz wird, also:

$$\sum_i \Delta t_i = \min \text{, wobei } \Delta t_i := (t_i + \Delta t) - t_i \text{ mit } \tfrac{1}{2}(\Delta Q_{TP}(t_i) + \Delta Q_{TP}(t_i + \Delta t)) > \emptyset \qquad \text{(G3)}$$

entsprechend Abschnitt 4.1 . Aus G2 und G3 ergibt sich, daß bei Einsetzen der Speicherabflußsteuerung* stets $Q_o(t)$ so eingestellt werden muß, daß gilt:

$$Q_{TP}(t+t_F^o) = Q_{max} \pm \Delta Q_{max} \qquad \text{(G4)}$$

(ΔQ_{max} = aus numerischen Gründen hinzugefügte Regelgenauigkeit),den hierdurch wird das Schutzspeichervolumen trotz zulässigen Durchflu bei TP minimal belastet und die Zeitdauer eines evtl. Hochwassers wird minimiert. Bei einer Realisierung von G4 sind als Randbedingungen zu beachten:

- $Q_o(t) \geqslant \emptyset$: diese eigentlich triviale Bedingung ist dann von Bedeu tung, wenn die Nebenzuläufe zwischen TP und SP allein schon zu Hochwasser bei TP führen; der Speicher ist dann nicht ausreichen und es müssen Maßnahmen bei den Nebenzuflüssen geplant werden,
- $V \leqslant V_{max}$: bei $V = V_{max}$ muß $Q_o(t) = Q_{SP}(t)$ gesetzt werden und die Schutzkapazität des Speichers ist erschöpft,
- $V \geqslant V_{min}$: bei $V = V_{min}$ wird $Q_o(t) = Q_{SP}(t)$ gesetzt, denn der Hochwasserschutzraum ist wieder frei und es ist nicht mehr nötig, G4 ei zuhalten,
- bei $V(t_o) > V_{min}$: wird als Startvolumen bei t_o ein Wert oberhalb von V_{min} gewählt, so wird, unabhängig vom Hochwasserverlauf, sofort Q_{TP} auf Q_{max} eingeregelt, bis V_{min} erreicht ist,
- bei $V(t_o) \lneqq V_{min}$: In diesem Fall (z.B. wenn vor einem sicheren Hochwasserereignis außergewöhnliche Volumenabsenkungen genehmigt werden) wird $Q_o(t) = Q_{SP}(t)$ belassen, bis $Q_{TP}(t+t_F^o)$ den Wert Q_{max} erreicht;

als technische Randbedingung muß weiterhin beachtet werden,daß die dynamische Strömungssimulation in diskreten Zeitschritten Δt durchgeführt wird, die Fließzeiten jedoch i.a. keine Vielfache von Δt sind; bei der Bearbeitung der Schwellwert-Über/Unterschreitungen muß daher geeignet interpoliert werden. Außerdem gestattet die numerische Realisierung der Standard-Routingmodule z.T. nur bestimmte Zeitrücksetzungen , z.B. jeweils zum Tagesanfang o.ä., so daß der Sicherung der Ergebnisse vergangener Zeitschritte eine besonde re Bedeutung zukommt.

4.3. Methodik zum Steuerungs-Algorithmus

Zu klären ist nun, mit welcher Methode $Q_o(t)$ so eingestellt werden kann, daß bei minimalem Rechenzeitaufwand die Bedingung G4 erfüllt ist: Ein deterministischer Ansatz nach G1 mit $Q_{TP}(t) = Q_{max}$ und Auf lösen nach $Q_o(t)$, also

$$Q_o(t) = Q_{max} - \sum_{i=1}^{k} Q_{in}^{i}(t - t_F^i + t_F^o) + \sum_{j=1}^{l} Q_{out}^{j}(t - t_F^j + t_F^o) \qquad \text{(G5)}$$

wäre extrem schnell, ist aber wegen der in 2.2 genannten Schwierigkeiten nicht einsetzbar.

---

*: Wir verwenden den Begriff "Steuerung", da beim Speicherabfluß i der Praxis eine Regelung wegen der Fließzeiten nicht möglich ist; das Simulationsprogramm allerdings verwendet bei der Optimierung der Stellwerte $Q_o(t)$ eine Regelung i.e.S. mit Zeitrücksetzungen zu Kopplung von Stellwert und Regelergebnis.

Eine reine trial-and-error-Lösung andererseits führt ganz offensichtlich zu ungeheurem Rechenaufwand, da mehrere $Q_o(t_i)$-Werte simultan angepaßt werden müssen (wegen der Eingangswert-abhängigen Fließzeiten sind mehr oder weniger viele Zeitschritte vollständig zu simulieren, bevor das Ergebnis eines Stellwerts $Q_o(t)$ mit Sicherheit vorliegt; im Extremfall wird dabei sogar ein $Q_o(t_i)$ von $Q_o(t_j)$ mit $t_i < t_j$ beeinflußt!).
Eine zwischen diesen beiden Extremfällen liegende Methode mit Ansatz nach G5 und Ergänzung durch $t_F(Q)$-Tabellen ist mit großem Aufwand bei der Erstellung brauchbarer, hochgradig variabler Tabellen verbunden.

Wir wählen eine Hybrid-Methode aus Determinierung und trial-and-error-Anpassung: Ausgehend von G5 definieren wir eine Regelfunktion

$$R(t) = Q_{max} - \sum_{i=1}^{k} Q_{in}^{i}(t - T_F^i * C_F^i + T_F^o * C_F^o) + \sum_{j=1}^{l} Q_{out}^{j}(t - T_F^j * C_F^j + T_F^o * C_F^o) + C_Q \qquad (G6)$$

mit T_F^i, T_F^j, T_F^o =eingelesene Schätzwerte der Fließzeiten
C_F^i, C_F^j, C_F^o =Anpassungsparameter der Fließzeiten (Startwert 1)
C_Q =pauschaler Anpassungsparameter (Startwert Ø)

Zu Beginn der $Q_o(t)$-Regelung werden mit $Q_o(t)=R(t)$ mehr oder weniger viele Anpassungsparameter nach trial-and-error angepaßt, ggfl. mit Wichtung und Wertebegrenzung ; anschließend wird stets $Q_o(t)=R(t)$ gesetzt, bis entweder eine der Volumen-Randbedingungen nach 4.2 eintrifft, oder bis eine neue Parameteranpassung nötig wird, weil Q_{TP} außerhalb von $Q_{max} \pm \Delta Q_{max}$ gerät; dies ist innerhalb einer einzelnen Hochwasser-Simulation aber sehr selten, da Fließzeitvariationen bei Nebenzufluß-Änderungen von der $Q_o(t)$-Regelung gemildert werden. Je nach der Größe von ΔQ_{max} ist R(t) über eine große Anzahl von Zeitschritten eine korrekte Lösung für $Q_o(t)$, auch bei sehr stark variablem Q_{in} und Q_{out} und damit stark schwankendem $Q_o(t)$ (siehe Anwendungsbeispiel in 5.2). Erst bei sehr langen Fließzeiten und/oder sehr geringem ΔQ_{max} sind mehrere Parameteranpassungen pro Simulation nötig.

4.4 Algorithmus:

Die folgende Abbildung verdeutlicht den Regelalgorithmus des Simulationsprogramms. Dabei dient Block 5 zur Definition von $Q_o(t)$, Block 6 zur Einkopplung der SP-Volumenrestriktionen, und die Schleife 8-9-3-...-8 zur Anpassung der parametrischen Regelfunktion G6. Anstelle von R(t) kann auch eine beliebige andere Funktion in Block 5 eingesetzt werden, so daß bei Abschalten der Zeit-Rücksetzung beliebige prognostische Strategien im Programm selbst realisiert werden können.

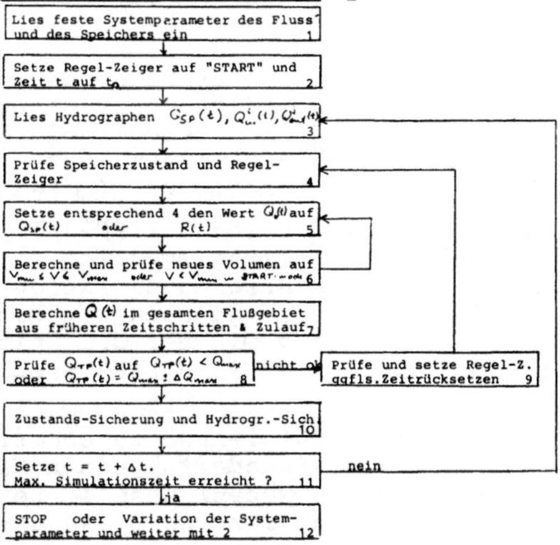

5. Zu Realisierung, Anwendung und Erweiterungsmöglichkeiten:

5.1 Zur Realisierung :

Bei der Realisierung wurde streng modular vorgegangen: die aus dem dynamischen Routing-Programm entnommenen Module zum Muskingum-Verfahren (MROU1; wird bei der optimalen Steuerung als schnelles Routing benutzt) und zum St.-Venant-Verfahren (SANVE1,FORSL1,SNVST1; dient zum genaueren, aber rechenzeit-intensiveren Test vorgegebener Steuerstrategien ohne Zeitrücksetzungen) bilden zusammen mit einem zweistufigen Master-Programm (RESREG und EYEOH1) und den Parameter- und Hydrographen-Einleseroutinen (INPD1,HYDRO1) eine im wesentlichen hierarchische Struktur. Die Steuerungsmodule (SREGEL= Haupt-Regelmodul zur $Q_o(t)$-Bestimmung, CHECKQ= Regelzustands- und Q_{TP}-Test, SAVEQ= Zustandssicherung, FLAGQ= Ausgabe-Modul, RERROR= Fehlermelde-Modul, REGELF= R(t)-Function-Programm) sind auf der niedrigsten hierarchischen Stufe angeordnet, so daß das Gesamt-Simulationsprogramm wie ein dynamisches Routing mit Randbedingungen abläuft.

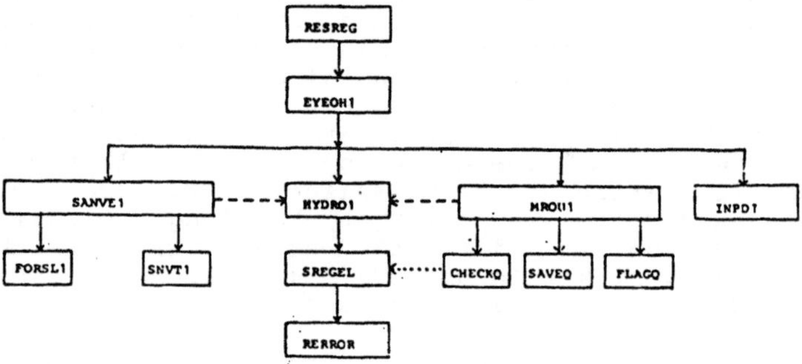

Die neuen Module wurden in strukturiertem FORTRAN geschrieben; das Programm ist etwa 190 kB groß und eine 8-tägige Simulation mit Δt= 2 Std. eines Flusses mit 30 Knoten braucht auf einer SIEMENS 7.75Ø im BS1ØØØ V1.3N3 etwa 14 CPU-sec.

5.2 Anwendungsbeispiele:

Die Abbildung zeigt zwei Simulationsläufe historischer Hochwasser im Flußgebiet von Abschnitt 2.1; eingezeichnet sind Speicherzulauf Q_{SP}, Speicherabfluß Q_o, Testpunkt-Durchfluß Q_{TP} und Speichervolumen V. Bei der Regelfunktion R(t) mußte nur c_o angepaßt werden, was in der Regel nur 1-2 mal pro 5-8 tägiger Simulation nötig war (Δ t=2h).

Im oberen Teil des Bildes wurde auf Q_{max} = 4ØØ m^3/s (bzw. (39Ø±1Ø) m^3/s) geregelt. Man sieht deutlich den Einsatz der Regelung am 3.Tag mit dem Abknicken des Q_{TP}-Verlaufs bei Q_{max} und dem Auseinanderlaufen der Speicherzu- und Ablauf-Kurven. Die Q_o-Kurve zeigt auch, wie eine Nebenfluß-Hochwasserspitze, die etwa gleichzeitig mit der Q_{SP}-Spitze auftritt, ausgeglichen wird (Minimum von Q_o !); an dieser Stelle wird das Volumen V signifikant erhöht.

Der untere Bildteil zeigt ein in der Praxis nicht leicht zu beherrschendes Hochwasser mit zwei großen, dicht aufeinanderfolgenden Maxima. Am Q_o-Verlauf wird deutlich, daß auch die Nebenflüsse mehrere zeitlich verschobene Hochwasserspitzen zuführen, die von Q_o ausgeglichen werden müssen. Dabei erreicht Q_o nahezu den Wert Ø (= geschlossener Speicher); bei Q_{max} = 4ØØ m³/s, wie im oberen Bild, wird tatsächlich längere Zeit Ø erreicht und die Nebenflüsse bedingen allein schon eine Q_{max}-Überschreitung bei TP. Dieser Lauf zeigt damit, daß bei einem Flußbettausbau für 45Ø m³/s gerade noch ein Schutz gegen das simulierte Hochwasser gewährleistet ist; bei niedrigerem Ausbau führen jedoch die Nebenzuflüsse (und in diesem Fall nicht die Speichervolumen-Restriktionen) zu $Q_{TP} > Q_{max}$.

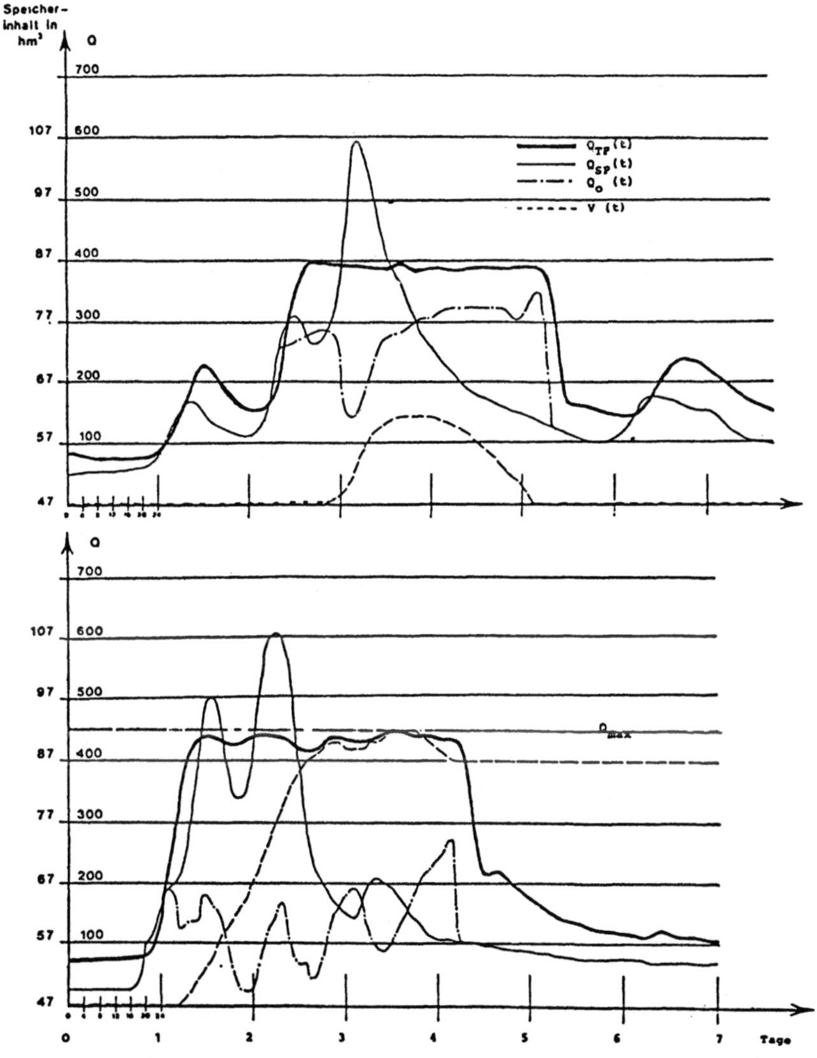

(Das Programm wurde bei der Erstellung des wasserwirtsch. Rahmenplans Isar vom bayr. Landesamt für Umweltschutz erfolgreich eingesetzt; detaillierte Ergebnisse und Folgerungen siehe dort.)

5.3 Erweiterung der Anwendungsmöglichkeiten:

Von der Struktur des Modells her sind die Anwendungen nicht auf das Hochwasserschutz-Problem beschränkt; vielmehr können alle Aufgabenstellungen behandelt werden, bei denen an irgendeiner Stelle des Flußsystems unterhalb eines Speichers ein bestimmter Durchfluß eingehalten werden soll (oder alternativ eine Strömungstiefe). Ohne großen Aufwand können dabei die Volumen-Restriktionen des Speichers modifiziert werden. Damit sind Probleme der Niedrigwasseraufbesserung, der Trinkwasserversorgung und der Mindestdurchflußmengen bei ökologischen Untersuchungen zu bearbeiten.

Bezüglich des Hochwasserschutzes selbst wird sich das Interesse jetzt der Hochwasserprognose und der Entwicklung prognostischer Strategien zuwenden, nachdem mit dem vorliegenden Steuerungsmodell ein leistungsfähiges Test- und Vergleichsmittel erstellt worden ist.

Literatur:

(1) "Studie über bestehende Flussgebietsmodelle" der Inst.f.Wasserbau III und f.Siedlungswasserwirtschaft, Univ.Karlsruhe (1974)

(2) Kayalar,L.,"Simulation und Optimierung komplexer Fluß-Systeme aus der Sicht des Wasserwirtschaftlers", Proc.in Operations Research, 6, 540 (1976)

(3) Programmbeschreibung "ULROUT",erstellt von GfS-Ges.f.Systementwicklung,München, i.A.des bayr.Landesamts f.Umweltschutz,Münch

(4) Germann, K.H., "Simulation der Gewässergüte: Probleme bei Niedrigwasser", Comp.Z.,7.9.1977,29 (1977)

(5) Norton,W.R.,et al.,"Stream quality model QUAL-II - computer program documentation", Resource Management Associates,Lafayette (Calif.,USA) 1974

(6) CHOW,Ven Te, "Open-channel hydraulics", McGraw-Hill (London) 1959

Ablaufplanung in Leistungsstellen von Kliniken

K. Hansen, Erlangen-Nürnberg

Am Beispiel einer Röntgenabteilung wird gezeigt, wie mit analytischen Methoden die Ablaufplanung einer medizinischen Leistungsstelle sensitiv untersucht werden kann. Das Systemverhalten der Röntgenabteilung kann durch Semimarkovketten beschrieben werden. Die Zustände und n x n Übergangsverteilungen, die empirisch ermittelt wurden, werden durch eine n x n Matrix P dargestellt. Der Zustandsübergang von m_o nach m_o+1 wird durch Faltung der Zustandsmatrix P^{m_o} mit der Matrix P der Übergangsverteilungen realisiert.

REMUS (Rechnergestütztes Entscheidungs-Modell zur Umwelt-Simulation)

N. Hocke, Ottobrunn

Die vielfältigen wechselseitigen Beziehungen zwischen der natürlichen Umwelt einerseits und den auf sie sowohl einwirkenden als auch abhängigen Bereichen, wie Wirtschaft, Staat, Gesellschaft, andererseits, verlangen für die Problemlösung und Entscheidungsfindung den Einsatz leistungsfähiger,dynamischer Planungsmethoden. Rechnergestützte Simulationsmodelle können als eine unter diesem Aspekt bevorzugte Methode angesehen werden.
Das bausteinartig aufgebaute Simulationsmodell REMUS soll politischen und wirtschaftlichen Entscheidungsträgern, Planungsexperten sowie betroffenen Bevölkerungsgruppen die Möglichkeit geben, die Auswirkungen von Maßnahmen und Ereignissen auf Bevölkerung, Staat, Umwelt und Wirtschaft zu erkennen und als zusätzliche Hilfe bei der Entscheidung für und Bemessung von Maßnahmen dienen.

Personaleinsatzplanung in der Anästhesie

H. Kim, Erlangen-Nürnberg

Das Problem des Personalmangels in der deutschen Anästhesie wird untersucht mit Hilfe der analytischen (Warteschlangentheorie) und simulativen (GPSS-FORTRAN) Methoden.

Es werden Vorschläge für die Personalrichtwerte aufgrund der ermittelten Risikoverteilungen gemacht.

Modelle und Strategien zur Standortbestimmung gemeindenaher psychiatrischer Dienste

J. Klug, Mannheim

Für die Stadt Mannheim wird eine Standortstudie durchgeführt, um die 'Gemeindenähe' von psychiatrischen Versorgungsdiensten zu bestimmen. Als Basis dienen die Informationen eines kumulativen psychiatrischen Fallregisters. Die Lösungsvorschläge beruhen auf den Algorithmen von COOPER und MARANZANA.

Eine Ist-Soll-Analyse des Versorgungssystems wird dargelegt, wobei besonders der Aspekt präventiver Versorgung einerseits und aktueller Versorgung andererseits diskutiert wird.

Entwicklung eines Verfahrens zur Suche von Fingerabdrücken in großen Beständen

Chr. Krause, München

1. Einführung

In der Kriminalunterhaltungsliteratur wird immer wieder dargestellt, daß ein Täter durch einen am Tatort hinterlassenen Fingerabdruck gefunden und identifiziert wird. Dadurch werden Vorstellungen von der Möglichkeit der Identifizierung solcher Tatortspuren erzeugt, die bisher nur zum Teil der Realität entsprechen.
Sicher, die Hautleistenbilder an den Fingern eines Menschen, die einen Fingerabdruck erzeugen, sind einmalig und unveränderlich. Deshalb ist es auch möglich, bei zwei zu vergleichenden Fingerabdrücken festzustellen, ob sie von derselben Person stammen. Damit kann auch schnell entschieden werden, ob ein Fingerabdruck am Tatort von einem bestimmten Verdächtigen herrührt, wenn man einen eindeutig dem Verdächtigen zuordenbaren Fingerabdruck besitzt oder sich beschaffen kann.
Bislang ungelöst war jedoch das Problem, zu der Tatortspur einen zur Identifizierung geeigneten Fingerabdruck zu finden, wenn kein aus anderen Gründen Verdächtiger bekannt war. Da die Kriminalpolizei eine umfangreiche Sammlung von Fingerabdrücken bekannter Straftäter unterhält und erfahrungsgemäß 50 % aller Tatortspuren von solchen Tatern gelegt werden, könnte aus der Sammlung ein der Tatortspur entsprechender Fingerabdruck herausgesucht werden.

Jedoch zeigt eine einfache Rechnung, daß diese Aufgabe manuell praktisch undurchführbar ist.

Bei einer Sammlung von 17 Millionen Abdrücken, wie sie im Bundeskriminalamt vorhanden ist, sind trotz einer gewissen Vorsortierung ca. 100 000 Abdrücke mit der gesuchten Spur zu vergleichen. Unterstellt man, daß ein

Vergleich einschließlich Zugriff und Wiederablage in der Sammlung 6 Minuten dauert, so ist ein Arbeitsaufwand von ca. 10 000 Stunden notwendig, der für einen Kriminalfall unter vielen nicht aufgebracht werden kann.
Eine solche Tätigkeit kann rationell nur von einer Maschine durchgeführt werden. Deshalb wird weltweit nach einer Möglichkeit gesucht, eine solche Sammlung für Datenspeicher zu erfassen, abzuspeichern und maschinell mit einer Tatortspur zu vergleichen.
Im folgenden soll der Weg zur bisher einzigen Methode dargestellt werden, mit der diese Suche im Millionenbestand praktikabel ist.

2. Problematik der maschinellen Fingerabdruckverarbeitung

Im Prinzip ist das Problem des maschinellen Suchens und Vergleichens eines Fingerabdrucks in einer Sammlung eine Aufgabe der automatischen Mustererkennung. Ein vorgegebenes Muster (die Tatortspur) wird analysiert, gespeichert und mit anderen gespeicherten Mustern (der Sammlung) verglichen. Enthält der Vorrat der gespeicherten Muster ein dem gesuchten Muster identisches, so soll der Name dessen genannt werden, von dem der Fingerabdruck stammt.
Leider ist nun jede Arbeit mit Finderabdrücken (Daktyloskopie) mit folgenden Schwierigkeiten behaftet:
Durch Schmutzeffekte an den Fingern und den Trägern der Abdrücke (Papier, Glas, Metall etc.) ergeben keine zwei Abdrücke desselben Fingers identische Muster. Zusätzlich wirkt das Fleisch an den Fingern als plastische Masse, die sich beim Abdruck in nicht definierter Weise verformt und damit dem Fingerabdruck zufällige Verzerrungen mitgibt.
Außerdem ist im Gegensatz zu den büromäßig abgenommenen Abdrücken der Sammlung eine Tatortspur nur ein Fragment des vollen Fingerabdrucks.

büromäßig erfaßter Abdruck

Tatortspur

Damit ist die Aufgabe der maschinellen Fingerabdrucksuche wie folgt definiert:
Zu einem zufälligen Teil eines Fingerabdruckmusters ist ein vollständiges Muster aus der Sammlung zu suchen, das dem gesuchten Teilmuster unter Berücksichtigung aller Schmutzeffekte und Verzerrungen sehr ähnlich ist. Aus der Aufgabe, ein identisches Muster zu finden, wird also die Aufgabe, alle innerhalb einer gewissen Schranke ähnlichen Muster zu finden. Damit ist die exakte Identifizierung des Verursachers des Fingerabdruckes weiterhin dem Menschen überlassen. Ein Automat muß also so programmiert werden, daß er zwar so viele ähnliche Muster anbietet, daß der gesuchte Fingerabdruck mit hoher Sicherheit unter den angebotenen ist, aber auch so wenige, daß der Mensch die Ergebnisse noch schnell genug überprüfen kann. Die nötige Arbeitsgeschwindigkeit des Systems Automat - Mensch ist durch die Anzahl der täglich bei der Polizei eingehenden und damit zu verarbeitenden Spuren festgelegt.

Da es bisher nicht möglich ist, die Ähnlichkeit von Mustern in geeigneter Weise zu definieren, haben alle Versuche, diese Aufgabe des automatischen Fingerabdruckvergleichs mit Methoden der automatischen Mustererkennung zu lösen, zu keinem praktikablen Ergebnis geführt. Deshalb wurde von der deutschen Kriminalpolizei ein neuer pragmatischer Weg beschritten, der im folgenden beschrieben wird.

3. Entwicklung eines Vergleichsverfahrens von Fingerabdruckdaten.

3.1 Um die Schwierigkeiten der automatischen Mustererkennung bei der Verarbeitung von verzerrten und mit Schmutzeffekten verfälschten Fingerabdrücken zu umgehen, entwickelte die deutsche Kriminalpolizei ein völlig neues Klassifizierungssystem, mit dem jeder Fingerabdruck vom Fachmann (Daktyloskopen) mit Hilfe eines Vergrößerungsgeräts in einem festgelegten Code beschrieben wird.

Dabei werden alle die qualitativen und quantitativen Eigenschaften des erkennbaren Musters erfaßt, die bisher auch die Grundlagen der Identifizierung durch den Menschen waren.

Im einzelnen sind dies:

Musterbeschreibung: Zuordnung des Musters zu einer oder mehreren von 94 verschiedenen Klassen, z.B.

Zwilling

Schleife

Wirbel

Grundmusterergänzung: Zuordnung des Musterkerns zu einer oder mehreren von 100 verschiedenen Klassen, z.B.

Deltalokalisierung: Bestimmung der Lage eines sog. Deltas zur Mitte eines Fingerabdrucks. Als Koordinaten werden die Lage der Verbindungslinie von der Mitte (Terminus) des Fingerabdrucks zum Delta zu einer bestimmten Vorzugsrichtung des Fingerabdrucks in einem von 24 Sektoren der Kreisscheibe, sowie die Anzahl der von dieser Verbindungslinie geschnittenen Papillarlinien angegeben.

Kernbereichsmerkmale: In einem Kreis von 4,5 mm Radius um die Mitte wird wie bei der Deltalokalisierung die Lage von beginnenden und endenden Papillarlinien bestimmt.

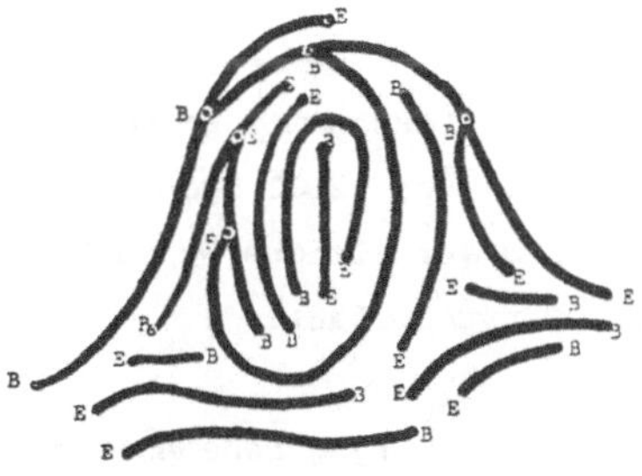

B: beginnende Linien

E: endende Linien

Eine Verzerrung, Verschmutzung oder Unvollständigkeit eines Fingerabdrucks bewirkt bei dieser Beschreibung nun eine Unsicherheit oder Unbestimmtheit der vereinbarten Angaben. Deshalb ist es möglich, daß bei allen dem Fachmann zweifelhaften Elementen mehrere Angaben gleichberechtigt nebeneinander erfolgen können. Im Extremfall kann sogar das eine oder andere Element mit der Angabe "?" beschrieben werden, die alle Möglichkeiten offenläßt.

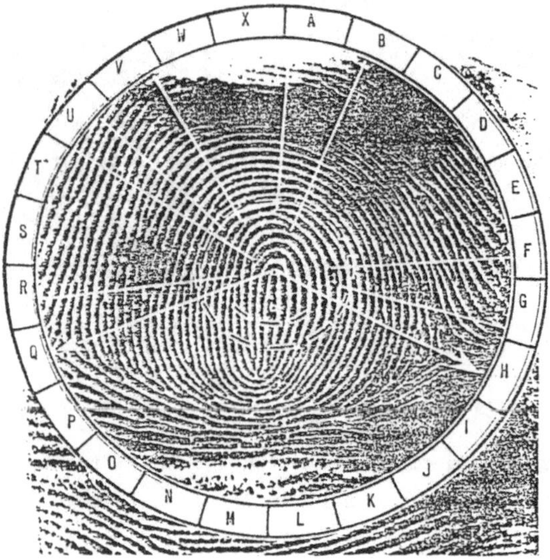

Klassifikation mit der Kreisscheibe zur Lokalisierung von Deltas und Kernbereichsmerkmalen

Auf diese Weise wird pro erfaßter Person mit einem Arbeitsaufwand von ca. einer Stunde ein Datensatz von ca. 2000 Byte erstellt. Eine zu identifizierende Tatortspur wird auf gleiche Weise in ca. 10 Minuten zu einem Datensatz von ca. 200 Byte erfaßt.

Dieses Erfassungsverfahren war der vorgegebene Ausgangspunkt für die Entwicklung der Abspeicherungsmethodik und des eigentlichen Vergleichsverfahrens, wobei die Einzelmaßnahmen in beiden Teilen sehr stark voneinander abhängig sind.

3.2 Abspeicherung der Daten

Auf Grund der Klassifikationsunsicherheiten können die Bestandsdatensätze nicht nach ihrem Inhalt sortiert, gespeichert und zu einem Suchdatensatz durch direkten Zugriff nur solche Bestandssätze angeboten werden, die in allen Informationen identisch sind. Es muß vielmehr definiert werden, wann zwei Datensätze so ähnlich sind, daß auf eine Ähnlichkeit der Fingerabdrücke geschlossen werden kann. Diese Überprüfung auf Ähnlichkeit erfordert aber ein aufwendiges Vergleichsprogramm, dessen Aufwand jedoch ein serielles Durchsuchen aller Bestandssätze verbietet. Zwischen den Extremen Direktzugriff und seriellem Durchsuchen wurde ein Kompromiß gefunden. Einige Klassifizierungselemente, die nach den Erfahrungen der Daktyloskopen noch als relativ sicher gelten, werden zu sogenannten Kennziffern zusammengefaßt und als Sortierbegriff verwendet. Von den oben erwähnten Elementen sind dies Muster und Grundmusterergänzung.

Die Abspeicherung der Bestandssätze bzw. der Zugriff durch Suchsätze erfolgen nach diesen Sortierbegriffen. Sind bei der Erfassung in diesen Elementen mehrere Alternativen angegeben worden, so werden durch Bildung aller möglichen Kombinationen dieser Alternativen mehrere Suchbegriffe erzeugt und der Datensatz unter all diesen Suchbegriffen abgespeichert.

3.3 Der Ähnlichkeitsvergleich

Alle mit dem Suchsatz bezüglich des Sortierbegriffs identischen Bestandssätze werden seriell mit dem Suchsatz bezüglich der noch nicht benutzten unsicheren Klassifizierungselemente verglichen. Dafür gibt es drei Kriterien

- Vergleichstoleranzen
- Fehlergrenzen
- Ähnlichkeitsmessung

Vergleichstoleranzen sind fest programmiert und dienen zur Feststellung, wann Abweichungen in den Daten der verglichenen Sätze als schwerwiegend angesehen werden. Hierbei handelt es sich um die Winkeltoleranz von einem Sektor (15°) bei Deltalokalisierung und Kernbereichsmerkmalen sowie eine Zähltoleranz bei der Linienzählung von 1 bis 5 bei der Deltalokalisierung und 1 bei den Kernbereichsmerkmalen. Beim Vergleich mehrerer

Alternativen wird im Zweifelsfall für Ähnlichkeit entschieden.
Fehlergrenzen sind bei der Eingabe des Suchsatzes frei wählbar. Sie hängen von der optischen Qualität der Tatortspur ab und bestimmen, wieviele Überschreitungen der Vergleichstoleranzen erlaubt sind, um noch Ähnlichkeit annehmen zu können.
Hat ein Bestandssatz diesen Vergleich bestanden, so erfolgt noch die Messung der Ähnlichkeit. Zuerst wird bestimmt, wieviele Kernbereichsmerkmale des Bestandssatzes mit Kernbereichsmerkmalen des Suchsatzes innerhalb der Toleranzen übereinstimmen.
Da bei Identität der Fingerabdrücke jedem Merkmal der Tatortspur genau ein Merkmal des Bestandabdrucks entspricht, werden im Vergleichsprogramm Paare von je einem Suchsatzmerkmal und einem übereinstimmenden Bestandsmerkmal so gebildet, daß jedes Merkmal höchstens einem Paar gehört.
Mit einem Optimierungsprogramm wird die maximale Anzahl der aus dem Vorrat zu bildenden Paare bestimmt.
Bei n Merkmalen B_i (i = 1, n) des Bestandssatzes und m Merkmalen S_j (j = 1, m) des Suchsatzes sei α_{ij} die Übereinstimmung des Merkmals B_i mit dem Merkmale S_j.
α_{ij} kann die Werte O (keine Übereinstimmung) oder 1 (Übereinstimmung) haben.
X_{ij} erhält den Wert 1, wenn B_i und S_j ein Paar bilden, sonst ist $X_{ij} = 0$

Unter der Randbedingung $\sum_i \alpha_{ij} X_{ij} \leq 1$

$\sum_j \alpha_{ij} X_{ij} \leq 1$

wird die Zielfunktion $\sum_{ij} \alpha_{ij} X_{ij}$ maximiert.

Die mit diesem Verfahren berechnete Anzahl der Paare ist die Ähnlichkeit zwischen Suchsatz und Bestandssatz.
Alle Bestandssätze, die im Vergleich überhaupt bis zu dieser Ähnlichkeitsberechnung zugelassen werden, werden dem Daktyloskopen nach dieser Ähnlichkeit sortiert zum endgültigen visuellen Vergleich angeboten.

4. Leistungsdaten des Verfahrens

Bei der Abnahme der Programme wurde in einem Bestand von 46 000 Personen mit 485 Tatortspuren gesucht, von denen bekannt war, daß die Fingerabdrücke der Täter im Bestand waren. Trotz der Klassifizierunterschiede zwischen Bestandsabdruck und Tatortspur lag die Wiederauffindquote bei 60 %.

Durch wachsende Erfahrung mit diesem Verfahren, speziell mit der Wahl der Fehlergrenzen, wird eine Trefferquote von ca. 80 % erreicht werden.

Im Mittel werden nach einer Rechenzeit von ca. 2 Minuten zu einer Tatortspur eine Liste von 35 ähnlichen Abdrücken des Bestandes zum visuellen Endvergleich mit der Spur angeboten.

Durch die Sortierung nach der Ähnlichkeit liegt im Falle eines Treffers dieser in 60 % der Fälle an der Spitze der Liste und in insgesamt 96 % der Fälle unter den ersten 20 der Liste. Dadurch wird der manuelle Suchaufwand auf wenige visuelle Vergleiche reduziert.

Cabinenlift: Leistungsnachweis durch stochastische Simulation

K. Volling und H. Utter, Wetter (Ruhr)

Das Cabinenlift-System, dessen Entwicklung vom Bundesminister für Forschung und Technologie gefördert wird, ermöglicht bei personalsparender, automatisierter Betriebsführung einen wirtschaftlichen Güter- und Personenverkehr zwischen den Kliniken und den zentralen Ver- und Entsorgungseinrichtungen eines Krankenhauses. Das Systemkonzept erfüllt dabei optimal die Randbedingungen der krankenhausspezifischen Beförderungsaufgaben: umweltfreundlich, sicher, zielrein und flexibel verfügbar.

Durch stochastische Simulation wird die Bewältigung des Transportaufkommens für die einzelnen Personen- und Güterarten (Speisen, reine Wäsche, Betten zur Desinfektion, Laborproben) nachvollzogen. Die Auslastung aller Systemelemente, Wartezeiten und Warteschlangen an den Haltepunkten sowie kapazitätsbegrenzende Engpässe werden transparent aufgezeigt.

Implementierung und Computereinsatz

Ein Programm für das Transportproblem

J.H. Ahrens, Kiel

Der primale Algorithmus für das Transportproblem (G.B.Dantzig's Stepping-Stone Methode) wird in allen Einzelheiten als eine Aufdatierungsprozedur auf Bäumen dargestellt. Diese Veranschaulichung ergibt eine präzisere und durchsichtigere Beschreibung verglichen mit den üblichen Matrixtransformationen in den meisten Lehrbüchern. Ein genau entsprechendes Fortran Programm (im Anhang) ist das Produkt etlicher Entwicklungsrunden. Es erfordert nur mn+4(m+n) Speicherplätze, nicht mehr als man für die Input- und Outputdaten ohnehin benötigt. Unsere Rechenerfahrung zeigt, daß es prinzipiell schneller ist als die populären primal-dualen Algorithmen (Ford-Fulkerson/ungarische Methoden) - $O(n^{2.5})$ verglichen mit $O(n^3)$ bei nxn Kostenmatrizen. Eine IBM 360 /370 Basic Assembler Version ist auf Anforderung ebenfalls erhältlich; sie löst 1oo x 1oo Transportprobleme auf der Siemens 7.750 Anlage (BS 2ooo) in knapp 4 Sekunden.

Konzept eines interaktiven EDV-Programmsystems zur Unterstützung des Entwurfs von Algorithmen der kombinatorischen Optimierung

G. Gallus, Darmstadt

Das vorzustellende Konzept eines interaktiven EDV-Programmsystems basiert auf einer systematischen methodologischen Entwurfsanleitung. Diese geht von einer bestimmten Grundstruktur des zu entwickelnden Algorithmus aus, in der die wesentlichen algorithmischen Elemente, für die eine Entwurfsentscheidung zu treffen ist, in allgemeiner Form bereits festgelegt sind. Die kreative Arbeit des Algorithmenentwicklers besteht letztlich darin, das algorithmische Gerüst konkret auszugestalten und den einzelnen algorithmischen Elementen im Wege der morphologischen Problemdurchdringung problemtypindividuelle Realisationen zuzuordnen.

Im Zentrum des Programmsystems steht eine im Dialog mit der EDVA geführte Entwurfsanleitung. Das System gibt Hilfestellungen in Form von Aufforderungen (Prompting) und Unterweisungen (Tutorials). Es besteht im wesentlichen aus drei Teilsystemen: (1) Daten- und Modellverwaltung, (2) Entwurfsanleitung und (3) automatische Programmierung.

Anwendungsmöglichkeiten eines Informationssystems der landwirtschaftlichen Unternehmung

K. Riebe, Kiel

Ein benutzerfreundliches Informationssystem besteht aus deutlich gegliederten Systemebenen für Analyse, Kontrolle und Planung wirtschaftlicher Probleme mit unterschiedlichem Planungshorizont.

Spezifische Ziele bestimmter Suchsysteme erfordern entsprechende Modelle der Unternehmensforschung. Insbesondere gewinnen komparativ-statische Ansätze der rekursiven Programmierung zunehmende Bedeutung für die Steuerung und Regelung der laufenden Produktionsprozesse.

Methoden und Ergebnisse von Projektanalysen – dargestellt am Beispiel von Software-Entwicklungsprojekten

H. Schelle, Neubiberg

1. Operations Research und empirische Forschung

Empirische Forschung gewinnt in der Betriebswirtschaftslehre auch im deutschsprachigen Raum in den letzten Jahren immer mehr an Bedeutung. Erwähnt seien in diesem Zusammenhang nur die Arbeiten von W i t t e und Mitarbeitern und der Ausbau der Betriebsökonometrie. Mit dieser Entwicklung beginnt die Forschung langsam den Nachholbedarf gegenüber dem angelsächsischen Sprachgebiet aufzuholen. Trotz dieser u.E. erfreulichen Tendenz gibt es für die empirische Forschung - und zwar auch im angelsächsischen Sprachraum - auf den verschiedensten Teilgebieten zahlreiche "weiße Flecken". Leistungserstellung mit Projektcharakter, also grob gesprochen Einzelfertigung und vor allem Forschungs- und Entwicklungsvorhaben, gehört mit dazu.

Für diesen Teilbereich hat die Disziplin Operations Research eine kaum mehr zu überblickende Fülle von Modellen - hier im Sinne von Z i m m e r m a n n [1976, Sp. 4045] verstanden als "formale mathematische Abbildungen typischer Problemstrukturen" -, Lösungsmethoden und Algorithmen entwickelt. Sehr bescheiden nehmen sich im Vergleich dazu die wenigen empirischen Analysen aus, die wiederum zum größten Teil in den USA durchgeführt wurden.

Stark instrumentalistisches Denken hat eine intensive Beschäftigung mit zahlreichen drängenden Fragen verhindert. So wird bei der Konstruktion von Ablaufplanungsmodellen der Kontrollaspekt zugunsten des Planungsaspekts zumeist stark vernachlässigt. Erinnert sei in diesem Zusammenhang nur an das bislang noch nicht befriedigend gelöste Problem der Projektfortschrittsmessung, das u.E. nur durch verstärkte empirische Forschung gelöst werden kann. Noch an einem weiteren Beispiel, dem Problem der "Bestimmung der kostenminimalen Projektdauer", soll die mangelnde empirische Fundierung kurz demonstriert werden: Während mehr als hundert Veröffentlichungen vorliegen, in denen das Grundmodell variiert und Algorithmen vorgestellt werden, gibt es so gut wie keine empirischen Analysen über die Kosten der Projektdauerverkürzung. Selbst Prämissenkritik, weit einfacher und weniger aufwendig als die Ermittlung funktionaler Zusammenhänge zwischen Modellvariablen, fehlt weitgehend. Der Vorwurf von W i t t e [1974, Sp. 1266] gegen die Unternehmensforschung erhoben, daß nämlich ihrem "entwickelten Theoriebewußtsein ... der nötige Realitätsbezug fehlt", ist zumindest für den Teilbereich "Projektmanagement" nur zu berechtigt.

Gerade auf diesem Gebiet ist ein solcher Mangel an empirischen Studien aber andererseits nur schwer verständlich, da sich insbesondere im letzten Jahrzehnt allein durch die weite Verbreitung von verbessertenPlanungstechniken bei auftragnehmenden Firmen und Auftraggebern (vornehmlich der Öffentlichen Hand) ein großer Datenbestand angesammelt hat, der ausgewertet werden könnte.

Eine Ausnahme im allgemeinen Mangel an empirischem Wissen gibt es immerhin: Der militärische Auftraggeber in den USA ließ zahlreiche Schätzgleichungen zur Prognose der Entwicklungs- und Fertigungskosten militärischer Objekte erarbeiten. [Vgl. dazu etwa Schelle 1977]

Die Projektanalysen blieben aber weitgehend auf den Planungsparameter "Kosten" begrenzt. Kostenstudien für den zivilen Bereich folgten kaum.

Erst in jüngster Zeit werden auf breiter Grundlage systematisch Daten abgeschlossener Projekte ausgewertet. In die Analysen werden zivile Vorhaben mit einbezogen. Die Untersuchungsziele sind dabei z.T. sehr viel weiter gesteckt als die der militärischen Kostenstudien.

Allerdings konzentriert sich diese Tendenz z.Z. noch auf Software-Entwicklungsprojekte. Über die Gründe dieser Entwicklung lassen sich nur Vermutungen anstellen: Beträchtliche Termin- und Kostenüberschreitungen, Programmsysteme, die nach Übergabe an den Auftraggeber noch mit zahlreichen Fehlern behaftet waren oder von deren Code in einigen Fällen 95% neu geschrieben werden mußte und die schließlich einen hohen Aufwand zu ihrer Wartung verlangten, mögen verantwortlich sein.

Einige wichtige Ergebnisse dieser Analysen sollen in exemplarischer Form angeführt werden. Auch nur annähernde Vollständigkeit ist bei der wachsenden Zahl der Untersuchungen und dem begrenzt verfügbaren Raum allerdings nicht möglich. Es soll weiter gezeigt werden, wie sich die Ergebnisse in der Praxis nutzen lassen und wie Projektanalysen die Unternehmensforschung befruchten können.

2. Untersuchungs- und Auswertungsmethoden bei Projektanalysen

Wie bereits erwähnt, steht für Projektanalysen in der Regel umfangreiches Datenmaterial zur Verfügung, das im Planungsstadium angefallen ist und während des Projektablaufs für die Zwecke der Ablaufkontrolle gesammelt wurde. Dazu zählen z.B. Kostendaten, die seit jeher in der Nachkalkulation genutzt wurden, aber auch Daten über geplante und tatsächliche Vorgangszeiten, Änderungen in der Projektstruktur und in der Projektspezifikation. Die Verwendung neuer Instrumente des Software Engineering, so vor allem die im Rahmen des Chief-Programmer-Konzepts benutzten "program development support libraries" und ablauforganisatorische Regelungen wie die projektbegleitende Entwurfs- und Codeüberprüfung, auf die noch einzugehen sein wird, schafft neue Datenquellen, deren Auswertung wichtige Aufschlüsse über den Prozeß der Leistungserstellung geben.

Die Voraussetzungen sind für die Analyse, die in anderen Forschungsbereichen zumeist auf reaktive Meßverfahren, nämlich Interview und Fragebogen mit all ihren Fehlermöglichkeiten angewiesen ist, also geradezu ideal. Da aber auch mit noch so sorgfältig geplanten und gepflegten Projektdatensammlungen auf die wechselnden Fragestellungen des Forschers nicht immer zufriedenstellende Antworten gegeben werden können, muß häufig dennoch ergänzend auf Interview und Fragebogen zurückgegriffen werden. Um Einflußgrößen der Produktivität von Programmierern zu ermitteln, werden z.T. auch Laborexperimente unternommen. Vereinzelt bedient man sich der Simulation, bislang freilich nur, um das Kommunikationsverhalten in einer Projektgruppe zu erforschen.

3. Ausgewählte Ergebnisse von Projektanalysen

3.1 Untersuchungen von Teilaspekten

3.1.1 Schätzgleichungen zur Prognose von Programmsystemgröße (Projektumfang) und Software-Entwicklungskosten.

Die ersten, vom militärischen Auftraggeber initiierten Arbeiten wurden in den USA schon sehr früh durchgeführt [Farr, Zagorski 1964, Nelson 1967], blieben aber lange Zeit ohne Nachfolgestudien. Ausgewertet wurden die Daten von 169 abgeschlossenen Vorhaben. Ermittelt wurden Schätzgleichungen zur Prognose der Mann-Monate, der Rechnerstunden und der verstrichenen Kalenderzeit, jeweils für die Phasen "Entwurf", "Codierung" und "Test". Die Liste der unabhängigen Variablen enthielt 94 Kosteneinflußgrößen. Zwischen abhängiger Variabler und den Einflußgrößen wurde Linearität der Beziehungen angenommen. Das Ergebnis war trotz des großen Stichprobenumfangs enttäuschend. Durchweg sind die Gleichungen gekennzeichnet durch weite Prognose-Konfidenzintervalle und niedrige Werte für das Bestimmtheitsmaß. Auch eine spätere Analyse [Wolverton 1974] kam zu keinen befriedigenden Ergebnissen, obwohl eine relativ hohe Zahl unabhängiger Variabler berücksichtigt wurde. Selbst wenn die Aufnahme einer größeren Anzahl von Variablen zum Erfolg geführt hätte, wäre dies freilich nicht unbedingt von Vorteil gewesen. Enthalten die Schätzgleichungen nämlich eine Reihe von Einflußgrößen, die ebenso schwer zu schätzen sind wie die abhängige Variable selbst, so wird das Prognoseproblem ja lediglich verlagert. Sollen die Schätzgleichungen für die Prognose in einer sehr frühen Phase der Planung verwendet werden, so haben die Verantwortlichen überdies zumeist noch keine Vorstellung, welche Werte die verschiedenen Einflußgrößen annehmen werden.

Diesen Nachteil weist eine neuere, weit erfolgreichere Arbeit von Dodson et al. [1975] nicht auf. Sowohl für die Größe des Programmsystems (gemessen durch die Zahl der lines of code ohne Kommentarkarten) als auch für die Personalkosten der Entwurfs-, Codier- und Testphase wurden Schätzgleichungen mit nur wenigen unabhängigen Variablen abgeleitet. So ergab sich z.B. für die erforderlichen Mann-Jahre in der Entwurfsphase folgende Schätzgleichung:

$$\ln Y = -1.17 + 1.03 \ln X_1 + 1.73 \ln X_2$$

Symbolik: Y Mann-Jahre, X_1 Zahl der Anweisungen im Object-Code, X_2 Dummy-Variable, die bei Vorliegen von Hardwarerestriktionen 1 ist, ansonsten 0.

Die Bestimmtheitsmaße liegen dabei erheblich über den Werten der oben angeführten Studien. Die recht guten Resultate mögen dabei darauf zurückzuführen sein, daß die betrachteten Programmsysteme jeweils sehr ähnliche Funktionen erfüllten, während in den übrigen Analysen in Bezug auf die Funktion sehr heterogene Software verglichen wurde. (Eine wichtige Aufgabe für die Zukunft wird dann auch sein, ein Klassifikationsschema für Programmsysteme bzw. Programmkomponenten zu erarbeiten, um homogenere Projektgruppen zu erhalten.)

Ob auf bestimmte Programmkategorien beschränkte Einzelanalysen oder die weiteren Gültigkeitsbereich beanspruchenden "software physics"-Versuche von Halstead [1975] und Zweben [1977], auf die hier lediglich hingewiesen werden kann, auf Dauer größere Erfolge versprechen, bleibt abzuwarten.

Weit häufiger als Schätzgleichungen liegen aus Projektanalysen Verhältniszahlen vor, wie z.B. Kosten des Programmierereinsatzes/Anweisung, Dokumentationskosten/Seite und Rechenzeit/Anweisung. Auch zahlreiche Werte für die Produktivität von Programmierern, gemessen in lines of code pro Mann-Tag oder Mann-Monat wurden ermittelt. Dabei finden sich z.B. Differenzierungen nach der Komplexität der Programme, nach dem Umfang, nach der Projektdauer (zur Berücksichtigung von Lerneffekten) und nach der verwendeten Programmsprache.

Um nur ein Ergebnis herauszugreifen: Die Produktivitätsunterschiede zwischen Programmierern annähernd gleicher Erfahrung sind enorm hoch. Der Zeitverbrauch schlechter Programmierer kann bis zum 28-fachen des Zeitverbrauchs guter Programmierer betragen.

3.1.2 Verteilung des Personalbedarfs auf einzelne Projektphasen

Eine Fülle von Untersuchungen hat sich in den letzten Jahren mit der Verteilung des Personalbedarfs auf einzelne Projektphasen befaßt. Dabei bedient man sich in der Regel nicht der sogenannten "Normkurven" [Erlen 1972], die regressionsanalytisch ermittelt werden, sondern nennt lediglich durchschnittliche Anteilswerte für die einzelnen Projektphasen. Weit verbreitet ist vor allem die sogenannte "40-20-40"-Regel. Danach entfallen im Durchschnitt 40% auf die Entwurfs-, 20% auf die Codier- und 40% auf die Testphase. Eine umfassende Auswertung des vorhandenen Zahlenmaterials [Maier 1976] erbrachte folgende Durchschnittswerte:

Phase	Anteil	Standard-Abweichung
Entwurfsphase	52%	11%
Codierphase	19%	5%
Testphase	39%	11%

Zum Teil werden auch feinere Phaseneinteilungen und nach Kategorien von Programmsystemen differenzierte Anteilswerte benutzt.

3.1.3 Möglichkeiten der Substitution von Kalenderzeit durch vermehrten Einsatz von Ressourcen

Empirische Untersuchungen mit nachvollziehbarem Gang der Analyse über die Möglichkeiten einer Projektdauerverkürzung sind, wie schon eingangs erwähnt, sehr selten. Eine der wenigen Ausnahmen ist die Studie von T e e c e [1977], in der die Abhängigkeit der Projektkosten K von der Projektdauer T für Vorhaben mit dem Ziel des Technologietransfers untersucht wird. Für Softwarevorhaben finden sich lediglich Faustformeln, aus denen sich zwar Einzelwerte für die Elastizität der Kosten in Bezug auf die Zeit ($|dK/K|dT/T|$) berechnen lassen, deren empirischer Gehalt aber nicht nachprüfbar ist. So wurden im Rahmen eines Workshops über Prognose von Software-Entwicklungskosten U.S. Department of Commerce 1974 Angaben gemacht, aus denen sich eine Kostenelastizität von 1 ergibt. Weit über 1 liegende Werte errechnen sich aus der Arbeit von S h a w [1976]. Für das Management von Softwarevorhaben wichtiger erscheint die Studie von B r o o k s [1974]. Der Autor, der sich vor allem mit den Möglichkeiten befaßt, einen bereits eingetretenen Terminverzug wieder aufzuholen, übt vor allem Prämissenkritik, die allerdings durch einige Analyseergebnisse unterstützt wird. Seine These lautet: "Adding manpower to a late software project makes it later". Versuche, den Terminrückstand aufzuholen, bleiben demnach nicht nur erfolglos, sondern erhöhen auch noch die Projektkosten. Begründet wird diese These wie folgt:

- Software-Entwicklung, die nicht repetitiver Natur ist, erfordert eine erhebliche aufgabenbezogene Kommunikation. Die für Kommunikation aufzuwendende Zeit steigt überproportional zur Zahl der eingesetzten Mitarbeiter.

- Zahlreiche Aufgaben bei der Programmentwicklung sind nicht teilbar (Beispiel: Testen eines Moduls)

- Die Eingliederung neuer Mitarbeiter erfordert Einarbeitung und Lernzeiten. Das zusätzliche Personal steht zunächst also nicht zur Verfügung. Vielmehr müssen erfahrene Mitarbeiter zunächst zur Einweisung von ihrer Aufgabe im Projekt abgezogen werden.

Die Brooks'sche These ist sicher etwas überspitzt formuliert - ihr Autor hat sie vermutlich noch unter dem Eindruck der Entwicklung des OS/360 der IBM verfaßt, für dessen Entwicklung er verantwortlich war - durch die Arbeit von Shaw wird sie aber im wesentlichen gestützt.

3.1.4 Fehlerentstehung in verschiedenen Projektphasen und Kosten der Beseitigung von Fehlern

Da in den einzelnen Fehleranalysen unterschiedliche Definitionen und Begriffsabgrenzungen gebraucht werden, sind Vergleiche der Ergebnisse nicht ohne weiteres möglich. Einige Aussagen aus der Fülle der Untersuchungsergebnisse lassen sich aber dennoch machen: Studien mit der Fragestellung, wann im Entwicklungsprozeß ein später aufgedeckter Fehler gemacht wurde [E n d r e s 1975; B o e h m 1976; T h a y e r 1975] zeigten, daß mindestens 50% der Fehler auf die Entwurfsphase zurückzuführen sind. Nach einer Studie von S h o o m a n und B o l s k y [1975] waren dabei im Durchschnitt 3,1 Mannstunden erforderlich, um die Entwurfsfehler festzustellen und 4 Mannstunden, um sie zu beseitigen. Die entsprechenden Werte für Codierfehler lagen bei 2,2 bzw. 0,8 Mannstunden. Eine Analyse von etwa 2 Millionen Entwicklungsstunden [D a l y 1977] erbrachte, daß mehr als 50% dafür aufgewendet wurden, Programmfehler zu beseitigen, deren Ursprung in der Entwurfsphase zu suchen ist. Ein Vergleich der Ergebnisse von F a g a n [1976], D a l y [1977] und der Firma TRW [B o e h m 1976] ergibt, daß die Kosten der Diagnose und Korrektur eines Fehlers, der während der Abnahmetests gefunden wurde, im Durchschnitt 10mal höher sind als die entsprechenden Kosten für einen in der Entwurfsphase gefundenen Fehler.

3.2 Dynamisches Modell eines Software-Entwicklungsprozesses

Den bislang wohl umfassendsten und gründlichsten Einblick in den Ablauf eines großen Projekts gibt das Modell von B e l a d y und L e h m a n [1976]. Die beiden Autoren erstellten ein Prozeßmodell zur Beschreibung der Entwicklung von Systemsoftware. Die Daten stammen aus der Entwicklung der verschiedenen Versionen des OS/360 der IBM. Das Gleichungssystem wurde mit Hilfe der Regressionsanalyse gewonnen. Es unterscheidet sich in diesem wesentlichen Punkt von anderen dynamischen Projektmodellen, wie etwa dem von R o b e r t s [1964] und G e r b e r i c h [1976], die beide auf dem System-Dynamics-Ansatz Forresters basieren und ohne empirischen Gehalt sind. Die Autoren ermitteln für die Systemgröße, gemessen durch die Zahl der Module, ein zyklisches Wachstum um einen steigenden Trend. Beschrieben wird weiterhin die Zunahme der Zahl der zwischen je zwei Freigabeterminen von Versionen in Arbeit befindlichen Module und das Wachstum der Projektkomplexität (gemessen durch den Anteil der zwischen je zwei Freigabeterminen bearbeiteten Module an der Gesamtzahl der Module). Es zeigt sich u.a., daß mit zunehmendem Alter des Systems der Zeitaufwand der für Änderungen notwendig ist, wächst und zwar solange bis das System neu strukturiert wird. Schließlich wird ein Fehlerfortpflanzungsmodell entwickelt, das den Prozeß der Fehlerbeseitigung und der Generierung neuer Fehler durch Korrekturmaßnahmen erklärt.

4. Einige Empfehlungen, die sich aus den Analyseergebnissen für das Projektmanagement ergeben

Um zu demonstrieren, welchen Nutzen das Projektmanagement aus den Resultaten ziehen kann, sollen einige Empfehlungen gegeben werden bzw. gezeigt werden, welche Konsequenzen schon gezogen wurden.

Der Vorteil, den formalisierte Prognosemethoden zumal Schätzgleichungen mit der Möglichkeit von Sensitivitätsanalysen gegenüber "wildem Schätzen" insbesondere in frühen Phasen der Planung haben, braucht wohl nicht besonders betont zu werden.

Die enorm hohen Produktivitätsunterschiede zwischen Programmierern zeigen, daß eine der wichtigsten Aufgaben des Projektmanagements die Personalauswahl ist.

Empirische Werte für die Verteilung des Personalaufwands auf verschiedene Projektphasen sind eine wichtige Grundlage für die projektbezogene Personaleinsatzplanung und die phasenbezogene Kostenplanung. Außerdem lassen sich mit ihnen auch die gesamten Kosten des Personaleinsatzes direkt prognostizieren, wenn z.B. nur Produktivitäts- oder Kostenangaben für die Codierphase bekannt sind. Steht noch eine andere Schätzmethode zur Verfügung, bieten sie die Möglichkeit der Kontrollrechnung. Schließlich weisen die Anteilswerte auch noch auf Ansatzpunkte für Rationalisierungsmaßnahmen. Der geringe Anteil der Codierphase, bislang häufig überschätzt, läßt es geraten erscheinen, Maßnahmen zur Erhöhung der Produktivität vornehmlich auf die beiden anderen Phasen zu konzentrieren.

Aus der Prämissenkritik von Brooks können eine Fülle von Forderungen abgeleitet werden. Vor allem müssen drohende Terminverzögerungen früher als bisher erkannt werden. Da die herkömmlichen Methoden der Projektfortschrittsmessung versagt haben und die abgegebenen Urteile der Projektbeteiligten über den tatsächlichen Stand in vielen Fällen krasse Fehlurteile sind [vgl. z.B. Kopetz 1976, S. 143; Souder 1968; Souder 1969; Weinberg 1971, S. 100 ff; Davis und Vick 1977] - und dies gilt selbstverständlich keineswegs nur für Softwareprojekte - müssen Indikatoren gefunden werden, die bereits früh drohende Fehlschläge bei der Leistungserstellung signalisieren und dem Projektmanagement noch die Möglichkeit zu korrigierenden Eingriffen geben. Diese Indikatoren sollten nicht nur Prognosen mit hoher Zuverlässigkeit liefern, sie sollten außerdem mit geringem zusätzlichen Aufwand und schnell ermittelt werden können und schließlich durch die am Projekt Beteiligten möglichst wenig manipulierbar sein. Die Zahl der durch Entwurfs- und Codeüberprüfung gefundenen Fehler könnte ein solcher Indikator sein. Letzten Endes kann freilich nur systematische empirische Analyse zu brauchbaren Indikatoren führen. Erste Ansätze zur Konstruktion von Frühwarnsystemen liegen seit einiger Zeit vor [Souder 1968; Souder 1969; Lebanoff 1966], wurden aber nicht mehr fortgeführt.

Die Ergebnisse der Fehleranalysen müssen notwendig zu der Empfehlung führen, die Anzahl der Fehler in der Entwurfsphase niedrig zu halten und die vorhandenen Fehler so früh wie möglich aufzudecken. Nach Stichprobenuntersuchungen der IBM [Fagan 1976] kann durch die ablauforganisatorische Maßnahme der projektbegleitenden Entwurfs- und Codeüberprüfung durch ein Inspektionsteam ein hoher Anteil der Fehler bereits vor dem Test auf der Anlage gefunden werden und die Produktivität der Codierphase unter Berücksichtigung der für die Überprüfung selbst aufgewendeten Zeit um 23% gesteigert werden. (Rechenzeitersparnisse und Zeitersparnisse der Programmierer nach der Codierphase nicht eingerechnet.) Nach Daly [1977] kann Codeüberprüfung durch einen anderen Programmierer bis zu 90% der Codierfehler aufdecken. Dabei betragen die Kosten dieser Art von Fehleraufdeckung nur ca. 25% der Fehlerentdeckungskosten durch Test auf der Anlage.

Auch für die Zeitplanung soll eine Empfehlung gewagt werden: Empirische Untersuchungen von Entscheidungsprozessen, die wie die Entwurfsphase einen Output hervorbringen, der nicht exakt beschreibbar und identifizierbar ist, haben gezeigt, daß Zeitdruck die Qualität des Ergebnisses erheblich beeinträchtigt [J o o s t 1975, S. 7; B r o n n e r 1973, S. 103 ff].

Unterstellt man einmal, daß diese Resultate auf Entwicklungsprozesse übertragen werden können und verbindet man sie mit den Befunden der Fehleranalysen, so kann vermutet werden, daß Zeitersparnisse in der Entwurfsphase durch knapp gesetzte Termine mit weitaus höheren Zeitverlusten in späteren Phasen erkauft werden und sich so etwas wie ein negativer Multiplikatoreffekt bei den Entwicklungszeiten bemerkbar macht.

Die weit verbreitete Praxis, als Maßstab für den Projektfortschritt den Anteil der bereits codierten Zeilen an der Gesamtzahl der vermutlich zu schreibenden lines of code zu wählen, dürfte die Tendenz, sehr früh mit der Codierung zu beginnen aber auch Tätigkeiten wie Testplanung und Benutzerdokumentation zu vernachlässigen, noch verstärken [vgl. etwa B o e h m 1976, S. 1237] . Auch daraus ergibt sich die Forderung, andere Methoden der Projektfortschrittsmessung zu entwickeln.

Die Notwendigkeit von Studien wie der von B e l a d y und L e h m a n bedarf keiner besonderen Begründung. Die von ihnen entwickelten Erklärungs- und Prognosemodelle haben zu vertieften Einsichten in den Software-Entwicklungsprozeß verholfen. Ein Nebenprodukt ihrer Arbeit ist ein Entscheidungsmodell zur Ableitung der optimalen Wartungsstrategie bei begrenztem Budget.

Die vorangegangenen Ausführungen haben - so hofft der Verfasser - verdeutlicht, welchen Beitrag Projektanalysen für die Unternehmensforschung zu liefern vermögen: Ein besseres Verständnis von Projektabläufen ist unerläßliche Voraussetzung für die Konstruktion neuer projektbezogener Prognose- und Entscheidungsmodelle mit empirischem Gehalt und überdies Grundlage für einen wirkungsvolleren Einsatz der bereits vorhandenen Modelle.

5. Vergleichbarkeit der Analyseergebnisse und Ausblick

Eine kritische Betrachtung der Ergebnisse zeigt freilich auch die Grenzen, die vor allem dem Vergleich der Analyseergebnisse zwischen verschiedenen Institutionen gesetzt sind. So gibt es bislang keine Norm zur Messung der Produktivität von Programmierern. Die Literatur enthält hier sehr stark divergierende Werte. Ein Teil der Differenzen ist dabei sicher auf Unterschiede in der Definition der Größen in Nenner und Zähler zurückzuführen. (Z.B. werden bei einigen Studien lines of code, die Kommentar enthalten, mitgezählt, bei anderen nicht.) Auch die Abgrenzung der verschiedenen Projektphasen wird nicht einheitlich vorgenommen. Diese beiden Beispiele mögen als Warnung vor einer zu großzügigen Interpretation der Resultate hier genügen.

Für Software-Entwicklungsprojekte deutet sich freilich bereits auch eine Wende an: In den USA werden verstärkt Bemühungen sichtbar, zu einer Vereinheitlichung der Terminologie und zu Festlegungen über die Art der zu sammelnden Informationen zu kommen [MITRE 1976]. Die Initiativen dazu gehen vor allem vom militärischen Auftraggeber aus.

Diese Bemühungen könnten nicht nur Vorbild für eine Standardisierung in der Softwareproduktion der Bundesrepublik sein, sondern auch Anregungen für ähnliche Entwicklungen in anderen Wirtschaftsbereichen geben, in denen die Leistungserstellung ebenfalls Projektcharakter hat. Die Entwicklung praktikabler Projektkennzahlensysteme und die Ermittlung der entsprechenden Werte aus abgeschlossenen Vorhaben - mit beiden Aufgaben wurde, soweit abzusehen, auf anderen Gebieten als der Softwareproduktion noch kaum begonnen - könnten unmittelbar, wie gezeigt, verbesserte Grundlagen für die Planung neuer Vorhaben liefern.

Auch eine noch zu entwickelnde Theorie der Leistungserstellung mit Projektcharakter, die bis jetzt allenfalls in Umrissen existiert, [z.B. R o b e r t s 1964 und G e r b e r i c h 1970] könnte davon profitieren.

Literaturverzeichnis +

Belady, L.A. / Lehman, M.M. : A model of large program development. IBM Systems Journal, Vol. 15 (1976), S. 225-251.

Bronner, R. : Entscheidung unter Zeitdruck. Tübingen 1973.

Boehm, B.W. : Software Engineering. IEEE Transactions on Computers, C-25 (1976), S. 1226-1241.

Brooks, F.P. : The Mythical Man-Month. Datamation (1974), S. 45-52.

Daly, E.B. : Management of Software Development. IEEE Transactions on Software Engineering, Vol. SE-3 (1977), S. 229-242.

Davis, C.G. / Vick, C.R. : The Software Development System. IEEE Transactions on Software Engineering, Vol. SE-3 (1977), S. 69-84.

Dodson, E.N. / Balkovich, E.E. / Waller, W.E. : Advanced Cost Estimates and Synthesis Techniques for Avionics. Final Report Nasa Contract NAS-9-13573, Santa Barbara 1975.

+ Enthält nur die im Text zitierten Arbeiten. Eine auch nur annähernd vollständige Bibliographie über Projektanalysen würde den zur Verfügung stehenden Raum mehr als ausschöpfen.

Erlen, H. : Kostenprognose für F+E-Projekte. München-Wien 1972.

Endres, A. : An Analysis of Errors and Their Causes in System Programs. Proceedings of the International Conference on Reliable Software. 21.-23. April 1975, Los Angeles, S. 327-336.

Fagan, M.E. : Design and Code Inspection to Reduce Errors in Program Development. IBM Systems Journal Vol. 15 (1976), S. 182-211.

Farr, L.
Zagorski, H.I. : Factors that Affect the Cost of Computer Programming: A Quantitative Analysis. SDC, TM-1447/001/00, 31. August 1964.

Gerberich, C.W. : Alternativen der Forschungs- und Entwicklungspolitik eines Unternehmens. Basel und Stuttgart 1976.

Halstead, M.H. : Toward a Theoretical Basis for Estimating Programming Effort. Proceedings Ass. Computer Machinery Conference, Oct. 1975, S. 222-224.

Joost, N. : Organisation in Entscheidungsprozessen. Tübingen 1975.

Kopetz, H. : Softwarezuverlässigkeit. München 1976.

Lebanoff, L. : Total Evaluation for Management Purposes of Engineering and Scientific Tasks. IEEE Transactions on Engineering Management, Vol. EM-13 (1966), S. 110-122.

Maier, H.H. : Projekt "S3-Cost Data Base" Zwischenergebnis: Verteilung der Personalkosten eines Software-Projektes nach Phasen. SIEMENS AG, interner Bericht SVS-Bericht 17, 11.10.76.

Mitre Corporation (Ed.) : A Review of Software Cost Estimation Methods. Bedford (Mass.) 1976.

Nelson, E.A. : Management Handbook for the Estimation of Computer Programming Costs. SDC Santa Monica 1967.

Roberts, E.B. : The Dynamics of Research and Development. New York 1964.

Schelle, H. : Kostenprognosen bei F+E-Projekten mit Hilfe von Schätzgleichungen, in: Huber, R.K.; Schelle, H.; Hofmann, H.W. (Hrsg.): Waffensystemplanung. Systemtechnische Ansätze und Beiträge. München 1977, S. 239-277.

Shaw, D.E. : Managing a Software Emergency. Datamation (1976), S. 48-50.

Shooman, M.L. Bolsky, M.I. : Types, Distribution and Test and Correction Times for Programming Errors, in: Proceedings of the International Conference on Reliable Software. 21.-23. April 1975, Los Angeles, S. 347-357.

Souder, E.E. : Experiences with an R&D Project Control Model IEEE Transactions on Engineering Management, Vol. EM-15, S. 39-49.

Derselbe : The Validity of Subjective Probability of Success Forecasts by R&D Project Managers. IEEE Transactions on Engineering Management, Vol. EM-16 (1969), S. 35-49.

Teece, D. : Time-Cost Tradeoffs: Elasticity Estimates and Determinants for International Technology Transfer Projects. Management Science, Vol. 23 (1977), S. 830-837.

Thayer, T.A. : Understanding Software through Empirical Reliability Analysis. Proceedings of the National Computer Conference 1975, S. 335-341.

U.S. Department of Commerce (Ed.) : Summary Notes of a Government/Industry Software Sizing and Costing Workshop. Oct. 1974.

Weinberg, G.M. : The Psychology of Computer Programming. New York 1971

Witte, E. : Artikel "Empirische Forschung in der Betriebswirtschaftslehre". Handwörterbuch der Betriebswirtschaft I/1 Stuttgart 1974, Sp.1264-1281.

Wolverton, R.W. : The Cost of Developing Large-Scale Software. IEEE Transactions on Computers, Vol. C-23 (1974), S. 615-636.

Zimmermann, H.J. : Artikel "Unternehmensforschung (Operations Research)". Handwörterbuch der Betriebswirtschaft Bd. I/3 Stuttgart 1976. Sp. 4041-4054.

Zweben, S.H. : A Study of the Physical Structure of Algorithms. IEEE Transactions on Software Engineering. Vol. SE-3 (1977), S. 250-258.

Implementationstechniken für einen Branch-and-Bound-Algorithmus zur Lösung von (0-1)-Programmen

U. Suhl, Berlin

Zusammenfassung

Basierend auf Speichertechniken für dünn besetzte Matrizen, doppelt geketteten, zirkularen Listen mit dynamischer Fortschreibung und gegenläufigen Stacks wurden Computercodes zur Lösung sehr großer allgemeiner (0-1)-Programme entwickelt. Neben numerischen Erfahrungen mit aus der Literatur bekannten Testproblemen, zu denen auch die Softwaresysteme APEX III und MILPOD herangezogen wurden, zeigen Testrechnungen mit Problemen, die bis zu 2500 (0-1)-Variablen, 2551 Restriktionen und 10000 Nichtnullelemente aufweisen, daß gute ganzzahlige Lösungen wirtschaftlich ermittelt werden können.

Einleitung

Die Techniken, die bei der Implementation eines Algorithmus auf einem Computer angewandt werden, können in sehr hohem Maße Rechenzeit und Speicherplatz des Computercodes beeinflussen. Diese Tatsache findet in der Literatur über Operations Research leider relativ wenig Beachtung. Die Fortschritte, die z.B. bei der Lösung von großen LP-Problemen in den letzten Jahren erzielt wurden, gehen zu einem wesentlichen Teil auf verbesserte Implementationstechniken zurück.

Zur Lösung von reinen (0-1)-Programmen haben sich Branch-and-Bound-Algorithmen - speziell die implizite Enumeration - als die erfolgreichsten Verfahren herausgestellt. Da in diesen Algorithmen extrem häufig zu speziellen Teilen der Koeffizientenmatrix zugegriffen werden muß, ist die Entwicklung hierfür geeigneter Datenstrukturen von besonderer Bedeutung. Insbesondere muß berücksichtigt werden, daß große (0-1)-Programme, die aus realen Problemen resultieren, immer eine dünn besetzte Koeffizientenmatrix aufweisen. Bei den entwickelten Computercodes zur Lösung von (0-1)-Programmen standen folgende Prinzipien im Vordergrund:

- Gute Lösungen für sehr große (0-1)-Programme mit mehreren tausend (0-1)-Variablen und Restriktionen sollten in vertretbaren Rechenzeiten gefunden werden. Demgegenüber wurde relativ wenig Wert auf die Verkürzung der Beweisphase gelegt, da außer bei relativ kleinen oder sehr günstig strukturierten Problemen mit keinem der heute bekannten Verfahren Optimalität bewiesen werden kann.
- Die Computercodes sollten in einer höheren Programmiersprache maschinenunabhängig implementiert werden.
- Durch einen modularen Aufbau der Codes sollte es in einfacher Weise möglich sein, zusätzliche algorithmische Komponenten einzubeziehen, um z.B. bei speziell strukturierten Problemen noch bessere Resultate zu erreichen.

Den entwickelten Computercodes liegt ein impliziter Enumerationsalgorithmus zugrunde, der folgende Merkmale aufweist:

- Anwendung logischer Tests vom Grad 1 an jedem Knoten.
- Trennung der Enumeration in zwei Phasen, in denen unterschiedliche Branchingheuristiken eingesetzt werden.

- Lokales Suchen in der ersten Phase.
- LIFO-Strategie bei der Auswahl der Kandidatenprobleme.
- Anwendung einer Variante des "generalized search origin" von SALKIN /6/.

An Computer-Science-Techniken wurden Varianten der 4-Row- und der 2-Row-Darstellung einer dünn besetzten Matrix, doppelt gekettete, zirkulare Liste mit dynamischer Fortschreibung und gegenläufige Stacks eingesetzt. Techniken, die sich zum Teil auch bereits in einem Code zur Lösung speziell strukturierter (0-1)-Programme bewährt haben (/7/).

Problemstellung und Bezeichnungsweisen

Betrachtet wird ein allgemeines (0-1)-Problem (P)

$$\begin{aligned} &\text{Min } c\,y \\ &A\,y + b \geq 0 \qquad (P) \\ &y \in \{0,1\}^n \end{aligned}$$

wobei c ein o.B.d.A. nichtnegativer reeller n-Zeilenvektor, b ein reeller m-Vektor und A eine reelle mxn-Matrix ist. Der Aufbau von impliziten Enumerationsalgorithmen wird als bekannt vorausgesetzt (vgl. /3/,/7/). Es wird definiert:

I Indexmenge der Restriktionen
J Indexmenge der (0-1)-Variablen
S Zeilenvektor einer partiellen Lösung
F(S) Indexmenge der zu S gehörenden freien (0-1)-Variablen
y(S) n-Vektor der Nullvervollständigung der partiellen Lösung S
z(S) Zielfunktionswert von y(S), d.h. $z(S) = cy(S)$
b(S) der zu y(S) gehörende Schlupfvektor, d.h. $b(S) = b+Ay(S)$
V(S) Indexmenge der durch y(S) verletzten Restriktionen
A_j der zur (0-1)-Variablen y_j gehörende Spaltenvektor
A_j^+ der positive Teil des Vektors A_j
A_j^- der negative Teil des Vektors A_j
t(S) m-Vektor mit $t(S) = b(S) + \sum_{j \in F(S)} A_j^+$
J_i^+ $J_i^+ = \{j \mid j \in J \text{ und } a_{ij} > 0\}$ für $i \in I$
J_i^- $J_i^- = \{j \mid j \in J \text{ und } a_{ij} < 0\}$ für $i \in I$
I_j^+ $I_j^+ = \{i \mid i \in I \text{ und } a_{ij} > 0\}$ für $j \in J$
I_j^- $I_j^- = \{i \mid i \in I \text{ und } a_{ij} < 0\}$ für $j \in J$

In S werden die Indizes der festgelegten (0-1)-Variablen mit Vorzeichen in der Reihenfolge ihrer Festlegung geführt. Die festgelegten (0-1)-Variablen werden unterschieden in gesetzte Variablen und fixierte Variablen. Bei einer fixierten Variablen ist im Gegensatz zu einer gesetzten Variablen ihr Komplement an gleicher Stelle von S bereits untersucht. Fixierte Variablen werden durch Unterstreichen gekennzeichnet. Jede partielle Lösung S definiert ein (0-1)-Problem (P(S)), das es in der Enumeration zu untersuchen gilt.

Datenstrukturen zur Ablaufsteuerung des Enumerationsprozesses

Die (0-1)-Variablen werden von 2,...,n indiziert, um eine zirkulare Verkettung der freien (0-1)-Variablen zu ermöglichen. Die Speicherung des Enumerationsbaumes erfolgt über einen Stack STK, der die Indizes der festgelegten (0-1)-Variablen in der Reihenfolge ihrer Festlegung aufnimmt und über einen n+1-dimensionalen Statusvektor STV, der für jede (0-1)-Variable deren momentanen Status angibt:

$$STV(j) = \begin{cases} 0, & \text{falls die Variable mit dem Index } j \text{ frei ist} \\ 1, & \text{falls die Variable mit dem Index } j \text{ auf 0 fixiert wurde} \\ 2, & \text{falls die Variable mit dem Index } j \text{ auf 1 fixiert wurde} \\ 3, & \text{falls die Variable mit dem Index } j \text{ auf 1 gesetzt wurde} \\ 4, & \text{falls die Variable mit dem Index } j \text{ auf 0 gesetzt wurde} \end{cases}$$

Aus Effizienzgründen werden alle freien (0-1)-Variablen in einer doppelt geketteten, zirkularen Liste geführt, in der die Kettung in Vorwärtsrichtung aufsteigend nach der Größe der Zielfunktionswerte erfolgt. Die Liste wird über zwei Vektoren PRE, SUC der Dimension n+1 realisiert, wobei für eine (0-1)-Variable mit $j \in F(S)$ SUC(j) den Index des unmittelbaren Nachfolgers angibt und PRE(j) den Index des unmittelbaren Vorgängers. SUC(1) gibt den Index einer freien (0-1)-Variable mit dem kleinsten Zielfunktionskoeffizienten, PRE(1) den Index einer freien (0-1)-Variable mit dem größten Zielfunktionskoeffizienten an. Die Liste wird dynamisch fortgeschrieben, indem bei der Festlegung einer freien (0-1)-Variablen ihr Index j über die Operationen js=SUC(j),jp=PRE(j),SUC(jp)=js, PRE(js)=jp aus der Liste entfernt wird. Erhält eine fixierte Variable nach einem LIFO-Backtrack den Status frei, so wird ihr Index j über die Operationen jp=PRE(j),js=SUC(j),SUC(jp)=j,PRE(js)=j wieder in die Liste aufgenommen. Die Liste ist genau dann leer, wenn SUC(1)=1 bzw. PRE(1)=1.

Beispiel:

$$\text{Min } 100y_2 + 10y_3 + 20y_4 + 200y_5 + 60y_6 + 100y_7$$

$$20y_2 + 30y_3 - 10y_4 + 20y_6 - 40 \geq 0$$

$$-20y_2 + 20y_4 + 10y_5 - 20y_6 + 10y_7 + 50 \geq 0$$

Zu Beginn der Enumeration ist der Stack STK leer und STV der Nullvektor. Die Vektoren PRE und SUC haben folgenden Inhalt:

	1	2	3	4	5	6	7
SUC	3	7	4	6	1	2	5
PRE	5	6	1	3	7	4	2

$b(S) = (-40,50)'$
$t(S) = (30,90)'$

Wird y_3 auf 0 gesetzt, so erhält man unter Anwendung von logischen Tests die partielle Lösung $S = (-3,\underline{2},\underline{6},-\underline{4})$.

S und F(S) werden dann folgendermaßen abgebildet:

	1	2	3	4	5	6	7
STK	3	2	6	4			
STV		2	4	1	0	2	0
SUC	7	7	4	7	1	7	5
PRE	5	6	1	1	7	4	1

$b(S) = (0,10)'$
$t(S) = (0,30)'$

Diese Datenstrukturen wurden aus folgenden Gründen gewählt:

- Das Festlegen oder Freisetzen von Variablen erfordert einen sehr geringen Aufwand.
- Ein Backtrack erfolgt äußerst effizient über STK und STV: Aus STK wird der Index j der letzten festgelegten Variablen geholt. $STV(j) \in \{1,2,3,4\}$ gibt deren Status an. Über eine einzige computed go to-Anweisung können vier verschiedene Programmsegmente, die den Update von b(S), t(S), STK, STV, PRE und SUC vornehmen, angesprungen werden. Diese Prozedur wird solange wiederholt, bis eine gesetzte Variable gefunden wurde oder der Stack STK leer ist.

- Der Hauptteil der Enumeration findet in der Tiefe des Enumerationsbaumes statt, mit relativ wenigen freien (0-1)-Variablen. Daher wäre der Zugriff auf diese Variablen über STV bei großen Problemen sehr zeitaufwendig. Mit Hilfe der doppelt geketteten Liste werden gerade diese Variablen identifiziert, wobei zusätzlich eine Ordnungsstruktur realisiert werden kann.

Während des Ablaufes der Enumeration wird - ausgehend von einer partiellen Lösung S und den Vektoren b(S),t(S) - eine neue partielle Lösung S' konstruiert, bei der genau eine (0-1)-Variable ihren Status geändert hat. Folgende Fälle sind möglich:
Fall 1: Die Variable war frei und wird auf 1 festgelegt (gesetzt oder fixiert)
Fall 2: Die Variable war frei und wird auf 0 festgelegt (gesetzt oder fixiert)
Fall 3: Die Variable war auf 1 fixiert und erhält nun den Status frei
Fall 4: Die Variable war auf 0 fixiert und erhält nun den Status frei
Fall 5: Die Variable war auf 1 gesetzt und wird nun auf 0 fixiert
Fall 6: Die Variable war auf 0 gesetzt und wird nun auf 1 fixiert

Die Fälle 1,2 treten nach logischen Tests und beim Branching-Schritt auf; während die Fälle 3 - 6 ausschließlich beim Backtrack auftreten. Mit dem Statuswechsel sind Update-Operationen verbunden, die je nach Art der Statusänderung STK, STV, PRE, SUC, b(S), t(S) betreffen. Während die Änderungen von STK, STV, PRE, SUC zu vernachlässigen und außerdem von der Problemgröße unabhängig sind, ist die Berechnung der Vektoren b(S'),t(S') bei großen (0-1)-Problemen sehr viel aufwendiger. Als beste Lösung erweist sich die dynamische Fortschreibung dieser Vektoren, wobei b(S') und t(S') aus b(S) und t(S) an Hand folgender Tabelle berechnet werden:

	Fall 1	Fall 2	Fall 3	Fall 4	Fall 5	Fall 6
b(S')=	$b(S)+A_j$		$b(S)-A_j$		$b(S)-A_j$	$b(S)+A_j$
t(S')=	$t(S)+A_j^-$	$t(S)-A_j^+$	$t(S)-A_j^-$	$t(S)+A_j^+$	$t(S)-A_j$	$t(S)+A_j$

Aus dieser Tabelle sind gleichzeitig Anforderungen für die Datenstruktur zur Speicherung der Koeffizientenmatrix abzuleiten: Es muß in effizienter Weise - also ohne zeitaufwendige Vorzeichenüberprüfung - möglich sein,
- nur auf die Nichtnullelemente einer Spalte
- nur auf die positiven Nichtnullelemente einer Spalte
- nur auf die negativen Nichtnullelemente einer Spalte

zuzugreifen. Aus diesen Anforderungen entstand die im nächsten Abschnitt beschriebene Datenstruktur zur Speicherung der Koeffizientenmatrix.

Datenstrukturen zur Speicherung der Koeffizientenmatrix

Zwei Datenstrukturen zur Speicherung der A-Matrix sollen vorgestellt werden, die unter den Kriterien der Zugriffsmöglichkeiten und des Speicherplatzes vorteilhaft sind. Es handelt sich um Varianten der 2-Row- und der 4-Row-Darstellung einer dünn besetzten Matrix, wobei die 4-Row-Darstellung nur eine Erweiterung der 2-Row-Darstellung ist.
Bei der hier verwandten 2-Row-Darstellung werden die Nichtnullelemente in zwei Stacks spaltenweise gespeichert, wobei im ersten Stack die Matrixkoeffizienten; im zweiten Stack die zugehörigen Zeilenindizes geführt werden. Innerhalb jeder Spalte werden zuerst die positiven Matrixelemente, dann die negativen Matrixelemente (falls vorhanden) gespeichert. Der Startpunkt jeder Spalte, sowie der negativen Elemente einer Spalte in den Stacks, erfolgt über zwei Zeigervektoren. Diese Datenstruktur wird im folgenden Bild schematisch dargestellt.

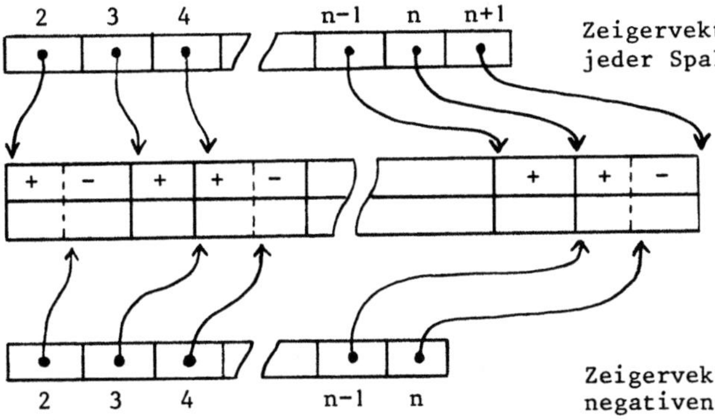

Bei der 2-Row-Darstellung ist ohne zeitaufwendiges Suchen kein zeilenweiser Zugriff auf die Nichtnullelemente der Koeffizientenmatrix möglich. Die im folgenden dargestellte 4-Row-Darstellung baut auf der 2-Row-Darstellung auf und vermeidet diesen Nachteil. Bei der hier verwandten 4-Row-Darstellung werden zusätzlich zwei Stacks für Spaltenindizes und Kettungsfelder für den zeilenweisen Zugriff sowie zwei Zeigervektoren für Startpunkt der positiven bzw. negativen Matrixelemente einer Zeile benötigt. Es ist damit möglich, auf die positiven bzw. negativen Elemente einer Zeile zuzugreifen. Die Kettung erfolgt - zur effizienten Ausführung von logischen Tests - für die positiven Matrixelemente absteigend nach ihrer Größe und für die negativen Elemente aufsteigend nach ihrer Größe. Für das oben angegebene Beispiel sieht die 4-Row-Darstellung folgendermaßen aus:

1	2	3	4	5	6	7	8	9	
20	-20	30	20	-10	10	20	-20	10	Matrixkoeffizienten
1	2	1	2	1	2	1	2	2	Zeilenindizes
2	2	3	4	4	5	6	6	7	Spaltenindizes
-1	8	7	6	-1	9	1	-2	-2	Kettungsadressen

	1	3	4	6	7	9	10

Zeigervektor für den Startpunkt jeder Spalte

	2	4	5	7	8	10

Zeigervektor für den Startpunkt der negativen Elemente einer Spalte

3	4

Zeigervektor für die Adresse eines größten positiven Elementes einer Zeile

5	2

Zeigervektor für die Adresse eines kleinsten negativen Elementes einer Zeile

Bei der 4-Row-Darstellung ist es also auch möglich, für $i \in I$ auf J_i^+ und J_i^- zuzugreifen. Da die Spaltenindizes ebenfalls verfügbar sind, ist es darüber hinaus über den Statusvektor STV möglich, auf $J_i^+ \cap F(S)$ und $J_i^- \cap F(S)$ zuzugreifen.

Weist (P) nz Nichtnullelemente auf, so werden bei der 2-Row-Darstellung rund 2n+2nz, bei der 4-Row-Darstellung 2n+2m+4nz Speicherplätze benötigt. Bei praktischen Problemen mit mehreren tausend Variablen und Restriktionen ist nz sehr viel größer als n bzw. m. In diesem Fall benötigt die 4-Row-Darstellung fast doppelt soviel Speicherplatz wie die 2-Row-Darstellung.

Logische Tests

Für $i \in I$ seien $K_i^+ \subset J_i^+ \cap F(S)$ und $K_i^- \subset J_i^- \cap F(S)$ irgendwelche nichtleere Teilmengen. Gilt dann $b(S)(i) + \sum_{j \in J_i^+ \setminus K_i^+} a_{ij} + \sum_{j \in K_i^-} a_{ij} < 0$, dann muß mindestens eine Variable $j \in K_i^+$ auf 1 fixiert werden oder es muß mindestens eine Variable $j \in K_i^-$ auf 0 fixiert werden. Der Grad des logischen Tests wird durch die Zahl $k = |K_i^+ \cup K_i^-|$ definiert. Die besten Ergebnisse wurden für $k = 1$ erzielt (/2/). In diesem Fall lassen sich einzelne Variablen direkt fixieren und die Tests können mit Hilfe des Vektors $t(S)$ effizienter gestaltet werden. Sie lauten dann: Test 1: Gilt $j \in J_i^+ \cap F(S)$ und $t(S)(i)-a_{ij} < 0$ und $z(S)+c_j < \bar{z}$, so kann y_j auf 1 fixiert werden.

Test 2: Gilt $j \in J_i^- \cap F(S)$ und $t(S)(i)+a_{ij} < 0$, so kann y_j auf 0 fixiert werden.

Test 3: Ist $t(S)(i) = 0$, dann können alle Variablen aus $J_i^+ \cap F(S)$ auf 1 und alle Variablen aus $J_i^- \cap F(S)$ auf 0 fixiert werden. Test 3 ist ein Spezialfall von Test 1 und Test 2. Der folgende Test betrifft nur die Zielfunktion:

Test 4: Ist $j \in F(S)$ und $z(S)+c_j \geq \bar{z}$, so kann y_j auf 0 fixiert werden.

Eingehende Untersuchungen zeigen, daß es sinnvoll ist, an jedem Knoten das Problem (P(S)) vollständig auszutesten, wobei durch rekursives Anwenden der Tests $z(S) < \bar{z}$ und $t(S) \geq 0$ sichergestellt wird, daß anderenfalls ein Backtrack ausgeführt werden kann. Um $z(S) < \bar{z}$ sicherzustellen, wird über PRE(1) auf den Index j einer freien (0-1)-Variablen mit dem größten Zielfunktionskoeffizienten zugegriffen. Durch die absteigende Kettung nach den Zielfunktionskoeffizienten wird Test 4 höchstens einmal ohne Fixierung ausgeführt. Erheblich schwieriger ist es, eine geeignete Testorganisation für die übrigen Tests zu entwickeln. Bei der 4-Row-Darstellung wurde ein rekursives Testschema implementiert, das sich durch ein Minimum an Redundanz (d.h. kein logisch überflüssiges Testen von Variablen) auszeichnet. Kennzeichnend für diese Testorganisation ist die Kopplung des Updates von $t(S)$ mit der Ausführung der logischen Tests. Gegeben sei ein Problem (P(S)), bei dem keine Fixierungen vom Grad 1 mehr möglich sind. Wird nun eine Branchingvariable y_j mit $j \in F(S)$ gewählt die auf 0 oder 1 gesetzt wird, so müssen nur in den Zeilen i, bei denen sich $t(S)$ verkleinert hat, Variablen getestet werden. Z.B. sind beim Setzen von y_j auf 0 genau die Variablen mit Hilfe von Test 1 auf 1-Fixierungen zu prüfen, deren Indizes aus der Menge $\bigcup_{i \in I_j^+} J_i^+ \cap F(S)$ sind; während genau die Variablen, deren Indizes aus der Menge $\bigcup_{i \in I_j^+} J_i^- \cap F(S)$ stammen, mit Hilfe von Test 2 auf 0-Fixierungen zu prüfen sind. Bei möglichen Fixierungen werden die Indizes der entsprechenden Variablen in einem zu STK gegenläufigen Stack STF zur Fixierung vorgemerkt, wobei die Art der Fixierung im Statusvektor festgehalten wird:

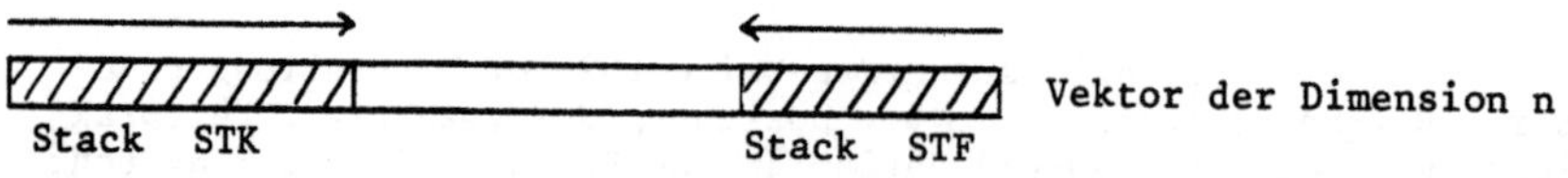

Wurden alle Updateoperationen für Variable y_j ausgeführt, und ist der Stack STF nicht leer, so wird die letzte in STF vorgemerkte Variable y_k für den Update der durch STV(k) festgelegten Art herangezogen.

Hierbei können wiederum weitere Fixierungen ausgelöst werden, die ein Anwachsen von STF zur Folge haben. Erst, nachdem alle vorgemerkten Variablen fixiert wurden (d.h. STF ist leer), bzw. festgestellt wurde, daß alle von einer Branchingvariablen ausgelösten Fixierungen zu einem nicht zulässig vervollständigbaren Problem führen, wird entweder eine weitere Branchingvariable gewählt oder ein Backtrack ausgeführt. Dieser Testorganisation liegt ein rekursives Programmierungsproblem zugrunde, das auf die beschriebene Art mit Hilfe des Stacks STF iterativ (und viel effizienter) gelöst wird. Eine weitere Effizienzsteigerung dieser Testorganisation ist durch folgende Punkte gegeben:

- Da die positiven bzw. negativen Matrixelemente jeder Zeile absteigend bzw. aufsteigend gekettet sind, wird bei jeder zu testenden Zeile Test 1 und 2 höchstens einmal ausgeführt, ohne daß eine Variable fixiert wird.
- Beim Vormerken von Variablen die auf 1 fixiert werden sollen, wird die kumulierte Summe zk ihrer Zielfunktionskoeffizienten mitgeführt. Gilt $z(S)+zk \geq \bar{z}$, so kann ein Backtrack ausgeführt werden.

Die 4-Row-Darstellung weist jedoch auch einige Nachteile auf:

- Relativ hoher Speicherplatz gegenüber der 2-Row-Darstellung.
- Schlechte Eignung für Computer mit virtuellem Hauptspeicher, da zeilenweise getestet wird, und bei großen Problemen die Matrixelemente einer Zeile über viele Seiten verstreut liegen.

Aufgrund dieser Nachteile wurde noch eine andere Testorganisation entwickelt, die auf der 2-Row-Darstellung basiert und die sich gut für Computer mit virtuellem Hauptspeicher eignet, wenn die Spalten physisch aufsteigend nach den Zielfunktionskoeffizienten sortiert werden.

Die Testorganisation ist bei der 2-Row-Darstellung sehr viel einfacher. Bei jeder Statusänderung einer Variablen werden zunächst alle hiermit verbundenen Update-Operationen ausgeführt. Anschließend werden alle freien (0-1)-Variablen nacheinander getestet, wobei auch hier vorteilhaft die Zerlegung eines Spaltenvektors in seine positiven und negativen Elemente ausgenutzt werden kann. Kann eine Variable fixiert werden, so wird nach dem Update, bei dem ihr Index aus der doppelt geketteten Liste entfernt wird, wieder mit der ersten freien (0-1)-Variablen begonnen. Alle Tests sind genau dann abgeschlossen, wenn bei einem vollständigen Durchlaufen der Liste keine Variable mehr fixiert wird. Auf den ersten Blick erscheint diese Testorganisation sehr viel ineffizienter als bei der 4-Row-Darstellung, da eine freie (0-1)-Variable mehrfach getestet werden kann. Es muß jedoch berücksichtigt werden, daß beim zeilenweisen Testen immer auf den Statusvektor zugegriffen werden muß. Außerdem ergeben sich bei der 4-Row-Darstellung sehr viel komplexere Programmstrukturen, die einen weniger effizienten Objektcode zulassen. Daher wurden beide Testorganisationen implementiert und einem numerischen Vergleich unterzogen.

Branching-Heuristiken

Es wurden eine Reihe von Heuristiken getestet. Die insgesamt besten Resultate bei den betrachteten Testproblemen wurden durch die Kombination zweier Branching-Heuristiken erreicht, die im folgenden dargestellt werden:

Gegeben sei ein Problem (P(S)), das unzulässig ist, d.h. $V(S) \neq \emptyset$. Es sei $j \in F(S)$. Wird y_j auf 1 gesetzt, so leistet y_j einen positiven oder negativen Beitrag zur Zulässigkeit des Problems $(P(S \cup \{j\}))$. Als Maß d(S,j) hierfür wird definiert:

$$d(S,j) = \sum_{i \in I_j^+ \cap V(S)} \text{Min}\{a_{ij}, -b(S)(i)\} + \sum_{i \in I_j^- \setminus V(S)} \text{Min}\{0, a_{ij} + b(S)(i)\} + \sum_{i \in I_j^- \cap V(S)} a_{ij}$$

Im ersten Term tragen die positiven Matrixelemente in den verletzten Restriktionen nur in dem Maße zur Zulässigkeit bei, wie sie diese Restriktionen nicht übererfüllen. Analog werden im zweiten Term negative Matrixelemente betrachtet, die zur Unzulässigkeit von bisher zulässigen Restriktionen führen. Um auch der Zielfunktion Gewicht einzuräumen, wurde als Maßzahl m(S,j), nach der die Variablen ausgewählt werden, definiert: $m(S,j) = d(S,j)/(c_j+1)$. Als Branchingvariable in der Phase I wird eine Variable $j \in F(S)$ mit maximalem m(S,j) gewählt und auf 1 gesetzt. Die Phase II in der Enumeration wird eingeleitet, wenn eine bestimmte Anzahl von Knoten (Parameterwert) entwickelt wurde. In Phase II wird eine Variable $j \in F(S)$ mit maximalem c_j auf 0 gesetzt (d.h. j = PRE(1)). Mit Hilfe der logischen Tests werden nach mehrfacher Anwendung dieser Heuristik dann Variablen insbesondere auf 1 fixiert, um Zulässigkeit zu erreichen. Der Übergang zur Phase II erfolgte bei den gerechneten Testproblemen bei 2oo Knoten.

Generalized Search Origin

Auch eine gute Branching-Heuristik kann für einige (0-1)-Probleme nicht verhindern, daß Variablen zu Beginn der Enumeration auf die falschen Werte festgelegt werden. Besonders kritisch wird diese Tatsache in Verbindung mit der hier verwandten LIFO-Strategie. Um diesen Nachteil zu einem gewissen Grad auszumerzen, wurde eine algorithmische Variante des "generalized search origin" von SALKIN /6/ implementiert: Nach einer vorgegebenen Anzahl von Knoten wird die Enumeration mit $S = \emptyset$ neu gestartet, wobei bei der Baumentwicklung bisherige Branchingvariablen auf ihr Komplement gesetzt werden. Dieser Restart wird höchstens einmal ausgeführt. Numerische Erfahrungen zeigen, daß diese Methode bei einigen Testproblemen eine große Reduzierung der Rechenzeit brachte. Sie wird jedoch nicht standardmäßig in den Codes angewandt.

Lokales Suchen

Lokales Suchen wurde in einigen LP-Branch-and-Bound-Algorithmen (/2 /) angewandt, um durch systematisches Runden von nichtganzzahligen LP-Lösungen in deren Umgebung ganzzahlige Lösungen zu finden. Diese Technik wurde im modifizierter Form für die entwickelten Computercodes übernommen: Nach jedem Branchingschritt in Phase I wird eine Vollenumeration über die nächsten acht freien (0-1)-Variablen ausgeführt. Dabei werden also 64 (0-1)-Kombinationen geprüft, ob sie eine bessere zulässige Lösung ergeben. Es zeigte sich jedoch, daß nur bei zwei Testproblemen mit dieser Methode eine optimale Lösung in geringerer Rechenzeit bestimmt wurde, während bei allen anderen Testproblemen sich die Lösungszeit z.T. sehr deutlich verlängerte.

Implementation

Basierend auf der 2-Row- und der 4-Row-Darstellung und der jeweiligen Testorganisation wurden zwei Computercodes zur Lösung von (0-1)-Programmen in FORTRAN maschinenunabhängig implementiert. Die Struktur der Programme ergab sich unter Anwendung des Top-down-Designs und der gewünschten Modularität. Besonderen Wert wurde bei der Programmierung auf eine möglichst hohe Lokalität (/ 8/) der einzelnen Programmkomponenten und auf den Aufbau aller DO-Loops gelegt, da bei den heutigen Hochleistungscomputern nur so effiziente Objektcodes zu erreichen sind. Z.B. laufen auf der CYBER-175 unter Verwendung des FTN-Compilers (Opt=1) bei der 2-Row-Darstellung alle DO-Loops im Instruktion-Word-Stack ab und sind damit mehrfach so schnell wie Loops, die nicht INSTACK ablaufen. Solch ein Programmaufbau wirkt sich auch bei Computern mit Caches ähnlich günstig aus. Die relativ einfache Programmstruktur des 2-Row-Codes ZOPRC wird durch den folgenden Baum dargestellt:

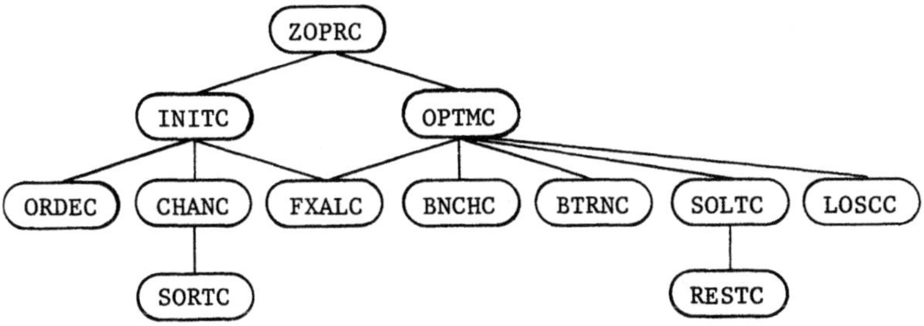

Die einzelnen Routinen haben folgende Funktionen: INITC steuert die gesamte Initialisierung, wobei ORDEC die doppelt gekettete Liste aufbaut, CHANC die erforderlichen Zeigervektoren für die 2-Row-Darstellung ermittelt und FXALC alle evtl. Anfangsfixierungen vornimmt. Die eigentliche Optimierung wird durch OPTMC gesteuert, wobei in BNCHC ein Branchingschritt vorgenommen wird, BTRNC einen Backtrack ausführt, SOLTC eine zulässige Lösung speichert und für einen etvl. Restart durch RESTC aufbereitet, LOSCC für lokales Suchen eingesetzt wird und FXALC alle Fixierungen vom Grad 1 ausführt. Obwohl alle Problemdaten In-Core in einem Blank Common gespeichert werden, gab es bei der 2-Row-Darstellung bisher nie Speicherplatzprobleme.

Numerische Ergebnisse

Mit den entwickelten Computercodes wurden mit einer Reihe von Testproblemen numerische Erfahrungen gesammelt. Sie sind in der folgenden Tabelle zusammengefaßt. Bei vier aus der Literatur (B-M 23-25,/1/ bzw. L-S E,/4/) als sehr schwierig strukturiert bekannten Testproblemen wurde auch ein Vergleich mit APEX III (für CDC-Anlagen der Serie 6000/7000/170) und MILPOD (/2/) durchgeführt. Bei US-B1-B7 handelt es sich um Standortprobleme in einem ungerichteten Graphen. US-A1 ist ein kurzfristiges Programmplanungsproblem vom Typ der in /6/ behandelten Struktur.

Name	n	m	nz	t1		t2			
				2-Row	4-Row	2-Row	4-Row	APEX	MILPOD
B-M 23	27	20	478	0.2	0.2	21	19	180	381
B-M 24	28	20	495	0.4	0.5	42	34	242	395
B-M 25	30	20	531	3.9	7.2	153	143	512+	417
L-S E	89	28	309	235.8	375.6	1000+	1000+	5000+	1000+
U-S A1	500	500	7967	47.2+	32.6+	1000+	1000+		
U-S B1	400	421	1580	23.5	19.2	24	20		
U-S B2	400	421	1580	1.9	1.2	3	2		
U-S B3	400	421	1580	711.5	498.4	1000+	1000+		
U-S B4	900	931	3570	128.3+	92.7+	1000+	1000+		
U-S B5	900	931	3570	247.7		297			
U-S B6	1600	1600	6360	54.1		57			
U-S B7	2500	2551	9950	255.3		301			

In dieser Tabelle bedeuten:
n : die Anzahl der (0-1)-Variablen
m : die Anzahl der Restriktionen
nz: die Anzahl der Nichtnullelemente
t1: die CP-Zeit in Sekunden auf der CYBER 172 zum Finden des Optimums
t2: die gesamte CP-Zeit in Sekunden auf der CYBER 172 incl. Beweis der Optimalität

Bei den letzten drei Testproblemen beziehen sich die Zeiten auf die CYBER 175, die bei diesen Anwendungen etwa fünfmal schneller als die CYBER 172 war. Ist die unter t2 eingetragene Zeit mit einem + versehen, so konnte in der angegebenen Zeit Optimalität nicht bewiesen werden. Ist die unter t1 eingetragene Zeit mit einem + versehen, so ist das Optimum nicht bekannt.

Diskussion der numerischen Ergebnisse

Bei den kleineren Testproblemen zeigt ein Vergleich der entwickelten Codes mit den LP-Branch-and-Bound-Algorithmen APEX III und MILPOD, daß die besseren Bounds, die durch das LP geliefert werden, nicht unbedingt zu kürzeren Rechenzeiten führen. Bei den größeren Problemen ist zwar der Code,der auf der 4-Row-Darstellung basiert, z.T. sehr viel schneller als der 2-Row-Code, jedoch ist zu beachten, daß er fast den doppelten Hauptspeicherplatz benötigt. Dadurch können US-B6 und B7 mit ihm nicht auf der CYBER 172 gelöst werden. Beide Codes haben bei allen Testproblemen in weniger als fünf Sekunden zulässige Anfangslösungen bestimmt. Von dem 2-Row-Code kann erwartet werden, daß er auf Maschinen mit virtuellem Hauptspeicher für (0-1)-Probleme mit mehreren zehntausend (0-1)-Variablen und Restriktionen in vertretbaren Rechenzeiten zulässige Lösungen produziert, falls die Probleme nicht schwierig strukturiet sind.

Literaturverzeichnis

/1/ BOUVIER,B. und G. MESSOUMIAN, "Programmes linéaires en variables bivalentes, algorithme de Balas", Université de Grenoble, France (1955)

/2/ BREU,R. and C.-A. BURDET, "Branch-and-bound experiments in zero-one programming", in Approaches to Integer Programming, (M.L.Balinski, Ed.), North-Holland (1974

/3/ GEOFFRION, A.M., "Integer programming by implicit enumeration and Balas' Method", SIAM Review, Vol.9, No.2 (1967), 178-190

/4/ LEMKE, C.E. and K. SPIELBERG, "Direct search algorithms for zero-one and mixed-integer programming", OR 15 (1967), 892-914

/5/ MEVERT,P. und U. SUHL, "Lösung gemischt-ganzzahliger Planungssysteme", in Computergestützte Planungssysteme (Hrsg. H. Noltemeier),Physica-Verlag (1976)

/6/ SALKIN,H.M. "On the merit of the generalized origin and restarts in implicit enumeration", OR 18 (1970), 549-555

/7/ SUHL,U., "Heuristische Lösungsverfahren zur Lösung von (0-1)-Programmen mit nichtnegativen Koeffizienten", in Proceedings in Operations Research 6, Physica-Verlag (1976), 31-41

/8/ TASSEL,D., "Program Style, Design, Efficiency, Debugging and Testing" Prentince Hall, Englewood Cliffs (1974)

Einsatz eines sequentiellen Entscheidungsmodells zur Optimierung der einzelbetrieblichen Schweinemast

R. Wendt, Kiel

0. Zusammenfassung

Untersucht wird die Möglichkeit, ein EDV-Programm als einzelbetriebliche Entscheidungshilfe zur Findung betrieblicher Strategien in der Schweinemast einzusetzen. Der Betriebsleiter als Unternehmer legt beim gegenwärtigen Stand der Untersuchung in eigener Verantwortung die Entscheidungsparameter fest. Die Anwendung des vorgestellten sequentiellen Entscheidungsmodells der Schweinemast erfolgt in Betrieben mit unterschiedlicher Struktur und differenziertem Ausbildungsniveau der Betriebsleiter. Das setzt voraus, daß die Dateneingabe benutzerfreundlich und für den Betriebsleiter kontrollierbar ist und die Darstellung der Ergebnisse leicht verständlich und überschaubar bleibt.

Fehlende Übung und mangelndes Selbstbewußtsein der Betriebsleiter mindern in der Anlaufphase die Bereitschaft, aus eigenen Parameter-Schätzungen Konsequenzen zu ziehen, obwohl die Kalkulationen ein solches variables Management als vorteilhaft ausweisen.

1. Problemdefinition

Der Markt für Mastschweine in der Bundesrepublik ist durch zyklische Preisbewegungen mit einer etwa 3-3,1/2jährigen Periodenlänge gekennzeichnet, die von jahreszeitlichen saisonalen Schwankungen überlagert werden. Entsprechend differiert bei konstantem Management im Zeitablauf die Höhe des Einkommens, das einer landwirtschaftlichen Unternehmung aus der Schweineproduktion zufließt. Häufiger wurde dabei in den letzten Jahren die Produktionsschwelle unterschritten. In diesen Zeiten erfuhren kontinuierlich produzierende Mäster erhebliche, z. T. unternehmensgefährdende Verluste. Eine Strategie-Planung unter Berücksichtigung schwankender Preise z.B. durch Anwendung des Dynamic programming kann derartige Verluste vermindern. Ziel des für den Teilbereich "Schweinemast" einer landwirtschaftlichen Unternehmung entwickelten dynamischen Managementmodells DYNSCH.ALG ist es, eine optimale Verwertung des fixen Faktors "Stallplatz" zu erreichen.

In die Entscheidungsfindung müssen insbesondere eingehen:

(1) Die betriebsindividuelle Produktionsfunktion für Mastschweine
(2) das Ferkelanfangsgewicht
(3) das Mindestverkaufsgewicht
(4) die Höchstverkaufsgewichte
(5) die geschätzten Preisverläufe für Schlachtvieh, Ferkel und Futter.

Angeboten wird ein überschaubares Modell mit kurzen Rechenzeiten, übersichtlicher Datenein- und -ausgabe und leicht lesbarem Ausdruck, das schnell Entscheidungsempfehlungen aufgrund der kurz- bis mittelfristigen Situationseinschätzung des Betriebsleiters liefert.

2. Modellbeschreibung

2.1 Formulierung des Modells

Das im Institut für Landwirtschaftliche Betriebs- und Arbeitslehre der Universität Kiel entwickelte Modell DYNSCH.ALG geht von einer fest vorgegebenen "Planungsperiode" aus, in der ein Betrieb den Produktionszweig Schweinemast durchzuführen gedenkt. Dieser Zeitraum wird in T aufeinanderfolgende "Wochen" unterteilt, die als Perioden gleichbleibender Faktorausstattung und -preise gekennzeichnet sind. In diesen Intervallen werden für Tiere aller Gewichts- und Altersklassen "Strategien" ermittelt. Sie stellen die möglichen, unterschiedlichen ökonomischen Verhaltensweisen des Betriebsleiters dar. Die wöchentliche Information beinhaltet daher entweder die Empfehlung weiterzumästen oder die Anweisung, das Tier zu Beginn des Intervalls zu verkaufen und damit den Stall zu räumen. Bei freien Stallplätzen wären die Alternativen zu prüfen, den Stall leerstehen zu lassen oder neu aufzustallen.

Zur Ermittlung einer optimalen Folge von Mastabschnitten wurde der Produktionszweig Schweinemast als mathematischer Prozeß aufgefaßt, dessen Zustände durch Zeitpunkt und Gewicht der Tiere definiert sind. Zusätzlich werden noch die Zustände, die dem leeren Stall entsprechen, berücksichtigt. Jedes Mastverfahren ist dann durch einen Weg zeitlich aufeinanderfolgender Zustände gekennzeichnet. Diese Zustandfolge beschreibt den wirtschaftlichen und produktionstechnischen Ablauf des Prozesses.

Zur Ermittlung optimaler Mastverfahren werden die günstigsten Leistungs-Kostendifferenzen als DECKUNGSBEITRÄGE (DB) ermittelt. Hierbei lassen sich auch kalkulatorische Kosten berücksichtigen. Die Werte (DB) werden rekursiv vom letzten Planungsintervall ausgehend nach folgenden Formeln bestimmt:

$$DB(G,t) = \begin{cases} VP(G,T) & \text{im letzten Planungsintervall (für } t=T) \\ \max \; DB(G+\Delta G,\ t+1) - K(G,t) & \text{(für } t \neq T) \end{cases}$$

DB(G,t) = Deckungsbeitrag eines Tieres vom Gewicht G, in der Woche t

VP(G,t) = Verkaufspreis eines Tieres vom Gewicht G, in der Woche t

K(G,t) = Kosten der Mast für ein Tier vom Gewicht G, in der Woche t

ΔG = Gewichtszuwachs

Sie werden mit Hilfe eines diskreten dynamischen Programms für alle Wochen ausgehend vom Ende der Planungsperiode (T) berechnet. Damit erhält man für jeden Zustand (G,t) einen optimalen Pfad von Mastabschnitten bis zum Ende der Planungsperiode.

Läßt man zusätzlich die Möglichkeit des Zukaufs von Ferkeln während des gesamten Planungsintervalles offen, so kann ein Zustand (O,t) definiert werden, der für die Alternative "leerer Stall" steht. Mit Kenntnis der Ferkelpreise F (t) und des Ferkelgewichts G_o ergibt sich

$DB(O,t) = \max\ (DB\ (O,t+1),\ DB\ (G_o t)\ -F(t))$ und

$DB(G,t) = \max\ (DB(G,t), VP(G,t)+DB(O,t))$

Damit erhält man die Möglichkeit, die Mastdauer der Schweine zu variieren.

Abb. 1 enthält eine vereinfachte Darstellung des Planungsablaufes.

Abb. 1

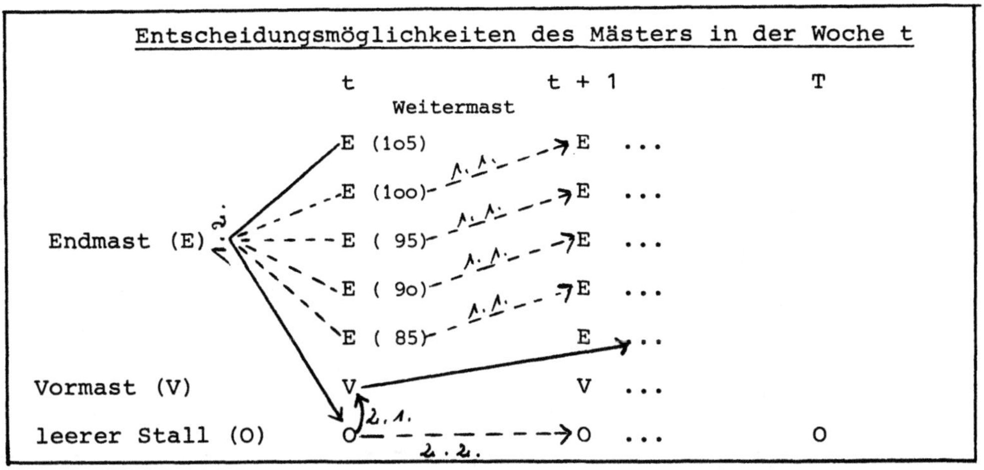

Im ersten Schritt sind die möglichen Verkaufserlöse zu Ende der vorgegebenen Planungsperiode bekannt. Als nächstes werden die Alternativen des vorgelagerten Planungsintervalles berechnet. Dabei ergibt sich für das letzte Planungsintervall ein optimaler Mastablauf. Durch Wiederholung dieses Rechenganges bearbeitet das Programm schrittweise alle vorgelagerten Planungsintervalle bis zum Beginn der Planungsperiode.

Nach Abb. 1 sind beispielsweise folgende Alternativen des Mastablaufes denkbar:

1.1 "Weitermästen" eines vorhandenen Tieres

1.2 "Verkauf" eines vorhandenen Tieres

Im Falle 1.2 "Verkauf" entstehen die Alternativen:

2.1 "Ferkel-Zukauf"

2.2 "Leerer Stall"

Die Alternative 2.2 "Leerer Stall" beinhaltet ein Leerstehenlassen für eine Woche.

Beim Fortschreiten durch alle Planungsintervalle wird die Planungsperiode insgesamt erfaßt.

2.2 Dateneingabe

Die Datenerhebung erfolgt auf den in Abb. (2) dargestellten

Dynamisches Management in der Schweinemast

Betrieb: Institut für Landw. Betriebs- und Arbeitslehre

Ort: 23oo Kiel **Tel.:** o431 **Mastplätze:** X **Rechennr.:** DAO1.DAT

Überschrift "Beispielbetrieb O1"

Erhebung der Produktionsfunktion

Planungshorizont
Faktor: 8

Zinsansatz
DM/DM: o,o8

Endmastperiode
Dauer der Endmast (Wochen): 5
Kontinuierlicher Verkauf in der Woche : 5

Ferkelanfangsgewicht (kg): 21

Mastabschnitt	Mastdauer (Wochen)		Futter (kg)		Var.Kosten (DM/Pl)		Verluste		Erreichtes Endgewicht (kg)	
Variante	1	2	1	2	1	2	1	2	1	2
1	5		45		2,oo		o,o13		4o	
2	1o		17o		2,5o		o,o25		85	
3	o		o		o		o		85	

Endmast	Futter (kg)	Var.Kosten (DM/Pl)	Erreichtes Endgewicht (kg)
1. Woche	19,2	o	9o
2. Woche	19,2	o	95
3. Woche	2o,-	o	1oo
4. Woche	21,-	4,-	1o4,5
5. Woche	21,-	6,-	1o8,5
6. Woche			
7. Woche			
8. Woche			

Dynamisches Management in der Schweinemast

BETRIEB: Inst. f. Landw.Betriebs.-u.Arbeitslehre **Rechennr.:** PRO1.DAT **Datum:** 23/9/77

Überschrift "Tatsächlich gezahlte Preise ab 1. August 1976"

Planungsbeginn
Tag: 1 Monat: 8

Erhebung der Preisschätzungen
(Die Preise verstehen sich zuzüglich MWSt, abzüglich aller Kosten)

Datum	Woche	Lebendviehpreis: Mastschwein DM/kg	Lebendviehpreis: Ferkel DM/Stk	Futterpreise in den Mastabschn. DM/kg: 1	2	3	Endmast
Variante							
	o	3,4o	112	o,576	o,553	o,553	o,553
Aug	2	3,38					
Sep	7	3,26	1o7				
Okt	11	3,o6	1oo				
Nov	16	3,o2	95				
Dez	2o	3,oo	92	o,576			
Jan	24	3,o7	95	o,612			
Feb	29	3,23	1o7				
März	33	3,2o	113				
Apr	37	3,15	115				
Mai	41	3,15	115				
Juni	46	3,27	1o9				
Juli	5o	3,47	1o9				
Aug	55	3,4o					
Okt	63	3,3o					
Dez	72	3,4o					
Feb	81	3,2o					
	1oo	3,6o					

Abb. 2

DECKUNGSBEITRAG/PLATZ= 97,06

WOCHE		PREISE FUER FLEI.	FERK.	FU-1	FU-2	FU-3	FU-4	DB.	GP	ENTSCHEIDUNG BEI ST	85	90	95	100	105	109
0		3.40	112	0,58	0.55	0.55	0.55	394	-10.95	0!	+	+	+	+	+	V
1		3,39	112	0.58	0.55	0.55	0.55	395	-15.80	0!	+	+	+	+	+	V
2		3.38	112	0,58	0,55	0,55	0.55	395	-20,71	0!	+	+	+	+	V	V
3		3,36	112	0.58	0,55	0,55	0.55	396	-27,44	0!	+	+	+	+	V	V
4		3,33	112	0,58	0,55	0,55	0,55	396	-26,03	0!	+	+	+	+	V	V
5	SEP	3,31	110	0.58	0,55	0,55	0.55	397	-21,00	0!	+	+	+	+	V	V
6		3,28	109	0.58	0,55	0,55	0,55	397	-15,97	0!	+	+	+	+	V	V
7		3,26	107	0.58	0,55	0,55	0.55	398	-10.94	0!	+	+	V	V	V	V
8		3,21	105	0.58	0,55	0.55	0.55	399	-5.92	0!	+	+	V	V	V	V
9	OKT	3,16	104	0,58	0,55	0,55	0,55	399	-0,89	0!	V	V	V	V	V	V
10		3,11	102	0.58	0.55	0,55	0,55	400	-0.70	F!	V	V	V	V	V	V
11		3,06	100	0.58	0,55	0.55	0.55	400	-2.84	F!	+	+	V	V	V	V
12		3,05	99	0.58	0.55	0,55	0.55	397	-3.09	F!	V	V	V	V	V	V
13		3.04	97	0.58	0.55	0.55	0.55	395	-3.81	F!	V	V	V	V	V	V
14	NOV	3,04	96	0,58	0,55	0,55	0.55	392	-3,95	F!	V	V	V	V	V	V
15		3.03	96	0.58	0,55	0,55	0.55	388	-4.23	F!	V	V	V	V	V	V
16		3.02	95	0.58	0,55	0.55	0,55	385	-4,25	F!	V	V	V	V	V	V
17		3.02	94	0.58	0,55	0.55	0.55	381	-4.56	F!	V	V	V	V	V	V
18	DEZ	3.01	94	0.58	0.55	0,55	0,55	377	-6,41	F!	V	V	V	V	V	V
19		3,00	93	0.58	0,55	0.55	0,55	371	-6.49	F!	+	+	V	V	V	V
20		3,00	92	0.58	0,55	0.55	0.55	365	-6.18	F!	+	+	+	V	V	V
21		3.02	92	0,58	0,55	0,55	0,55	360	-5.30	F!	+	+	+	+	+	V
22	JAN	3,04	91	0,59	0,55	0.55	0.55	355	-0,06	0!	+	+	+	+	+	V
23		3,05	93	0,59	0,55	0,55	0.55	355	-6.48	0!	+	+	+	+	+	V
24		3,07	95	0,60	0,55	0.55	0,55	356	-9.98	0!	+	+	+	+	+	V
25		3,10	98	0,61	0,55	0,55	0.55	356	-10,17	0!	+	+	+	+	+	V
26		3,13	100	0,61	0,55	0,55	0,55	357	-10,36	0!	+	+	+	+	+	V
27	FEB	3,17	102	0,61	0,55	0.55	0,55	357	-7,69	0!	+	+	+	+	+	V
28		3,20	105	0,61	0.55	0.55	0,55	358	-5.01	0!	+	+	+	+	+	V
29		3,23	107	0,61	0,55	0,55	0,55	358	-2.34	0!	+	+	V	V	V	V
30		3.22	110	0,61	0.55	0.55	0,55	359	-4,25	F!	+	+	+	V	V	V
31	MAE	3,21	112	0,61	0,55	0.55	0.55	355	-3.74	F!	+	+	V	V	V	V
32		3.21	113	0,61	0,55	0,55	0,55	352	-3,98	F!	V	V	V	V	V	V
33		3,20	113	0,61	0,55	0,55	0,55	349	-4,68	F!	V	V	V	V	V	V
34		3,19	114	0,61	0,55	0,55	0,55	344	-6.15	F!	V	V	V	V	V	V
35	APR	3.18	114	0,61	0,55	0.55	0.55	339	-6.23	F!	V	V	V	V	V	V
36		3,16	115	0,61	0,55	0.55	0,55	333	-5.63	F!	V	V	V	V	V	V
37		3,15	115	0,61	0,55	0,55	0,55	328	-4.78	F!	V	V	V	V	V	V
38		3,15	116	0,61	0,55	0.55	0,55	324	-5,76	F!	+	V	V	V	V	V
39		3.15	116	0,61	0,55	0.55	0,55	318	-5.82	F!	+	+	+	V	V	V
40	MAI	3.15	117	0,61	0,55	0.55	0,55	313	-3.49	F!	+	+	+	V	V	V
41		3.15	115	0.61	0.55	0.55	0,55	310	-3.48	F!	+	+	+	+	V	V
42		3,17	113	0,61	0,55	0.55	0,55	307	-3.51	F!	+	+	+	+	V	V
43		3.20	111	0,61	0,55	0.55	0.55	304	-3.54	F!	+	+	+	+	+	V
44	JUN	3.22	109	0.61	0,55	0,55	0.55	301	-3.05	F!	+	+	+	+	+	V
45		3,25	109	0,61	0,55	0.55	0,55	298	-3,34	0!	+	+	+	+	+	V
46		3,27	109	0,61	0,55	0,55	0,55	299	-4,29	0!	+	+	+	+	+	V
47		3,32	109	0,61	0,55	0,55	0,55	299	-3,20	0!	+	+	+	+	+	V
48	JUL	3.37	109	0,61	0,55	0,55	0,55	299	-2.12	0!	+	+	+	+	+	V
49		3,42	109	0,61	0,55	0.55	0,55	300	-1.03	0!	+	+	+	+	+	V
50		3.47	109	0,61	0,55	0.55	0,55	300	-0.34	F!	+	+	+	+	V	V
51		3.46	110	0.61	0,55	0,55	0,55	300	-1,70	F!	+	+	+	V	V	V
52		3,44	111	0,61	0,55	0.55	0,55	299	-2,73	F!	+	+	V	V	V	V

DECKUNGSBEITRAG/PLATZ/JAHR = 97,06

```
  109  VVVVVVVVVVVVVVVVVVVVVVVVVVVVVVVVVVVVVVVVVVVVVVVVVVVVV
  105  ++VVVVVVVVVVVVVVVVVVV++++++++VVVVVVVVVVVVVV+++++++VVV
  100  +++++++VVVVVVVVVVVVVV++++++++VVVVVVVVVVVV++++++++++VV
   95  +++++++VVVVVVVVVVVVV+++++++++V+VVVVVVVV+++++++++++++V
   90  +++++++++VV+VVVVVVV+++++++++++++VVVVVVV++++++++++++++
   85  +++++++++VV+VVVVVVV+++++++++++++VVVVVV+++++++++++++++

STALL  0000000000FFFFFFFFFFFF00000000FFFFFFFFFFFFFFF00000FFF
            SEP OKT  NOV DEZ JAN  FEB MAE APR  MAI JUN JUL  AUG
```

Erklärung der verwendeten Abkürzungen:

WOCHE	= Laufende Woche ab Planungsbeginn
FLEI	= Schlachtschweinepreis (DM/kg/lebend); einschließlich MWSt, abzüglich Vermarktungskosten
FERK	= Ferkelpreis (DM/Stk); einschließlich MWSt
FU-1.... FU-4	= Futtermittelpreis (DM/kg); einschließlich MWSt
DB	= Über die Planungsperiode kumulierter Deckungsbeitrag
GP	= Grenzprodukt
ST	= Stallplatz
Ø!	= "Leerstehen lassen"
F!	= "Aufstallen"
+	= Eine Woche weitermästen
V	= Verkauf in der laufenden Woche

Vorteilhaftigkeit:

Eine simulierte kontinuierliche Variante erreichte im vorliegenden Planungsfall 92 % des ausgewiesenen optimalen Deckungsbeitrages.

Vordrucken. Ziel ist es, betriebsindividuelle Daten der Produktionsfunktion zu erfassen. Eine Standardisierung erscheint hier unvorteilhaft, weil zwischen den Betrieben erhebliche produktionstechnische Unterschiede bestehen. Die auf Blatt 1 erhobenen Werte müssen vom Betriebsleiter ständig überprüft werden. In der Regel ändern sich aber die Daten der Produktionsfunktion der Schweinemast eines bestimmten Betriebes selten. Die Speicherung der betriebspezifischen Produktionsfunktion auf einer Speichereinheit mit wahlweisem Zugriff hat sich bewährt.

Die Preisdaten werden für jede Kalkulation neu auf Blatt 2 erhoben.

2.3 Ergebnisausdruck

Die errechnete Strategie steht dem Betriebsleiter in einer ausführlichen Fassung Abb. 3 (Blatt 1) und einer Kurzfassung Abb. 3 (Blatt 2) zur Verfügung.

3. Anwendung

Über das Wirtschaftsjahr 1976/77 wurde das Modell auf 3o schleswig-holsteinischen Betrieben unterschiedlicher Struktur und Größe getestet. Diese Betriebe sind nicht repräsentativ für die Grundgesamtheit der Mastbetriebe in Schleswig-Holstein, da die Anwendung und Diskussion des Modells nur dort möglich ist, wo die Produktionstechnik ausgereift ist und die Betriebsleiter grundsätzlich bereit und fähig sind, unternehmerische Initiativen zu entwickeln.

3.1 Aufbau der Untersuchung

Von Januar bis Juni 1976 wurden die ausgewählten Betriebe erstmalig aufgesucht, den Betriebsleitern das Modell vorgestellt, die Datenerhebung für die Produktionsfunktion durchgeführt und erste Ergebnisse ausführlich diskutiert. Von Juli 1976 bis September 1977 erstreckte sich der Untersuchungszeitraum. In 3-4 monatigen Abständen schätzten die Betriebsleiter die für die Kalkulation erforderlichen Preise und erhielten umgehend die errechnete Strategie. Zwischenzeitlich fand im Januar 1977 eine Diskussion mit 22 der 3o Betriebsleiter am Institut statt, an der auch Vertreter von Vermarktungsorganisationen und der Landwirtschaftskammer teilnahmen. Für den Untersuchungszeitraum zeichneten die Betriebsleiter zudem die tatsächlich durchgeführte Verkaufsstrategie und die gezahlten Preise auf.

Zu prüfen sind die Hyphothesen:

H 1: Das vorgestellte Modell DYNSCH.ALG entspricht den Forderungen der Praxis und ist einsatzfähig.

H 2: Auf den untersuchten Betrieben kann die Verwertung des Faktors Mastplatz unter vertretbaren Mehrkosten verbessert werden.

H 3: Die angesprochenen Betriebsleiter sind bereit, ein ihnen unbekanntes, theoretisches Modell zu diskutieren und zur Entscheidungsfindung heranzuziehen.

3.2 Gegenwärtiger Stand

Im Rahmen der durchgeführten Untersuchung ist der Betriebsleiter als Unternehmer derjenige, der die Preise schätzt. Das Modell weist dann die entsprechende optimale Strategie aus.

Die gleichzeitige Koppelung mit Prognosemodellen wurde verworfen, da deren Ergebnisse bisher nicht ausreichend abgesichert erscheinen. Zudem ist zu befürchten, daß die unternehmerische Initiative des Betriebsleiters verdrängt wird.

Die bisherige Auswertung des vor kurzer Zeit beendeten Anwendungsversuches hat erheben:

1. Das Modell DYNSCH.ALG ist in der vorliegenden Form voll einsatzfähig (Kosten je Betrieb und Jahr 2oo-3oo DM).

1.1 Die produktionstechnischen Daten können in der erforderlichen Genauigkeit beschafft werden.

1.2 Die Ergebnisse stehen ausreichend schnell zur Verfügung.

1.3 Der Ergebnisausdruck ist ausreichend verständlich. In Diskussionen wird meistens die Kurzfassung zitiert.

2. Das Niveau der auf den Betrieben tatsächlich erzielten Preise differiert stark. Eine breitere Anwendung des Modells führt daher nicht unbedingt zu gleichlaufenden Strategien.

3. Trotz gleichartiger Informationsquellen aller Landwirte unterscheiden sich die Preisschätzungen erheblich.

4. Der erzielbare Deckungsbeitrag/Mastplatz der Betriebe läßt sich durch Anwendung des Modells unter Verwendung der Preisschätzungen der Betriebsleiter vor allem dann steigern, wenn in kritischen Phasen die Produktionsschwelle des Betriebes unterschritten wird.

5. Die direkte Anwendung der Entscheidungsvorschläge kann nur auf wenigen (5) Betrieben beobachtet werden.

6. Die Diskussionen um das Modell beeinflussen die gegenwärtigen Entscheidungen indirekt positiv, da den Betriebsleitern häufig der zur Verfügung stehende Entscheidungsspielraum nicht gewärtig ist.

7. Die Produktionsfunktionen sind nicht standardisierbar.

3.3 Probleme

Folgende Probleme zeigten sich im Laufe der Untersuchung:

- Die Abgrenzung der Vorteilhaftigkeit der Anwendung einer variablen Strategie gegenüber einer kontinuierlichen Strategie bereitet auf dem Einzelbetrieb für die laufende Planung Schwierigkeiten. Eine variable Strategie stellt erhöhte Anforderungen an die Entscheidungskraft und Risikobereitschaft des Betriebsleiters. Als Lösungsmöglichkeit bietet sich eine ex post-Analyse mit den produktionstechnischen Individualdaten und den erzielten Preisen an, wobei gleichartige Zustände simuliert werden.
- Die Konzeption des Modells bedingt eine ständige Korrektur der eingegebenen Daten und Preisschätzungen. Diese kontinu-

ierliche Beschäftigung mit den Marktvorgängen erfolgte nur auf wenigen Betrieben, so daß die Vorteile der Anwendung nicht vollständig genutzt und geklärt werden konnten.

- Hindernde Einflüsse der Abnehmerorganisationen auf die Betriebsleiter waren erkennbar, da sektorale Auswirkungen, insbesondere auf die Preise bei Benutzung des Programms durch eine größere Zahl von Mastbetrieben denkbar sind.
- Die Übertragung extern geschätzter Preise auf betriebsindividuelle Preiserwartungen ist problematisch, da sich Vermarktungstechnik und Ausschlachtungsqualität ständig verändern.
- Mangelndes Vertrauen in die eigene Schätzfähigkeit verhindert eine intensive Beschäftigung mit den aufgezeigten Auswirkungen.
- Traditionelles Verhalten überwiegt in vielen Entscheidungen.

Literatur

1) BELLMAN , R.; Dynamic Programming, Princeton N.J. 1957

2) SCHNEEWEISS, Ch.; Dynamisches Programmieren, Wien 1974

3) BUDDE, H.J.; Optimale Anpassung der Schweineproduktion an zyklische und saisonale Preisbewegungen; Sonderheft "Agrarwirtschaft" Nr. 57; Hannover 1974

4) KURZ, J.; Die Ablaufsteuerung in der Schlachtschweineproduktion, Diss. Gießen 1976

Operations Research in der Lehre

Entwurf von Input-Output-Modellen

H. Müller-Merbach, Darmstadt

1. Problemstellung

Innerhalb der Disziplin des Operations Research sind eine große Anzahl von Algorithmen (insbesondere der Optimierung) entwickelt und eine stattliche Reihe von Standardmodellen für häufig auftretende Problemstellungen vorgestellt worden. Der Prozeß des Modellentwurfs scheint jedoch nur in Ausnahmefällen das Interesse der Wissenschaftler auf sich gezogen zu haben.

Diese Beobachtung spiegelt sich in zahlreichen Lehrbüchern, Monographien und Fachzeitschriften des Operations Research wider. Algorithmen werden zumeist in systematischer Darstellung angeboten, während bei den Anwendungsbeispielen und Illustrationsmodellen die kasuistische Betrachtungsweise vorherrscht. Es gibt innerhalb der Literatur des Operations Research (OR) nur wenige Beiträge, in denen die Vorgehensweise des Modellentwurfs beschrieben und Anleitungen zur zielgerichteten Modellgestaltung vorgeschlagen werden.

So stellte u.a. das Education and Research Committee der britischen Operational Research Society (Mitchell 1973, S. 4) fest: "There is no well-developed general theory of model building." Und das Buch von White (1975), der die "Sekundärentscheidungen" (die auch den Modellentwurf umfassen) gegenüber den durch OR vorzubereitenden "Primärentscheidungen" hervorhebend betont, erfährt durch Bowen (1977) aufgrund der Ungewöhnlichkeit des betrachteten Objekts eine besondere Würdigung.

Die Ausrichtung der Forschungsschwerpunkte spiegelt sich auch an den Fähigkeiten der OR-Studenten. Viele von ihnen beherrschen die relevanten Algorithmen und können für die gelernten Standardbeispiele Standardmodelle entwickeln; beim Entwurf von Modellen für ihnen neuartige Problemstellungen zeigen sich bei ihnen jedoch ungewöhnlich hohe Schwierigkeiten. Diese wiederum wirken fort bis in die betriebliche Praxis, wo ebenfalls häufig der Modellentwurf als besonders schwierig und als behaftet mit einer hohen Gefahr des Fehlerrisikos verstanden zu werden scheint.

Wenn auch in jüngster Zeit einige Ansätze zur Systematisierung des Modellentwurfs zu beobachten sind (u.a. bei Rivett 1972, Groh und Trittelvitz 1974, Riggs und Inoue 1975, White 1975 etc.), so kann dennoch nicht übersehen werden, daß die diesbezügliche Forschung noch in ihren Anfängen steckt.

Mit dieser Arbeit soll ein bescheidener weiterer Beitrag geleistet werden, den Entwurf von Modellen zu systematisieren und - insbesondere den Lernenden - eine Anleitung zum systematischen Entwurf von Modellen zu geben, und zwar insbesondere von Input-Output-Modellen. Diese Klasse von Modellen sei hier in einem sehr weiten Sinne verstanden und soll die Modelle für alle

Flußprozesse zwischen Inputmengen bzw. Inputwerten zu Outputmengen bzw. Outputwerten umfassen. Damit werden also alle Mengenplanungsprobleme, wie sie mit Modellen der linearen Optimierung gelöst werden, und auch die Probleme, die sich mit der Input-Output-Analyse nach Leontief bearbeiten lassen, explizit umschlossen.

Da Produktionsfunktionen Teile dieser Modelle darstellen, gehört ihre Formulierung mit zum Entwurf von Input-Output-Modellen. Allerdings werden sich die folgenden Darstellungen aus Platzgründen ausschließlich auf lineare Zusammenhänge beziehen, so daß nichtlineare Funktionen wie z.B. die Cobb-Douglas-Produktionsfunktion aus dieser Betrachtung herausfallen. Jedoch ist eine Erweiterung auf nichtlineare Zusammenhänge ohne Schwierigkeiten möglich.

Um Mißinterpretationen vorzubeugen, sei betont, daß der Modellentwurf nur eine einzelne Phase des Problemlösungsprozesses darstellt. Bei Müller-Merbach (1977) bildet der Modellbau als Schritt 8 nur einen unter insgesamt 13 Schritten des gesamten OR-Prozesses oder Problemlösungsprozesses.

Wenn auch der Prozeß des Modellentwurfs in der OR-Literatur bisher wenig behandelt wurde, so kann nicht übersehen werden, daß in anderen wissenschaftlichen Disziplinen, in denen eine konstruktive Kreativität von besonderer Bedeutung ist, bereits seit längerer Zeit an der Systematisierung der Entwurfstätigkeit gearbeitet wird, so in der "Höheren Konstruktionslehre" des Maschinenbaus (vgl. Pahl und Beitz 1977) und in der Informatik auf den Teilgebieten der "Strukturierten Programmierung" (vgl. u.a. Wirth 1975), des "Software Engineering" und der Entwicklung von EDV-Anwendungssystemen (vgl. etwa Wedekind 1976). Auch in der EDV-orientierten Literatur zur Simulation sind Ansätze zur Systematisierung des Entwurfs von Simulationsmodellen und -programmen zu finden, u.a. bei Gordon (1972, S. 15 f.), bei Emshoff und Sisson (1970), bei Meier, Newell und Pazer (1969) etc. Viele dieser Ansätze lassen sich allgemein auf den Entwurf von OR-Modellen übertragen. Weitere Anregungen enthält die Literatur zur Systemtheorie, zum Projekt-Management etc.

Im folgenden sollen zwei Teilgebiete einer Modellentwurfslehre vorgetragen werden, und zwar ein allgemeiner Rahmen des Modellentwurfs (Abschnitt 2) und ein Klassifikationsschema von linearen Input-Output-Beziehungen (Abschnitt 3). Solche Klassifikationsschemata sind für alle solche Modellteile nützlich, in denen bestimmte alternative Grundstrukturen in der Realität anzutreffen sind, die sich im Modell unterschiedlich darstellen.

2. Ein Rahmenschema des Modellentwurfs

Das im folgenden verkürzt skizzierte Rahmenschema des Modellentwurfs basiert auf dem Top Down Approach. Es eignet sich in seiner Grundstruktur keineswegs nur für Input-Output-Modelle. Bezüglich der Vor- und Nachteile des Top Down Approaches gegenüber dem Bottom Up Approach sei auf die Literatur zur Entwicklung von EDV-Anwendungssystemen verwiesen (z.B. Wedekind 1976, S. 175 ff.: "von außen nach innen").

Nach der Skizze des Rahmenschemas im Abschnitt 2.1 folgen in 2.2 einige Gedanken zum Aufbau einer systematischen Symbolik. An einem Beispiel im Abschnitt 2.3 werden schließlich die einzelnen Schritte des Rahmenschemas demonstriert.

2.1. Die Schritte des Rahmenschemas

Das Rahmenschema knüpft an die Terminologie der Systemtheorie in folgender Hinsicht an. Die in Modellen abzubildenden Realitätsausschnitte werden als "Systeme" aufgefaßt. Diese bestehen aus "Elementen" (die sich evtl. zu Elementklassen zusammenfassen lassen). Die Elemente sind durch "Attribute" (Merkmale, Eigenschaften) gekennzeichnet, beispielsweise durch Mengen, Preise, Kosten, Kapazitäten etc. Und zwischen den Elementen können verschiedenartige "Beziehungen" bestehen, die sich im allgemeinen auf die Attribute auswirken.

Das Rahmenschema geht entsprechend diesem Systemverständnis von den Elementen bzw. Elementklassen des Systems aus und führt über die Definition der Attribute und der Beziehungen und über ein Modellschema zu einem Modell. Dieses wird nach Durchlaufen von Tests (Plausibilitätstests, Dimensionstests etc.) auf Erreichen des erforderlichen Detaillierungsgrades untersucht. Dabei kann sich eine weitere Zerlegung der Elementklassen als erforderlich erweisen, so daß der gesamte Zyklus mit erhöhtem Detaillierungsgrad (evtl. mehrfach) zu wiederholen ist.

Dieser Ansatz, der von den Elementklassen ausgeht und (zyklisch) zu den Systemelementen führt, ist charakteristisch für den Top Down Approach, der im Gegensatz zum Bottom Up Approach hier als sinnvoll empfohlen wird. Die einzelnen Schritte sind nachstehend skizziert.

Schritt 1 - Definition der Elementklassen: Die Elemente des Systems werden klassenweise erfaßt und festgelegt.

Schritt 2 - Definition der Attribute: Für alle ausgewählten Elemente bzw. Elementklassen werden die problemrelevanten Attribute festgestellt.

Schritt 3 - Definition der Beziehungen: Sämtliche problemrelevanten Beziehungen zwischen den Elementen bzw. Elementklassen werden zusammengestellt.

Schritt 4 - Entwicklung eines Modellschemas: Zur Übersicht über das Problem wird ein Strukturschema des Modells entwickelt.

Schritt 5 - Entwicklung des Modells: Als Verfeinerung des Modellschemas wird das mathematische Modell formuliert.

Schritt 6 - Test des Modells: Das Modell wird auf Richtigkeit getestet, soweit das deduktiv möglich ist: Plausibilitätstests, Dimensionstests, evtl. auch Tests anhand von Zahlenbeispielen.

Schritt 7 - Prüfung auf hinreichende Detaillierung: Das vorhandene Modell wird daraufhin untersucht, ob der erforderliche Detaillierungsgrad erreicht ist. Falls ja, ist der Modellbau abgeschlossen. Falls nein, Fortsetzung mit Schritt 1'.

Schritt 1' - Zerlegung der Elementklassen: Die noch nicht hinreichend detailliert erfaßten Elementklassen werden weiter unterteilt. Fortsetzung mit Schritt 2.

Diese einzelnen Schritte bilden ein idealisiertes Abbild der Vorgehensweise beim Modellbau. Die einzelnen Schritte werden in der Realität sicher nicht voll isoliert voneinander und sicher nicht ohne Überschneidungen und ohne Rücksprünge etc. durchgeführt. Beispielsweise kann das Modellschema (Schritt 4) bereits die Schritte 1 bis 3 begleiten. Dennoch bildet diese

Unterteilung in Schritte eine gedankliche Stütze für den Prozeß des Modellentwurfs und hat sich - zumindest in der Ausbildung von Studenten - mehrfach bewährt.

2.2. Systematische Entwicklung einer Symbolik

Parallel zu den Schritten 1 bis 3 (und in den Wiederholungen von 1' bis 3) sind Symbole für die Elemente bzw. Elementklassen, ihre Attribute und die zur Festlegung der Beziehungen erforderlichen Koeffizienten auszuwählen. Die Wahl geeigneter Symbole ist für die spätere Arbeit mit dem Modell von großer Bedeutung. Ein übersichtliches, logisch gegliedertes und mnemonisch orientiertes System kann die Verständlichkeit eines Modells wesentlich erhöhen.

Soweit eine Modell für seine Bearbeitung auf EDV-Anlagen vorbereitet wird, sollten die dort gegebenen Möglichkeiten der Darstellung alphabetischer Begriffe bereits bei der Festlegung der Symbole genutzt werden. Bei den Byte-Maschinen stehen üblicherweise 8 Zeichen pro Begriff zur Verfügung, bei wortorientierten Maschinen oft jedoch nur 6 Zeichen.

Bei der Verwendung von 6 bis 8 Zeichen pro Begriff ist eine systematische Zuordnung der einzelnen Stellen zu bestimmten Aussageebenen nützlich. So kann sich z.B. die erste Stelle auf die Elementklasse, die zweite Stelle auf die Elemente innerhalb der Klasse, die dritte Stelle auf das jeweilige Attribut beziehen, die vierte Stelle Variablen, Konstanten etc. kennzeichnen usw. Ferner können sich in den Koeffizienten, die die Beziehungen zwischen verschiedenen Elementen bzw. deren Attributen zum Ausdruck bringen, die für die entsprechenden Elemente und Attribute verwendeten Symbole wiederholen, so daß eine weitere Testmöglichkeit für das Modell (Schritt 6) entsteht.

Im folgenden Beispiel wird ein dreistelliger Schlüssel für die Elemente und Attribute verwendet, wobei sich die erste Stelle auf die Elementklassen, die zweite Stelle auf die Attributsart und die dritte Stelle auf die Kennzeichnung von Variablen und Konstanten bezieht.

2.3. Ein Beispiel zur Illustration des Rahmenschemas

Im folgenden werden die Schritte des im Abschnitt 2.1 aufgebauten Rahmenschemas an einem Beispiel vorgeführt. Dabei soll ein Modell der linearen Optimierung gebaut werden, mit dem der deckungsbeitragsmaximale Realgüterstrom eines Fertigungsbetriebes von der Beschaffung der Rohstoffe bis zum Absatz der Fertigprodukte berechnet werden kann.

Ein Schema der Produktionsstruktur ist in der Abb. 1 dargestellt, das im Schritt 4 entwickelt wird, an dem man sich gedanklich jedoch schon vorher orientieren kann.

Schritt 1 - Definition der Elementklassen: Als Elementklassen, die im Modell zu verknüpfen sind, seien die Rohstoffe (R), die Fertigprodukte (F), die Arbeitseinheiten bzw. Maschinen (M) und die Lager (L) zu nennen. Die in Klammern genannten Buchstaben treten bei den folgenden Symbolen jeweils an erster Stelle auf.

Schritt 2 - Definition der Attribute: Die Rohstoffe werden in den einzelnen Perioden gekauft (K), verbraucht (V), gelagert (L) und mögen Beschaffungsgrenzen (B) unterliegen. Diese Mengen seien mit RKV, RVV, RLV und RBK bezeichnet, wobei an der dritten Stelle das V eine Mengenvariable, das K eine Mengenkonstante kennzeichnet. Mit RKC seien die Beschaffungspreise der Rohstoffe pro Mengeneinheit bezeichnet.

Die Fertigprodukte werden hergestellt (H), abgesetzt (A), gelagert (L) und sind abhängig von einer Nachfrage (N). Entsprechend werden die Symbole FHV, FAV, FLV und FNK für die Mengen verwendet. Die Verkaufspreise seien mit FAP bezeichnet. Weiterhin seien die Kosten für die Herstellung der Fertigprodukte pro Mengeneinheit (ohne die Kosten für die eingesetzten Rohstoffe) mit FHC symbolisiert.

Weiterhin werden das Symbol MCK für die Kapazität der Maschinen und LCK für die Kapazität des/der Lager verwendet. Die Lagerkosten je Rohstoffeinheit werden mit RLC, die je Fertigprodukteinheit mit FLC bezeichnet, jeweils je Planungsperiode.

Schritt 3 - Definition der Beziehungen: Neben trivialen Beziehungen, daß - für Rohstoffe wie für Fertigprodukte - der jeweilige Anfangsbestand plus den Zugängen gleich den Abgängen plus dem Endbestand sein muß, etc., bedürfen vor allem die Verknüpfungen zwischen den Lagermengen und der Lagerkapazität, zwischen den Herstellmengen der Fertigprodukte und der Maschinenkapazität sowie zwischen den Herstellmengen der Fertigprodukte und dem Rohstoffverbrauch besonderer Betrachtung.

Die spezifische Belastung des in seiner Kapazität begrenzten Lagers (LCK) je Einheit der gelagerten Rohstoffe (RLV) wird mit RLLCK, die entsprechende Größe für die gelagerten Fertigprodukte (FLV) mit FLLCK bezeichnet.

Entsprechend wird mit FHMCK die spezifische Belastung der kapazitätsbeschränkten Maschinen (MCK) je Einheit der hergestellten Fertigprodukte (FHV) zum Ausdruck gebracht.

Ferner sei - eine stücklistenähnliche Fertigungsstruktur vorausgesetzt - mit FHRVK der spezifische Rohstoffverbrauch (RVV) je Einheit der hergestellten Fertigprodukte (FHV) definiert.

Bei allen hier eingeführten fünfstelligen Symbolen beziehen sich die ersten beiden auf die Variable, mit der eine Multiplikation stattfindet, die nächsten beiden auf die Variable oder Konstante, mit der das Multiplikationsergebnis zu verknüpfen ist. Die fünfte Stelle kennzeichnet jeweils mit K das Vorliegen einer Konstanten.

Schritt 4 - Entwicklung eines Modellschemas: Mit den soweit eingeführten Symbolen (bzw. parallel zur Entwicklung der Symbolik) läßt sich nun ein Modellschema entwerfen, wie es in der Abb. 1 skizziert ist. Dabei kennzeichnen Kreise die verschiedenen Mengen und Dreiecke die verschiedenen Begrenzungen. Die Deckungsbeitragssumme (DBS) ist durch ein Oval vertreten. Durchgezogene Linien bezeichnen Mengenströme, gestrichelte Linien dagegen Erlöse und Kosten.

Schritt 5 - Entwicklung des Modells: Das Modell sei nun in Richtung des in der Abb. 1 skizzierten Flusses entwickelt. Dabei sei die betrachtete Periode mit dem Index t, die Vorperiode mit dem Index t-1 bezeichnet. Die Lagerbestände beziehen sich jeweils auf den Zeitpunkt des Periodenendes. Wie viele Perioden gleichzeitig abgebildet werden, ist für die folgende Betrachtung unerheblich.

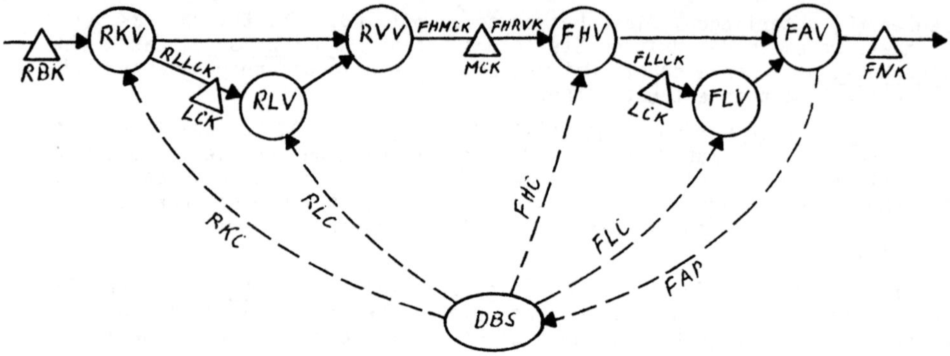

Abb. 1: Modellschema des Realgüterstromes

Beschaffungsbegrenzung:	$RKV_t \leq RBK_t$
Rohstoffbilanz:	$RLV_{t-1} + RKV_t = RVV_t + RLV_t$
Verbrauchsfunktion:	$RVV_t = FHRVK_t \cdot FHV_t$
Kapazitätsrestriktion:	$FHMCK_t \cdot FHV_t \leq MCK_t$
Fertigproduktbilanz:	$FLV_{t-1} + FHV_t = FAV_t + FLV_t$
Lagerrestriktion:	$RLLCK_t \cdot RLV_t + FLLCK_t \cdot FLV_t \leq LCK_t$
Absatzrestriktion:	$FAV_t \leq FNK_t$

Zielfunktion:

Maximiere $DBS = \sum_t (FAP_t \cdot FAV_t - RKC_t \cdot RKV_t - FHC_t \cdot FHV_t - RLC_t \cdot RLV_t - FLC_t \cdot FLV_t)$

Nichtnegativitätsbedingungen für alle Variablen.

Schritt 6 - Test des Modells: Jetzt folgen Tests (auf deren Darstellung hier verzichtet wird). Zur Durchführung von Dimensionstests wäre beispielsweise eine Dimensionsfestlegung in den Schritten 2 und 3 erforderlich gewesen.

Schritt 7 - Prüfung auf hinreichende Detaillierung: Zur operationalen Mengenplanung ist das vorliegende Modell sicher noch nicht geeignet, so daß eine weitere Detaillierung erforderlich ist.

Schritt 1' - Zerlegung der Elementklassen: Je nach Komplexität des Problems können jetzt die Elementklassen sofort (einstufig) in die einzelnen Elemente oder (mehrstufig) zunächst in weitere Unterklassen zerlegt werden. So könnte man die Klasse der Rohstoffe in die einzelnen Rohstoffe bzw. Rohstoffarten, die Klasse der Fertigprodukte in die einzelnen Fertigprodukte oder Produktgruppen, die Klasse der Maschinen in die einzelnen Maschinen oder Maschinengruppen und - wenn überhaupt erforderlich - die Klasse der Lager in die einzelnen Lager untergliedern. Die Symbole (und auch das Symbolschema) müßten dazu erweitert werden.

Auf eine Wiederholung der Schritte 2 bis 7 sei hier verzichtet.

2.4. Top Down Approach versus Bottom Up Approach

Der hier vorgeführte Top Down Approach, der sich in vielen anderen Bereichen konstruktiver Gestaltung bewährt hat, scheint auch für den Entwurf von Modellen im Sinne des OR gegenüber seinem Antipoden, dem Bottom Up Approach, viele Vorteile zu bieten. Sie liegen vor allem darin, daß der Überblick über den Gesamtprozeß gewahrt bleibt, daß strukturelle Einzelheiten erst nach und nach in die Betrachtung einbezogen werden müssen, daß eine übersichtliche Symbolik entwickelt werden kann, daß eine organisatorische Arbeitsteilung möglich ist, daß die Größe des gesamten Modells von Beginn an abschätzbar ist etc.

Das Plädoyer für den Top Down Approach bedeutet jedoch keine vollständige Abkehr vom Bottom Up Approach. Zumindest wird der Modellbauer aufgrund seiner Erfahrung mit Modelldetails schon während der ersten Runden durch die Schritte 1 bis 7 gewisse Detailvorstellungen einfließen lassen. Ferner kann es möglich sein, daß für bestimmte Modellbereiche, die neuartig oder kompliziert sind, Bottom Up Strategien verfolgt werden müssen. Diese werden aber die Ausnahme bleiben.

Der Top Down Approach schließt auch nicht aus, daß mit dem konkreten Einsatz von Modellen in Teilbereichen begonnen wird, die nur einen Ausschnitt des Gesamtmodells darstellen. Wenn aber ein solches Teilmodell in das Konzept eines Gesamtmodells (wie in der Abb. 1) eingebettet ist, dann ist ein schrittweiser Modellausbau relativ einfach und zielgerichtet durchzuführen, anderenfalls nicht.

3. Klassifikation der Input-Output-Beziehungen

Im Abschnitt 2.3, Schritt 3, wurde unterstellt, daß es sich in dem obigen Beispiel um stücklistenähnliche Beziehungen zwischen den Rohstoffmengen und den Fertigproduktmengen handele. Auf dieser Basis konnte die Verbrauchsfunktion $RVV_t = FHRVK_t \cdot FHV_t$ formuliert werden (Schritt 5). Interpretiert man - nach weiterer Detaillierung der Elementklassen - RVV als Vektor der Rohstoffverbrauchsmengen und FHV als Vektor der hergestellten Fertigproduktmengen, so läßt sich FHRVK als Stücklistenmatrix, Gozinto-Matrix o.ä. interpretieren, und zwar - da Zwischenprodukte hier nicht definiert sind - als Matrix der Mengenübersichts-Stücklisten bzw. Mengenübersichts-Teileverwendungsnachweise.

Tatsächlich ist mit dieser Struktur aber nur eine unter mehreren möglichen Input-Output-Strukturen angesprochen. Diese ist vom Typ der Leontief-Produktionsfunktion oder eine lineare Form der Produktionsfunktionen vom Typ B nach Gutenberg (1972). Sie ist keineswegs repräsentativ für sämtliche Produktionsprozesse. Man denke beispielsweise nur an Kuppelproduktionsprozesse, an Verschnittprozesse, an Prozesse mit Verfahrenssubstituierbarkeit (Produktionsfunktionen vom Typ C nach Heinen 1975) etc.

Zur Modellierung von Produktionsfunktionen im Sinne der Beziehungen zwischen Rohstoffmengen und Fertigproduktmengen kann eine Klassifikation der verschiedenen Typen von Input-Output-Beziehungen nützlich sein. Eine solche Klassifikation wird im folgenden gegeben.

Input-Output-Prozesse lassen sich durch ihre Input-Elemente, ihre Output-Elemente und die sie verbindenden "Technologien" darstellen. Die Technologien lassen sich einerseits dadurch unterscheiden, wie sich die einfließenden Input-Ströme verzweigen, und andererseits dadurch, wie die so entstandenen Zwischenströme in den einzelnen Output-Strömen gesammelt werden. Aus den Kombinationen der verschiedenen Möglichkeiten von Verzweigung und Sammlung läßt sich die folgende - für die mengenmäßige Betrachtung ausreichende - Klassifikation von Input-Output-Beziehungen entwickeln (vgl. auch Müller-Merbach 1976).

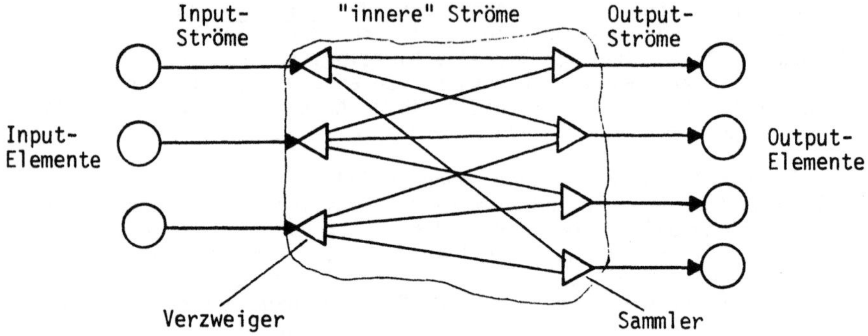

Abb. 2: Schema der Input-Output-Beziehungen

Ein allgemeines Schema der Input-Output-Beziehungen ist in der Abb. 2 gezeigt. Bezüglich der "Verzweiger" und der "Sammler" ist zwischen den folgenden je fünf Typen zu unterscheiden.

O-Verzweiger (von "offen"): Der Input-Strom verzweigt sich in Mengenverhältnissen, die nicht durch ihn selbst festgelegt sind, sondern von beliebigen anderen Größen und Gegebenheiten abhängen.

F-Verzweiger (von "fest"): Der Input-Strom verzweigt sich in festen Verhältnissen, die durch die Technologie des Prozesses oder - meistens - durch den Input-Stoff selbst definiert sind.

V-Verzweiger (von "variabel"): Der Input-Strom verzweigt sich in begrenzt variablen Anteilen, deren Grenzen durch die Technologie des Prozesses oder - meistens - durch den Input-Stoff selbst definiert sind.

C-Verzweiger (von "combinatorial"): Der Input-Strom verzweigt sich frei zu verschiedenen parallelen (alternativen) F-Verzweigern (Hintereinanderschaltung von O-Verzweigern und mehreren F-Verzweigern).

1-Verzweiger: Der Input-Strom verzweigt sich überhaupt nicht (Sonderfall von O, F und V).

Spiegelbildlich wiederholen sich die Verzweigertypen in den folgenden Sammlertypen.

O-Sammler (von "offen"): Es werden zwei oder mehr Ströme zusammengeführt, ohne daß durch den Output-Stoff irgendwelche Relationsbegrenzungen definiert sind.

F-Sammler (von "fest"): Die einzelnen Ströme werden in festen Relationen zusammengeführt, die durch den Prozeß oder - überwiegend - durch den Output-Stoff festgelegt sind.

V-Sammler (von "variabel"): Zusammenführen verschiedener Ströme in begrenzt variierbaren Relationen, die durch den Prozeß oder - überwiegend - durch den Ouput-Stoff festgelegt sind.

C-Sammler (von "combinatorial"): Freies Zusammenführen verschiedener von F-Sammlern vereinigter Ströme (Hintereinanderschaltung von mehreren parallelen F-Sammlern und einem O-Sammler).

1-Sammler: Es werden keine verschiedenen Ströme zu einem Output-Strom zusammengefaßt (Sonderfall von O, F und V).

Mit den fünf verschiedenen Verzweigern und den fünf verschiedenen Sammlern lassen sich 25 "Elementarprozesse" bilden, wie sie in der folgenden Matrix zusammengestellt sind.

		SAMMLER				
		1	0	F	V	C
VERZWEIGER	1	1:1	1:0	1:F	1:V	1:C
	0	0:1	0:0	0:F	0:V	0:C
	F	F:1	F:0	F:F	F:V	F:C
	V	V:1	V:0	V:F	V:V	V:C
	C	C:1	C:0	C:F	C:V	C:C

Von den 25 Elementarprozessen treten allerdings nur die folgenden sechs Typen in der Realität häufig auf (wobei der erste Buchstabe den Verzweiger, der zweite den Sammler charakterisiert):

0:F-Prozeß: Lineare Form der Produktionsfunktion vom Typ B nach Gutenberg (1972); alle Montageprozesse mit Stücklistenstruktur, alle Mischprozesse mit starren Rezepturen.

F:0-Prozeß: Starre Kuppelproduktion.

0:V-Prozeß: Mischprozesse mit elastischen Rezepturen, die häufig indirekt in Form von "technologischen Anforderungen" formuliert werden (z.B. spezifisches Gewicht, Oktanzahl, Dampfdruck, Kalorien etc.).

V:0-Prozeß: Elastische Kuppelproduktion.

0:C-Prozeß: Produktionsfunktion vom Typ C nach Heinen (1975), wobei gegenüber dem Elementarprozeß 0:F eine Substituierbarkeit von Fertigungsverfahren berücksichtigt wird.

C:0-Prozeß: Zuschneiden von Papier, Blechen etc. durch Auswahl und Kombination alternativer Schnittpläne; klassisches "Verschnittproblem".

In den meisten realen Input-Output-Prozessen treten gleichzeitig mehrere Input-Stoffe und mehrere Output-Stoffe auf, die entweder alle denselben Elementarprozeß oder unterschiedliche Elementarprozesse verkörpern. Innerhalb solcher Strukturen tauchen üblicherweise einige Inputgrößen mit einem 1-Verzweiger und einige Outputgrößen mit einem 1-Sammler auf. Mit ihnen ließen sich acht weitere Sonderfälle der eben genannten sechs besonders wichtigen Elementarprozesse bilden. Auf diese sei jedoch nicht im einzelnen eingegangen, da für sie keine besonderen Modellierungsvorschriften gelten.

Im folgenden sei vielmehr die mathematische Grundstruktur der sechs genannten Elementarprozesse skizziert. Aus Platzgründen sei hier jedoch auf Illustrationsbeispiele verzichtet.

In den Input-Output-Prozessen (vgl. Abb. 2) treten drei hintereinandergeschaltete Ströme auf, die Input-Ströme (vor den Verzweigern), die Output-Ströme (hinter den Sammlern) und die "inneren" oder Zwischenströme (zwischen den Verzweigern und Sammlern). Im Prinzip müßten für sämtliche Ströme Variablen formuliert werden. Die inneren Ströme müßten dann in Gleichungen einerseits mit den Input-Strömen, andererseits mit den Output-Strömen in Übereinstimmung gebracht werden.

Bei diesen Gleichungen treten für die O-Verzweiger und die O-Sammler nur Additionen auf, lineare Produktionsfunktionen vorausgesetzt; bei anderen, beispielsweise multiplikativen Funktionen (etwa bei der Cobb-Douglas-Produktionsfunktion), können hier andere Operatoren erforderlich sein.

Bei V-Verzweigern und V-Sammlern sind zumeist ebenfalls additive Verknüpfungen der inneren Ströme als Gleichungen erforderlich. Hinzu treten jedoch weitere Ungleichungen, mit denen die inneren Ströme durch Bedingungen der Input-Ströme bei V-Verzweigern bzw. durch Bedingungen der Output-Ströme bei V-Sammlern begrenzt werden.

Eine explizite Definition und Verwendung von Variablen für die inneren Ströme erübrigen sich für den Fall von F-Verzweigern und F-Sammlern, da hier die inneren Ströme bereits durch die Input-Ströme bei F-Verzweigern bzw. durch die Output-Ströme bei F-Sammlern festgelegt sind.

V-Verzweiger gehen im Falle der zunehmenden Einengung der Bedingungen in F-Verzweiger über, im Falle der abnehmenden Einengung in O-Verzweiger. Entsprechendes gilt für die V-Sammler. Beide Grenzfälle (F und O) sind im allgemeinen mit geringerem Aufwand als der allgemeinere Fall (V) zu modellieren.

Einen Sonderfall bilden die C-Verzweiger und C-Sammler, die als Folge von einem O-Verzweiger und mehreren parallelen F-Verzweigern bzw. von mehreren parallelen F-Sammlern und einem O-Sammler zu verstehen sind. Zu ihrer Modellierung ist je eine Variable erforderlich für die inneren Ströme zwischen dem O-Verzweiger und den F-Verzweigern bzw. den F-Sammlern und dem O-Sammler. Alle übrigen Zwischenströme liegen damit bereits fest und brauchen nicht durch eigene Variablen dargestellt zu werden.

Weitere Einzelheiten und Modellierungsbeispiele sind bei Müller-Merbach (1976) dargestellt.

Die hier betrachteten Elementarprozesse sind alle als einstufige Prozesse zu verstehen. In der Realität treten jedoch im allgemeinen mehrstufige Prozesse auf. Diese lassen sich alle als Aufeinanderfolge von einstufigen Prozessen darstellen, indem die Output-Größen eines ersten Prozesses gleichzeitg die Input-Größen des folgenden Prozesses sind.

In vielen mehrstufigen Prozessen tritt nur ein einziger Typ von Elementarprozessen auf, beispielsweise bei mehrstufigen Montageprozessen, deren Mengenzusammenhänge durch Stücklisten dargestellt werden (O:F-Prozeß). In anderen Prozessen treten auf den unterschiedlichen Fertigungsstufen verschiedene charakteristische Elementarprozesse auf. Beispielsweise ist die Mineralölverarbeitung in den ersten Stufen durch starre und elastische Kuppelproduktion (F:O und V:O) gekennzeichnet, während in den späteren Fertigungsstufen Mischungsprozesse vom Typ O:F und O:V vorherrschen.

Zur praktischen Modellierung von Input-Output-Beziehungen kann es nützlich sein, den gesamten Prozeß unter Verwendung besonderer, für die einzelnen Typen der Verzweiger und Sammler entwickelten graphischen Symbole (vgl. Müller-Merbach 1976) zu zeichnen. Das ist insbesondere dann vorteilhaft, wenn viele verschiedene Elementarprozesse gleichzeitig auftreten. Wenn dagegen nur ein einziger Typ der Elementarprozesse auftritt, dann genügt es, einen kleinen Teil des Gesamtprozesses mit den speziellen graphischen Symbolen zu zeichnen, um mit ihrer Hilfe mit größerer Sicherheit die richtigen Gleichungen für die Input-Output-Beziehungen formulieren zu können. Erfahrungsgemäß werden gerade bei der Modellierung der Input-Output-Beziehungen die meisten Fehler gemacht, so daß hier eine zusätzliche Sicherheit von Nutzen ist. Die Zeichnung der Input-Output-Beziehungen stellt ein Modellschema im Sinne des Schrittes 4 der allgemeinen Vorgehensweise (Abschnitt 2.1) dar.

Eine Klassifikation, wie sie hier für die Beziehungen zwischen den Input-Elementen und den Output-Elementen eines Fertigungsprozesses durchgeführt wurde, läßt sich entsprechend für die Fertigungsrestriktionen, Absatzrestriktionen etc. vornehmen. Allerdings treten bei der Formulierung jener Restriktionen im allgemeinen weniger praktische Schwierigkeiten auf.

4. Ausblick

In diesem Beitrag wurden zwei Teilgebiete des Modellentwurfs behandelt, erstens eine allgemeine, am Top Down Approach orientierte Vorgehensweise, zweitens - speziell für Input-Output-Modelle - eine Klassifikation von Input-Output-Beziehungen. Beide Betrachtungen führten - wenn auch in unterschiedlicher Weise - zu einer gewissen Schematisierung des Arbeitens und des Denkens.

Jede Schematisierung bringt einerseits Nutzen, birgt aber andererseits Gefahren in sich. Der Nutzen liegt darin, daß jeweils eine bestimmte Art von Aufgaben leichter, effizienter, sicherer gelöst werden kann. Die Gefahren entstehen dadurch, daß das Denken in bestimmte Bahnen gezwungen und damit die spontane Kreativität eingeschränkt wird.

Aus diesem Grunde sei davor gewarnt, jegliche Schematisierung zu weit zu treiben. Allerdings scheint im Bereich des Modellentwurfs die Gefahr der Übertreibung zur Zeit gering zu sein; vielmehr sei hier die Auffassung vertreten, daß die Prinzipien und die Methoden des Modellbaus im Bereich des Operations Research noch vieler weiterer Forschungsbemühungen bedürfen und im Vergleich zu den Algorithmen unterentwickelt sind.

5. Literatur

- Bowen, K.C.: Formalization of the O.R.Process: An Extended Review, in: Operational Research Quarterly 28 (1977), H. 2,ii, S. 369-376
- Emshoff, James R., und Roger L. Sisson: Design and Use of Computer Simulation Models. New York, London 1970
- Gordon, Geoffrey: Systemsimulation. München, Wien 1972
- Groh, H., und M. Trittelvitz: GRAMAG, Ein Ansatz zur Rationalisierung der Linearen Optimierung, in: Proceedings in Operations Research 4, hrsg.v. H.-J. Zimmermann et al. Würzburg, Wien 1974, S. 85-95
- Gutenberg, Erich: Grundlagen der Betriebswirtschaftslehre, Bd. 1: Die Produktion (18.Aufl.). Berlin, Heidelberg, New York 1972
- Heinen, Edmund: Industriebetriebslehre (4.Aufl.). Wiesbaden 1975
- Meier, Robert C., William T. Newell, und Harold L. Pazer: Simulation in Business and Economics. Englewood Cliffs, N.J., 1969
- Mitchell, G.H., et al.: The State of Research in OR, in: Operational Research Quarterly 24 (1973), H. 1, S. 3-7

● Müller-Merbach, Heiner: Lineare Input-Output-Prozesse - Eine Methodologie des Modellbaus. Darmstadt 1976 (unveröffentlichtes Manuskript), überarbeitete Veröffentlichung in Vorbereitung
● Müller-Merbach, Heiner: Quantitative Entscheidungsvorbereitung - Erwartungen, Enttäuschungen, Chancen, in: Die Betriebswirtschaft 37 (1977), H. 1, S. 11-23
● Pahl, G., und W. Beitz: Konstruktionslehre - Handbuch für Studium und Praxis. Berlin, Heidelberg, New York 1977
● Riggs, James L., und Michael S. Inoue: Introduction to Operations Research and Management Science. New York 1975
● Rivett, Patrick: Principles of Model Building. London, New York 1972 (deutsche Obersetzung: Entscheidungsmodelle in Wirtschaft und Verwaltung. Frankfurt, New York 1974)
● Wedekind, Hartmut: Systemanalyse - Die Entwicklung von Anwendungssystemen für Datenverarbeitungsanlagen (2.Aufl.). München, Wien 1976
● White, D.J.: Decision Methodology - A Formalization of the OR Process. London, New York 1975
● Wirth, N.: Systematisches Programmieren (2.Aufl.). Stuttgart 1975

Autorenverzeichnis

Ahrens, J., Prof. Dr., Institut für BWL der Christian-Albrechts-Universität Kiel, Olshausenstr. 40–60, 2300 Kiel

Albach, H., Prof.Dr., Institut für Gesellschafts- und Wirtschaftswissenschaften, Betriebswirtschaftliche Abteilung I, Rheinische Friedrich-Wilhelms-Universität Bonn, Adenauerallee 24–42, 5300 Bonn 1

Albers, S., Dr., Institut für BWL der Christian-Albrechts-Universität Kiel, Olshausenstr. 40–60, 2300 Kiel

Andria, F., Prof. Dr., University of Palermo, Facolta' di Economia e Commerico, Instituto di Ricerga Operativa, Viale Delle Scienze, I–90128 Palermo

Bauer, M., Dr.-Ing., Betriebsforschungsinstitut, VDEh – Institut für angewandte Forschung GmbH., Sohnstr. 65, 4000 Düsseldorf

Biethahn, J., Prof. Dr., Ruhr-Universität Bochum, Abteilung für Wirtschaftswissenschaft, Universitätsstr. 150, Gebäude GC 3/37, 4630 Bochum-Querenburg

Blomberg, von, M. Soeding-Frhr., Siemens AG, ZT ZFA FWO 13, Schertlinstr. 8, 8000 München 70

Böhm, M., Deutsches Elektronen-Synchroton DESY, F58, Notkestr. 85, 2000 Hamburg 52

Braas, J., INFORM GmbH, Theaterplatz 9/11, 5100 Aachen

Brucker, P., Prof. Dr., Universität Oldenburg, Fachbereich IV, Ammerländer Heerstr. 67–99, 2900 Oldenburg

Bühler, W., Prof. Dr., Universität Dortmund, Lehrstuhl für Investition und Finanzierung, 4600 Dortmund 50

Bumba, F., Dr., Siemens AG., Friedrich-Bauer-Straße 17, 8520 Erlangen

Chiancone, P., University of Palermo, Facolta' di Economia e Commerico, Instituto di Ricerga Operativa, Viale Delle Scienze, I–90128 Palermo

Dejon, B., Prof. Dr., Institut für Angewandte Mathematik der Universität Erlangen-Nürnberg, Martensstraße 3, 8520 Erlangen

Eberlein, K., Dr., IBM Deutschland, Überseering 24, 2000 Hamburg 60

Feindor, R., Dr., Industrieanlagen-Betriebsgesellschaft mbH., Einsteinstraße, 8012 Ottobrunn bei München

Fischer, D., Industrieanlagen-Betriebsgesellschaft mbH, Hauptabteilung Zentrale Studien, Einsteinstraße, 8012 Ottobrunn bei München

Gal, T., Prof. Dr. Dr., Institut für Wirtschaftswissenschaften, Lehrgebiet für Unternehmensforschung (Operations Research), Rhein.-Westf. Technische Hochschule Aachen, Templergraben 55, 5100 Aachen

Gallus, G., Dr., Institut für Betriebswirtschaftslehre, Fachgebiet Operations Research, Technische Hochschule Darmstadt, Hochschulstr. 1, 6100 Darmstadt

Garcia, R., Forschungsinstitut der Deutschen Bundespost beim Fernmeldetechnischen Zentralamt, Postfach 800, 6100 Darmstadt

Gaul, W., Dr., Institut für Angewandte Mathematik, Wegelerstr. 6, 5300 Bonn

German, K.H., Dr., Gesellschaft für Systementwicklung mbH, Hofbrunnstraße 46, 8000 München 71

Gertz, W., INFORM GmbH, Theaterplatz 9/11, 5100 Aachen

Goeck, P., Philips GmbH, Bereich ISA (Informationssysteme und Automation) Ressort Operations Research, Steindamm 94, 2000 Hamburg 1

Hansen, K., Dr., Friedrich-Alexander-Universität Erlangen-Nürnberg, Betriebswirtschaftliches Institut, Wirtschafts- und Sozialwissenschaftliche Fakultät Nürnberg, Findelgasse 9, 8500 Nürnberg

Hartung, J., Prof. Dr., Abteilung für Angewandte Statistik, Katzenburgweg 3, 5300 Bonn

Haupt, R., Universität zu Köln, Seminar für Allgemeine und Industrielle Betriebswirtschaftslehre, Albertus-Magnus-Platz, 5000 Köln 41

Heilmann, W.-R., Dr., Universität Hamburg, Institut für Mathematische Stochastik, Bundesstr. 85, 2000 Hamburg 13
Héjj, E., Krupp Forschungsinstitut, Postfach 10, 4300 Essen 1
Hocke, N., Industrieanlagen-Betriebsgesellschaft mbH, Einsteinstraße, 8012 Ottobrunn bei München
Hofmann, H.W., Ass.-Prof. Dr., Hochschule der Bundeswehr München, Fachbereich Informatik, Wirtschafts- und Systemwissenschaften, Fliegerhorst, 8014 Neubiberg
Horst, R., Dr., Technische Hochschule Darmstadt, Fachbereich Mathematik, Schloßgartenstr. 7, 6100 Darmstadt
Huckert, K., Universität des Saarlandes, Fachbereich Wirtschaftswissenschaft, 6600 Saarbrücken
Inderfurth, K., Dr., Freie Universität Berlin, Fachbereich Wirtschaftswissenschaften, Institut für Quantitative Ökonomik und Statistik, Fachrichtung Operations Research, Thielallee 66, 1000 Berlin 33
Jochem, E., Dr.-Ing., Fraunhofer Gesellschaft, Institut für Systemtechnik und Innovationsforschung, Breslauer Straße 48, 7500 Karlsruhe-Waldstadt
Junginger, W., Dr., Universität Stuttgart, Institut für Informatik, Azenbergstr. 12, 7000 Stuttgart 1
Kälberer, G., Mozartstr. 16, 6057 Diezenbach
Kallio, M., Prof., Helsingin Kauppakorkeakulu, Runeberginkabun 14–16, SF–Helsinki
Karayalcin, I.I., Prof. Dr. Eng., Faculty of mechanical Engineering, Technical University of Istanbul, I.T.Ü. Makina Fakültesi, T–Gümüssuyu-Istanbul
Kasigkeit, G., Institut für Arbeitswissenschaft der Technischen Universität Berlin, Ernst-Reuter-Platz 7, 1000 Berlin 10
Kim, H., Friedrich-Alexander-Universität Erlangen-Nürnberg, Betriebswirtschaftliches Institut, Betriebswirtschaftslehre, insbes. Operations Research, Königstr. 33, 8500 Nürnberg
Kiran, A.S., Dr., Faculty of mechanical Engineering, Technical University of Istanbul, I.T.Ü. Makina Fakültesi, T–Gümüssuyu-Istanbul
Klug, J., Zentralinstitut für Seelische Gesundheit, Postfach 5970, 6800 Mannheim 1
Köhler, M., Dr., Institut für Operations Research der Universität Zürich, Weinbergstr. 59, CH–8006 Zürich
Kohlmann, M., Institut für Angewandte Mathematik der Universität Bonn, Abteilung für Wahrscheinlichkeitstheorie und Mathematische Statistik, Wegelerstr. 10, 5300 Bonn
Krallmann, H., Dr., Industrieseminar der Universität Mannheim, Schloß, 6800 Mannheim 1
Krause, Chr., Elektronik-System-Gesellschaft, Arabellastr. 4, 8000 München 81
Kühn, R., Institut für Betriebswirtschaftslehre der Christian-Albrechts-Universität Kiel, Olshausenstr. 40–60, 2300 Kiel
Leegwater, D.K., Erasmus Universiteit Rotterdam, postbus 1738, NL–Rotterdam
Liesegang, D.G., Dr., Seminar für Allgemeine und Industrielle Betriebswirtschaftslehre – Abteilung Operations Research – Universität zu Köln, Albertus-Magnus-Platz, 5000 Köln 41
Marte, G., Prof. Dr.-Ing., Universität Bremen, Fachsektion Elektrotechnik/Kybernetik, Postfach 33 04 40, 2800 Bremen 33
Molzberger, P., Dr., GfS Gesellschaft für Systementwicklung mbH, Hofbrunnstr. 46, 8000 München 71
Müller, J., Internationales Institut für Management und Verwaltung des Wissenschaftszentrums Berlin, Griegstr. 5, 1000 Berlin 33
Müller-Merbach, H., Prof. Dr., Technische Hochschule Darmstadt, Institut für Betriebswirtschaftslehre, Fachgebiet Operations Research, Fachbereich 1, Hochschulstr. 1, 6100 Darmstadt
Niederhausen, H.-P., Krupp Gemeinschaftsbetriebe, Geschäftsbereich Datenverarbeitung, Sögestr. 70, 2800 Bremen 1
Oberhoff, W.-D., Dr., IBM Deutschland, Hohenzollernring 31–35, 5000 Köln 1
Ohse, D., Prof. Dr., Technische Hochschule Darmstadt, Fachgebiet Betriebswirtschaftslehre, (Operations Research), Fachbereich 1, Hochschulstr. 1, 6100 Darmstadt

Paul, H., Dr., Universität Augsburg, Memminger Str. 14, 8900 Augsburg
Peschanel, F.D., Dr., GfS Gesellschaft für Systementwicklung mbH, Hofbrunnstr. 46, 8000 München 71
Peters, H.-J., Dr., Deutsche Forschungs- und Versuchsanstalt für Luft- und Raumfahrt, Köln, Liner Höhe, 5000 Köln 90
Piraino, S., University of Palermo, Facolta'di Economia e Commerico, Instituto di Ricerga Operativa, Viale Delle Scienze, I–90128 Palermo
Riebe, K., Prof. Dr., Institut für landwirtschaftliche Betriebs- und Arbeitslehre der Christian-Albrechts-Universität Kiel, Holzkoppelweg 14, 2300 Kiel
Riepl, R.-J., Dr., W. + J. Rapp AG., Bruderholzstraße 45, CH–4018 Basel
Rudlof, H., Dr.-Ing., Industrieanlagen-Betriebsgesellschaft mbH., Einsteinstraße, 8012 Ottobrunn bei München
Sainis, P., Dr.-Ing., Siemens AG, Zentrale Fertigungsaufgaben, Schertlinstr. 8, 8000 München 70
Schelle, H., Prof. Dr., Hochschule der Bundeswehr München, Fachbereich Informatik, Systemwissenschaften, Fliegerhorst, 8014 Neubiberg
Schiefer, G., Dr., Institut für Landwirtschaftliche Betriebs- und Arbeitslehre der Christian-Albrechts-Universität Kiel, Lehrstuhl für Wirtschaftslehre des Landbaues, Holzkoppelweg 14, 2300 Kiel
Schmidt, R., Prof. Dr., Institut für Betriebswirtschaftslehre der Christian-Albrechts-Universität Kiel, Olshausenstr. 40–60, 2300 Kiel
Schneeweiß, Ch., Prof. Dr., Freie Universität Berlin, Fachbereich Wirtschaftswissenschaften, Institut für Quantitative Ökonomik und Statistik, Fachrichtung Operations Research, Thielallee 66, 1000 Berlin 33
Schnieder, A., Freie Universität Berlin, Fachbereich Wirtschaftswissenschaften, Institut für Quantitative Ökonomik und Statistik, Fachrichtung Operations Research, Thielallee 66, 1000 Berlin 33
Schuster, K.-P., Philips GmbH, Bereich ISA (Informationssysteme und Automation), Ressort Operations Research, Steindamm 94, 2000 Hamburg 1
Schwalbach, J., Internationales Institut für Management und Verwaltung des Wissenschaftszentrums Berlin, Griegstr. 5, 1000 Berlin 33
Seeger, C., Institut für Operations Research, Technische Universität Berlin, Otto-Suhr-Allee 18/20, 1000 Berlin 10
Sigl, D., Krupp Forschungsinstitut, Postfach 10, 4300 Essen 1
Simon, H., Dr., Institut für Gesellschafts- und Wirtschaftswissenschaften, Rheinische Friedrich-Wilhelm-Universität Bonn, Betriebswirtschaftliche Abteilung 1, Adenauer Allee 24–42, 5300 Bonn 1
Sittig, J., Prof., Erasmus Universiteit Rotterdam, Vakgroep Operationeel Onderzoek, postbus 1738, NL–Rotterdam
Sokolovsky, Z., Dr., Höhenweg 22, 6350 Bad Nauheim
Sommer, G., Institut für Wirtschaftswissenschaften, Lehrstuhl für Unternehmensforschung, Rhein.-Westf. Technische Hochschule Aachen, Templergraben 64, 5100 Aachen
Sonntag, H., Technische Universität Berlin, Fachbereich Informatik, Institut für Statistik, Ökonometrie und Operations Research, Fachgebiet Operations Research, Otto-Suhr-Allee 18–20, 1000 Berlin 12
Soysal, A., Prof. Dr., Industrial Engineering Department, The Technical University of Istanbul, Taksim, T–Istanbul
Spickenheuer, W., Dr., Wintershall AG, Erdöl-Raffinerie Emsland, Fasanenweg 32, 4450 Lingen/Ems
Steinhausen, D., Dr., Rechenzentrum der Universität Münster, Roxeler Straße 60, 4400 Münster
Suhl, U., Ass.-Prof. Dr., Freie Universität Berlin, Fachbereich Wirtschaftswissenschaften, Institut für Unternehmungsführung, Fachrichtung Datenverarbeitung, Garystr. 21, 1000 Berlin 33
Tuğcu, S., Dr., School of Administrative Sciences, Management Department, Bogazici University, P.K.2, T–Bebek-Istanbul
Utter, H., DEMAG Fördertechnik, Postfach 67/87, 5802 Wetter (Ruhr) 1

Vajda, S., Prof. Dr., Department of Operational Research, University of Sussex, Falmer, GB–Brighton, BN1 9RF
Völz, W.-D., Dr.-Ing., Institut für Verkehrswesen, Eisenbahnbau und -Betrieb, Technische Universität Hannover, 3000 Hannover
Vogel, F., Prof. Dr., Institut für Statistik und Ökonometrie der Christian-Albrechts-Universität Kiel, Olshausenstr. 40–60, Hochhaus, 2300 Kiel
Volling, K., Dr.-Ing., DEMAG Fördertechnik, Postfach 67/87, 5802 Wetter (Ruhr) 1
Weckerle, J., Siemens AG, ZFA FW013, Schertlinstr. 8, 8000 München 70
Wendt, R., Institut für landwirtschaftliche Betriebs- und Arbeitslehre der Christian-Albrechts-Universität Kiel, Holzkoppelweg 14, 2300 Kiel
Wiegand, G., Institut für Operations Research, Technische Universität Berlin, Otto-Suhr-Allee 18/20, 1000 Berlin 10
Zimek, D., Krupp Forschungsinstitut, Postfach 10, 4300 Essen 1

GPSR Compliance

The European Union's (EU) General Product Safety Regulation (GPSR) is a set of rules that requires consumer products to be safe and our obligations to ensure this.

If you have any concerns about our products, you can contact us on ProductSafety@springernature.com

In case Publisher is established outside the EU, the EU authorized representative is:

Springer Nature Customer Service Center GmbH
Europaplatz 3
69115 Heidelberg, Germany

Batch number: 10815974

Printed by Printforce, the Netherlands